本书部分实例

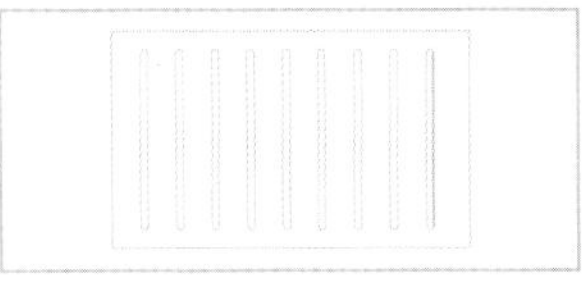
行李架

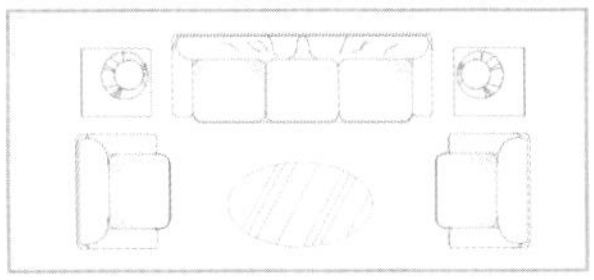
沙发和茶几

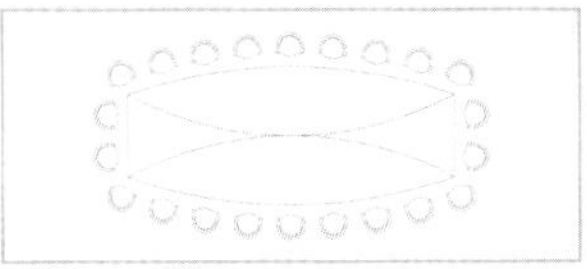
会议桌椅

西式沙发

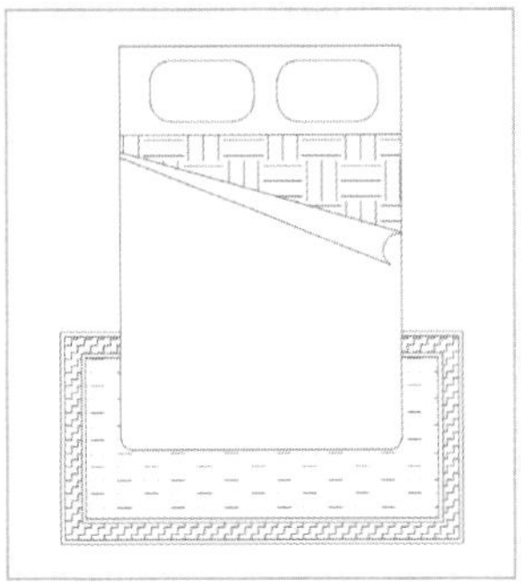
双人床和地毯

酒瓶

双人床1

四人餐桌

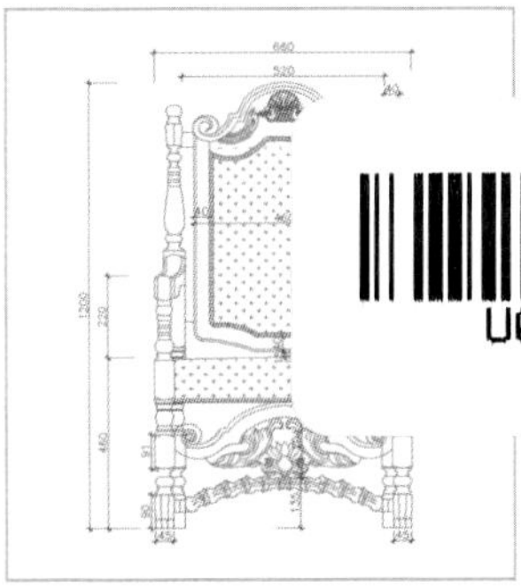
太师椅

居室家具布置平面图

简易椅子

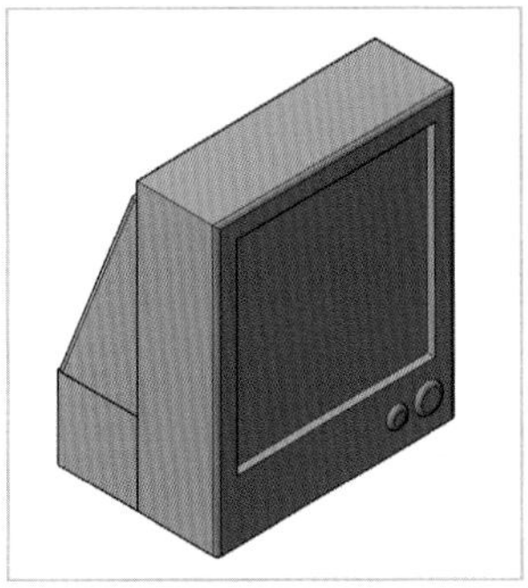
电视机

脚手架

小水桶

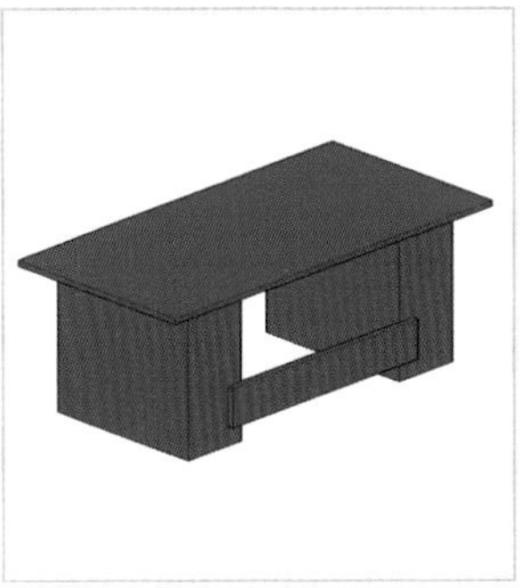
写字台

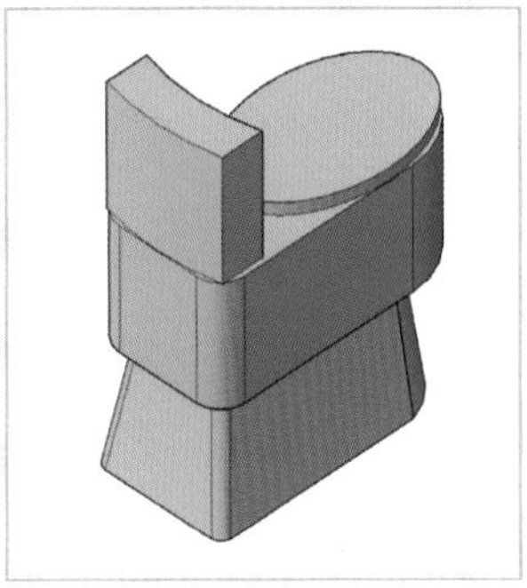
马桶

几案

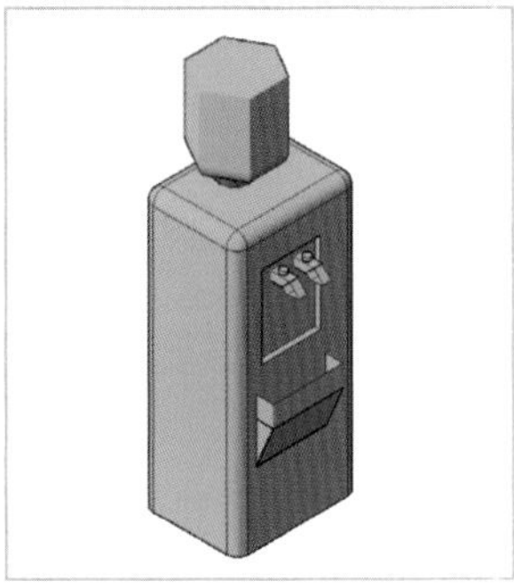
饮水机

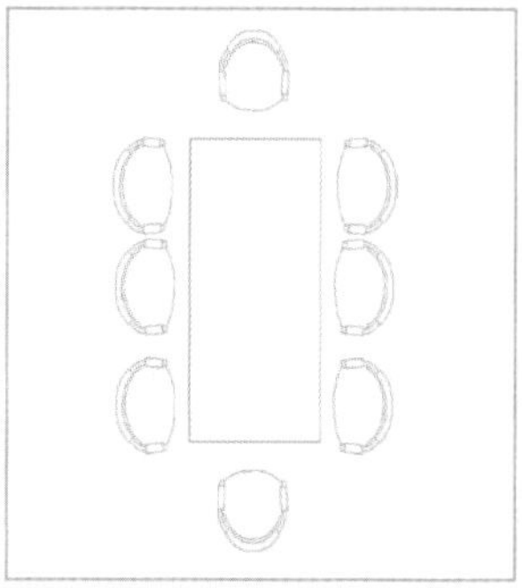

餐桌和椅子

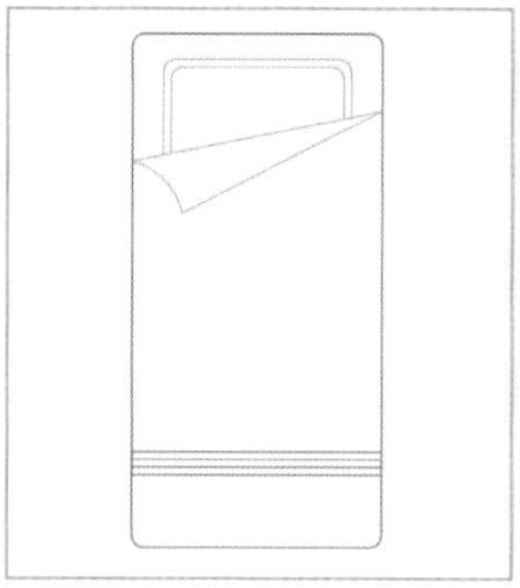

床

雨伞

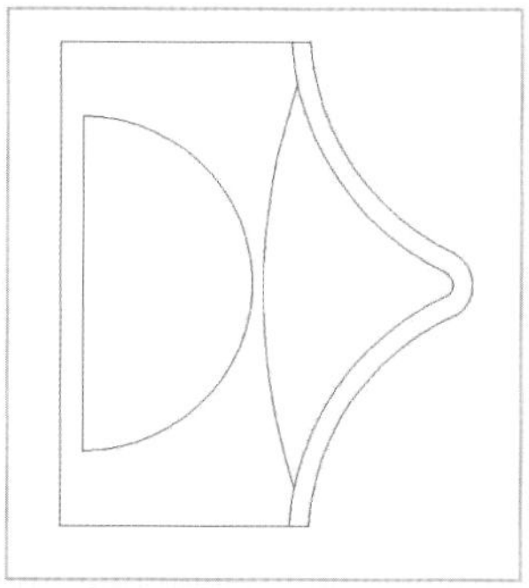

小便器

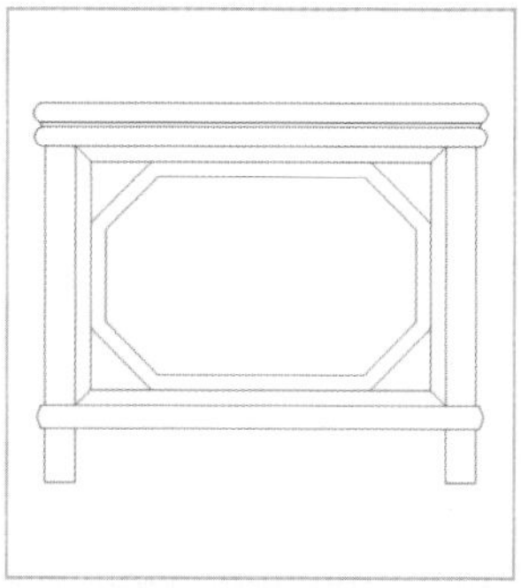

方凳立面图

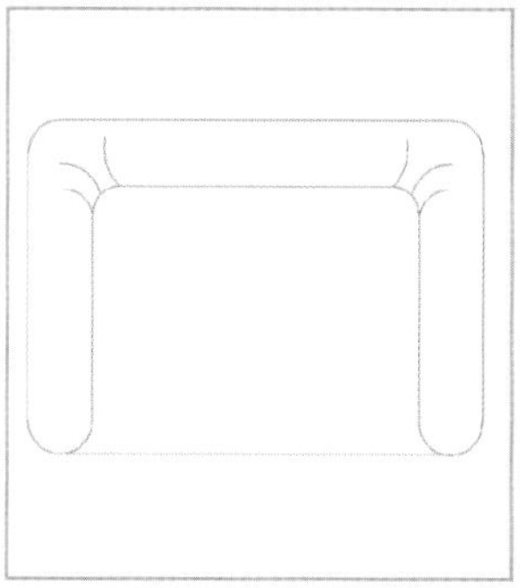

沙发1

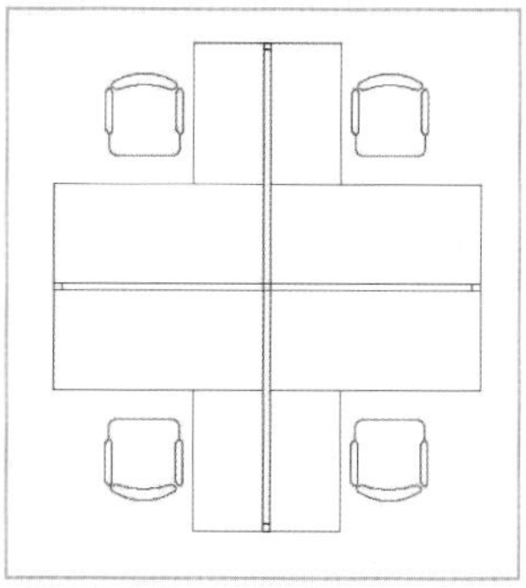

隔断办公桌

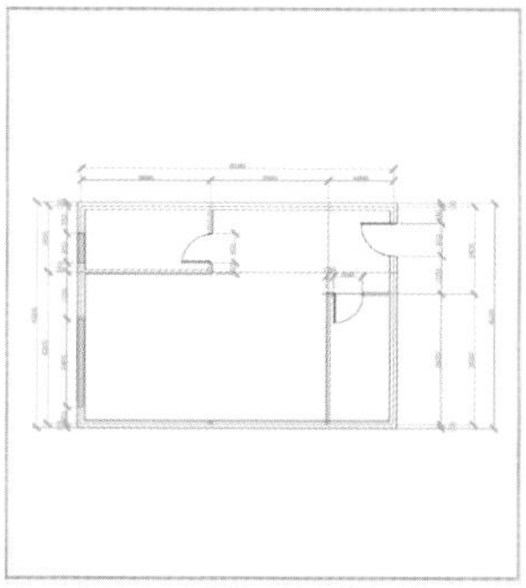

给居室平面图标注尺寸

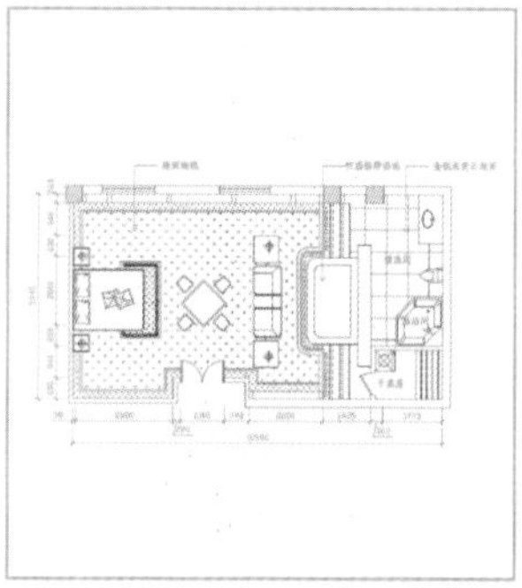

豪华包房平面布置图

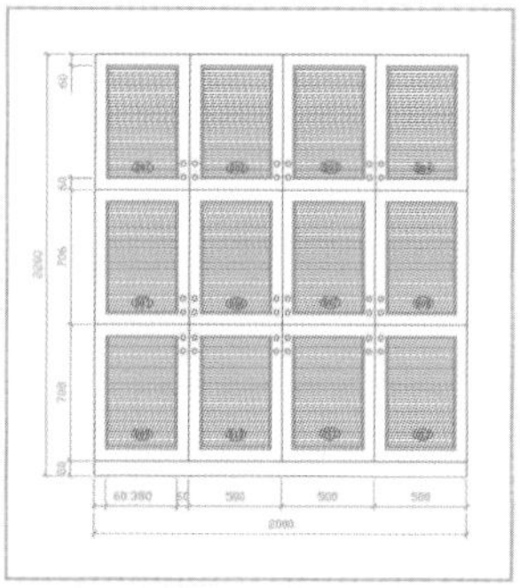

更衣柜

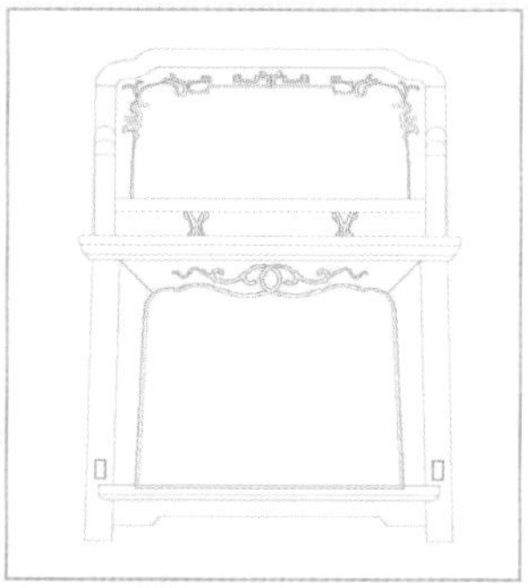

玫瑰椅

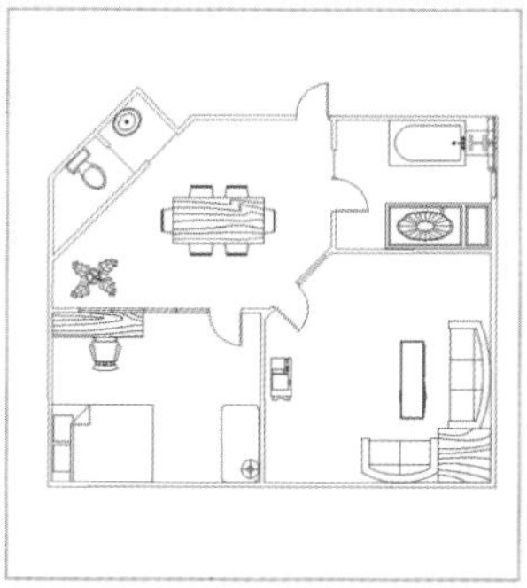

居室家具布置平面图

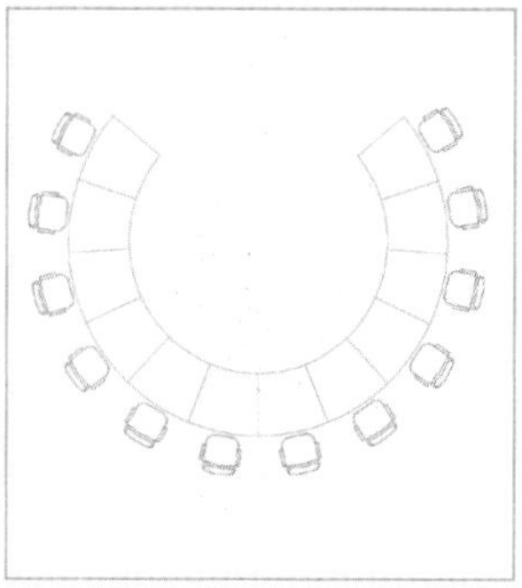

会议桌

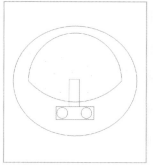

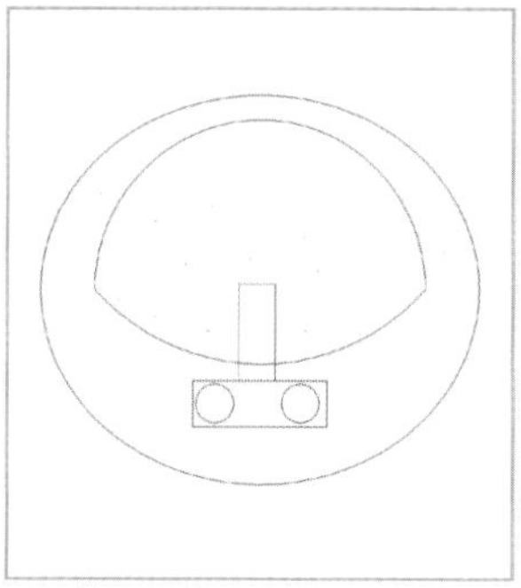

盥洗盆

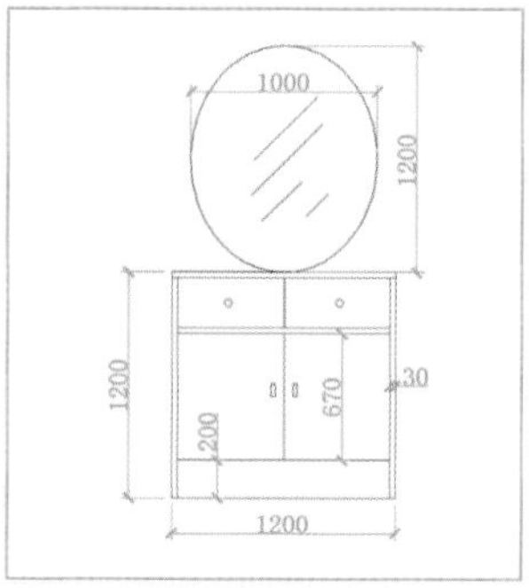

古典梳妆台

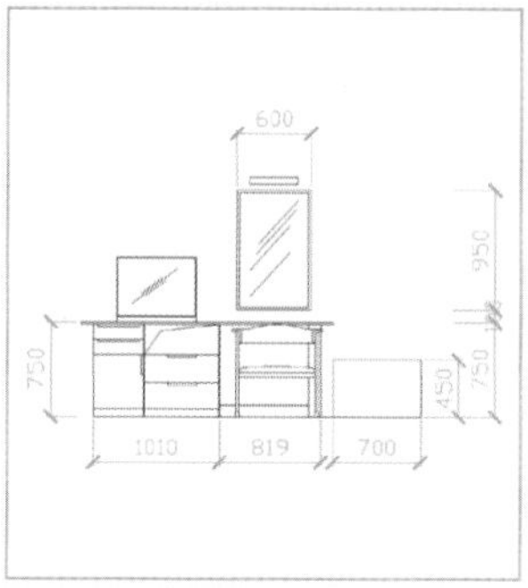

客房组合柜

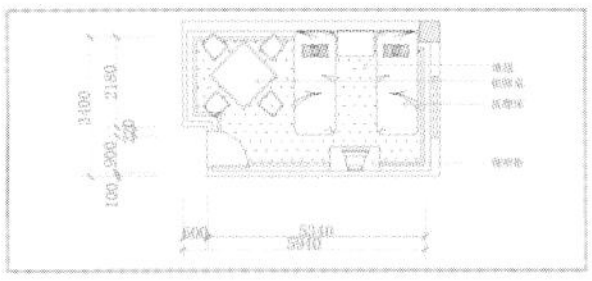
按摩包房平面布置图

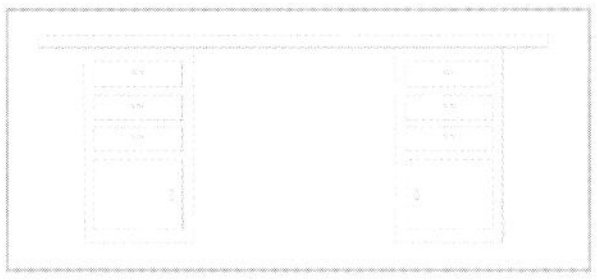
办公桌

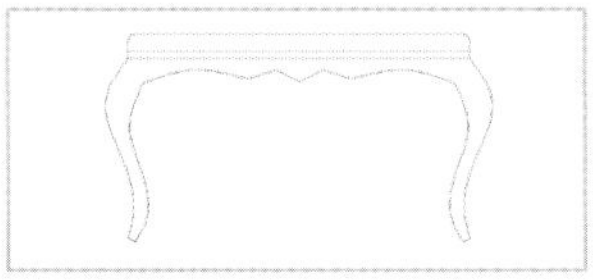
脚踏

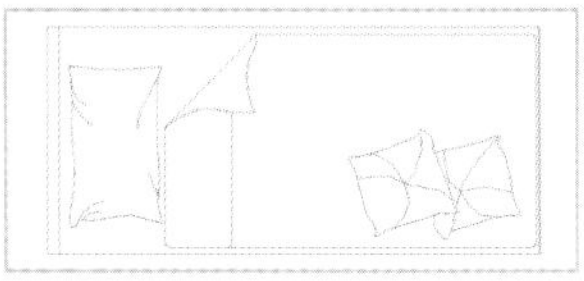
单人床

按摩床

八仙桌

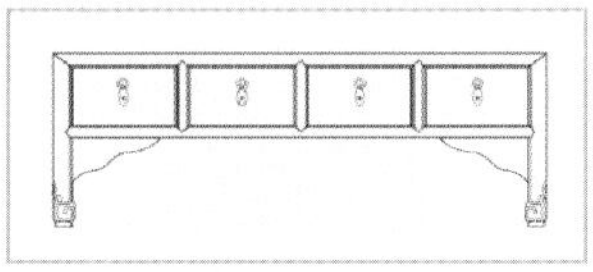
古典桌子

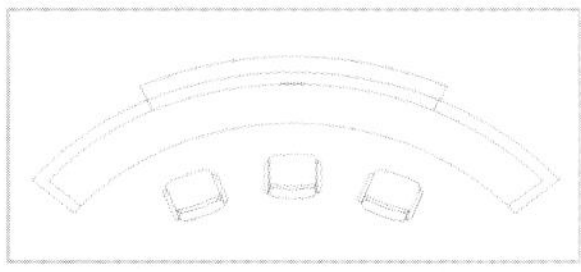
接待台1

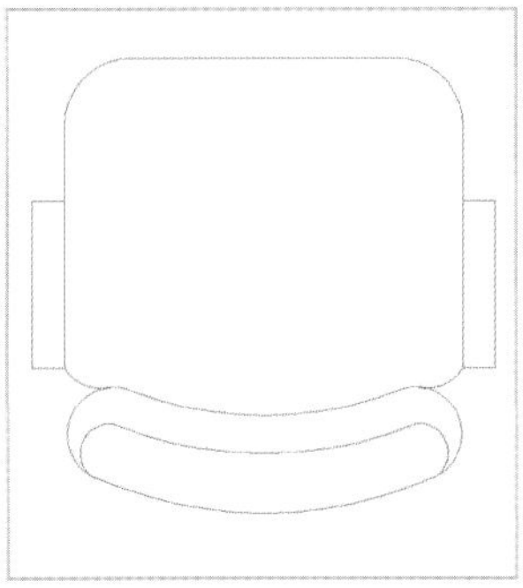
办公椅

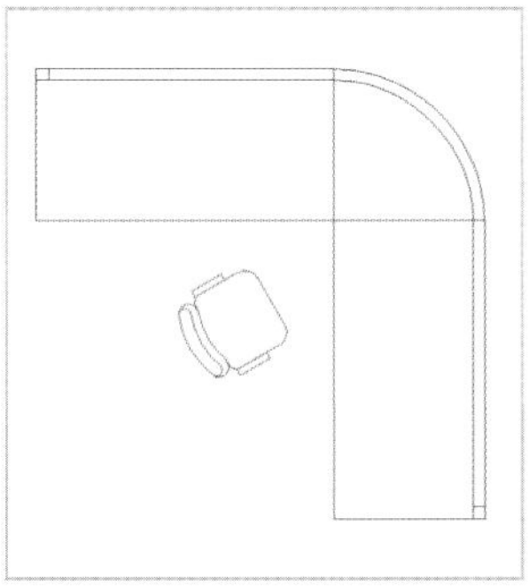
接待台

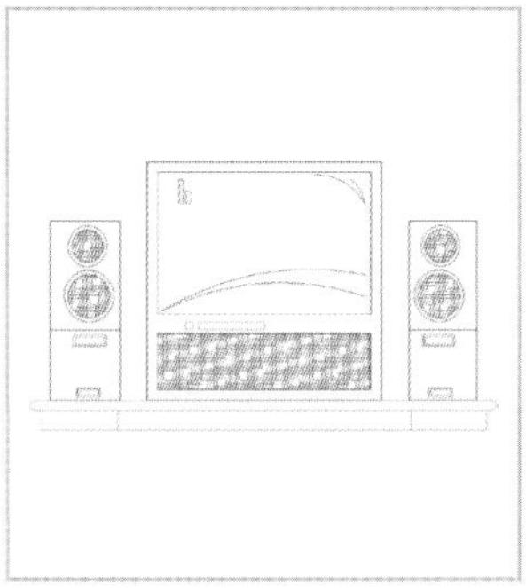
家庭影院

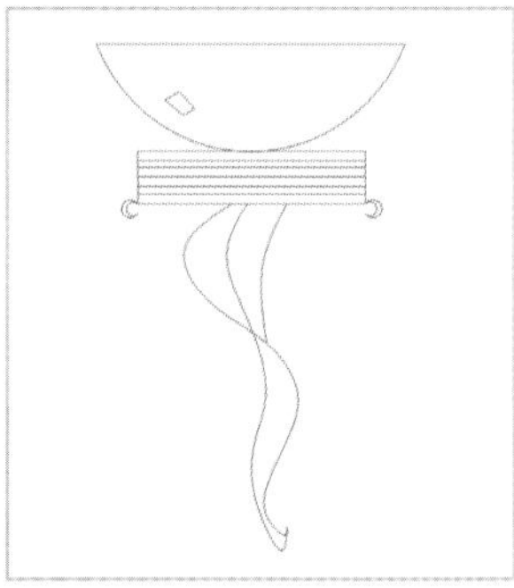
壁灯

室内家具布置图

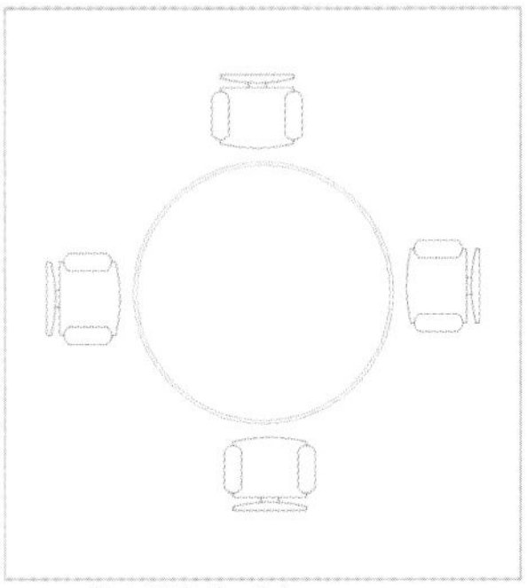
餐厅桌椅

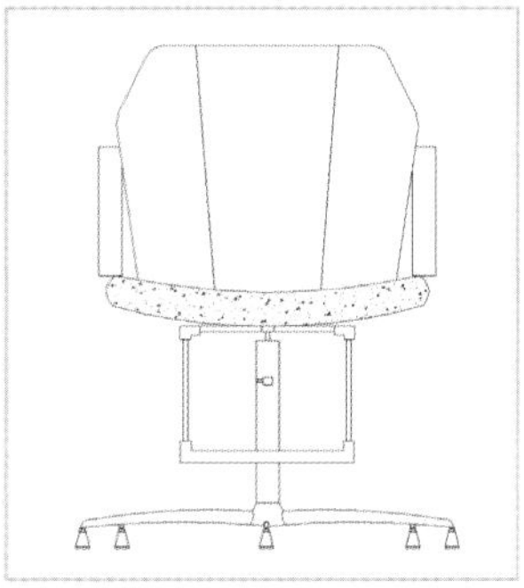
办公座椅主视图

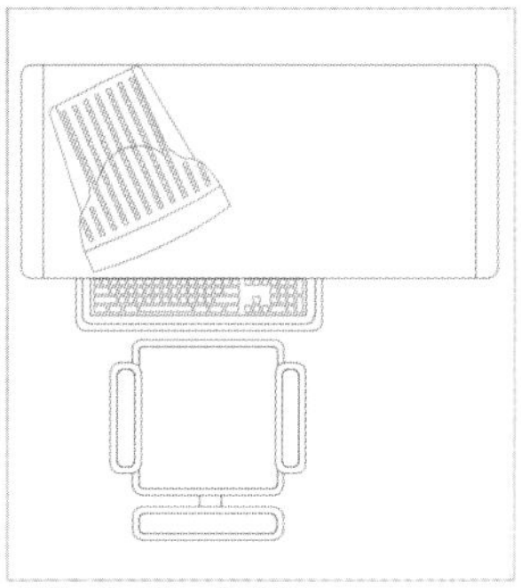
电脑桌椅

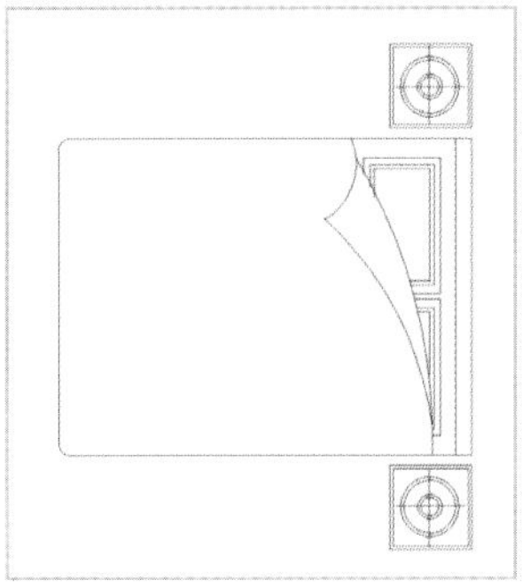
床和床头柜1

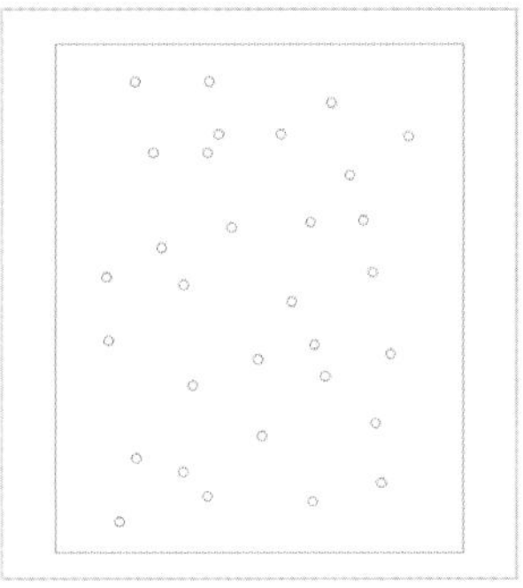
地毯

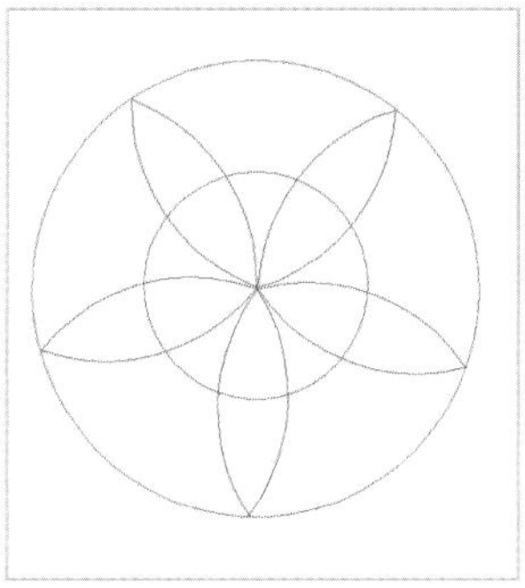
装饰盘

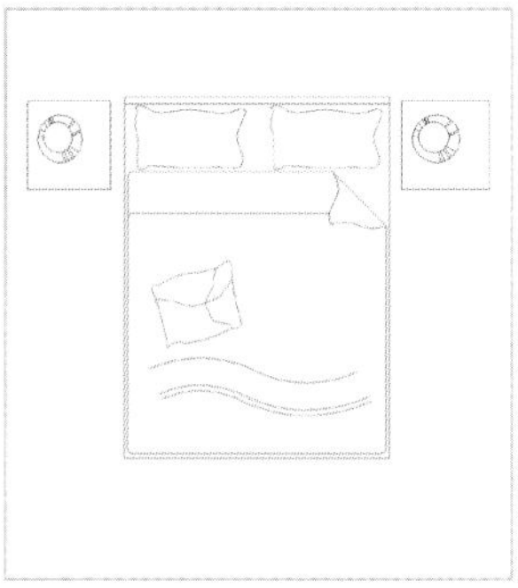
床和床头柜

本书部分实例

沙发

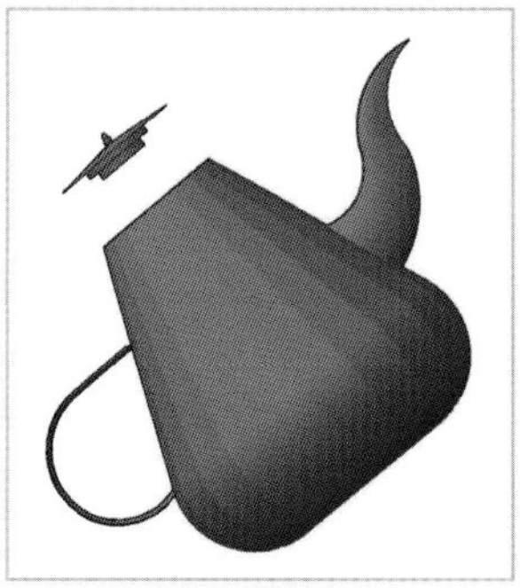

茶壶

石桌

石凳

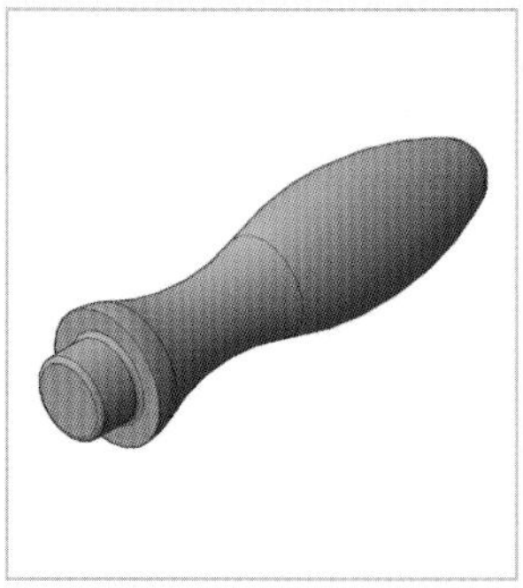

手柄

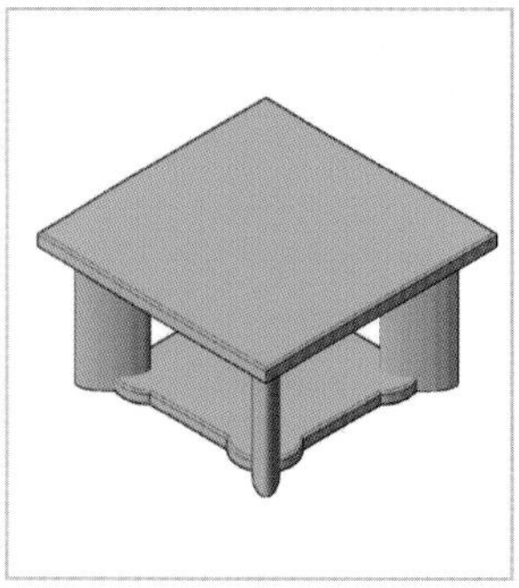

茶几

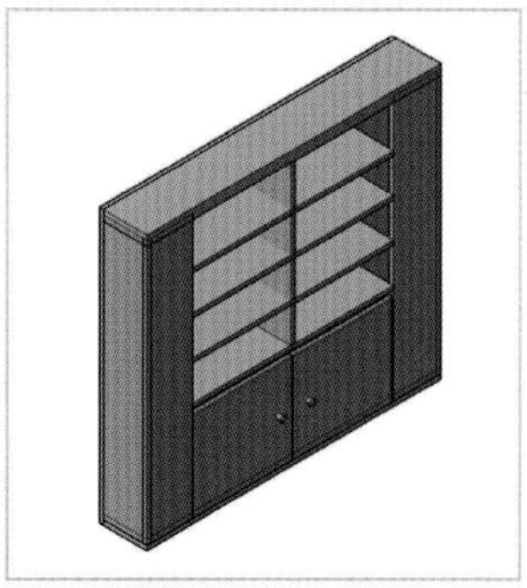

书柜

靠背椅

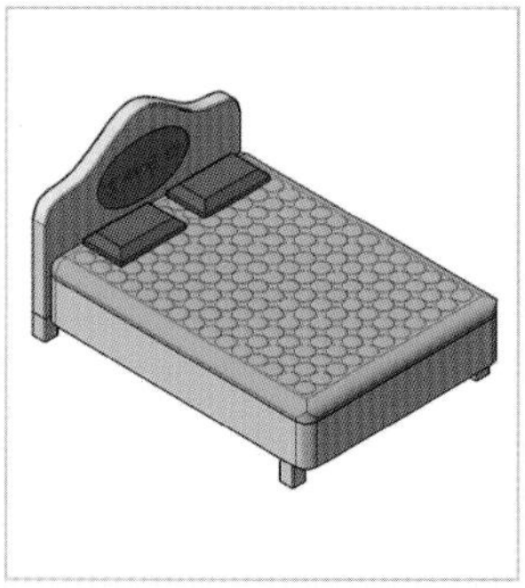

双人床

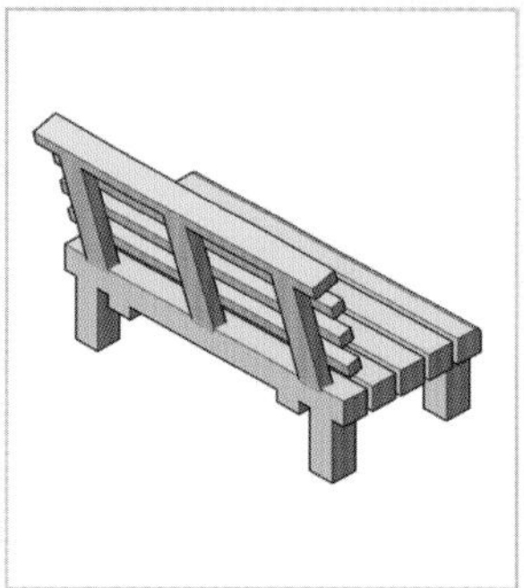

公园长椅

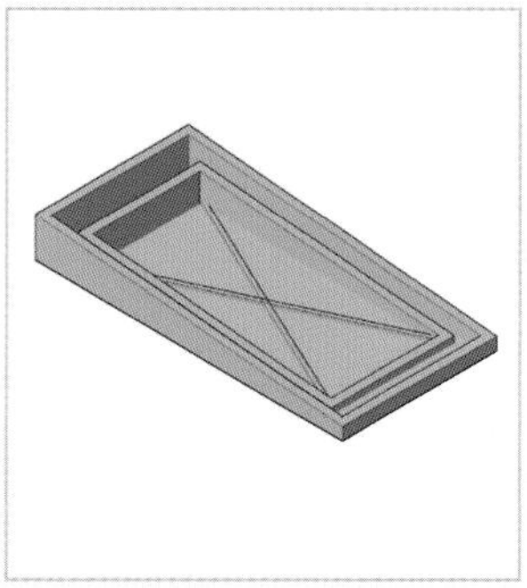

回形窗

花篮

办公椅

台灯

办公桌

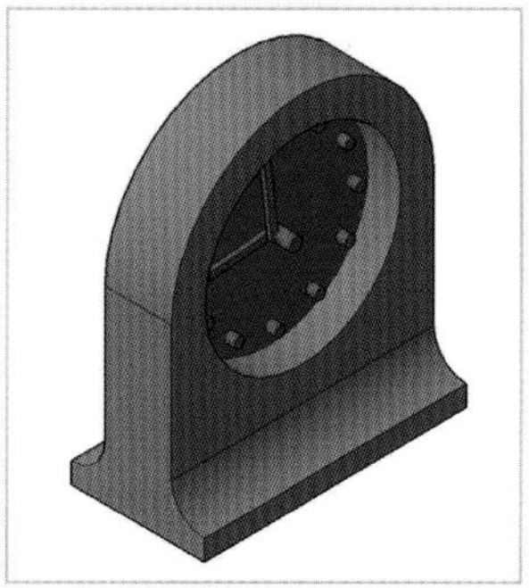

小闹钟

清华社"视频大讲堂"大系
CAD/CAM/CAE技术视频大讲堂

AutoCAD 2024 中文版家具设计从入门到精通

CAD/CAM/CAE 技术联盟　编著

清華大学出版社
北　京

内 容 简 介

《AutoCAD 2024 中文版家具设计从入门到精通》结合实例讲述利用 AutoCAD 进行家具设计的基本方法和技巧。本书讲解细致完善，共分 3 篇 12 章。其中：第 1 篇为基础知识篇（第 1～5 章），讲述家具设计基本理论、AutoCAD 2024 入门、二维绘图命令、二维编辑命令和辅助工具的使用；第 2 篇为典型家具设计篇（第 6～10 章），讲述椅凳类家具、床类家具、桌台类家具、储存类家具和古典家具的设计实例；第 3 篇为家具三维造型设计篇（第 11～12 章），讲述家具三维造型的绘制和编辑方法。此外，本书还附 1 篇线上扩展学习内容，讲述家具设计在室内设计工程中的具体应用。本书各章之间联系紧密，前后呼应，形成一个整体。

另外，本书还配备了极为丰富的学习资源，具体内容如下。

（1）83 集高清同步教学视频，读者可像看电影一样轻松地学习本书的内容，然后对照书中实例进行练习。

（2）66 个经典中小型实例，3 个大型综合实例，读者用实例学习上手更快，更专业。

（3）29 个实践与操作练习，便于读者学以致用，会动手做才是硬道理。

（4）AutoCAD 疑难问题汇总、应用技巧大全、经典练习题、常用图块集、快捷命令速查手册、快捷键速查手册、常用工具按钮速查手册，能极大地方便读者学习，提高学习和工作效率。

（5）6 套不同领域的大型设计图集及其配套的长达 10 小时的视频讲解，可以让读者增强实战能力，拓宽视野。

（6）全书实例的源文件和素材，方便读者按照书中实例操作时直接调用。

本书适合入门级读者学习和使用，也适合有一定基础的读者作为参考，还可以作为职业教育的教材。

图书在版编目（CIP）数据

AutoCAD 2024 中文版家具设计从入门到精通/CAD/CAM/CAE 技术联盟编著. —北京：清华大学出版社，2024.1

（清华社“视频大讲堂”大系 CAD/CAM/CAE 技术视频大讲堂）

ISBN 978-7-302-65122-2

Ⅰ. ①A… Ⅱ. ①C… Ⅲ. ①家具－计算机辅助设计－AutoCAD 软件 Ⅳ. ①TS664.01-39

中国国家版本馆 CIP 数据核字（2023）第 244758 号

责任编辑：贾小红
封面设计：秦　丽
版式设计：文森时代
责任校对：马军令
责任印制：宋　林

出版发行：清华大学出版社
网　　址：https://www.tup.com.cn，https://www.wqxuetang.com
地　　址：北京清华大学学研大厦 A 座　　**邮　　编：**100084
社 总 机：010-83470000　　**邮　　购：**010-62786544
投稿与读者服务：010-62776969，c-service@tup.tsinghua.edu.cn
质量反馈：010-62772015，zhiliang@tup.tsinghua.edu.cn
印 装 者：大厂回族自治县彩虹印刷有限公司
经　　销：全国新华书店
开　　本：203mm×260mm　　**印　　张：**23.5　　**插　　页：**2　　**字　　数：**689 千字
版　　次：2024 年 1 月第 1 版　　**印　　次：**2024 年 1 月第 1 次印刷
定　　价：99.80 元

产品编号：102812-01

前　言

Preface

中国家具的历史非常悠久，夏、商、周时期已经开始有了箱、柜、屏风等家具。家具设计是用图形（或模型）和文字说明等方法，表达家具的造型、功能、尺度与尺寸、色彩、材料和结构的。家具设计既是一门艺术，又是一门应用科学，主要包括造型设计、结构设计及工艺设计 3 个方面。设计的整个过程包括收集资料、构思、绘制草图、评价、试样、再评价和绘制生产图。

AutoCAD 不仅具有强大的二维平面绘图功能，而且具有出色的、灵活可靠的三维建模功能，是进行家具设计最为有力的工具之一。使用 AutoCAD 进行家具设计，不仅可以利用人机交互界面实时进行修改，快速地把各方意见反映到设计中，而且可以查看修改后的效果，从多个角度任意进行观察，大大提高工作效率。

一、本书特色

鉴于 AutoCAD 强大的功能和深厚的工程应用底蕴，我们力图编写一套全方位介绍 AutoCAD 在各种工程中应用情况的书籍。具体就每本书而言，我们不求将 AutoCAD 的知识点全面讲解清楚，而是针对本专业或本行业需要，利用 AutoCAD 大体知识脉络作为线索，以实例作为"抓手"，帮助读者掌握利用 AutoCAD 进行本行业工程设计的基本技能和技巧。

二、本书特点

1. 专业性强

家具设计是一种传统的、经验性很强的工作，在现代家具设计中，为了克服家具设计的随意性，国家制定和发布了相关标准。在编写本书过程中采用的实例的尺寸严格遵守国家标准，以培养读者遵守规范的习惯。

2. 涵盖面广

本书在有限的篇幅内讲述 AutoCAD 各种常用功能及其在家具设计中的实际应用，内容涵盖家具设计基本理论、AutoCAD 绘图基础知识以及椅凳类、床类、桌台类、储存类等不同类型家具设计的知识和技巧，另外还介绍常见家具三维造型的绘制和编辑方法，最后通过住宅室内平面图中家具的配置，综合介绍 AutoCAD 2024 在家具设计中的具体应用和绘制技巧。

3. 实例典型

本书的讲解不仅透彻，还提供了非常典型的工程实例。这些实例都来自家具设计工程实践，具有典型性和实用性。通过作者精心提炼和改编，本书能够保证读者学会知识点，更重要的是能帮助读者掌握实际的操作技能，找到一条学习 AutoCAD 家具设计的捷径。

4. 突出技能提升

本书结合典型的家具设计实例，详细讲解 AutoCAD 2024 家具设计知识要点，以及各种典型家具设计方案的设计思想和思路分析，让读者在学习案例的过程中潜移默化地掌握 AutoCAD 2024 软件操作技巧，同时培养读者的工程设计实践能力。

三、本书的配套资源

Note

文泉云盘

本书提供了极为丰富的学习配套资源，以便读者在最短的时间内学会并掌握这门技术。读者可扫描封底的“文泉云盘”二维码，以获取下载方式。

1．配套教学视频

针对本书实例专门制作了83集同步教学视频，读者可以扫描书中的二维码观看视频，像看电影一样轻松愉悦地学习本书内容，然后对照课本加以实践和练习。这可以大大提高读者的学习效率。

2．AutoCAD疑难解答、应用技巧等资源

（1）AutoCAD疑难问题汇总：疑难解答的汇总，对入门者非常有用，可以帮助他们扫清学习障碍，少走弯路。

（2）AutoCAD应用技巧大全：汇集了AutoCAD绘图的各类技巧，对提高作图效率很有帮助。

（3）AutoCAD经典练习题：额外精选了不同类型的练习题，读者只要认真练习，到一定程度就可以实现从量变到质变的飞跃。

（4）AutoCAD常用图块集：汇集了在实际工作中积累的大量图块，读者可以直接使用它们，或者稍加改动就可以使用它们，这对于提高作图效率很有帮助。

（5）AutoCAD快捷命令速查手册：汇集了AutoCAD常用快捷命令，读者可以熟记它们，以提高作图效率。

（6）AutoCAD快捷键速查手册：汇集了AutoCAD常用快捷键，绘图高手通常会直接用快捷键进行操作。

（7）AutoCAD常用工具按钮速查手册：汇集了AutoCAD常用工具按钮。读者可以熟练掌握它们的使用方法，这也是提高作图效率的途径之一。

3．6套不同领域的大型设计图集及其配套的视频讲解

为了帮助读者拓宽视野，本书配套资源赠送了6套设计图纸集、图纸源文件，以及长达10小时的视频讲解。

4．全书实例的源文件和素材

本书配套资源中包含实例和练习实例的源文件和素材，读者可以安装AutoCAD 2024软件后，打开并使用它们。

5．线上扩展学习内容

本书附赠1篇线上扩展学习内容，为家具设计综合应用实例，包括住宅室内平面图、办公室室内装饰等内容，学有余力的读者可以扫描封底的“文泉云盘”二维码获取学习资源。

四、关于本书的服务

1．“AutoCAD 2024简体中文版”软件的获取

要按照本书中的实例进行操作练习，以及使用AutoCAD 2024进行绘图，需要事先在计算机上安装AutoCAD 2024软件。读者可以登录官方网站联系购买“AutoCAD 2024简体中文版”的正版软件，或者使用其试用版。

2．关于本书的技术问题或有关本书信息的发布

读者如果遇到有关本书的技术问题，可以扫描封底“文泉云盘”二维码，查看是否有相关勘误/

解疑文档。如果没有，读者可在页面下方寻找加入学习群的方式并联系我们，我们将尽快回复。

3. 关于手机在线学习

读者可以扫描书后刮刮卡（需要刮开涂层）二维码，获取书中二维码的读取权限，再扫描书中二维码，可在手机中观看对应的教学视频，以充分利用碎片化时间，提高学习效果。需要强调的是，书中给出的是实例的重点步骤，详细操作过程还需要读者通过视频来学习和领会。

五、关于作者

本书由 CAD/CAM/CAE 技术联盟组织编写。CAD/CAM/CAE 技术联盟是一个集 CAD/CAM/CAE 技术研讨、工程开发、培训咨询和图书创作于一体的工程技术人员协作联盟，拥有众多专职和兼职 CAD/CAM/CAE 工程技术专家。

CAD/CAM/CAE 技术联盟负责人由 Autodesk 中国认证考试中心首席专家担任，全面负责 Autodesk 中国官方认证考试大纲制定、题库建设、技术咨询和师资培训工作，成员精通 Autodesk 系列软件。其创作的很多教材成为国内具有引导性的旗帜作品，在国内相关专业方向图书创作领域具有举足轻重的地位。

六、致谢

在本书的写作过程中，编辑贾小红和艾子琪女士给予了很大的帮助和支持，提出了很多中肯的建议，我们在此表示感谢。同时，我们还要感谢清华大学出版社的所有编辑人员为本书的出版所付出的辛勤劳动。本书的成功出版是大家共同努力的结果，谢谢所有给予支持和帮助的人。

编　者

目 录

Contents

第 1 篇　基础知识篇

Note

Note

第 2 篇 典型家具设计篇

Note

第 3 篇 家具三维造型设计篇

Note

扩展学习

扫码查看

AutoCAD 扩展学习内容

疑问解答

扫码查看

AutoCAD 疑难问题汇总

Note

Note

应用技巧

扫码查看

AutoCAD 应用技巧大全

Note

▶▶第1篇

基础知识篇

本篇主要介绍利用 AutoCAD 进行家具设计的一些基础知识，包括 AutoCAD 基本知识和家具设计理论等内容。另外，本篇还介绍 AutoCAD 应用于家具设计的一些基本功能，为后面的具体设计做准备。

第1章

家具设计基本理论

家具是人们生活中极为常见且必不可少的器具，家具设计经历了一个由经验指导随意设计的手工制作到今天的严格按照相关理论和标准进行工业化、标准化生产的过程。

为了对后面的家具设计实践进行必要的理论指导，本章简要介绍家具设计的基本理论和设计标准。

☑ 家具设计概述

☑ 家具常用剖面符号

任务驱动&项目案例

（1）

（2）

1.1　家具设计概述

家具是家用器具的总称，其形式多样、种类繁多，是人类物质文明和日常生活不可或缺的重要组成部分。

家具的产生和发展有着悠久的历史，并随着时间的推移不断更新完善；家具在方便人们生活的基础上也承载着不同地域、不同时代的人们不同的审美情趣，具有丰富的文化内涵；家具的设计材料丰富，结构形式多样，下面对其涉及的一些基本知识进行简要介绍。

1.1.1　家具的分类

家具形式多样，下面按不同的方法对其进行简要的分类。

1. 按使用的材料

按使用材料的不同，家具可以分为以下几种。

☑　木制家具。
☑　钢制家具。
☑　藤制家具。
☑　竹制家具。
☑　合成材料家具。

2. 按基本功能

按基本功能的不同，家具可以分为以下几种。

☑　支承类家具。
☑　储存类家具。
☑　辅助人体活动类家具。

3. 按结构形式

按结构形式的不同，家具可以分为以下几种。

☑　椅凳类家具。
☑　桌案类家具。
☑　橱柜类家具。
☑　床榻类家具。
☑　其他类家具。

4. 按使用场所

按使用场所的不同，家具可以分为以下几种。

☑　办公家具。
☑　实验室家具。
☑　医院家具。
☑　商业服务家具。
☑　会场、剧院家具。
☑　交通工具家具。

☑ 民用家具。

☑ 学校家具。

5. 按放置形式

按放置形式的不同，家具可以分为以下几种。

☑ 自由式家具。

☑ 镶嵌式家具。

☑ 悬挂式家具。

6. 按外观特征

按外观特征的不同，家具可以分为以下几种。

☑ 仿古家具。

☑ 现代家具。

7. 按地域特征

不同地域、不同民族的人群，由于他们生活的环境和文化习惯的不同，所生产出的家具也具有不同的特色，可以粗略地分为以下几种。

☑ 南方家具。

☑ 北方家具。

☑ 汉族家具。

☑ 少数民族家具。

☑ 中式家具。

☑ 西式家具。

8. 按结构特征

按结构特征的不同，家具可以分为以下几种。

☑ 装配式家具。

☑ 通用部件式家具。

☑ 组合式家具。

☑ 支架式家具。

☑ 折叠式家具。

☑ 多用家具。

☑ 曲木家具。

☑ 壳体式家具。

☑ 板式家具。

☑ 简易卡装家具。

1.1.2 家具的尺度

家具的尺度是保证家具实现功能效果的最适宜的尺寸，是家具功能设计的具体体现。例如：餐桌较高而餐椅不配套，就会令人坐得不舒服；写字桌过高而椅子过低，就会使人形成趴伏的姿势，缩短了视距，久而久之容易造成脊椎弯曲变形和眼睛近视。为此，日常使用的家具一定要合乎标准。

1. 家具尺度确定的原理和依据

不同的家具有不同的功能特性，但不管是什么家具，都是为人的生活或工作服务的，所以其特性必须最大可能地满足人们的需要。家具功能尺寸的确定必须符合人体工效学的基本原理，首先必须保证家具尺寸与人体尺度或人体动作尺度相一致。例如，某大学学生食堂提供的整体式餐桌椅的桌面高度只有 70cm，而学生坐下后胸部的高度达到了 90cm，学校提供的是钢制大餐盘，无法用单手托起，这样学生就必须把餐盘放在桌上弯着腰低头吃饭，感觉非常不舒服，这就是一个家具不符合人体尺度的典型例子。从这里可以看出，这套整体式餐桌椅设计得非常失败。

据研究，不同性别或不同地区的人的上身长度均相差不大，身高的不同主要在于腿长的差异，因此男性的下身长和横向活动尺寸比女性大。所以在决定家具尺度时应考虑男女身体的不同特点，力求使每件家具最大限度地适合不同地区的男女人体尺度的需要。例如，有的人盲目崇拜欧式家具，殊不知，欧式家具是按欧洲人的人体尺度设计的，欧洲人的尺度一般比亚洲人略大，花费了大量的金钱购买这样的家具，实际使用效果却并不好。

我国中等身材的成年人（长江三角洲地区）人体各部位的基本尺寸如图 1-1 所示，不同地区成年人人体各部位平均尺寸如表 1-1 所示。

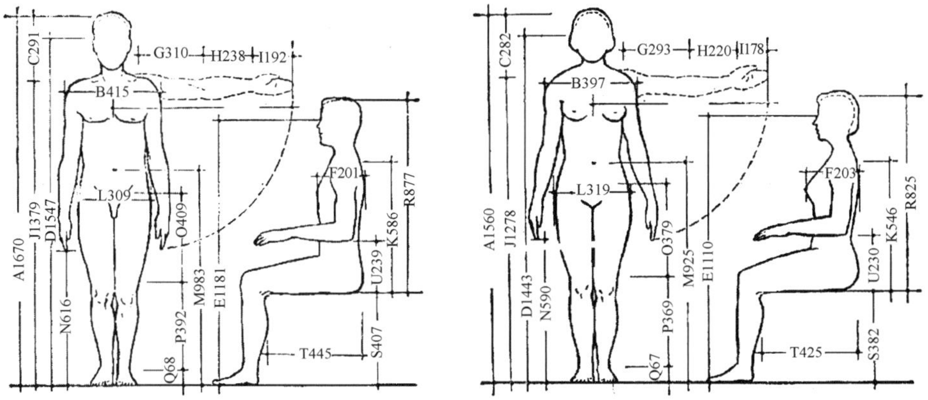

（a）　　　　　　　　　　（b）

图 1-1　人体尺寸图

注：本图为中等身材人体地区（长江三角洲）的成人人体各部位的平均尺寸。人体站立时的高度加上鞋和头发厚度的尺寸：男性为 1710，女性为 1600（所注尺寸均以 mm 为单位）。

表 1-1　不同地区成年人人体各部位平均尺寸表　　单位：mm

编　号	部　位	较高身材地域（冀、鲁、辽）		中等身材地域（长江三角洲）		较矮身材地域（四川）	
		男	女	男	女	男	女
A	人体高度	1690	1580	1670	1560	1630	1530
B	肩宽度	420	387	415	397	414	386
C	肩峰到头顶高度	293	285	291	282	285	269
D	正立时眼的高度	1573	1474	1547	1443	1512	1420
E	正坐时眼的高度	1203	1140	1181	1110	1144	1078
F	胸部前后径	200	200	201	203	205	220
G	上臂长度	308	291	310	293	307	289
H	前臂长度	238	220	238	220	245	220
I	手长度	196	184	192	178	190	178

续表

编　号	部　位	较高身材地域（冀、鲁、辽）		中等身材地域（长江三角洲）		较矮身材地域（四川）	
		男	女	男	女	男	女
J	肩峰高度	1397	1295	1379	1278	1345	1261
K	上身高度	600	561	586	546	565	524
L	臀部宽度	307	307	309	319	311	320
M	肚脐高度	992	948	983	925	980	920
N	指尖至地面高度	633	612	616	590	606	575
O	上腿长度	415	395	409	379	403	378
P	下腿长度	397	373	392	369	391	365
Q	脚高度	68	63	68	67	67	65
R	坐高	893	846	877	825	850	793
S	腓骨头的高度	414	390	407	382	402	382
T	大腿平均长度	450	435	445	425	443	422
U	肘下尺寸	243	240	239	230	220	216

2. 椅凳类家具尺度的确定

1）座高

座高是指座板前沿高。座高是桌椅尺寸中的设计基准，由座高决定靠背高度、扶手高度以及桌面高度等一系列尺寸，所以座高是一个关键尺寸。

座高的确定与人体小腿的高度有着密切的关系。按照人体工效学原理，座高应小于人体坐姿时小腿腘窝到地面的高度（实测腓骨头到地面的高度）。这样可以保证大腿前部不至于紧压椅面，否则会因大腿受压而影响下肢血液循环。同时，决定座高还得考虑鞋跟的高度，所以座高可以按照下式确定。

座高=腓骨头至地面高＋鞋跟厚－适当间隙

鞋跟厚一般取25～35mm，大腿前部下面与座前高之间的适当间隙可取10～20mm，这样可以保证小腿有一定的活动余地，如图1-2所示。

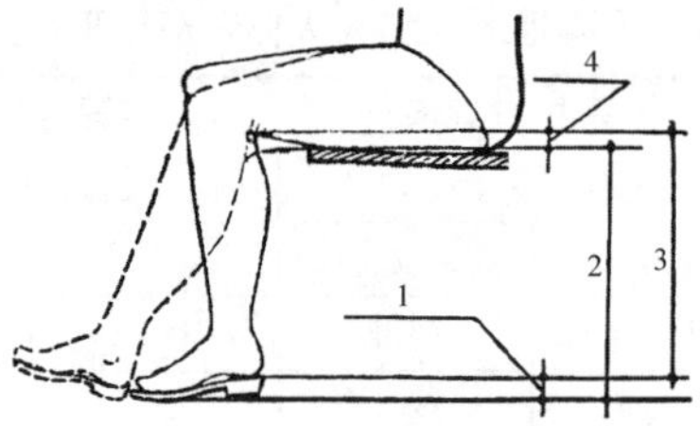

图1-2　座高的确定

1—鞋跟厚　2—座前高　3—小腿高　4—小腿活动余地

国家标准规定，椅凳类家具的座面高度有400mm、420mm和440mm三种规格。

2）靠背高

椅子的靠背能使人的身体保持一定的姿态，而且分担部分人体重量。靠背的高度一般在肩胛骨以下为宜，这样可以使背部肌肉得到适当的休息，同时也便于上肢活动。对于工作椅，为了方便上肢活动，靠背以低于腰椎骨上沿为宜；对于专用于休息的椅子，靠背应加高至颈部或头部，以供人躺靠。

为了维持稳定的坐姿，缓和背部和颈部肌肉的紧张状态，常在腰椎的弯曲部分增加一个腰垫。实验证明，对大多数人而言，腰垫的高度以 250mm 为佳。

3）座深

座面的深度对人体的舒适感影响也很大，座面深度通常根据人体大腿水平长度（腘窝至臀部后端的距离）来确定。基本原则是座面深度应小于坐姿时大腿水平长，否则会导致小腿内侧受到压迫或靠背失去作用。所以座面深度应为人体处于坐姿时，大腿水平长度的平均值减去椅座前沿到腘窝之间大约 60mm 的空隙，如图 1-3 所示。

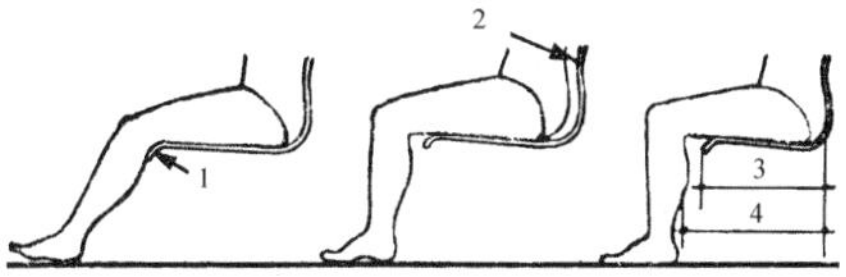

图 1-3　座深过长的不良效果及合理座深的确定

1—小腿内侧受压　2—靠背失去作用　3—座深　4—大腿水平长

对于普通椅子来说，在通常就座的情况下，由于腰椎到盘骨之间接近垂直状态，其座深可以浅一点；对于倾斜度较大的专供休息用的靠椅和躺椅来说，就座时人体腰椎至盘骨也呈倾斜状态，故座深要加深一些。为了使肌肉得到放松，有时也可以将座面与靠背连成一个曲面。

4）座面斜度与靠背倾角

座面呈水平或靠背呈垂直状态的椅子，坐和倚靠都不舒服，所以椅子的座面应有一定的后倾角（座面与水平面之间的夹角 α），靠背表面也应适当后倾（椅背与水平面之间的夹角 β 一般大于 90°），如图 1-4 所示。这样便可以使身体稍向后倾，将体重移至背的下半部与大腿部分，从而把身体全部托住，以免身体向前滑动，致使背的下半部失去稳定和支持，造成背部肌肉紧张，产生疲劳。α 和 β 这两个角度互为关联，角 β 的大小主要取决于椅子的使用功能和要求。

5）扶手的高和宽

休息椅和部分工作椅还应设有扶手，其作用是减轻两臂和背部的疲劳，有助于上肢肌肉的休息。扶手的高度应与人体坐骨节点到自然垂下的肘部下端的垂直距离相近。过高，双肩不能自然下垂；过低，两肘不能自然落在扶手上。两种情况都容易使两肘肌肉活动度增加，使肘部产生疲劳。按照我国人体骨骼比例的实际情况，座面到扶手上表面的垂直距离以 200～500mm 为宜，同时扶手前端还应稍高一些。随着座面与靠背倾角的变化，扶手的倾斜角度一般为 ±10°～±20°。

为了减少肌肉的活动度，两扶手内侧的间距应取 420～440mm 较为理想。直扶手前端之间的间隙还应比后端间隙稍宽，一般是两扶手分别向外侧张开 10° 左右。同时必须考虑人体穿着冬衣的宽度而加上一定的间隙，间隙通常为 48mm 左右，再宽则会产生肩部疲劳现象。扶手的内宽确定后，实际上也就将椅子的总宽、座面宽和靠背宽确定了，如图 1-5 所示。

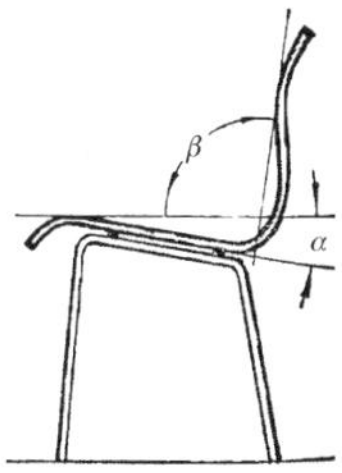

图 1-4　座面斜度与靠背倾角

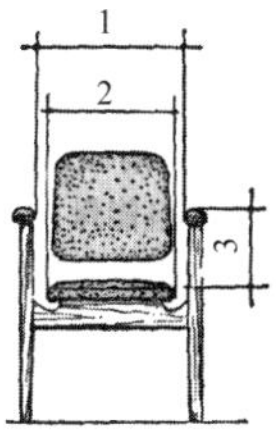

图 1-5　扶手的高和内宽

1—扶手内宽　2—座宽　3—扶手高

6）其他因素

椅凳设计除了要考虑上述功能尺寸，还应考虑座板的表面形状和软椅的材料及其搭配。

椅子的座板形状应以略弯曲或平直为宜，而不宜过弯。因为平直平面的压力分布比过于弯曲座面的压力分布要合理。

要获得舒适的效果，软椅用材及材料的搭配也是一个不可忽视的问题。工作用椅不宜过软，以半软或稍硬些为好；休息用椅软垫弹性的搭配也要合理。为了获得合理的体压分布，有利于肌肉的松弛和便于起坐动作，应该使靠背比座板软一些。在靠背的做法上，腰部宜硬些，背部则要软一些。设计时应以弹性体下沉后稳定下来的外部形态作为尺寸计算的依据。

对于沙发类尺寸，国标规定单人沙发座前宽不应小于 480mm，小于这个尺寸，人即使能勉强坐进去，也会感觉狭窄。座面的深度应为480～600mm：过深，小腿就不能自然下垂，腿肚就会受到压迫；过浅，人就会感觉坐不住。座面的高度应为360～420mm：过高，人就像坐在椅子上，感觉不舒服；过低，坐下去再站起来就会感觉困难。

3. 桌台类家具功能尺寸的确定

1）桌面高度

因为桌面高（H_2）与座面高（H_1）关系密切，所以桌面高常用桌椅高差（H_3）来衡量，如图 1-6 所示，$H_3=H_2-H_1$。这一尺寸对于写字、阅读、听讲兼做笔记等作业的人员来说是非常重要的。它应使坐者长期保持正确的坐姿，即躯体正直，前倾角不大于 30°，肩部放松，肘弯近 90°，且能保持 35～40cm 的视距。合理的桌椅高差应等于人坐姿时上体高（H_4）的 1/3，所以桌面高（H_2）应按下式计算。

$$H_2 = H_1 + H_3 = H_1 + \frac{1}{3}H_4$$

我国人体坐立时，上体高的平均值约为 873mm，桌椅高差（H_3）约为 290mm，即桌面高（H_2）应为 700mm，这与国际标准中推荐的尺寸相同。

桌椅过高或过低，都会使坐骨与曲肘不能处于合适的位置，形成肩部高耸或下垂，从而造成起坐不便，影响视力和健康。据日本学者研究，过高的桌子（如 740mm）易导致办公人员的肌肉疲劳，而身体各部位的疲劳百分比，女人又比男人高两倍左右，显然女人更不适应过高的桌椅。长期使用过高的桌面还会造成脊柱侧弯、视力下降。对于长年伏案工作的中老年人，甚至会导致颈椎肥大等。

对于桌椅类的高度，国家已有标准规定。其中，桌类家具高度尺寸标准有 700mm、720mm、740mm 和 760mm 四种规格。

2）桌面宽度和深度

桌子的宽度和深度是根据人的视野、手臂的活动范围以及桌上放置物品的类型和方式来确定的。手臂的活动范围如图 1-7 所示。

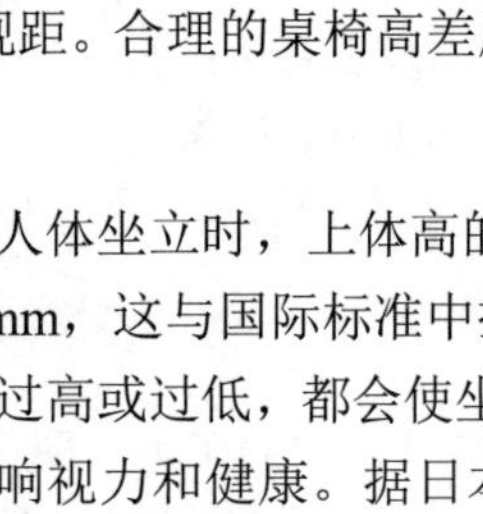

图 1-6 桌椅高度的关系

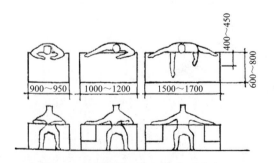

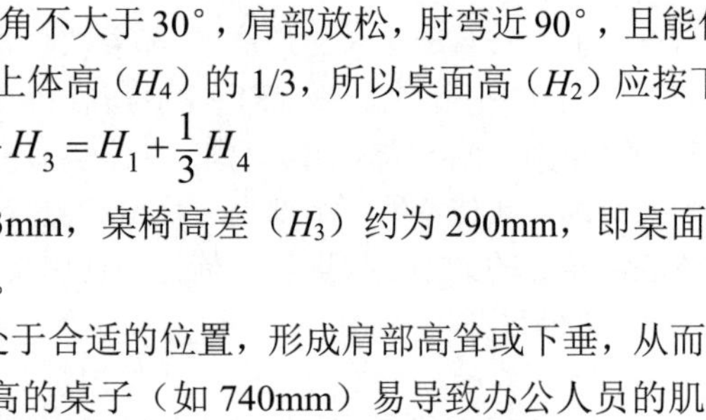

图 1-7 手臂的伸展范围与桌面宽度

3）容膝和脚踏空间

正确的桌椅高度应该能使人在坐着时保持两个基本垂直：一是当两脚平放在地面时，大腿与小腿能够基本垂直，这时座面前沿不能对大腿下平面形成压迫；二是当两臂自然下垂时，上臂与小臂基本垂直，这时桌面高度应该刚好与小臂下平面接触。这样就可以使人保持正确的坐姿和书写姿势。如果桌椅高度搭配得不合理，就会直接影响人的坐姿，不利于使用者的健康。对容膝空间的尺寸要求是必须保证下腿直立，膝盖不受约束并略有空隙。既要限制桌面的高度，又要保证有充分的容膝空间，那么膝盖以上、桌面以下的尺寸就是有限的，其间抽屉的高度必须合适。也就是说，不能根据抽屉功能的要求决定其尺寸，而只能根据有限空间的范围决定抽屉的高度，所以此抽屉普遍较薄，甚至取消该抽屉。容膝空间的高度是以座面高至抽斗底的垂直距离（H_5）表示的（见图 1-6），并要求将 H_5 限制为 160～170mm，不得更小。

脚踏空间主要是身体活动时，腿能自由放置的空间，并无严格规定，一般高（H_6）为 100mm，深为 100mm 即可（见图 1-6）。

国家标准规定了桌椅配套使用标准尺寸，桌椅高度差应控制为 280～320mm。写字桌台面下的空间高不小于 580mm，空间宽度不小于 520mm，这是为了保证人在使用时两腿能有足够的活动空间。

4. 床功能尺度的确定

1）床的长度

床的长度应以较高的人体作为标准较为适宜，因为对于较矮的人，从生理学的角度来看，床长一点是毫无影响的。但过长也不适宜，一是浪费材料，二是占地面积大，所以床的长度必须适宜。决定床长的主要因素包括：人体卧姿，应以仰卧为准，因为仰卧时的人体比侧卧时要长；人体高度（H），应在人体平均身高的基准上再增加 5%，即相当于较高人体的身高；人体身高早晚变化尺度（C），据观测，人体在一天中早上最高，傍晚时略缩减 10～20mm，C 可适当放大，取 20～30mm；头部放枕头的尺度（A），取 75mm；脚端折被长度（B），亦取 75mm。所以床内长的计算公式如下。

$$L=(1+0.05)H+C+A+B$$

2）床的宽度

床的宽度同人的睡眠关系最为密切，确定床宽要考虑保持人体良好的睡姿、翻身的动作和熟睡程度等生理和心理因素，同时也得考虑与床上用品（如床单等）的规格尺寸相配合。床宽的确定常以仰卧姿态为标准，以床宽（b）为仰卧时肩宽（W）的 2.5～3 倍为宜，即

$$\text{单人床宽}（b）=（2.5\sim3）W$$

增加 1.5～2 倍的肩宽，主要用于睡觉时翻身活动所需要的宽度以及放置床上用品的余量。据观测在正常情况下：一般人睡在 900mm 宽的床上，每晚翻身次数为 20～30 次，这有利于进入熟睡；当睡在 500mm 宽的窄床上时，翻身次数则会显著减少。当人初入睡时，他担心掉下来，翻身次数要减少 30%，这大大影响熟睡程度，在火车上睡过卧铺的人都有这种体会。因此：单人床的床宽应不小于 700mm，最好是 900mm；双人床的宽度不等于两个单人床的宽度，但也不应小于 1200mm，最好是 1350mm 或 1500mm。

3）床高

床屉面的高度可参照凳椅座面高的确定原理和具体尺寸，既可睡又可坐，但也要考虑为穿衣穿鞋、就寝起床等活动创造便利条件。对于双层床，还必须考虑两层之间的净高不小于 900 mm，否则将影响睡下铺的人的正常活动，同时也是考虑床面弹簧可能的下垂深度。

5. 储存类家具功能尺度的确定

储存类家具主要是指各种橱、柜、箱、架等。对这类家具的一般功能要求是能很好地存放物品，

存放数量最充分，存在方式最合理，方便人们的存取，满足使用要求，有利于提高使用效率，占地面积小，又能充分利用室内空间，还要容易搬动，有利于清洁卫生。为了实现这些功能要求，储存类家具设计时应注意如下几点。

首先需要明确的是，橱柜类家具是以内部储存空间的尺寸作为功能尺寸的。以所存放的物品为原型，先确定内部尺寸，再由里向外推算出产品的外形尺寸。

在确定储存类家具的功能尺寸之前，还必须确定相应物品的存放方式。如对于衣柜，首先必须确定衣服是折叠平摆还是用衣架悬挂；又如对书刊文献，特别是线装书，还要考虑是平放还是竖放，在此基础上方可决定储存类家具内部平面和空间尺寸。

有些物品是斜置的，如期刊陈列架或鞋柜。这时要有要求倾斜的程度和物品规格尺寸方可定出搁板的平面尺寸和主体的外形尺寸。

储存类家具的设计还必须满足不同物品的存放条件和使用要求。如食物的储存，在没有电冰箱的条件下，一般人家都是用碗柜、菜柜来储存生、熟菜食的，这类产品要求通风条件好，以防止食物发馊变质，所以对于此类家具一般是装窗纱而不是装玻璃；又如电视柜除了具备散热条件，还必须符合电视机的使用条件，使其便于观看和调整。对于家庭用的电视柜，其高度应符合一定的条件，即电视柜屏幕中心至地板表面的垂直距离等于人坐着时的平均视高，即1181mm，然后根据电视机的规格尺寸决定电视机搁板的高度。合理的视距范围可以避免视力下降。

柜类产品主要尺度的确定方法如下。

1）高度

原则上柜类产品的高度应按人体高度来确定，一般控制最高层应在两手便于到达的高度和两眼合理的视线范围之内。国家标准对不同类的柜子有不同的要求：对于墙面柜（固定于墙面的大壁柜），其高度通常是与室内墙高一致；对于悬挂柜，其下底的高度应比人略高，以便人在下面有足够的活动空间，如悬挂柜下面还有其他家具陈设，其高度可适当降低，以方便使用；对于一般不固定的柜类产品，其最大高度控制在1800mm左右。如果要利用柜子上表面放置生活用品，如茶杯、热水瓶等，则其最大高度不得大于1300mm；否则不方便使用。拉门、拉手、抽屉等零部件的高度也要与人体尺度一致。

对于挂衣柜类的高度，国家标准规定：挂衣杆上沿至柜顶板的距离为40～60mm，大了浪费空间，小了则放不进挂衣架；挂衣杆下沿至柜底板的距离，挂长大衣不应小于1350mm，挂短外衣不应小于850mm。

2）宽度

柜宽是根据存储物品的种类、大小、数量和布置方式决定的。内部宽度决定后，再加上两旁板及中间搁板的厚度，便是产品的外形宽度。对于荷重较大的物品柜，如电视机柜、书柜等，还需要根据搁板断面的形状和尺寸、材料的力学性能、载荷的大小等限制其宽度。

3）深度

柜子的深度主要由搁板的深度而定，搁板的深度又按存放物品的规格形式而定。如果一个柜子内有多种深度规格的搁板，则应按最大规格的深度决定，并使门与搁板之间略有间隙。同时还应考虑柜门反面是否挂放物品，如伞、镜框、领结等，以便适当增加深度。

从使用要求出发，柜深最大不得超过800mm；否则存取物品不便，柜内光线也差。如果搁板过深或部分搁板深度大于其他搁板，那么在存放条件允许的前提下，可将搁板设计成具有一定的倾斜度，达到在有限的深度范围内，既满足存放尺寸较大的物品的需要，又符合视线要求。

衣柜的深度主要考虑人的肩宽因素，一般为600mm，不应小于500mm，否则就只有斜挂才能关上柜门；对书柜类也有标准，国家标准规定搁板的层间高度不应小于220mm，如果小于该尺寸，就放不进 32 开本的普通书籍，考虑到摆放杂志、影集等规格较大的物品，搁板层间高一般选择 300～350mm。

4）搁板的高度

搁板的高度是根据人体的身高，以及处于某一姿态时手可能到达的高度位置来确定的。例如：人站立时可以到达的高度，男子为 2100mm，女子为 2000mm；站立时工作方便的高度，男子为 850mm，女子为 800mm；站立时手能到达的最低限度，男子为 650mm，女子为 600mm。

1.1.3　家具结构类型及连接方式

家具结构如人体骨筋系统那样，要承受外力并将外力和自重通过一定的结构形式传递到地面上。因此家具结构必须是传力合理、坚固耐用，又经济省材，它的形式由材料和家具造型决定。一个优秀的家具设计，必须是功能、造型和合理构造的完美统一，现将常见的家具结构类型分述如下。

1. 框架结构

框架结构是木制家具中的主要结构形式，它以榫接合为连接方式，类似中国古建筑木构架梁柱结构，传递荷载清晰合理。中国传统家具的结构都是框架结构，并以榫结构（见图 1-8）连接为主要特征。

2. 板式结构

板式结构的家具由板状部件连接构成，并由板状部件承受荷载及传递荷重。这种结构因简化的结构和加工工艺，且有利于机械化和自动化生产而被广泛应用。

板式家具的结构应分为板部件本身的结构和板部件之间的连接结构，如图 1-9 所示。

图 1-8　榫结构

图 1-9　板结构

1）板部件结构

板式家具的主要部件都以板的形式出现。因此，板的制作是主要生产工艺，对板部件的基本要求如下：首先是能承受一定的荷重，板部件要有一定的厚度，同时在装置各种板件连接件时不影响板部件自身的强度；其次为保证家具的连接质量和美观性，要求板部件平整、不变形，板边光洁。

目前板部件大多采用人造板制作，一般板厚为 18～25mm，如细木工板、中密度纤维板、复面空心板等。不同的板材，板边需要由相宜的封边材料封边，如塑料封边、薄木封边、榫接封边、金属嵌条封边等。

2）板的连接结构

板部件之间的连接，依靠紧固件或连接件，采用固定或拆装的连接方式，板件之间的连接必须具有足够的强度而使家具不产生摇摆、变形，从而保证能正常开启并使用门、抽屉等。

3. 拆装结构

家具各零部件之间的结合采用连接件来完成，并根据运输的便利和某种功能的需要，家具可进行多次拆卸和安装，在框架结构和板式结构的家具中多有拆装结构形式存在，特别以板式家具为多。

为了保证拆装式家具的拆装灵活性和牢固性，要求部件加工和连接件加工十分精确，并且具有足够的锚固强度，其连接的方式主要有以下 3 种。

☑ 框角连接件。

☑ 插接连接件。

☑ 插挂连接件。

4. 折叠式家具

折叠式家具常见于桌、椅、床类。它的主要特点是家具折叠后占用的空间小，便于贮藏。另外，它也便于运输、携带，适用于经常需要变换使用功能的场所，如餐厅、会场等。它也适用于小面积住宅，以节约使用空间。

1）折叠式家具

有金属制和木制的折叠家具，其关键是结构部件的结合点是可转动的结合或螺栓结合。

折叠结构一般都有两条或多条折动连接线，在每条折叠线上可设置多个折叠点，但必须使一件家具中一根折叠线中折叠点之间的距离之和与另一折叠线中折叠点距离之和相等，这样才能使家具折得动，合得拢，如图 1-10 所示。

2）叠积式家具

叠积式家具从家具自身来说与普通家具结构没有多大区别，但它在自身叠积中必须考虑整体结构形式。一般家具不太可能采用叠积方式贮存，只有在设计时考虑了叠积结构才能使家具叠积存放。家具通过叠积，既节约了占地面积，也方便了搬运。叠积式家具以柜架和轻便座椅为多，椅子造型设计一般是梯形，椅腿部分空间为下大上小，椅子下部不允许有连接的杆件。

3）调节式家具

设计纯功能性的折叠家具的某些部件，以达到人体使用的最佳状态，这是调节式家具的特点，是人们结合人体工效学而研制的新型家具。许多零部件利用可变动的五金件和机械操作原理变动其位置和高度，如椅座的高低调节、椅背的上下与倾斜度的调节、床面的折起等，如图 1-11 所示。

图 1-10 折叠式家具

图 1-11 可调节座椅

5. 薄壳结构

随着塑料、玻璃钢、多层薄木胶合等新材料和新工艺的迅速发展，出现了热压或热塑的薄壁成型结构。它是按人体坐姿模式制成座面和椅背连体的薄壳结构，被固定于支架上，构成各类椅子，也可用塑料连支架与椅座、椅背面一起压铸成型。这类家具的主要特点是质轻，便于搬动，甚至可被制作成叠积结构，适于贮藏。另外，这类家具由于是模压成型的，其造型生动流畅，色彩夺目，是创造室内环境的有效造型因素。

6. 充气结构

充气家具是把具有一定形状的橡塑胶气囊加以充气形成的，它有一定的承载能力，便于携带与贮藏，主要适合旅游使用。

7. 整体注塑结构

以塑料为原料，在定型的模具中进行发泡处理，脱模后成为具有承托人体和支撑结构合二为一的整体型家具。一般它的表面需要用织物包衬，造型雕塑感强。它可以设计成配套的组合部件块，以进行各种组合，适用于不同的使用方式。

1.1.4 常用家具部件构造

1. 框架式构造

典型的中国传统家具结构。以横方材为骨架或中间装板，以槽榫来连接，称为框架式构造。

特点是经济结实、轻巧，但是不可再次拆装。

不足之处在于，框架式构造家具对材料和工艺的要求较高，对于机械化、自动化生产有较大的困难，如图 1-12 所示。

2. 板式构造

由家具的板状部件承接载荷的一种结构类型。组成家具的主要部件是用各种人造板作基材，并以连接件接合起来，称为板式构造家具。

特点是结构简单，拆装方便，便于运输，对储存类家具尤为适合。使用人造板作基材，连接件接合，简化了结构和加工工艺，便于机械化和自动化生产，是目前被广为应用的构造类型，如图 1-13 所示。

图 1-12　框架式构造家具

图 1-13　板式构造家具

3. 拆装式构造

各部件之间主要用各种连接件结合，并可进行多次拆装。

特点是部件生产，部件销售，部件运输。因此，生产的家具部件大大减少了仓库占地面积，同时方便搬运，也节省了运输空间。目前，拆装式构造家具被广泛应用于支撑类家具和储存类家具，如图 1-14 所示。

图 1-14 拆装式构造家具

4. 薄壁成型式构造

薄壁成型式构造也称薄壳式构造或壳体式构造，其整体利用塑料或玻璃钢一次模压成型或用多层单板胶合成型。

特点是造型简洁、轻巧，便于搬运，工艺简单，生产效率高。可调配出各种颜色，生动新颖，如图 1-15 所示。

5. 折叠式构造

折叠式构造家具是能折叠或能叠放的家具，其主要特点是使用后可以折叠起来，便于携带、存放和运输。

折叠式构造家具适用于经常变换使用场地的公共场所，如餐厅、会场，也可以作为部队和野外作业工作队的备用家具。它可用木材或金属材料制作。折叠式构造家具一般较为简单，如图 1-16 所示。

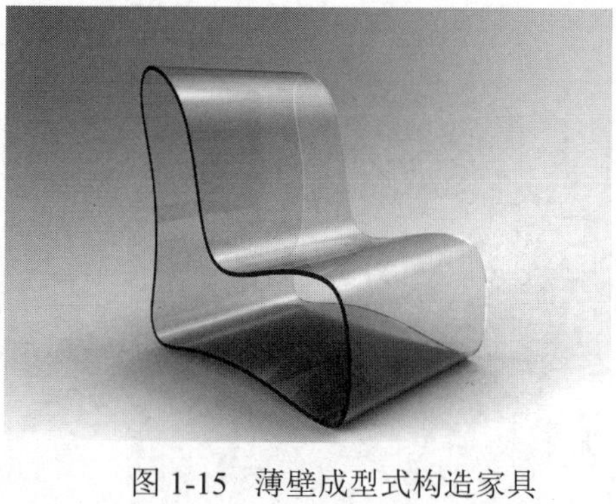

图 1-15 薄壁成型式构造家具

图 1-16 折叠式构造家具

6. 充气式构造

充气式构造家具具有独特的构造形式，其主要构件是具有一定形状的橡胶气囊，有一定的承载能力。它的特点是可随时充气，携带、存放方便。充气式构造家具多适用于旅游时使用，也可在家居中使用，节省空间，如图 1-17 所示。

Note

7. 软体式构造

凡是用软质材料进行表面装饰的构造，称为软体式构造，如应用于家居就称为软体式家具。

特点是，表面装饰材料材质柔软，富有弹性，色彩丰富，可营造环境氛围，如软体沙发、床、椅、凳等家具，也可扩展到柜门、房门、室内界面、汽车和轮船内饰，如图 1-18 所示。

图 1-17　充气式构造家具

图 1-18　软体式构造汽车座椅

1.1.5　结构分类

1. 支架结构

支架一般指支撑和传递上部载荷的骨架，如柜类家具中的脚架，桌、椅类家具中的支架等。

对于柜类家具的脚架，常见的主要有露脚结构和包脚结构，从材料的制作上又可分为木制和金属制两种。

露脚结构：木制的露脚结构属于框架结构形式，常采用闭口或半闭口直角榫接合。通常脚与脚之间有横撑相互连接，以加强刚度，脚架与上部柜体用木螺钉或金属连接件连接。

包脚结构：木制的包脚结构属于箱框结构形式，一般采用半夹角叠接和夹角叠接的框角接合。内角用塞角或方木条加固，也可采用前角全隐燕尾榫、后角半隐燕尾榫的箱框接合方式。

金属制脚架比较简单，以钢管套接上部载体，用木螺钉加以连接。

木制桌椅的支架通常由腿、横撑和塞角等组成。为了增加强度和刚度，支架腿与横撑的接合采用闭口直角榫，并在椅腿内角处加塞角固定。

2. 面板结构

面板主要指家具可承托物体的部分以及家具外部板面，如桌面、椅面、柜面及板式家具的各部件等。木制家具的板面可被分为实木板、空心板及其他复合材料。

实木板：由于单板本身面幅尺寸的限制，以及出于节约木材的考虑，常用小板拼接的方式制成较大的面板来使用。小块木板的宽度应有所限制，以避免板的收缩和翘曲。一般工厂制作的拼板都经过定型处理。

空心板：用于板式家具柜架的各个部件。空心板以木框架为结构主体，内填各种不同结构的不同材料，上下表面复贴三夹板，四周用相应材料封边而成。空心板由于重量轻、幅面大、节约木材、形式稳定、表面美观而得到广泛应用。

椅面：是比较特殊的结构，往往不是简单的平整面。它被分为厚、薄两种类型，厚型椅面，制作材料一般是多种复合型的，俗称软垫，多用于沙发和沙发椅；薄型椅面，用材单一，但种类较多，常用于椅、凳、床面。

3. 抽屉结构

抽屉是柜类家具中的重要部件，它要经受使用时的反复推拉而不致结构松动，具有一定的结构牢度；同时抽屉存放物品，要具有一定的承重能力，推拉要轻便，要具有高度的灵活性。

抽屉一般由屉面板、屉旁板、屉后板及底板构成。通常抽屉的结构是框角榫接合结构，屉旁板与屉后板的接合常用直角开口多榫或明燕尾榫，屉旁板与屉面板的接合常用半隐燕尾榫、直榫、圆钉接合等。

抽屉推拉滑道方式多样，可根据推拉的机械性能选择结构方式。木制滑道一般选用硬木为宜。

4. 柜门结构

门也是柜式家具的主要部件，它的品种、形式很多，有实板门、镶板门、空心覆面平板门等。

（1）实板门：一般将数块木板拼接在一起，为防止门板的翘曲，在板后部采用穿带的拼接方式。此类门的两端由于都是木材的横断面，不易加工平整，涂装质量不好，并且用材也不够节约，目前极少使用。

（2）镶板门：是在榫接合的框架中镶以薄木板。此类柜门造型变化较多，其木框在加工中可以制作精细的细脚，周边都可形成刨光的平面，因此美观光洁，一般在古典家具中应用较广。

（3）空心覆面平板门：一般由细木工板及各种覆面空心板和多层胶合板制成，周边粘贴相应的封边料。这种平板门由于生产工艺及油漆涂装工艺都比较简单，在现代家具制作中应用最广。

门和柜体的连接及开启方式有如下 4 种。

（1）拉门：门和柜体的连接都以铰链为连接件，其中明装和暗装是最常见的开启形式。

（2）移门：有时空间较小，家具布置紧凑时，拉门开启有困难，可采用移门的制作方式。移门的构造方式为有滑道的榫槽移门、单滑道移门、带有滑轮导轨的移门、玻璃移门和折式移门等。

（3）卷门：属于移门的特殊种类，主要适用于要求开启面积大的柜类家具。一般移门只能开启柜面的一半，而卷门可左右或上下移动，将门藏至柜体的另一面，使用方便，但结构较复杂。

（4）翻门：是组合家具中常见的门的开启方式。它靠铰链和拉杆与柜体连接，一般是将门翻下并开启至水平，可当桌面使用。也可将门由下向上翻起，通过滑槽将门推进柜体内，此时柜体变成开敞的空格柜，外界没有任何阻碍，使用十分方便。

1.2 家具常用剖面符号

除了传统的木制家具，现代家具也采用了各种各样的材质，在绘制剖视图和剖面图时，不同的材质应采用不同的符号，这方面国家标准也有详细规定。

在剖视图和剖面图中，应采用表 1-2 中所规定的剖面符号（GB/T 4457.5—2013）。

表 1-2 剖面符号

材 质	符 号	材 质	符 号
金属材料（已有规定剖面符号者除外）	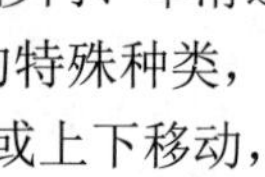	木质胶合板（不分层数）	
线圈绕组元件	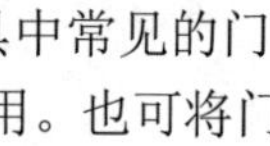	基础周围的泥土	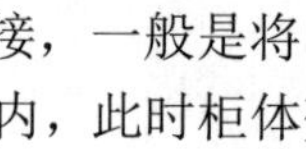
转子、电枢、变压器和电抗器等的叠钢片	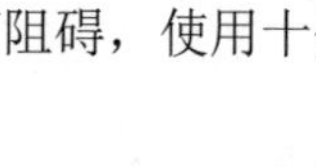	混凝土	

续表

<table>
<tr><th colspan="2">材　质</th><th>符　号</th><th>材　质</th><th>符　号</th></tr>
<tr><td colspan="2">非金属材料（已有规定剖面符号者除外）</td><td>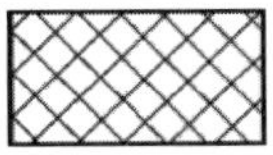</td><td>钢筋混凝土</td><td>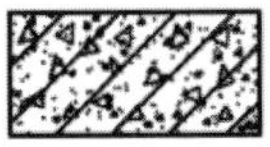</td></tr>
<tr><td colspan="2">型砂、填砂、粉末冶金、砂轮、陶瓷刀片、硬质合金刀片等</td><td>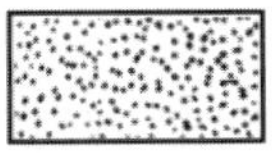</td><td>砖</td><td>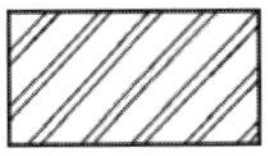</td></tr>
<tr><td colspan="2">玻璃及供观察用的其他透明材料</td><td></td><td>格网（筛网、过滤网等）</td><td></td></tr>
<tr><td rowspan="2">木材</td><td>纵断面</td><td></td><td rowspan="2">液体</td><td rowspan="2">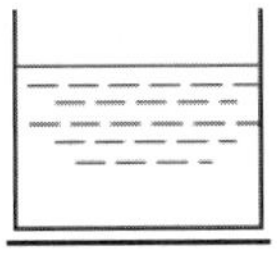</td></tr>
<tr><td>横断面</td><td>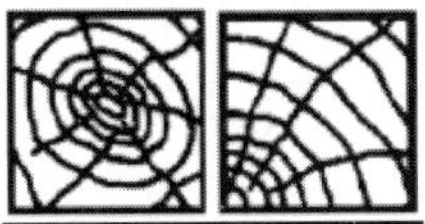</td></tr>
</table>

注：1．剖面符号仅表示材料的类型，材料的名称和代号另行注明。

2．叠钢片的剖面线方向，应与束装中叠钢片的方向一致。

3．液面用细实线绘制。

第2章

AutoCAD 2024 入门

本章将开始循序渐进地学习与 AutoCAD 2024 绘图有关的基本知识，了解如何设置图形的系统参数、样板图，熟悉建立新的图形文件、打开已有文件的方法等。

☑ 操作界面
☑ 配置绘图系统
☑ 设置绘图环境
☑ 文件管理
☑ 基本输入操作
☑ 图层的设置
☑ 绘图辅助工具

任务驱动&项目案例

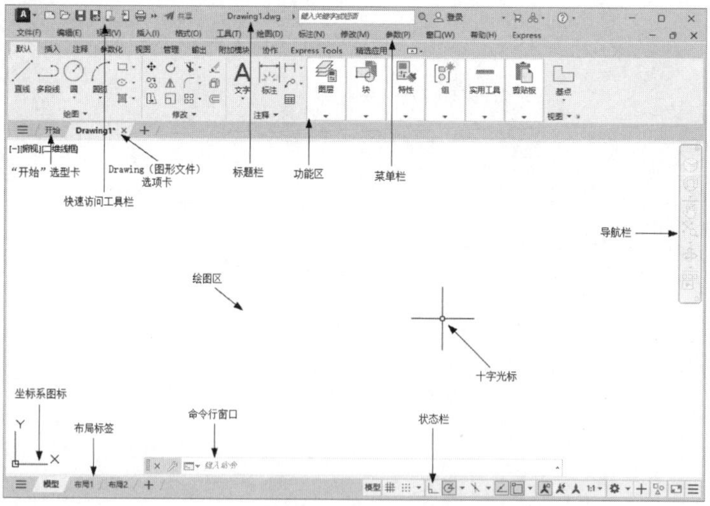

2.1 操作界面

Note

AutoCAD 的操作界面是 AutoCAD 显示、编辑图形的区域。启动 AutoCAD 2024 后的默认界面如图 2-1 所示，该界面是 AutoCAD 2009 以后版本出现的新界面风格。

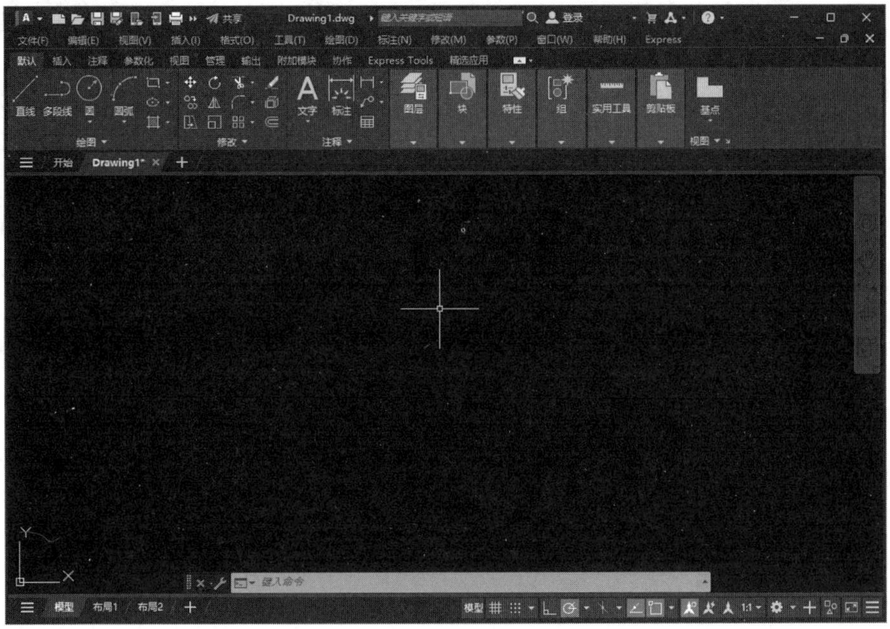

图 2-1 AutoCAD 2024 的默认界面

注意：安装 AutoCAD 2024 后，在绘图区右击，打开快捷菜单，如图 2-2 所示，❶执行“选项”命令，打开“选项”对话框，选择“显示”选项卡，❷将“窗口元素”对应的“颜色主题”设置为“明”，如图 2-3 所示，❸单击“确定”按钮，退出对话框，其操作界面如图 2-4 所示。

图 2-2 快捷菜单

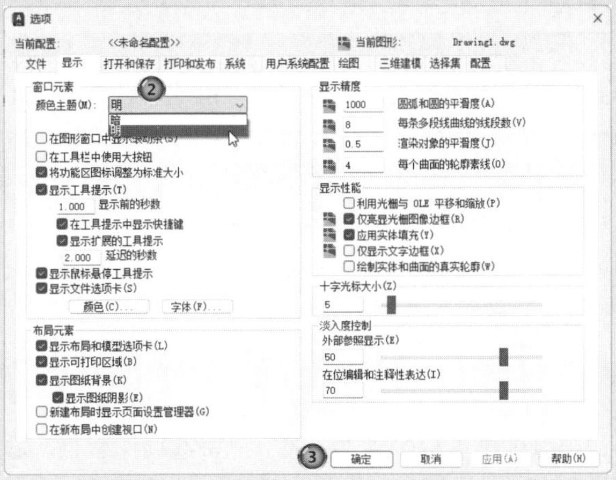

图 2-3 “选项”对话框

Note

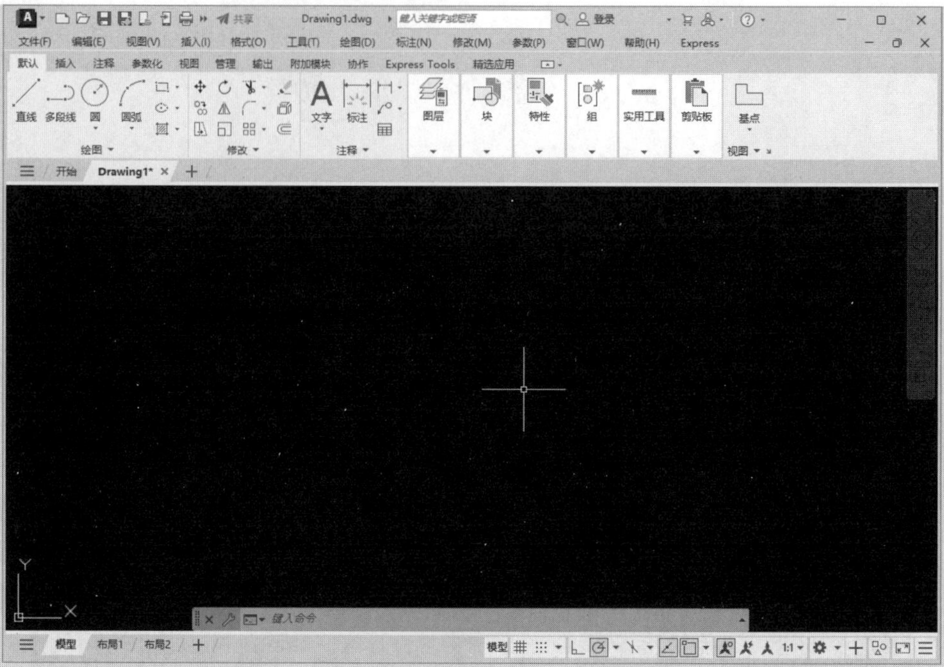

图 2-4　调整“明”后的操作界面

2.1.1　标题栏

在 AutoCAD 2024 中文版绘图窗口的最上端是标题栏。标题栏中显示了系统当前正在运行的应用程序（AutoCAD 2024 和用户正在使用的图形文件）。在用户第一次启动 AutoCAD 时，AutoCAD 2024 绘图窗口的标题栏中将显示 AutoCAD 2024 在启动时创建并打开的图形文件的名称 Drawing1.dwg，如图 2-5 所示。

图 2-5　第一次启动 AutoCAD 时的标题栏

2.1.2　绘图区

绘图区是指标题栏下方的大片空白区域，是用户使用 AutoCAD 2024 绘制图形的区域，设计图形的主要工作都是在绘图区中完成的。

在绘图区中，还有一个作用类似光标的十字线，其交点反映了光标在当前坐标系中的位置。在 AutoCAD 2024 中，将该十字线称为光标，AutoCAD 通过光标显示当前点的位置。十字线的方向与当前用户坐标系的 *X* 轴和 *Y* 轴方向平行，十字线的长度默认为屏幕大小的 5%。

1. 修改图形窗口中十字光标的大小

光标的长度默认为屏幕大小的 5%，用户可以根据绘图的实际需要更改大小。改变光标大小的方法如下。

在操作界面中执行菜单栏中的“工具”→“选项”命令，❶将弹出“选项”对话框。❷选择“显示”选项卡，❸在“十字光标大小”文本框中直接输入数值，或者拖曳文本框后的滑块，即可对十字光标的大小进行调整，如图 2-6 所示。

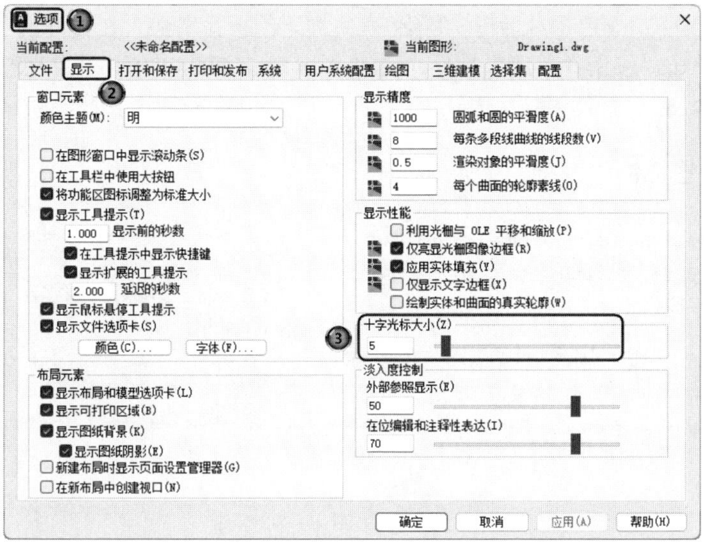

图 2-6 “选项”对话框中的“显示”选项卡

此外，用户还可以通过设置系统变量 CURSORSIZE 的值，实现对光标大小的更改。命令行提示如下：

```
命令：CURSORSIZE↙
输入 CURSORSIZE 的新值 <5>:
```

在提示下输入新值即可，默认值为 5%。

2. 修改绘图窗口的颜色

在默认情况下，AutoCAD 2024 的绘图窗口是黑色背景、白色线条，这不符合大多数用户的习惯，因此修改绘图窗口颜色是大多数用户都需要进行的操作。

修改绘图窗口颜色的步骤如下。

（1）在如图 2-6 所示的选项卡中单击“窗口元素”选项组中的“颜色”按钮，打开如图 2-7 所示的“图形窗口颜色”对话框。

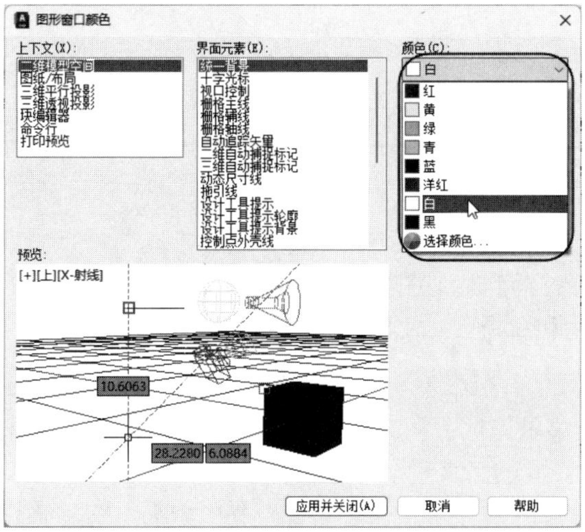

图 2-7 “图形窗口颜色”对话框

（2）单击“图形窗口颜色”对话框 “颜色”字样下的下拉箭头，在打开的下拉列表中选择需要的窗口颜色，然后单击“应用并关闭”按钮，此时 AutoCAD 2024 的绘图窗口变成了选择的背景色，通常按视觉习惯选择白色为窗口颜色。

Note

2.1.3 坐标系图标

在绘图区域的左下角，有一个箭头指向图标，我们将其称为坐标系图标，该图标表示用户绘图时正使用的坐标系形式，它的作用是为点的坐标确定一个参照系。根据工作需要，用户可以选择关闭坐标系图标。方法是单击“视图”选项卡“视口工具”面板中的“UCS 图标”按钮。

2.1.4 菜单栏

①单击快速访问工具栏中的按钮，②在打开的下拉菜单中选择“显示菜单栏”选项，如图 2-8 所示，在功能区的上方显示菜单栏，如图 2-9 所示。同其他 Windows 程序一样，AutoCAD 2024 的菜单也是下拉形式的菜单，并在菜单中包含子菜单。AutoCAD 2024 的菜单栏包含“文件”“编辑”“视图”“插入”“格式”“工具”“绘图”“标注”“修改”“参数”“窗口”“帮助”“Express” 13 项菜单，这些菜单几乎包含了 AutoCAD 2024 的所有绘图命令，后面的章节将围绕这些菜单展开讲述。

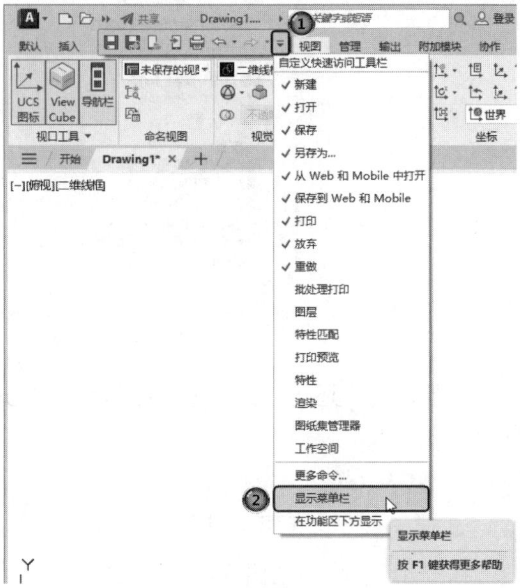

图 2-8 选择“显示菜单栏”选项

图 2-9 菜单栏显示界面

2.1.5 工具栏

工具栏是一组图标型工具的集合，执行菜单栏中的“工具”→“工具栏”→AutoCAD 命令，调出所需要的工具栏，把光标移动到某个图标上，稍停片刻即在该图标一侧显示相应的工具提示，同时在状态栏中显示对应的说明和命令名。此时，单击图标也可以启动相应的命令。

1. 设置工具栏

AutoCAD 2024 的标准菜单提供了几十种工具栏，执行菜单栏中的①“工具”→②“工具栏”→③AutoCAD 命令，调出所需要的工具栏，如图 2-10 所示。单击某一个未在界面中显示的工具栏名，系统会自动在界面中打开该工具栏；单击某一个已在界面中显示的工具栏名，系统会关闭该工具栏。

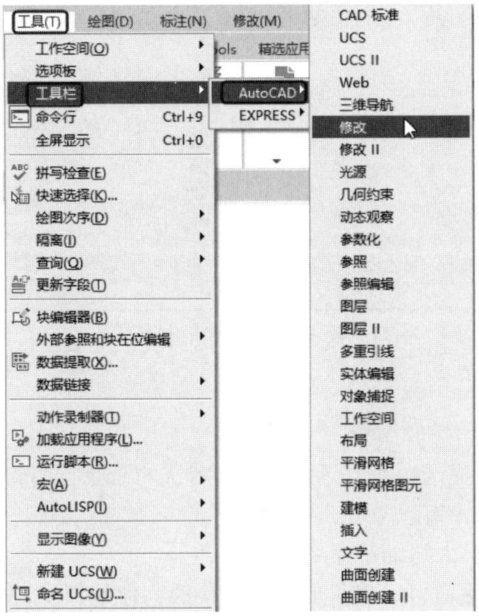

图 2-10　单独的工具栏标签

2．工具栏中的“固定”“浮动”与“打开”

工具栏可以在绘图区“浮动”，如图 2-11 所示。此时显示该工具栏标题，用户可以关闭该工具栏，也可以用鼠标将浮动工具栏拖曳到绘图区边界，使其变为固定工具栏，此时该工具栏标题被隐藏。此外，用户还可以把固定工具栏拖出，使其成为浮动工具栏。

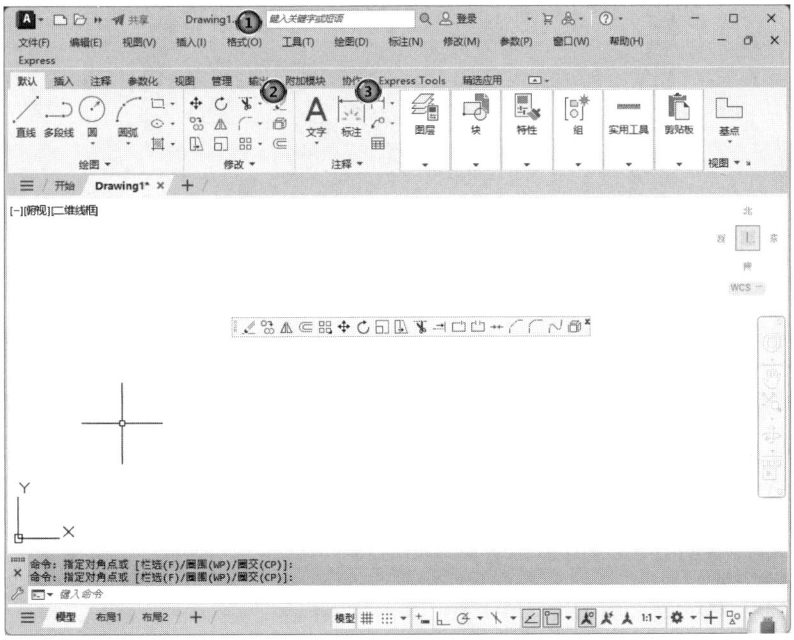

图 2-11　浮动工具栏

在有些图标的右下角有一个小三角，单击它，会打开相应的工具栏，将光标移动到某一图标上并单击该图标，该图标就成为当前图标。单击当前图标，即可执行相应的命令，如图 2-12 所示。

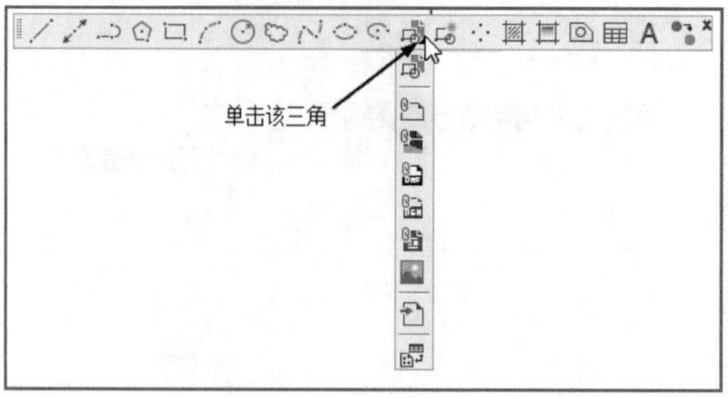

图 2-12　打开工具栏

2.1.6　命令行窗口

命令行窗口是输入命令和显示命令提示的区域，默认的命令行窗口位于绘图区下方，是由若干文本行组成的。对于命令行窗口，有以下几点需要说明。

（1）移动拆分条，可以扩大与缩小命令行窗口。

（2）用户可以拖曳命令行窗口，将其放置在屏幕的其他位置上。默认情况下，命令行窗口位于绘图窗口的下方。

（3）对于当前命令行窗口中输入的内容，用户可以按 F2 键打开一个文本窗口，然后用编辑文本的方法对该内容进行编辑，如图 2-13 所示。

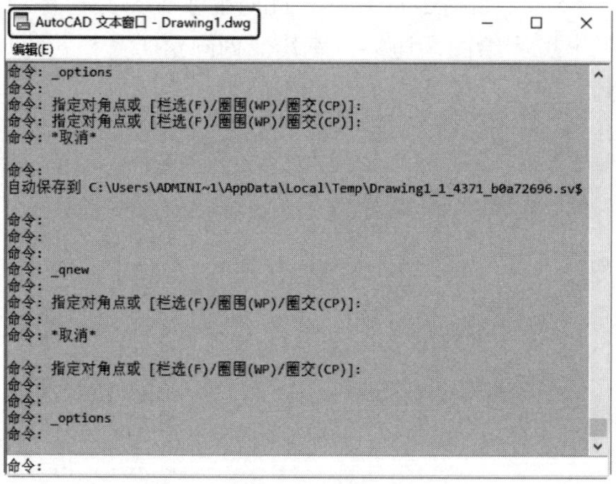

图 2-13　文本窗口

与命令行窗口相似，AutoCAD 2024 的文本窗口可以显示当前 AutoCAD 进程中命令的输入和执行过程。在 AutoCAD 2024 中执行某些命令时，系统会自动切换到文本窗口并列出有关信息。

（4）AutoCAD 通过命令行窗口反馈各种信息，包括出错信息。因此，用户要时刻关注命令行窗口中出现的信息。

2.1.7　布局标签

AutoCAD 2024 系统默认设定一个“模型”空间布局标签和“布局 1”“布局 2”两个图纸空间布局标签。

1. 布局

布局是系统为绘图设置的一种环境，包括图纸大小、尺寸单位、角度设定、数值精确度等，在系统默认的 3 个标签中，这些环境变量都是默认设置。用户可以根据实际需要改变这些变量的值，也可以根据自己的需要设置符合自己要求的新标签。后面的章节将对具体的方法进行介绍。

2. 模型

AutoCAD 2024 的空间分为模型空间和图纸空间。模型空间通常是绘图的环境，而在图纸空间中，用户可以创建名为“浮动视口”的区域，以不同视图显示所绘图形。用户还可以在图纸空间调整浮动视口并决定所包含视图的缩放比例。如果选择图纸空间，则可打印多个视图，也可以打印任意布局的视图。

AutoCAD 2024 系统默认打开模型空间，用户可以通过单击选择需要的布局。

2.1.8　状态栏

状态栏位于屏幕的底部，依次有“坐标”“模型空间”“栅格”“捕捉模式”“推断约束”“动态输入”“正交模式”“极轴追踪”“等轴测草图”等 30 个功能开关按钮，如图 2-14 所示。单击这些开关按钮，可以实现对应功能的开启和关闭。

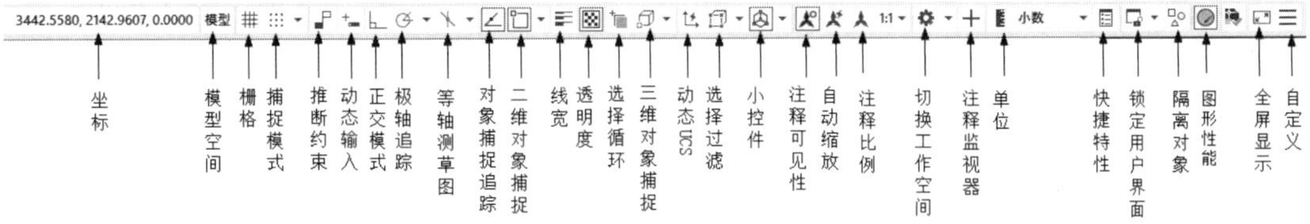

图 2-14　状态栏

注意：默认情况下，并非所有工具都会显示在状态栏中，用户可以通过单击状态栏最右侧的“自定义”按钮，从“自定义”菜单中选择要显示的工具。状态栏上显示的工具可能会发生变化，这取决于当前的工作空间以及当前显示的是“模型”选项卡还是“布局”选项卡。

下面对状态栏上的部分按钮做简单介绍。

☑ 模型或图纸空间（模型空间）：在模型空间与布局空间之间进行转换。

☑ 显示图形栅格（栅格）：栅格是覆盖整个坐标系（UCS）*XY* 平面的直线或点组成的矩形图案。使用栅格类似于在图形下放置一张坐标纸。利用栅格，系统可以对齐对象并直观显示对象之间的距离。

☑ 捕捉模式：对象捕捉对于在对象上指定精确位置非常重要。不论何时提示输入点，都可以指定对象捕捉。默认情况下，当把光标移到对象的对象捕捉位置上时，将显示标记和工具提示。

☑ 正交限制光标（正交模式）：将光标限制在水平或垂直方向上移动，以便于精确地创建和修改对象。当创建或移动对象时，用户可以使用正交模式将光标限制在相对于用户坐标系（UCS）的水平或垂直方向上。

☑ 按指定角度限制光标（极轴追踪）：使用极轴追踪，光标将按指定角度进行移动。创建或修改对象时，用户可以使用极轴追踪来显示由指定的极轴角度定义的临时对齐路径。

☑ 等轴测草图：通过设定“等轴测捕捉/栅格”，系统可以很容易地沿 3 个等轴测平面之一对齐对象。尽管等轴测图形看似三维图形，但它实际上是由二维图形表示的，因此用户不能期望提取三维距离和面积，也不能从不同视点显示对象或自动消除隐藏线。

☑ 显示捕捉参照线（对象捕捉追踪）：使用对象捕捉追踪，系统可以沿着基于对象捕捉点的对齐路径进行追踪。已获取的点将显示一个小加号（+），一次最多可以获取 7 个追踪点。获取点之后，在绘图路径上移动光标，将显示相对于获取点的水平、垂直或极轴对齐路径。例如，可以基于对象端点、中点或者对象的交点，沿着某个路径选择一点。

☑ 将光标捕捉到二维参照点（二维对象捕捉）：使用执行对象捕捉设置（也称为对象捕捉），系统可以在对象上的精确位置处指定捕捉点。选择多个选项后，系统将应用选定的捕捉模式，返回距离靶框中心最近的点。按 Tab 键可以在这些选项之间进行循环。

☑ 显示注释对象（注释可见性）：当图标亮显时，表示显示所有比例的注释性对象；当图标变暗时，表示仅显示当前比例的注释性对象。

☑ 在注释比例发生变化时，系统将比例添加到注释性对象中（自动缩放）：注释比例更改时，系统自动将比例添加到注释对象中。

☑ 当前视图的注释比例（注释比例）：单击注释比例右下角小三角符号，弹出注释比例列表，如图 2-15 所示。用户可以根据自己的需要从该列表中选择适当的注释比例。

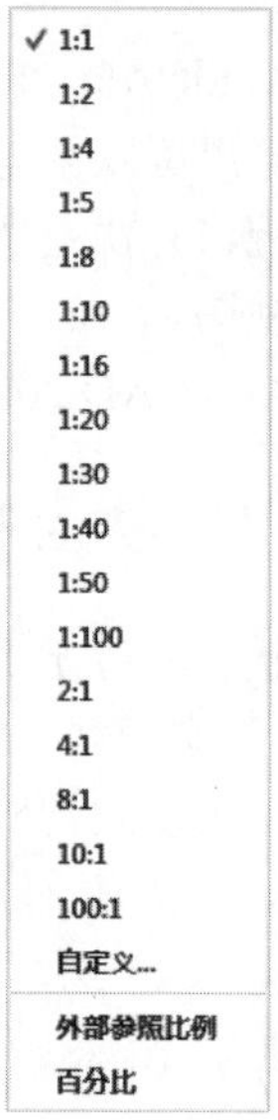

图 2-15　注释比例列表

☑ 切换工作空间：进行工作空间转换。

☑ 注释监视器：打开仅用于所有事件或模型文档事件的注释监视器。

☑ 隔离对象：当选择隔离对象时，所选对象将显示在当前视图中，而所有其他对象都暂时隐藏起来。当选择隐藏对象时，所选对象将暂时隐藏在当前视图中，而所有其他对象都可见。

☑ 图形性能：设定图形卡的驱动程序以及设置硬件加速的选项。

☑ 全屏显示：该选项可以清除 Windows 窗口中的标题栏、功能区和选项板等界面元素，使 AutoCAD 的绘图窗口全屏显示，如图 2-16 所示。

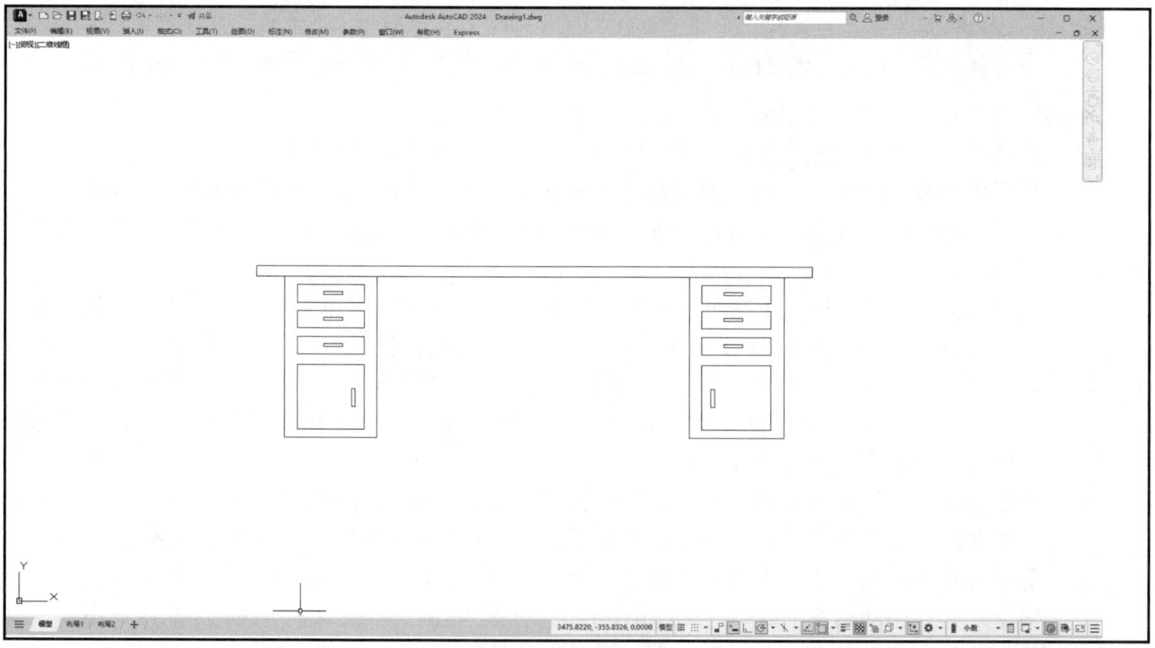

图2-16　全屏显示

☑ 自定义：状态栏可以提供重要信息，而无须中断工作流。使用 MODEMACRO 系统变量可将应用程序能识别的大多数数据显示在状态栏中。使用该系统变量的计算、判断和编辑功能用户可以完全按照自己的要求构造状态栏。

2.1.9　快速访问工具栏和交互信息工具栏

1. 快速访问工具栏

该工具栏包括“新建”“打开”“保存”“另存为”“从 Web 和 Mobile 中打开”“保存到 Web 和 Mobile”“打印”“放弃”“重做”等常用工具。用户也可以单击本工具栏后面的下拉按钮，设置需要的常用工具。

2. 交互信息工具栏

该工具栏包括“搜索”“Autodesk Account”“Autodesk App Store”“保持连接”“单击此处访问帮助”等几个常用的数据交互访问工具。

2.1.10　功能区

功能区包括“默认”“插入”“注释”“参数化”“三维工具”“可视化”“视图”“管理”“输出”“附加模块”“协作”“自动化”“Express Tools”“精选应用”选项卡。默认情况下，只显示部分选项卡，如图 2-17 所示（所有的选项卡显示面板如图2-18 所示）。每个选项卡都集成了相关的操作工具，方便用户使用。用户可以单击功能区选项后面的按钮来控制功能的展开与收缩。

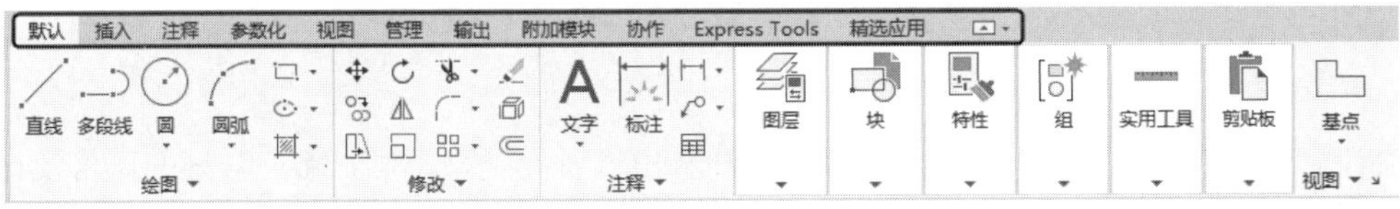

图 2-17　默认情况下出现的选项卡

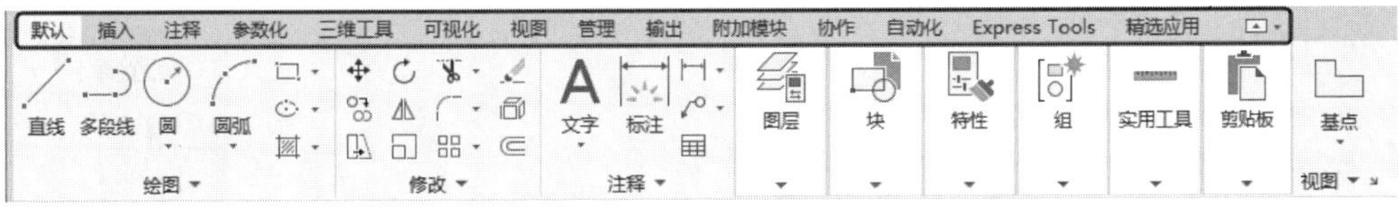

图 2-18　所有的选项卡

（1）设置选项卡。将光标放在面板的任意位置，并右击，打开如图 2-19 所示的快捷菜单。单击某一个未在功能区中显示的选项卡名，系统自动在功能区打开该选项卡；单击某一个已在功能区中显示的选项卡名，系统会关闭该选项卡（调出面板的方法与调出选项卡的方法类似，这里不再赘述）。

（2）选项卡中面板的“固定”与“浮动”。面板可以在绘图区“浮动”（见图 2-20），将光标放到浮动面板的右上角，系统将显示“将面板返回到功能区”，如图 2-21 所示。单击此处，使它变为“固定”面板；用户也可以将“固定”面板拖出，使它成为“浮动”面板。

图 2-19　快捷菜单

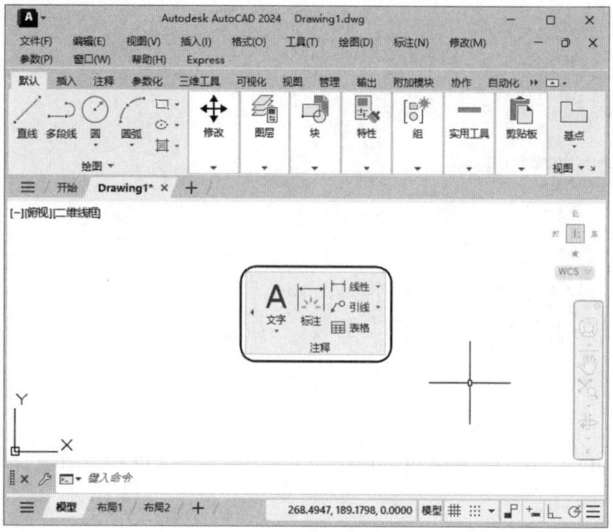

图 2-20 “浮动”面板

图 2-21 “注释”面板

打开或关闭功能区的操作方式如下。

☑ 命令行：RIBBON 或 RIBBONCLOSE。

☑ 菜单栏：“工具”→“选项板”→“功能区”。

2.2 配置绘图系统

每台计算机由于所使用的显示器、输入设备和输出设备的类型不同，用户喜好的风格及计算机的目录设置也不同，因此都是独特的。一般来讲，使用 AutoCAD 2024 的默认配置就可以绘图，但为了使用定点设备或打印机提高绘图的效率，建议用户在开始作图前对绘图系统进行必要的配置。

1. 执行方式

☑ 命令行：PREFERENCES。

☑ 菜单栏：“工具”→“选项”。

☑ 快捷菜单：“选项”（右击，系统弹出快捷菜单，其中包括一些常用命令，如图 2-22 所示）。

图 2-22 快捷菜单

2. 操作步骤

执行上述命令后，系统自动打开“选项”对话框。用户可以在该对话框中选择有关选项卡，即可对系统进行配置。下面仅就其中主要的几个选项卡进行说明，其他配置选项在后面用到时再做具体说明。

2.2.1 显示

“显示”选项卡用于控制 AutoCAD 2024 窗口的外观，可对屏幕菜单、滚动条显示与否、固定命令行窗口中文字行数、AutoCAD 2024 的版面布局、各实体的显示分辨率以及 AutoCAD 运行时的其他各项性能参数等进行设置。前面已经讲述了屏幕菜单设定、屏幕颜色、光标大小等知识，其余有关选项的设置，读者可参照“帮助”文件进行学习。

在设置实体显示分辨率时，请务必记住，显示质量越高，即分辨率越高，计算机计算的时间越长。因此将显示质量设置在一个合理的程度上是很重要的，千万不要将其设置得太高。

2.2.2　系统

“系统”选项卡如图 2-23 所示。该选项卡用于设置 AutoCAD 2024 系统的有关特性。

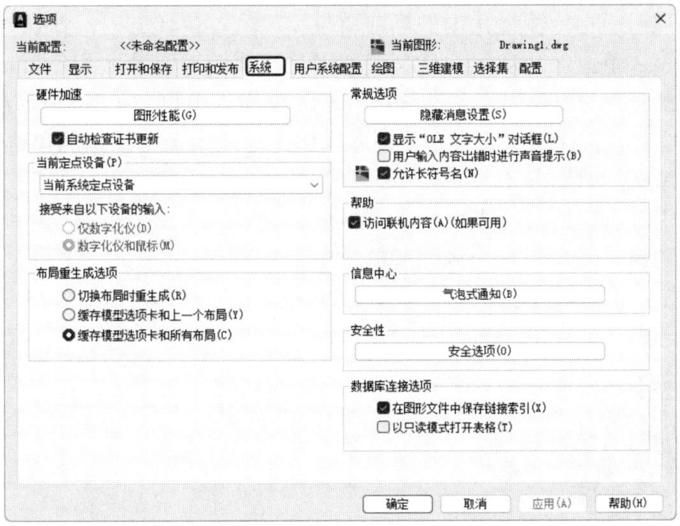

图 2-23　“系统”选项卡

1. “硬件加速”选项组

控制与图形显示系统的配置相关的设置，设置及其名称会随着产品而变化。

2. “当前定点设备”选项组

安装及配置定点设备，如数字化仪和鼠标。

3. “常规选项”选项组

确定是否选择系统配置的有关基本选项。

4. “数据库连接选项”选项组

确定数据库连接的方式。

2.3　设置绘图环境

使用 AutoCAD 2024 绘图时，用户可以根据自己的需要对绘图环境进行设置。

2.3.1　绘图单位的设置

1. 执行方式

☑　命令行：DDUNITS 或 UNITS。

☑ 菜单栏："格式"→"单位"。

2. 操作步骤

执行上述命令后，系统弹出"图形单位"对话框，如图 2-24 所示。该对话框用于定义单位和角度格式。

3. 选项说明

（1）"长度"选项组：指定测量长度的当前单位及当前单位的精度。

（2）"角度"选项组：指定测量角度的当前单位、精度及旋转方向，默认方向为逆时针。

（3）"插入时的缩放单位"选项组：控制使用工具选项板（如 DesignCenter 或 i-drop）拖入当前图形中的块或图形的测量单位。如果在创建块或图形时使用的单位与该选项指定的单位不同，则在插入这些块或图形时，将对其按比例进行缩放。插入比例是源块或图形使用的单位与目标图形使用的单位之比。如果插入块或图形时对其不按指定单位进行缩放，则选择"无单位"选项。

（4）"输出样例"选项组：显示当前输出的样例值。

（5）"光源"选项组：用于指定光源强度的单位。

（6）"方向"按钮：单击该按钮，系统显示"方向控制"对话框，如图 2-25 所示。用户可以在该对话框中进行方向控制设置。

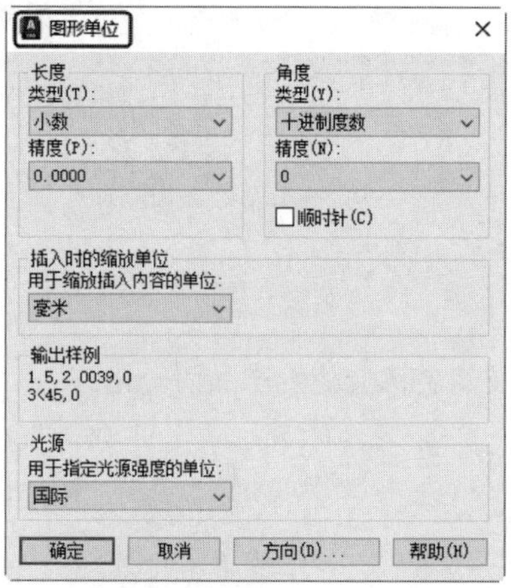

图 2-24 "图形单位"对话框

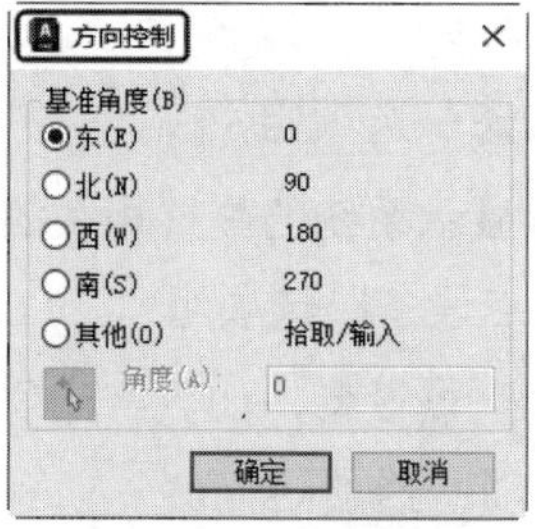

图 2-25 "方向控制"对话框

2.3.2 图形边界的设置

1. 执行方式

☑ 命令行：LIMITS。

☑ 菜单栏："格式"→"图形界限"。

2. 操作步骤

```
命令：LIMITS
重新设置模型空间界限
指定左下角点或 [开(ON)/关(OFF)] <0.0000,0.0000>:（输入图形边界左下角的坐标后按 Enter 键）
指定右上角点 <12.0000,9.0000>:（输入图形边界右上角的坐标后按 Enter 键）
```

3. 选项说明

（1）开(ON)：使绘图边界有效。系统把在绘图边界以外拾取的点视为无效。

（2）关(OFF)：使绘图边界无效。用户可以在绘图边界以外拾取点或实体。

（3）动态输入角点坐标：通过动态输入功能可以直接在屏幕上输入角点坐标，输入横坐标值后，按“,”键（在英文状态下进行输入），接着输入纵坐标值，如图 2-26 所示；也可以根据光标位置直接单击确定角点位置。

图 2-26　动态输入

2.4　文件管理

本节将介绍有关文件管理的一些基本操作方法，包括新建文件、打开已有文件、保存文件、另存为、退出、图形修复等，这些都是进行 AutoCAD 2024 操作最基础的知识。另外，本节还将介绍安全口令和数字签名等涉及文件管理操作的知识。

2.4.1　新建文件

1. 执行方式

☑　命令行：NEW。
☑　菜单栏：“文件”→“新建”。
☑　工具栏：“标准”→“新建”或快速访问→“新建”。
☑　选项卡：单击“开始”选项卡中的“新建”按钮新建。
☑　快捷键：Ctrl+N。
☑　主菜单：执行主菜单下的“新建”命令。

2. 操作步骤

执行上述命令后，系统弹出如图 2-27 所示的“选择样板”对话框，在“文件类型”下拉列表框中有 3 种格式的图形样板，后缀分别是.dwt、.dwg 和.dws。

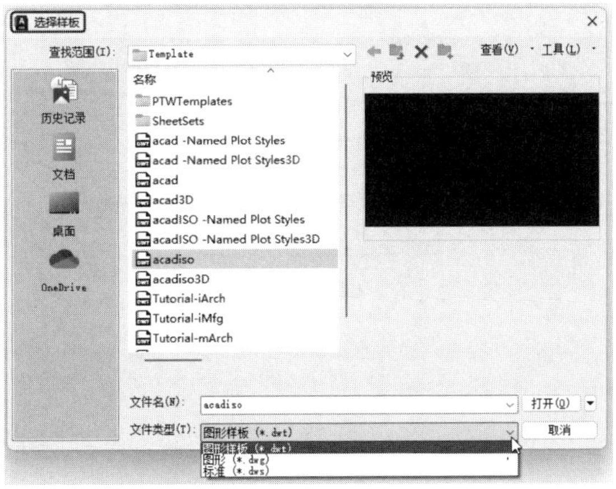

图 2-27　“选择样板”对话框

在每种图形样板文件中，系统根据绘图任务的要求进行统一的图形设置，如绘图单位类型和精度要求、绘图界限、捕捉、网格与正交设置、图层、图框和标题栏、尺寸及文本格式、线型和线宽等。

使用图形样板文件绘图的优点在于，在完成绘图任务时不但可以保持图形设置的一致性，而且也可以大大提高工作效率。此外，用户还可以根据自己的需要设置新的样板文件。

一般情况下，.dwt 文件是标准的样板文件，通常将一些规定的标准性的样板文件设为.dwt 文件。.dwg 文件是普通的样板文件，而.dws 文件是包含标准图层、标注样式、线型和文字样式的样板文件。

2.4.2 打开文件

1. 执行方式

☑ 命令行：OPEN。
☑ 菜单栏：“文件”→“打开”。
☑ 工具栏：“标准”→“打开”或快速访问→“打开”。
☑ 选项卡：单击“开始”选项卡中的“打开”按钮。

2. 操作步骤

执行上述命令后，系统弹出如图 2-28 所示的“选择文件”对话框，在“文件类型”下拉列表框中可选择.dwg 文件、.dwt 文件、.dxf 文件或.dws 文件。其中，.dxf 文件是用文本形式存储的图形文件，能够被其他程序读取，许多第三方应用软件都支持.dxf 格式的文件。

图 2-28 “选择文件”对话框

2.4.3 保存文件

1. 执行方式

☑ 命令行：QSAVE 或 SAVE。
☑ 菜单栏：“文件”→“保存”。

☑　工具栏："标准"→"保存"或快速访问→"保存"。

☑　快捷键：Ctrl+S。

2. 操作步骤

执行上述命令后，若文件已被命名，则 AutoCAD 自动保存它；若文件未被命名（即为默认名 Drawing1.dwg），则系统弹出如图 2-29 所示的"图形另存为"对话框，用户可以命名并保存该文件。在"保存于"下拉列表框中，用户可以指定保存文件的路径，在"文件类型"下拉列表框中，用户可以指定保存文件的类型。

图 2-29　"图形另存为"对话框

为了防止因意外操作或计算机系统故障导致正在绘制的图形文件丢失，可以将当前图形文件设置为自动保存，步骤如下。

（1）利用系统变量 SAVEFILEPATH 设置所有"自动保存"文件的位置，如 C:\HU\。

（2）利用系统变量 SAVEFILE 存储"自动保存"文件名。用户可以从中查询自动保存的文件名。

（3）利用系统变量 SAVETIME 指定在使用"自动保存"时多长时间保存一次图形。

2.4.4　另存为

1. 执行方式

☑　命令行：SAVEAS。

☑　菜单栏："文件"→"另存为"。

☑　工具栏：快速访问→"另存为"。

2. 操作步骤

执行上述命令后，系统弹出如图 2-29 所示的"图形另存为"对话框。用户可以在该对话框中用其他名称对图形进行保存。

2.4.5　退出

1. 执行方式

☑　命令行：QUIT 或 EXIT。

☑　菜单栏："文件"→"退出"。

Note

☑ 按钮："关闭"×。

2. 操作步骤

执行上述命令后，如果用户对图形所做的修改尚未保存，则系统会弹出如图 2-30 所示的警告对话框。单击"是"按钮，系统将保存文件，然后退出；单击"否"按钮，系统将不保存文件。用户如果对图形所做的修改已经保存，则直接退出系统。

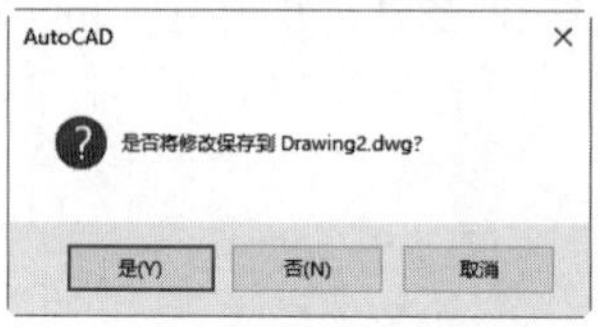

图 2-30　警告对话框

2.4.6　图形修复

1. 执行方式

☑ 命令行：DRAWINGRECOVERY。

☑ 菜单栏："文件"→"图形实用工具"→"图形修复管理器"。

2. 操作步骤

执行上述命令后，系统弹出如图 2-31 所示的"图形修复管理器"，打开"备份文件"列表中的文件，用户可以重新保存文件，以进行修复。

图 2-31　图形修复管理器

2.5　基本输入操作

在 AutoCAD 2024 中，有一些基本的输入操作方法，这些方法是进行 AutoCAD 绘图的必备知识，也是深入学习 AutoCAD 的前提。

2.5.1　命令输入方式

要实现 AutoCAD 交互绘图，必须输入必要的指令和参数。AutoCAD 有多种命令输入方式，此处以画直线为例进行介绍。

1. 在命令行窗口中输入命令名

命令字符不区分大小写。执行命令时，在命令行提示中经常会出现命令选项。例如，命令 LINE，在输入绘制直线命令 LINE 后，命令行提示与操作如下：

```
命令：LINE
指定第一个点：(在屏幕上指定一点或输入一个点的坐标)
指定下一点或 [放弃(U)]：
```

选项中不带括号的提示为默认选项，因此可以直接输入直线段的起点坐标或在屏幕上指定一点，如果要选择其他选项，则应该首先输入该选项的标识字符，如输入"放弃"选项的标识字符"U"，然后按系统提示输入数据即可。在命令选项的后面有时还带有尖括号，尖括号内的数值为默认数值。

2. 在命令行窗口中输入命令缩写字母

如 L（LINE）、C（CIRCLE）、A（ARC）、Z（ZOOM）、R（REDRAW）、M（MORE）、CO（COPY）、PL（PLINE）、E（ERASE）等。

3. 执行“绘图”菜单中的“直线”命令

执行“直线”命令后，在状态栏中可以看到对应的命令说明及命令名。

4. 单击工具栏中对应的图标

单击“直线”图标后，在状态栏中也可以看到对应的命令说明及命令名。

图 2-32　绘图区右键快捷菜单

5. 在绘图区打开右键快捷菜单

如果在前面刚使用过欲输入的命令，则可以在绘图区右击，弹出快捷菜单，在“最近的输入”子菜单中选择需要的命令，如图 2-32 所示。“最近的输入”子菜单中存储了最近使用的几个命令，如果是经常重复使用的命令，这种方法就比较快速简便。

6. 在命令行窗口中直接按 Enter 键

用户如果要重复使用上次使用的命令，可以在命令行窗口中直接按 Enter 键，系统立即重复执行上次使用的命令。这种方法适用于重复执行某个命令。

2.5.2　命令的重复、撤销和重做

1. 命令的重复

在命令行窗口中按 Enter 键可重复调用上一个命令，不管上一个命令已完成还是被取消。

2. 命令的撤销

在命令执行的任何时刻都可以取消和终止命令的执行，其执行方式有以下几种。

☑ 命令行：UNDO。
☑ 菜单栏：“编辑”→“放弃”。
☑ 快捷键：Esc。
☑ 工具栏：快速访问→“放弃”。

3. 命令的重做

已被撤销的命令还可以恢复重做，即恢复撤销的最后一个命令，其执行方式有以下几种。

☑ 命令行：REDO。
☑ 菜单栏：“编辑”→“重做”。
☑ 工具栏：快速访问→“重做”。

“放弃”或“重做”命令可以一次执行多重放弃或重做操作。单击 UNDO 或 REDO 列表箭头，用户可以选择要放弃或重做的操作，如图 2-33 所示。

图 2-33　多重放弃或重做

Note

2.6 图层的设置

AutoCAD 中的图层如同在手工绘图中使用的重叠透明图纸，如图 2-34 所示，用户可以使用图层来组织不同类型的信息。在 AutoCAD 2024 中，图形中的每个对象都位于一个图层上，所有图形对象都具有图层、颜色、线型和线宽 4 个基本属性。在绘制时，图形对象将创建在当前的图层上。每个 AutoCAD 文档中图层的数量是不受限制的，每个图层都有自己的名称。

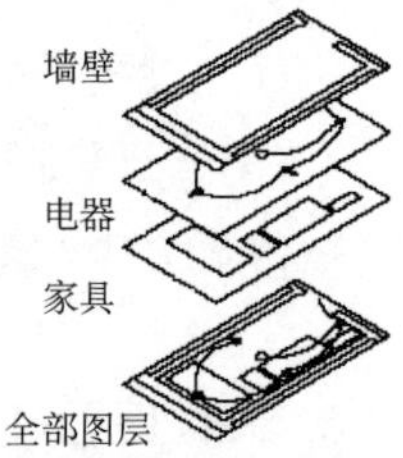

图 2-34　图层示意图

2.6.1　建立新图层

新建的 AutoCAD 文档中只能自动创建一个名为 0 的特殊图层。默认情况下，图层 0 将被指定使用 7 号颜色、Continuous 线型、默认线宽，以及 NORMAL 打印样式。不能删除或重命名图层 0。通过创建新的图层，用户可以将类型相似的对象指定给同一个图层使其相关联。例如，用户可以将构造线、文字、标注和标题栏置于不同的图层上，并为这些图层指定通用特性。通过将对象分类放到各自的图层中，用户可以快速有效地控制对象的显示以及对其进行更改。

1. 执行方式

☑　命令行：LAYER。

☑　菜单栏："格式"→"图层"。

☑　工具栏："图层"→"图层特性管理器"。

☑　功能区："默认"→"图层"→"图层特性"（见图 2-35）或"视图"→"选项板"→"图层特性"。

2. 操作步骤

执行上述命令后，系统弹出"图层特性管理器"选项板，如图 2-36 所示。

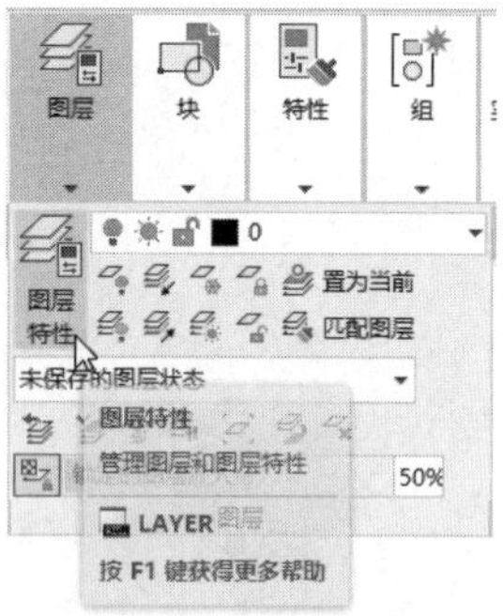

图 2-35　"图层"面板

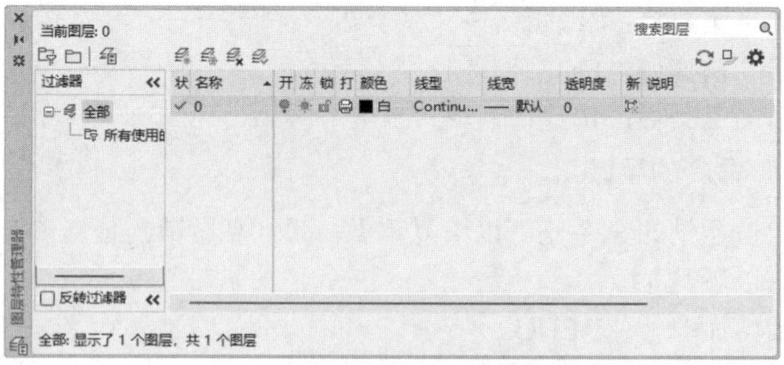

图 2-36　"图层特性管理器"选项板

单击"图层特性管理器"选项板中的"新建图层"按钮，建立新图层，默认的图层名为"图层 1"。用户可以根据自己的绘图需要，更改图层名称，如改为"实体"图层、"中心线"图层或"标准"图层等。

在一个图形中可以创建的图层数以及在每个图层中可以创建的对象数实际上是无限的。图层最长可使用 255 个字符的字母和数字命名。图层特性管理器按名称的字母顺序排列图层。

注意： 如果要建立多个图层，则无须重复单击“新建图层”按钮。更有效的方法是：在建立一个新的图层“图层 1”后，改变此图层名，并在其后输入一个逗号“,”（在英文状态下进行输入），这样就会又自动建立一个新图层“图层 1”，改变此图层名，依次建立各个图层；也可以按两次 Enter 键，建立另一个新的图层，对图层的名称也可以进行更改，只需直接双击图层名称，输入新的名称即可。

在图层属性设置中，包括图层名称、关闭/打开图层、冻结/解冻图层、锁定/解锁图层、图层线条颜色、图层线条线型、图层线条宽度、图层透明度、图层打印样式以及图层是否打印等几个参数。下面将分别介绍如何设置这些图层参数。

1）设置图层线条颜色

在工程制图中，整个图形包含多种不同功能的图形对象，如实体、剖面线与尺寸标注等，为了便于直观地区分它们，有必要针对不同的图形对象使用不同的颜色，如“实体”图层使用白色，“剖面线”图层使用青色等。

要改变某一图层的颜色，需要单击该图层对应的颜色图标，弹出“选择颜色”对话框，如图 2-37 所示。该对话框是一个标准的颜色设置对话框，可以使用“索引颜色”“真彩色”“配色系统”3 个选项卡来选择颜色。系统显示的 RGB 配比，即为 Red（红）、Green（绿）和 Blue（蓝）3 种颜色。

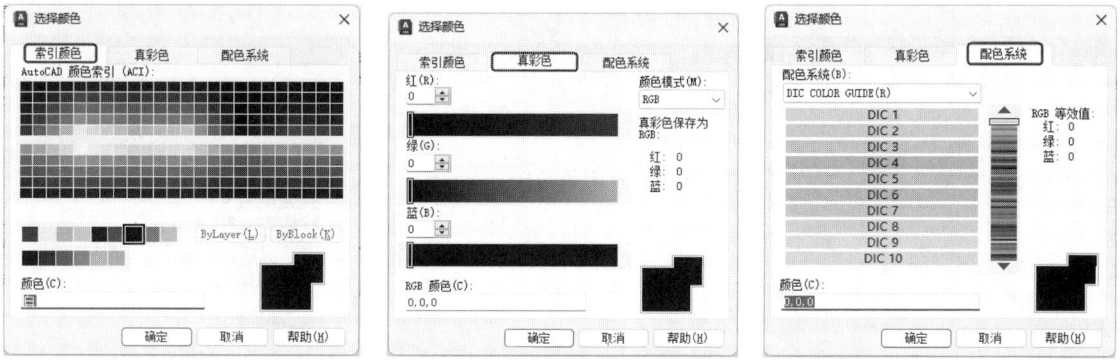

（a）“索引颜色”选项卡　（b）“真彩色”选项卡　（c）“配色系统”选项卡

图 2-37　“选择颜色”对话框

2）设置图层线型

线型是指作为图形基本元素的线条的组成和显示方式，如实线、点画线等。在绘图工作中，常常以线型划分图层，为某个图层设置合适的线型。在绘图时，只需将该图层设为当前工作层，即可绘制出符合线型要求的图形对象，极大地提高了绘图的效率。

单击图层所对应的线型图标，弹出“选择线型”对话框，如图 2-38 所示。默认情况下，在“已加载的线型”列表框中只添加了 Continuous 线型。单击“加载”按钮，打开“加载或重载线型”对话框，如图 2-39 所示，可以看到 AutoCAD 2024 还提供了许多其他的线型。选择所需线型，单击“确定”按钮，即可把该线型加载到“已加载的线型”列表框中。用户也可以按住 Ctrl 键选择多种线型同时进行加载。

3）设置图层线宽

线宽设置顾名思义即改变线条的宽度。用不同宽度的线条表现图形对象的类型，也可以提高图形的表达能力和可读性。

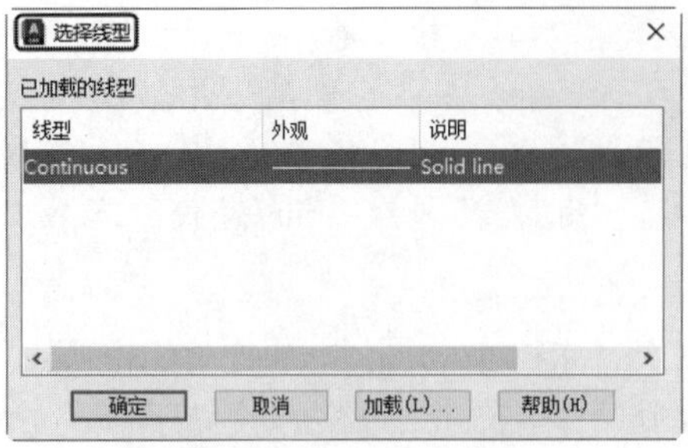

图 2-38　“选择线型”对话框

图 2-39　“加载或重载线型”对话框

单击图层所对应的线宽图标，将弹出“线宽”对话框，如图 2-40 所示。选择一种需要的线宽，单击“确定”按钮完成对图层线宽的设置。

图层线宽的默认值为 0.25mm。在状态栏为“模型”状态时，显示的线宽与计算机的像素有关。线宽为 0.00mm 时，显示为一个像素的线宽。单击状态栏中的“线宽”按钮时，屏幕上显示的图形线宽与实际线宽成比例，如图 2-41 所示，但线宽不随图形的放大或缩小而变化。将“线宽”功能关闭时，不显示图形的线宽，图形的线宽均以默认的宽度值进行显示。

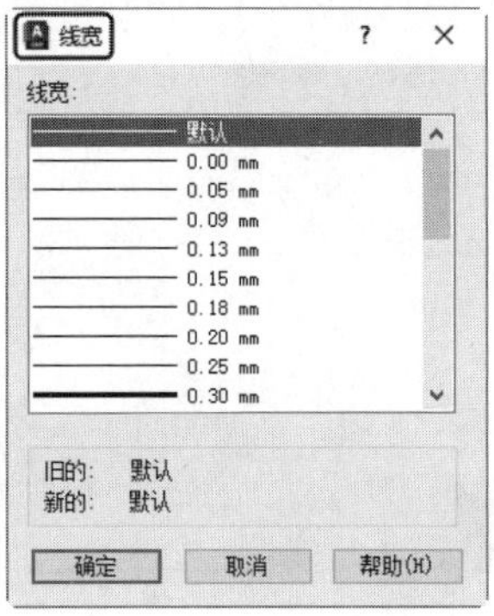

图 2-40　“线宽”对话框

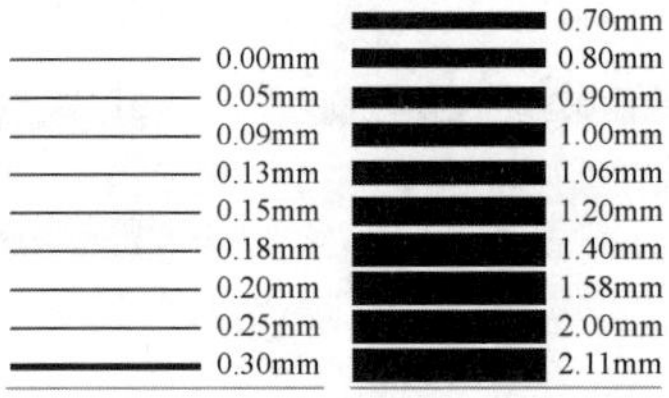

图 2-41　线宽显示效果图

2.6.2　设置图层

除了上面讲述的通过图层管理器设置图层的方法，还有几种其他的简便方法可以设置图层的颜色、线宽、线型等参数。

1. 直接设置图层

用户可以直接通过命令行或菜单设置图层的颜色、线宽、线型。

1）设置图层颜色

（1）执行方式。

☑　命令行：COLOR。

☑　菜单栏：“格式”→“颜色”。

（2）操作步骤。

执行上述命令后，系统弹出“选择颜色”对话框，如图 2-37 所示。

2）设置图层线型

（1）执行方式。

☑　命令行：LINETYPE。

☑ 菜单栏：“格式”→“线型”。

（2）操作步骤。

执行上述命令后，系统弹出“线型管理器”对话框，如图 2-42 所示。该对话框的使用方法与图 2-38 所示的“选择线型”对话框的使用方法类似。

3）设置图层线宽

（1）执行方式。

☑ 命令行：LINEWEIGHT 或 LWEIGHT。

☑ 菜单栏：“格式”→“线宽”。

（2）操作步骤。

执行上述命令后，系统弹出“线宽设置”对话框，如图 2-43 所示。该对话框的使用方法与图 2-40 所示的“线宽”对话框的使用方法类似。

图 2-42 “线型管理器”对话框

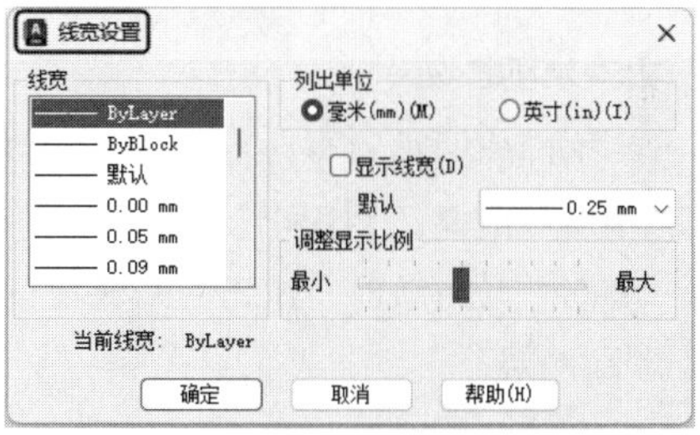

图 2-43 “线宽设置”对话框

2. 利用“特性”面板设置图层

AutoCAD 提供了“特性”面板，如图 2-44 所示。用户能够控制和使用“特性”面板快速地查看和改变所选对象的图层、颜色、线型和线宽等特性。“特性”面板上的图层颜色、线型、线宽和打印样式的控制增强了查看和编辑对象属性的命令。在绘图屏幕上选择任何对象都将在面板上自动显示它的图层、颜色、线型等属性。

用户也可以在“特性”面板的“颜色”“线型”“线宽”“打印样式”下拉列表中选择需要的参数值。如果在“颜色”下拉列表中选择“更多颜色”选项，如图 2-45 所示，那么系统会弹出“选择颜色”对话框；同样，如果在“线型”下拉列表中选择“其他”选项，如图 2-46 所示，那么系统会打开“线型管理器”对话框，如图 2-42 所示。

图 2-44 “特性”面板

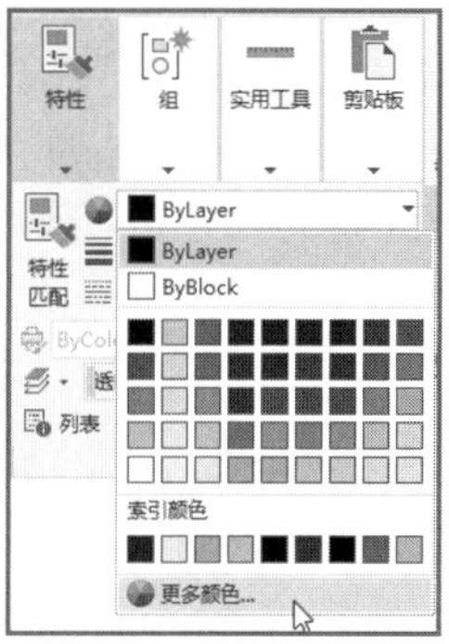

图 2-45 “更多颜色”选项

图 2-46 “其他”选项

3. 用“特性”选项板设置图层

1）执行方式

☑ 命令行：DDMODIFY 或 PROPERTIES。

☑ 菜单栏：“修改”→“特性”。

☑ 工具栏：“标准”→“特性”。

☑ 功能区：“视图”→“选项板”→“特性”。

☑ 快捷菜单：右击图形，在弹出的快捷菜单中选择“特性”命令。

2）操作步骤

执行上述命令后，系统弹出“特性”选项板，如图 2-47 所示。在该选项板中可以方便地设置或修改图层、颜色、线型、线宽等属性。

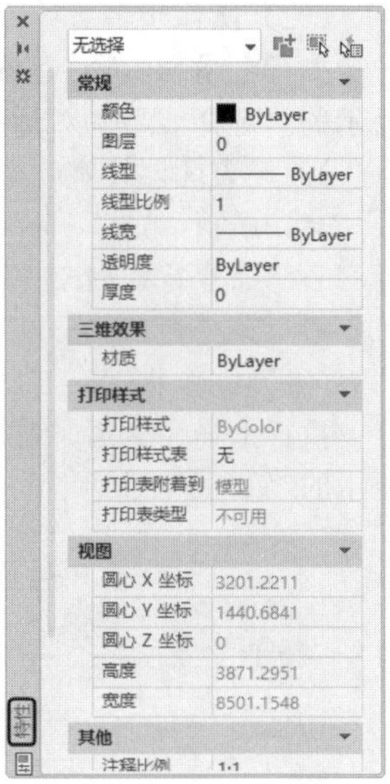

图 2-47 “特性”选项板

2.6.3 控制图层

1. 切换当前图层

需要将不同的图形对象绘制在不同的图层中，在绘制前，需要将工作图层切换到所需的图层上。打开“图层特性管理器”选项板，选择图层，单击“置为当前”按钮完成设置。

2. 删除图层

在“图层特性管理器”选项板的图层列表框中选择要删除的图层，单击“删除图层”按钮即可删除该图层。从图形文件定义中删除选定的图层，只能删除未参照的图层。参照图层包括图层 0 及 DEFPOINTS、包含对象（包括块定义中的对象）的图层、当前图层和依赖外部参照的图层，用户不能对这些图层执行删除操作。未参照图层包括不包含对象（包括块定义中的对象）的图层、非当前图层和不依赖外部参照的图层，用户可以对这些图层执行删除操作。

3. 关闭/打开图层

在“图层特性管理器”选项板中，单击“开/关图层”按钮，可以控制图层的可见性。当图层被打开时，图标小灯泡呈鲜艳的颜色，该图层上的图形可以显示在屏幕上或绘制在绘图仪上；再次单击该属性图标后，图标小灯泡呈灰暗色时，该图层上的图形不显示在屏幕上，而且不能被打印输出，但仍然作为图形的一部分被保留在文件中。

4. 冻结/解冻图层

在“图层特性管理器”选项板中，单击“在所有视口中冻结/解冻”按钮，可以冻结图层或解冻图层。图标呈雪花灰暗色时，该图层是冻结状态；图标呈太阳鲜艳色时，该图层是解冻状态。冻结图层上的对象不能显示、打印或编辑修改。冻结图层后，该图层上的对象不影响其他图层上对象的显示和打印。例如，在使用 HIDE 命令对对象进行消隐时，被冻结图层上的对象不隐藏其他对象。

5. 锁定/解锁图层

在“图层特性管理器”选项板中，单击“锁定/解锁图层”按钮，可以锁定图层或解锁图层。锁定图层后，该图层上的图形依然显示在屏幕上并可被打印输出，用户也可以在该图层上绘制新的图形对象，但不能对该图层上的图形进行编辑修改操作。用户可以对当前图层进行锁定，也可以对被锁定图层上的图形进行查询和捕捉。锁定图层可以防止图形被意外修改。

6. 打印样式

在 AutoCAD 2024 中，可以使用一个被称为“打印样式”的新的对象特性。打印样式控制对象的打印特性，包括颜色、抖动、灰度、笔号、虚拟笔、淡显、线型、线宽、线条端点样式、线条连接样式和填充样式。使用打印样式使绘图过程更具灵活性，因为用户可以设置打印样式来替代其他对象特性，也可以按需要关闭这些替代设置。

7. 打印/不打印

在“图层特性管理器”选项板中，单击“打印/不打印”按钮，可以设置在打印时该图层是否需要被打印，以保证在图形显示可见不变的条件下，控制图形的打印特征。打印/不打印功能只对可见的图层起作用，对于已经被冻结或被关闭的图层不起作用。

8. 新视口冻结

新视口冻结是在新建的布局视口中进行冻结选定图层的操作。将图层设置为“新视口冻结”后，该图层将在所有新建视口中被冻结，但不影响现有视口中的图层特性。

2.7 绘图辅助工具

要快速顺利地完成图形绘制工作，有时需要借助一些辅助工具，例如用于准确确定绘制位置的精确定位工具和调整图形显示范围与方式的显示工具等。下面将介绍这两种非常重要的辅助绘图工具。

2.7.1 精确定位工具

在绘制图形时，可以使用直角坐标和极坐标精确定位点，但是有些点（如端点、中心点等）的坐标是不知道的，想精确地指定这些点，可想而知是很难的，甚至是不可能的。AutoCAD 提供了辅助定位工具，使用这类工具，用户可以很容易地在屏幕中捕捉这些点，以进行精确的绘图。

捕捉可以使用户直接使用鼠标快速地定位目标点。捕捉模式有几种不同的形式，即栅格、捕捉、极轴追踪、对象捕捉、自动对象捕捉和正交绘图。在下文中将对其进行详细讲解。

1. 栅格

AutoCAD 的栅格由有规则的点的矩阵组成，延伸到指定为图形界限的整个区域。使用栅格与在坐标纸上绘图是十分相似的，利用栅格可以对齐对象并直观地显示对象之间的距离。如果放大或缩小图形，可能需要调整栅格间距，使其更适合新的比例。栅格虽然在屏幕上是可见的，但并不是图形对象，因此不会被打印成图形中的一部分，也不会影响在何处绘图。

可以单击状态栏中的“栅格”按钮或按 F7 键打开或关闭栅格。启用栅格并设置栅格在 *X* 轴方向和 *Y* 轴方向上的间距的方法如下。

1）执行方式

☑ 命令行：DSETTINGS 或 DS，SE 或 DDRMODES。

☑ 菜单栏：“工具”→“绘图设置”。

☑ 状态栏：“栅格”按钮（仅限于打开与关闭）。

☑ 快捷键：F7（仅限于打开与关闭）。

2）操作步骤

执行上述命令，系统弹出“草图设置”对话框，如图 2-48 所示。

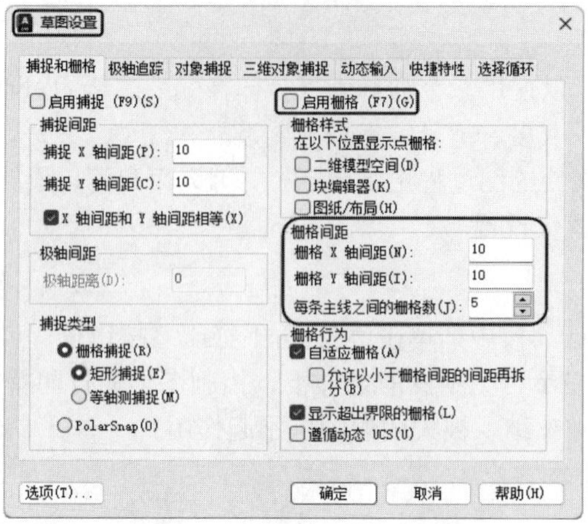

图 2-48 “草图设置”对话框

如果需要显示栅格，则选中“启用栅格”复选框。在“栅格 X 轴间距”文本框中输入栅格点之间的水平距离，单位为 mm。如果使用相同的间距设置垂直和水平分布的栅格点，则按 Tab 键；否则，在“栅格 Y 轴间距”文本框中输入栅格点之间的垂直距离。

用户可改变栅格与图形界限的相对位置。默认情况下，栅格以图形界限的左下角为起点，沿着与坐标轴平行的方向填充整个由图形界限确定的区域。

注意： 如果将栅格的间距设置得太小，那么当进行“启用栅格”操作时，AutoCAD 将在文本窗口中显示“栅格太密，无法显示”的信息，而不在屏幕上显示栅格点；或者使用“缩放”命令，将图形缩得很小，AutoCAD 也会出现同样的提示，不显示栅格。

另外，用户可以使用 GRID 命令通过命令行方式设置栅格。

2. 捕捉

捕捉是指 AutoCAD 可以生成一个隐含分布于屏幕上的栅格，这种栅格能够捕捉光标，使光标只能落到其中的一个栅格点上。捕捉可分为“矩形捕捉”和“等轴测捕捉”两种类型。默认设置为“矩形捕捉”，即捕捉点的阵列类似于栅格，如图 2-49 所示，用户可以指定捕捉模式在 *X* 轴方向和 *Y* 轴方向上的间距，也可改变捕捉模式与图形界限的相对位置。与栅格的不同之处在于，捕捉间距的值必须为正实数 1，捕捉模式不受图形界限的约束。“等轴测捕捉”表示捕捉模式为等轴测模式，此模式是绘制正等轴测图时的工作环境，如图 2-50 所示。在“等轴测捕捉”模式下，栅格和光标十字线成绘制等轴测图时的特定角度。

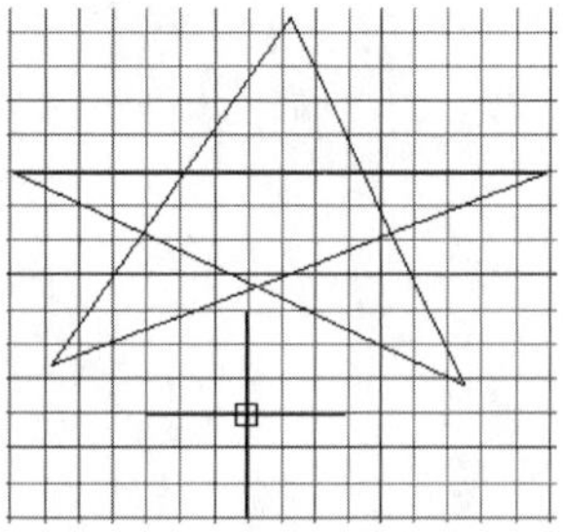

图 2-49 “矩形捕捉”实例

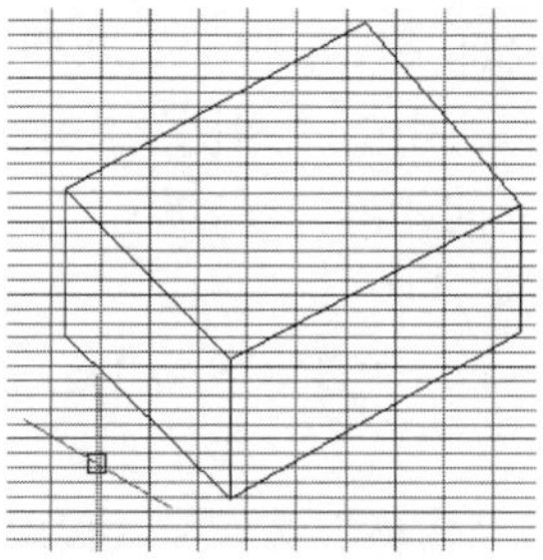

图 2-50 “等轴测捕捉”实例

在绘制图 2-49 和图 2-50 中的图形时，输入参数点时光标只能落在栅格点上。切换两种模式的方法是打开“草图设置”对话框，选择“捕捉和栅格”选项卡，在“捕捉类型”选项组中通过选中不同的单选按钮来切换“矩形捕捉”模式与“等轴测捕捉”模式。

3. 极轴追踪

极轴追踪是在创建或修改对象时，按事先给定的角度增量和距离增量来追踪特征点，即捕捉相对于初始点且满足指定极轴距离和极轴角的目标点。

极轴追踪设置主要是设置追踪的距离增量和角度增量，以及与之相关联的捕捉模式。这些设置可以通过“草图设置”对话框中的“捕捉和栅格”选项卡与“极轴追踪”选项卡来实现，如图 2-51 和图2-52 所示。

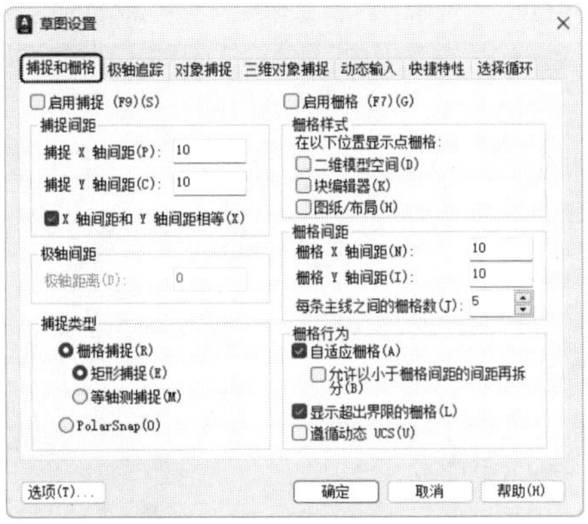

图 2-51 “捕捉和栅格”选项卡

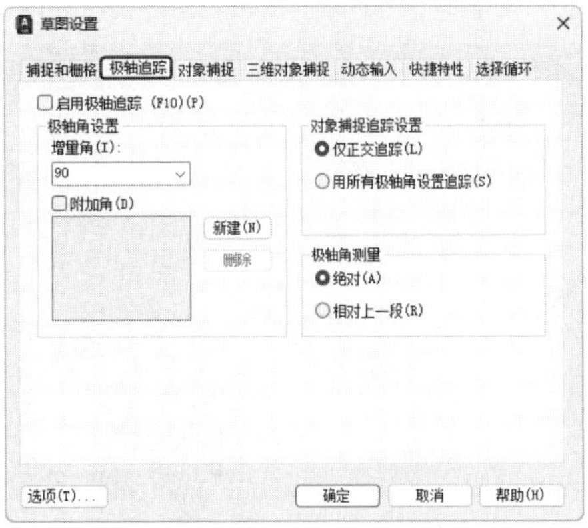

图 2-52 “极轴追踪”选项卡

1）设置极轴距离

在“草图设置”对话框的“捕捉和栅格”选项卡（见图 2-51）中可以设置极轴距离，单位为 mm。绘图时，光标将按指定的极轴距离增量进行移动。

2）极轴角设置

在“草图设置”对话框的“极轴追踪”选项卡（见图 2-52）中设置极轴角增量角度。单击“增量角”的向下箭头，打开的下拉列表中提供了以下极轴角增量角度：90、45、30、22.5、18、15、10 和 5。用户可以从其中选择一种极轴角增量角度，也可以直接输入指定其他任意角度值。移动光标时，如果接近极轴角，则系统将显示对齐路径和工具栏提示。例如，图 2-53 显示了当设置极轴角增量分别为 30、60、90 时，通过移动光标显示的对齐路径。

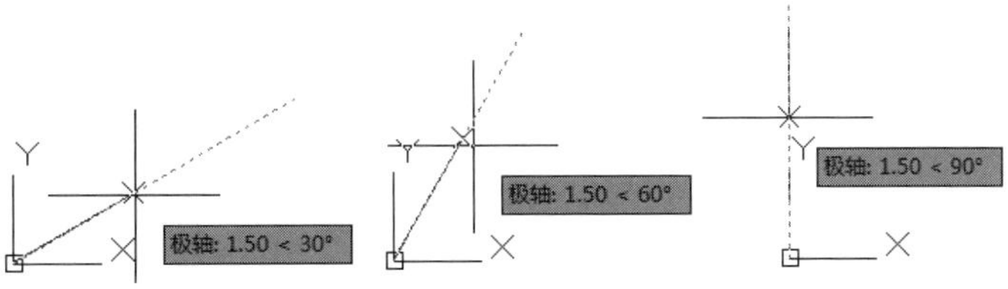

图2-53 设置极轴角度

“附加角”用于设置极轴追踪时是否采用附加角度追踪。选中“附加角”复选框，通过“新建”按钮或者“删除”按钮来增加、删除附加角度值。

3）对象捕捉追踪设置

对象捕捉追踪设置用于设置对象捕捉追踪的模式。如果选中“仅正交追踪”单选按钮，则当采用追踪功能时，系统仅在水平和垂直方向上显示追踪数据；如果选中“用所有极轴角设置追踪”单选按钮，则当采用追踪功能时，系统不仅可以在水平和垂直方向显示追踪数据，还可以在设置的极轴追踪角度与附加角度所确定的一系列方向上显示追踪数据。

4）极轴角测量

极轴角测量用于设置极轴角的角度测量采用的参考基准，“绝对”则是相对水平方向逆时针测量，“相对上一段”则是以上一段对象为基准进行测量。

4. 对象捕捉

AutoCAD 给所有的图形对象都定义了特征点，对象捕捉则是指在绘图过程中，通过捕捉这些特征点，迅速准确地将新的图形对象定位在现有对象的确切位置上，如圆的圆心、线段中点或两个对象的交点等。在 AutoCAD 2024 中，可以通过单击状态栏中的“对象捕捉”按钮□，或在“草图设置”对话框的“对象捕捉”选项卡中选中“启用对象捕捉”复选框来启用对象捕捉功能。在绘图过程中，对象捕捉功能的调用可以通过以下方式完成。

（1）使用“对象捕捉”工具栏，如图 2-54 所示。在绘图过程中，当系统提示需要指定点位置时，可以单击“对象捕捉”工具栏中相应的特征点按钮，再把光标移动到要捕捉对象上的特征点附近，极轴角测量会自动提示并捕捉这些特征点。例如，如果需要用直线连接一系列圆的圆心，则可以将“圆心”设置为执行对象捕捉。如果有两个可能的捕捉点落在选择区域中，那么 AutoCAD 将捕捉离光标中心最近的符合条件的点。AutoCAD 还有可能在指定点时需要检查哪一个对象捕捉有效，例如，在指定位置有多个对象捕捉符合条件，在指定点之前，按 Tab 键可以遍历所有可能的点。

图 2-54 “对象捕捉”工具栏

（2）使用对象捕捉快捷菜单。在需要指定点位置时，用户还可以按住 Ctrl 键或 Shift 键，右击，系统弹出对象捕捉快捷菜单，如图 2-55 所示。从该菜单中，用户可以选择某一种特征点来执行对象捕捉，把光标移动到要捕捉对象上的特征点附近，即可捕捉这些特征点。

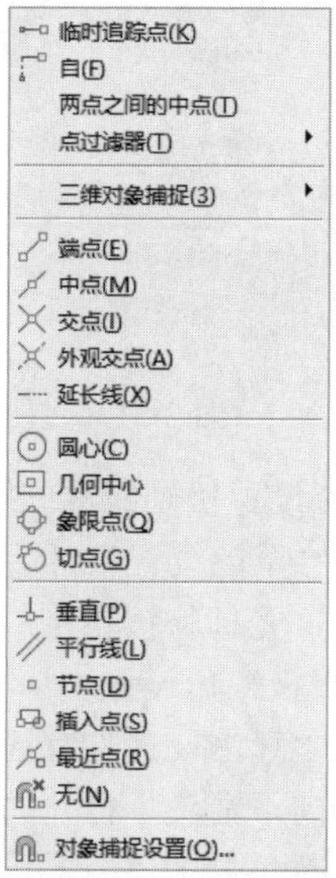

图 2-55 对象捕捉快捷菜单

（3）使用命令行。当需要指定点位置时，在命令行中输入相应特征点的关键词，把光标移动到要捕捉对象上的特征点附近，即可捕捉这些特征点。对象捕捉特征点的关键字如表 2-1 所示。

表 2-1 对象捕捉模式

模 式	关 键 字	模 式	关 键 字	模 式	关 键 字
临时追踪点	TT	捕捉自	FROM	端点	END
中点	MID	交点	INT	外观交点	APP
延长线	EXT	圆心	CEN	象限点	QUA
切点	TAN	垂足	PER	平行线	PAR
节点	NOD	最近点	NEA	无捕捉	NON

🔊 注意：（1）对象捕捉不可单独使用，必须配合其他绘图命令一起使用。仅当 AutoCAD 提示输入点时，对象捕捉才生效。如果试图在命令提示下使用对象捕捉，那么 AutoCAD 将显示错误信息。

（2）对象捕捉只影响屏幕上可见的对象，包括锁定图层、布局视口边界和多段线上的对象。不能捕捉不可见的对象，如未显示的对象、关闭或冻结图层上的对象或虚线的空白部分。

5. 自动对象捕捉

在绘制图形的过程中，使用对象捕捉的频率非常高，如果每次在捕捉时都要先选择捕捉模式，则将使工作效率大大降低。出于此种考虑，AutoCAD 2024 提供了自动对象捕捉模式。如果启用自动捕捉功能，当光标距指定的捕捉点较近时，系统会自动精确地捕捉这些特征点，并显示相应的标记以及该捕捉的提示。选择“草图设置”对话框中的“对象捕捉”选项卡，然后选中“启用对象捕捉追踪”复选框，可以调用自动捕捉，如图 2-56 所示。

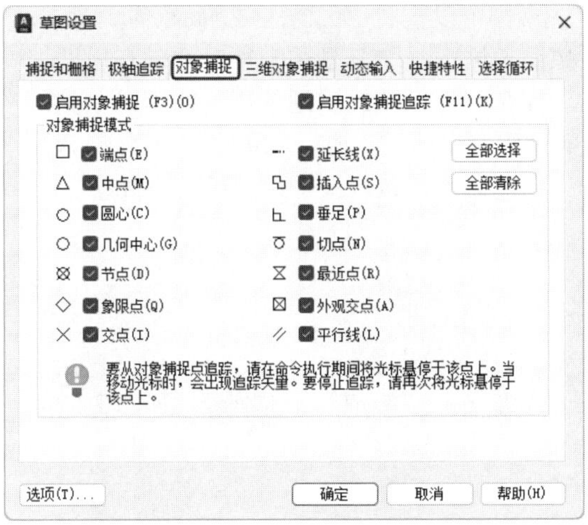

图 2-56　“对象捕捉”选项卡

🔊 注意：可以设置经常用到的捕捉方式。一旦设置了捕捉方式，在每次运行时，所设定的目标捕捉方式就会被激活，而不是仅对一次选择有效，当同时使用多种方式时，系统将捕捉距光标最近、同时又满足多种目标捕捉方式之一的点。当光标距要获取的点非常近时，按 Shift 键将暂时不获取对象。

6. 正交绘图

在正交绘图模式下，在命令的执行过程中，光标只能沿 X 轴或 Y 轴移动。所有绘制的线段和构造线都将平行于 X 轴或 Y 轴，因此它们相互垂直相交，即正交。使用正交绘图，对于绘制水平线和垂直线都非常有用，特别是当绘制构造线时经常使用，而且当捕捉模式为“等轴测”模式时，还迫使直线平行于 3 个等轴测中的一个。

设置正交绘图可以直接单击状态栏中的“正交”按钮或按 F8 键，相应地会在文本窗口中显示开/关提示信息。用户也可以在命令行中输入 ORTHO 命令，执行开启或关闭正交绘图的操作。

🔊 注意：“正交”模式将光标限制在水平或垂直（正交）轴上。因为不能同时打开“正交”模式和极轴追踪，因此打开“正交”模式时，AutoCAD 会关闭极轴追踪。如果再次打开极轴追踪，那么 AutoCAD 将关闭“正交”模式。

Note

2.7.2 图形显示工具

对于一个较为复杂的图形来说，在观察整幅图形时，往往无法对其局部细节进行查看和操作，而当在屏幕上显示一个细部时又看不到其他部分，为解决这类问题，AutoCAD 提供了缩放、平移、视图、鸟瞰视图和视口命令等一系列图形显示控制命令，可以用来任意地放大、缩小或移动屏幕上的图形显示，或者同时从不同的角度、不同的部位来显示图形。AutoCAD 还提供了“重画”和“重新生成”命令来刷新屏幕、重新生成图形。

1. 图形缩放

图形缩放命令类似于照相机的镜头，可以放大或缩小屏幕所显示的范围，只改变视图的比例，但是对象的实际尺寸并不发生变化。当放大图形一部分的显示尺寸时，可以被更清楚地查看这个区域的细节；相反，如果缩小图形的显示尺寸，则可以查看更大的区域，如整体浏览。

图形缩放功能在绘制大幅面机械图，尤其是装配图时非常有用，是使用频率最高的命令之一。该命令可以被透明地使用，即可以在其他命令执行时运行。用户完成透明命令的过程时，AutoCAD 会自动返回用户调用透明命令前正在运行的命令，执行图形缩放的方法如下。

1）执行方式

☑ 命令行：ZOOM。

☑ 菜单栏：“视图”→“缩放”。

☑ 工具栏：“标准”→“实时缩放”±。

☑ 功能区：“视图”→“导航”→“缩放”下拉列表，如图 2-57 所示。

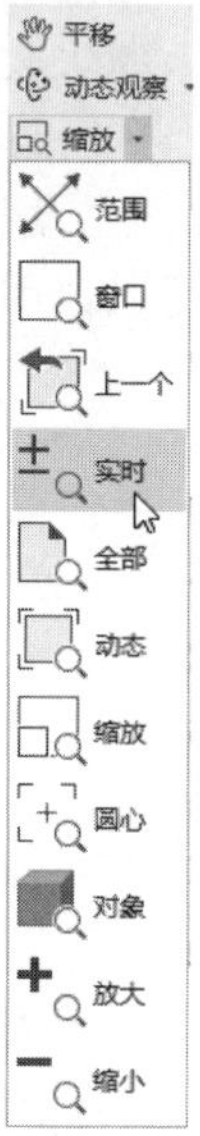

图 2-57 “缩放”下拉列表

2）操作步骤

```
指定窗口的角点，输入比例因子 (nX 或 nXP)，或者
[全部(A)/中心(C)/动态(D)/范围(E)/上一个(P)/比例(S)/窗口(W)/对象(O)] <实时>:
```

3）选项说明

☑ 实时：这是“缩放”命令的默认操作，即在输入 ZOOM 命令后，直接按 Enter 键，将自动执行实时缩放操作。实时缩放就是可以通过上下移动鼠标交替进行放大和缩小。在使用实时缩放时，系统会显示一个“+”号或“-”号。当缩放比例接近极限时，AutoCAD 将不再与光标一起显示“+”号或“-”号。需要从实时缩放操作中退出时，可按 Enter 键、Esc 键或在菜单中执行 Exit 命令退出。

☑ 全部(A)：执行 ZOOM 命令后，在提示文字后输入 A，即可执行“全部(A)”缩放操作。不论图形有多大，该操作都将显示图形的边界或范围，即使对象不包括在边界以内，它们也将被显示。因此，使用“全部(A)”缩放选项，可查看当前视口中的整个图形。

☑ 中心(C)：通过确定一个中心点，该选项可以定义一个新的显示窗口。操作过程中需要指定中心点以及输入比例或高度。默认新的中心点就是视口的中心点，默认的输入高度就是当前视口的高度，直接按 Enter 键后，图形将不会被放大。输入比例的数值越大，图形放大倍数也将越大。也可以在数值后面紧跟一个 X，如 3X，表示在放大时图形不按照绝对值变化，而是按相对于当前视口的值进行缩放。

☑ 动态(D)：通过操作一个表示视口的视口框，可以确定需要显示的区域。选择该选项，会在绘图窗口中出现一个小的视口框，按住鼠标左键左右移动可以改变该视口框的大小，定形后释放左键，再按住鼠标左键移动视口框，确定图形中的放大位置，系统将清除当前视口并显示一个特定的视图选择屏幕。此特定屏幕由有关当前视口及有效视图的信息构成。

☑　范围(E)：可以使图形缩放至整个显示范围。图形的范围由图形所在的区域构成，剩余的空白区域将被忽略。应用该选项，图形中所有的对象都尽可能地被放大。

☑　上一个(P)：在绘制一幅复杂的图形时，有时需要放大图形的一部分以进行细节的编辑。当编辑完成后，有时希望回到前一个视口。这种操作可以使用"上一个(P)"选项来实现。当前视口由"缩放"命令的各种选项或"移动"视图、视图恢复、平行投影或透视命令引起的任何变化，系统都将对其进行保存。每一个视口最多可以保存 10 个视图。连续使用"上一个(P)"选项可以恢复前 10 个视图。

☑　比例(S)：该操作提供了 3 种使用方法。第一种是在提示信息下，直接输入比例系数，AutoCAD 将按照此比例因子放大或缩小图形的尺寸；第二种是在比例系数后面加一个 X，则表示相对于当前视口计算的比例因子；第三种方法就是相对于图形空间，例如，可以在图纸空间布排或打印出模型的不同视图。为了使每一个视图都与图纸空间单位成比例，可以使用"比例(S)"选项，使每一个视图有单独的比例。

☑　窗口(W)："窗口(W)"是最常使用的选项。通过确定一个矩形窗口的两个对角来指定所需缩放的区域，对角点可以由鼠标指定，也可以输入坐标确定。指定窗口的中心点将成为新的显示屏幕的中心点。窗口中的区域将被放大或者缩小。调用 ZOOM 命令时，可以在没有选择任何选项的情况下，利用鼠标在绘图窗口中直接指定缩放窗口的两个对角点。

☑　对象(O)：缩放以便尽可能大地显示一个或多个选定的对象并使其位于视图的中心。可以在启动 ZOOM 命令前后选择对象。

注意： 这里所提到的诸如放大、缩小或移动的操作，仅仅是对图形在屏幕上的显示进行控制，图形本身并没有发生任何改变。

2. 图形平移

当图形幅面大于当前视口时，例如，使用图形缩放命令将图形放大，如果需要在当前视口之外观察或绘制一个特定区域，可以使用图形平移命令来实现。"平移"命令能将在当前视口以外的图形的一部分移动进来以进行查看或编辑，但不会改变图形的缩放比例，执行图形平移的方法如下。

☑　命令行：PAN。

☑　菜单栏："视图"→"平移"。

☑　工具栏："标准"→"实时平移"。

☑　功能区："视图"→"导航"→"平移"。

☑　快捷菜单："绘图"→"平移"。

激活"平移"命令之后，光标形状将变成一只"小手"，可以将其在绘图窗口中任意移动，以表示当前正处于平移模式。单击并按住鼠标左键将光标锁定在当前位置，即"小手"已经抓住图形，然后拖曳图形使其移动到所需位置上；释放鼠标左键将停止平移图形。可以反复进行上述操作，将图形平移到其他位置上。

"平移"命令预先定义了一些不同的菜单选项与按钮，可用于在特定方向上平移图形，在激活"平移"命令后，这些选项可以从"视图"→"平移"→"*"菜单命令中进行调用。

（1）实时：是"平移"命令中常用的选项，也是默认选项。前面提到的平移操作都是指实时平移。用户可通过拖曳鼠标来实现任意方向上的平移。

Note

（2）点：该选项要求确定位移量，这就需要确定图形移动的方向和距离。用户可以通过输入点的坐标或用鼠标指定点的坐标来确定位移。

（3）左：使用该选项可移动图形使屏幕左部的图形进入显示窗口中。

（4）右：使用该选项可移动图形使屏幕右部的图形进入显示窗口中。

（5）上：使用该选项可向底部平移图形后，使屏幕顶部的图形进入显示窗口中。

（6）下：使用该选项可向顶部平移图形后，使屏幕底部的图形进入显示窗口中。

2.8 实践与操作

通过本章前面的学习，读者对本章知识已经有了大体的了解。本节将通过几个练习使读者进一步掌握本章知识要点。

2.8.1 管理图形文件

1. 目的要求

图形文件管理包括文件的新建、打开、保存、退出等操作。本实践要求读者熟练掌握.dwg 文件的打开方法、自动保存、命名及保存。

2. 操作提示

（1）启动 AutoCAD 2024，进入操作界面。

（2）打开一张已经保存过的图形。

（3）打开“图层特性管理器”选项板，设置图层。

（4）进行自动保存设置。

（5）尝试在图形上绘制任意图线。

（6）对图形进行命名并用新名称保存图形。

（7）退出该图形。

2.8.2 显示图形文件

1. 目的要求

图形文件的显示包括各种形式的放大、缩小和平移等操作。本实践要求读者熟练掌握.dwg 文件的灵活显示方法。

2. 操作提示

（1）执行菜单栏中的“文件”→“打开”命令，打开“选择文件”对话框。

（2）打开一个图形文件。

（3）对图形文件进行实时缩放、局部放大等显示操作。

第3章

二维绘图命令

二维图形是指在二维平面绘制的图形，主要由一些图形元素组成，如点、直线、圆弧、圆、椭圆、矩形、多边形、多段线、样条曲线、多线等几何元素。AutoCAD 2024 提供了大量的绘图工具，可以帮助用户完成二维图形的绘制。

- ☑ 直线类
- ☑ 圆类图形
- ☑ 平面图形
- ☑ 点
- ☑ 多段线
- ☑ 样条曲线
- ☑ 多线

任务驱动&项目案例

（1）

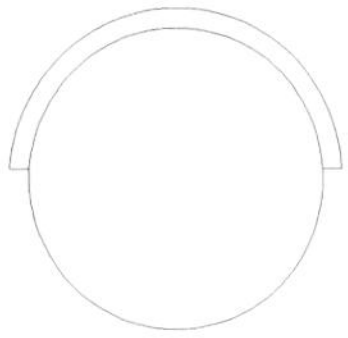

（2）

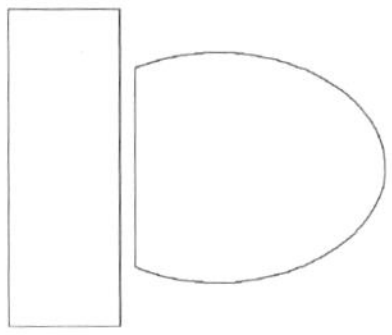

（3）

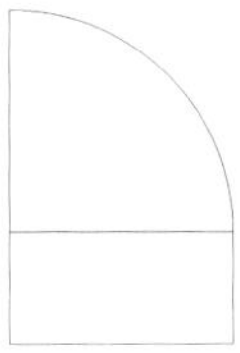

（4）

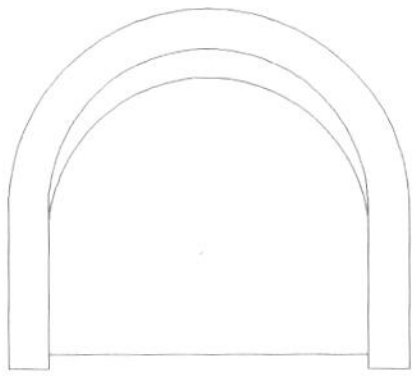

（5）

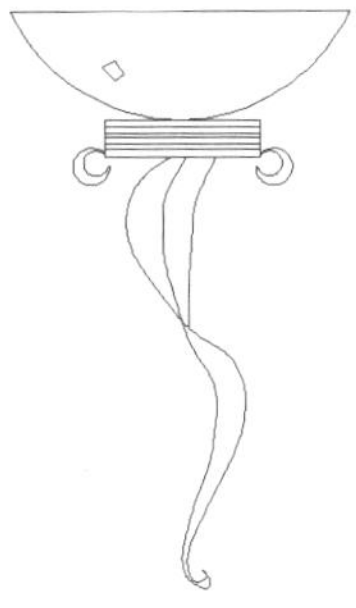

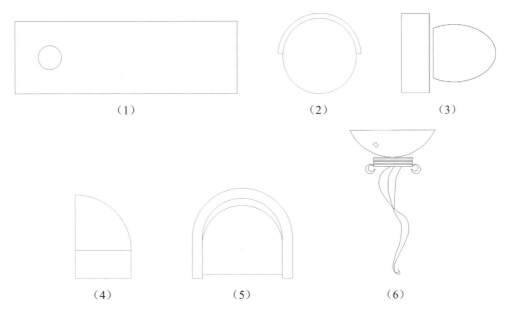

（6）

Note

3.1 直　线　类

直线类命令主要包括“直线”“构造线”“射线”命令。这3个命令是AutoCAD 2024中较简单的直线类绘图命令。

3.1.1 绘制线段

不论多么复杂的图形，都是由点、直线、圆弧等按不同的粗细、间隔、颜色组合而成的。其中，直线是AutoCAD绘图中最简单、最基本的一种图形单元，连续的直线可以组成折线，直线与圆弧的组合又可以组成多段线。直线在机械制图中常用于表达物体棱边或平面的投影，在建筑制图中则常用于表达建筑平面的投影。这里暂时不关注直线段的颜色、粗细、间隔等属性，先简单讲述怎样开始绘制一条基本的直线段。

1. 执行方式

☑ 命令行：LINE或L。

☑ 菜单栏：“绘图”→“直线”。

☑ 工具栏：“绘图”→“直线”。

☑ 功能区：“默认”→“绘图”→“直线”。

2. 操作步骤

```
命令: LINE↙
指定第一个点:(输入直线段的起点，用鼠标指定点或者给定点的坐标)
指定下一点或 [放弃(U)]:(输入直线段的端点，也可以用鼠标指定一定角度后，直接输入直线段的长度)
指定下一点或 [退出(E)/放弃(U)]:(输入下一直线段的端点。输入U表示放弃前面的输入；右击或按Enter键，结束命令)
指定下一点或 [关闭(C)/退出(X)/放弃(U)]:(输入下一直线段的端点，或输入C使图形闭合，结束命令)
```

3. 选项说明

（1）若按Enter键响应“指定第一个点”的提示，则系统会把上次绘线（或弧）的终点作为本次操作的起始点。需要特别指出的是，若上次操作为绘制圆弧，则按Enter键响应后，将绘出通过圆弧终点的与该圆弧相切的直线段，该线段的长度由鼠标在屏幕上指定的一点与切点之间线段的长度确定。

（2）在“指定下一点”的提示下，用户可以指定多个端点，从而绘出多条直线段。但是，每条直线段都是一个独立的对象，用户可以对其进行单独的编辑操作。

（3）绘制两条以上的直线段后，若用选项C响应“指定下一点”的提示，系统会自动连接起始点和最后一个端点，从而绘制出封闭的图形。

（4）若用选项U响应提示，则会擦除最近一次绘制的直线段。

（5）若设置正交方式（单击状态栏上的“正交”按钮），则只能绘制水平直线段或垂直直线段。

（6）若设置动态数据输入方式（单击状态栏上的“动态输入”按钮），则可以动态输入坐标或长度值。后面的命令同样可以设置动态数据输入方式，效果与非动态数据输入方式类似。除特别需要外（以后不再强调），一般只按非动态数据输入方式输入相关数据。

3.1.2　实例——利用动态输入绘制标高符号

本实例主要练习执行“直线”命令后，在动态输入功能下绘制标高符号，绘制流程如图 3-1 所示。

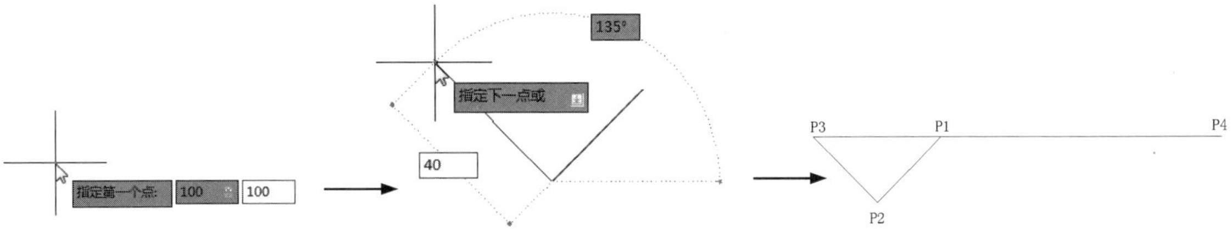

图 3-1　标高符号的绘制流程

操作步骤

（1）系统默认打开动态输入功能，如果系统没有打开动态输入功能，用户可以单击状态栏中的“动态输入”按钮，打开动态输入。单击“默认”选项卡“绘图”面板中的“直线”按钮，在动态输入框中输入第一点坐标为（100,100），如图 3-2 所示。按 Enter 键确认 P1 点。

（2）拖曳鼠标，然后在动态输入框中输入长度为 40，按 Tab 键切换到角度输入框，输入角度为 135°，如图 3-3 所示。按 Enter 键确认 P2 点。

（3）拖曳鼠标，在鼠标位置为 135° 时，动态输入 40，如图 3-4 所示。按 Enter 键确认 P3 点。

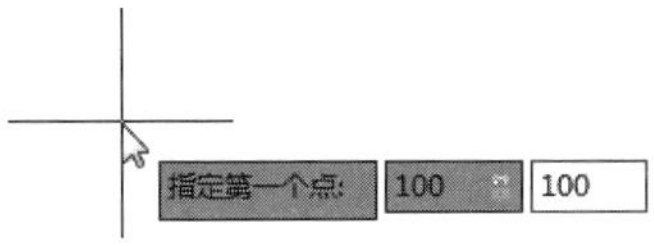

图 3-2　确定 P1 点

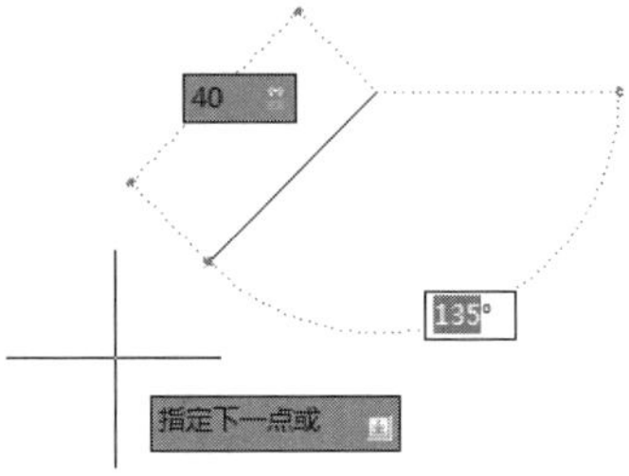

图 3-3　确定 P2 点

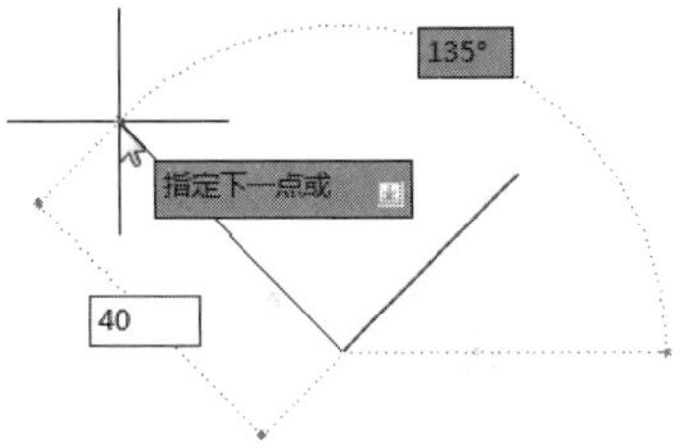

图 3-4　确定 P3 点

（4）拖曳鼠标，然后在动态输入框中输入相对直角坐标（@180,0），按 Enter 键确认 P4 点，如图 3-5 所示；也可以拖曳鼠标，在鼠标位置为 0° 时，动态输入 180，如图 3-6 所示。按 Enter 键确认 P4 点，则完成绘制。

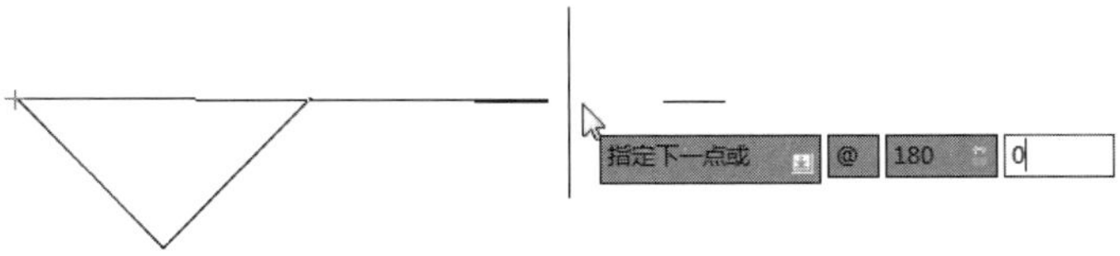

图 3-5　确定 P4 点（相对直角坐标方式）

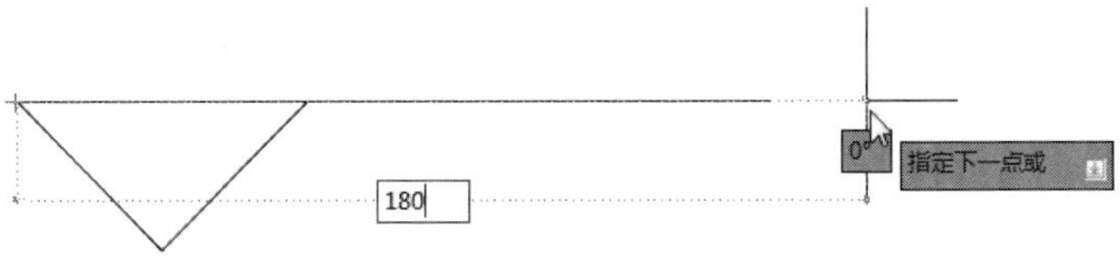

图 3-6　确定 P4 点

Note

3.1.3 数据输入方法

在 AutoCAD 2024 中，点的坐标可以用直角坐标、极坐标、球面坐标和柱面坐标表示，每一种坐标又分别具有两种坐标输入方式，即绝对坐标和相对坐标。其中，直角坐标和极坐标最为常用，下面主要介绍它们的输入。

（1）直角坐标法，即用点的 *X*、*Y* 坐标值表示的坐标。

例如，在命令行输入点的坐标提示下输入“15,18”，则表示输入了一个 *X*、*Y* 的坐标值分别为 15、18 的点，此为绝对坐标输入方式，表示该点的坐标是相对于当前坐标原点的坐标值，如图 3-7（a）所示；如果输入“@10,20”，则为相对坐标输入方式，表示该点的坐标是相对于前一点的坐标值，如图 3-7（b）所示。

（2）极坐标法，即用长度和角度表示的坐标，只能用来表示二维点的坐标。

在绝对坐标输入方式下，表示为“长度<角度”，如“25<50”，其中长度为该点到坐标原点的距离，角度为该点至原点的连线与 *X* 轴正向的夹角，如图 3-7（c）所示。

在相对坐标输入方式下，表示为“@长度<角度”，如“@25<45”，其中长度为该点到前一点的距离，角度为该点至前一点的连线与 *X* 轴正向的夹角，如图 3-7（d）所示。

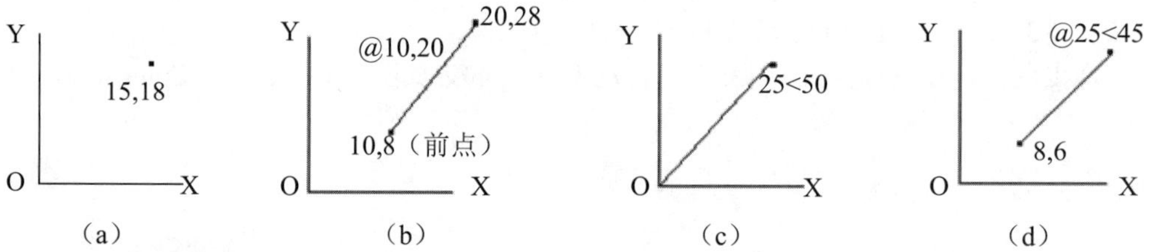

图3-7 数据输入方法

（3）动态数据输入。单击状态栏中的“动态输入”按钮，系统打开动态输入功能，可以在屏幕上动态地输入某些参数数据，例如，绘制直线时，在光标附近会动态地显示“指定第一个点”，以及后面的坐标框，当前显示的是光标所在位置，可以输入数据，两个数据之间以逗号“,”（在英文状态下进行输入）隔开，如图 3-8 所示。指定第一个点后，系统动态显示直线的角度，同时要求输入线段长度值，如图 3-9 所示，其输入效果与“@长度<角度”方式相同。

下面分别讲述点与距离值的输入方法。

（4）点的输入。绘图过程中，常需要输入点的位置，AutoCAD 提供了如下几种输入点的方式。

☑ 用键盘直接在命令行窗口中输入点的坐标。直角坐标有两种输入方式，即“*X,Y*”（点的绝对坐标值，如“100,50”）和“@*X,Y*”（相对于前一点的相对坐标值，如“@50,-30”）。坐标值均相对于当前的用户坐标系。

☑ 极坐标的输入方式为“长度<角度”（其中，长度为点到坐标原点的距离，角度为原点至该点连线与 *X* 轴的正向夹角，如“20<45”）或“@长度<角度”（相对于前一点的相对极坐标，如“@50 <-30”）。

☑ 用鼠标等定标设备移动光标并单击以在屏幕上直接取点。

☑ 用目标捕捉方式捕捉屏幕上已有图形的特殊点（如端点、中点、中心点、插入点、交点、切点、垂足点等）。

☑ 直接距离输入：先用光标拖曳出橡筋线确定方向，然后用键盘输入距离，这样有利于准确控制对象的长度等参数。如要绘制一条 10mm 长的线段，命令行提示与操作如下：

Note

```
命令：LINE↙
指定第一个点：（在绘图区中指定一点）
指定下一点或 [放弃(U)]：
```

这时在屏幕上移动鼠标指明线段的方向（但不要单击确认），如图 3-10 所示，然后在命令行中输入 10，这样就在指定方向上准确地绘制出了长度为 10mm 的线段。

图 3-8 动态输入坐标值

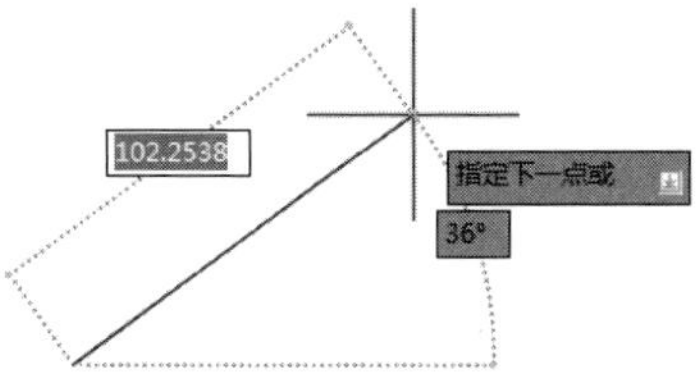

图 3-9 动态输入长度值

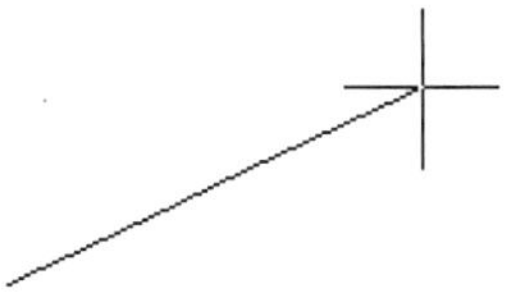

图 3-10 绘制线段

（5）距离值的输入。在 AutoCAD 2024 命令中，有时需要提供高度、宽度、半径、长度等距离值。AutoCAD 2024 提供了两种输入距离值的方式：一种是用键盘在命令行窗口中直接输入数值；另一种是在屏幕上拾取两点，以两点的距离值确定所需数值。

3.1.4 实例——绘制方桌

视频讲解

本实例首先通过设置图层来限定线宽，然后利用“直线”命令绘制连续线段，从而绘制出方桌。绘制流程如图 3-11 所示。

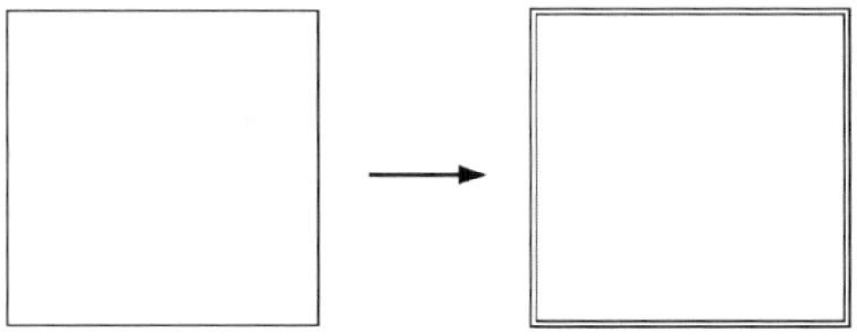

图 3-11 方桌的绘制流程

操作步骤

（1）创建新图层并命名。单击“默认”选项卡“图层”面板中的“图层特性”按钮，弹出“图层特性管理器”选项板，单击“新建图层”按钮，即建立名为“图层 1”的新图层，如图 3-12 所示。

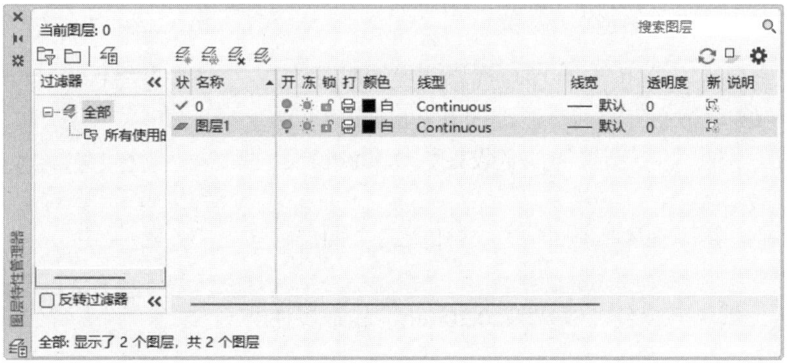

图 3-12 “图层特性管理器”选项板

（2）重新命名该图层，双击“图层 1”3 个字所在位置，输入 1，即新的图层被命名为“1”。用相同方法建立新图层，并将其命名为“2”。

（3）设置图层颜色属性。单击“1”图层的颜色属性■白色，弹出如图 3-13 所示的“选择颜色”对话框。单击其中的黄色，然后单击“确定”按钮，在如图 3-12 所示的“图层特性管理器”选项板中，可以看到“1”图层的颜色变为黄色。用同样的方法，将“2”图层设为绿色。

（4）设置线型属性。在如图 3-12 所示的“图层特性管理器”选项板中单击“1”图层的线型属性 Continuous，弹出如图 3-14 所示的“选择线型”对话框。

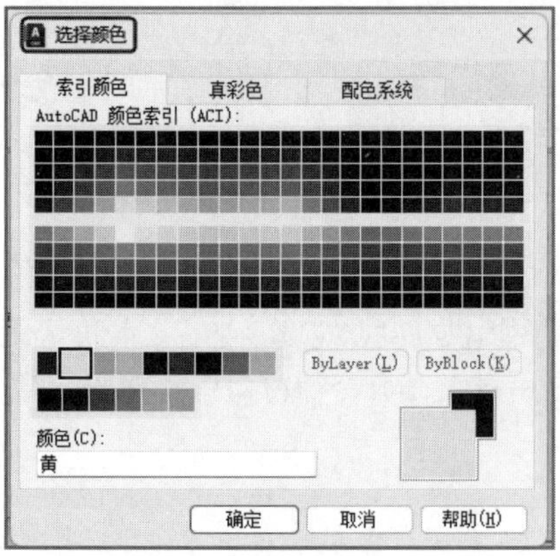

图 3-13 “选择颜色”对话框

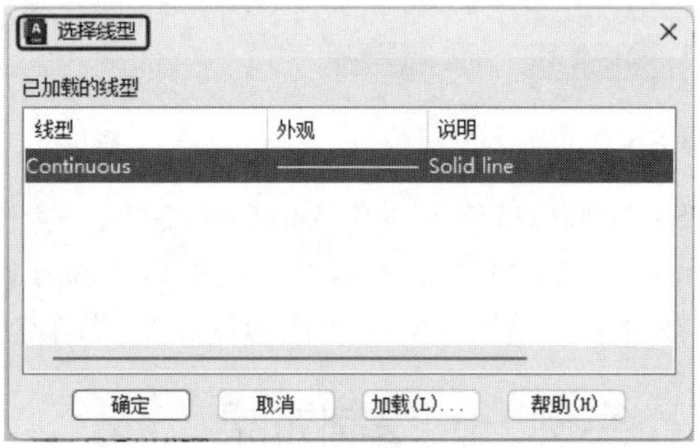

图 3-14 “选择线型”对话框

如果要加载一个名为 CENTER 的线型，单击“加载”按钮，用户可以在该界面下加载需要的线型，本实例中的线型均为 Continuous。弹出“加载或重载线型”对话框，如图 3-15 所示，找到线型 CENTER，单击“确定”按钮。该对话框即会加载 CENTER 线型，如图 3-16 所示。

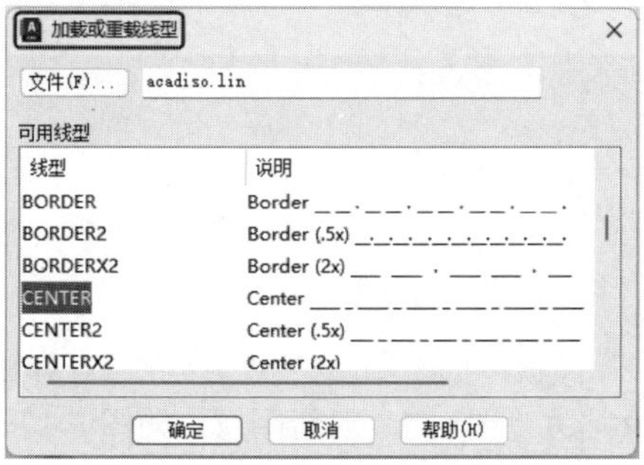

图 3-15 “加载或重载线型”对话框

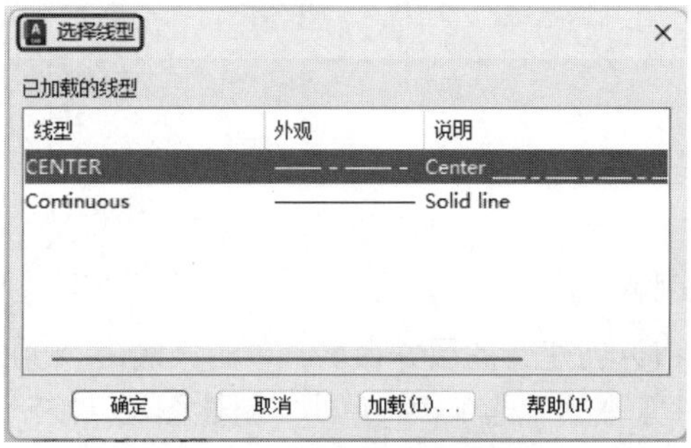

图 3-16 加载 CENTER 线型

（5）设定线宽属性。单击“1”图层线宽属性“默认”，弹出如图 3-17 所示的“线宽”对话框。选择 0.30mm 的线宽，单击“确定”按钮，则将“1”图层的线宽设定为 0.30mm，其颜色为黄色。

（6）设定其他图层。在本实例中，一共建立两个图层，其属性如下。

❶ “1”图层，颜色为黄色，线宽为 0.30mm，其余属性默认。

❷ “2”图层，颜色为绿色，其余选项默认。

结果如图 3-18 所示，其属性下拉列表如图 3-19 所示。

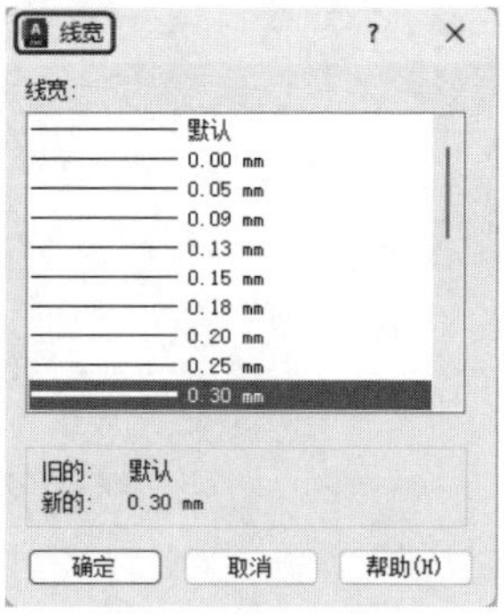

图 3-17 “线宽”对话框

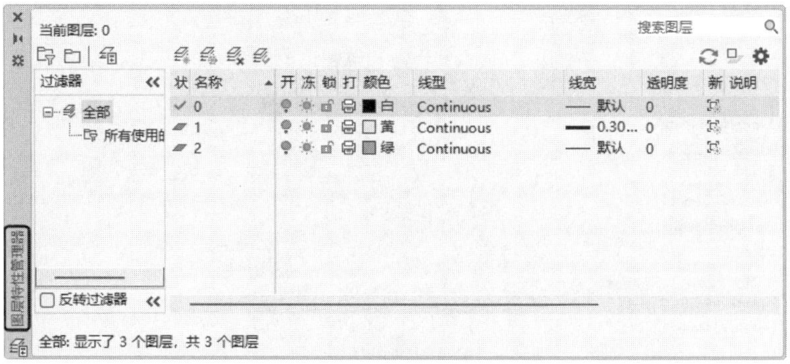

图 3-18 新建图层及其属性

图 3-19 图层属性下拉列表

（7）将“1”图层设为当前图层，关闭状态栏上的“动态输入”按钮。单击“默认”选项卡“绘图”面板中的“直线”按钮，绘制连续线段作为餐桌的外轮廓，命令行提示与操作如下：

```
命令:_line↙
指定第一个点: 0,0↙
指定下一点或 [放弃(U)]: @1200,0↙
指定下一点或 [退出(E)/放弃(U)]: @0,1200↙
指定下一点或 [关闭(C)/退出(X)/放弃(U)]: @-1200,0↙
指定下一点或 [关闭(C)/退出(X)/放弃(U)]: c↙
```

单击状态栏中的“线宽”按钮，显示线宽绘制结果，如图 3-20 所示。

（8）将“2”图层设为当前图层，单击“默认”选项卡“绘图”面板中的“直线”按钮，绘制餐桌内轮廓，命令行提示与操作如下：

```
命令: _line↙
指定第一个点: 20,20↙
指定下一点或 [放弃(U)]: @1160,0↙
指定下一点或 [退出(E)/放弃(U)]: @0,1160↙
指定下一点或 [关闭(C)/退出(X)/放弃(U)]: @-1160,0↙
指定下一点或 [关闭(C)/退出(X)/放弃(U)]: c↙
```

绘制结果如图 3-21 所示。

图 3-20 绘制连续线段

图 3-21 绘制餐桌内轮廓

（9）单击快速访问工具栏中的“保存”按钮，打开如图 3-22 所示的“图形另存为”对话框，保存图形。

注意：（1）一般每个命令有 4 种执行方式，这里只给出了命令行执行方式，其他 3 种执行方式的操作方法与命令行执行方式相同。

（2）输入坐标值时，一定要在英文状态下输入逗号，否则会出现错误。

图 3-22 “图形另存为”对话框

3.2 圆 类 图 形

圆类命令主要包括“圆”“圆弧”“椭圆”“椭圆弧”“圆环”等，这几个命令是 AutoCAD 2024 中较简单的圆类命令。

3.2.1 绘制圆

圆是最简单的封闭曲线，也是绘制工程图形时经常用到的图形单元。

1. 执行方式

☑ 命令行：CIRCLE 或 C。
☑ 菜单栏：“绘图”→“圆”。
☑ 工具栏：“绘图”→“圆”。
☑ 功能区：“默认”→“绘图”→“圆”下拉菜单。

2. 操作步骤

```
命令：CIRCLE↙
指定圆的圆心或 [三点(3P)/两点(2P)/切点、切点、半径(T)]：(指定圆心)
指定圆的半径或 [直径(D)]：(直接输入半径数值或用鼠标指定半径长度)
```

3. 选项说明

（1）三点(3P)：用指定圆周上三点的方法画圆。

（2）两点(2P)：按指定直径的两端点的方法画圆。

（3）切点、切点、半径(T)：按先指定两个相切对象，后给出半径的方法画圆。

功能区中的“圆”下拉列表中有一种“相切、相切、相切”方法，当选择此方法时，命令行提示如下：

```
指定圆上的第一个点：_tan 到：（指定相切的第一个圆弧）
指定圆上的第二个点：_tan 到：（指定相切的第二个圆弧）
```

Note

视频讲解

3.2.2　实例——绘制擦背床

本实例首先利用“直线”命令绘制矩形轮廓，然后利用“圆”命令绘制圆以完成擦背床的绘制。绘制流程如图 3-23 所示。

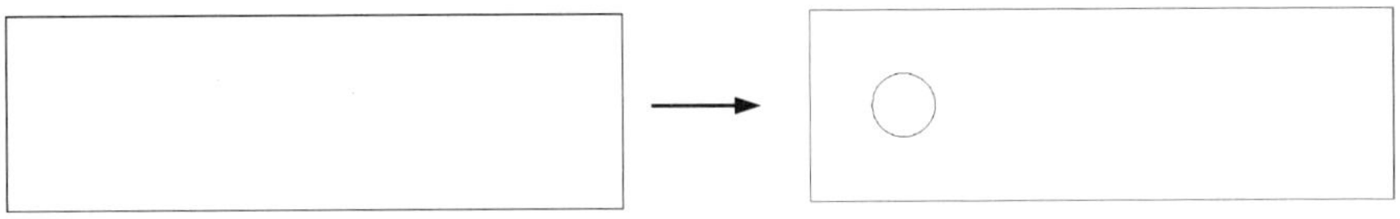

图 3-23　擦背床的绘制流程

操作步骤

（1）单击“默认”选项卡“绘图”面板中的“直线”按钮，取适当尺寸，绘制矩形外轮廓，如图 3-24 所示。

（2）单击“默认”选项卡“绘图”面板中的“圆”按钮，绘制圆，命令行提示与操作如下：

```
命令：_circle↙
指定圆的圆心或 [三点(3P)/两点(2P)/切点、切点、半径(T)]：（在适当位置指定一点）
指定圆的半径或 [直径(D)]：（用鼠标适当指定一点）
```

绘制结果如图 3-25 所示。

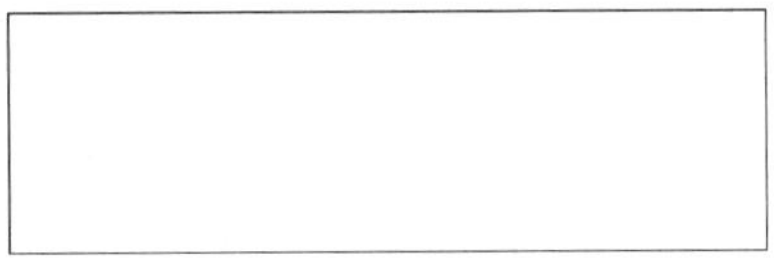

图 3-24　绘制外轮廓

图 3-25　绘制圆

（3）单击快速访问工具栏中的“保存”按钮，保存图形，命令行提示与操作如下：

```
命令：_qsave（将绘制完成的图形以“擦背床.dwg”为文件名保存在指定的路径中）
```

3.2.3　绘制圆弧

圆弧是圆的一部分。在工程造型中，圆弧的使用比圆更普遍。通常强调的“流线型”造型或圆润的造型实际上就是圆弧造型。

1. 执行方式

☑ 命令行：ARC 或 A。
☑ 菜单栏：“绘图”→“圆弧”。
☑ 工具栏：“绘图”→“圆弧”。
☑ 功能区：“默认”→“绘图”→“圆弧”。

2. 操作步骤

```
命令：ARC↙
指定圆弧的起点或 [圆心(C)]：（指定起点）
```

Note

```
指定圆弧的第二个点或 [圆心(C)/端点(E)]：(指定第二点)
指定圆弧的端点：(指定端点)
```

3. 选项说明

（1）用命令行方式绘制圆弧时，可以根据系统提示选择不同的选项，具体功能和用“圆弧”下拉列表提供的11种方式的功能相似。

（2）需要强调的是“连续”方式，绘制的圆弧与上一线段或圆弧相切，继续绘制圆弧段，因此提供端点即可。

3.2.4 实例——绘制吧凳

视频讲解

本实例首先利用“圆”命令绘制座板，再利用“直线”“圆弧”命令绘制靠背。绘制流程如图3-26所示。

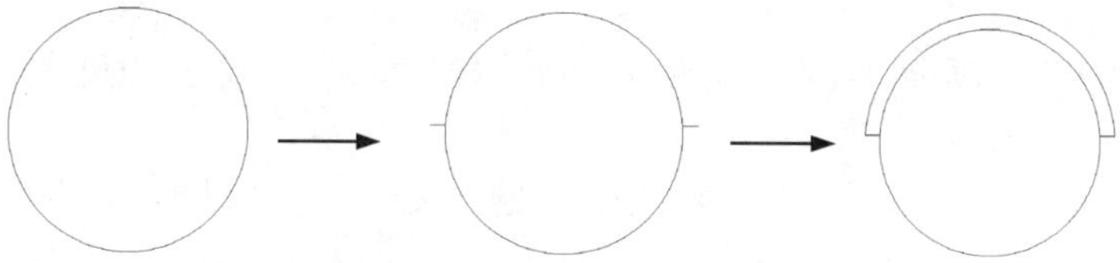

图3-26 吧凳的绘制流程

操作步骤

（1）单击“默认”选项卡“绘图”面板中的“圆”按钮，绘制一个适当大小的圆，如图3-27所示。

（2）激活状态栏上的“对象捕捉”按钮、“对象捕捉追踪”按钮和“正交”按钮。单击“默认”选项卡“绘图”面板中的“直线”按钮，命令行提示与操作如下：

```
命令：LINE↙
指定第一个点：(用鼠标在刚才绘制的圆弧的左上方捕捉一点)
指定下一点或 [放弃(U)]：(水平向左适当指定一点)
指定下一点或 [退出(E)/放弃(U)]：
命令：LINE↙
指定第一个点：(用鼠标捕捉到刚绘制的直线右端点，向右拖曳鼠标，拉出一条水平追踪线，如图3-28所示，捕捉追踪线与右边圆弧的交点)
指定下一点或 [放弃(U)]：(水平向右适当指定一点，使线段的长度与刚绘制的线段长度大致相等)
指定下一点或 [退出(E)/放弃(U)]：
```

绘制结果如图3-29所示。

（3）单击“默认”选项卡“绘图”面板中的“圆弧”按钮，绘制圆弧段，命令行提示与操作如下：

```
命令：_arc↙
指定圆弧的起点或 [圆心(C)]：(指定右边线段的右端点)
指定圆弧的第二个点或 [圆心(C)/端点(E)]：e↙
指定圆弧的端点：(指定左边线段的左端点)
指定圆弧的中心点(按住 Ctrl 键以切换方向)或[角度(A)/方向(D)/半径(R)]：(捕捉圆心)
```

绘制结果如图3-30所示。

图 3-27　绘制圆

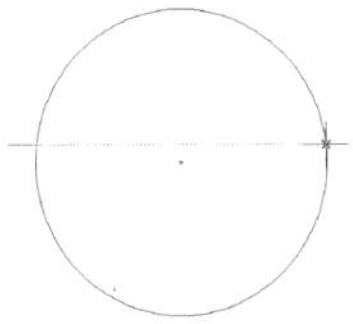

图 3-28　捕捉追踪

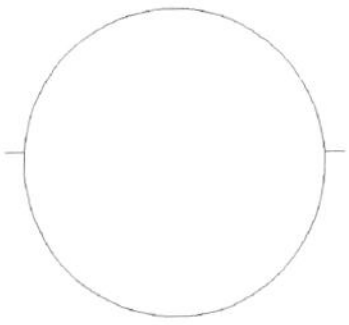

图 3-29　绘制线段

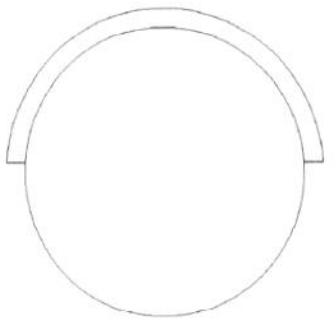

图 3-30　绘制圆弧段

3.2.5　绘制圆环

1. 执行方式

☑　命令行：DONUT 或 DO。

☑　菜单栏："绘图"→"圆环"。

☑　功能区："默认"→"绘图"→"圆环"◎。

2. 操作步骤

```
命令：DONUT↙
指定圆环的内径 <默认值>:（指定圆环内径）
指定圆环的外径 <默认值>:（指定圆环外径）
指定圆环的中心点或 <退出>:（指定圆环的中心点）
指定圆环的中心点或 <退出>:（继续指定圆环的中心点，则继续绘制具有相同内外径的圆环。按 Enter 键或空格键或右击，结束命令）
```

3. 选项说明

（1）若指定内径为 0，则画出实心填充圆。

（2）用 FILL 命令可以控制是否填充圆环。

```
命令：FILL↙
输入模式 [开(ON)/关(OFF)] <开>:（选择 ON 表示填充，选择 OFF 表示不填充）
```

3.2.6　绘制椭圆与椭圆弧

椭圆也是一种典型的封闭曲线图形（圆在某种意义上可以看成椭圆的特例）。椭圆在工程图形中的应用不多，只在某些特殊造型（如室内设计单元中的浴盆、桌子等造型或机械造型中的杆状结构的截面形状等图形）中才会出现。

1. 执行方式

☑　命令行：ELLIPSE。

☑　菜单栏："绘图"→"椭圆"→"圆弧"。

☑　工具栏："绘图"→"椭圆"或"绘图"→"椭圆弧"。

☑　功能区："默认"→"绘图"→"椭圆"下拉菜单。

2. 操作步骤

```
命令：ELLIPSE↙
指定椭圆的轴端点或 [圆弧(A)/中心点(C)]:
指定轴的另一个端点:
指定另一条半轴长度或 [旋转(R)]:
```

Note

3. 选项说明

（1）指定椭圆的轴端点：根据两个端点，定义椭圆的第一条轴。第一条轴的角度确定了整个椭圆的角度。第一条轴既可被定义为椭圆的长轴，也可被定义为椭圆的短轴。

（2）圆弧(A)：该选项用于创建一段椭圆弧，与单击“绘图”工具栏中的“椭圆弧”按钮功能相同。其中第一条轴的角度确定了椭圆弧的角度。第一条轴既可被定义为椭圆弧长轴，也可被定义为椭圆弧短轴。选择该选项，系统继续提示：

```
指定椭圆弧的轴端点或 [中心点(C)]：(指定端点或输入 C)
指定轴的另一个端点：(指定另一端点)
指定另一条半轴长度或 [旋转(R)]：(指定另一条半轴长度或输入 R)
指定起始角度或 [参数(P)]：(指定起始角度或输入 P)
指定端点角度或 [参数(P)/夹角(I)]：
```

其中各选项含义如下。

☑ 角度：指定椭圆弧端点的两种方式之一。光标与椭圆中心点连线的夹角就是椭圆弧端点位置的角度。

☑ 参数(P)：指定椭圆弧端点的另一种方式。该方式同样是指定椭圆弧端点的角度，通过以下矢量参数方程式创建椭圆弧。

$$P(u)=c+a\times\cos u+b\times\sin u$$

其中：c 是椭圆的中心点；a 和 b 分别是椭圆的长轴和短轴；u 为光标与椭圆中心点连线的夹角。

☑ 夹角(I)：定义从起始角度开始的夹角。

（3）中心点(C)：通过指定的中心点创建椭圆。

（4）旋转(R)：通过绕第一条轴旋转圆来创建椭圆。相当于将一个圆绕椭圆轴翻转一个角度后的投影视图。

3.2.7 实例——绘制马桶

视频讲解

本实例首先利用“椭圆弧”命令绘制马桶外沿，然后利用“直线”命令绘制马桶后沿和水箱。绘制流程如图 3-31 所示。

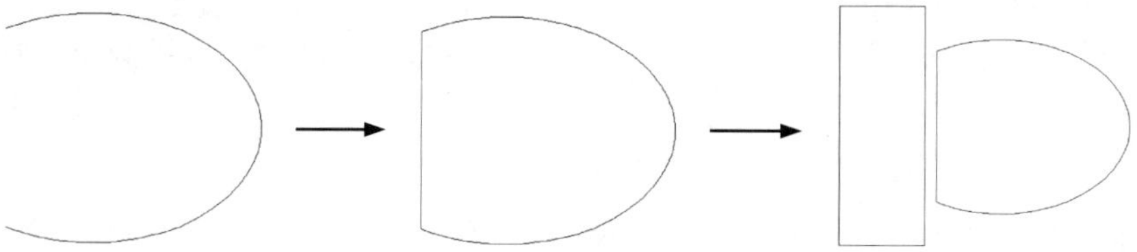

图 3-31 马桶的绘制流程

操作步骤

（1）单击“默认”选项卡“绘图”面板中的“椭圆弧”按钮，绘制马桶外沿，命令行提示与操作如下：

```
命令：_ellipse↙
指定椭圆的轴端点或 [圆弧(A)/中心点(C)]：_a↙
指定椭圆弧的轴端点或 [中心点(C)]：c↙
指定椭圆弧的中心点：(指定一点)
```

```
指定轴的端点：(适当指定一点)
指定另一条半轴长度或 [旋转(R)]：(适当指定一点)
指定起点角度或 [参数(P)]：(在下面适当位置处指定一点)
指定端点角度或 [参数(P)/夹角(I)]：(在正上方适当位置处指定一点)
```

绘制结果如图 3-32 所示。

（2）单击“默认”选项卡“绘图”面板中的“直线”按钮╱，连接椭圆弧两个端点，绘制马桶后沿，结果如图 3-33 所示。

（3）单击“默认”选项卡“绘图”面板中的“直线”按钮╱，取适当的尺寸，在左边绘制一个矩形框作为水箱，最终结果如图 3-34 所示。

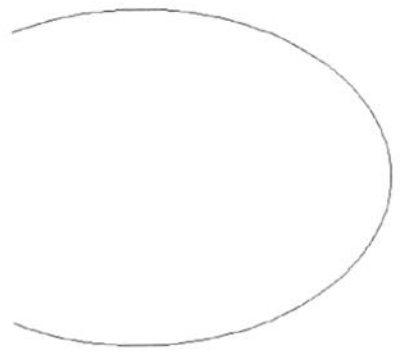

图 3-32　绘制马桶外沿

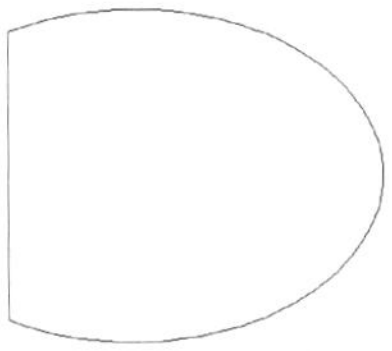

图 3-33　绘制马桶后沿

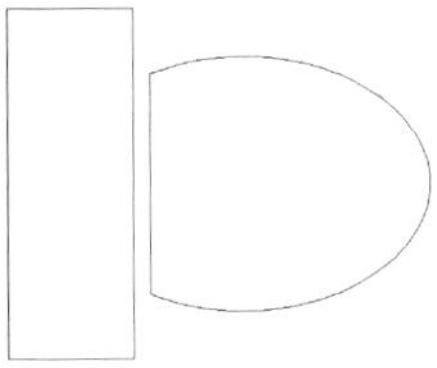

图 3-34　绘制水箱

注意： 在本实例中，在指定起点角度和端点角度的点时，不要将两个点的顺序指定反了，因为系统默认的旋转方向是逆时针，如果指定反了，得出的结果可能和预期的刚好相反。

3.3　平面图形

简单的平面图形命令包括“矩形”和“正多边形”命令。

3.3.1　绘制矩形

矩形是最简单的封闭直线图形。在机械制图中，矩形常用来表达平行投影平面的面；在建筑制图中，矩形常用来表达墙体平面。

1. 执行方式

- ☑ 命令行：RECTANG 或 REC。
- ☑ 菜单栏：“绘图”→“矩形”。
- ☑ 工具栏：“绘图”→“矩形”□。
- ☑ 功能区：“默认”→“绘图”→“矩形”□。

2. 操作步骤

```
命令：RECTANG↙
指定第一个角点或 [倒角(C)/标高(E)/圆角(F)/厚度(T)/宽度(W)]：
指定另一个角点或 [面积(A)/尺寸(D)/旋转(R)]：
```

3. 选项说明

（1）第一个角点：通过指定两个角点来确定矩形，如图 3-35（a）所示。

（2）倒角(C)：指定倒角距离，绘制带倒角的矩形，如图 3-35（b）所示，每个角点的逆时针和

Note

顺时针方向的倒角可以相同，也可以不同，其中第一个倒角距离是指角点逆时针方向的倒角距离，第二个倒角距离是指角点顺时针方向的倒角距离。

（3）标高(E)：指定矩形标高（*Z*坐标），即把矩形绘制在标高为*Z*且与*XOY*坐标面平行的平面上，并作为后续矩形的标高值。

（4）圆角(F)：指定圆角半径，绘制带圆角的矩形，如图3-35（c）所示。

（5）厚度(T)：指定矩形的厚度，如图3-35（d）所示。

（6）宽度(W)：指定线宽，如图3-35（e）所示。

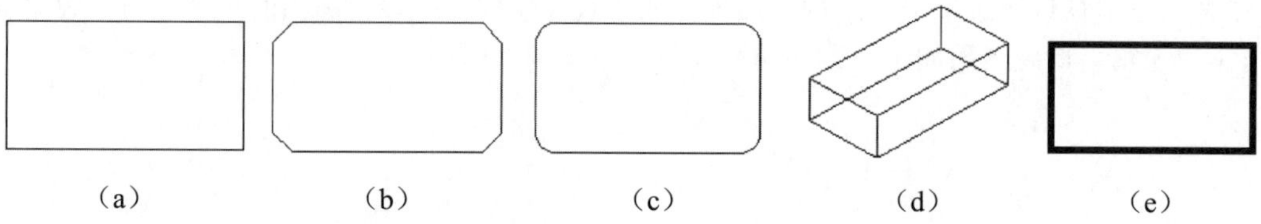

图3-35 绘制矩形

（7）面积(A)：通过指定面积和长或宽来创建矩形。选择该选项，命令行提示如下：

```
输入以当前单位计算的矩形面积 <20.0000>:（输入面积值）
计算矩形标注时依据 [长度(L)/宽度(W)] <长度>:（按 Enter 键或输入 W）
输入矩形长度 <4.0000>:（指定长度或宽度）
```

指定长度或宽度后，系统自动计算另一个维度并绘制矩形。如果矩形被倒角或圆角，则在长度或宽度计算中会考虑此设置，如图3-36所示。

（8）尺寸(D)：使用长和宽创建矩形。第二个指定点将矩形定位在以第一角点为中心的4个位置之一处。

（9）旋转(R)：旋转所绘制矩形的角度。选择该选项，命令行提示如下：

```
指定旋转角度或 [拾取点(P)] <135>:（指定角度）
指定另一个角点或 [面积(A)/尺寸(D)/旋转(R)]:（指定另一个角点或选择其他选项）
```

指定旋转角度后，系统按指定旋转角度创建矩形，如图3-37所示。

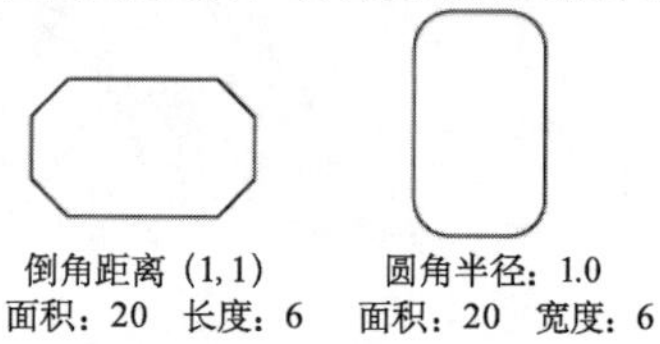

图3-36 按面积绘制矩形

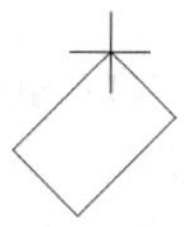

图3-37 按指定旋转角度创建矩形

3.3.2 实例——绘制边桌

本实例首先利用“矩形”命令绘制矩形，然后利用“圆弧”和“直线”命令完成绘制。绘制流程如图3-38所示。

视频讲解

操作步骤

（1）单击“默认”选项卡“绘图”面板中的“矩形”按钮▭，绘制初步轮廓线，命令行提示与操作如下：

```
命令: _rectang↙
当前矩形模式:  旋转=90
指定第一个角点或 [倒角(C)/标高(E)/圆角(F)/厚度(T)/宽度(W)]:(适当指定一点)
指定另一个角点或 [面积(A)/尺寸(D)/旋转(R)]:(适当指定一点)
```

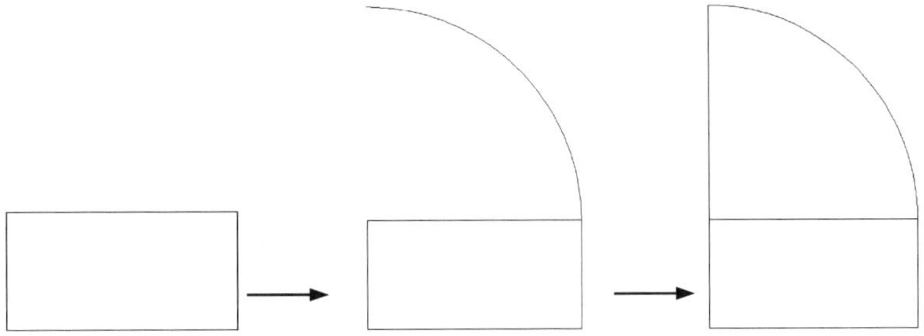

图 3-38　边桌的绘制流程

结果如图 3-39 所示。

（2）单击“默认”选项卡“绘图”面板中的“圆弧”按钮，绘制边轮廓线，命令行提示与操作如下：

```
命令: _arc↙
指定圆弧的起点或 [圆心(C)]: c↙
指定圆弧的圆心:(捕捉矩形左上角点)
指定圆弧的起点:(捕捉矩形右上角点)
指定圆弧的端点(按住 Ctrl 键以切换方向)或 [角度(A)/弦长(L)]: a↙
指定夹角(按住 Ctrl 键以切换方向): 90(指定夹角；按 Enter 键或空格键或单击或右击，结束命令)
```

结果如图 3-40 所示。

（3）单击“默认”选项卡“绘图”面板中的“直线”按钮，连接圆弧端点和矩形左上角点，完成绘制，结果如图 3-41 所示。

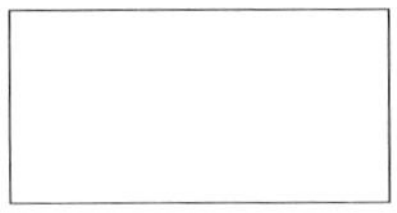

图 3-39　绘制矩形

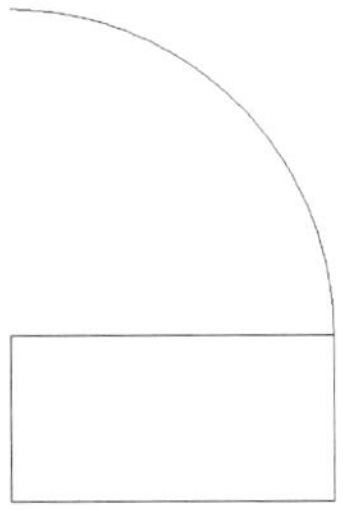

图 3-40　绘制圆弧

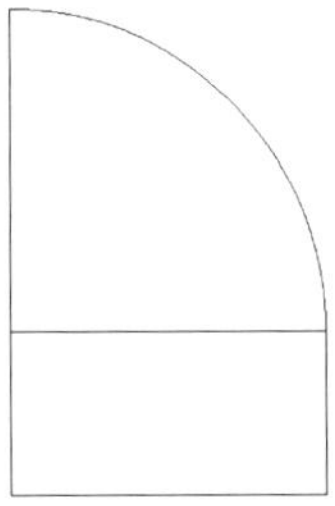

图 3-41　绘制直线

3.3.3　绘制正多边形

正多边形是相对复杂的一种平面图形，人类曾经为找到准确的手工绘制正多边形的方法而长期不断求索。伟大的数学家高斯因发现正十七边形的绘制方法而享誉终身，以至他的墓碑被设计成正十七边形。现在利用 AutoCAD 可以轻松地绘制任意边的正多边形。

1. 执行方式

☑　命令行：POLYGON 或 POL。

Note

☑ 菜单栏："绘图"→"正多边形"。

☑ 工具栏："绘图"→"正多边形"⬠。

☑ 功能区："默认"→"绘图"→"多边形"⬠。

2. 操作步骤

```
命令：POLYGON↙
输入侧面数 <4>：（指定多边形的边数，默认值为 4）
指定正多边形的中心点或 [边(E)]：（指定中心点）
输入选项 [内接于圆(I)/外切于圆(C)] <I>：（指定是内接于圆或外切于圆。I 表示内接于圆，如图 3-42（a）所示；C 表示外切于圆，如图 3-42（b）所示）
指定圆的半径：（指定外接圆或内切圆的半径）
```

3. 选项说明

如果选择"边"选项，则只要指定多边形的一条边，系统就会按逆时针方向创建该正多边形，如图 3-42（c）所示。

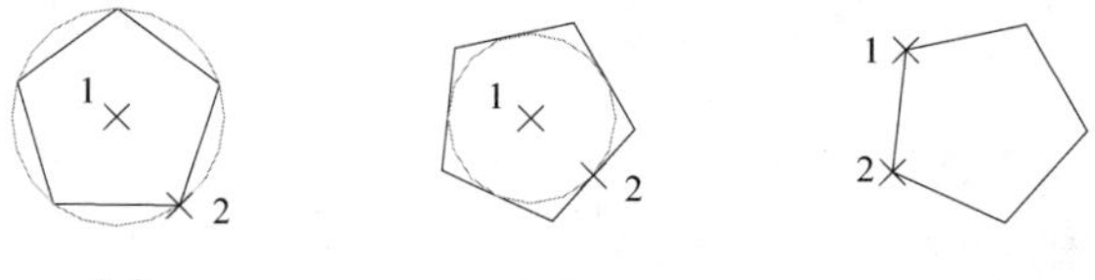

图 3-42 绘制正多边形

3.3.4 实例——绘制八角凳

视频讲解

本实例主要利用"正多边形"命令绘制八角凳的内轮廓和外轮廓，绘制流程如图 3-43 所示。

操作步骤

（1）单击"默认"选项卡"绘图"面板中的"多边形"按钮⬠，绘制外轮廓线，命令行提示与操作如下：

```
命令：POLYGON↙
输入侧面数 <4>：8
指定正多边形的中心点或 [边(E)]：0,0↙
输入选项 [内接于圆(I)/外切于圆(C)] <I>：c↙
指定圆的半径：100↙
```

绘制结果如图 3-44 所示。

（2）用同样的方法绘制内轮廓线，其中心点为（0,0）、内切圆半径为 95，绘制结果如图 3-45 所示。

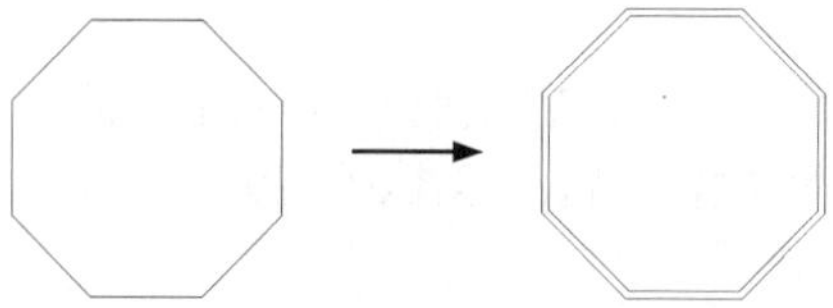

图 3-43 八角凳的绘制流程

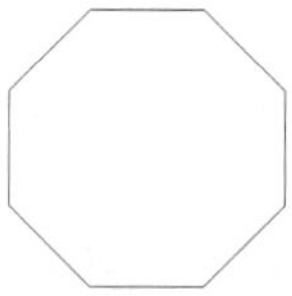

图 3-44 绘制外轮廓线

图 3-45 绘制内轮廓线

Note

3.4　点

点在 AutoCAD 2024 中有多种不同的表示方式，用户可以根据需要进行设置，也可以设置等分点和测量点。

3.4.1　绘制点

通常认为，点是最简单的图形单元。在工程图形中，点通常用来标定某个特殊的坐标位置，或者作为某个绘制步骤的起点和基础。为了使点更明显，AutoCAD 为点设置了各种样式，用户可以根据需要进行选择。

1. 执行方式

☑ 命令行：POINT 或 PO。
☑ 菜单栏："绘图"→"点"。
☑ 工具栏："绘图"→"点" ∴。
☑ 功能区："默认"→"绘图"→"多点" ∴。

2. 操作步骤

```
命令：POINT↙
当前点模式：PDMODE=0  PDSIZE=0.0000
指定点：(指定点所在的位置)
```

3. 选项说明

（1）通过菜单进行操作时（见图 3-46），"单点"命令表示只输入一个点，"多点"命令表示可输入多个点。

（2）可以单击状态栏中的"对象捕捉"开关按钮设置点的捕捉模式，帮助用户拾取点。

（3）点在图形中的表示样式共有 20 种。用户可通过 DDPTYPE 命令或执行菜单栏中的"格式"→"点样式"命令，打开"点样式"对话框来设置点样式，如图 3-47 所示。

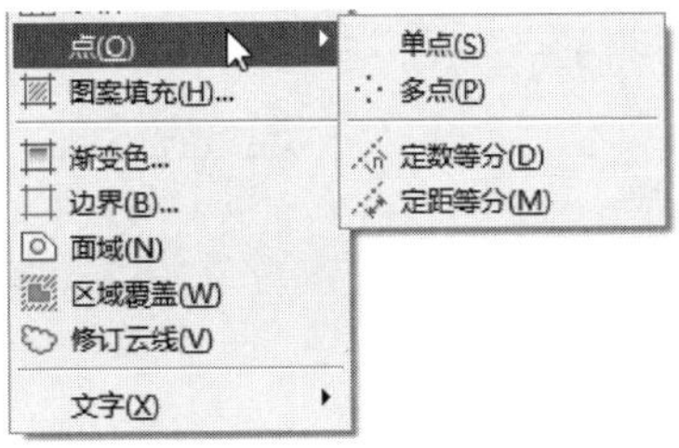

图 3-46　"点"子菜单

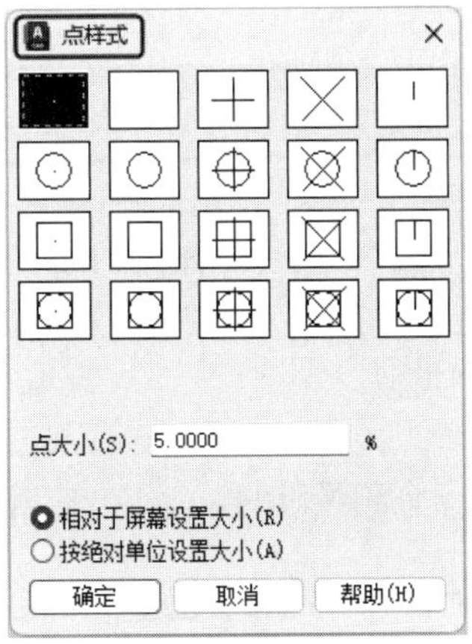

图 3-47　"点样式"对话框

Note

3.4.2 绘制等分点

有时需要把某个线段或曲线按一定的份数进行等分。这一点在手工绘图中很难实现，但在AutoCAD 中可以通过相关命令轻松完成。

1. 执行方式

☑ 命令行：DIVIDE 或 DIV。
☑ 菜单栏："绘图" → "点" → "定数等分"。
☑ 功能区："默认" → "绘图" → "定数等分" 。

2. 操作步骤

```
命令：DIVIDE↙
选择要定数等分的对象：（选择要等分的实体）
输入线段数目或 [块(B)]：（指定实体的等分数目）
```

3. 选项说明

（1）等分数目为 2～32767。
（2）在等分点处，按当前的点样式设置画出等分点。
（3）在第二行提示选择"块(B)"选项时，表示在等分点处插入指定的块（BLOCK）。

3.4.3 绘制测量点

和定数等分类似，有时需要把某个线段或曲线按给定的长度为单元进行等分。在 AutoCAD 中，这可以通过相关命令来完成。

1. 执行方式

☑ 命令行：MEASURE 或 ME。
☑ 菜单栏："绘图" → "点" → "定距等分"。
☑ 功能区："默认" → "绘图" → "定距等分" 。

2. 操作步骤

```
命令：MEASURE↙
选择要定距等分的对象：（选择要设置测量点的实体）
指定线段长度或 [块(B)]：（指定分段长度）
```

3. 选项说明

（1）设置的起点一般是指指定线段的绘制起点。
（2）在第二行提示选择"块(B)"选项时，表示在测量点处插入指定的块，后续操作与 3.4.2 节中等分点的绘制类似。
（3）在测量点处，按当前的点样式设置绘制测量点。
（4）最后一个测量段的长度不一定等于指定分段的长度。

3.4.4 实例——绘制地毯

视频讲解

本实例首先使用"矩形"命令绘制轮廓，然后使用"点"命令绘制装饰。绘制流程如图 3-48 所示。

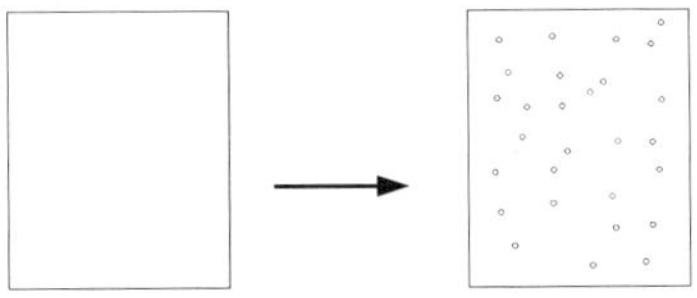

图 3-48　地毯的绘制流程

操作步骤

（1）执行菜单栏中的“格式”→“点样式”命令，在弹出的“点样式”对话框中选择“O”样式，如图 3-49 所示。

（2）绘制轮廓线。

❶ 单击“默认”选项卡“绘图”面板中的“矩形”按钮□，绘制地毯外轮廓线，命令行提示与操作如下：

```
命令：RECTANG↙
当前矩形模式： 旋转=90
指定第一个角点或 [倒角(C)/标高(E)/圆角(F)/厚度(T)/宽度(W)]: 100,100↙
指定另一个角点或 [面积(A)/尺寸(D)/旋转(R)]: @800,1000
```

绘制结果如图 3-50 所示。

❷ 单击“默认”选项卡“绘图”面板中的“多点”按钮∵，绘制地毯内装饰点，命令行提示与操作如下：

```
命令：POINT↙
当前点模式：PDMODE=33 PDSIZE=20.0000
指定点：(在屏幕上单击)
```

绘制结果如图 3-51 所示。

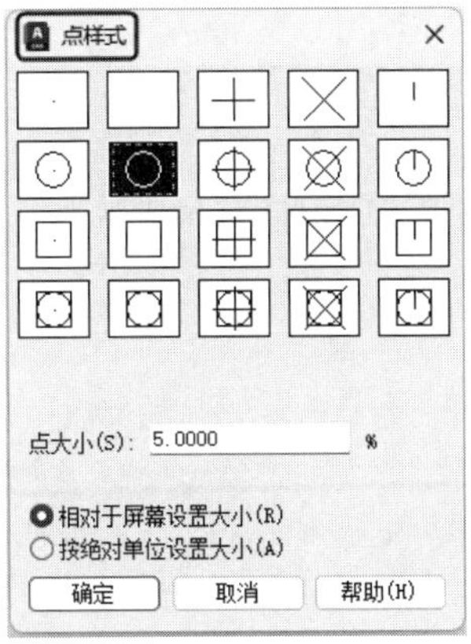

图 3-49　“点样式”对话框

图 3-50　地毯外轮廓线

图 3-51　地毯内装饰点

3.5　多　段　线

多段线是一种由线段和圆弧组合而成的、不同线宽的多线。这种线由于其组合形式的多样和线宽的不同，弥补了直线或圆弧功能的不足，适合绘制各种复杂的图形轮廓，因此得到了广泛的应用。

Note

3.5.1 绘制多段线

1. 执行方式

☑ 命令行：PLINE 或 PL。
☑ 菜单栏："绘图"→"多段线"。
☑ 工具栏："绘图"→"多段线"。
☑ 功能区："默认"→"绘图"→"多段线"。

2. 操作步骤

```
命令: PLINE↙
指定起点:(指定多段线的起点)
当前线宽为 0.0000
指定下一个点或 [圆弧(A)/半宽(H)/长度(L)/放弃(U)/宽度(W)]:(指定多段线的下一点)
```

3. 选项说明

多段线主要由不同长度的连续的线段或圆弧组成，如果在上述提示中选择"圆弧"选项，则命令行提示如下：

```
指定圆弧的端点(按住 Ctrl 键以切换方向)或 [角度(A)/圆心(CE)/闭合(CL)/方向(D)/半宽(H)/直线(L)/半径(R)/第二个点(S)/放弃(U)/宽度(W)]:
```

3.5.2 编辑多段线

1. 执行方式

☑ 命令行：PEDIT 或 PE。
☑ 菜单栏："修改"→"对象"→"多段线"。
☑ 工具栏："修改 II"→"编辑多段线"。
☑ 功能区："默认"→"修改"→"编辑多段线"。
☑ 快捷菜单：选择要编辑的多段线，在绘图区右击，从弹出的快捷菜单中执行"编辑多段线"命令。

2. 操作步骤

```
命令: PEDIT↙
选择多段线或 [多条(M)]:(选择一条要编辑的多段线)
输入选项 [闭合(C)/合并(J)/宽度(W)/编辑顶点(E)/拟合(F)/样条曲线(S)/非曲线化(D)/线型生成(L)/反转(R)/放弃(U)]:
```

3. 选项说明

（1）合并(J)：以选中的多段线为主体，合并其他直线段、圆弧或多段线，使其成为一条多段线。能合并的条件是各段线的端点首尾相连，如图 3-52 所示。

（2）宽度(W)：修改整条多段线的线宽，使其具有同一线宽，如图 3-53 所示。

（3）编辑顶点(E)：选择该选项后，在多段线起点处出现一个叉号"×"，为当前顶点的标记，并在命令行中出现进行后续操作的提示：

```
[下一个(N)/上一个(P)/打断(B)/插入(I)/移动(M)/重生成(R)/拉直(S)/切向(T)/宽度(W)/退出(X)] <N>:
```

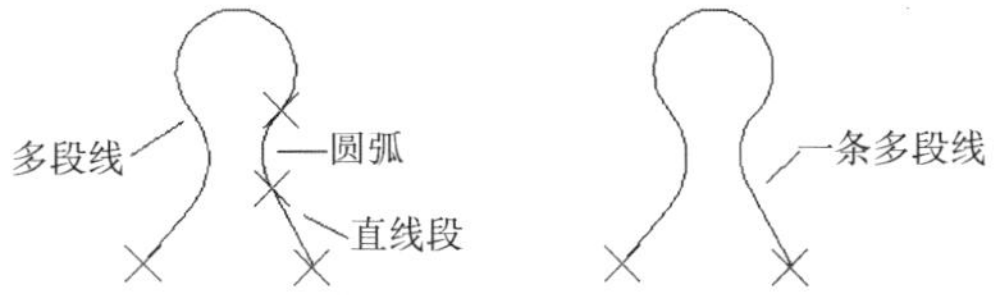

（a）合并前　　（b）合并后

图 3-52　合并多段线

（a）修改前　　（b）修改后

图 3-53　修改整条多段线的线宽

这些选项允许用户进行移动、插入顶点和修改任意两点间的线的线宽等操作。

（4）拟合(F)：从指定的多段线生成由光滑圆弧连接而成的圆弧拟合曲线，该曲线经过多段线的各顶点，如图 3-54 所示。

（5）样条曲线(S)：以指定多段线的各顶点作为控制点生成 B 样条曲线，如图 3-55 所示。

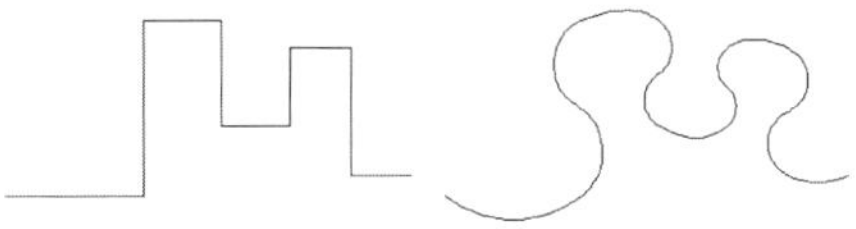

（a）修改前　　（b）修改后

图 3-54　生成圆弧拟合曲线

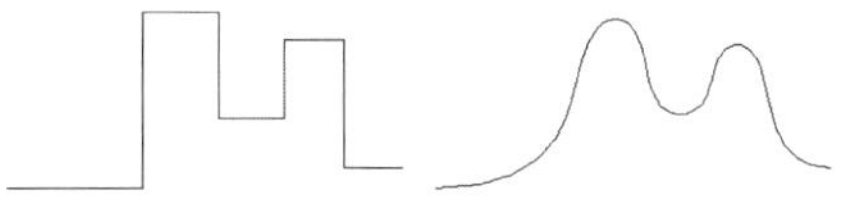

（a）修改前　　（b）修改后

图 3-55　生成 B 样条曲线

（6）非曲线化(D)：用直线代替指定的多段线中的圆弧。选择“拟合(F)”选项或“样条曲线(S)”选项后生成圆弧拟合曲线或样条曲线时，对于新插入的顶点，选择“非曲线化(D)”选项将删除这些顶点，并恢复成由直线段组成的多段线。

（7）线型生成(L)：当多段线的线型为点画线时，控制多段线的线型生成方式开关。选择该选项，命令行提示如下：

```
输入多段线线型生成选项 [开(ON)/关(OFF)] <关>:
```

选择 ON 时，将在每个顶点处允许以短画开始或结束生成线型，如图 3-56（a）所示；选择 OFF 时，将在每个顶点处允许以长画开始或结束生成线型，如图 3-56（b）所示。“线型生成”不能用于包含带变宽线段的多段线。

（a）开　　（b）关

图 3-56　控制多段线的线型（线型为点画线时）

3.5.3　实例——绘制圈椅

本实例主要介绍多段线绘制和多段线编辑方法的具体应用。本实例首先利用“多段线”命令绘制圈椅外圈，然后利用“圆弧”命令绘制内圈，再利用“多段线编辑”命令合并所绘制的线条，最后利用“圆弧”和“直线”命令绘制椅垫。绘制流程如图 3-57 所示。

视频讲解

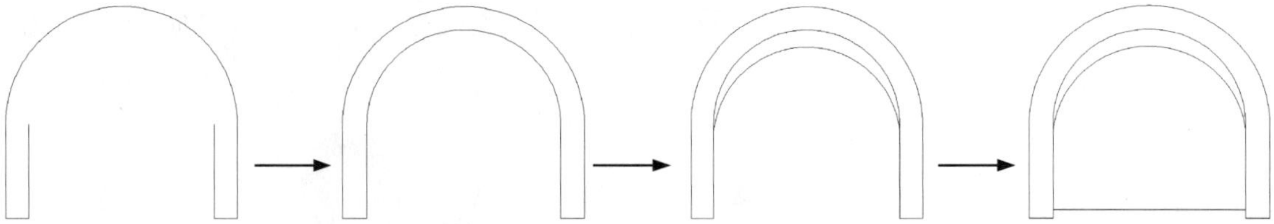

图 3-57　圈椅的绘制流程

操作步骤

（1）单击“默认”选项卡“绘图”面板中的“多段线”按钮，绘制外部轮廓，命令行提示与操作如下：

```
命令：_pline↙
指定起点：(适当指定一点)
当前线宽为 0.0000
指定下一点或 [圆弧(A)/半宽(H)/长度(L)/放弃(U)/宽度(W)]：@0,-600↙
指定下一点或 [圆弧(A)/闭合(C)/半宽(H)/长度(L)/放弃(U)/宽度(W)]：@150,0↙
指定下一点或 [圆弧(A)/闭合(C)/半宽(H)/长度(L)/放弃(U)/宽度(W)]：0,600↙
指定下一点或 [圆弧(A)/闭合(C)/半宽(H)/长度(L)/放弃(U)/宽度(W)]：u↙（放弃，表示上一步操作出错）
指定下一点或 [圆弧(A)/闭合(C)/半宽(H)/长度(L)/放弃(U)/宽度(W)]：@0,600↙
指定下一点或 [圆弧(A)/闭合(C)/半宽(H)/长度(L)/放弃(U)/宽度(W)]：a↙
指定圆弧的端点(按住 Ctrl 键以切换方向)或[角度(A)/圆心(CE)/闭合(CL)/方向(D)/半宽(H)/直线(L)/半径(R)/第二个点(S)/放弃(U)/宽度(W)]：r↙
指定圆弧的半径：750↙
指定圆弧的端点(按住 Ctrl 键以切换方向)或 [角度(A)]：a↙
指定夹角：180↙
指定圆弧的弦方向(按住 Ctrl 键以切换方向) <90>：180↙
指定圆弧的端点(按住 Ctrl 键以切换方向)或[角度(A)/圆心(CE)/闭合(CL)/方向(D)/半宽(H)/直线(L)/半径(R)/第二个点(S)/放弃(U)/宽度(W)]：l↙
指定下一点或 [圆弧(A)/闭合(C)/半宽(H)/长度(L)/放弃(U)/宽度(W)]：@0,-600↙
指定下一点或 [圆弧(A)/闭合(C)/半宽(H)/长度(L)/放弃(U)/宽度(W)]：@150,0↙
指定下一点或 [圆弧(A)/闭合(C)/半宽(H)/长度(L)/放弃(U)/宽度(W)]：@0,600↙
指定下一点或 [圆弧(A)/闭合(C)/半宽(H)/长度(L)/放弃(U)/宽度(W)]：
```

绘制结果如图 3-58 所示。

（2）打开状态栏上的“对象捕捉”按钮，单击“默认”选项卡“绘图”面板中的“圆弧”按钮，绘制内圈，命令行提示与操作如下：

```
命令：_arc↙
指定圆弧的起点或 [圆心(C)]：(捕捉右边竖线上的端点)
指定圆弧的第二个点或 [圆心(C)/端点(E)]：e↙
指定圆弧的端点：(捕捉左边竖线上的端点)
指定圆弧的中心点(按住 Ctrl 键以切换方向)或 [角度(A)/方向(D)/半径(R)]：d↙
指定圆弧起点的相切方向(按住 Ctrl 键以切换方向)：90↙
```

绘制结果如图 3-59 所示。

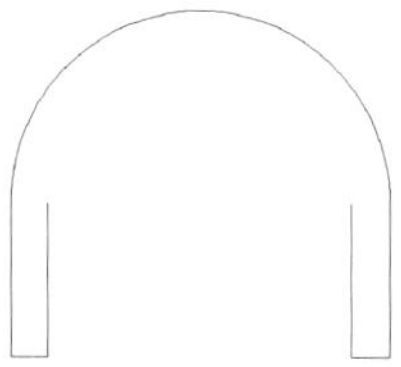

图 3-58　绘制外部轮廓

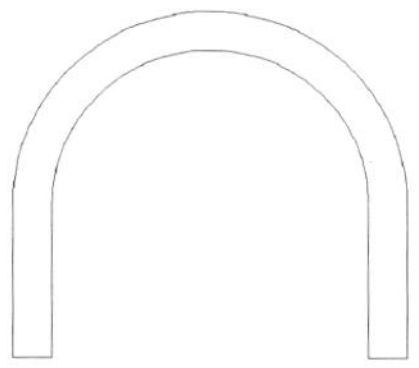

图 3-59　绘制内圈

（3）单击“默认”选项卡“修改”面板中的“编辑多段线”按钮，将前面绘制的图形合并为多段线，命令行提示与操作如下：

```
命令： _pedit↙
选择多段线或 [多条(M)]：(选择刚绘制的多段线)
输入选项 [闭合(C)/合并(J)/宽度(W)/编辑顶点(E)/拟合(F)/样条曲线(S)/非曲线化(D)/线型生成(L)/反转(R)/放弃(U)]： j↙
选择对象：(选择刚绘制的圆弧)
选择对象： ↙
多段线已增加 1 条线段
输入选项 [打开(O)/合并(J)/宽度(W)/编辑顶点(E)/拟合(F)/样条曲线(S)/非曲线化(D)/线型生成(L)/反转(R)/放弃(U)]：
```

系统将圆弧和原来的多段线合并成一个新的多段线，选择该多段线，可以看出所有线条都被选中，如图 3-60 所示。这说明它们已经被合并为一体。

（4）打开状态栏上的“对象捕捉”按钮，单击“默认”选项卡“绘图”面板中的“圆弧”按钮，绘制椅垫，命令行提示与操作如下：

```
命令： _arc↙
指定圆弧的起点或 [圆心(C)]：(捕捉多段线左边竖线上适当一点)
指定圆弧的第二个点或 [圆心(C)/端点(E)]：(向右上方适当指定一点)
指定圆弧的端点：(捕捉多段线右边竖线上适当一点，与左边点位置大约平齐)
```

绘制结果如图 3-61 所示。

（5）单击“默认”选项卡“绘图”面板中的“直线”按钮，捕捉适当的点为端点，绘制一条水平线，最终结果如图 3-62 所示。

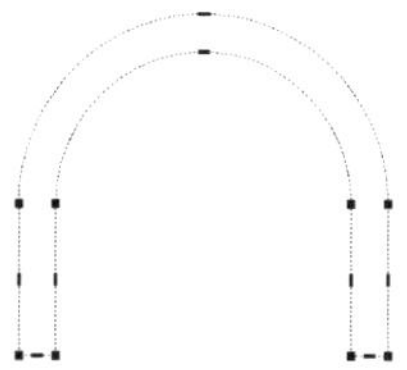

图 3-60　合并多段线

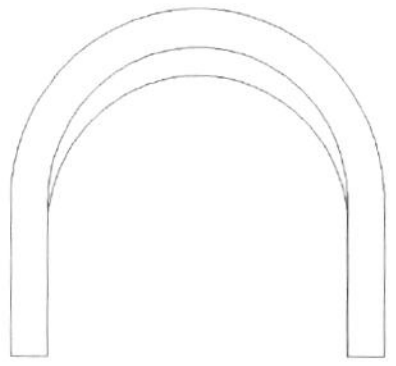

图 3-61　绘制椅垫

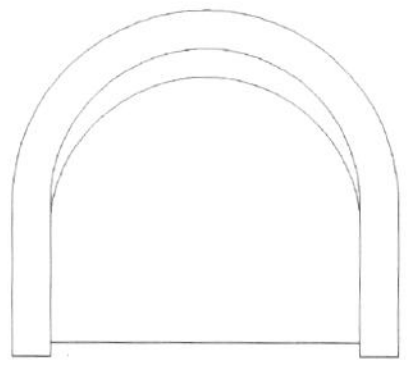

图 3-62　绘制直线

3.6　样条曲线

AutoCAD 2024 使用一种称为非一致有理 B 样条（NURBS）曲线的特殊样条曲线类型。NURBS 曲线在控制点之间产生一条光滑的样条曲线，如图 3-63 所示。样条曲线可用于创建形状不规则的曲线，例如，在地理信息系统（GIS）应用或汽车设计中绘制轮廓线。

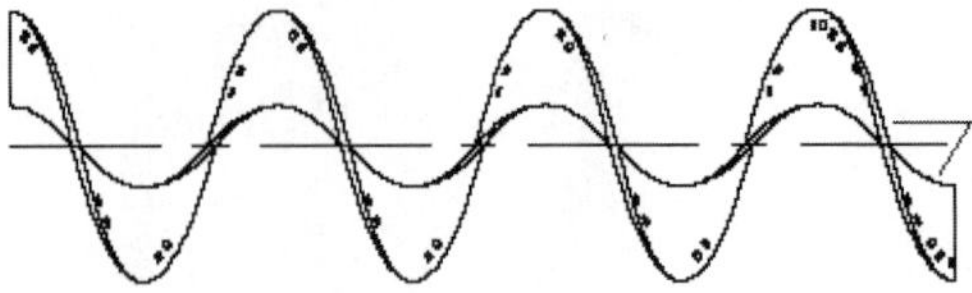

图 3-63　样条曲线

3.6.1　绘制样条曲线

1. 执行方式

☑ 命令行：SPLINE。

☑ 菜单栏："绘图"→"样条曲线"→"拟合点"或"控制点"。

☑ 工具栏："绘图"→"样条曲线"。

☑ 功能区："默认"→"绘图"→"样条曲线拟合"或"样条曲线控制点"。

2. 操作步骤

```
命令：SPLINE↙
当前设置：方式=拟合　　节点=弦
指定第一个点或 [方式(M)/节点(K)/对象(O)]： _M↙
输入样条曲线创建方式 [拟合(F)/控制点(CV)] <拟合>： _FIT↙
当前设置：方式=拟合　　节点=弦
指定第一个点或 [方式(M)/节点(K)/对象(O)]：
输入下一个点或 [起点切向(T)/公差(L)]：
输入下一个点或 [端点相切(T)/公差(L)/放弃(U)]：
输入下一个点或 [端点相切(T)/公差(L)/放弃(U)/闭合(C)]：
```

3. 选项说明

（1）方式(M)：控制是使用拟合点还是使用控制点来创建样条曲线。选项会因选择的是使用拟合点创建样条曲线的选项还是使用控制点创建样条曲线的选项而异。

（2）节点(K)：指定节点参数化，会影响曲线在通过拟合点时的形状（SPLKNOTS 系统变量）。

（3）对象(O)：将二维或三维的二次或三次样条曲线拟合多段线转换为等价的样条曲线，然后（根据 DELOBJ 系统变量的设置）删除该多段线。

（4）起点切向(T)：基于切向创建样条曲线。

（5）公差(L)：指定距样条曲线必须经过的指定拟合点的距离。公差应用于除起点和端点外的所有拟合点。

（6）端点相切(T)：停止基于切向创建曲线。用户可通过指定拟合点继续创建样条曲线。选择"端点相切"后，将提示指定最后一个输入拟合点的最后一个切点。

```
指定切向：(指定点或按 Enter 键)
```

用户可以指定一点来定义切向矢量，或者使用"切点"和"垂足"对象捕捉模式使样条曲线与现有对象相切或垂直。

3.6.2 实例——绘制壁灯

本实例主要介绍样条曲线的具体应用。本实例首先利用“矩形”和“直线”命令绘制底座，然后利用“多段线”命令绘制灯罩，最后利用“样条曲线”命令绘制装饰物。绘制流程如图 3-64 所示。

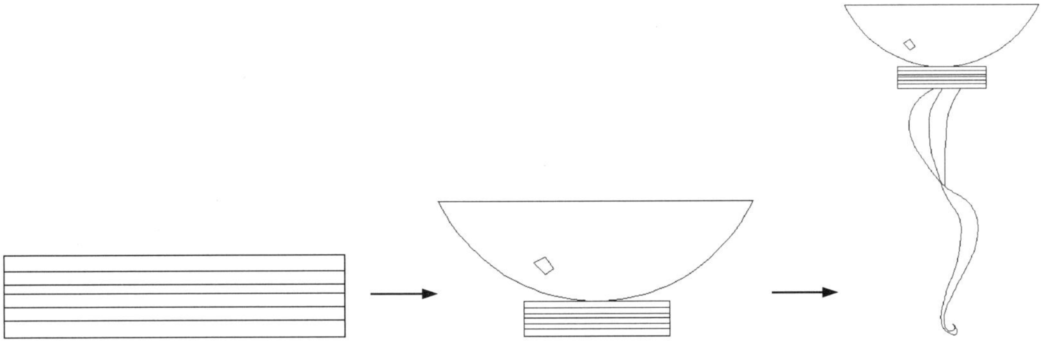

图 3-64 壁灯的绘制流程

操作步骤

（1）单击“默认”选项卡“绘图”面板中的“矩形”按钮，在适当位置处绘制一个 220mm×50mm 的矩形。

（2）单击“默认”选项卡“绘图”面板中的“直线”按钮，在矩形中绘制 5 条水平直线，结果如图 3-65 所示。

（3）单击“默认”选项卡“绘图”面板中的“多段线”按钮，绘制灯罩，命令行提示与操作如下：

```
命令: _pline↙
指定起点:（在矩形上方适当位置指定一点）
当前线宽为 0.0000
指定下一个点或 [圆弧(A)/半宽(H)/长度(L)/放弃(U)/宽度(W)]: a↙
指定圆弧的端点(按住 Ctrl 键以切换方向)或[角度(A)/圆心(CE)/方向(D)/半宽(H)/直线(L)/半径(R)/第二个点(S)/放弃(U)/宽度(W)]: s↙
指定圆弧上的第二个点:（捕捉矩形上边线的中点）
指定圆弧的端点:
指定圆弧的端点(按住 Ctrl 键以切换方向)或[角度(A)/圆心(CE)/闭合(CL)/方向(D)/半宽(H)/直线(L)/半径(R)/第二个点(S)/放弃(U)/宽度(W)]: l↙
指定下一点或 [圆弧(A)/闭合(C)/半宽(H)/长度(L)/放弃(U)/宽度(W)]:（捕捉圆弧起点）
```

重复“多段线”命令，在灯罩上绘制一个不规则的四边形，如图 3-66 所示。

图 3-65 绘制底座

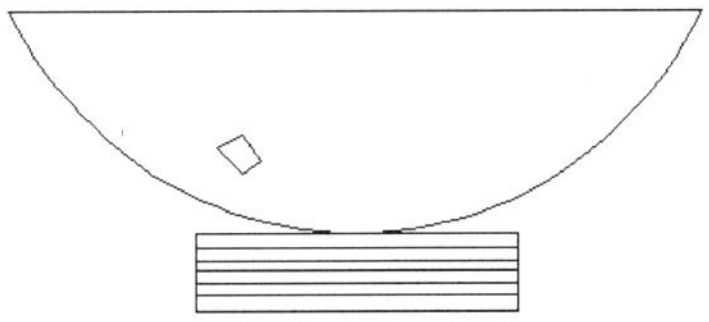

图 3-66 绘制灯罩上的不规则四边形

（4）单击“默认”选项卡“绘图”面板中的“样条曲线拟合”按钮，绘制装饰物，命令行提示与操作如下：

```
命令: _spline↙
当前设置: 方式=控制点    阶数=3
指定第一个点或 [方式(M)/阶数(D)/对象(O)]: _m↙
输入样条曲线创建方式 [拟合(F)/控制点(CV)] <控制点>: _fit↙
当前设置: 方式=拟合    节点=弦
指定第一个点或 [方式(M)/节点(K)/对象(O)]:
输入下一个点或 [起点切向(T)/公差(L)]:
输入下一个点或 [端点相切(T)/公差(L)/放弃(U)]:
输入下一个点或 [端点相切(T)/公差(L)/放弃(U)/闭合(C)]:
输入下一个点或 [端点相切(T)/公差(L)/放弃(U)/闭合(C)]:
命令: spline↙
当前设置: 方式=控制点    阶数=3
指定第一个点或 [方式(M)/阶数(D)/对象(O)]: _m↙
输入样条曲线创建方式 [拟合(F)/控制点(CV)] <控制点>: _fit↙
当前设置: 方式=拟合    节点=弦
指定第一个点或 [方式(M)/节点(K)/对象(O)]:
输入下一个点或 [起点切向(T)/公差(L)]:
输入下一个点或 [端点相切(T)/公差(L)/放弃(U)]:
输入下一个点或 [端点相切(T)/公差(L)/放弃(U)/闭合(C)]:
输入下一个点或 [端点相切(T)/公差(L)/放弃(U)/闭合(C)]:
命令: _spline↙
当前设置: 方式=控制点    阶数=3
指定第一个点或 [方式(M)/阶数(D)/对象(O)]: _m↙
输入样条曲线创建方式 [拟合(F)/控制点(CV)] <控制点>: _fit↙
当前设置: 方式=拟合    节点=弦
指定第一个点或 [方式(M)/节点(K)/对象(O)]:
输入下一个点或 [起点切向(T)/公差(L)]:
输入下一个点或 [端点相切(T)/公差(L)/放弃(U)]:
输入下一个点或 [端点相切(T)/公差(L)/放弃(U)/闭合(C)]:
输入下一个点或 [端点相切(T)/公差(L)/放弃(U)/闭合(C)]:
```

绘制结果如图 3-67 所示。

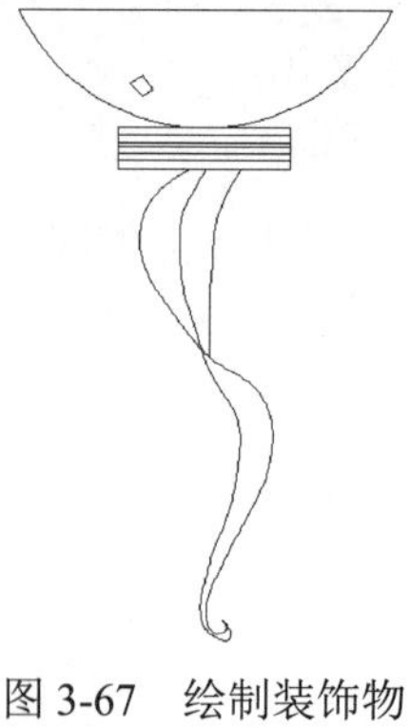

图 3-67　绘制装饰物

（5）单击“默认”选项卡“绘图”面板中的“多段线”按钮，在矩形的两侧绘制月亮装饰，结果如图 3-64 所示。

3.7　多　　线

多线是一种复合线，由连续的直线段复合组成。多线的一个突出优点是能够提高绘图效率，保证图线之间的统一性。

3.7.1　绘制多线

多线应用的一个最主要的场合是建筑墙线的绘制，本书后面会通过相应的实例帮助读者慢慢体会到这一点。

1. 执行方式

☑　命令行：MLINE。

☑　菜单栏：“绘图”→“多线”。

2. 操作步骤

```
命令：MLINE↙
当前设置：对正 = 上，比例 = 20.00，样式 = STANDARD
指定起点或 [对正(J)/比例(S)/样式(ST)]：(指定起点)
指定下一点：(给定下一点)
指定下一点或 [放弃(U)]：(继续给定下一点，绘制线段。输入 U，则放弃前一段的绘制；右击或按 Enter 键，结束命令)
指定下一点或 [闭合(C)/放弃(U)]：(继续给定下一点，绘制线段。输入 C，则闭合线段，结束命令)
```

3. 选项说明

（1）对正(J)：该选项用于给定绘制多线的基准。共有“上（T）”“无（Z）”“下（B）”3 种对正类型。其中，“上（T）”表示以多线上侧的线为基准，以此类推。

（2）比例(S)：选择该选项，系统会要求用户设置平行线的间距。输入值为 0 时，平行线重合；值为负时，多线的排列倒置。

（3）样式(ST)：该选项用于设置当前使用的多线样式。

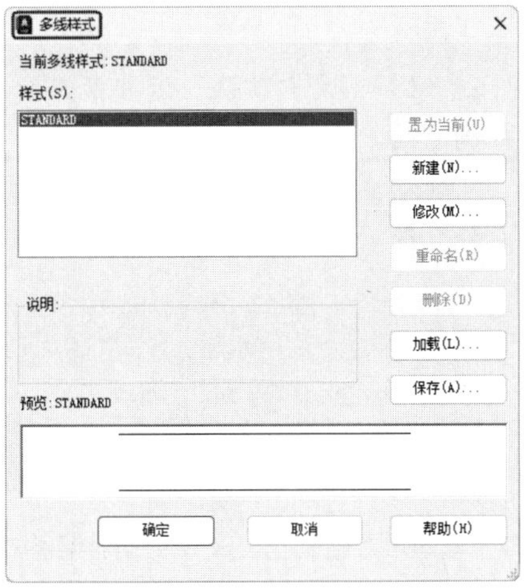

图 3-68　“多线样式”对话框

3.7.2　定义多线样式

1. 执行方式

命令行：MLSTYLE。

2. 操作步骤

执行该命令后，系统弹出如图 3-68 所示的“多线样式”对话框。在该对话框中，用户可以对多线样式进行定义、保存

Note

和加载等操作。

3.7.3 编辑多线

1. 执行方式

☑ 命令行：MLEDIT。

☑ 菜单栏："修改"→"对象"→"多线"。

2. 操作步骤

执行"多线"命令后，系统弹出"多线编辑工具"对话框，如图 3-69 所示。

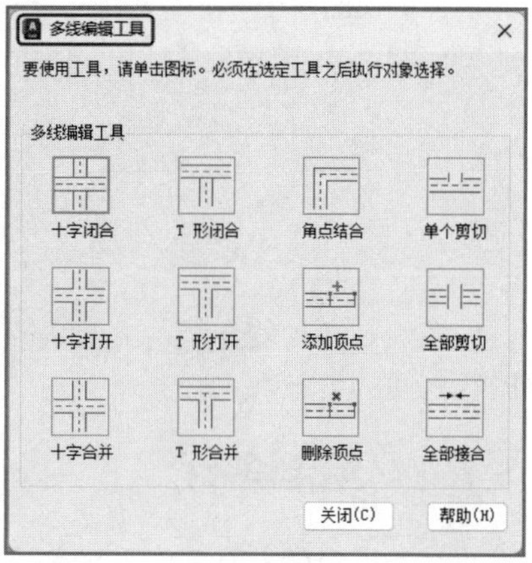

图 3-69 "多线编辑工具"对话框

利用"多线编辑工具"对话框，用户可以创建或修改多线的模式。在该对话框中分 4 列显示了示例图形。其中，第 1 列管理十字交叉形式的多线，第 2 列管理 T 形多线，第 3 列管理角点结合和顶点，第 4 列管理多线被剪切或连接的形式。

选择某个示例图形，然后单击"关"按钮，即可调用该项编辑功能。

3.7.4 实例——绘制墙体

视频讲解

本实例首先利用"构造线"和"偏移"命令绘制辅助线，再利用"多线样式"和"多线"命令绘制墙线，最后编辑多线以得到所需的图形。绘制流程如图 3-70 所示。

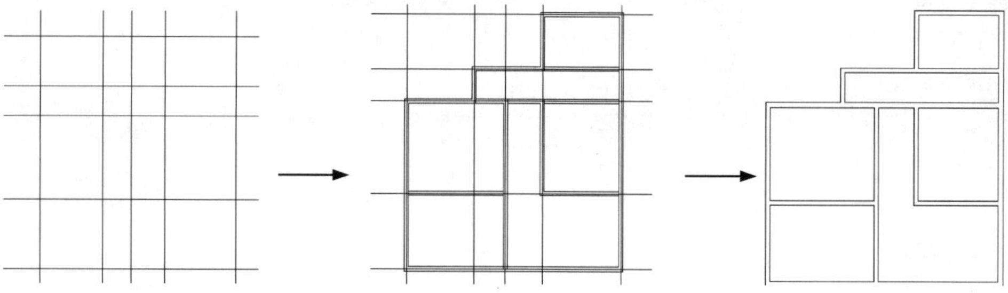

图 3-70 墙体的绘制流程

操作步骤

（1）单击"默认"选项卡"绘图"面板中的"构造线"按钮，绘制一条水平构造线和一条竖直构造线，组成"十"字形辅助线，如图 3-71 所示。

（2）单击"默认"选项卡"绘图"面板中的"构造线"按钮，将水平构造线向上偏移 4200，命令行提示与操作如下：

```
命令： XLINE↙
指定点或 [水平(H)/垂直(V)/角度(A)/二等分(B)/偏移(O)]: O↙
指定偏移距离或 [通过(T)] <通过>: 4200↙
选择直线对象：(选取上一步绘制的直线)
指定向哪侧偏移：(在水平构造线的上方单击)
```

采用相同的方法，将刚刚偏移得到的水平构造线依次向上偏移 5100、1800 和 3000，结果如图 3-72 所示。重复"偏移"命令，将垂直构造线依次向右偏移 3900、1800、2100 和 4500，结果如图 3-73 所示。

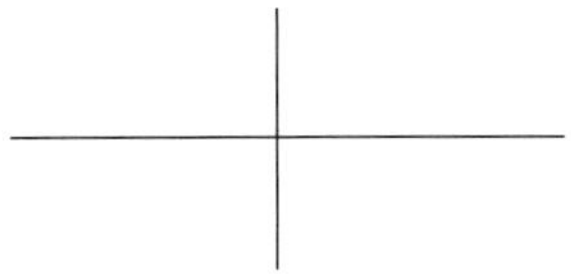

图 3-71 “十”字形辅助线

图 3-72 水平构造线

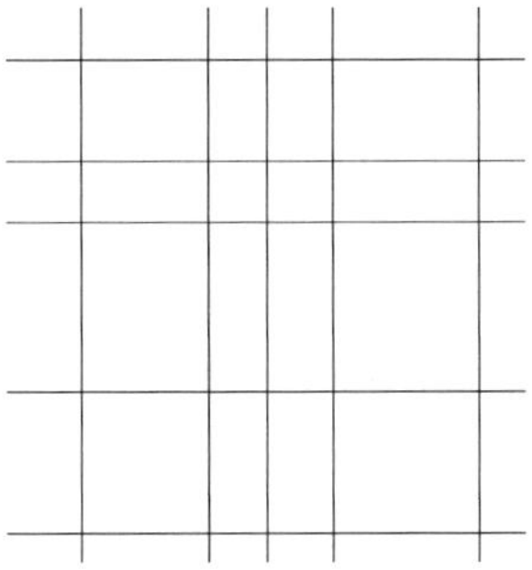

图 3-73 垂直构造线

（3）执行菜单栏中的“格式”→“多线样式”命令，系统打开“多线样式”对话框，在该对话框中单击“新建”按钮，系统打开“创建新的多线样式”对话框。在“新样式名”文本框中输入“墙体线”，单击“继续”按钮，系统弹出“新建多线样式: 墙体线”对话框，设置相关参数，如图 3-74 所示。

（4）执行菜单栏中的“绘图”→“多线”命令，绘制多线墙体，命令行提示与操作如下：

```
命令: MLINE↙
当前设置: 对正 = 上，比例 = 20.00，样式 = STANDARD
指定起点或 [对正(J)/比例(S)/样式(ST)]: S↙
输入多线比例 <20.00>: 1↙
当前设置: 对正 = 上，比例 = 1.00，样式 = STANDARD
指定起点或 [对正(J)/比例(S)/样式(ST)]: J↙
输入对正类型 [上(T)/无(Z)/下(B)] <上>: Z↙
当前设置: 对正 = 无，比例 = 1.00，样式 = STANDARD
指定起点或 [对正(J)/比例(S)/样式(ST)]:（在绘制的辅助线交点上指定一点）
指定下一点:（在绘制的辅助线交点上指定下一点）
指定下一点或 [放弃(U)]:（在绘制的辅助线交点上指定下一点）
指定下一点或 [闭合(C)/放弃(U)]:（在绘制的辅助线交点上指定下一点）
指定下一点或 [闭合(C)/放弃(U)]:C↙
```

根据辅助线网格，用相同的方法绘制多线，绘制结果如图 3-75 所示。

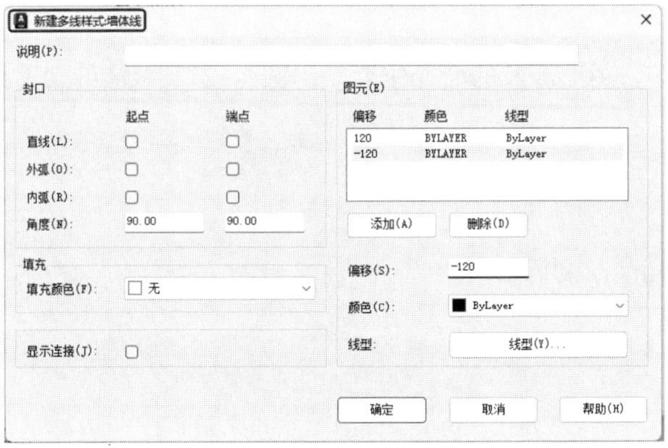

图 3-74 设置多线样式

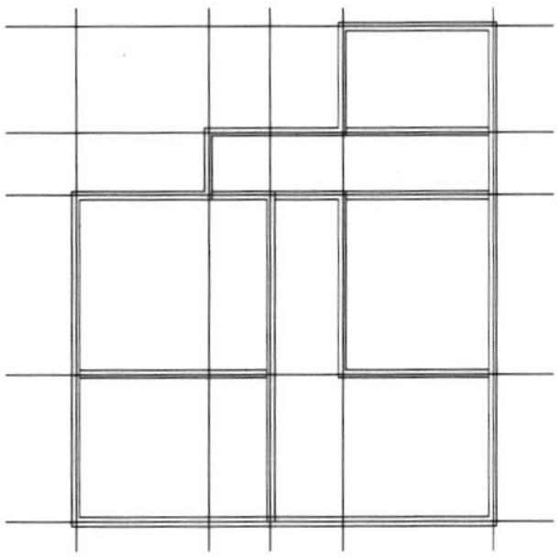

图 3-75 全部多线绘制结果

（5）编辑多线。执行菜单栏中的“修改”→“对象”→“多线”命令，系统弹出“多线编辑工具”对话框，如图 3-76 所示。选择“T 形打开”选项，单击“关闭”按钮后，命令行提示与操作如下：

```
命令：MLEDIT↙
选择第一条多线：(选择多线)
选择第二条多线：(选择多线)
选择第一条多线或 [放弃(U)]：
```

重复编辑多线命令继续进行多线编辑，最终结果如图 3-77 所示。

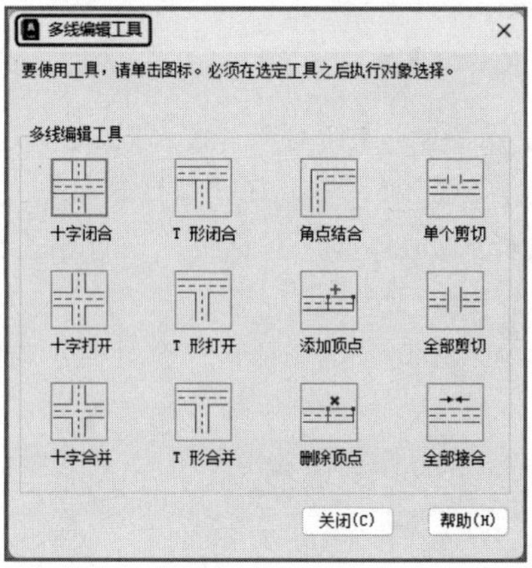

图 3-76 “多线编辑工具”对话框

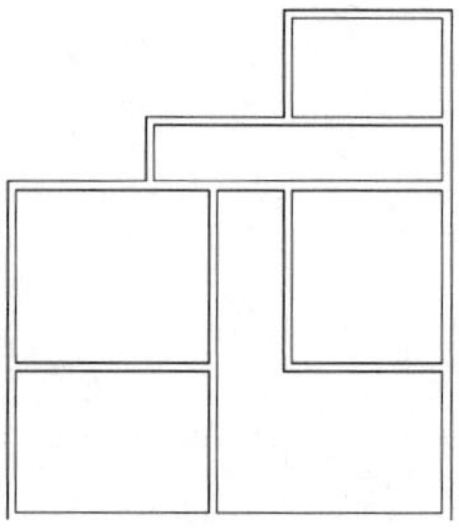

图 3-77 墙体

3.8 实践与操作

通过本章前面的学习，读者对本章知识已经有了大体的了解。本节将通过 4 个练习使读者进一步掌握本章知识要点。

3.8.1 绘制圆桌

1. 目的要求

本实践绘制的是如图 3-78 所示的圆桌，图形涉及的命令主要是“圆”。本实践能够帮助读者灵活掌握圆的绘制方法。

2. 操作提示

（1）利用“圆”命令绘制外沿。

（2）利用“圆”命令结合对象捕捉功能绘制同心内沿。

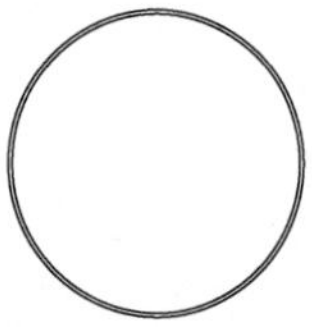

图 3-78 圆桌

3.8.2 绘制椅子

1. 目的要求

本实践绘制的是如图 3-79 所示的椅子，图形涉及的命令主要是“直线”和“圆弧”。本实践能够帮助读者灵活掌握直线和圆弧的绘制方法。

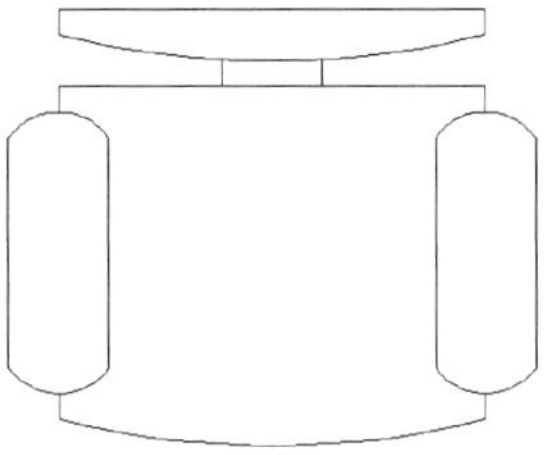

图 3-79　椅子

2. 操作提示

（1）利用“直线”命令绘制基本形状。

（2）利用“圆弧”命令结合对象捕捉功能绘制一些圆弧造型。

3.8.3　绘制盥洗盆

1. 目的要求

本实践绘制的是如图 3-80 所示的盥洗盆，图形涉及的命令主要是“直线”“圆”“椭圆”“椭圆弧”“圆弧”。本实践能够帮助读者灵活掌握各种基本绘图命令的操作方法。

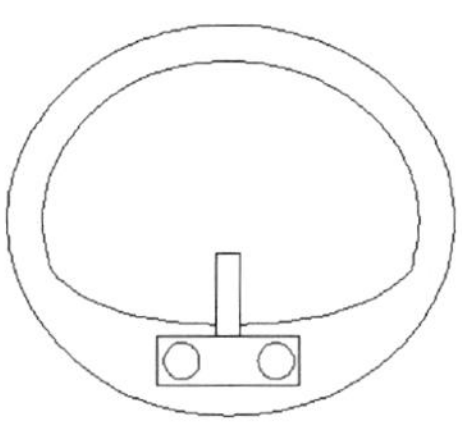

图 3-80　盥洗盆

2. 操作提示

（1）利用“直线”命令绘制水龙头图形。

（2）利用“圆”命令绘制两个水龙头旋钮。

（3）利用“椭圆”命令绘制盥洗盆外缘。

（4）利用“椭圆弧”命令绘制盥洗盆内缘。

（5）利用“圆弧”命令完成盥洗盆绘制。

3.8.4　绘制雨伞

1. 目的要求

本实践绘制的是如图 3-81 所示的雨伞，图形涉及的命令主要是“圆弧”“样条曲线”“多段线”。本实践能够帮助读者灵活掌握“样条曲线”和“多段线”命令的操作方法。

图 3-81　雨伞

2. 操作提示

（1）利用“圆弧”命令绘制伞的外框。

（2）利用“样条曲线”命令绘制伞的底边。

（3）利用“圆弧”命令绘制伞面辐条。

（4）利用“多段线”命令绘制伞把。

第 4 章

二维编辑命令

二维图形的编辑操作配合绘图命令可以进一步完成复杂图形对象的绘制工作，并可使用户合理安排和组织图形，保证绘图准确，减少重复。因此，读者熟练掌握和使用编辑命令有助于提高自己设计和绘图的效率。本章主要包括选择对象命令、复制类命令、改变位置类命令、删除及恢复类命令、改变几何特性命令和对象编辑等内容。

- ☑ 选择对象
- ☑ 删除及恢复类命令
- ☑ 复制类命令
- ☑ 改变位置类命令
- ☑ 改变几何特性类命令
- ☑ 对象编辑
- ☑ 图案填充

任务驱动&项目案例

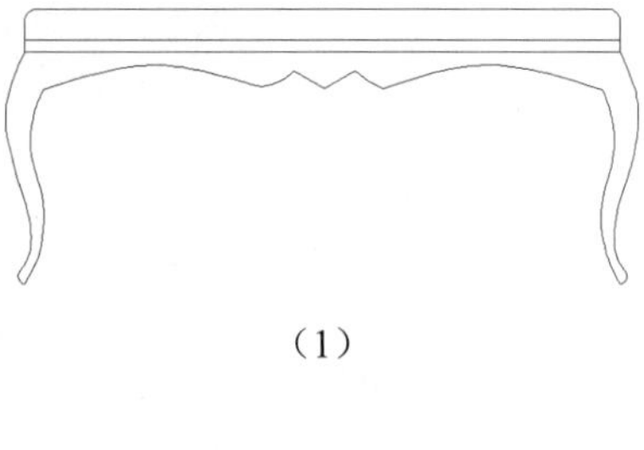

（1）

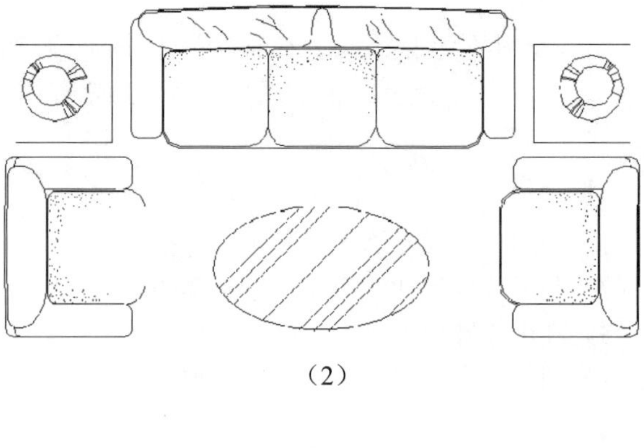

（2）

Note

4.1　选择对象

选择对象是进行编辑的前提。AutoCAD 提供了多种对象选择方法，如点取方法、用选择窗口选择对象、用选择线选择对象、用对话框选择对象等。

AutoCAD 可以把选择的多个对象组成整体，如选择集和对象组，进行整体编辑与修改。

AutoCAD 提供了两种方法来编辑具有相同效果的图形。

（1）先执行编辑命令，然后选择要编辑的对象。

（2）先选择要编辑的对象，然后执行编辑命令。

AutoCAD 提供了以下 4 种方法来选择对象。

（1）先选择一个编辑命令，然后选择对象，按 Enter 键结束操作。

（2）使用 SELECT 命令。在命令提示行中输入 SELECT，然后根据选择的选项，出现选择对象提示，按 Enter 键结束操作。

（3）用点取设备选择对象，然后调用编辑命令。

（4）定义对象组。

无论使用哪种方法，AutoCAD 2024 都将提示用户选择对象，并且光标的形状由十字光标变为拾取框。

下面结合 SELECT 命令说明选择对象的方法。

SELECT 命令可以单独使用，也可以在执行其他编辑命令时被自动调用，此时命令行提示如下：

```
选择对象：
```

等待用户以某种方式选择对象作为回答。AutoCAD 2024 提供了多种选择方式，可以输入?查看这些选择方式。选择选项后，命令行提示如下：

```
需要点或窗口(W)/上一个(L)/窗交(C)/框(BOX)/全部(ALL)/栏选(F)/圈围(WP)/圈交(CP)/编组(G)/添加(A)/删除(R)/多个(M)/前一个(P)/放弃(U)/自动(AU)/单个(SI)/子对象（SU）/对象(O)
```

部分选项的含义如下。

（1）点：该选项表示直接通过点取的方式选择对象。用鼠标或键盘移动拾取框，使其框住要选取的对象并单击，即会选中该对象并以高亮度显示。

（2）窗口(W)：用由两个对角顶点确定的矩形窗口选取位于其范围内部的所有图形，与边界相交的对象不会被选中。在指定对角顶点时应该按照从左向右的顺序进行指定，如图 4-1 所示。

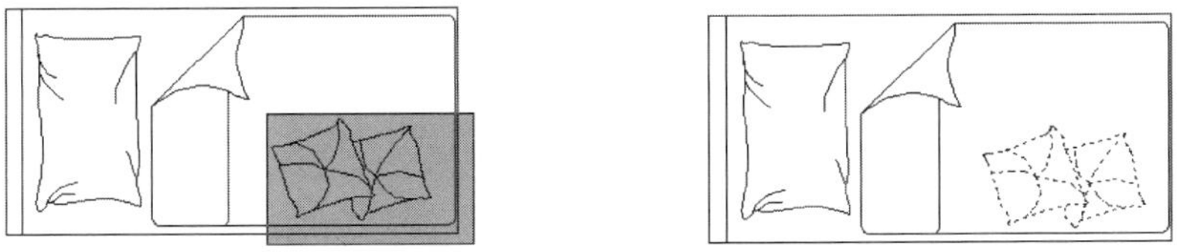

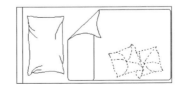

（a）图中深色覆盖部分为选择窗口　　（b）选择后的图形

图 4-1　“窗口”对象选择方式

（3）上一个(L)：在“选择对象：”提示下输入 L 后，按 Enter 键系统会自动选取最后绘出的一个对象。

（4）窗交(C)：该方式与上述“窗口”方式类似，区别在于，它不仅选中矩形窗口内部的对象，还选中与矩形窗口边界相交的对象，如图 4-2 所示。

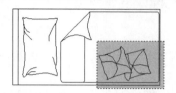

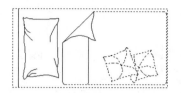

（a）图中深色覆盖部分为选择窗口　　（b）选择后的图形

图 4-2　“窗交”对象选择方式

（5）框(BOX)：使用该选项时，系统会根据用户在屏幕上给出的两个对角点的位置自动引用“窗口”或“窗交”方式。若用户从左向右指定对角点，则系统会引用“窗口”方式；反之，系统会引用“窗交”方式。

（6）全部(ALL)：选取图面上的所有对象。

（7）栏选(F)：用户临时绘制一些直线，这些直线不必构成封闭图形，凡是与这些直线相交的对象均被选中，如图 4-3 所示。

（a）图中虚线为选择栏　　（b）选择后的图形

图 4-3　“栏选”对象选择方式

（8）圈围(WP)：使用一个不规则的多边形来选择对象。根据提示，用户顺次输入构成多边形的所有顶点的坐标，最后按 Enter 键结束操作，系统将自动连接第一个顶点到最后一个顶点的各个顶点，形成封闭的多边形。凡是被多边形围住的对象均被选中（不包括边界），如图 4-4 所示。

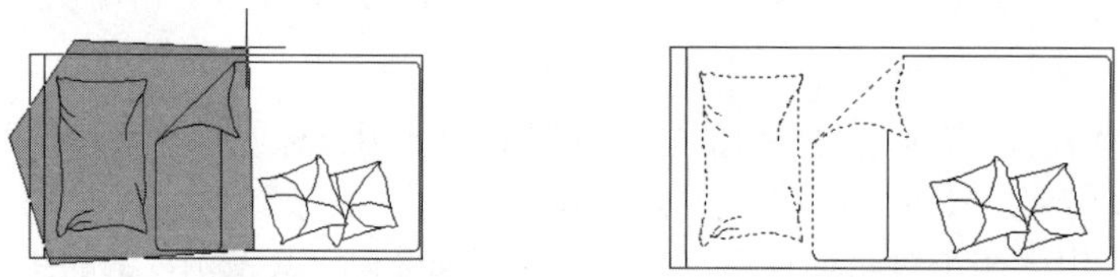

（a）图中十字线所拉出深色多边形为选择窗口　　（b）选择后的图形

图 4-4　“圈围”对象选择方式

（9）圈交(CP)：类似“圈围”方式，在“选择对象:”提示后输入 CP，后续操作与“圈围”方式的操作相同。二者区别在于，采用该方式时与多边形边界相交的对象也将被选中。

（10）编组(G)：使用预先定义的对象组作为选择集。事先将若干个对象组成对象组，用组名进行引用。

（11）添加(A)：将下一个对象添加到选择集中。它也可用于从移走模式（REMOVE）切换到选择模式。

（12）删除(R)：按住 Shift 键选择对象，可以从当前选择集中移走该对象。对象由高亮显示状态变为正常显示状态。

（13）多个(M)：指定多个点，正常显示对象。这种方法可以加快在复杂图形上选择对象的过程。若两个对象交叉，两次指定交叉点，则可以选中这两个对象。

（14）前一个(P)：用关键字 P 回应“选择对象:”的提示，则把上次编辑命令中的最后一次构造的选择集或最后一次使用 SELECT 或 DDSELECT 命令预置的选择集作为当前选择集。这种方法适用于对同一选择集进行多种编辑操作的情况。

（15）放弃(U)：用于取消加入选择集中的对象。

（16）自动(AU)：选择结果视用户在屏幕上的选择操作而定。如果选中单个对象，则该对象为自动选择的结果；如果选择点落在对象内部或外部的空白处，则命令行提示如下：

```
指定对角点：
```

此时，系统会采取一种窗口的选择方式。对象被选中后，变为虚线形式，并高亮显示。

注意：若矩形框从左向右定义，即第一个选择的对角点为左侧的对角点，矩形框内部的对象被选中，框外部的及与矩形框边界相交的对象不会被选中；若矩形框从右向左定义，矩形框内部及与矩形框边界相交的对象都会被选中。

（17）单个(SI)：选择指定的第一个对象或对象集，而不继续提示进行下一步的选择。

4.2　删除及恢复类命令

删除及恢复类命令主要用于删除图形的某部分或对已被删除的部分进行恢复，包括“删除”“恢复”“回退”“重做”“清除”等命令。

4.2.1　“删除”命令

如果所绘制的图形不符合要求或绘错了图形，则可以使用“删除”命令（ERASE）对其进行删除。

1. 执行方式

☑ 命令行：ERASE。
☑ 菜单栏：“修改”→“删除”。
☑ 工具栏：“修改”→“删除”。
☑ 功能区：“默认”→“修改”→“删除”。
☑ 快捷菜单：“删除”。

2. 操作步骤

用户可以先选择对象，然后调用“删除”命令；用户也可以先调用“删除”命令，然后选择对象。选择对象时，可以使用前面介绍的各种对象选择的方法。

当选择多个对象时，多个对象都被删除；若选择的对象属于某个对象组，则该对象组的所有对象都被删除。

4.2.2　“恢复”命令

若误删了图形，则可以使用“恢复”命令（OOPS）恢复误删除的对象。

1. 执行方式

☑ 命令行：OOPS 或 U。

☑ 工具栏：快速访问→“放弃”。

☑ 快捷键：Ctrl+Z。

2. 操作步骤

在命令行提示中输入 OOPS，并按 Enter 键。

4.3 复制类命令

本节将详细介绍 AutoCAD 2024 的复制类命令。利用这些复制类命令，用户可以方便地编辑绘制的图形。

4.3.1 “复制”命令

1. 执行方式

☑ 命令行：COPY 或 CO。

☑ 菜单栏：“修改”→“复制”。

☑ 工具栏：“修改”→“复制”。

☑ 功能区：“默认”→“修改”→“复制”。

☑ 快捷菜单：“复制选择”。

2. 操作步骤

```
命令：COPY↙
选择对象：(选择要复制的对象)
选择对象：↙
```

用前面介绍的对象选择方法选择一个或多个对象，按 Enter 键结束选择操作。系统继续提示：

```
当前设置：复制模式=多个
指定基点或 [位移(D)/模式(O)] <位移>：
```

3. 选项说明

（1）指定基点：指定一个坐标点后，AutoCAD 2024 会把该点作为复制对象的基点，并提示：

```
指定第二个点或[阵列(A)]<使用第一个点作为位移>：
```

指定第二个点后，系统将根据这两点确定的位移矢量把选择的对象复制到第二点。如果此时直接按 Enter 键，即选择默认的“使用第一个点作为位移”，则第一个点被当作相对于 *X*、*Y*、*Z* 的位移。例如，如果指定基点为（2,3）并在下一个提示下按 Enter 键，则该对象从它当前的位置开始，在 *X* 方向上移动两个单位，在 *Y* 方向上移动 3 个单位。复制完成后，系统会继续提示：

```
指定第二个点或 [阵列(A)/退出(E)/放弃(U)] <退出>：
```

这时，可以不断指定新的第二点，从而实现多重复制。

（2）位移(D)：直接输入位移值，表示以选择对象时的拾取点为基准，以拾取点坐标为移动方向，以沿纵横比移动指定位移后所确定的点为基点。例如，选择对象时的拾取点坐标为（2,3），输入位移为 5，则表示以（2,3）点为基准，沿纵横比为 3∶2 的方向移动 5 个单位所确定的点为基点。

（3）模式(O)：控制是否自动重复该命令。确定复制模式是单个还是多个。

4.3.2　实例——绘制洗手盆

Note

视频讲解

本实例首先利用“矩形”“椭圆”“直线”“圆”命令绘制初步图形，然后利用“圆”命令绘制一个旋钮，最后利用“复制”命令复制旋钮。绘制流程如图 4-5 所示。

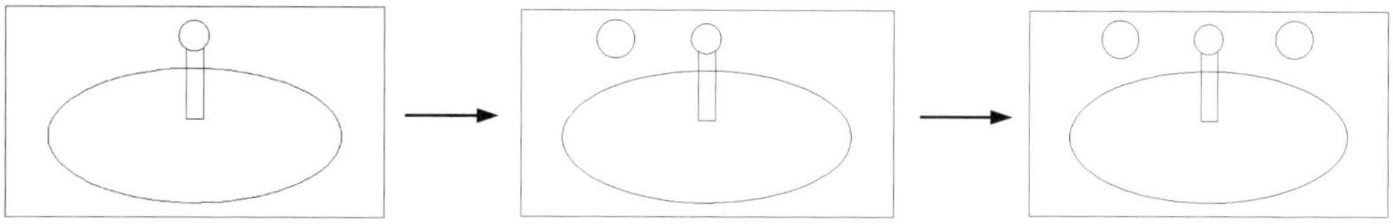

图 4-5　洗手盆的绘制流程

操作步骤

（1）单击“默认”选项卡“绘图”面板中的“矩形”按钮和“椭圆”按钮，绘制初步图形，使椭圆圆心大约在矩形中线上，如图 4-6 所示。

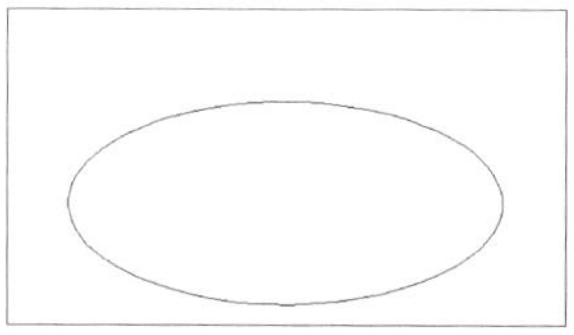

图 4-6　绘制初步图形

（2）单击“默认”选项卡“绘图”面板中的“直线”按钮和“圆”按钮，配合对象捕捉功能绘制出水口，使其位置大约处于矩形中线上，如图 4-7 所示。

（3）单击“默认”选项卡“绘图”面板中的“圆”按钮，以对象追踪功能捕捉圆心与刚绘制的出水口圆的圆心在一条直线上，以适当尺寸绘制左边旋钮，如图 4-8 所示。

（4）单击“默认”选项卡“修改”面板中的“复制”按钮，复制绘制的所有圆，命令行提示与操作如下：

```
命令: _copy↙
选择对象:（选择刚绘制的圆）
选择对象:↙
当前设置: 复制模式 = 多个
指定基点或 [位移(D)/模式(O)] <位移>:（捕捉圆心）
指定第二个点或 [阵列(A)] <使用第一个点作为位移>:（在水平向右的大约位置处指定一点）
指定第二个点或 [阵列(A)/退出(E)/放弃(U)] <退出>:
```

绘制结果如图 4-9 所示。

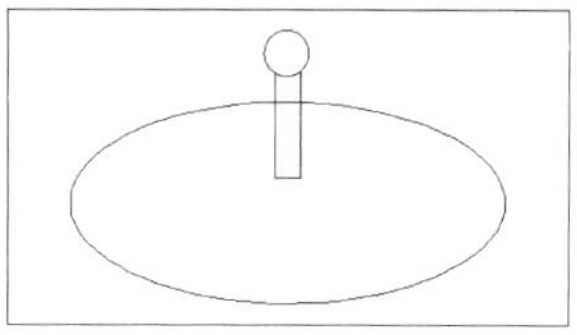

图 4-7　绘制出水口

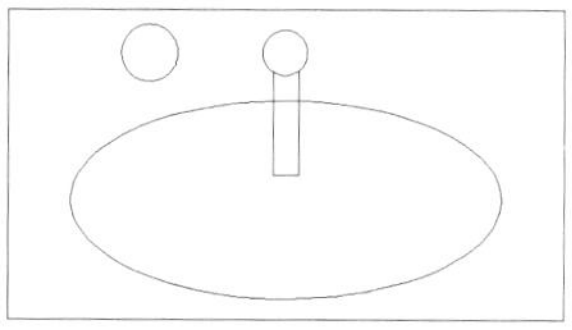

图 4-8　绘制旋钮

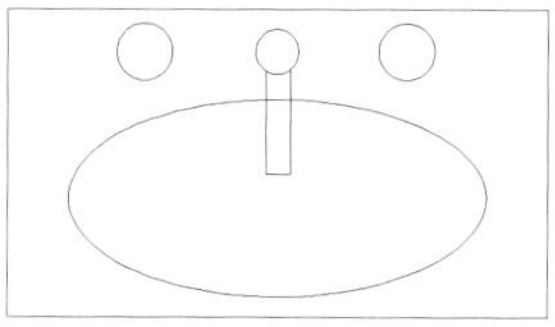

图 4-9　复制旋钮

Note

4.3.3 “镜像”命令

镜像是指以一条对称轴为镜像线对所选择的对象进行对称复制。镜像操作完成后，可以保留源对象，也可以对其进行删除。

1. 执行方式

☑ 命令行：MIRROR 或 MI。
☑ 菜单栏：“修改”→“镜像”。
☑ 工具栏：“修改”→“镜像”。
☑ 功能区：“默认”→“修改”→“镜像”。

2. 操作步骤

```
命令：MIRROR↙
选择对象：(选择要镜像的对象)
选择对象：↙
指定镜像线的第一点：(指定镜像线的第一个点)
指定镜像线的第二点：(指定镜像线的第二个点)
要删除源对象？[是(Y)/否(N)] <否>：(确定是否删除源对象)
```

指定两点确定一条镜像线，被选择的对象以该线为对称轴进行镜像。包含该线的镜像平面与用户坐标系统的 *XY* 平面垂直，即镜像操作工作在与用户坐标系统的 *XY* 平面平行的平面上。

4.3.4 实例——绘制办公椅

视频讲解

本实例首先绘制办公椅椅背曲线，然后绘制扶手和边沿，最后通过“镜像”命令对左侧的图形进行镜像。绘制流程如图 4-10 所示。

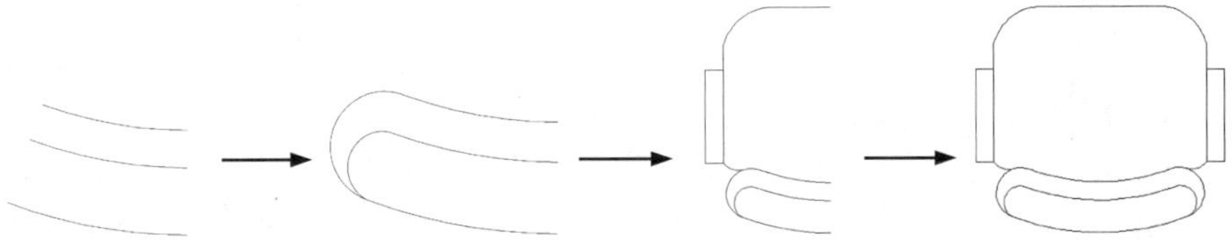

图 4-10　办公椅的绘制流程

操作步骤

（1）单击“默认”选项卡“绘图”面板中的“圆弧”按钮，绘制 3 条圆弧，采用“三点圆弧”的绘制方式，使 3 条圆弧形状相似，右端点大约在一条竖直线上，如图 4-11 所示。

（2）单击“默认”选项卡“绘图”面板中的“圆弧”按钮，绘制两条圆弧，采用“起点/端点/圆心”的绘制方式，起点和端点均捕捉为刚绘制圆弧的左端点，适当选取一点为圆心，使造型尽量光滑过渡，如图 4-12 所示。

（3）利用“矩形”“圆弧”“直线”等命令绘制扶手和外沿轮廓，如图 4-13 所示。

（4）单击“默认”选项卡“修改”面板中的“镜像”按钮，镜像左侧所有图形，命令行提示与操作如下：

```
命令：MIRROR↙
选择对象：(选取绘制的所有图形)
```

```
选择对象:↙
指定镜像线的第一点:(捕捉最右边的点)
指定镜像线的第二点:(竖直向上指定一点)
要删除源对象吗? [是(Y)/否(N)] <否>:
```

绘制结果如图 4-14 所示。

图 4-11　绘制圆弧

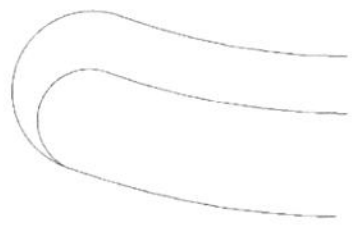

图 4-12　绘制圆弧角

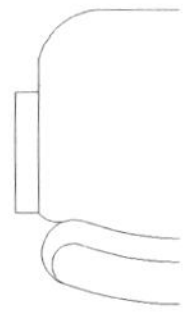

图 4-13　绘制扶手和外沿

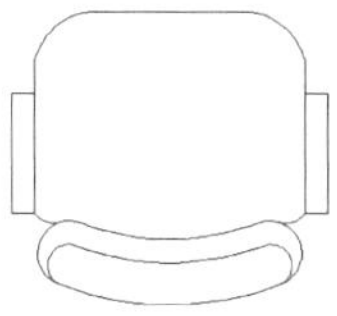

图 4-14　镜像图形

4.3.5　“偏移”命令

偏移对象是指保持选择的对象的形状，在不同的位置以不同的尺寸大小新建的一个对象。

1. 执行方式

☑　命令行：OFFSET 或 O。
☑　菜单栏：“修改”→“偏移”。
☑　工具栏：“修改”→“偏移”⊆。
☑　功能区：“默认”→“修改”→“偏移”⊆。

2. 操作步骤

```
命令:OFFSET↙
当前设置:删除源=否　图层=源　OFFSETGAPTYPE=0
指定偏移距离或 [通过(T)/删除(E)/图层(L)] <通过>:(指定距离值)
选择要偏移的对象,或 [退出(E)/放弃(U)] <退出>:(选择要偏移的对象或按 Enter 键结束操作)
指定要偏移的那一侧上的点,或 [退出(E)/多个(M)/放弃(U)] <退出>:(指定偏移方向)
选择要偏移的对象,或 [退出(E)/放弃(U)] <退出>:
```

3. 选项说明

（1）指定偏移距离：输入一个距离值，或按 Enter 键，使用当前的距离值，系统把该距离值作为偏移距离，如图 4-15 所示。

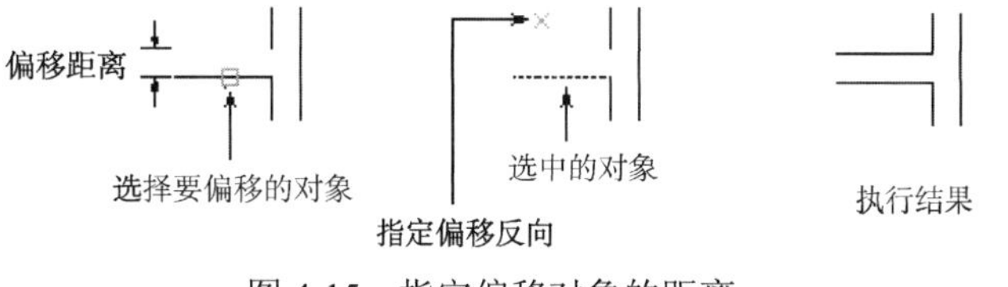

图 4-15　指定偏移对象的距离

（2）通过(T)：指定偏移对象的通过点。选择该选项后出现如下提示：

```
选择要偏移的对象,或 [退出(E)/放弃(U)] <退出>:(选择要偏移的对象或按 Enter 键结束操作)
指定通过点或 [退出(E)/多个(M)/放弃(U)] <退出>:(指定偏移对象的一个通过点)
```

操作完毕后，系统根据指定的通过点绘出偏移对象，如图 4-16 所示。

Note

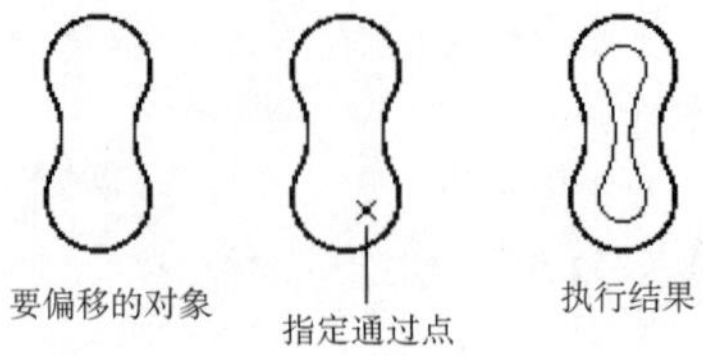

图 4-16　指定偏移对象的通过点

（3）删除(E)：偏移后，删除源对象。选择该选项后出现如下提示：

```
要在偏移后删除源对象吗？[是(Y)/否(N)]<否>:
```

（4）图层(L)：确定将偏移对象创建在当前图层上还是源对象所在的图层上。选择该选项后出现如下提示：

```
输入偏移对象的图层选项 [当前(C)/源(S)]<当前>:
```

4.3.6　实例——绘制小便器

视频讲解

本实例首先利用“直线”“圆弧”“镜像”等命令绘制初步结构，再利用“圆弧”命令完善外部结构，然后利用“偏移”命令绘制边缘结构，最后利用“圆弧”命令完善细节。绘制流程如图 4-17 所示。

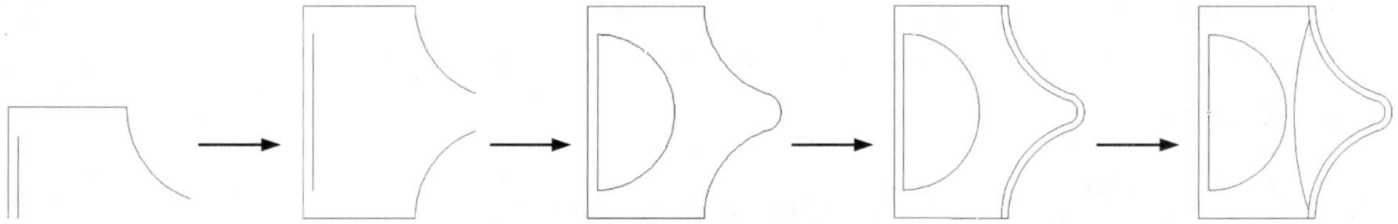

图 4-17　小便器的绘制流程

操作步骤

（1）单击“默认”选项卡“绘图”面板中的“直线”按钮╱和“圆弧”按钮◜，结合“正交”“对象捕捉”“对象追踪”等功能，绘制初步图形，使两条竖直直线下端点在一条水平线上，如图 4-18 所示。

（2）单击“默认”选项卡“修改”面板中的“镜像”按钮⚠，以两条竖直直线下端点的连线为镜像线，对前面绘制的图线进行镜像处理，结果如图 4-19 所示。

（3）单击“默认”选项卡“绘图”面板中的“圆弧”按钮◜，绘制右端圆弧。命令行提示与操作如下：

```
命令: _arc↙
指定圆弧的起点或 [圆心(C)]:（捕捉下面圆弧的端点）
指定圆弧的第二个点或 [圆心(C)/端点(E)]: e↙
指定圆弧的端点:（捕捉上面圆弧的端点）
指定圆弧的圆心(按住 Ctrl 键以切换方向)或 [角度(A)/方向(D)/半径(R)]:（利用对象追踪功能指定圆弧的圆心在镜像线上，使圆弧与前面绘制的两条圆弧光滑过渡）
```

结果如图 4-20 所示。

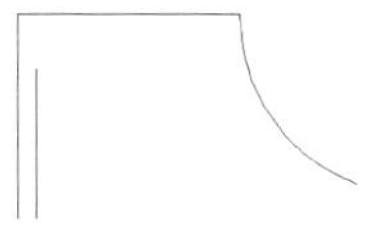

图 4-18　绘制初步图形

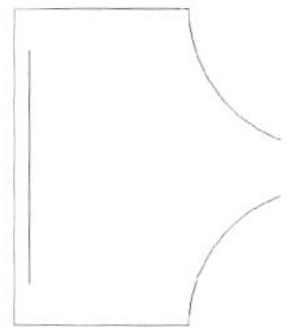

图 4-19　镜像处理

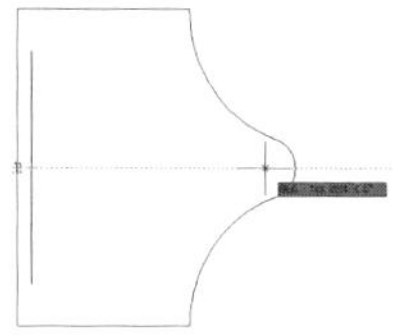

图 4-20　绘制圆弧

（4）单击“默认”选项卡“修改”面板中的“编辑多段线”按钮，将线段合并为多段线。命令行提示与操作如下：

```
命令: _PEDIT↙
选择多段线或 [多条(M)]:（选择一条圆弧）
选定的对象不是多段线
是否将其转换为多段线? <Y> Y↙
输入选项 [闭合(C)/合并(J)/宽度(W)/编辑顶点(E)/拟合(F)/样条曲线(S)/非曲线化(D)/线型生成(L)/反转(R)/放弃(U)]: J↙
选择对象:（选择另两条圆弧）
选择对象:↙
多段线已增加两条线段
输入选项 [闭合(C)/合并(J)/宽度(W)/编辑顶点(E)/拟合(F)/样条曲线(S)/非曲线化(D)/线型生成(L)/反转(R)/放弃(U)]:
```

3 条线段被合并成一条多段线，再利用“圆弧”命令结合对象捕捉功能绘制一个半圆，结果如图 4-21 所示。

（5）单击“默认”选项卡“修改”面板中的“偏移”按钮，偏移图形。命令行提示与操作如下：

```
命令: _offset↙
当前设置: 删除源=否　图层=源　OFFSETGAPTYPE=0
指定偏移距离或 [通过(T)/删除(E)/图层(L)] <34.9148>:（在多段线上指定一点）
指定第二点:（适当距离指定一点）
选择要偏移的对象，或 [退出(E)/放弃(U)] <退出>:（选择多段线）
指定要偏移的那一侧上的点，或 [退出(E)/多个(M)/放弃(U)] <退出>:（往内指定一点）
选择要偏移的对象，或 [退出(E)/放弃(U)] <退出>:
```

结果如图 4-22 所示。

（6）单击“默认”选项卡“绘图”面板中的“圆弧”按钮，结合对象捕捉功能适当绘制一条圆弧，最终结果如图 4-23 所示。

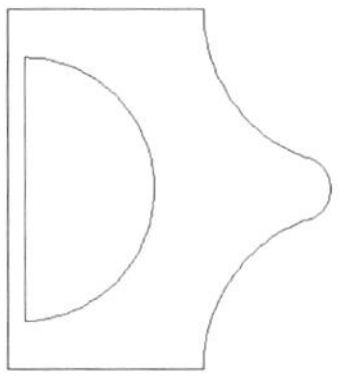

图 4-21　合并多段线

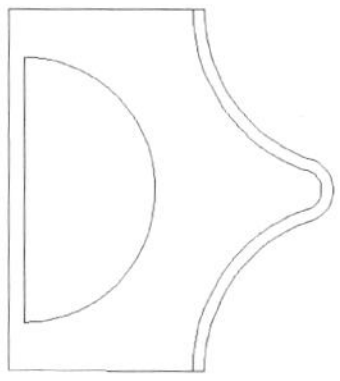

图 4-22　偏移处理

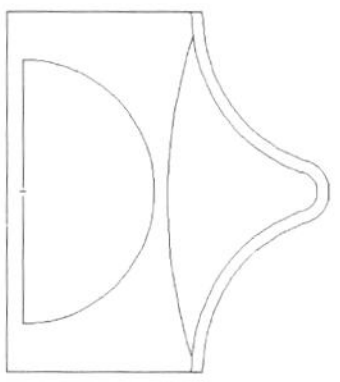

图 4-23　绘制圆弧

4.3.7　“阵列”命令

阵列是指多重复制选择对象并把这些副本按矩形或环形进行排列。把副本按矩形排列称为建立矩形阵列，把副本按环形排列称为建立极阵列。建立极阵列时，应该控制复制对象的次数和对象是否被旋转；建立矩形阵列时，应该控制行和列的数量以及对象副本之间的距离。

利用“阵列”命令可以建立矩形阵列、极阵列（环形）和旋转的矩形阵列。

1. 执行方式

☑ 命令行：ARRAY 或 AR。

☑ 菜单栏：“修改”→“阵列”→“矩形阵列”或“路径阵列”或“环形阵列”。

☑ 工具栏：“修改”→“矩形阵列”或“路径阵列”或“环形阵列”。

☑ 功能区：“默认”→“修改”→“矩形阵列”按钮或“路径阵列”按钮或“环形阵列”按钮。

2. 操作步骤

```
命令：ARRAY↙
选择对象：（使用对象选择方法）↙
选择对象：↙
输入阵列类型[矩形(R)/路径(PA)/极轴(PO)]<矩形>:PA↙
类型=路径 关联=是
选择路径曲线：（使用一种对象选择方法）
选择夹点以编辑阵列或 [关联(AS)/方法(M)/基点(B)/切向(T)/项目(I)/行(R)/层(L)/对齐项目(A)/Z 方向(Z)/退出(X)] <退出>: i↙
指定沿路径的项目之间的距离或 [表达式(E)] <1293.769>:（指定距离）↙
最大项目数 = 5
指定项目数或 [填写完整路径(F)/表达式(E)] <5>:（输入数目）
选择夹点以编辑阵列或 [关联(AS)/方法(M)/基点(B)/切向(T)/项目(I)/行(R)/层(L)/对齐项目(A)/Z 方向(Z)/退出(X)] <退出>:↙
```

3. 选项说明

（1）关联(AS)：指定是否在阵列中创建项目作为关联阵列对象，或作为独立对象。

（2）基点(B)：指定阵列的基点。

（3）切向(T)：控制选定对象是否将相对于路径的起始方向重定向（旋转），然后移动到路径的起点。

（4）项目(I)：编辑阵列中的项目数。

（5）行(R)：指定阵列中的行数和行间距，以及它们之间的增量标高。

（6）层(L)：指定阵列中的层数和层间距。

（7）对齐项目(A)：指定是否对齐每个项目以与路径的方向相切。对齐相对于第一个项目的方向。

（8）Z 方向(Z)：控制是否保持项目的原始 Z 方向或沿三维路径自然倾斜项目。

（9）表达式(E)：使用数学公式或方程式获取值。

4.3.8 实例——绘制行李架

视频讲解

本实例首先利用“矩形”命令绘制行李架主体，再用“矩形阵列”命令完成绘制。绘制流程如图 4-24 所示。

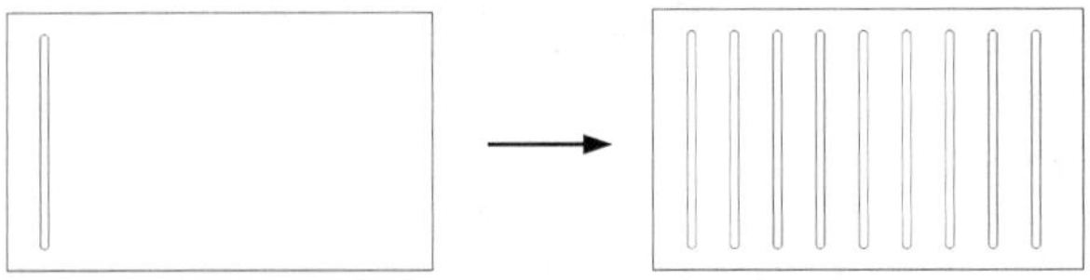

图 4-24 行李架的绘制流程

操作步骤

（1）单击“默认”选项卡“绘图”面板中的“矩形”按钮□，绘制行李架大体轮廓。命令行提示与操作如下：

```
命令: _rectang↙
指定第一个角点或 [倒角(C)/标高(E)/圆角(F)/厚度(T)/宽度(W)]: 0,0↙
指定另一个角点或 [面积(A)/尺寸(D)/旋转(R)]: 1000,600↙
命令: _rectang↙
指定第一个角点或 [倒角(C)/标高(E)/圆角(F)/厚度(T)/宽度(W)]: f↙
指定矩形的圆角半径 <0.0000>: 10↙
指定第一个角点或 [倒角(C)/标高(E)/圆角(F)/厚度(T)/宽度(W)]: 80,50↙
指定另一个角点或 [面积(A)/尺寸(D)/旋转(R)]: d↙
指定矩形的长度 <10.0000>: 20↙
指定矩形的宽度 <10.0000>: 500↙
指定另一个角点或 [面积(A)/尺寸(D)/旋转(R)]:（向右上方随意指定一点，表示角点的位置方向）
```

结果如图 4-25 所示。

（2）单击“默认”选项卡“修改”面板中的“矩形阵列”按钮，阵列内部小矩形。命令行提示与操作如下：

```
命令: _arrayrect↙
选择对象:（选择绘制的内部小矩形）
选择对象:↙
类型=矩形　关联=是
选择夹点以编辑阵列或[关联(AS)/基点(B)/计数(COU)/间距(S)/列数(COL)/行数(R)/层数(L)/
退出(X)] <退出>: col↙
输入列数或[表达式(E)] <4>: 9↙
指定列数之间的距离或[总计(T)/表达式(E)] <1301.2207>: 100↙
选择夹点以编辑阵列或[关联(AS)/基点(B)/计数(COU)/间距(S)/列数(COL)/行数(R)/层数(L)/
退出(X)]:↙
```

最终结果如图 4-26 所示。

图 4-25　绘制矩形

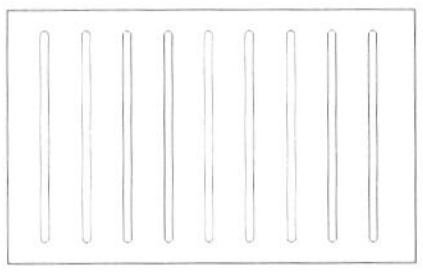

图 4-26　阵列矩形

4.4　改变位置类命令

这一类编辑命令的功能是按照指定要求改变当前图形或图形某部分的位置，主要包括“移动”“旋转”“缩放”等命令。

4.4.1　“移动”命令

1. 执行方式

☑　命令行：MOVE 或 M。

Note

☑ 菜单栏："修改"→"移动"。

☑ 工具栏："修改"→"移动"✥。

☑ 功能区："默认"→"修改"→"移动"✥。

☑ 快捷菜单："移动"。

2. 操作步骤

```
命令：MOVE↙
选择对象：（选择对象）
选择对象：↙
```

用前面介绍的选择对象的方法选择要移动的对象，按 Enter 键结束选择，系统继续提示：

```
指定基点或 [位移(D)] <位移>：（指定基点或位移）
指定第二个点或 <使用第一个点作为位移>：
```

"移动"命令的选项功能与"复制"命令类似。

4.4.2 实例——绘制组合电视柜

视频讲解

本实例利用"移动"命令将电视机图形移动到电视柜的适当位置处，从而组成组合电视柜。绘制流程如图 4-27 所示。

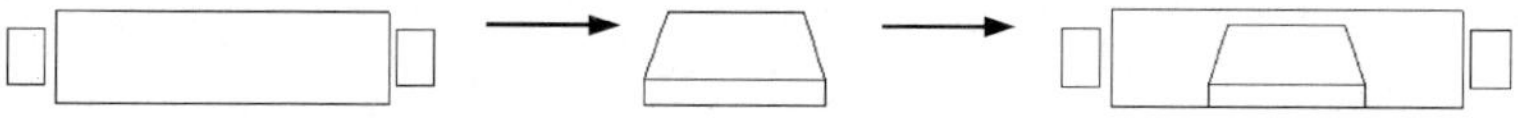

图 4-27 组合电视柜的绘制流程

操作步骤

（1）打开"源文件\图库\组合电视柜"图形。

（2）在打开的图形中有如图 4-28 所示的电视柜和如图 4-29 所示的电视机。

（3）单击"默认"选项卡"修改"面板中的"移动"按钮✥，以电视图形外边的中点为基点，以电视柜外边中点为第二点，将电视图形移动到电视柜图形上。命令行提示与操作如下：

```
命令：_move↙
选择对象：（选择电视机）
选择对象：↙
指定基点或 [位移(D)] <位移>：（选择电视机外边的中点）
指定第二个点或 <使用第一个点作为位移>：（选择电视柜外边的中点）
```

绘制结果如图 4-30 所示。

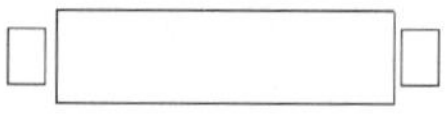

图 4-28 电视柜

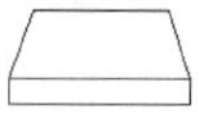

图 4-29 电视机

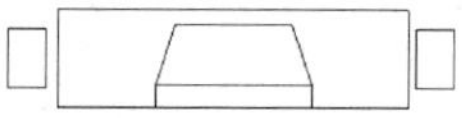

图 4-30 组合电视柜

4.4.3 "旋转"命令

1. 执行方式

☑ 命令行：ROTATE 或 RO。

☑ 菜单栏："修改"→"旋转"。

Note

☑ 工具栏："修改"→"旋转"。
☑ 功能区："默认"→"修改"→"旋转"。
☑ 快捷菜单："旋转"。

2. 操作步骤

```
命令：ROTATE↙
UCS 当前的正角方向：ANGDIR=逆时针  ANGBASE=0
选择对象：(选择要旋转的对象)
选择对象:↙
指定基点：(指定旋转的基点。在对象内部指定一个坐标点)
指定旋转角度，或 [复制(C)/参照(R)] <0>：(指定旋转角度或其他选项)
```

3. 选项说明

（1）复制(C)：选择该选项，旋转对象的同时保留源对象，如图 4-31 所示。

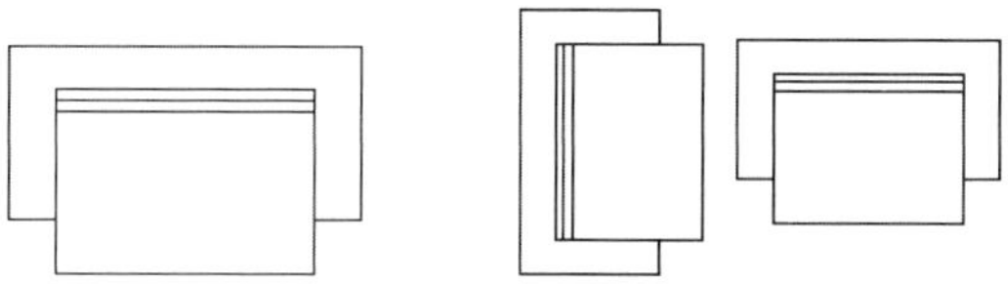

（a）旋转前　　（b）旋转后

图 4-31　复制旋转

（2）参照(R)：采用参照方式旋转对象时，命令行提示如下：

```
指定参照角 <0>：(指定要参考的角度，默认值为 0)
指定新角度或 [点(P)] <0>：(输入旋转后的角度值)
```

操作完毕后，对象被旋转至指定的角度位置处。

注意：可以用拖曳鼠标的方法旋转对象。选择对象并指定基点后，从基点到当前光标位置会出现一条连线，鼠标所选择的对象会动态地随着该连线与水平方向的夹角的变化而旋转，按 Enter 键确认旋转操作，如图 4-32 所示。

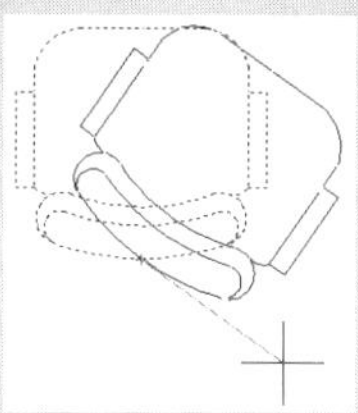

图 4-32　拖曳鼠标旋转对象

4.4.4　实例——绘制接待台

本实例首先利用"矩形"和"多段线"命令绘制桌面，再对桌面进行镜像处理，并绘制圆弧以细化图形，最后利用"旋转"命令调整图形角度。绘制流程如图 4-33 所示。

视频讲解

操作步骤

（1）打开 4.3.4 节绘制的办公椅图形，将其另存为"接待台.dwg"文件。

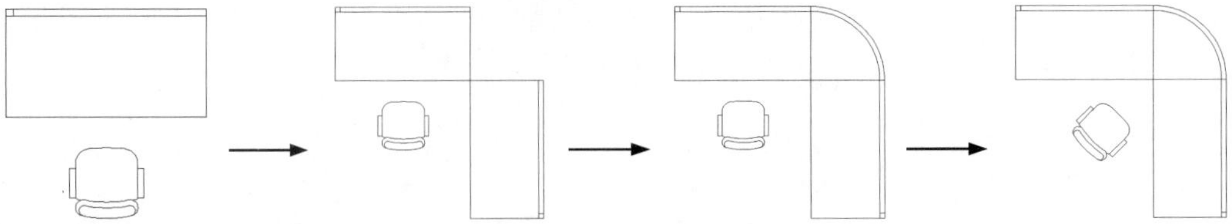

图 4-33　接待台的绘制流程

（2）单击“默认”选项卡“绘图”面板中的“直线”按钮和“矩形”按钮，绘制桌面，如图 4-34 所示。

（3）单击“默认”选项卡“修改”面板中的“镜像”按钮，对桌面图形进行镜像处理，利用“对象追踪”功能将对称线捕捉为过矩形右下角的 45° 斜线，绘制结果如图 4-35 所示。

（4）单击“默认”选项卡“绘图”面板“圆弧”列表中的“圆心、起点、端点”按钮，绘制如图 4-36 所示的圆弧。

（5）单击“默认”选项卡“修改”面板中的“旋转”按钮，旋转绘制的办公椅。命令行提示与操作如下：

```
命令：_rotate↙
UCS 当前的正角方向：ANGDIR=逆时针  ANGBASE=0
选择对象：(选择办公椅)
选择对象：↙
指定基点：(指定椅背中点)
指定旋转角度，或 [复制(C)/参照(R)] <0>： -45↙
```

绘制结果如图 4-37 所示。

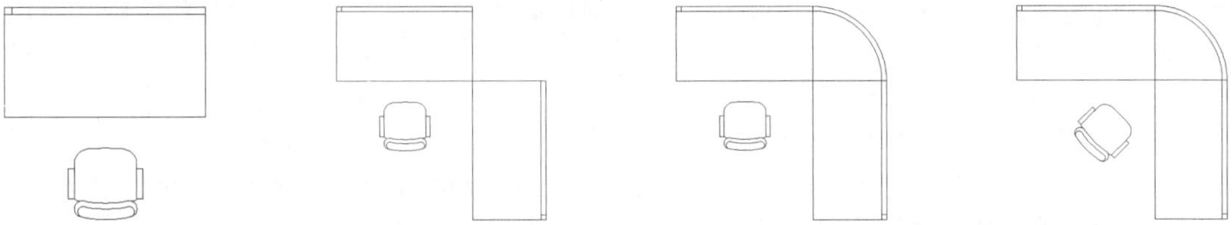

图 4-34　绘制桌面　　图 4-35　镜像处理　　图 4-36　绘制圆弧　　图 4-37　接待台

4.4.5　“缩放”命令

1. 执行方式

☑ 命令行：SCALE 或 SC。
☑ 菜单栏：“修改”→“缩放”。
☑ 工具栏：“修改”→“缩放”。
☑ 功能区：“默认”→“修改”→“缩放”。
☑ 快捷菜单：“缩放”。

2. 操作步骤

```
命令：SCALE↙
选择对象：(选择要缩放的对象)
选择对象：↙
```

```
指定基点：（指定缩放操作的基点）
指定比例因子或 [复制(C)/参照(R)] <1.0000>:↙
```

3. 选项说明

（1）指定比例因子：选择对象并指定基点后，从基点到当前光标位置会出现一条线段，线段的长度即为比例大小。鼠标选择的对象会动态地随着该连线长度的变化而缩放，按 Enter 键确认缩放操作。

（2）复制(C)：选择“复制(C)”选项时，可以复制缩放对象，即缩放对象时，保留源对象，如图 4-38 所示。

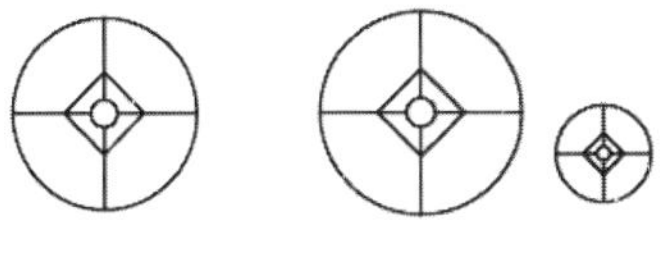

（a）缩放前　　（b）缩放后

图 4-38　复制缩放

（3）参照(R)：采用参考方向缩放对象时，系统提示：

```
指定参照长度 <1>:（指定参考长度值）
指定新的长度或 [点(P)] <1.0000>:（指定新长度值）
```

若新长度值大于参考长度值，则放大对象；否则，缩小对象。操作完毕后，系统以指定的基点按指定的比例因子缩放对象。如果选择“点(P)”选项，则指定两点来定义新的长度。

4.4.6　实例——绘制装饰盘

视频讲解

本实例首先利用“圆”命令绘制盘外轮廓，再利用“圆弧”“镜像”“阵列”命令绘制花瓣，最后利用“缩放”命令绘制盘内装饰圆。绘制流程如图 4-39 所示。

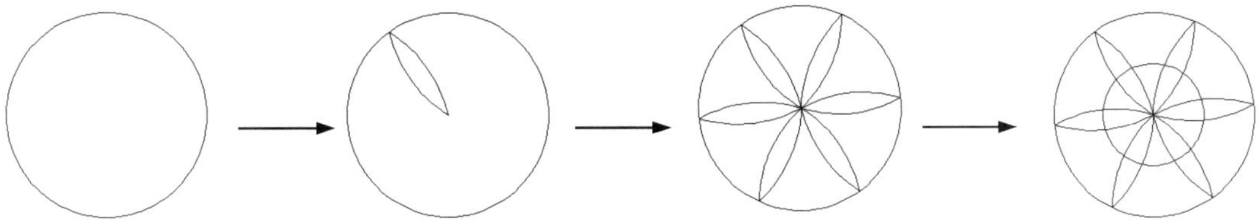

图 4-39　装饰盘的绘制流程

操作步骤

（1）单击“默认”选项卡“绘图”面板中的“圆”按钮，以（100,100）为圆心，绘制半径为 200 的圆作为装饰盘外轮廓，如图 4-40 所示。

（2）单击“默认”选项卡“绘图”面板中的“圆弧”按钮，绘制花瓣，如图4-41 所示。

（3）单击“默认”选项卡“修改”面板中的“镜像”按钮，镜像花瓣，如图4-42 所示。

图 4-40　绘制圆形

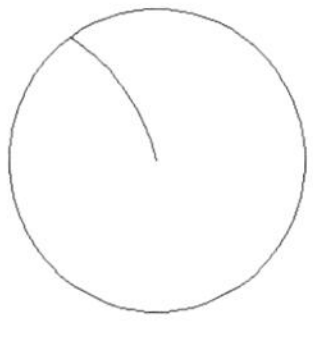

图 4-41　绘制花瓣

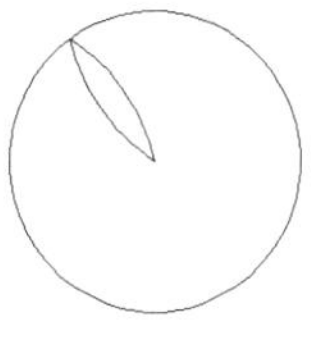

图 4-42　镜像花瓣

（4）单击“默认”选项卡“修改”面板中的“环形阵列”按钮，选择花瓣为源对象，以圆心为阵列中心点阵列花瓣。命令行提示与操作如下：

```
命令: _arraypolar↙
选择对象:（选取步骤（3）绘制的花瓣）
选择对象:↙
```

```
类型 = 极轴  关联 = 否
指定阵列的中心点或 [基点(B)/旋转轴(A)]:
选择夹点以编辑阵列或 [关联(AS)/基点(B)/项目(I)/项目间角度(A)/填充角度(F)/行(ROW)/层(L)/旋转项目(ROT)/退出(X)] <退出>: I↙
输入阵列中的项目数或 [表达式(E)] <6>:6↙
选择夹点以编辑阵列或 [关联(AS)/基点(B)/项目(I)/项目间角度(A)/填充角度(F)/行(ROW)/层(L)/旋转项目(ROT)/退出(X)] <退出>:
```

结果如图 4-43 所示。

（5）单击“默认”选项卡“修改”面板中的“缩放”按钮，缩放一个圆作为装饰盘内装饰圆。命令行提示与操作如下：

```
命令: SCALE↙
选择对象:(选择圆)
选择对象:↙
指定基点:(指定圆心)
指定比例因子或 [复制(C)/参照(R)]<1.0000>: C↙
缩放一组选定对象。
指定比例因子或 [复制(C)/参照(R)]<1.0000>: 0.5↙
```

绘制结果如图 4-44 所示。

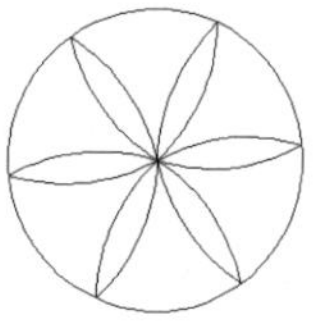

图 4-43　阵列花瓣

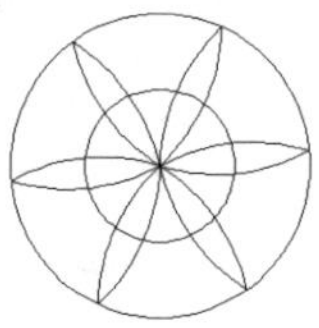

图 4-44　装饰盘图形

4.5　改变几何特性类命令

这一类编辑命令在对指定的对象进行编辑后，使编辑对象的几何特性发生改变，包括“圆角”“倒角”“修剪”“延伸”“拉伸”“拉长”“打断”等命令。

4.5.1　“圆角”命令

圆角是指用指定的半径决定的一段平滑的圆弧连接两个对象。系统规定可以用圆角连接一对直线段、非圆弧的多段线段、样条曲线、双向无限长线、射线、圆、圆弧和椭圆。用户可以在使用“圆角”命令的任何时刻，用圆角连接非圆弧多段线的每个节点。

1．执行方式

☑　命令行：FILLET 或 F。

☑　菜单栏：“修改”→“圆角”。

☑　工具栏：“修改”→“圆角”。

☑　功能区：“默认”→“修改”→“圆角”。

Note

2. 操作步骤

命令：FILLET↙
当前设置：模式=修剪，半径=0.0000
选择第一个对象或 [放弃(U)/多段线(P)/半径(R)/修剪(T)/多个(M)]：(选择第一个对象或其他选项)
选择第二个对象，或按住 Shift 键选择对象以应用角点或 [半径(R)]：(选择第二个对象)

3. 选项说明

（1）多段线(P)：在一条二维多段线的两段直线段的节点处插入圆滑的弧。选择多段线后，系统会根据指定的圆弧的半径把多段线各顶点用圆滑的弧连接起来。

（2）修剪(T)：决定在用圆角连接两条边时，是否修剪这两条边，如图 4-45 所示。

（a）修剪方式　　（b）不修剪方式

图 4-45　修剪

（3）多个(M)：可以同时对多个对象进行圆角编辑，不必重新启用命令。

按住 Shift 键并选择两条直线，可以快速创建零距离倒角或零半径圆角。

4.5.2　实例——绘制脚踏

视频讲解

本实例首先利用“矩形”和“直线”命令绘制台面，再利用“圆角”命令对边角进行圆角处理，然后利用“样条曲线拟合”“直线”“样条曲线”等命令绘制脚踏腿部造型，最后镜像处理，绘制流程如图 4-46 所示。

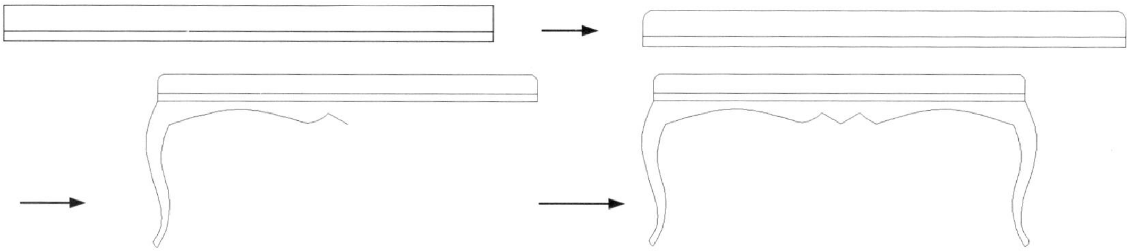

图 4-46　脚踏的绘制流程

操作步骤

（1）单击“默认”选项卡“绘图”面板中的“矩形”按钮▭，绘制一个长 1000、宽 70 的矩形。

（2）单击“默认”选项卡“绘图”面板中的“直线”按钮╱，利用“对象捕捉”功能的“捕捉自”命令辅助绘制直线。命令行提示与操作如下：

命令：_line↙
指定第一个点：from↙
基点：(捕捉矩形的左下角点)
<偏移>：@0,20↙

```
指定下一点或 [放弃(U)]:(捕捉矩形右边线上的垂足，如图 4-47 所示)
指定下一点或 [放弃(U)]:
```

结果如图 4-48 所示。

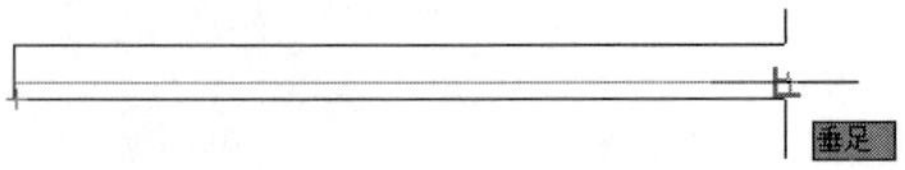

图 4-47　捕捉垂足

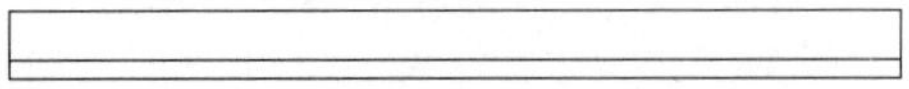

图 4-48　绘制直线

（3）单击“默认”选项卡“修改”面板中的“圆角”按钮，对矩形的左上角进行倒圆角。命令行提示与操作如下：

```
命令: _fillet↙
当前设置: 模式 = 修剪，半径 = 0.0000
选择第一个对象或 [放弃(U)/多段线(P)/半径(R)/修剪(T)/多个(M)]: r↙
指定圆角半径 <0.0000>: 20↙
选择第一个对象或 [放弃(U)/多段线(P)/半径(R)/修剪(T)/多个(M)]:(选择矩形的左边)
选择第二个对象或按住 Shift 键选择对象以应用角点或 [半径(R)]:(选择矩形的上边)
```

这样对矩形左上角即进行了倒圆角，用同样的方法对矩形右上角进行倒圆角，结果如图 4-49 所示。

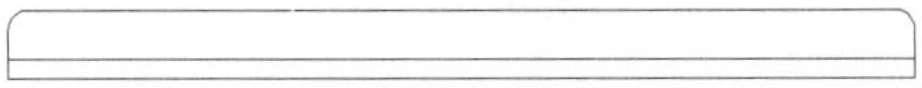

图 4-49　倒圆角

（4）单击“默认”选项卡“绘图”面板中的“样条曲线拟合”按钮和“直线”按钮，绘制脚踏腿部造型，如图 4-50 所示。

（5）单击“默认”选项卡“修改”面板中的“镜像”按钮，将刚绘制的脚踏腿部造型以矩形的中线（利用对象捕捉功能）为镜像线进行镜像处理，结果如图 4-51 所示。

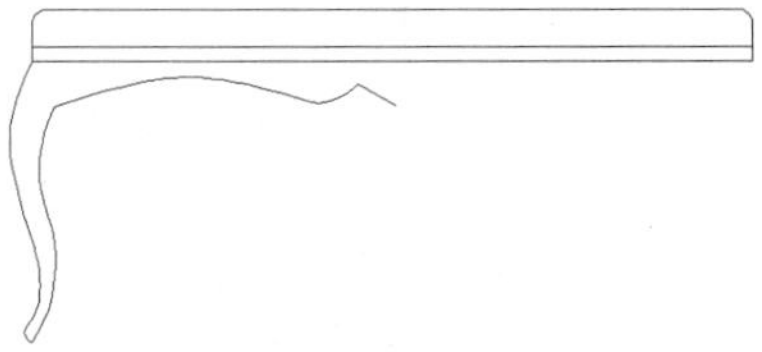

图 4-50　绘制脚踏腿部造型

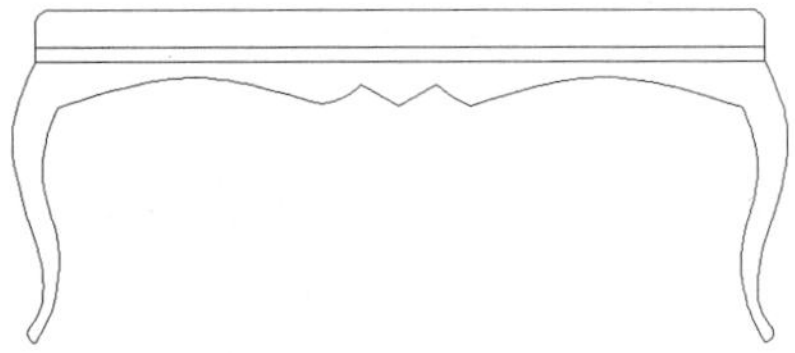

图 4-51　镜像脚踏腿部造型

4.5.3　“倒角”命令

倒角是指用斜线连接两个不平行的线型对象。用户可以用斜线连接直线段、双向无限长线、射线和多段线。

1. 执行方式

☑ 命令行：CHAMFER 或 CHA。
☑ 菜单栏：“修改”→“倒角”。
☑ 工具栏：“修改”→“倒角”。
☑ 功能区：“默认”→“修改”→“倒角”。

2. 操作步骤

```
命令：CHAMFER↙
（“不修剪”模式）当前倒角距离 1=0.0000，距离 2=0.0000
选择第一条直线或 [放弃(U)/多段线(P)/距离(D)/角度(A)/修剪(T)/方式(E)/多个(M)]：（选择第一条直线或其他选项）
选择第二条直线，或按住 Shift 键选择直线以应用角点或 [距离(D)/角度(A)/方法(M)]：（选择第二条直线）
```

3. 选项说明

（1）多段线(P)：对多段线的各个交叉点进行倒角处理。为了得到更好的连接效果，一般设置斜线是相等的值。系统根据指定的斜线距离把多段线的每个交叉点都做斜线连接，连接的斜线成为多段线新添加的构成部分，如图 4-52 所示。

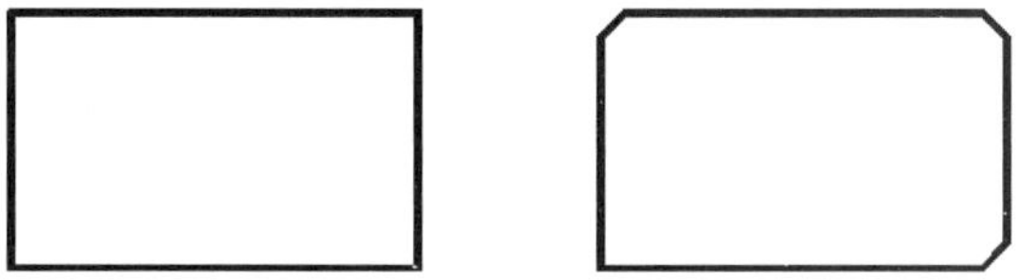

（a）选择多段线　　（b）倒角结果

图 4-52　斜线连接多段线

（2）距离(D)：选择倒角的两个斜线距离。斜线距离是指从被连接的对象与斜线的交点到被连接的两个对象的可能的交点之间的距离，如图 4-53 所示。这两个斜线距离可以相同，也可以不相同，若二者均为 0，则系统不绘制连接的斜线，而是把两个对象延伸至相交，并修剪超出的部分。

（3）角度(A)：选择第一条直线的斜线距离和角度。采用这种方法斜线连接对象时，需要输入两个参数，即斜线与一个对象的斜线距离和斜线与该对象的夹角，如图 4-54 所示。

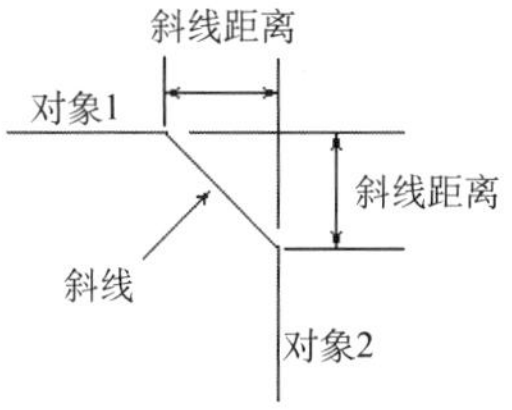

图 4-53　斜线距离

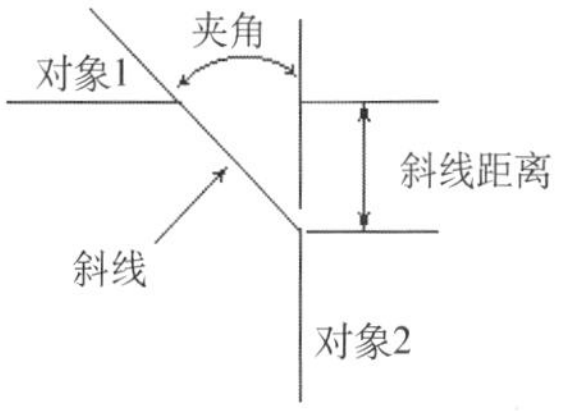

图 4-54　斜线距离与夹角

（4）修剪(T)：与圆角连接命令 FILLET 相同，该选项决定连接对象后是否剪切源对象。

（5）方式(E)：决定采用“距离”方式还是“角度”方式来倒角。

（6）多个(M)：同时对多个对象进行倒角编辑。

注意： 有时用户在执行“圆角”和“倒角”命令时，发现命令不执行或执行后没什么变化，那是因为系统默认圆角半径和斜线距离均为 0，如果不事先设定圆角半径或斜线距离，那么系统就以默认值执行命令，所以看起来好像没有执行命令。

4.5.4　实例——绘制洗菜盆

本实例首先利用“直线”命令绘制大体轮廓，再利用“圆”和“复制”命令绘制水龙头和出水口，最后利用“倒角”命令细化。绘制流程如图 4-55 所示。

视频讲解

Note

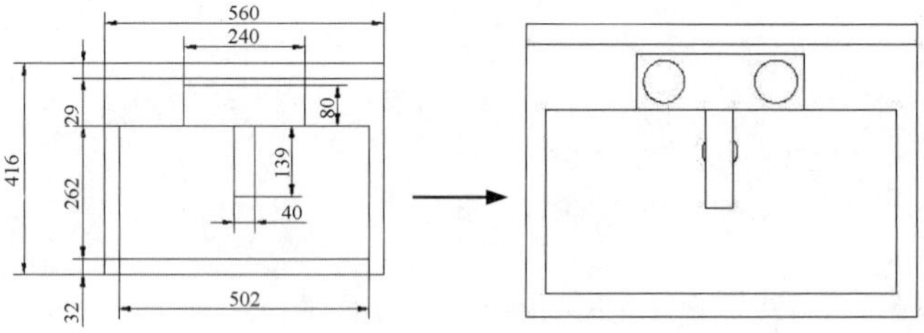

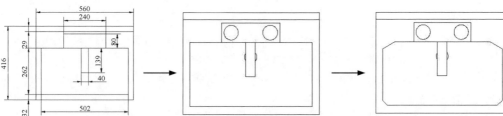

图 4-55　洗菜盆的绘制流程

操作步骤

（1）单击“默认”选项卡“绘图”面板中的“直线”按钮，可以绘制出初步轮廓，大约尺寸如图 4-56 所示。

（2）单击“默认”选项卡“绘图”面板中的“圆”按钮，以如图 4-56 所示的长 240 和宽 80 的矩形的大约左中位置处为圆心，绘制半径为 35 的圆。

（3）单击“默认”选项卡“修改”面板中的“复制”按钮，选择刚绘制的圆，并将其复制到右边合适的位置处，完成旋钮的绘制。

（4）单击“默认”选项卡“绘图”面板中的“圆”按钮，以如图 4-56 所示的长 139 和宽 40 的矩形的大约正中位置处为圆心，绘制半径为 25 的圆作为出水口。

（5）单击“默认”选项卡“修改”面板中的“修剪”按钮，将绘制的出水口圆修剪成如图 4-57 所示的效果。

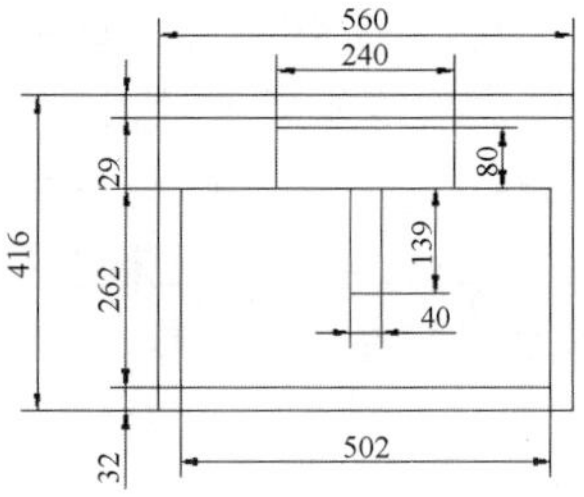

图 4-56　初步轮廓图

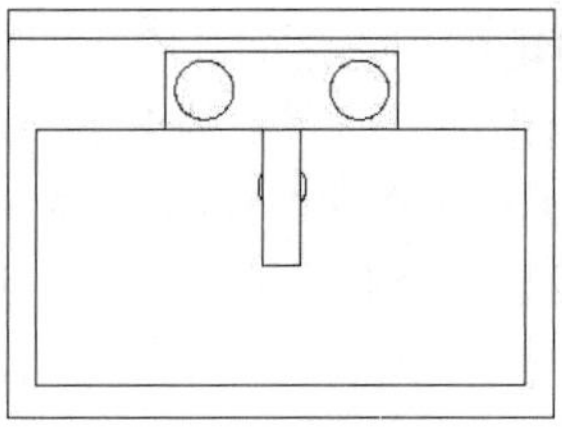

图 4-57　绘制水龙头和出水口

（6）单击“默认”选项卡“修改”面板中的“倒角”按钮，绘制水盆四角。命令行提示与操作如下：

```
命令：CHAMFER↙
（“修剪”模式）当前倒角距离 1=0.0000，距离 2=0.0000
选择第一条直线或 [放弃(U)/多段线(P)/距离(D)/角度(A)/修剪(T)/方式(E)/多个(M)]：D↙
指定第一个倒角距离 <0.0000>：50
指定第二个倒角距离 <50.0000>：30
选择第一条直线或 [放弃(U)/多段线(P)/距离(D)/角度(A)/修剪(T)/方式(E)/多个(M)]：M↙
选择第一条直线或 [放弃(U)/多段线(P)/距离(D)/角度(A)/修剪(T)/方式(E)/多个(M)]：(选择左上角的横线段)
选择第二条直线，或按住 Shift 键选择直线以应用角点或 [距离(D)/角度(A)/方法(M)]：(选择右上角的竖线段)
选择第一条直线或 [放弃(U)/多段线(P)/距离(D)/角度(A)/修剪(T)/方式(E)/多个(M)]：(选择左上角的横线段)
选择第二条直线，或按住 Shift 键选择直线以应用角点或 [距离(D)/角度(A)/方法(M)]：(选择右上角的竖线段)
命令：CHAMFER↙
```

```
(“修剪”模式) 当前倒角距离 1=50.0000，距离 2=30.0000
选择第一条直线或 [放弃(U)/多段线(P)/距离(D)/角度(A)/修剪(T)/方式(E)/多个(M)]: A↙
指定第一条直线的倒角长度 <20.0000>:
指定第一条直线的倒角角度 <0>: 45
选择第一条直线或 [放弃(U)/多段线(P)/距离(D)/角度(A)/修剪(T)/方式(E)/多个(M)]: M↙
选择第一条直线或 [放弃(U)/多段线(P)/距离(D)/角度(A)/修剪(T)/方式(E)/多个(M)]:（选择左下角的横线段）
选择第二条直线，或按住 Shift 键选择直线以应用角点或 [距离(D)/角度(A)/方法(M)]:（选择左下角的竖线段）
选择第一条直线或 [放弃(U)/多段线(P)/距离(D)/角度(A)/修剪(T)/方式(E)/多个(M)]:（选择右下角的横线段）
选择第二条直线，或按住 Shift 键选择直线以应用角点或 [距离(D)/角度(A)/方法(M)]:（选择右下角的竖线段）
```

洗菜盆的绘制结果如图 4-58 所示。

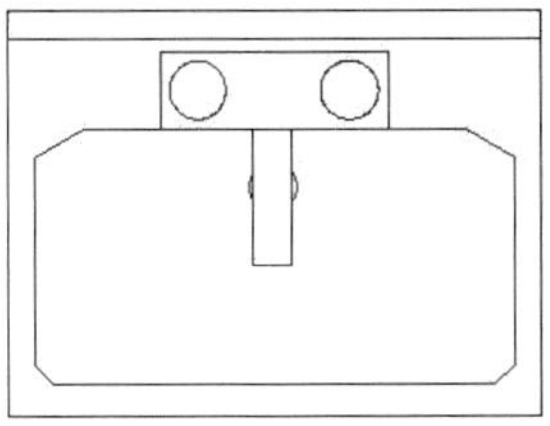

图 4-58　洗菜盆

4.5.5　“修剪”命令

1. 执行方式

☑ 命令行：TRIM 或 TR。
☑ 菜单栏：“修改”→“修剪”。
☑ 工具栏：“修改”→“修剪”。
☑ 功能区：“默认”→“修改”→“修剪”。

2. 操作步骤

```
命令: TRIM↙
当前设置:投影=UCS，边=无，模式=标准
选择剪切边...
选择对象或 [模式(O)] <全部选择>:（选择用作修剪边界的对象）↙
```

按 Enter 键，结束对象的选择，系统提示：

```
选择要修剪的对象，或按住 Shift 键选择要延伸的对象或[剪切边(T)/栏选(F)/窗交(C)/模式(O)/投影(P)/边(E)/删除(R)]:
```

3. 选项说明

（1）按 Shift 键：在选择对象时，如果按住 Shift 键，那么系统就自动将“修剪”命令转换成“延伸”命令。“延伸”命令将在 4.5.7 节中介绍。

（2）栏选(F)：选择该选项时，系统以栏选的方式选择被修剪对象，如图 4-59 所示。

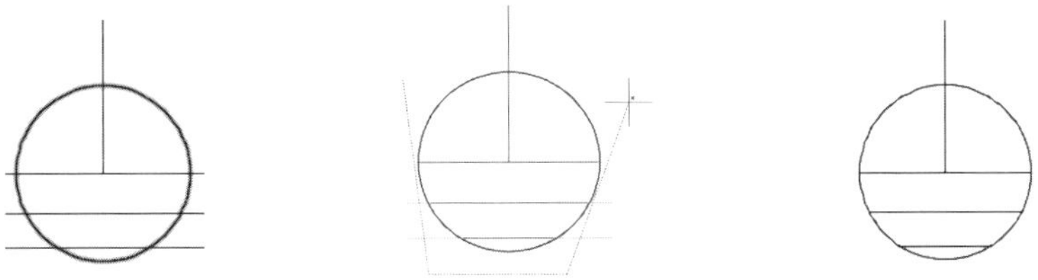

（a）选定剪切边　（b）使用栏选选定要修剪的对象　（c）结果

图 4-59　栏选选择修剪对象

Note

（3）窗交(C)：选择该选项时，系统以窗交的方式选择被修剪对象，如图 4-60 所示。被选择的对象可以互为边界和被修剪对象，此时系统会在选择的对象中自动判断边界。

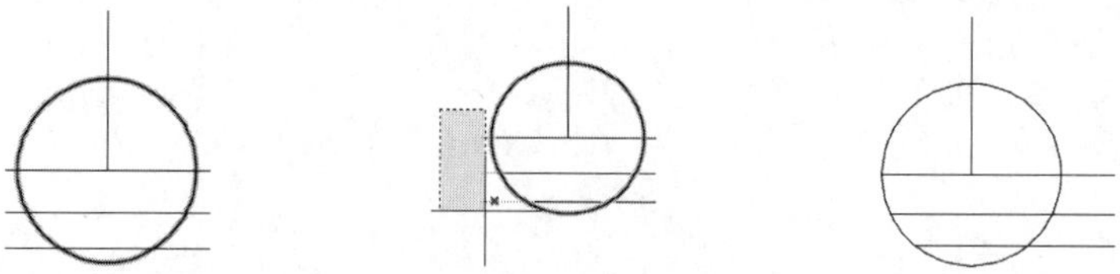

（a）使用窗交选择选定的边　（b）选定要修剪的对象　（c）结果

图 4-60　窗交选择修剪对象

（4）边(E)：选择该选项时，可以选择对象的修剪方式，即延伸或不延伸。

☑ 延伸(E)：通过延伸剪切边修剪对象。在此方式下，如果剪切边没有与要修剪的对象相交，那么系统会延伸剪切边直至与要修剪的对象相交，然后对其进行修剪，如图 4-61 所示。

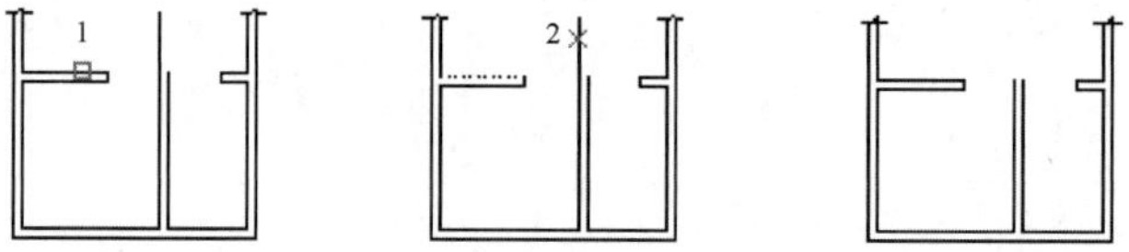

（a）选择剪切边　（b）选择要修剪的对象　（c）修剪后的结果

图 4-61　延伸方式修剪对象

☑ 不延伸(N)：通过不延伸剪切边修剪对象。此方式只修剪与剪切边相交的对象。

4.5.6　实例——绘制床

视频讲解

本实例首先利用“矩形”命令绘制床的轮廓，再利用“直线”“矩形陈列”“圆角”和“圆弧”命令绘制床上用品，最后利用“修剪”命令修剪多余的线段。绘制流程如图 4-62 所示。

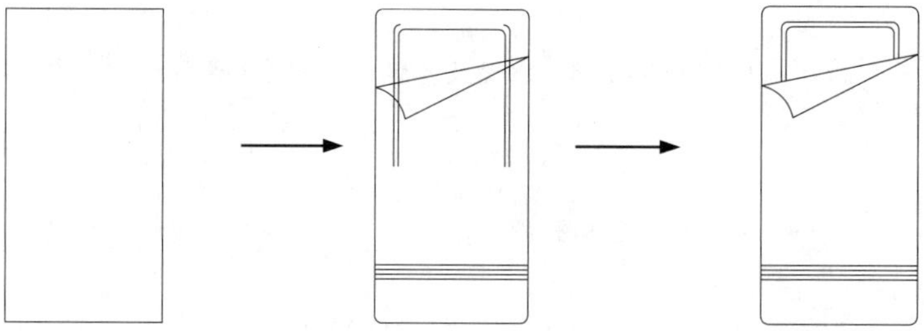

图 4-62　床的绘制流程

操作步骤

（1）单击“默认”选项卡“图层”面板中的“图层特性”按钮，打开“图层特性管理器”选项板，新建 3 个图层，其属性如下。

❶ “1”图层，将颜色设置为蓝色，其余属性默认。

❷ “2”图层，将颜色设置为绿色，其余属性默认。

❸ “3”图层，将颜色设置为白色，其余属性默认。

（2）将当前图层设为“1”图层，单击“默认”选项卡“绘图”面板中的“矩形”按钮，绘制角点坐标分别为（0,0）和（@1000,2000）的矩形，如图 4-63 所示。

（3）将当前图层设为“2”图层，单击“默认”选项卡“绘图”面板中的“直线”按钮，绘制坐标点分别为{（125,1000），（125,1900），（875,1900），（875,1000）}和{（155,1000），（155,1870），（845,1870），（845,1000）}的两条连续多段线。

（4）将当前图层设为“3”图层，单击“默认”选项卡“绘图”面板中的“直线”按钮，绘制端点坐标分别为（0,280）和（@1000,0）的直线，绘制结果如图 4-64 所示。

（5）单击“默认”选项卡“修改”面板中的“矩形阵列”按钮，选择步骤（4）中绘制的直线作为阵列对象，设置行数为 4、列数为 1、行间距为 30，对该直线进行阵列，结果如图 4-65 所示。

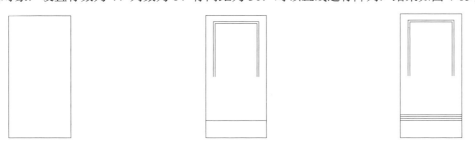

图 4-63　绘制矩形

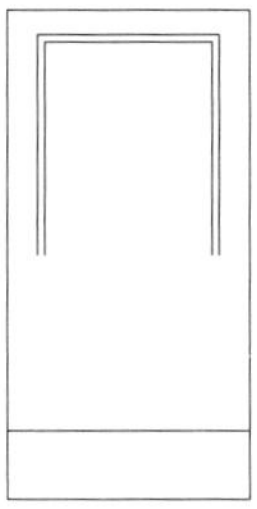

图 4-64　绘制直线

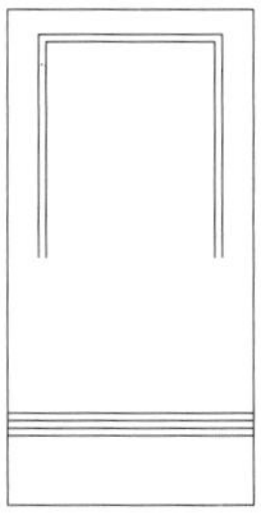

图 4-65　阵列处理

（6）单击“默认”选项卡“修改”面板中的“圆角”按钮，将外轮廓线的圆角半径设为 50，内衬圆角半径设为 40，绘制结果如图 4-66 所示。

（7）将当前图层设为“2”图层，单击“默认”选项卡“绘图”面板中的“直线”按钮，绘制各端点坐标分别为（0,1500）、（@1000,200）、（@−800,−400）的直线。

（8）单击“默认”选项卡“绘图”面板中的“圆弧”按钮，绘制起点坐标为（200,1300）、第二点坐标为（130,1430）、端点坐标为（0,1500）的圆弧，绘制结果如图 4-67 所示。

（9）单击“默认”选项卡“修改”面板中的“修剪”按钮，修剪图形，命令行提示与操作如下：

```
命令：_trim↙
当前设置：投影=UCS,边=无,模式=标准
选择剪切边...
选择对象或 [模式(O)] <全部选择>：（选取斜直线为边界）
选择对象:↙
选择要修剪的对象，或按住 Shift 键选择要延伸的对象或[剪切边(T)/栏选(F)/窗交(C)/模式(O)/投影(P)/边(E)/删除(R)]：(选取竖直线的下方，以斜直线为边界对其进行修剪)
选择要修剪的对象，或按住 Shift 键选择要延伸的对象或[剪切边(T)/栏选(F)/窗交(C)/模式(O)/投影(P)/边(E)/删除(R)/放弃(U)]：
```

绘制结果如图 4-68 所示。

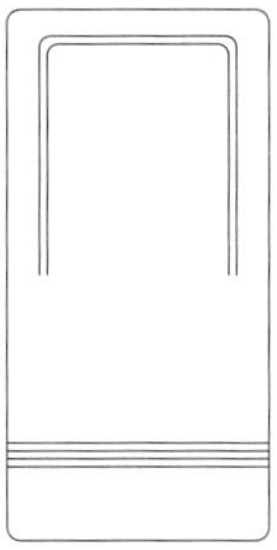

图 4-66　圆角处理

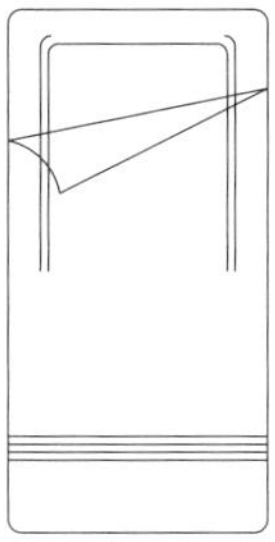

图 4-67　绘制圆弧

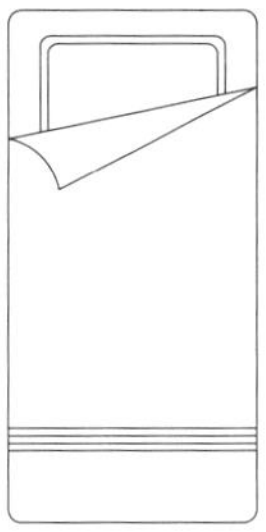

图 4-68　床

Note

4.5.7 “延伸”命令

延伸是指将要延伸的对象延伸至另一个对象的边界线上，如图4-69所示。

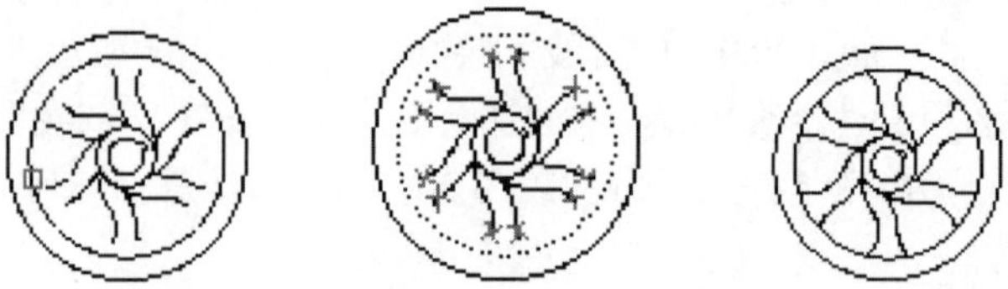

（a）选择边界　（b）选择要延伸的对象　（c）执行结果

图4-69　延伸对象

1. 执行方式

- ☑ 命令行：EXTEND或EX。
- ☑ 菜单栏：“修改”→“延伸”。
- ☑ 工具栏：“修改”→“延伸”。
- ☑ 功能区：“默认”→“修改”→“延伸”。

2. 操作步骤

```
命令：EXTEND↙
当前设置：投影=UCS,边=延伸,模式=标准
选择边界的边...
选择对象或 [模式(O)] <全部选择>:
选择对象：(选择边界对象)
```

此时可以通过选择对象来定义边界。若直接按Enter键，则选择所有对象作为可能的边界对象。

系统规定可以用作边界对象的对象有直线段、射线、双向无限长线、圆弧、圆、椭圆、二维和三维多段线、样条曲线、文本、浮动的视口、区域。如果选择二维多段线作为边界对象，那么系统会忽略其宽度而把对象延伸至多段线的中心线上。

选择边界对象后，系统继续提示：

```
选择要延伸的对象，或按住 Shift 键选择要修剪的对象或[边界边(B)/栏选(F)/窗交(C)/模式(O)/投影(P)/边(E)]:
```

3. 选项说明

（1）如果要延伸的对象是适配样条多段线，则延伸后会在多段线的控制框上增加新节点；如果要延伸的对象是锥形的多段线，那么系统会修正延伸端的宽度，使多段线从起始端平滑地延伸至新的终止端；如果延伸操作导致新终止端的宽度为负值，则取宽度值为0，如图4-70所示。

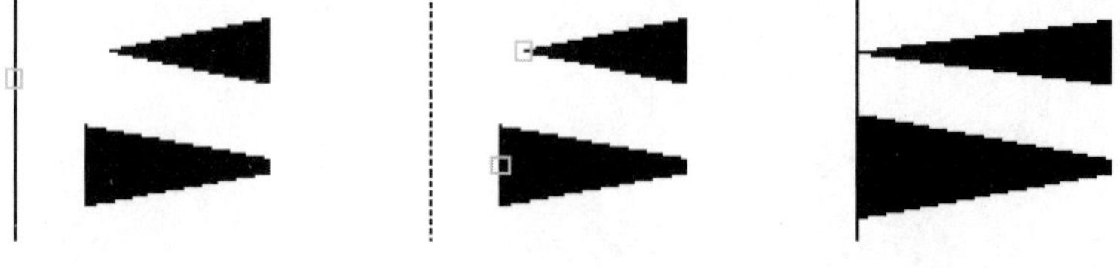

（a）选择边界对象　（b）选择要延伸的多段线　（c）延伸后的结果

图4-70　延伸对象

（2）选择对象时，如果按住 Shift 键，那么系统就自动将“延伸”命令转换成“修剪”命令。

4.5.8　实例——绘制梳妆凳

Note

视频讲解

本实例首先利用 “直线”和“圆弧”命令绘制梳妆凳的初步轮廓，再利用“偏移”命令绘制靠背，接着利用“延伸”命令完善靠背，最后利用“圆角”命令细化图形。绘制流程如图 4-71 所示。

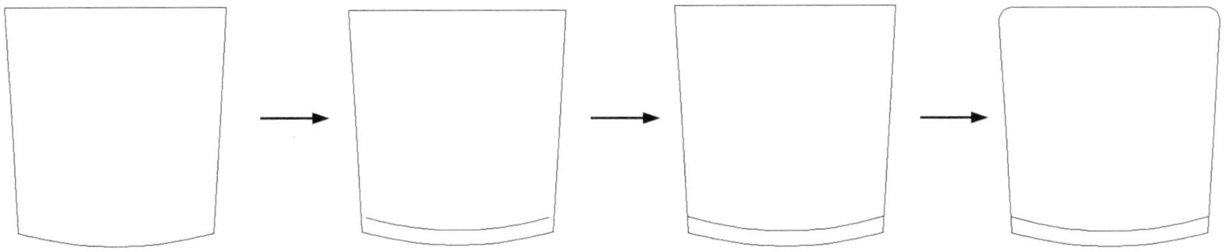

图 4-71　梳妆凳的绘制流程

操作步骤

（1）单击“默认”选项卡“绘图”面板中的“直线”按钮和“圆弧”按钮，绘制梳妆凳的初步轮廓，如图 4-72 所示。

（2）单击“默认”选项卡“修改”面板中的“偏移”按钮，将绘制的圆弧向内偏移一定距离，如图 4-73 所示。

（3）单击“默认”选项卡“修改”面板中的“延伸”按钮，将偏移后的圆弧延伸到两侧斜直线上，命令行提示与操作如下：

```
命令: _extend↙
当前设置: 投影=UCS,边=无,模式=标准
选择边界的边...
选择对象或 [模式(O)] <全部选择>:（选择左右两条斜直线）
选择对象:↙
选择要延伸的对象，或按住 Shift 键选择要修剪的对象或[边界边(B)/栏选(F)/窗交(C)/模式(O)/投影(P)/边(E)]:（选择偏移的圆弧左端）
选择要延伸的对象，或按住 Shift 键选择要修剪的对象或[边界边(B)/栏选(F)/窗交(C)/模式(O)/投影(P)/边(E)/放弃(U)]:（选择偏移的圆弧右端）
```

结果如图 4-74 所示。

（4）单击“默认”选项卡“修改”面板中的“圆角”按钮，以适当的半径对上面两个角进行圆角处理，最终结果如图 4-75 所示。

图 4-72　初步轮廓

图 4-73　偏移处理

图 4-74　延伸处理

图 4-75　圆角处理

Note

4.5.9 “拉伸”命令

拉伸是指拖曳所选择的对象，使对象的形状发生改变。拉伸对象时，应指定拉伸的基点和移至点。利用一些辅助工具（如捕捉、钳夹功能及相对坐标等）可以提高拉伸的精度。

1．执行方式

☑ 命令行：STRETCH 或 S。

☑ 菜单栏：“修改”→“拉伸”。

☑ 工具栏：“修改”→“拉伸”。

☑ 功能区：“默认”→“修改”→“拉伸”。

2．操作步骤

```
命令：STRETCH↙
以交叉窗口或交叉多边形选择要拉伸的对象...
选择对象：C
指定第一个角点：指定对角点：找到 2 个（采用交叉窗口的方式选择要拉伸的对象）
指定基点或 [位移(D)] <位移>：（指定拉伸的基点）
指定第二个点或 <使用第一个点作为位移>：（指定拉伸的移至点）
```

此时，若指定第二个点，系统将根据这两点决定矢量拉伸对象；若直接按 Enter 键，系统会把第一个点作为 *X* 轴和 *Y* 轴的分量值。

STRETCH 仅移动位于交叉选择内的顶点和端点，不更改那些位于交叉选择外的顶点和端点。部分包含在交叉选择窗口内的对象将被拉伸。

注意：用交叉窗口选择拉伸对象时，落在交叉窗口内的端点被拉伸，落在外部的端点保持不动。

4.5.10 实例——绘制把手

视频讲解

本实例首先利用 “直线”和“圆”命令绘制把手一侧的连续曲线，然后利用“修剪”命令删除多余的线段，得到一侧的曲线，再利用“镜像”命令创建另一侧的曲线，接着利用“修剪”命令修剪图形，再接着利用“直线”“圆”命令创建销孔，最后利用“拉伸”命令拉伸接头长度。绘制流程如图 4-76 所示。

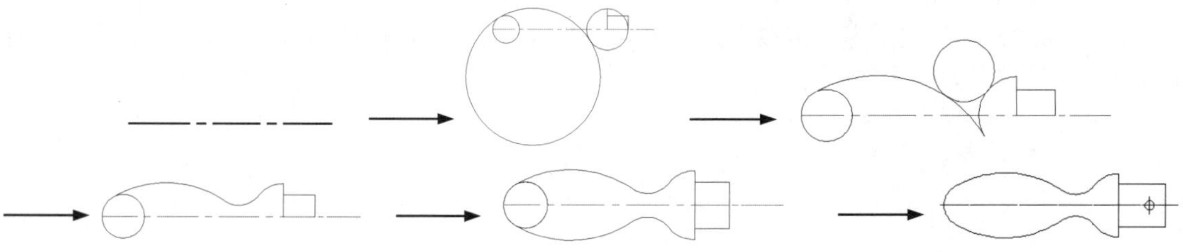

图 4-76　把手的绘制流程

操作步骤

（1）设置图层。执行菜单栏中的“格式”→“图层”命令，弹出“图层特性管理器”选项板，新建两个图层。

❶ 将第一个图层命名为“轮廓线”，线宽属性为 0.3mm，其余属性默认。

❷ 将第二个图层命名为“中心线”，颜色设为红色，线型加载为 CENTER，其余属性默认。

（2）将“中心线”图层设置为当前图层。单击“默认”选项卡“绘图”面板中的“直线”按钮，绘制端点坐标为{（150,150），（@120,0）}的直线，结果如图 4-77 所示。

（3）将“轮廓线”图层设置为当前图层。单击“默认”选项卡“绘图”面板中的“圆”按钮，以（160,150）为圆心，绘制半径为 10 的圆。重复“圆”命令，以（235,150）为圆心，绘制半径为 15 的圆。再绘制半径为 50 且与前两个圆相切的圆，结果如图 4-78 所示。

（4）单击“默认”选项卡“绘图”面板中的“直线”按钮，绘制各端点坐标为{（250,150），（@10<90），（@15<180）}的两条直线段。重复“直线”命令，绘制端点坐标为{（235,165），（235,150）}的直线，结果如图 4-79 所示。

图 4-77　绘制直线

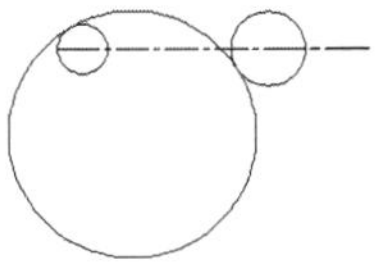

图 4-78　绘制圆

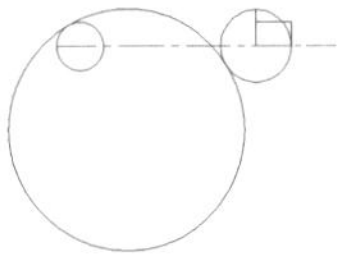

图 4-79　绘制直线

（5）单击“默认”选项卡“修改”面板中的“修剪”按钮，对图形进行修剪处理，结果如图 4-80 所示。

（6）单击“默认”选项卡“绘图”面板中的“圆”按钮，绘制半径为 12 并与圆弧 1 和圆弧 2 均相切的圆，结果如图 4-81 所示。

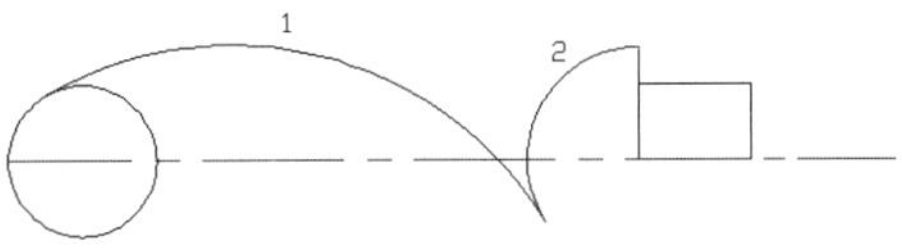

图 4-80　修剪处理

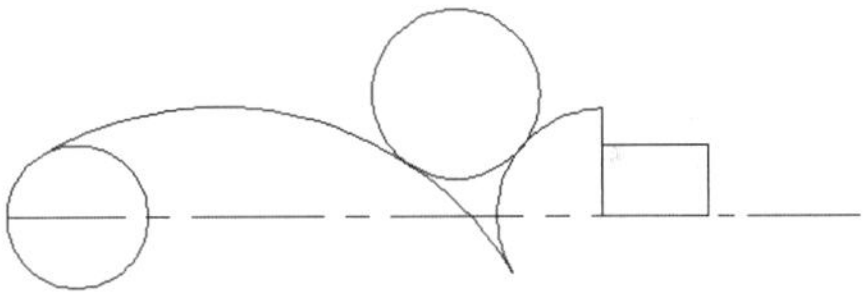

图 4-81　绘制圆

（7）单击“默认”选项卡“修改”面板中的“修剪”按钮，修剪多余的圆弧，结果如图4-82 所示。

（8）单击“默认”选项卡“修改”面板中的“镜像”按钮，使用点（150,150）、（250,150）形成的直线作为镜像线，对图形进行镜像处理，结果如图 4-83 所示。

（9）单击“默认”选项卡“修改”面板中的“修剪”按钮，对图形进行修剪处理，结果如图 4-84 所示。

图 4-82　修剪多余圆弧

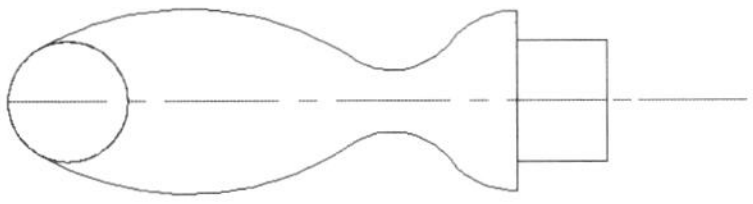

图 4-83　镜像处理

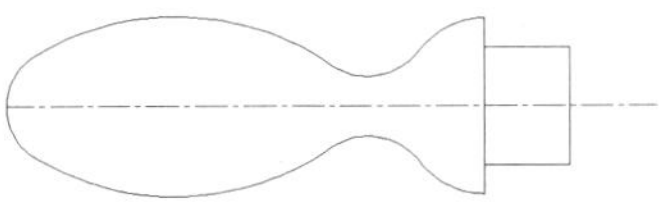

图 4-84　修剪处理

（10）将“中心线”图层设置为当前图层。单击“默认”选项卡“绘图”面板中的“直线”按钮，在把手接头的中间位置处绘制适当长度的竖直线段，作为销孔定位中心线，如图 4-85 所示。

（11）将“轮廓线”图层设置为当前图层。单击“默认”选项卡“绘图”面板中的“圆”按钮，以中心线交点为圆心绘制适当半径的圆作为销孔，如图 4-86 所示。

（12）单击“修改”工具栏中的“拉伸”按钮，拉伸接头长度，命令行提示与操作如下：

```
命令：_stretch↙
以交叉窗口或交叉多边形选择要拉伸的对象...
选择对象：（选择如图 4-87 所示的拉伸对象）
选择对象：
指定基点或 [位移(D)] <位移>：（选择右侧竖直线与中心线的交点）
指定第二个点或 <使用第一个点作为位移>：（拉伸适当位置）
```

结果如图 4-76 所示。

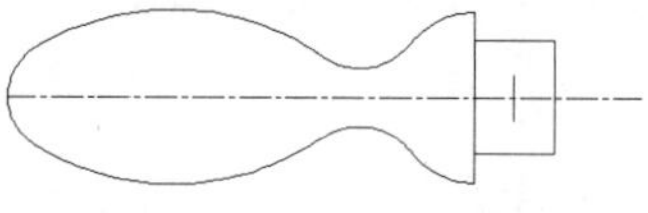

图 4-85　绘制销孔中心线

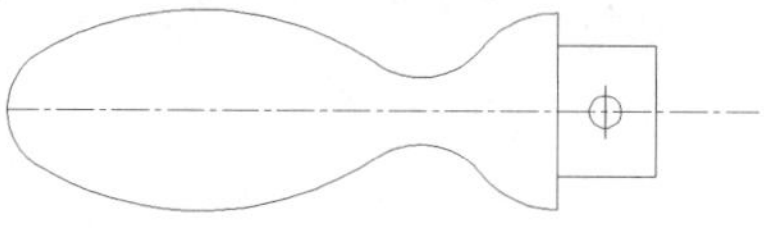

图 4-86　绘制销孔

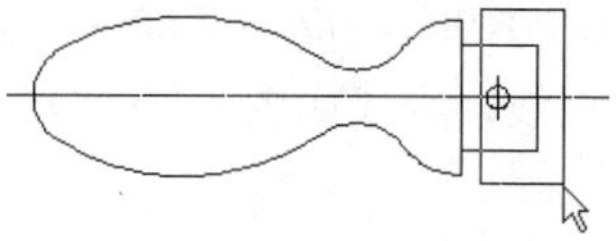

图 4-87　指定拉伸对象

4.5.11　“拉长”命令

1. 执行方式

☑　命令行：LENGTHEN 或 LEN。

☑　菜单栏：“修改”→“拉长”。

☑　功能区：“默认”→“修改”→“拉长”。

2. 操作步骤

```
命令：LENGTHEN↙
选择要测量的对象或 [增量(DE)/百分比(P)/总计(T)/动态(DY)] <增量(DE)>：（选定对象）
当前长度：30.5001↙（给出所选对象的长度，如果选择圆弧，则还将给出圆弧的包含角）
选择要测量的对象或 [增量(DE)/百分比(P)/总计(T)/动态(DY)] <增量(DE)>：DE↙（选择拉长或缩短的方式，如选择“增量(DE)”方式）
输入长度增量或 [角度(A)] <0.0000>：10↙（输入长度增量数值，如果选择圆弧段，则可输入选项 A 以给定角度增量）
选择要修改的对象或 [放弃(U)]：（选定要修改的对象，进行拉长操作）
选择要修改的对象或 [放弃(U)]：（继续选择，按 Enter 键结束命令）
```

3. 选项说明

（1）增量(DE)：用指定增加量的方法来改变对象的长度或角度。

（2）百分比(P)：用指定要修改对象的长度占总长度的百分比的方法来改变圆弧或直线段的长度。

（3）总计(T)：用指定新的总长度或总角度值的方法来改变对象的长度或角度。

（4）动态(DY)：在这种模式下，可以使用拖曳鼠标的方法来动态地改变对象的长度或角度。

4.5.12　“打断”命令

1. 执行方式

☑　命令行：BREAK 或 BR。

☑　菜单栏：“修改”→“打断”。

☑ 工具栏："修改"→"打断"。
☑ 功能区："默认"→"修改"→"打断"。

2. 操作步骤

```
命令：BREAK↙
选择对象：(选择要打断的对象)
指定第二个打断点或 [第一点(F)]：(指定第二个断开点或输入 F)
```

3. 选项说明

如果选择"第一点(F)"选项，那么系统将会丢弃前面的第一个选择点，并重新提示用户指定两个打断点。

4.5.13 "打断于点"命令

打断于点是指在对象上指定一点，从而把对象在此点上拆分成两部分。此命令与"打断"命令类似。

1. 执行方式

☑ 工具栏："修改"→"打断于点"。
☑ 功能区："默认"→"修改"→"打断于点"。

2. 操作步骤

```
命令：_breakatpoint↙
选择对象：(选择要打断的对象)
指定打断点：
```

4.5.14 实例——绘制梳妆台

视频讲解

本实例首先打开绘制梳妆凳图形，然后利用"直线""圆"命令绘制桌子和台灯造型，最后利用"打断于点"命令打断梳妆凳的两侧边，并将梳妆凳被桌面盖住的图线放置在"虚线"图层上。绘制流程如图 4-88 所示。

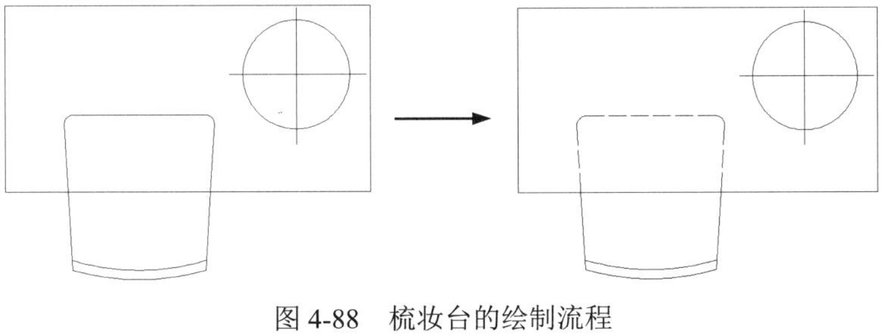

图 4-88　梳妆台的绘制流程

操作步骤

(1) 打开 4.5.8 节绘制的梳妆凳图形，将其另存为"梳妆台.dwg"文件。

(2) 新建"实线"和"虚线"两个图层，如图 4-89 所示。将"虚线"图层的线型设置为 ACAD_ISO02W100。

(3) 利用"矩形""直线""圆"命令在梳妆凳图形旁边绘制桌子和台灯造型，如图 4-90 所示。

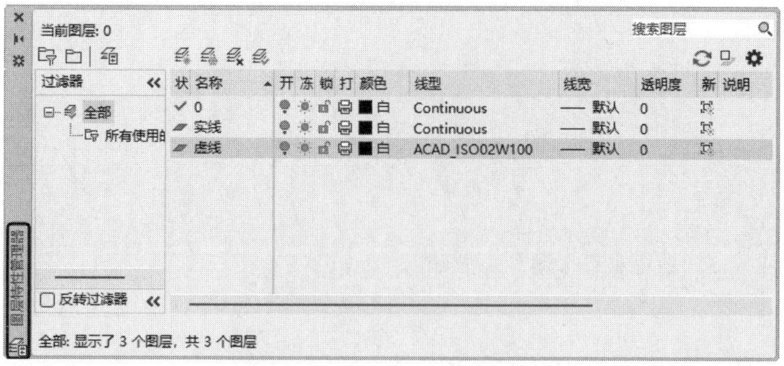

图 4-89　设置图层

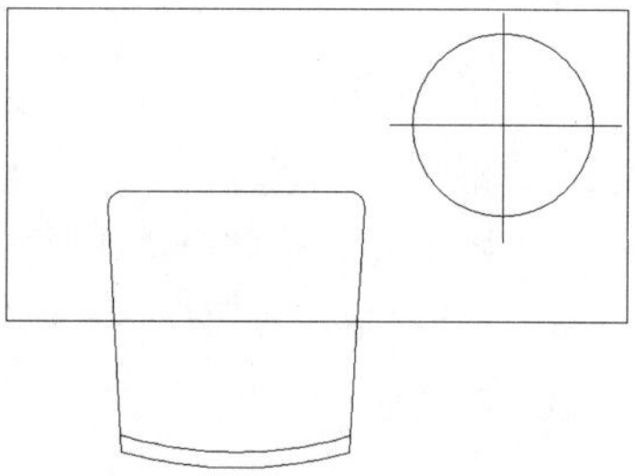

图 4-90　绘制桌子和台灯

（4）单击“默认”选项卡“修改”面板中的“打断于点”按钮，打断两侧边，命令行提示与操作如下：

```
命令：_breakatpoint↙
选择对象：(选择被桌面盖住的梳妆凳的两侧边)
指定打断点：（捕捉梳妆凳左侧边与桌面的交点）
命令：BREAKATPOINT
选择对象：（选择被桌面盖住的梳妆凳的两侧边）
指定打断点：（捕捉梳妆凳右侧边与桌面的交点）
```

（5）选择梳妆凳被桌面盖住的图线，然后单击“图层”面板中的下拉按钮，在图层列表中单击以选择“虚线”图层，如图 4-91 所示。这时，该部分图形的线型随图层变为虚线，最终结果如图 4-92 所示。

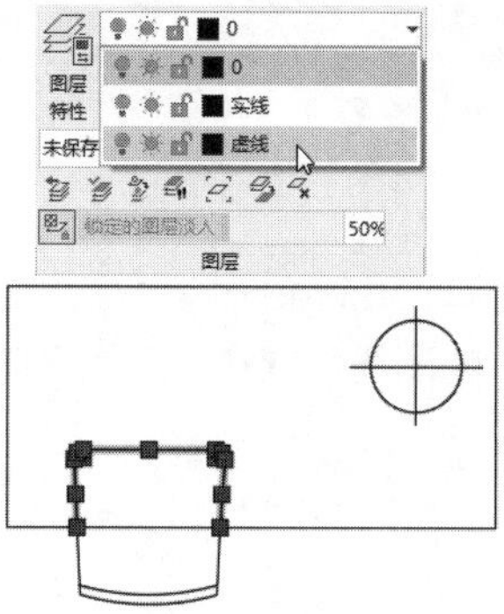

图 4-91　改变图层

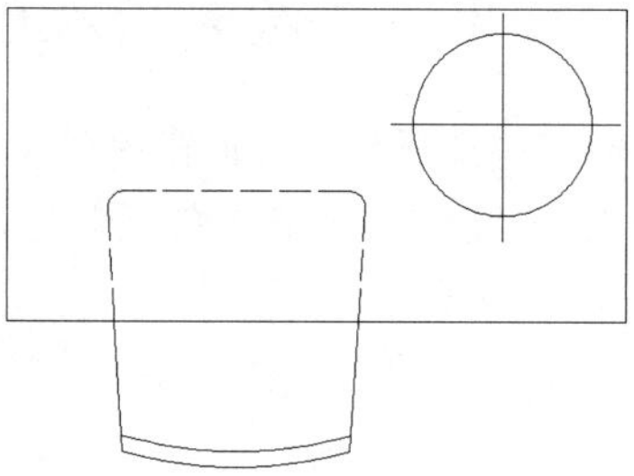

图 4-92　梳妆台

4.5.15　“分解”命令

1. 执行方式

☑　命令行：EXPLODE 或 X。

☑　菜单栏：“修改”→“分解”。

☑　工具栏：“修改”→“分解”。

☑　功能区：“默认”→“修改”→“分解”。

2. 操作步骤

```
命令：EXPLODE↙
```

```
选择对象：(选择要分解的对象)
```

选择一个对象后，该对象会被分解。系统继续提示该行信息，允许分解多个对象。

4.5.16　“合并”命令

AutoCAD 可以将直线、圆弧、椭圆弧和样条曲线等独立的对象合并为一个对象，如图 4-93 所示。

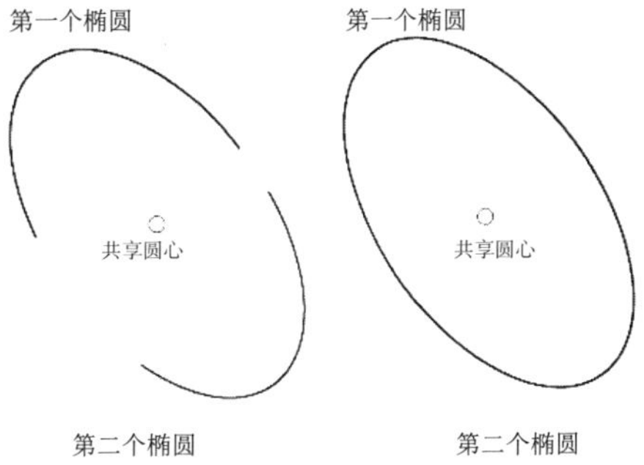

图 4-93　合并对象

1. 执行方式

☑　命令行：JOIN。

☑　菜单栏：“修改”→“合并”。

☑　工具栏：“修改”→“合并”。

☑　功能区：“默认”→“修改”→“合并”。

2. 操作步骤

```
命令：JOIN↙
选择源对象或要一次合并的多个对象：(选择一个对象)
选择要合并的对象：(选择另一个对象)
选择要合并的对象：↙
2 条直线已合并为 1 条直线源
```

4.6　对象编辑

在对图形进行编辑时，用户还可以对图形对象本身的某些特性进行编辑，从而方便地进行图形的绘制。

4.6.1　钳夹功能

利用钳夹功能可以快速、方便地编辑对象。AutoCAD 在图形对象上定义了一些特殊点，称为夹点，利用夹点，用户可以灵活地控制对象，如图 4-94 所示。

要使用钳夹功能编辑对象，必须先打开钳夹功能，打开方法是执行“工具”→“选项”命令。

在“选项”对话框的“选择集”选项卡中选中“启用夹点”复选框。在该选项卡中，用户还可以设置代表夹点的小方格的尺寸和颜色。

用户也可以通过 GRIPS 系统变量来控制是否打开钳夹功能，1 代表打开，0 代表关闭。

打开钳夹功能后，应该在编辑对象之前选择对象。夹点表示了对象的控制位置。

要使用夹点编辑对象，需要选择一个夹点作为基点，称为基准夹点。然后选择一种编辑操作，如拉伸拟合点、镜像、移动、旋转和缩放等。用户可以用空格键、Enter 键等键盘上的快捷键循环选择这些功能。

下面仅以其中的拉伸拟合点操作为例进行讲述，其他操作类似。

在图形上拾取一个夹点，这时该夹点改变颜色，此点为夹点编辑的基准夹点。这时命令行提示如下：

```
** 拉伸 **
指定拉伸点或 [基点(B)/复制(C)/放弃(U)/退出(X)]:
```

Note

在上述拉伸编辑提示下，输入“镜像”命令 MIRROR 或右击，在弹出的快捷菜单中选择“镜像”命令，如图 4-95 所示。

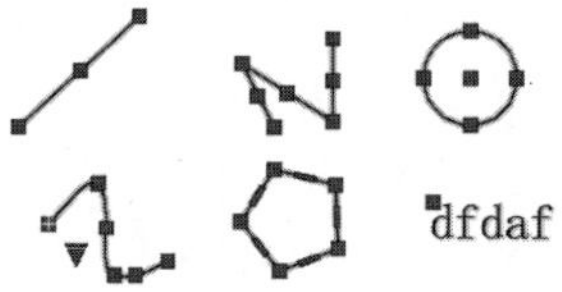

图 4-94　夹点

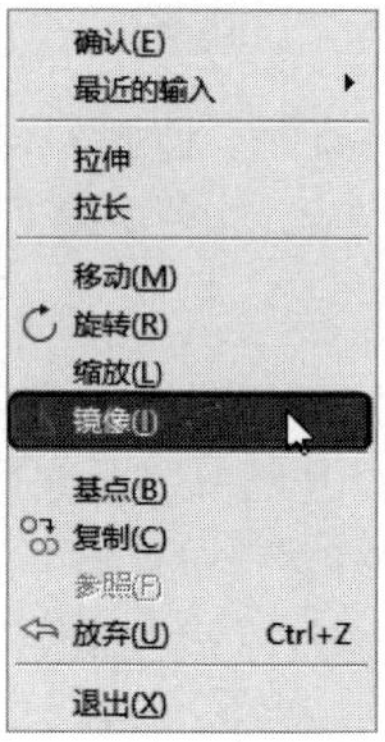

图 4-95　快捷菜单

执行上述操作后，系统就会转换为“镜像”操作，其他操作类似。

4.6.2　修改对象属性

1. 执行方式

☑　命令行：DDMODIFY 或 PROPERTIES。

☑　菜单栏：“修改”→“特性”。

☑　工具栏：“标准”→“特性”。

☑　功能区：“视图”→“选项板”→“特性”或“默认”→“特性”→“对话框启动器”。

☑　快捷键：Ctrl+1。

2. 操作步骤

打开“特性”选项板，如图 4-96 所示。在该选项板中，用户可以方便地设置或修改对象的各种属性。

不同的对象属性种类和值不同，修改属性值，对象的属性即可改变。

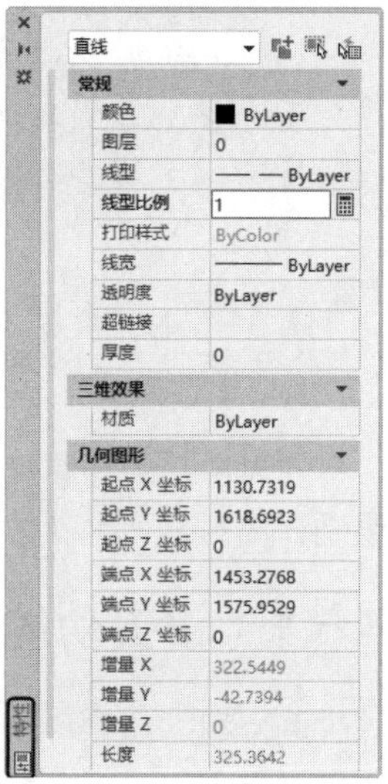

图 4-96　“特性”选项板

4.6.3　实例——绘制吧椅

视频讲解

本实例利用“圆”“圆弧”“直线”“偏移”命令绘制吧椅图形。在绘制过程中，利用钳夹功能编辑局部图形。绘制流程如图 4-97 所示。

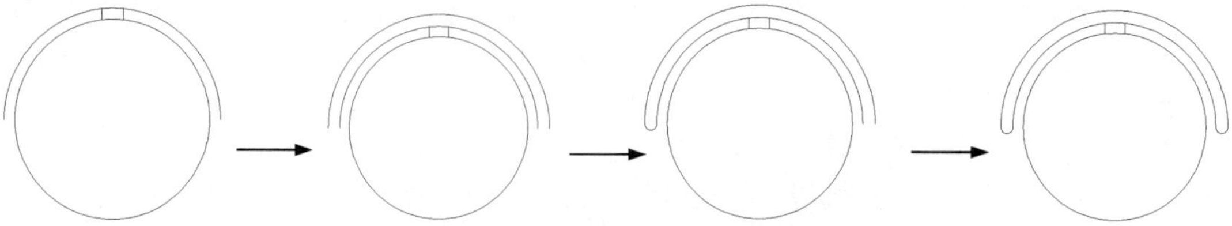

图 4-97　吧椅的绘制流程

操作步骤

（1）单击“默认”选项卡“绘图”面板中的“圆”按钮、“圆弧”按钮和“直线”按钮绘制初步图形，其中圆弧和圆同心且左右大致对称，如图 4-98 所示。

（2）单击“默认”选项卡“修改”面板中的“偏移”按钮，偏移刚绘制的圆弧，如图 4-99 所示。

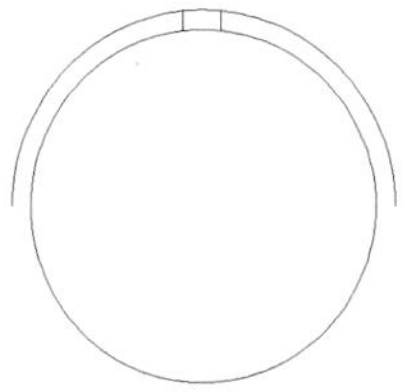

图 4-98　绘制初步图形

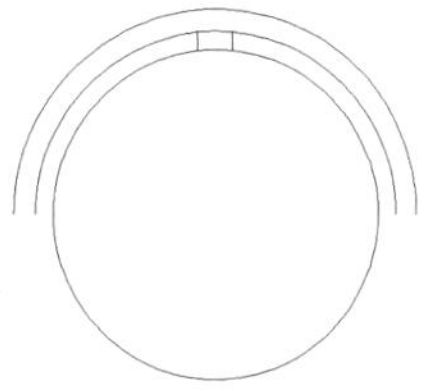

图 4-99　偏移圆弧

（3）单击“默认”选项卡“绘图”面板中的“圆弧”按钮，绘制扶手端部，采用“起点/端点/圆心”的形式，使造型光滑过渡，如图 4-100 所示。

（4）在绘制扶手端部圆弧的过程中，由于采用的是粗略的绘制方法，放大局部后，可能会出现图线不闭合的情况。这时，双击选择对象图线，出现钳夹编辑点，移动相应编辑点捕捉需要闭合连接的相临图线端点，如图 4-101 所示。

（5）用相同的方法绘制扶手另一端的圆弧造型，结果如图 4-102 所示。

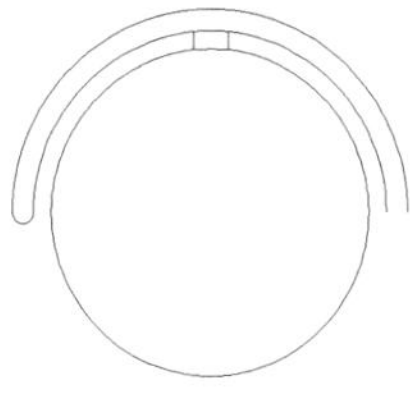

图 4-100　绘制扶手端部

图 4-101　调整编辑点

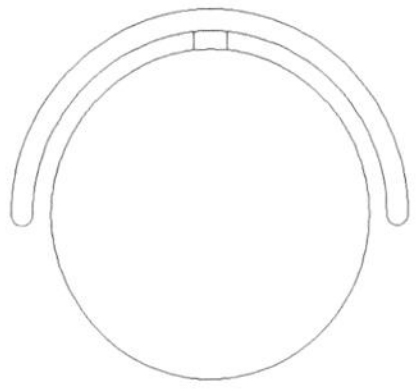

图 4-102　绘制另一端圆弧造型

4.7　图 案 填 充

当需要用一个重复的图案（pattern）填充某个区域时，可以使用 BHATCH 命令建立一个相关联的填充阴影对象，即图案填充。

4.7.1　基本概念

1. 图案边界

当进行图案填充时，首先要确定图案填充的边界。定义边界的对象只能是直线、双向射线、单向射线、多段线、样条曲线、圆弧、圆、椭圆、椭圆弧、面域等对象或用这些对象定义的块，而且作为边界的对象，在当前屏幕上必须全部可见。

2. 孤岛

在进行图案填充时，把位于总填充域内的封闭区域称为孤岛，如图 4-103 所示。在用 BHATCH 命令进行图案填充时，AutoCAD 允许用户以拾取点的方式确定填充边界，即在希望填充的区域内任意拾取一点，AutoCAD 会自动确定填充边界，同时确定该边界内的孤岛。用户如果是以点取对象的方式确定填充边界的，则必须确切地点取这些孤岛，4.7.2 节将介绍有关知识。

3. 填充方式

在进行图案填充时，需要控制填充的范围，AutoCAD 系统为用户设置了以下 3 种填充方式，实现对填充范围的控制。

（1）普通方式：该方式从边界开始，从每条填充线或每个剖面符号的两端向里画，遇到内部对象与之相交时，填充线或剖面符号断开，直到遇到下一次相交时再继续画，如图 4-104（a）所示。采用这种方式时，要避免填充线或剖面符号与内部对象的相交次数为奇数。该方式为系统内部的默认方式。

（2）最外层方式：该方式从边界开始，向里画剖面符号，只要在边界内部与对象相交，剖面符号就会由此断开，而不再继续画，如图 4-104（b）所示。

（3）忽略方式：该方式忽略边界内部的对象，所有内部结构都被剖面符号覆盖，如图 4-104（c）所示。

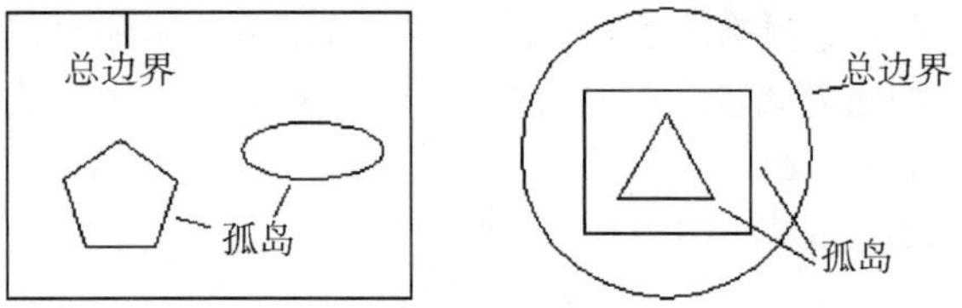

（a）　（b）

图 4-103　孤岛

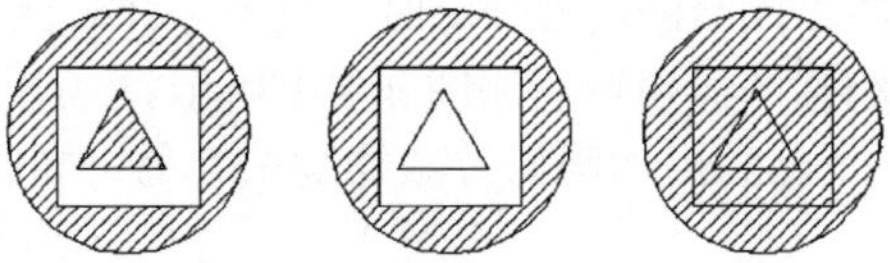

（a）　（b）　（c）

图 4-104　填充方式

4.7.2 图案填充的操作

1. 执行方式

☑ 命令行：BHATCH。

☑ 菜单栏："绘图"→"图案填充"。

☑ 工具栏："绘图"→"图案填充"或"渐变色"。

☑ 功能区："默认"→"绘图"→"图案填充"。

2. 操作步骤

执行上述命令后，系统弹出如图 4-105 所示的"图案填充创建"选项卡，各面板含义如下。

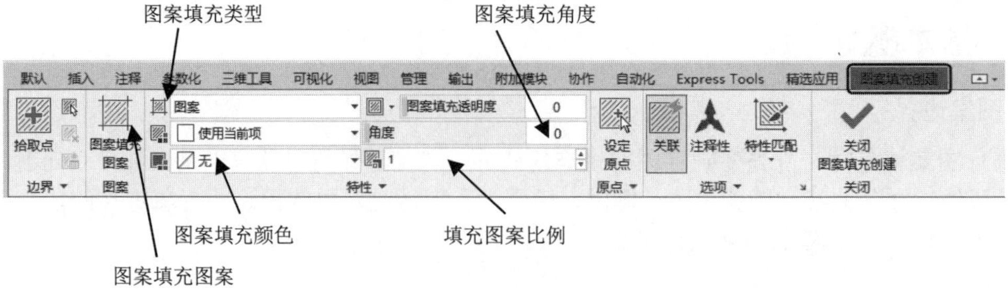

图 4-105　"图案填充创建"选项卡

（1）“边界”面板。

☑　拾取点：通过选择由一个或多个对象形成的封闭区域内的点，确定图案填充边界，如图 4-106 所示。指定内部点时，可以随时在绘图区域中右击以显示包含多个选项的快捷菜单。

☑　选择边界对象：指定基于选定对象的图案填充边界。使用该选项时，不会自动检测内部对象，必须选择选定边界内的对象，以按照当前孤岛检测样式填充这些对象，如图 4-107 所示。

☑　删除边界对象：从边界定义中删除之前添加的任何对象，如图 4-108 所示。

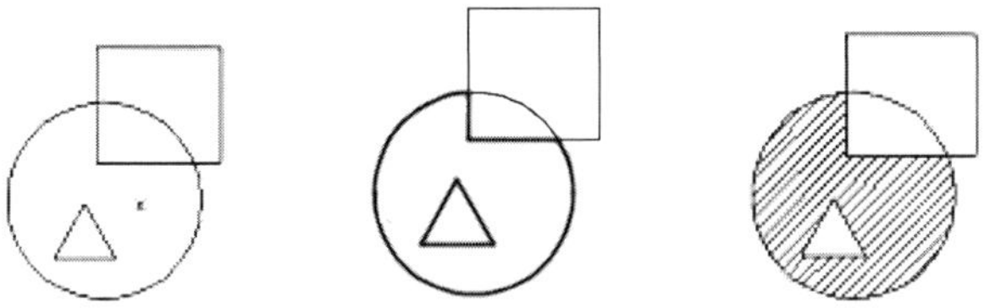

（a）选择一点　（b）填充区域　（c）填充结果

图 4-106　边界确定

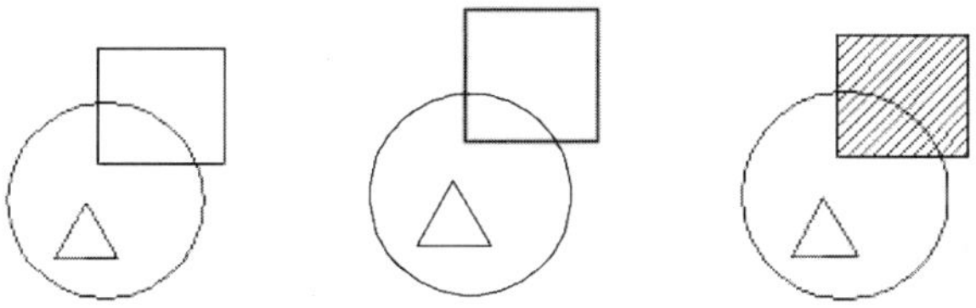

（a）原始图形　（b）选取边界对象　（c）填充结果

图 4-107　选择边界对象

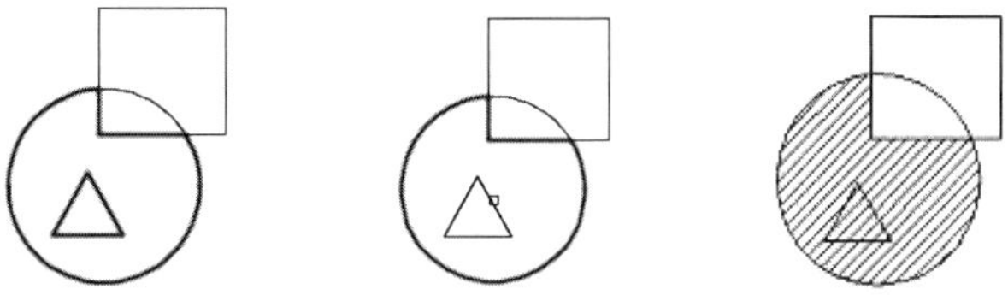

（a）选取边界对象　（b）删除边界　（c）填充结果

图 4-108　删除“岛”后的边界

☑　重新创建边界：围绕选定的图案填充或填充对象创建多段线或面域，并使其与图案填充对象相关联（可选）。

☑　显示边界对象：选择构成选定关联图案填充对象的边界的对象，使用显示的夹点可修改图案填充边界。

☑　保留边界对象：指定如何处理图案填充边界对象，包括以下选项。

- 不保留边界：不创建独立的图案填充边界对象。
- 保留边界-多段线：创建封闭图案填充对象的多段线。
- 保留边界-面域；创建封闭图案填充对象的面域对象。
- 选择新边界集：指定对象的有限集（称为边界集），以便通过创建图案填充时的拾取点进行计算。

（2）“图案”面板：显示所有预定义和自定义图案的预览图像。

（3）“特性”面板。

☑　图案填充类型：指定是使用纯色、渐变色、图案还是用户定义的填充。

☑ 图案填充颜色：替代实体填充和填充图案的当前颜色。

☑ 背景色：指定填充图案背景的颜色。

☑ 图案填充透明度：设定新图案填充或填充的透明度，替代当前对象的透明度。

☑ 图案填充角度：指定图案填充或填充的角度。

☑ 填充图案比例：放大或缩小预定义或自定义填充图案。

☑ 相对图纸空间：（仅在布局中可用）相对于图纸空间单位缩放填充图案。使用此选项，可以很容易地做到以适合于布局的比例显示填充图案。

☑ 双向：（仅当设定“图案填充类型”为“用户定义”时可用）将绘制第二组直线，与原始直线成 90°，构成交叉线。

☑ ISO 笔宽：（仅对于预定义的 ISO 图案可用）基于选定的笔宽缩放 ISO 图案。

（4）“原点”面板。

☑ 设定原点：直接指定新的图案填充原点。

☑ 左下：将图案填充原点设定在图案填充边界矩形范围的左下角。

☑ 右下：将图案填充原点设定在图案填充边界矩形范围的右下角。

☑ 左上：将图案填充原点设定在图案填充边界矩形范围的左上角。

☑ 右上：将图案填充原点设定在图案填充边界矩形范围的右上角。

☑ 中心：将图案填充原点设定在图案填充边界矩形范围的中心。

☑ 使用当前原点：将图案填充原点设定在 HPORIGIN 系统变量中存储的默认位置。

☑ 存储为默认原点：将新图案填充原点的值存储在 HPORIGIN 系统变量中。

（5）“选项”面板。

☑ 关联：指定图案填充或填充为关联图案填充。关联的图案填充或填充在用户修改其边界对象时将会被更新。

☑ 注释性：指定图案填充为注释性。此特性会自动完成缩放注释过程，从而使注释能够以正确的大小在图纸上打印或显示。

☑ 特性匹配。

- 使用当前原点：使用选定图案填充对象（除图案填充原点外）设定图案填充的特性。
- 使用源图案填充的原点：使用选定图案填充对象（包括图案填充原点）设定图案填充的特性。

☑ 允许的间隙：设定将对象用作图案填充边界时可以忽略的最大间隙。默认值为 0，此值指定对象必须封闭区域而没有间隙。

☑ 创建独立的图案填充：控制当指定了几个单独的闭合边界时，是创建单个图案填充对象，还是创建多个图案填充对象。

☑ 孤岛检测。

- 普通孤岛检测：从外部边界向内填充。如果遇到内部孤岛，填充将被关闭，直到遇到孤岛中的另一个孤岛。
- 外部孤岛检测：从外部边界向内填充。此选项仅填充指定的区域，不会影响内部孤岛。
- 忽略孤岛检测：忽略所有内部的对象，填充图案时将通过这些对象。

☑ 绘图次序：为图案填充或填充指定绘图次序，选项包括不更改、后置、前置、置于边界之后和置于边界之前。

（6）“关闭”面板。

“关闭图案填充创建”按钮✔：退出 HATCH 并关闭上下文选项卡，也可以按 Enter 键或 Esc 键退出 HATCH。

Note

4.7.3　编辑填充的图案

利用 HATCHEDIT 命令，编辑已经填充的图案。

1. 执行方式

☑　命令行：HATCHEDIT。

☑　菜单栏："修改" → "对象" → "图案填充"。

☑　工具栏："修改 II" → "编辑图案填充"。

☑　功能区："默认" → "修改" → "编辑图案填充"。

2. 操作步骤

选择图案填充对象：

选取图案填充物体后，系统弹出如图 4-109 所示的"图案填充编辑"对话框。

图 4-109　"图案填充编辑"对话框

在图 4-109 中，只有正常显示的选项才可以对其进行操作。该对话框中各项的含义与"图案填充创建"选项卡中各项的含义相同。利用该对话框，用户可以对已填充的图案进行一系列的编辑修改。

4.7.4　实例——绘制沙发和茶几

本实例首先利用二维绘制和编辑命令绘制沙发和茶几，然后利用"图案填充"命令填充图形，在绘制过程中，读者要熟练掌握图案填充命令的运用。绘制流程如图 4-110 所示。

视频讲解

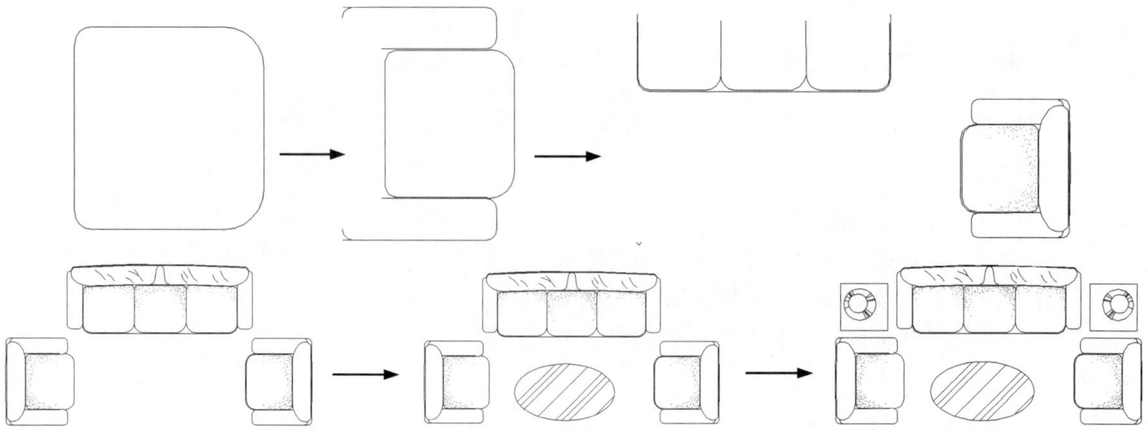

图 4-110　沙发和茶几的绘制流程

操作步骤

（1）单击“默认”选项卡“绘图”面板中的“直线”按钮╱，绘制沙发面的 4 条边，如图 4-111 所示。

（2）单击“默认”选项卡“绘图”面板中的“圆弧”按钮⌒，将沙发面的 4 条边连接起来，得到完整的沙发面，如图 4-112 所示。

（3）单击“默认”选项卡“绘图”面板中的“直线”按钮╱，绘制侧面扶手，如图 4-113 所示。

图 4-111　绘制沙发面的 4 条边

图 4-112　连接沙发面的 4 条边

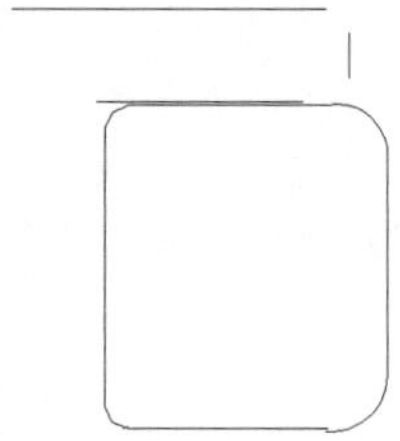

图 4-113　绘制侧面扶手

（4）单击“默认”选项卡“绘图”面板中的“圆弧”按钮⌒，绘制侧面扶手弧边线，如图 4-114 所示。

（5）单击“默认”选项卡“修改”面板中的“镜像”按钮⚠，对侧面扶手弧边线进行镜像，得到另一侧的扶手轮廓，如图 4-115 所示。

（6）单击“默认”选项卡“绘图”面板中的“圆弧”按钮⌒和“修改”面板中的“镜像”按钮⚠，绘制沙发背部扶手轮廓，如图 4-116 所示。

图 4-114　绘制侧面扶手弧边线

图 4-115　绘制另一侧扶手轮廓

图 4-116　绘制沙发背部扶手轮廓

（7）单击“默认”选项卡“绘图”面板中的“圆弧”按钮⌒、“直线”按钮╱和“修改”面板中的“镜像”按钮⚠，继续完善沙发背部扶手轮廓，如图 4-117 所示。

（8）单击“默认”选项卡“修改”面板中的“偏移”按钮⊆，对沙发面造型进行修改，使其更为形象，如图 4-118 所示。

（9）单击“默认”选项卡“绘图”面板中的“多点”按钮∴，在沙发座面上绘制点，细化沙发面造型，如图 4-119 所示。命令行提示与操作如下：

```
命令：POINT（输入画点命令）↙
当前点模式：PDMODE=99  PDSIZE=25.0000（系统变量的 PDMODE、PDSIZE 设置数值）
指定点：（使用鼠标在屏幕上直接指定点的位置，或直接输入点的坐标）
```

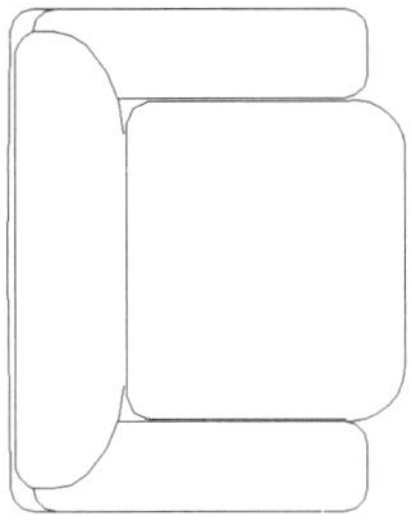

图 4-117　完善沙发背部扶手轮廓

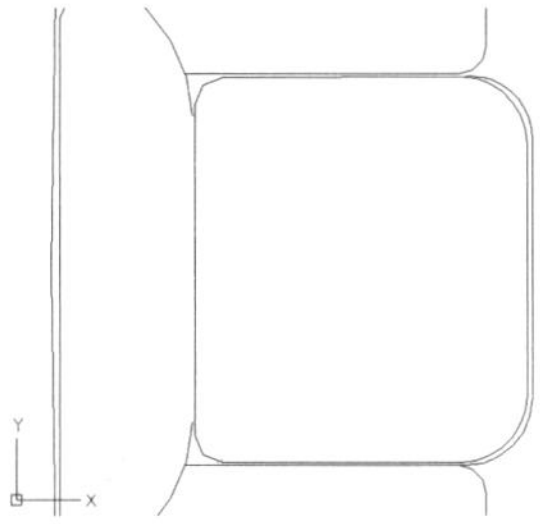

图 4-118　修改沙发面造型

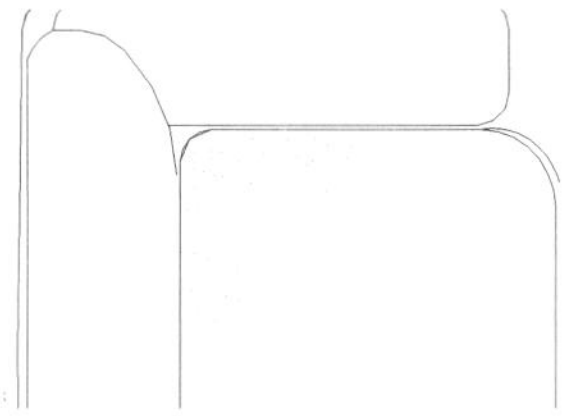

图 4-119　细化沙发面造型 1

（10）单击“默认”选项卡“修改”面板中的“镜像”按钮⚠，进一步细化沙发面造型，使其更为形象，如图 4-120 所示。

（11）采用相同的方法，绘制 3 人座的沙发造型，如图 4-121 所示。

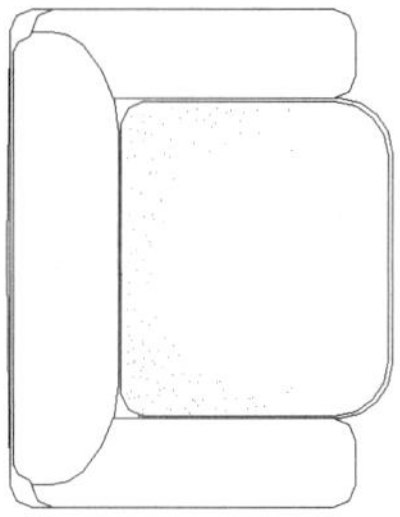

图 4-120　细化沙发面造型 2

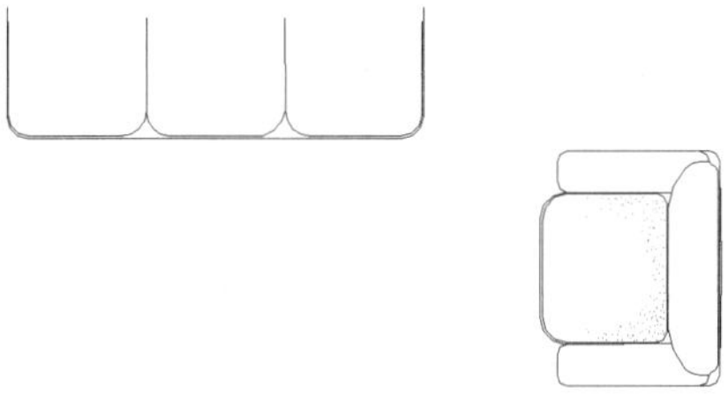

图 4-121　绘制 3 人座沙发造型

（12）单击“默认”选项卡“绘图”面板中的“直线”按钮╱、“圆弧”按钮⌒和“修改”面板中的“镜像”按钮⚠，绘制 3 人座沙发扶手造型，如图 4-122 所示。

（13）单击“默认”选项卡“绘图”面板中的“圆弧”按钮⌒和“直线”按钮╱，绘制 3 人座沙发背部造型，如图 4-123 所示。

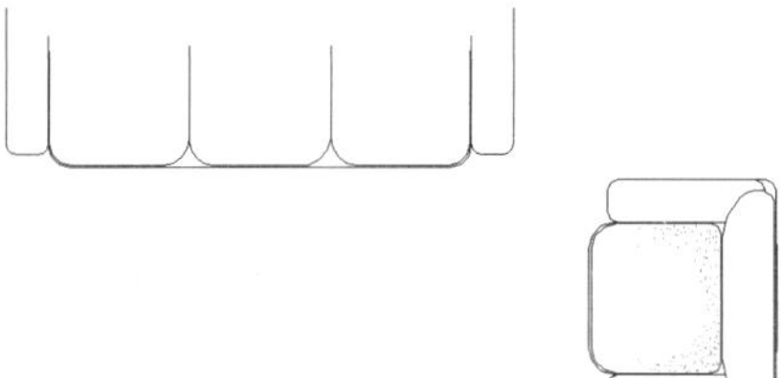

图 4-122　绘制 3 人座沙发扶手造型

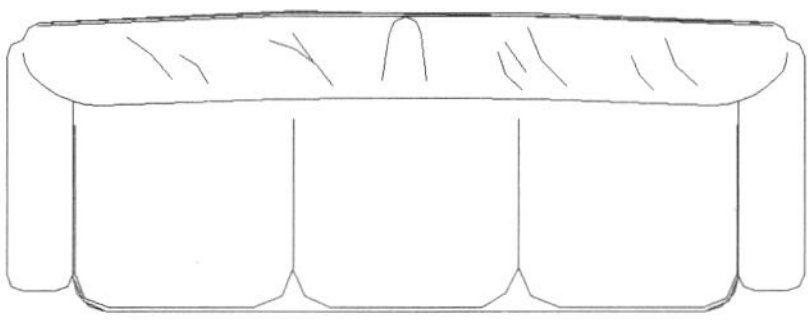

图 4-123　绘制 3 人座沙发背部造型

（14）单击“默认”选项卡“绘图”面板中的“多点”按钮∵，对3人座沙发面造型进行细化，如图4-124所示。

（15）单击“默认”选项卡“修改”面板中的“移动”按钮✥，调整两个沙发造型的位置，如图4-125所示。

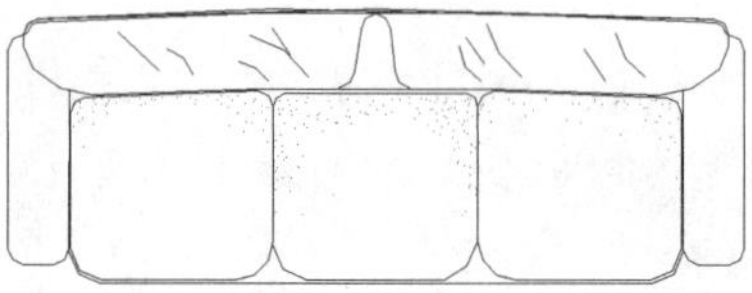

图4-124　细化3人座沙发面造型

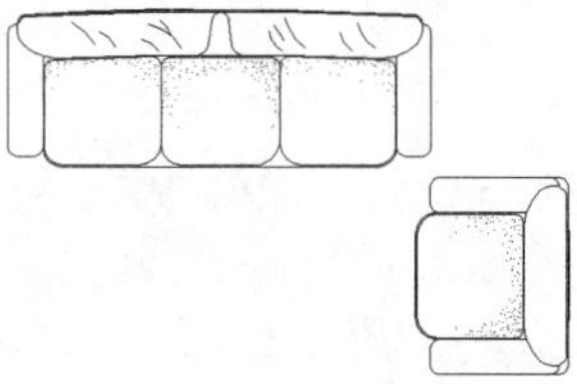

图4-125　调整两个沙发造型的位置

（16）单击“默认”选项卡“修改”面板中的“镜像”按钮⚠，对单个沙发造型进行镜像，得到沙发组造型，如图4-126所示。

（17）单击“默认”选项卡“绘图”面板中的“椭圆”按钮◌，绘制一个椭圆形，建立椭圆形的茶几造型，如图4-127所示。

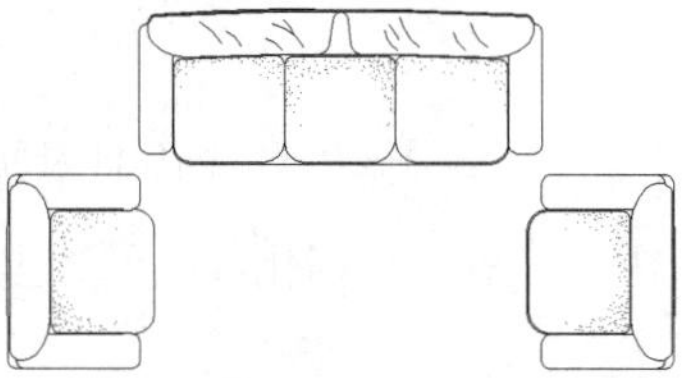

图4-126　沙发组造型

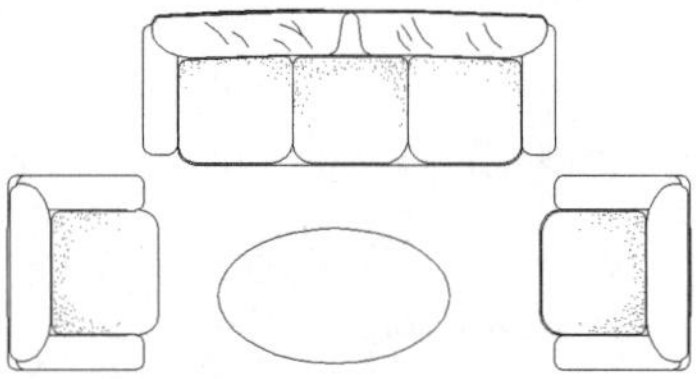

图4-127　建立椭圆形茶几造型

（18）单击“默认”选项卡“绘图”面板中的“图案填充”按钮▨，打开“图案填充创建”选项卡，在“图案”面板中选取填充图案为AR-RROOF，在“特性”面板中设置角度为45°，比例为2，如图4-128所示。然后选取茶几面进行图案填充，单击“关闭图案填充创建”按钮，关闭选项卡，结果如图4-129所示。

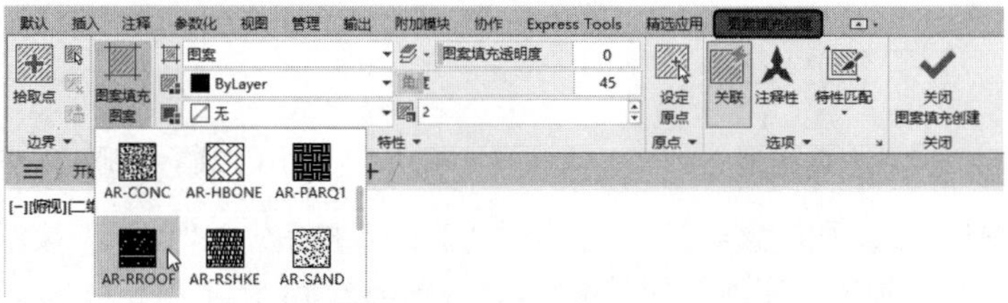

图4-128　“图案填充创建”选项卡

（19）单击“默认”选项卡“绘图”面板中的“多边形”按钮⬠，绘制沙发之间的桌面灯造型，如图4-130所示。

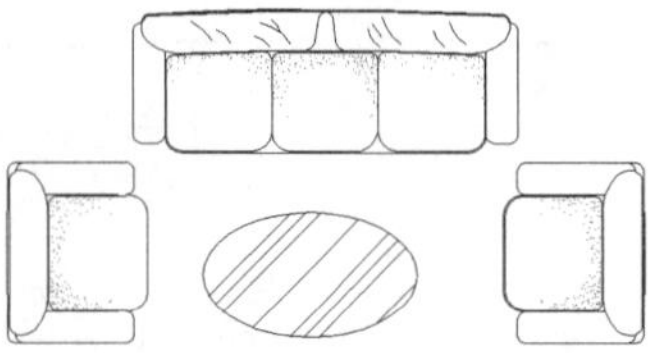

图4-129　填充茶几图案

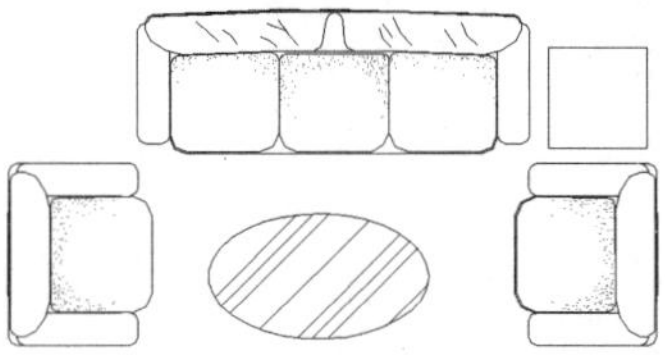

图4-130　绘制沙发之间的桌面灯造型

（20）单击“默认”选项卡“绘图”面板中的“圆”按钮，绘制两个大小和圆心位置均不同的圆形，如图 4-131 所示。

（21）单击“默认”选项卡“绘图”面板中的“直线”按钮，绘制随机斜线形成灯罩效果，如图 4-132 所示。

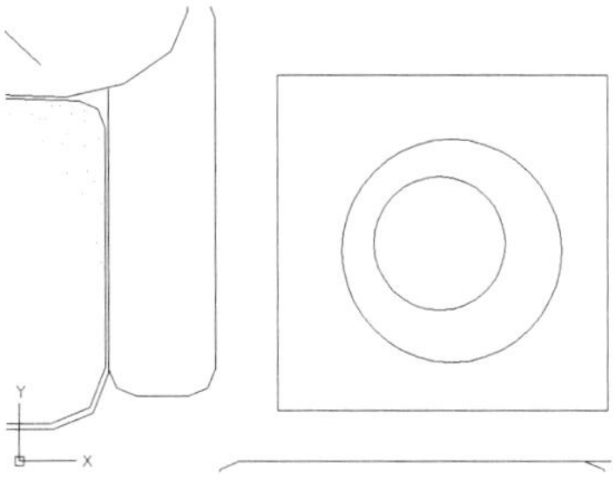

图 4-131　绘制两个圆形

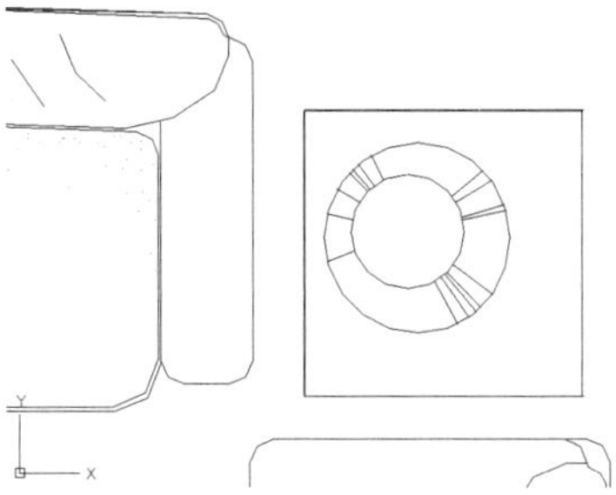

图 4-132　创建灯罩效果

（22）单击“默认”选项卡“修改”面板中的“镜像”按钮，对沙发桌面灯造型进行镜像，得到另一侧沙发桌面灯造型，如图 4-133 所示。

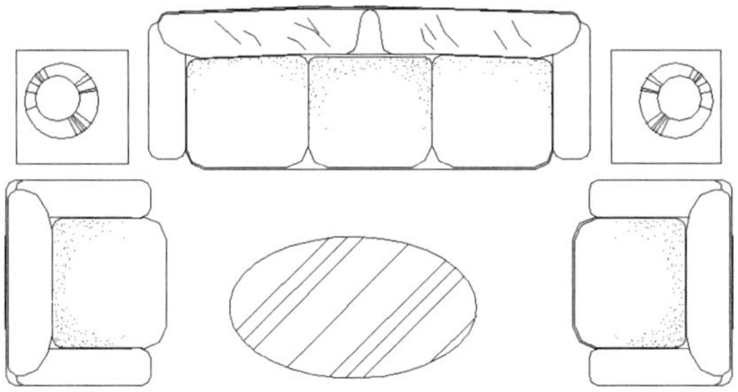

图 4-133　绘制另一侧沙发桌面灯造型

4.8　实践与操作

通过本章前面的学习，读者对本章知识已经有了大体的了解。本节通过 3 个练习使读者进一步掌握本章知识要点。

4.8.1　绘制办公桌

1. 目的要求

本实践绘制的是一个如图 4-134 所示的办公桌，涉及的命令有“矩形”“复制”“镜像”。本实践要求读者掌握“复制”和“镜像”命令的使用方法。

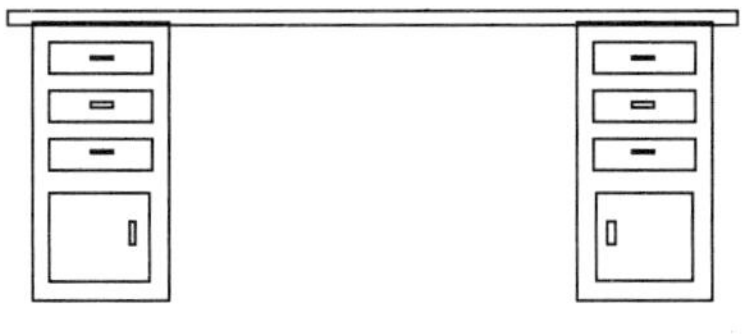

图 4-134　办公桌

Note

2. 操作提示

（1）利用“矩形”命令在适当位置处绘制几个矩形。

（2）利用“复制”命令复制抽屉图形。

（3）利用“镜像”命令完善图形。

4.8.2 绘制沙发

1. 目的要求

本实践绘制的是一个如图4-135所示的沙发，涉及的编辑命令有“矩形”“直线”“分解”“圆角”“延伸”“修剪”“圆弧”。本实践要求读者掌握相关编辑命令的使用方法。

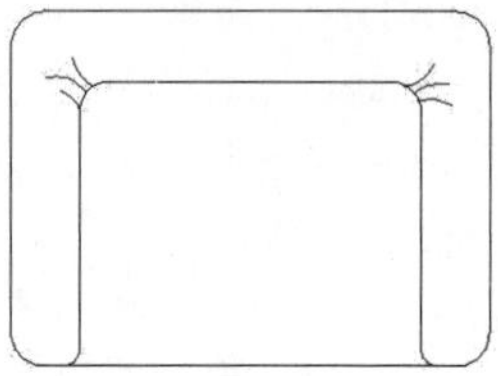

图4-135 沙发

2. 操作提示

（1）利用“矩形”命令绘制带圆角的矩形作为沙发的外框。

（2）利用“直线”命令绘制内框。

（3）利用“分解”和“圆角”命令修改沙发轮廓。

（4）利用“延伸”命令，将“圆角”命令去掉的线段补上。

（5）利用“圆角”命令再次对图形进行圆角处理。

（6）利用“修剪”命令对图形进行修剪。

（7）利用“圆弧”命令绘制沙发拐角褶皱。

4.8.3 绘制餐厅桌椅

1. 目的要求

本实践绘制的是一个如图4-136所示的餐厅桌椅，涉及的编辑命令有“直线”“圆弧”“镜像”“圆”“偏移”“环形阵列”。本实践要求读者掌握相关编辑命令的使用方法。

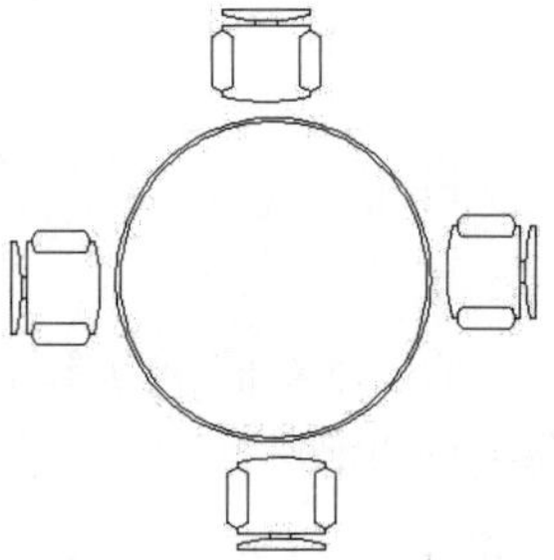

图4-136 餐厅桌椅

2. 操作提示

（1）利用“直线”“圆弧”“镜像”命令绘制椅子。

（2）利用“圆”和“偏移”命令绘制桌子。

（3）利用“环形阵列”命令布置椅子。

第5章

辅助工具

文字注释是图形中很重要的一部分内容。在进行各种设计时，用户通常不仅要绘出图形，还要在图形中标注一些文字。图表在AutoCAD图形中也有大量的应用，如明细表、参数表和标题栏等。尺寸标注是绘图设计过程中相当重要的一个环节。

在绘图设计过程中，经常会遇到一些重复出现的图形（如建筑设计中的桌椅、门窗等），如果每次都重新绘制这些图形，不仅会造成大量的重复工作，而且存储这些图形及其信息也会占用相当大的磁盘空间。

- ☑ 查询工具
- ☑ 表格
- ☑ 图块及其属性
- ☑ 尺寸标注
- ☑ 文本标注
- ☑ 设计中心与工具选项板

任务驱动&项目案例

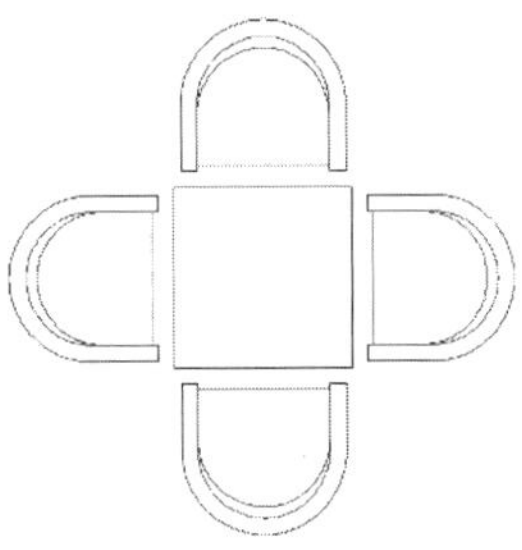

（1）

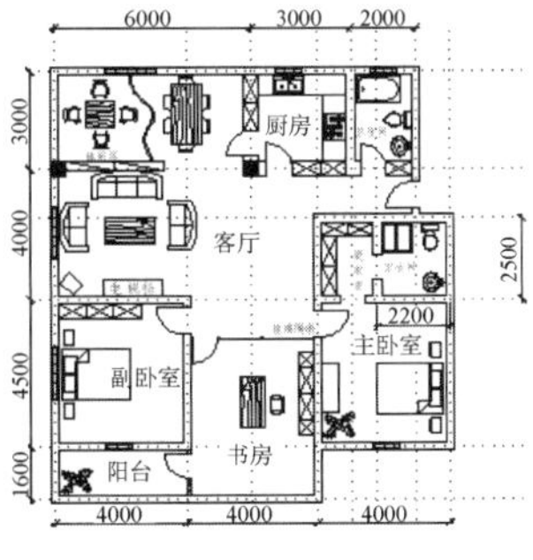

（2）

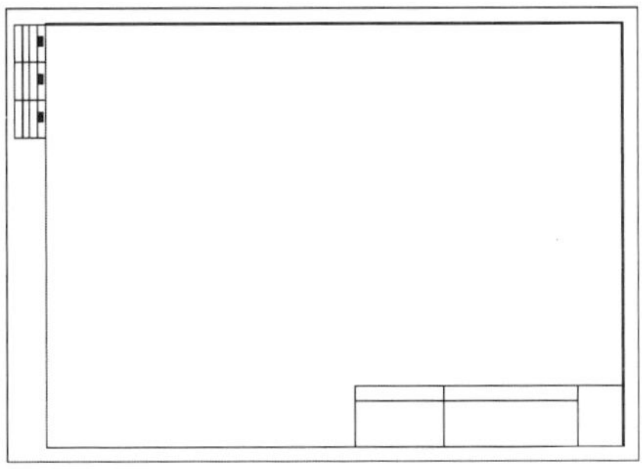

（3）

5.1 查询工具

为方便用户及时了解图形信息，AutoCAD 提供了很多查询工具，这里对其进行简要说明。

5.1.1 查询距离

1. 执行方式

☑ 命令行：MEASUREGEOM。

☑ 菜单栏："工具"→"查询"→"距离"。

☑ 工具栏："查询"→"距离"。

☑ 功能区："默认"→"实用工具"→"距离"。

2. 操作步骤

```
命令：MEASUREGEOM↙
移动光标或[距离(D)/半径(R)/角度(A)/面积(AR)/体积(V)/快速(Q)/模式(M)/退出(X)] <退出>: D↙
指定第一点：(指定点)
指定第二点或 [多个点(M)]：(指定第二点或输入 M 表示多个点)
距离 = 1.2964，XY 平面中的倾角 = 0，与 XY 平面的夹角 = 0
X 增量 = 1.2964，Y 增量 = 0.0000，Z 增量 = 0.0000
输入一个选项[距离(D)/半径(R)/角度(A)/面积(AR)/体积(V)/快速(Q)/模式(M)/退出(X)] <距离>: X↙（退出）
```

3. 选项说明

多个点(M)：如果选择该选项，那么系统将基于现有直线段和当前橡皮线即时计算总距离。

5.1.2 查询面积

1. 执行方式

☑ 命令行：MEASUREGEOM。

☑ 菜单栏："工具"→"查询"→"面积"。

☑ 工具栏："查询"→"面积"。

☑ 功能区："默认"→"实用工具"→"面积"。

2. 操作步骤

```
命令：MEASUREGEOM↙
移动光标或[距离(D)/半径(R)/角度(A)/面积(AR)/体积(V)/快速(Q)/模式(M)/退出(X)] <退出>:  AR↙
指定第一个角点或[对象(O)/增加面积(A)/减少面积(S)/退出(X)] <对象(O)>:（选择选项）
```

3. 选项说明

（1）指定第一个角点：计算由指定点所定义的面积和周长。

（2）增加面积(A)：打开"加"模式，并在定义区域时即时保持总面积。

（3）减少面积(S)：从总面积中减去指定的面积。

在工具选项板中，系统设置了一些常用图形的选项卡，这些选项卡可以方便用户绘图。

5.2 图块及其属性

把一组图形对象组合成图块进行保存，需要时可以把图块作为一个整体以任意比例和旋转角度插入图中任意位置，这样不仅避免了大量的重复工作，提高了绘图速度和工作效率，还大大节省了磁盘空间。

5.2.1 图块的定义

1. 执行方式

☑ 命令行：BLOCK。

☑ 菜单栏："绘图"→"块"→"创建"。

☑ 工具栏："绘图"→"创建块"。

☑ 功能区："默认"→"块"→"创建"或"插入"→"块定义"→"创建块"。

2. 操作步骤

执行上述命令，系统弹出如图 5-1 所示的"块定义"对话框。利用该对话框，用户可以指定要定义的对象和基点以及其他参数，以定义和命名图块。

5.2.2 图块的保存

1. 执行方式

命令行：WBLOCK。

2. 操作步骤

执行上述命令，系统弹出如图 5-2 所示的"写块"对话框。利用该对话框，用户可以把图形对象保存为图块或把图块转换成图形文件。

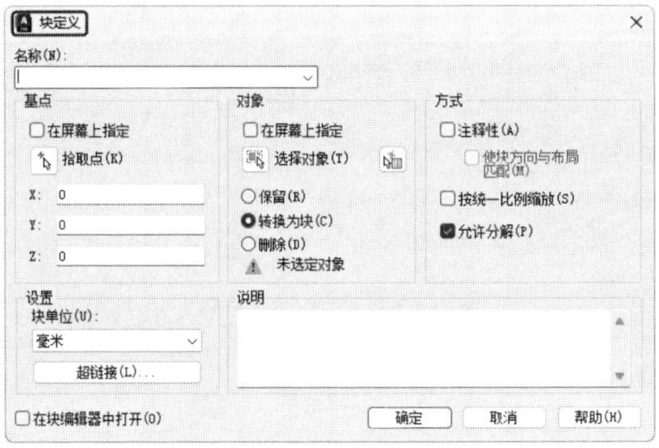

图 5-1 "块定义"对话框

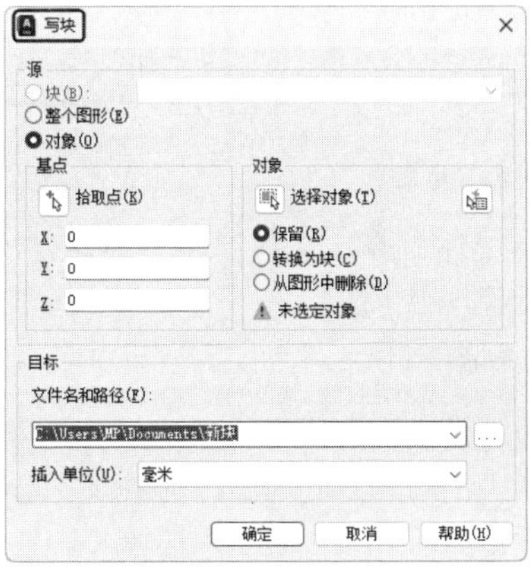

图 5-2 "写块"对话框

5.2.3 图块的插入

1．执行方式

☑ 命令行：INSERT。
☑ 菜单栏：“插入”→“块选项板”。
☑ 工具栏：“插入”→“插入块”或“绘图”→“插入块”。
☑ 功能区：“默认”→“块”→“插入”下拉菜单或“插入”→“块”→“插入”下拉菜单，如图 5-3 所示。

2．操作步骤

执行上述操作后，即可单击并放置所显示功能区库中的块。该库显示当前图形中的所有块定义，单击并放置这些块。其他两个选项（即“最近使用的块”和“收藏块”）会将“块”选项板打开并移动到相应选项卡中，如图 5-4 所示。用户可以从选项卡中指定要插入的图块及插入位置。

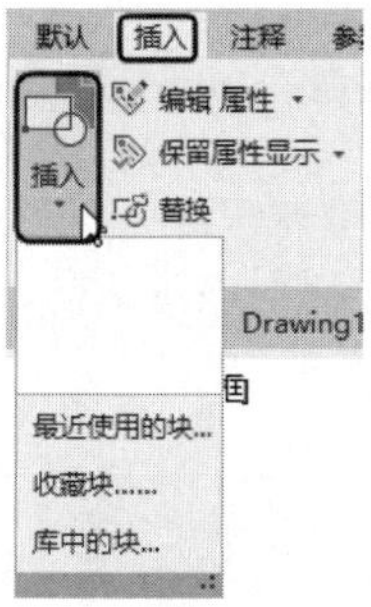

图 5-3 “插入”下拉菜单

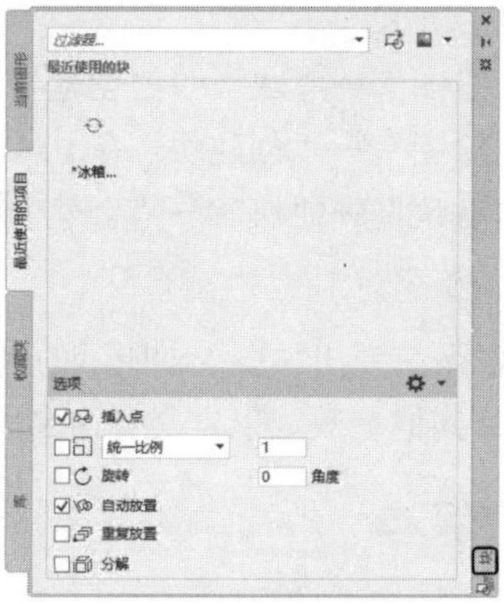

图 5-4 “块”选项板

5.2.4 图块属性的定义

1．执行方式

☑ 命令行：ATTDEF。
☑ 菜单栏：“绘图”→“块”→“定义属性”。
☑ 功能区：“默认”→“块”→“定义属性”或“插入”→“块定义”→“定义属性”。

2．操作步骤

执行上述命令，系统弹出“属性定义”对话框，如图 5-5 所示。

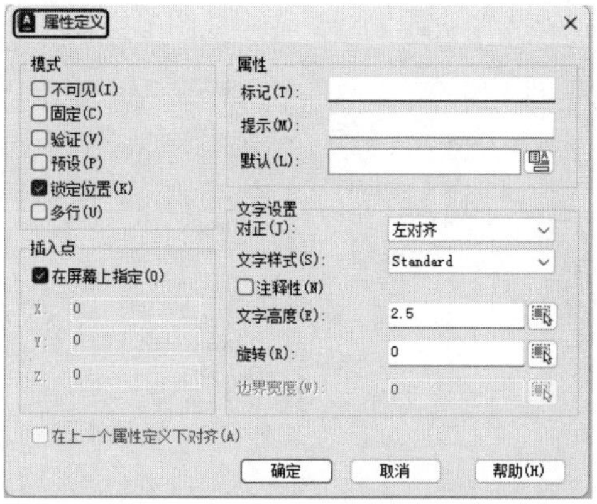

图 5-5 “属性定义”对话框

3．选项说明

（1）“模式”选项组。

☑ “不可见”复选框：选中该复选框，属性为不可见显示方式，即插入图块并输入属性值后，属性值在图中并不显示出来。

☑ “固定”复选框：选中该复选框，属性值为常量，即属性值在属性定义时给定，在插入图块时，系统不再提示输入属性值。

☑ “验证”复选框：选中该复选框，当插入图块时，系统重新显示属性值，让用户验证该值是否正确。

☑ “预设”复选框：选中该复选框，当插入图块时，系统自动把事先设置好的默认值赋予属性，而不再提示输入属性值。

☑ “锁定位置”复选框：选中该复选框，当插入图块时，系统锁定块参照中属性的位置。解锁后，属性可以相对于使用夹点编辑的块的其他部分移动，并且可以调整多行属性的大小。

☑ “多行”复选框：指定属性值可以包含多行文字。

（2）“属性”选项组。

☑ “标记”文本框：输入属性标签。属性标签可由除空格和感叹号以外的所有字符组成。系统自动把小写字母改为大写字母。

☑ “提示”文本框：输入属性提示。属性提示是在插入图块时系统要求输入属性值的提示。如果不在此文本框内输入文本，则以属性标签作为提示；如果在“模式”选项组中选中“固定”复选框，即设置属性为常量，则无须设置属性提示。

☑ “默认”文本框：设置默认的属性值。可把使用次数较多的属性值作为默认值，也可不设默认值。

其他选项组比较简单，此处不再赘述。

5.2.5 修改属性定义

1. 执行方式

☑ 命令行：TEXTEDIT。

☑ 菜单栏：“修改”→“对象”→“文字”→“编辑”。

2. 操作步骤

```
命令：TEXTEDIT ↙
当前设置：编辑模式 = Multiple
选择注释对象或 [放弃(U)/模式(M)]:
```

在此提示下选择要修改的属性定义，打开“编辑属性定义”对话框，如图 5-6 所示。用户可以在该对话框中修改属性定义。

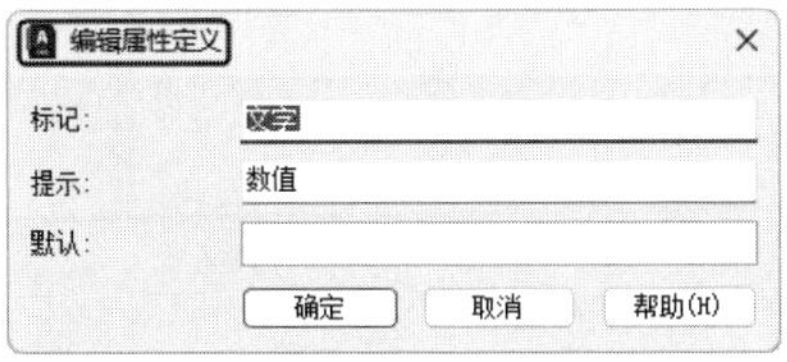

图 5-6 “编辑属性定义”对话框

5.2.6 图块属性的编辑

1. 执行方式

☑ 命令行：EATTEDIT。

☑ 菜单栏：“修改”→“对象”→“属性”→“单个”。

☑ 工具栏：“修改 II”→“编辑属性”。

☑ 功能区：“默认”→“块”→“编辑属性”。

2. 操作步骤

```
命令：EATTEDIT↙
选择块：
```

选择块后，系统弹出“增强属性编辑器”对话框，如图 5-7 所示。该对话框不仅可以用于编辑属性值，还可以用于编辑属性的文字选项和图层、线型、颜色等特性值。

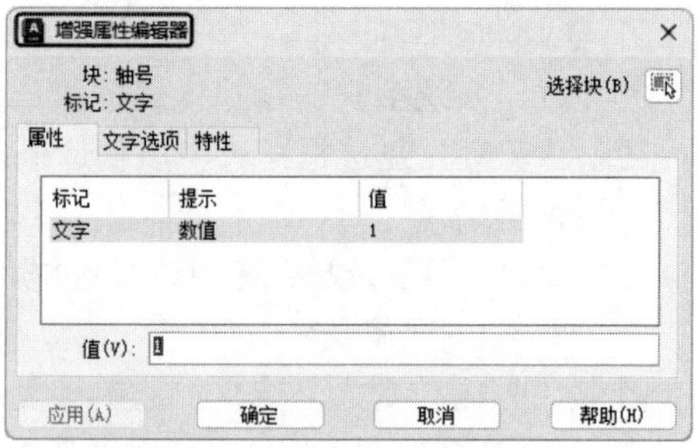

图 5-7 “增强属性编辑器”对话框

5.2.7 实例——绘制四人餐桌

本实例主要介绍灵活利用图块快速绘制家具图形的具体方法。本实例首先将已经绘制的圈椅定义成图块并对其进行保存，然后绘制桌子，最后将“圈椅”图块插入桌子图形中。绘制流程如图 5-8 所示。

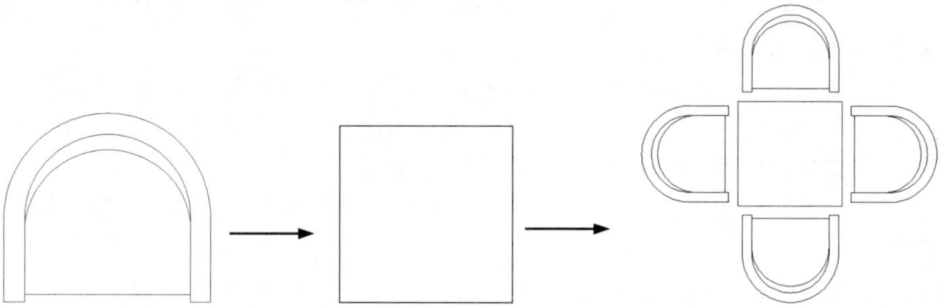

图 5-8 四人餐桌的绘制流程

操作步骤

（1）打开 3.5.3 节绘制的圈椅图形，如图 5-9 所示。

（2）在命令行中输入 WBLOCK，弹出“写块”对话框，如图 5-10 所示。单击“选择对象”按钮，拾取整个圈椅图形为对象，输入图块名称“圈椅”并指定路径，单击“确定”按钮保存。

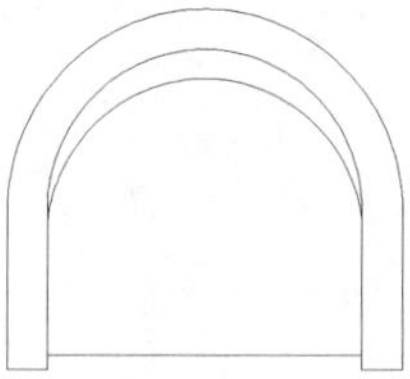

图 5-9 圈椅

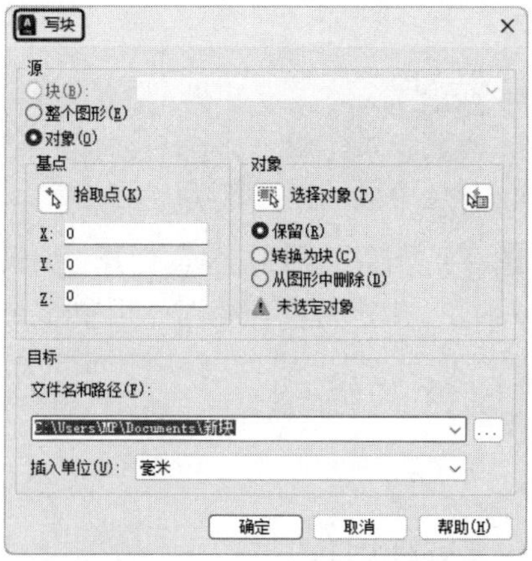

图 5-10 “写块”对话框

（3）利用“正多边形”命令绘制一个适当大小的正方形餐桌，如图 5-11 所示。

（4）单击“默认”选项卡“块”面板“插入”下拉菜单中的“最近使用的块”选项，系统弹出“块”选项板。单击选项板顶部的按钮，找到“圈椅”图块的保存路径，在“角度”文本框中输入“90”，在“选项”选项组中选中“插入点”和“统一比例”复选框，其他选项按默认设置，如图 5-12 所示。在“最近使用的项目”选项卡中选择“圈椅”图块并将其插入绘图区域内，完成图块的插入。

图 5-11 餐桌

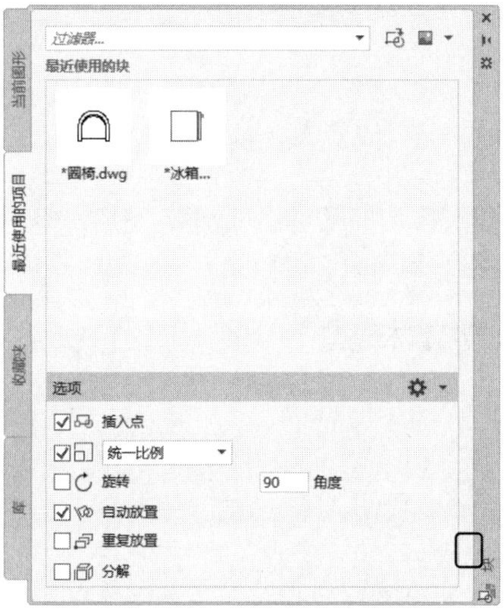

图 5-12 “块”选项板

（5）利用“对象捕捉”和“对象追踪”功能，追踪捕捉桌子图形中点，拖曳鼠标在中点左边一个适当位置处放置“圈椅”图块，如图 5-13 所示。

（6）单击“默认”选项卡“修改”面板中的“环形阵列”按钮，将插入的“圈椅”图块以桌子的中心为中心进行阵列。命令行提示与操作如下：

```
命令: _arraypolar↙
选择对象:（选择插入的“圈椅”图块）
选择对象: ↙
类型=极轴  关联=是
指定阵列的中心点或 [基点(B)/旋转轴(A)]:（捕捉桌子的中心点）
选择夹点以编辑阵列或 [关联(AS)/基点(B)/项目(I)/项目间角度(A)/填充角度(F)/行(ROW)/层(L)/ 旋转项目(ROT)/退出(X)] <退出>: i↙
输入阵列中的项目数或 [表达式(E)] <6>: 4↙
选择夹点以编辑阵列或 [关联(AS)/基点(B)/项目(I)/项目间角度(A)/填充角度(F)/行(ROW)/层(L)/旋转项目(ROT)/退出(X)] <退出>:
```

最终结果如图 5-14 所示。

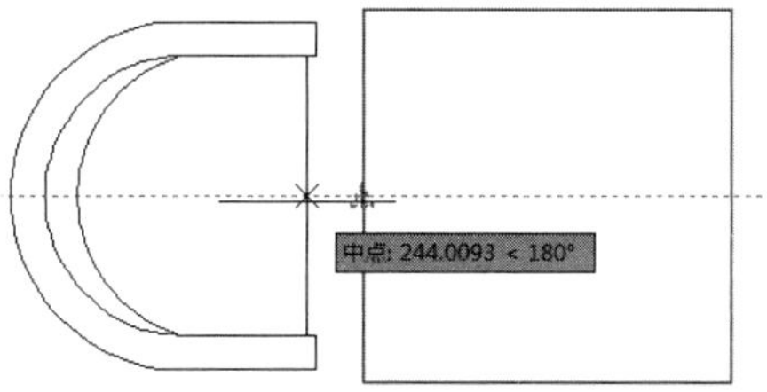

图 5-13 设置“圈椅”图块

图 5-14 阵列处理

5.3 文 本 标 注

文本标注是建筑图形的基本组成部分，在图签、说明、图纸目录等地方都要用到文本。本节将讲述文本标注的基本方法。

5.3.1 设置文本样式

1. 执行方式

☑ 命令行：STYLE 或 DDSTYLE。
☑ 菜单栏："格式"→"文字样式"。
☑ 工具栏："文字"→"文字样式"。
☑ 功能区："默认"→"注释"→"文字样式"或"注释"→"文字"→"文字样式"→"管理文字样式"或"注释"→"文字"→"对话框启动器"。

2. 操作步骤

执行上述命令，系统弹出"文字样式"对话框，如图 5-15 所示。

利用该对话框，用户可以新建文字样式或修改当前文字样式。图 5-16～图 5-18 显示了各种文字样式。

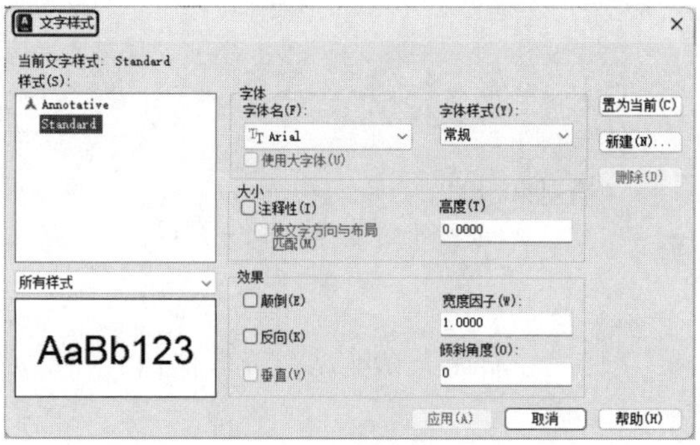

图 5-15 "文字样式"对话框

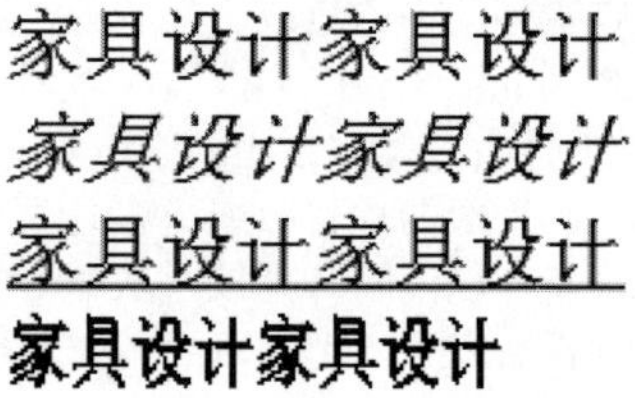

图 5-16 同一字体的不同样式图

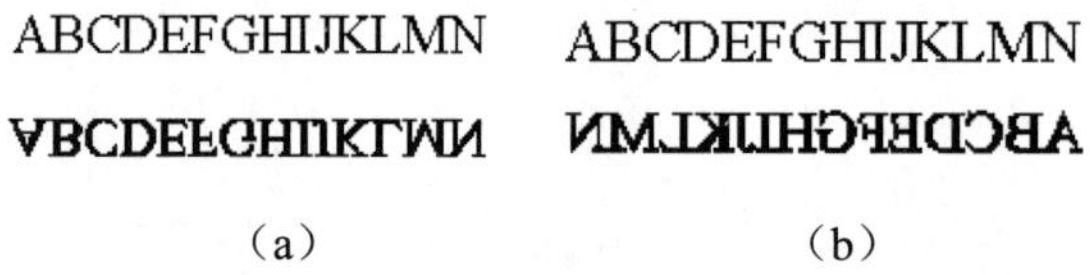

图 5-17 文字倒置标注与反向标注

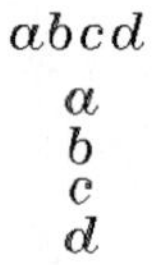

图 5-18 垂直标注文字

5.3.2 单行文本的标注

1. 执行方式

☑ 命令行：TEXT 或 DTEXT。
☑ 菜单栏："绘图"→"文字"→"单行文字"。
☑ 工具栏："文字"→"单行文字"。
☑ 功能区："默认"→"注释"→"单行文字"或"注释"→"文字"→"单行文字"。

2. 操作步骤

```
命令：TEXT↙
当前文字样式："Standard" 文字高度：2.5000 注释性：否 对正：左
指定文字的起点或[对正(J)/样式(S)]
```

3. 选项说明

（1）指定文字的起点：在此提示下直接在作图屏幕上点取一点作为文本的起始点，命令行提示如下：

```
指定高度<0.2000>:（确定字符的高度）
指定文字的旋转角度 <0>:（确定文本行的倾斜角度）
```

（2）对正(J)：在“指定文字的起点”提示下输入 J，用来确定文本的对齐方式，对齐方式决定文本的哪一部分与所选的插入点对齐。选择该选项，命令行提示如下：

```
输入选项 [左(L)/居中(C)/右(R)/对齐(A)/中间(M)/布满(F)/左上(TL)/中上(TC)/右上(TR)/左中(ML)/正中(MC)/右中(MR)/左下(BL)/中下(BC)/右下(BR)]:
```

在此提示下选择一个选项作为文本的对齐方式。当文本串水平排列时，AutoCAD 为标注文本串定义了如图 5-19 所示的顶线、中线、基线和底线。文本的对齐方式如图 5-20 所示，图中大写字母对应上述提示中各命令。下面以“对齐”选项为例进行简要说明。

图 5-19 文本串的底线、基线、中线和顶线

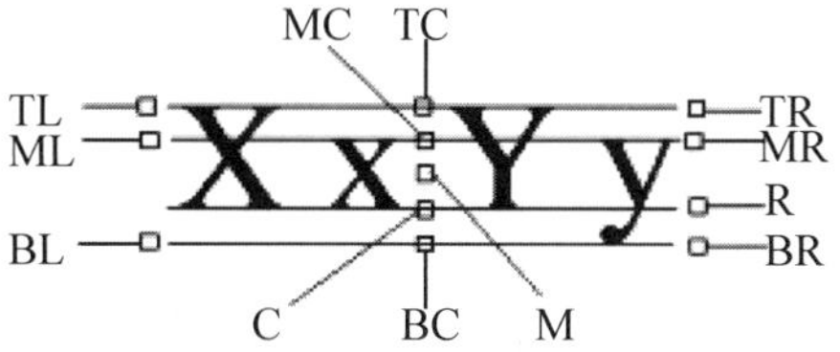

图 5-20 文本的对齐方式

实际绘图时，有时需要标注一些特殊字符，如直径符号、上画线或下画线、温度符号等。由于这些符号不能直接从键盘输入，AutoCAD 提供了一些控制码，用来实现这些要求。控制码用两个百分号（%%）加一个字符构成，常用的控制码如表 5-1 所示。

表 5-1 AutoCAD 常用控制码

符 号	功 能	符 号	功 能
%%O	上画线	\U+0278	电相角
%%U	下画线	\U+E101	流线
%%D	度数符号	\U+2261	恒等于
%%P	正负符号	\U+E102	界碑线
%%C	直径符号	\U+2260	不相等
%%%	百分号%	\U+2126	欧姆
\U+2248	几乎相等	\U+03A9	欧米伽
\U+2220	角度	\U+214A	地界线
\U+E100	边界线	\U+2082	下标 2
\U+2104	中心线	\U+00B2	平方
\U+0394	差值	\U+00B3	立方

Note

5.3.3 多行文本的标注

1. 执行方式

☑ 命令行：MTEXT。

☑ 菜单栏：“绘图”→“文字”→“多行文字”。

☑ 工具栏：“绘图”→“多行文字”A或“文字”→“多行文字”A。

☑ 功能区：“默认”→“注释”→“多行文字”A或“注释”→“文字”→“多行文字”A。

2. 操作步骤

```
命令：MTEXT↙
当前文字样式："Standard"  文字高度：2.5  注释性：否
指定第一角点：(指定矩形框的第一个角点)
指定对角点或 [高度(H)/对正(J)/行距(L)/旋转(R)/样式(S)/宽度(W)/栏(C)]：
```

3. 选项说明

（1）指定对角点：指定对角点后，系统弹出如图5-21所示的“文字编辑器”选项卡和多行文字编辑器。用户可利用此选项卡与编辑器输入多行文本以对其格式进行设置。

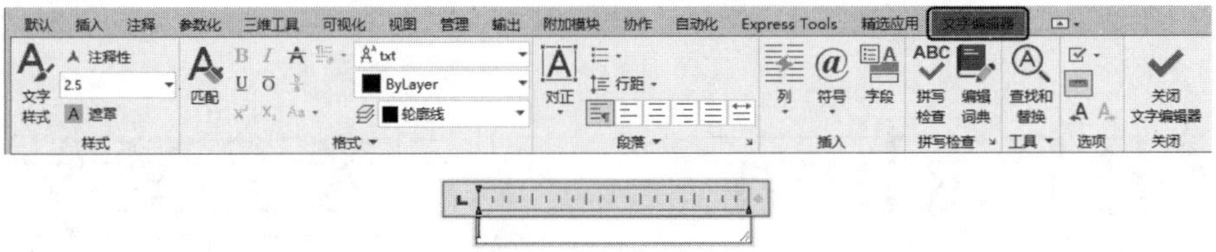

图5-21 “文字编辑器”选项卡和多行文字编辑器

（2）对正(J)：确定所标注文本的对齐方式。

（3）行距(L)：确定多行文本的行间距，这里所说的行间距是指相邻两文本行的基线之间的垂直距离。

（4）旋转(R)：确定文本行的倾斜角度。

（5）样式(S)：确定当前的文本样式。

（6）宽度(W)：指定多行文本的宽度。

“文字编辑器”选项卡用来控制文本文字的显示特性。用户可以在输入文本文字前设置文本的特性，也可以改变已输入的文本文字特性。要改变已有文本文字显示特性，首先应选择要修改的文本，选择文本的方式有以下3种。

❶ 将光标定位到文本文字开始处，按住鼠标左键，拖曳到文本末尾处。

❷ 双击某个文字，则该文字被选中。

❸ 3次单击鼠标，则选中全部内容。

下面介绍“文字编辑器”选项卡中部分选项的功能。

（1）“样式”面板。

“高度”下拉列表：确定文本的字符高度。用户可在文本编辑框中直接输入新的字符高度，也可从下拉列表中选择已设定过的高度。

（2）“格式”面板。

☑ **B**和*I*按钮：设置粗体或斜体效果。这两个按钮只对TrueType字体有效。

☑ “删除线”按钮：用于在文字上添加水平删除线。

☑ “下画线”按钮和“上画线”按钮：用于设置或取消文字的上（下）画线。

☑ “堆叠”按钮：即层叠/非层叠文本按钮，用于层叠所选的文本，也就是创建分数形式。当文本中某处出现“/”“^”“#”3 种层叠符号之一时可层叠文本。方法是，选中需要层叠的文字，然后单击该按钮，则符号左边的文字作为分子，右边的文字作为分母。AutoCAD 提供了 3 种分数形式：如果选中“abcd/efgh”后单击该按钮，则得到如图 5-22（a）所示的分数形式；如果选中“abcd^efgh”后单击该按钮，则得到如图 5-22（b）所示的形式，此形式多用于标注极限偏差；如果选中“abcd # efgh”后单击该按钮，则创建斜排的分数形式，如图 5-22（c）所示；如果选中已经层叠的文本对象后单击该按钮，则恢复到非层叠形式。

☑ “倾斜角度”按钮：设置文字的倾斜角度，如图 5-23 所示。

(a)	(b)	(c)
$\frac{\text{abcd}}{\text{efgh}}$	abcd efgh	abcd/efgh

图 5-22　文本层叠

家具设计

家具设计

家具设计

图 5-23　倾斜角度与斜体效果

☑ “追踪”按钮：增大或减小选定字符之间的空隙。

☑ “上标”按钮：将选定文字转换为上标，即在输入线的上方设置稍小的文字。

☑ “下标”按钮：将选定文字转换为下标，即在输入线的下方设置稍小的文字。

☑ “宽度因子”按钮：扩展或收缩选定字符。

☑ “清除格式”下拉列表：删除选定字符的字符格式，或删除选定段落的段落格式，或删除选定段落中的所有格式。

（3）“段落”面板。

☑ “对正”按钮：显示“多行文字对正”菜单，并且有 9 个对齐选项可用。

☑ “项目符号和编号”下拉列表。

- 关闭：如果选择该选项，将从应用了列表格式的选定文字中删除字母、数字和项目符号。不更改缩进状态。
- 以数字标记：应用将带有句点的数字用于列表中的项的列表格式。
- 以字母标记：应用将带有句点的字母用于列表中的项的列表格式。如果列表含有的项多于字母中含有的字母，则可以使用双字母继续序列。
- 以项目符号标记：应用将项目符号用于列表中的项的列表格式。
- 起点：在列表格式中启动新的字母或数字序列。如果选定的项位于列表中间，则选定项下面的未选中的项也将成为新列表的一部分。
- 连续：将选定的段落添加到上面最后一个列表，然后继续序列。如果选择了列表项而非段落，选定项下面的未选中的项将继续序列。
- 允许自动项目符号和编号：在输入时应用列表格式。以下字符可以用作字母和数字后的标点，不能用作项目符号：句点（.）、逗号（,）、右圆括号（)）、右尖括号（>）、右方括号（]）和右花括号（}）。
- 允许项目符号和列表：如果选择该选项，则列表格式将应用到外观类似列表的多行文字对象中的所有纯文本。

☑ 段落按钮：为段落和段落的第一行设置缩进。单击该按钮，系统弹出“段落”对话框，如图 5-24 所示。在该对话框中，用户可以指定制表位和缩进，控制段落对齐方式、段落间距和段落行距。

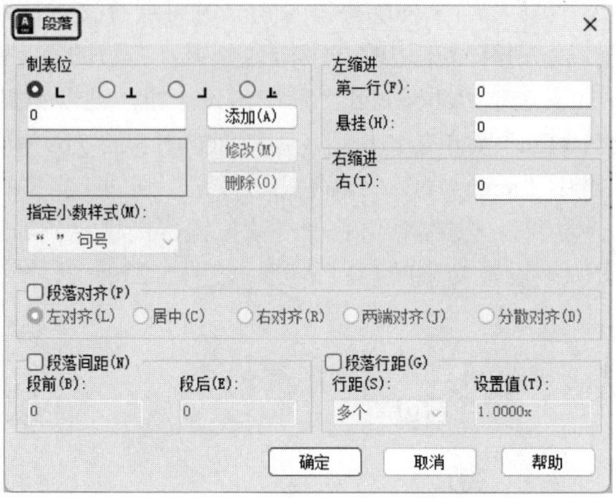

图 5-24 “段落”对话框

（4）“插入”面板。

☑ “符号”按钮@：用于输入各种符号。单击该按钮，系统打开符号列表，如图 5-25 所示。用户可以从中选择要输入文本中的符号。

☑ “字段”按钮：插入一些常用或预设字段。单击该按钮，系统打开“字段”对话框，如图 5-26 所示。用户可以从中选择要插入标注文本中的字段。

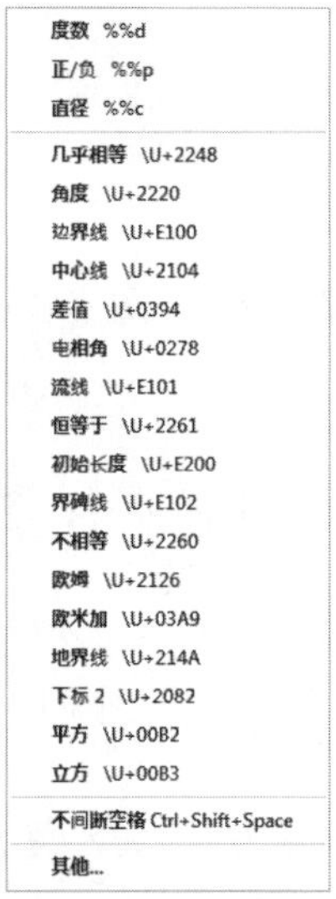

图 5-25 符号列表

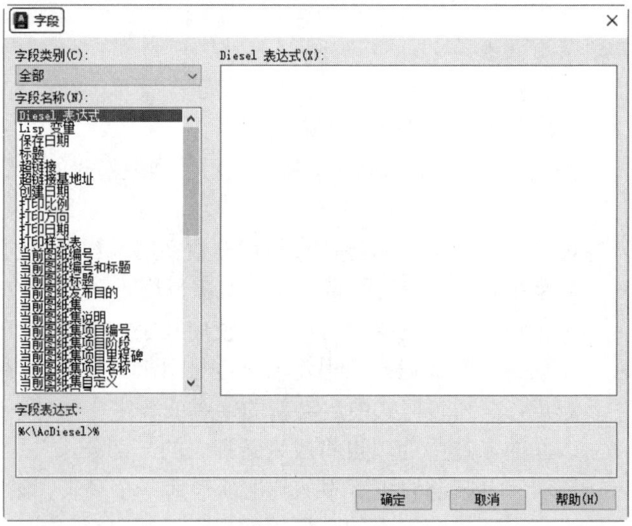

图 5-26 “字段”对话框

（5）“拼写检查”面板。

☑ 拼写检查：确定输入时拼写检查处于打开还是关闭状态。

☑ 编辑词典：显示“词典”对话框，用户可以从中添加或删除在拼写检查过程中使用的自定义词典。

（6）“工具”面板。

输入文字：选择该选项，系统弹出“选择文件”对话框，如图 5-27 所示。选择任意 ASCII 或 RTF 格式的文件。输入的文字保留原始字符格式和样式特性，但可以在多行文字编辑器中编辑和格式化输入的文字。选择要输入的文本文件后，可以替换选定的文字或全部文字，或在文字边界内将插入的文字附加到选定的文字中。输入文字的文件必须小于 32KB。

图 5-27 “选择文件”对话框

（7）“选项”面板。

标尺：在编辑器顶部显示标尺。拖曳标尺末尾的箭头可更改文字对象的宽度。列模式处于活动状态时，还显示高度和列夹点。

5.3.4 多行文本编辑

1. 执行方式

☑ 命令行：TEXTEDIT。

☑ 菜单栏：“修改”→“对象”→“文字”→“编辑”。

☑ 工具栏：“文字”→“编辑”。

2. 操作步骤

```
命令：TEXTEDIT ↙
当前设置：编辑模式 = Multiple
选择注释对象或 [放弃(U)/模式(M)]：
```

要求选择想要修改的文本，同时光标变为拾取框。用拾取框单击对象，如果选取的文本是用 TEXT 命令创建的单行文本，则可直接对其进行修改；如果选取的文本是用 MTEXT 命令创建的多行文本，则打开多行文字编辑器（见图 5-21），根据前面的介绍对各项设置或内容进行修改。

5.3.5 实例——绘制酒瓶

本实例主要介绍文本标注的绘制方法。本实例首先利用“多段线”命令绘制酒瓶外轮廓，然后细化酒瓶，最后输入文字标注。绘制流程如图 5-28 所示。

视频讲解

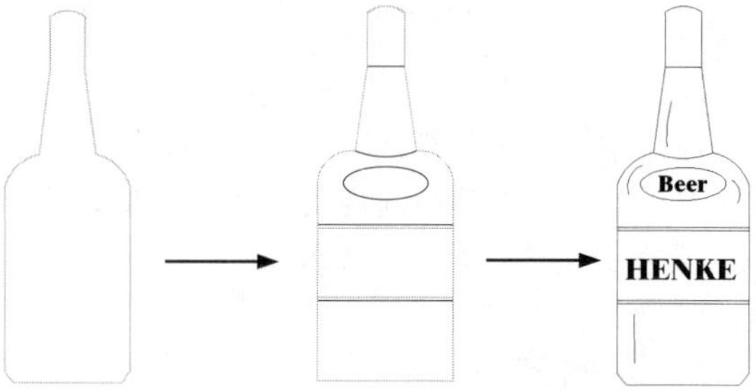

图 5-28　酒瓶的绘制流程

操作步骤

（1）单击“默认”选项卡“图层”面板中的“图层特性”按钮，弹出“图层特性管理器”选项板，新建以下 3 个图层。

❶“1”图层，颜色为绿色，其余属性默认。

❷“2”图层，颜色为黑色，其余属性默认。

❸“3”图层，颜色为蓝色，其余属性默认。

（2）将当前图层设为“3”图层，单击“默认”选项卡“绘图”面板中的“多段线”按钮，绘制酒瓶轮廓。命令行提示与操作如下：

```
命令: _pline↙
指定起点: 40,0↙
当前线宽为 0.0000
指定下一个点或 [圆弧(A)/半宽(H)/长度(L)/放弃(U)/宽度(W)]: @-40,0↙
指定下一点或 [圆弧(A)/闭合(C)/半宽(H)/长度(L)/ 放弃(U)/宽度(W)]: @0,119.8↙
指定下一点或 [圆弧(A)/闭合(C)/半宽(H)/长度(L)/放弃(U)/宽度(W)]: a↙
指定圆弧的端点(按住 Ctrl 键以切换方向)或[角度(A)/圆心(CE)/闭合(CL)/方向(D)/半宽(H)/直线(L)/半径(R)/第二个点(S)/放弃(U)/宽度(W)]: 22,139.6↙
指定圆弧的端点(按住 Ctrl 键以切换方向)或[角度(A)/圆心(CE)/闭合(CL)/方向(D)/半宽(H)/直线(L)/半径(R)/第二个点(S)/放弃(U)/宽度(W)]: l↙
指定下一点或 [圆弧(A)/闭合(C)/半宽(H)/长度(L)/放弃(U)/宽度(W)]: 29,190.7↙
指定下一点或 [圆弧(A)/闭合(C)/半宽(H)/长度(L)/放弃(U)/宽度(W)]: 29,222.5↙
指定下一点或 [圆弧(A)/闭合(C)/半宽(H)/长度(L)/放弃(U)/宽度(W)]: a↙
指定圆弧的端点(按住 Ctrl 键以切换方向)或[角度(A)/圆心(CE)/闭合(CL)/方向(D)/半宽(H)/直线(L)/半径(R)/第二个点(S)/放弃(U)/宽度(W)]: s↙
指定圆弧上的第二个点: 40,227.6↙
指定圆弧的端点: 51.2,223.3↙
指定圆弧的端点(按住 Ctrl 键以切换方向)或[角度(A)/圆心(CE)/闭合(CL)/方向(D)/半宽(H)/直线(L)/半径(R)/第二个点(S)/放弃(U)/宽度(W)]:↙
```

绘制结果如图 5-29 所示。

（3）单击“默认”选项卡“修改”面板中的“镜像”按钮，使用点（40,0）和（40,227.6）形成的线作为镜像线，对绘制的多段线进行镜像，然后单击“默认”选项卡“修改”面板中的“修剪”按钮，修剪图形，结果如图 5-30 所示。

（4）单击“默认”选项卡“绘图”面板中的“直线”按钮，绘制坐标点依次为{（0,94.5），（@80,0）}、{（0,48.6），（@80,0）}、{（29,190.7），（@22,0）}、{（0,50.6），（@80,0）}、{（0,92.5），（@80,0）}

的直线，如图 5-31 所示。

（5）单击“默认”选项卡“修改”面板中的“圆角”按钮⌒，设置圆角半径为 10，将瓶底进行圆角处理。

（6）单击“默认”选项卡“绘图”面板中的“椭圆”按钮，绘制中心点为（40,120）、轴端点为（@25,0）、轴长度为（@0,10）的椭圆。单击“默认”选项卡“绘图”面板中的“圆弧”按钮⌒，以三点方式绘制坐标点为（22,139.6）、（40,136）和（58,139.6）的圆弧，如图 5-32 所示。

图 5-29　绘制多段线

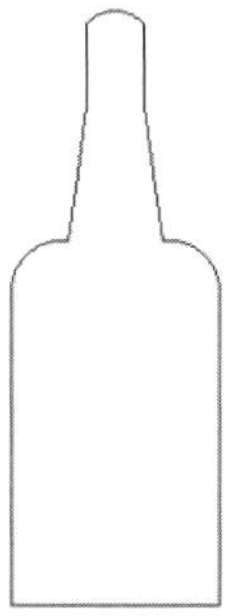

图 5-30　镜像处理

图 5-31　绘制直线

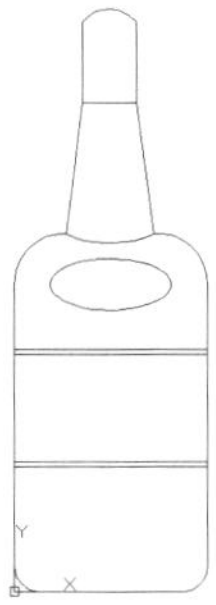

图 5-32　绘制椭圆

（7）将“1”图层设置为当前图层，单击“默认”选项卡“注释”面板中的“多行文字”按钮A，打开“文字编辑器”选项卡，设置字体为宋体，文字高度为 10，如图 5-33 所示，输入文字 Beer。

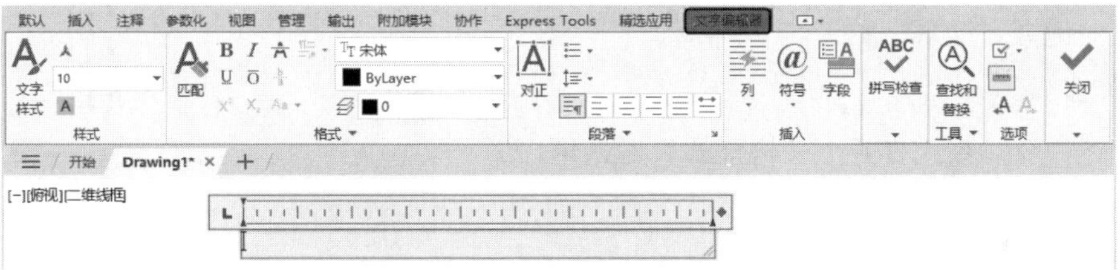

图 5-33　“文字编辑器”选项卡

（8）同理，单击“默认”选项卡“注释”面板中的“多行文字”按钮A，设置文字高度为 13，输入文字 HENKE，结果如图 5-34 所示。

（9）将“2”图层设置为当前图层，单击“默认”选项卡“绘图”面板中的“直线”按钮╱和“圆弧”按钮⌒，细化酒瓶，最终完成酒瓶的绘制，结果如图 5-35 所示。

图 5-34　输入文字

图 5-35　酒瓶

5.4 表　　格

在以前的版本中，要绘制表格必须采用绘制图线或者图线结合偏移或复制等编辑命令来完成，这样的操作过程烦琐而复杂，不利于提高绘图效率。AutoCAD 从 2010 版开始，新增加了一个“表格”绘图功能，这使得创建表格变得非常容易，用户可以直接插入设置好样式的表格，而不用绘制由单独的图线组成的栅格。

5.4.1 设置表格样式

1. 执行方式

☑ 命令行：ABLESTYLE。

☑ 菜单栏：“格式”→“表格样式”。

☑ 工具栏：“样式”→“表格样式管理器”。

☑ 功能区：“默认”→“注释”→“表格样式”或“注释”→“表格”→“表格样式”→“管理表格样式”或“注释”→“表格”→“对话框启动器”。

2. 操作步骤

执行上述命令，系统打开“表格样式”对话框，如图 5-36 所示。

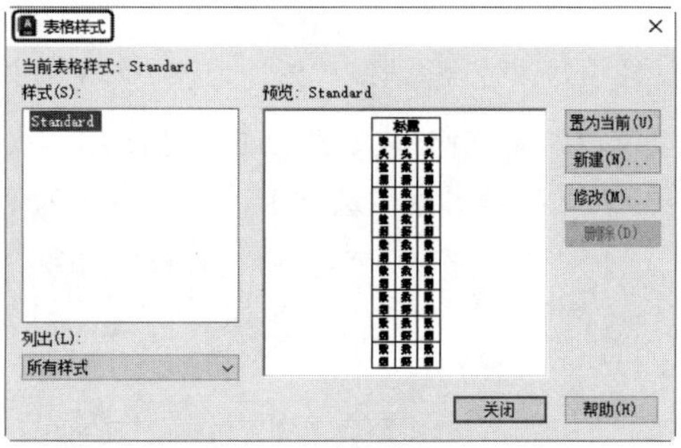

图 5-36　“表格样式”对话框

3. 选项说明

（1）“新建”按钮：单击该按钮，系统弹出“创建新的表格样式”对话框，如图 5-37 所示。输入新的表格样式名后，单击“继续”按钮，系统打开“新建表格样式”对话框，如图 5-38 所示。用户可以从中定义新的表格样式，控制表格中数据、列标题和总标题的有关参数，如图 5-39 所示。

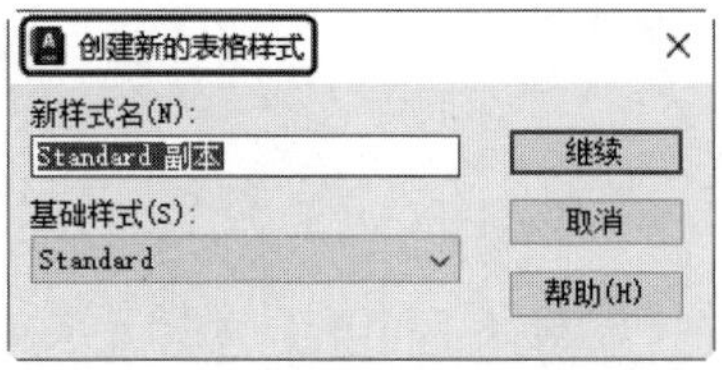

图 5-37　“创建新的表格样式”对话框

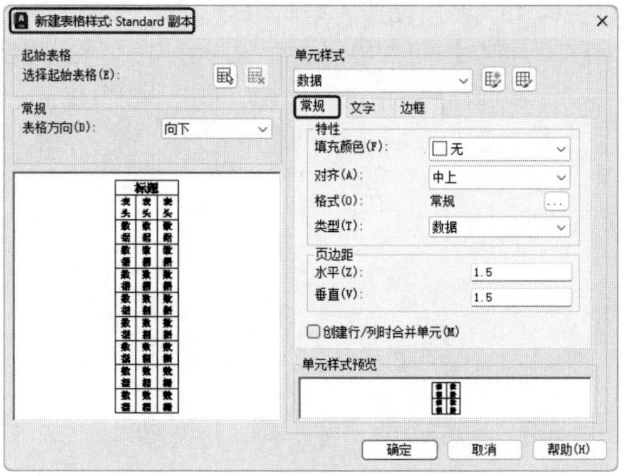

图 5-38　“新建表格样式”对话框 1

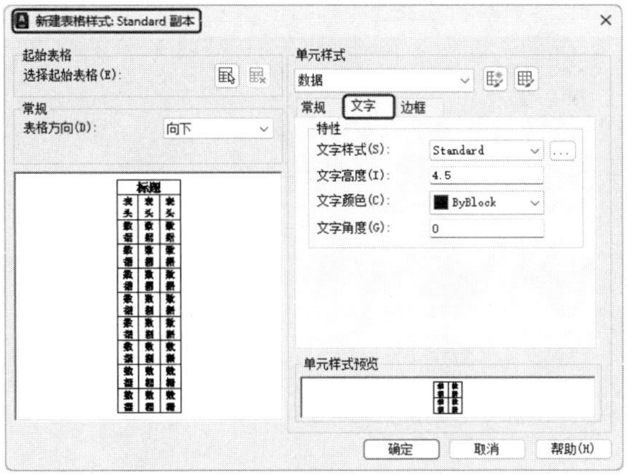

(a)“文字”选项卡

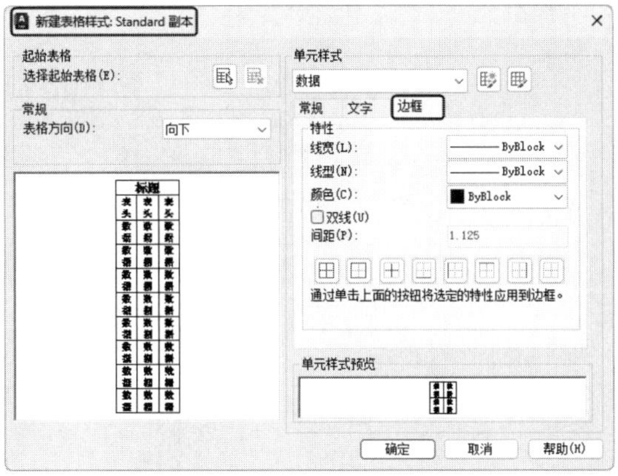

(b)“边框”选项卡

图 5-39　“新建表格样式”对话框 2

图 5-40 显示了一个表格样式为“数据”的示例。其中：“文字样式”为 Standard，“文字高度”为 4.5，“文字颜色”为“红色”，“填充颜色”为“黄色”，“对齐方式”为“右下”；没有列标题行，标题“文字样式”为 Standard，“文字高度”为 6，“文字颜色”为“蓝色”，“填充颜色”为“无”，“对齐方式”为“正中”；“表格方向”为“上”，水平单元边距和垂直单元边距都为 1.5。

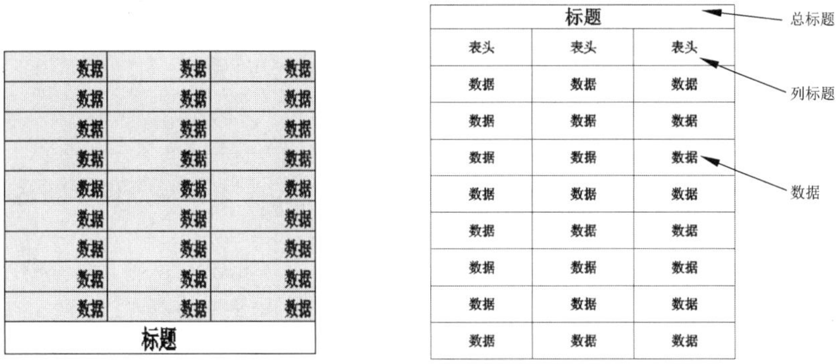

图 5-40　表格示例

（2）“修改”按钮：对当前表格样式进行修改的方式与新建表格样式相同。

5.4.2　创建表格

1. 执行方式

☑　命令行：TABLE。

☑　菜单栏：“绘图”→“表格”。

☑　工具栏：“绘图”→“表格”▦。

☑　功能区：“默认”→“注释”→“表格”▦或“注释”→“表格”→“表格”▦。

2. 操作步骤

执行上述命令，系统弹出“插入表格”对话框，如图 5-41 所示。

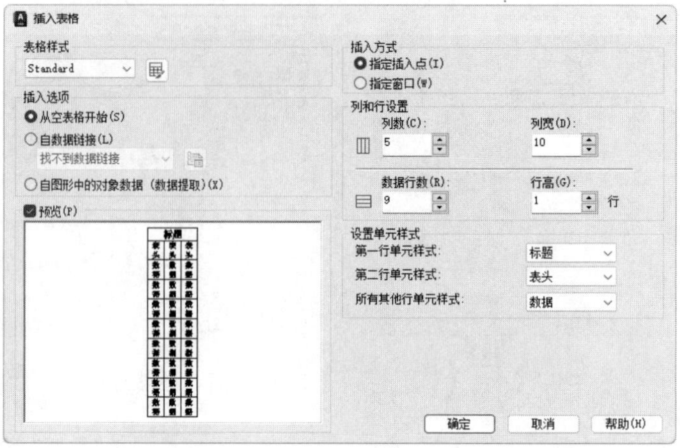

图 5-41 “插入表格”对话框

3. 选项说明

（1）表格样式：在要从中创建表格的当前图形中选择表格样式。通过单击右侧的按钮，用户可以创建新的表格样式。

（2）插入选项：指定插入表格的方式。

☑ 从空表格开始：创建可以手动填充数据的空表格。

☑ 自数据链接：从外部电子表格中的数据创建表格。

☑ 自图形中的对象数据（数据提取）：启动“数据提取”向导。

（3）预览：显示当前表格样式的样例。

（4）插入方式：指定表格位置。

☑ 指定插入点：指定表格左上角的位置。用户可以使用定点设备，也可以在命令行提示下输入坐标值。

☑ 指定窗口：指定表格的大小和位置。用户可以使用定点设备，也可以在命令行提示下输入坐标值。选定此选项时，行数、列数、列宽和行高取决于窗口的大小以及列和行设置。

（5）列和行设置：设置列和行的数目和大小。

☑ 列数：选中“指定窗口”单选按钮并指定列宽时，“自动”选项将被选定，且列数由表格的宽度控制。如果已经指定包含起始表格的表格样式，则可以选择要添加到此起始表格的其他列的数量。

☑ 列宽：指定列的宽度。选中“指定窗口”单选按钮并指定列数时，则选定“自动”选项，且列宽由表格的宽度控制，最小列宽为一个字符。

☑ 数据行数：指定行数。选中“指定窗口”单选按钮并指定行高时，则选定“自动”选项，且行数由表格的高度控制。带有标题行和表格头行的表格样式最少应有 3 行。最小行高为一个文字行。如果已指定包含起始表格的表格样式，则可以选择要添加到此起始表格的其他数据行的数量。

☑ 行高：按照行数指定行高。文字行高基于文字高度和单元边距，这两项均在表格样式中进行设置。选中“指定窗口”单选按钮并指定行数时，则选定“自动”选项，且行高由表格的高度控制。

（6）设置单元样式：对于不包含起始表格的表格样式，请指定新表格中行的单元格式。

☑ 第一行单元样式：指定表格中第一行的单元样式。默认情况下，使用标题单元样式。

☑　第二行单元样式：指定表格中第二行的单元样式。默认情况下，使用表头单元样式。

☑　所有其他行单元样式：指定表格中所有其他行的单元样式。默认情况下，使用数据单元样式。

在上面的“插入表格”对话框中进行相应设置后，单击“确定”按钮，系统在指定的插入点或窗口中自动插入一个空表格，并显示多行文字编辑器，用户可以逐行逐列输入相应的文字或数据。

Note

5.4.3　编辑表格文字

1. 执行方式

☑　命令行：TABLEDIT。

☑　定点设备：在表格内双击。

☑　快捷菜单：编辑单元文字。

2. 操作步骤

执行上述命令，系统打开多行文字编辑器，用户可以对指定表格中的单元文字进行编辑。

5.4.4　实例——绘制五金配件明细表

视频讲解

本实例利用表格命令绘制五金配件明细表。本实例首先设置表格样式，然后插入表格并调整表格的大小，最后填写表格中的文字。绘制流程如图 5-42 所示。

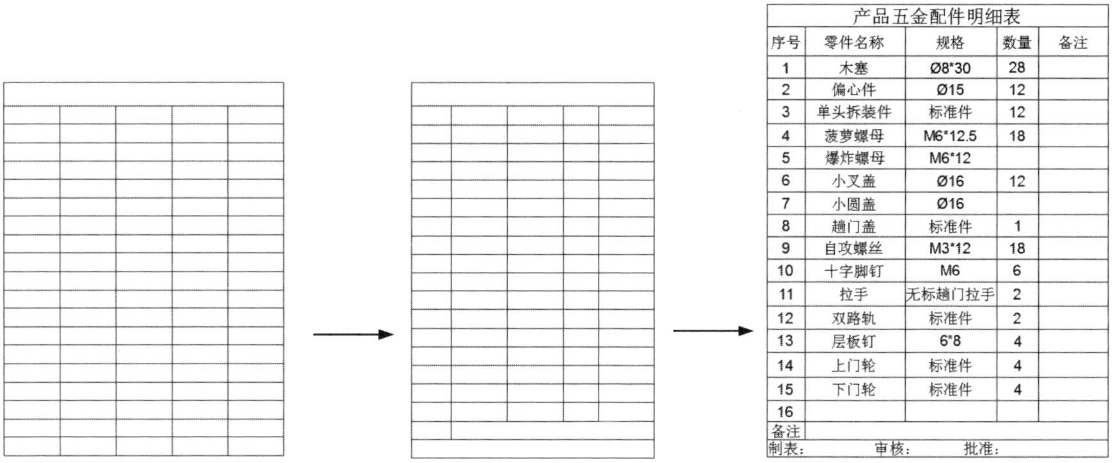

产品五金配件明细表				
序号	零件名称	规格	数量	备注
1	木塞	Ø8*30	28	
2	偏心件	Ø15	12	
3	单头拆装件	标准件	12	
4	菠萝螺母	M6*12.5	18	
5	爆炸螺母	M6*12		
6	小叉盖	Ø16	12	
7	小圆盖	Ø16		
8	趟门盖	标准件	1	
9	自攻螺丝	M3*12	18	
10	十字脚钉	M6	6	
11	拉手	无标趟门拉手	2	
12	双路轨	标准件	2	
13	层板钉	6*8	4	
14	上门轮	标准件	4	
15	下门轮	标准件	4	
16				
备注				
制表：	审核：	批准：		

图 5-42　五金配件明细表的绘制流程

操作步骤

（1）单击“默认”选项卡“注释”面板中的“表格样式”按钮，系统打开“表格样式”对话框，如图 5-43 所示。

（2）单击“新建”按钮，系统打开“创建新的表格样式”对话框，如图 5-44 所示。输入新的表格名称为“五金配件表”，单击“继续”按钮，系统打开“新建表格样式”对话框。在“单元样式”下拉列表框中选择“数据”，其对应的“常规”选项卡的设置如图 5-45 所示，“文字”选项卡的设置如图 5-46 所示；同理，在“单元样式”下拉列表框中选择“标题”，分别设置“对齐”为“正中”、“页边距”为 4、“文字高度”为 20；“表头”单元样式的设置同“数据”单元样式。创建好表格样式后，确定并关闭退出“表格样式”对话框。

Note

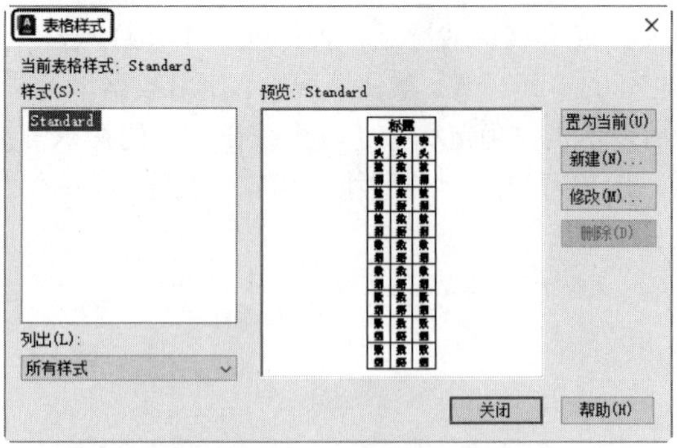

图 5-43 “表格样式”对话框

图 5-44 “创建新的表格样式”对话框

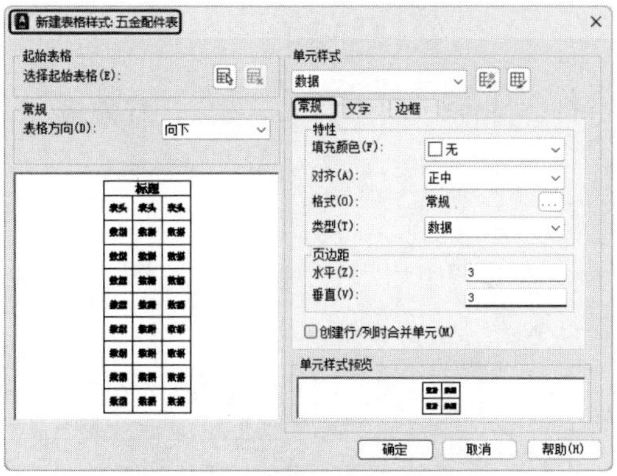

图 5-45 “常规”选项卡的设置

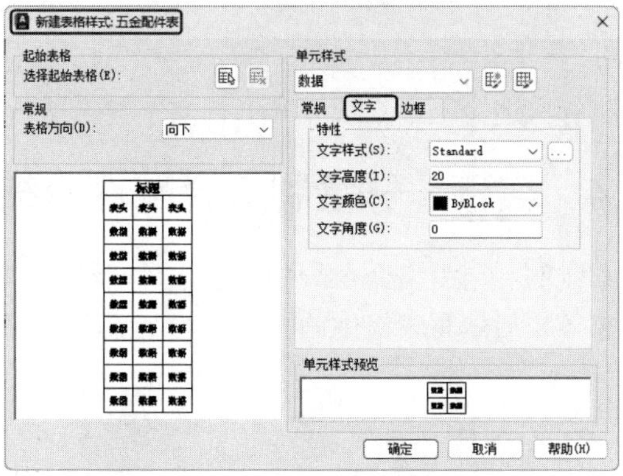

图 5-46 “文字”选项卡的设置

（3）单击“默认”选项卡“注释”面板中的“表格”按钮，系统打开“插入表格”对话框，设置如图 5-47 所示。

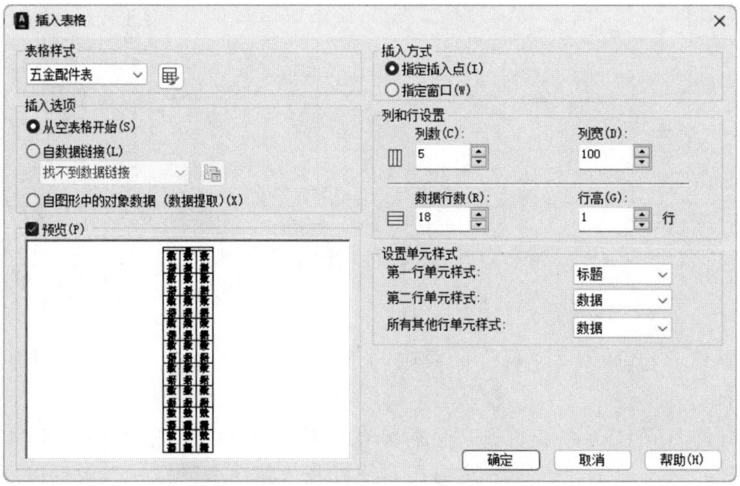

图 5-47 “插入表格”对话框

（4）单击“确定”按钮，系统在指定的插入点或窗口中自动插入一个空表格，如图 5-48 所示。

（5）单击表格拖曳夹点，调整表格的宽度，选取要合并的单元，然后单击“表格单元”选项卡“合并”面板中的“合并单元”按钮，合并单元格，结果如图 5-49 所示。

（6）双击单元格，打开文字编辑器，输入对应的文字，完成明细表的创建，如图 5-50 所示。

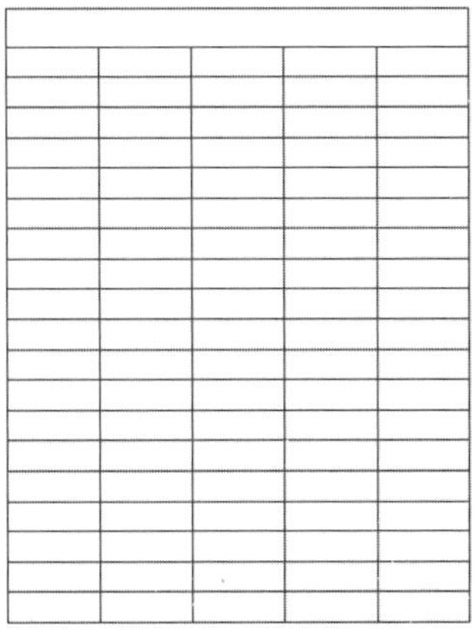

图 5-48　插入表格

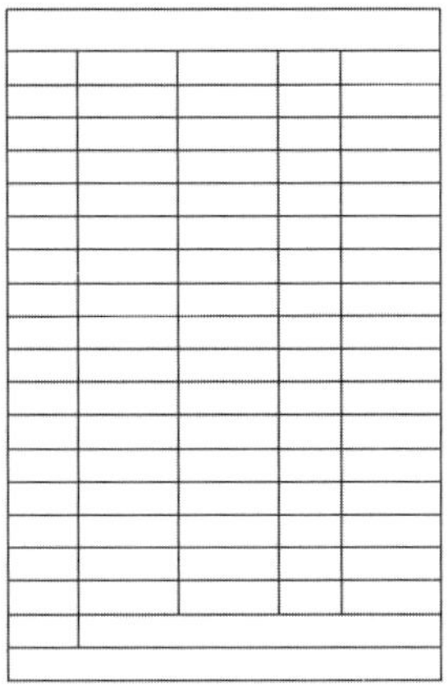

图 5-49　合并单元格

产品五金配件明细表				
序号	零件名称	规格	数量	备注
1	木塞	Ø8*30	28	
2	偏心件	Ø15	12	
3	单头拆装件	标准件	12	
4	菠萝螺母	M6*12.5	18	
5	爆炸螺母	M6*12		
6	小叉盖	Ø16	12	
7	小圆盖	Ø16		
8	趟门盖	标准件	1	
9	自攻螺丝	M3*12	18	
10	十字脚钉	M6	6	
11	拉手	无标趟门拉手	2	
12	双路轨	标准件	2	
13	层板钉	6*8	4	
14	上门轮	标准件	4	
15	下门轮	标准件	4	
16				
备注				
制表：	审核：	批准：		

图 5-50　填写文字

5.5　尺寸标注

尺寸标注相关命令的菜单方式集中在“标注”菜单中，工具栏方式集中在“标注”工具栏中。本节将对其进行详细讲述。

5.5.1　设置尺寸样式

1. 执行方式

☑　命令行：DIMSTYLE。

☑　菜单栏：“格式”→“标注样式”或“标注”→“标注样式”。

☑　工具栏：“标注”→“标注样式”。

☑　功能区：“默认”→“注释”→“标注样式”或“注释”→“标注”→“标注样式”→“管理标注样式”或“注释”→“标注”→“对话框启动器”。

2. 操作步骤

执行上述命令，系统弹出“标注样式管理器”对话框，如图 5-51 所示。用户可以利用该对话框方便直观地定制和浏览尺寸标注样式，包括产生新的标注样式、修改已存在的样式、设置当前尺寸标注样式、样式重命名以及删除一个已有样式等。

3. 选项说明

（1）“置为当前”按钮：单击该按钮，把在“样式”列表框中选中的样式设置为当前样式。

（2）“新建”按钮：定义一个新的尺寸标注样式。单击该按钮，AutoCAD 弹出“创建新标注样式”对话框，如图 5-52 所示。用户可以利用该对话框创建一个新的尺寸标注样式。单击“继续”按钮，系统弹出“新建标注样式”对话框，如图 5-53 所示。用户可以利用该对话框对新样式的各项特性进行设置。“新建标注样式”对话框中各部分的含义和功能将在后面进行介绍。

Note

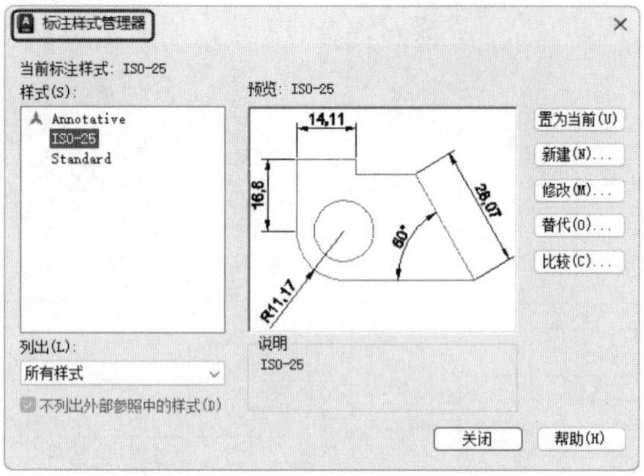

图 5-51 “标注样式管理器”对话框

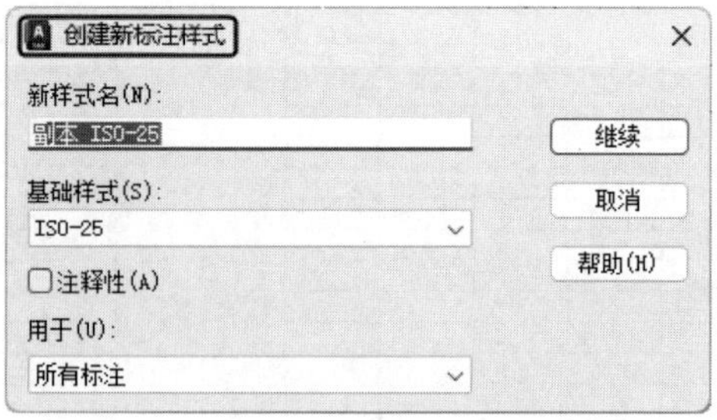

图 5-52 “创建新标注样式”对话框

（3）“修改”按钮：修改一个已存在的尺寸标注样式。单击该按钮，AutoCAD 弹出“修改标注样式”对话框，该对话框中的各选项与“新建标注样式”对话框中的选项完全相同，可以对已有标注样式进行修改。

（4）“替代”按钮：设置临时覆盖尺寸标注样式。单击该按钮，AutoCAD 弹出“替代当前样式”对话框，该对话框中的各选项与“新建标注样式”对话框中的选项完全相同，用户可改变选项的设置，覆盖原来的设置，但这种修改只对指定的尺寸标注起作用，而不影响当前尺寸变量的设置。

（5）“比较”按钮：比较两个尺寸标注样式在参数上的区别或浏览一个尺寸标注样式的参数设置。单击该按钮，AutoCAD 打开“比较标注样式”对话框，如图 5-54 所示。用户可以把比较结果复制到剪贴板上，然后粘贴到其他的 Windows 应用软件上。

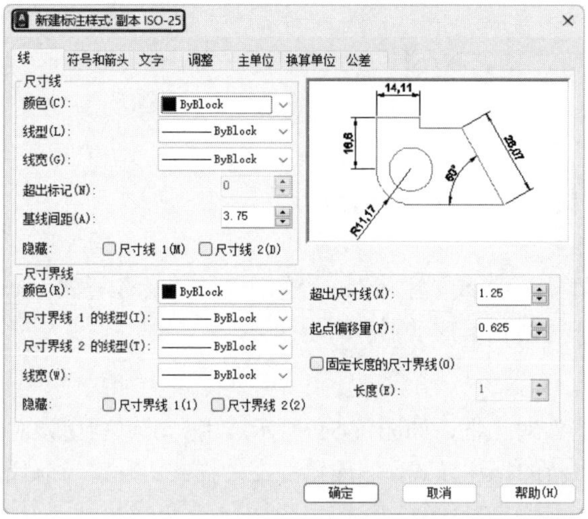

图 5-53 “新建标注样式”对话框

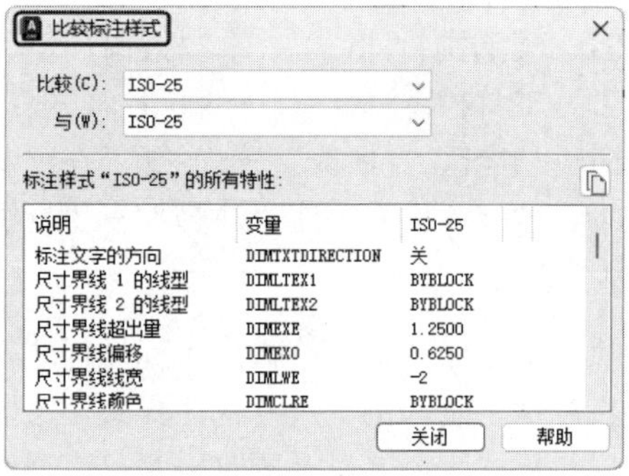

图 5-54 “比较标注样式”对话框

在如图 5-53 所示的“新建标注样式”对话框中有 7 个选项卡，分别说明如下。

☑ 线：该选项卡用于对尺寸线、尺寸界线等参数进行设置。该选项卡包括尺寸线的颜色、线宽、超出标记、基线间距、隐藏等参数。

☑ 符号和箭头：该选项卡用于对箭头和圆心标记等各个参数进行设置。该选项卡包括箭头的大小、圆心标记的类型和大小等参数。

☑ 文字：该选项卡用于对文字的外观、位置、对齐方式等各个参数进行设置，如图 5-55 所示。该选项卡包括：文字外观的文字样式、文字颜色、填充颜色、文字高度、分数高度比例、是否绘制文字边框等参数；文字位置的垂直、水平和从尺寸线偏移量等参数；对齐方式有水平、与尺寸线对齐、ISO 标准 3 种。图 5-56 为尺寸文本在垂直方向放置的 4 种情形，图 5-57 显示了尺寸文本在水平方向放置的 5 种情形。

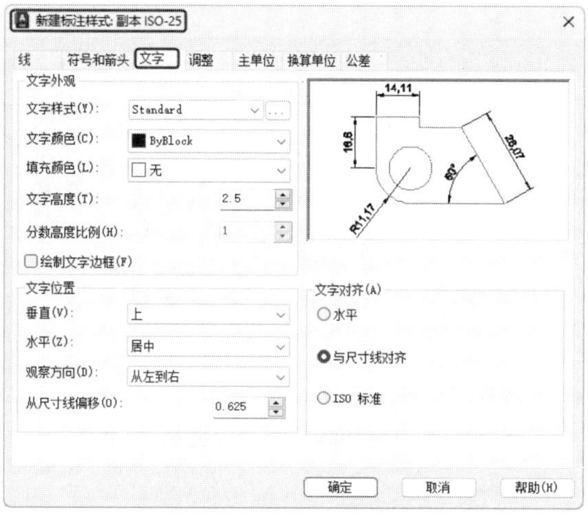

图 5-55 “新建标注样式”对话框中的“文字”选项卡

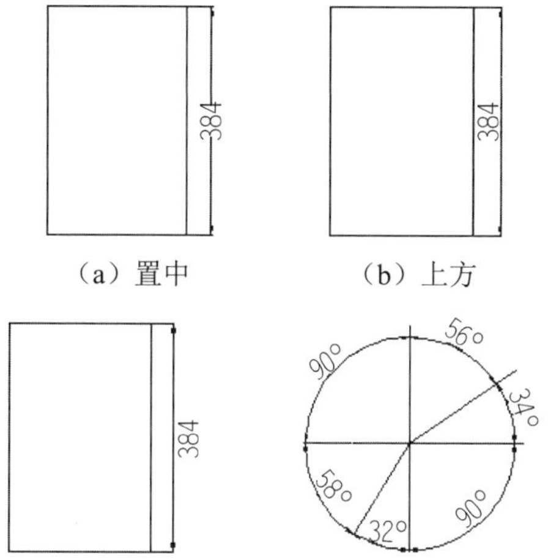

（a）置中　（b）上方　（c）外部　（d）JIS

图 5-56 尺寸文本在垂直方向的放置

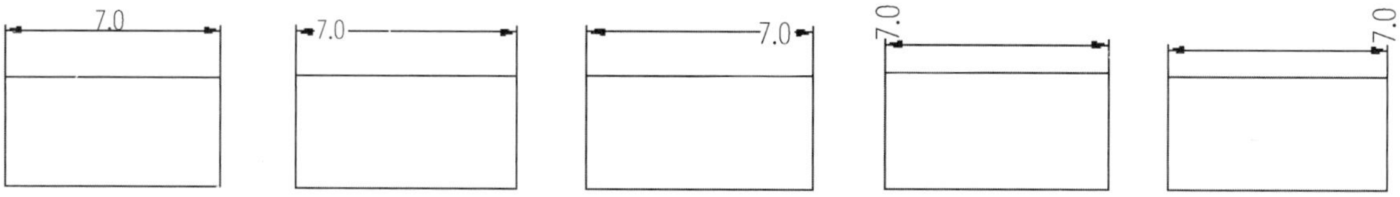

（a）置中　（b）第一条尺寸界线　（c）第二条尺寸界线　（d）第一条尺寸界线上方　（e）第二条尺寸界线上方

图 5-57 尺寸文本在水平方向的放置

☑ 调整：该选项卡用于对调整选项、文字位置、标注特征比例、优化等各个参数进行设置，如图 5-58 所示。该选项卡包括调整选项选择、文字不在默认位置时的放置位置、标注特征比例选择以及调整尺寸要素位置等参数。图 5-59 为文字不在默认位置时放置位置的 3 种不同情形。

☑ 主单位：该选项卡用来设置尺寸标注的主单位和精度，以及为尺寸文本添加固定的前缀或后缀。本选项卡含两个选项组，分别对线性标注和角度标注进行设置，如图 5-60 所示。

☑ 换算单位：该选项卡用于对替换单位进行设置，如图 5-61 所示。

☑ 公差：该选项卡用于对尺寸公差进行设置。其中“方式”下拉列表框列出了 AutoCAD 提供的 5 种标注公差的形式，用户可从中进行选择。这 5 种形式分别是无、对称、极限偏差、极限尺寸和基本尺寸。其中“无”表示不标注公差，即上述常用标注情形。其余 4 种标注情况如图 5-62 所示。用户可以在“精度”“上偏差”“下偏差”“高度比例”“垂直位置”等文本框中输入或选择相应的参数值。

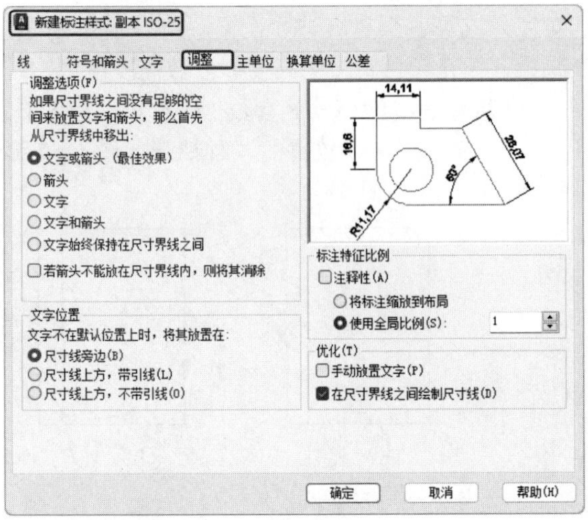

图 5-58　“新建标注样式”对话框中的“调整”选项卡

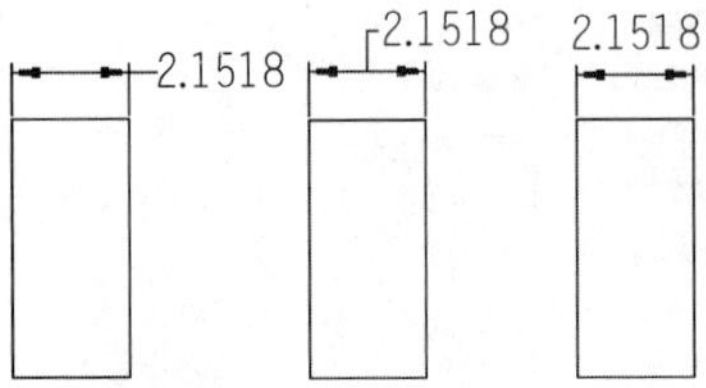

图 5-59　尺寸文本的位置

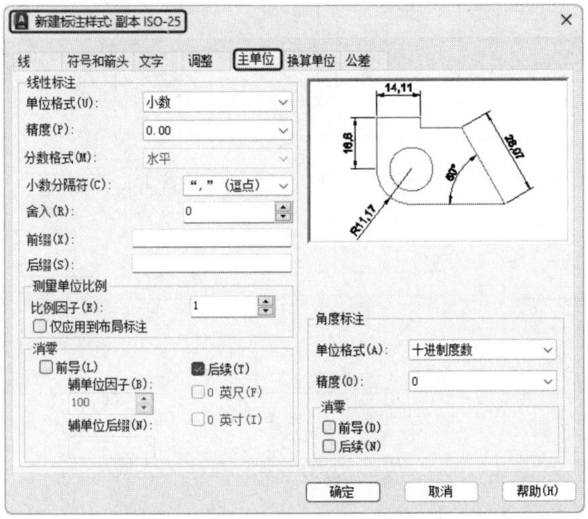

图 5-60　“新建标注样式”对话框中的“主单位”选项卡

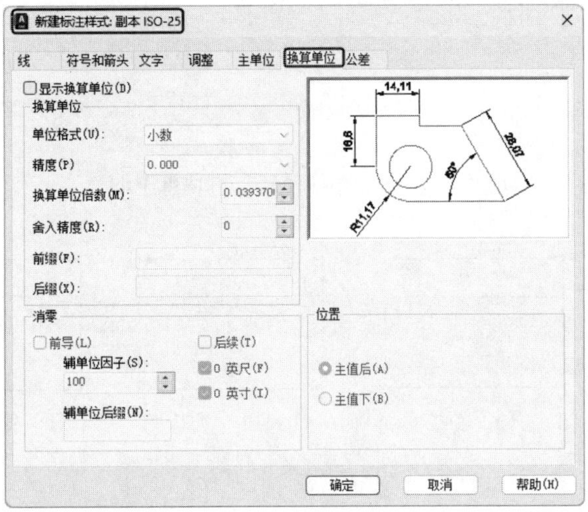

图 5-61　“新建标注样式”对话框中的“换算单位”选项卡

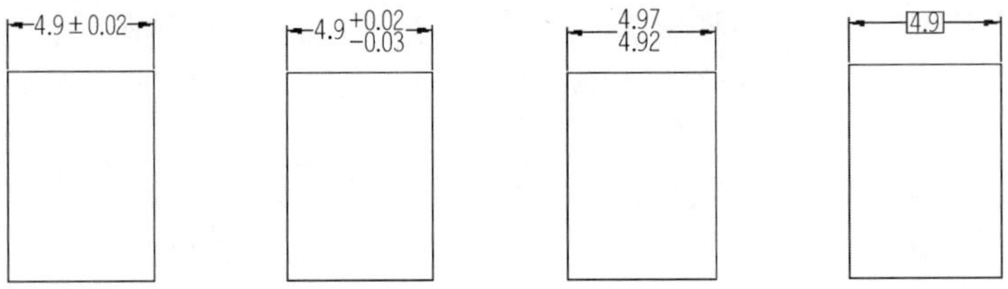

（a）对称　（b）极限偏差　（c）极限尺寸　（d）基本尺寸

图 5-62　公差标注的形式

5.5.2　尺寸标注——线性标注

1. 执行方式

☑　命令行：DIMLINEAR。

☑ 菜单栏：“标注”→“线性”。

☑ 工具栏：“标注”→“线性”。

☑ 功能区：“默认”→“注释”→“线性”或“注释”→“标注”→“线性”。

2. 操作步骤

命令：DIMLINEAR↙
指定第一个尺寸界线原点或 <选择对象>:

在此提示下有两种选择，直接按 Enter 键选择要标注的对象或确定尺寸界线的起始点。按 Enter 键并选择要标注的对象或指定两条尺寸界线的起始点后，命令行提示如下：

指定尺寸线位置或[多行文字(M)/文字(T)/角度(A)/水平(H)/垂直(V)/旋转(R)]

3. 选项说明

（1）指定尺寸线位置：确定尺寸线的位置。用户可移动鼠标选择合适的尺寸线位置，然后按 Enter 键或单击，AutoCAD 则自动测量所标注线段的长度并标注出相应的尺寸。

（2）多行文字(M)：用多行文本编辑器确定尺寸文本。

（3）文字(T)：在命令行提示下输入或编辑尺寸文本。选择该选项后，命令行提示如下：

输入标注文字 <默认值>:

其中的默认值是 AutoCAD 自动测量得到的被标注线段的长度，直接按 Enter 键即可采用此长度值，也可输入其他数值代替默认值。当尺寸文本中包含默认值时，可使用尖括号“<>”表示默认值。

（4）角度(A)：确定尺寸文本的倾斜角度。

（5）水平(H)：水平标注尺寸，不论被标注线段沿什么方向，尺寸线均水平放置。

（6）垂直(V)：垂直标注尺寸，不论被标注线段沿什么方向，尺寸线均垂直放置。

（7）旋转(R)：输入尺寸线旋转的角度值，旋转标注尺寸。

对齐标注的尺寸线与所标注的轮廓线平行；坐标尺寸标注点的纵坐标或横坐标；角度标注两个对象之间的角度；直径或半径标注圆或圆弧的直径或半径；圆心标记则标注圆或圆弧的中心或中心线，具体由“新建（修改）标注样式”对话框“符号和箭头”选项卡中的“圆心标记”选项组决定。这几种尺寸标注与线性标注类似，此处不再赘述。

5.5.3 尺寸标注——基线标注

基线标注用于产生一系列基于同一条尺寸界线的尺寸标注，适用于长度尺寸标注、角度标注和坐标标注等。在使用基线标注方式之前，应该标注出一个相关的尺寸，如图 5-63 所示。基线标注两平行尺寸线间距由“新建（修改）标注样式”对话框“符号和箭头”选项卡“尺寸线”选项组的“基线间距”文本框中的值决定。

1. 执行方式

☑ 命令行：DIMLINEAR。

☑ 菜单栏：“标注”→“基线”。

☑ 工具栏：“标注”→“基线”。

☑ 功能区：“注释”→“标注”→“基线”。

2. 操作步骤

命令：DIMLINEAR↙

Note

指定第二条尺寸界线原点或[选择(S)/放弃(U)] <选择>

直接确定另一个尺寸的第二条尺寸界线的起点，AutoCAD 以上次标注的尺寸为基准标注，标注出相应尺寸。

直接按 Enter 键，命令行提示如下：

选择基准标注：(选取作为基准的尺寸标注)

连续标注又叫尺寸链标注，用于产生一系列连续的尺寸标注，后一个尺寸标注均把前一个标注的第二条尺寸界线作为它的第一条尺寸界线。与基线标注一样，在使用连续标注方式之前，应该标注出一个相关的尺寸。其标注过程与基线标注类似，如图 5-64 所示。

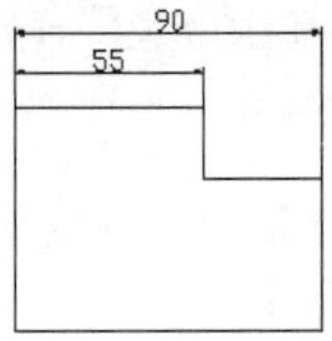

图 5-63　基线标注

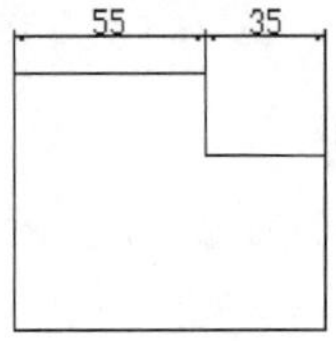

图 5-64　连续标注

5.5.4　尺寸标注——快速标注

快速标注使用户可以交互地、动态地、自动化地进行尺寸标注。在该命令中，用户可以同时选择多个圆或圆弧标注直径或半径，也可同时选择多个对象进行基线标注和连续标注，选择一次即可完成多个标注，可节省时间，提高工作效率。

1. 执行方式

☑ 命令行：QDIM。
☑ 菜单栏："标注"→"快速标注"。
☑ 工具栏："标注"→"快速标注"。
☑ 功能区："注释"→"标注"→"快速标注"。

2. 操作步骤

命令：QDIM↙
关联标注优先级 = 端点
选择要标注的几何图形：↙(选择要标注尺寸的多个对象后按 Enter 键)
指定尺寸线位置或 [连续(C)/并列(S)/基线(B)/坐标(O)/半径(R)/直径(D)/基准点(P)/编辑(E)/ 设置(T)] <连续>:

3. 选项说明

(1) 指定尺寸线位置：直接确定尺寸线的位置，按默认尺寸标注类型标注出相应尺寸。

(2) 连续(C)：产生一系列连续标注的尺寸。

(3) 并列(S)：产生一系列交错的尺寸标注，如图 5-65 所示。

(4) 基线(B)：产生一系列基线标注的尺寸。后面的"坐标(O)""半径(R)""直径(D)"含义与此类同。

(5) 基准点(P)：为基线标注和连续标注指定一个新的基准点。

(6) 编辑(E)：对多个尺寸标注进行编辑。系统允许对已存在的尺寸标注添加或移去尺寸点。选择该选项，命令行提示如下：

```
指定要删除的标注点或 [添加(A)/退出(X)] <退出>:
```

在此提示下确定要移去的点之后按 Enter 键，AutoCAD 对尺寸标注进行更新。图 5-66 为删除中间 4 个标注点后的尺寸标注。

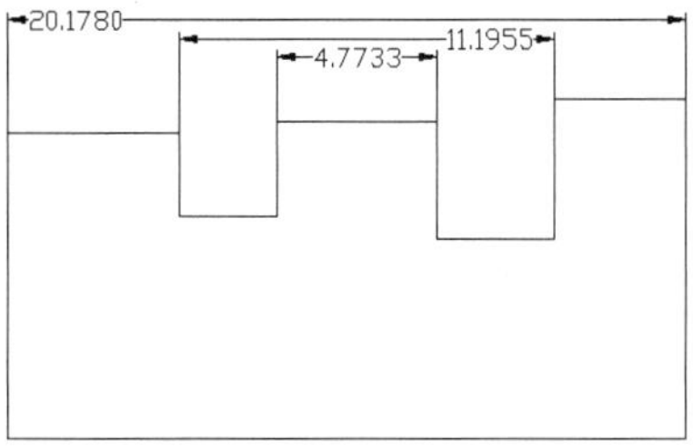

图 5-65 交错尺寸标注

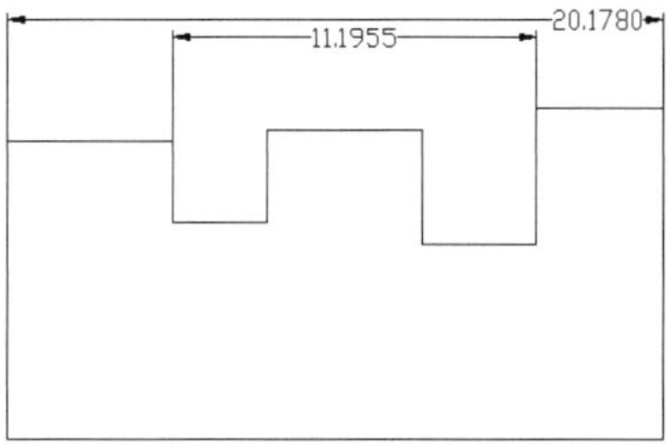

图 5-66 删除标注点

5.5.5 尺寸标注——引线标注

1. 执行方式

命令行：QLEADER。

2. 操作步骤

```
命令：QLEADER↙
指定第一个引线点或[设置(S)] <设置>
指定下一点：(输入指引线的第二点)
指定下一点：(输入指引线的第三点)
指定文字宽度<0.0000>：(输入多行文本的宽度)
输入注释文字的第一行 <多行文字(M)>：(输入单行文本或按 Enter 键，打开多行文字编辑器输入多行文本)
输入注释文字的下一行：(输入另一行文本)
输入注释文字的下一行：(输入另一行文本或按 Enter 键)
```

用户也可以在上面的操作过程中选择“设置(S)”选项，在弹出的“引线设置”对话框中进行相关参数的设置，如图 5-67 所示。

另外，使用 LEADER 命令也可以进行引线标注，方法与 QLEADER 命令类似，此处不再赘述。

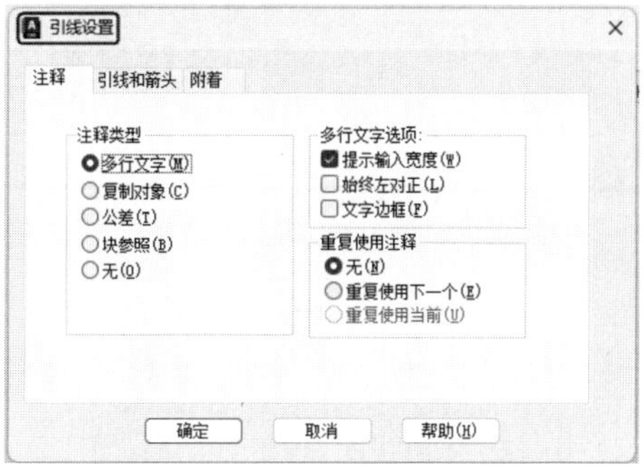

图 5-67 “引线设置”对话框

5.5.6 实例——给居室平面图标注尺寸

本实例主要介绍尺寸标注的绘制方法。本实例首先利用二维绘制和编辑命令绘制居室平面图，然后标注居室平面图。绘制流程如图 5-68 所示。

视频讲解

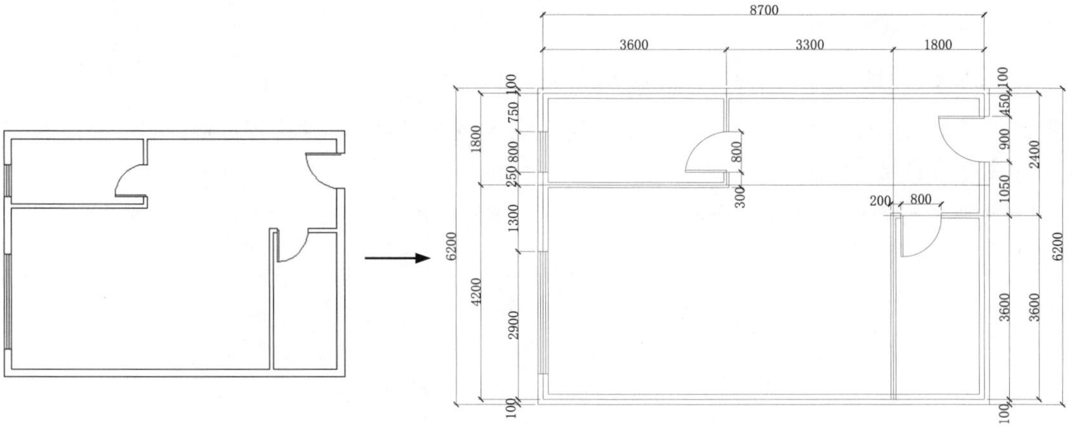

图 5-68 居室平面图的绘制流程

操作步骤

1. 绘制图形

单击“默认”选项卡“绘图”面板中的“直线”按钮、“矩形”按钮和“圆弧”按钮，执行菜单栏中的“绘图”→“多线”命令，然后单击“默认”选项卡“修改”面板中的“镜像”按钮、“复制”按钮、“偏移”按钮、“倒角”按钮和“旋转”按钮等绘制图形。

2. 设置尺寸标注样式

单击“默认”选项卡“注释”面板中的“标注样式”按钮，弹出“标注样式管理器”对话框，如图 5-69 所示。单击“新建”按钮，在弹出的“创建新标注样式”对话框中设置“新样式”名为“S_50_轴线”。单击“继续”按钮，弹出“新建标注样式：S_50_轴线”对话框。在如图 5-70 所示的“符号和箭头”选项卡中，设置“箭头”为“建筑标记”，其他设置保持默认，完成后单击“确定”按钮退出。

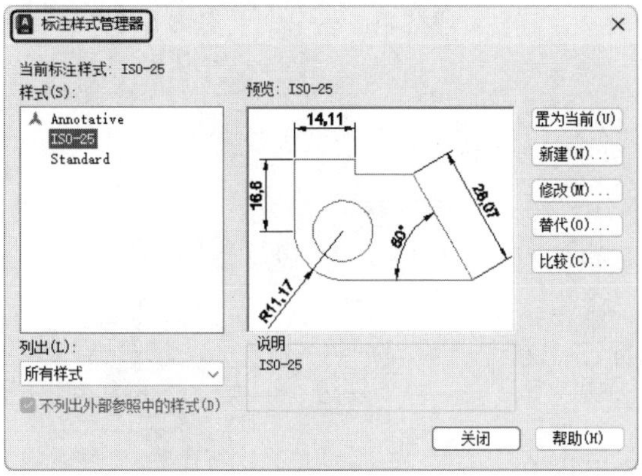

图 5-69 “标注样式管理器”对话框

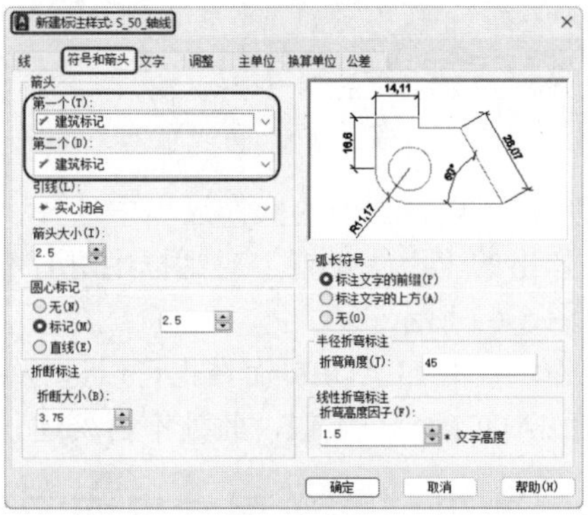

图 5-70 设置“符号和箭头”选项卡

3. 水平轴线尺寸

首先将“S_50_轴线”样式置为当前状态，并把墙体和轴线的上侧放大以进行显示，如图 5-71 所示。然后单击“注释”选项卡“标注”面板中的“快速标注”按钮，当命令行提示“选择要标注的几何图形”时，依次选中竖向的 4 条轴线，右击确定选择，向外拖曳鼠标到适当位置处并单击确定，该尺寸即标注完成，如图 5-72 所示。

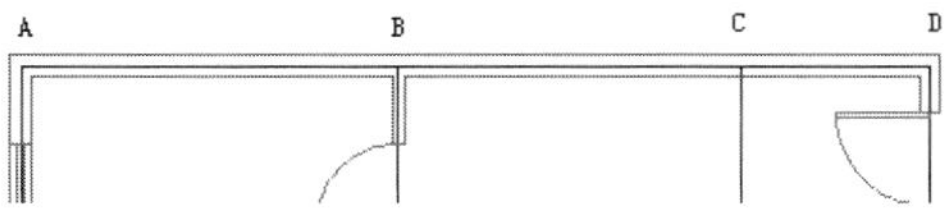

图 5-71　放大显示墙体

4. 竖向轴线尺寸

单击“注释”选项卡“标注”面板中的“快速标注”按钮，标注竖向轴线尺寸，结果如图 5-73 所示。

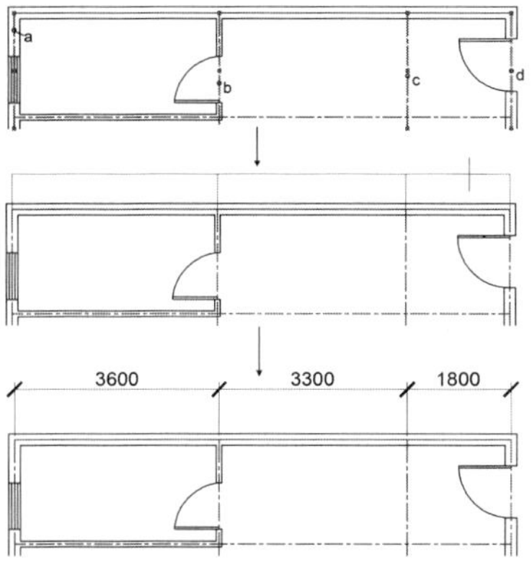

图 5-72　水平标注操作过程示意图

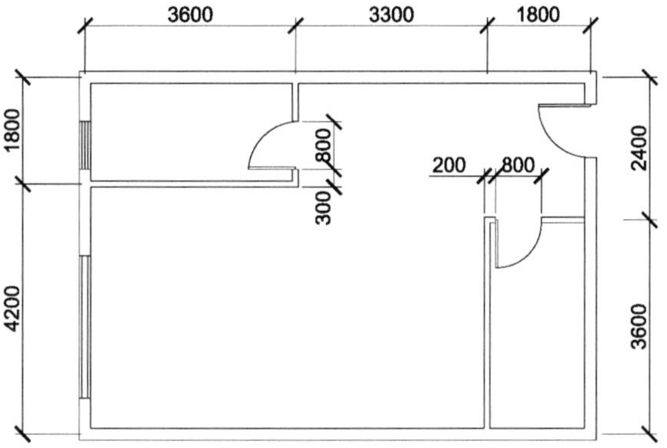

图 5-73　完成轴线标注

5. 门窗洞口尺寸

对于门窗洞口尺寸，有时使用“快速标注”不太方便。现在，我们使用“线性标注”。单击“默认”选项卡“注释”面板中的“线性”按钮，依次单击尺寸的两个界线原点，完成每一个需要标注的尺寸，结果如图 5-74 所示。

6. 标注编辑

对于其中自动生成指引线标注的尺寸值，用户可在命令行中输入 DIMEDIT 命令，然后选中尺寸值，将其逐个调整到适当位置处，结果如图 5-75 所示。为了便于操作，在调整时可暂时将“对象捕捉”关闭。

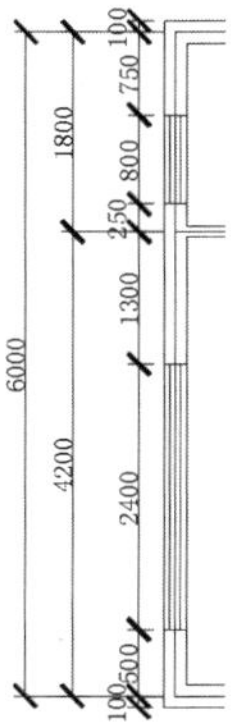

图 5-74　门窗尺寸的标注

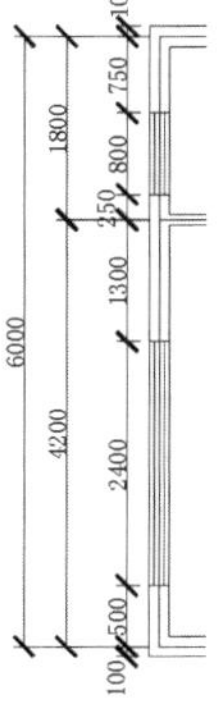

图 5-75　门窗尺寸的调整

7. 其他细部尺寸和总尺寸

按照上述方法完成其他细部尺寸和总尺寸的标注，结果如图 5-76 所示。注意总尺寸的标注位置。

Note

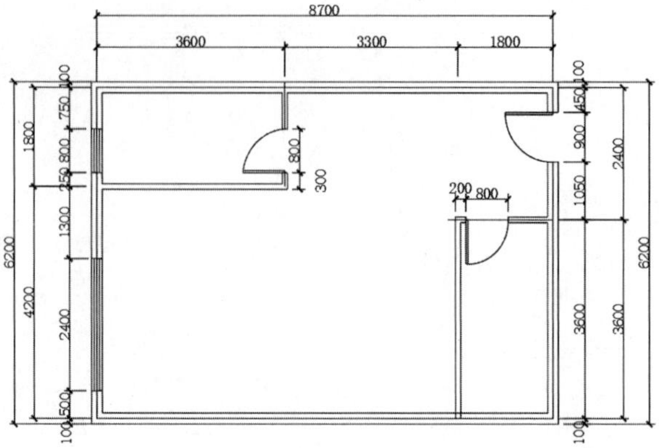

图 5-76　标注居室平面图尺寸

5.6　设计中心与工具选项板

使用 AutoCAD 2024 设计中心，用户可以很容易地组织设计内容，并可以把它们拖曳到当前图形中。工具选项板是“工具选项板”对话框中选项卡形式的区域，它提供了组织、共享和放置块及填充图案的有效方法。工具选项板还可以包含由第三方开发人员提供的自定义工具。也可以利用设置组织内容，并将其创建为工具选项板。设计中心与工具选项板的使用大大方便了绘图，提高了绘图的效率。

5.6.1　设计中心

1. 启动设计中心

启动设计中心主要有以下几种方式。

☑　命令行：ADCENTER。

☑　菜单栏：“工具”→“选项板”→“设计中心”。

☑　工具栏：“标准”→“设计中心”。

☑　功能区：“视图”→“选项板”→“设计中心”。

☑　快捷键：Ctrl+2。

执行上述命令，系统打开设计中心。第一次启动设计中心时，默认选项卡为“文件夹”。内容显示区采用大图标显示，左边的资源管理器采用 Tree View 显示方式显示系统的树形结构。在浏览资源的同时，内容显示区显示所浏览资源的有关细目或内容，如图 5-77 所示。用户也可以搜索资源，方法与 Windows 资源管理器类似。

2. 利用设计中心插入图形

设计中心一个最大的优点是可以将系统文件夹中的 DWG 图形当成图块插入当前图形中。

（1）从查找结果列表框中双击要插入的对象。

（2）弹出“插入”对话框，如图 5-78 所示。

（3）在对话框中指定插入点、比例和旋转角度等数值，然后单击“确定”按钮，这时，系统即可将所选择的对象根据指定的参数插入图形中。

图 5-77　AutoCAD 2024 设计中心的资源管理器和内容显示区

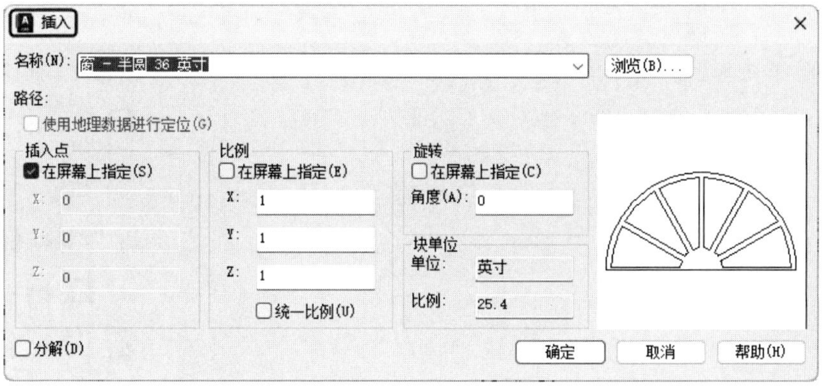

图 5-78　“插入”对话框

5.6.2　工具选项板

1. 打开工具选项板

打开工具选项板主要有以下几种方式。

☑　命令行：TOOLPALETTES。

☑　菜单栏：“工具”→“选项板”→“工具选项板”。

☑　工具栏：“标准”→“工具选项板窗口”。

☑　功能区：“视图”→“选项板”→“工具选项板”。

☑　快捷键：Ctrl+3。

执行上述操作后，系统自动弹出工具选项板，如图 5-79 所示。右击，在弹出的快捷菜单中选择“新建选项板”命令，如图 5-80 所示。系统新建一个空白选项板，用户可以命名该选项板，如图 5-81 所示。

2. 将设计中心内容添加到工具选项板中

在 Home-Space Planner 文件上右击，系统打开快捷菜单，用户可以从中选择“创建工具选项板”命令，如图 5-82 所示。设计中心中存储的图元则出现在工具选项板中新建的 DesignCenter 选项卡上，如图 5-83 所示。这样即可将设计中心与工具选项板结合起来，建立一个快捷方便的工具选项板。

图 5-79　工具选项板

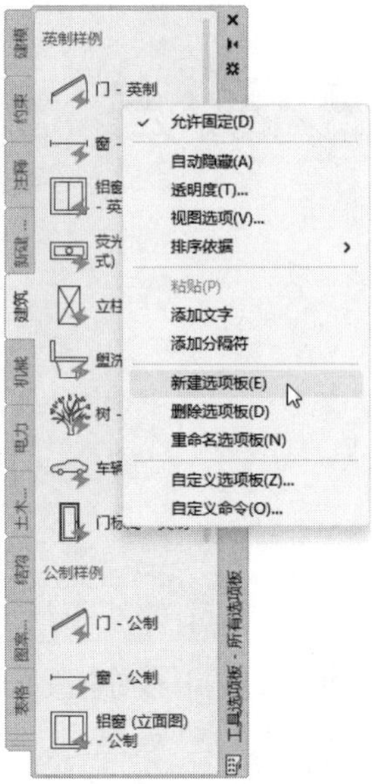

图 5-80　快捷菜单

图 5-81　新建选项板

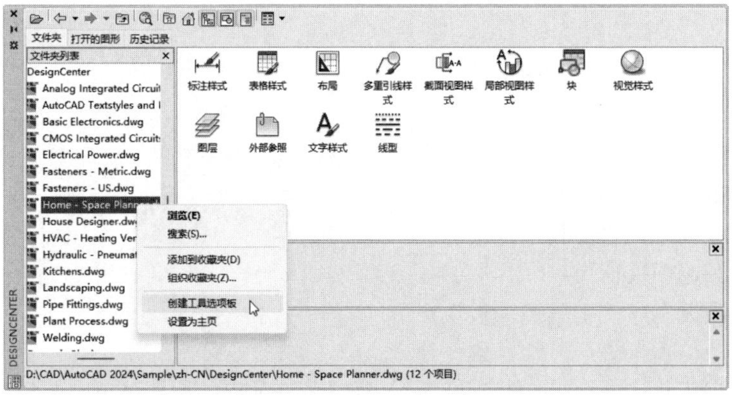

图 5-82　快捷菜单

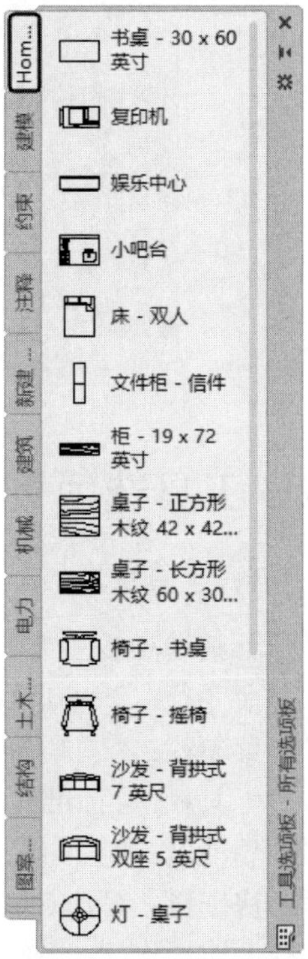

图 5-83　创建工具选项板

3. 利用工具选项板绘图

只需将工具选项板中的图形单元拖曳到当前图形中，该图形单元就以图块的形式被插入当前图形中。图 5-84 显示了将前面创建的工具选项板的 Home-Space Planner 选项卡中的“床—双人”图形单元拖曳到当前图形中的结果。

Note

视频讲解

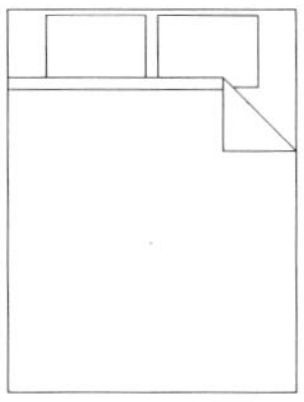

图 5-84　双人床

5.7　综合实例——绘制居室家具布置平面图

居室家具布置平面图是利用设计中心和工具选项板辅助绘制的。绘制流程如图 5-85 所示。

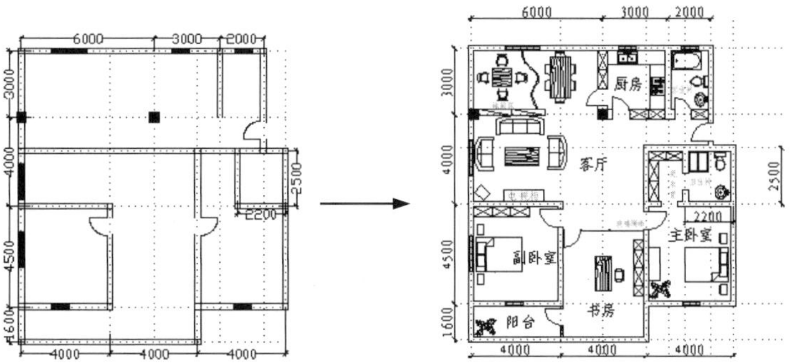

图 5-85　居室家具布置平面图的绘制流程

5.7.1　绘制建筑主体图

单击“默认”选项卡“绘图”面板中的“直线”按钮╱和“圆弧”按钮◜，绘制建筑主体图，或者直接打开“源文件\第 5 章\标注尺寸\居室平面图”文件，结果如图 5-86 所示。

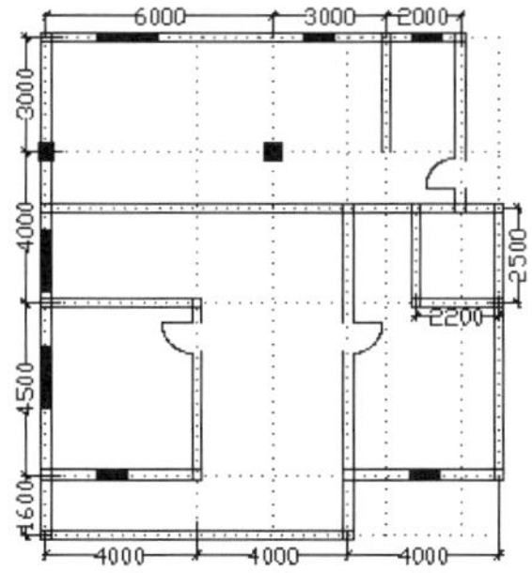

图 5-86　建筑主体

5.7.2　启动设计中心

（1）单击“视图”选项卡“选项板”面板中的“设计中心”按钮▦，出现如图 5-87 所示的“DESIGNCENTER（设计中心）”选项板，其中左侧为资源管理器。

（2）双击左侧的 Kitchens.dwg，弹出如图 5-88 所示的选项板；单击面板右侧的“块”图标，出现如图 5-89 所示的厨房设计常用的冰箱、水龙头、微波炉等模块。

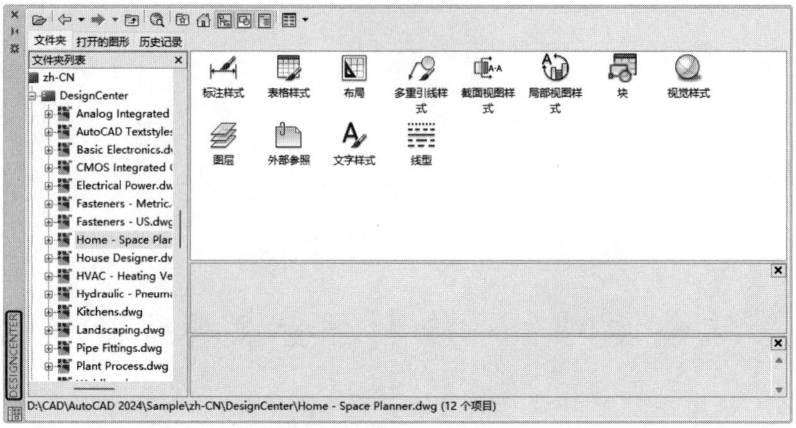

图 5-87　“DESIGNCENTER（设计中心）”选项板

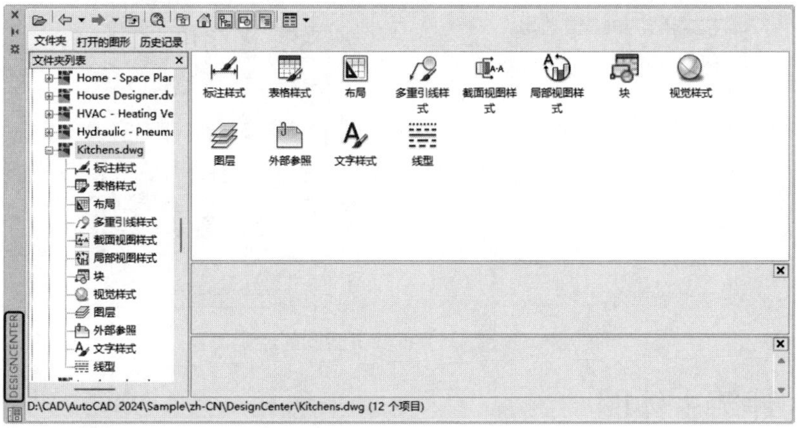

图 5-88　Kitchens.dwg

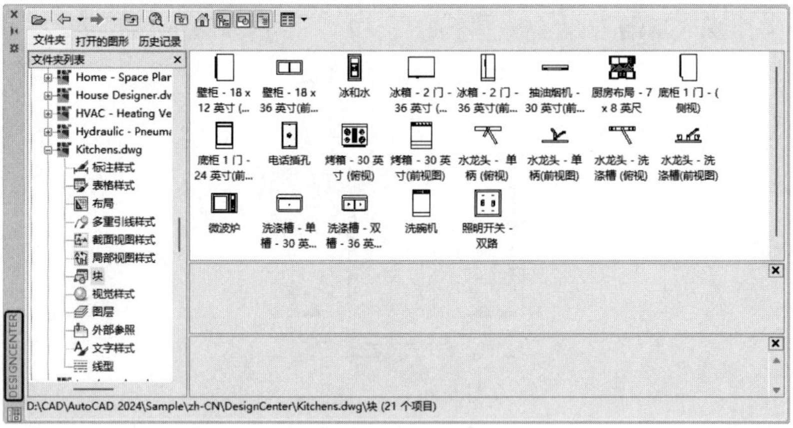

图 5-89　图形模块

5.7.3　插入图块

新建“内部布置”图层，在图 5-89 中双击“微波炉”图标，弹出如图 5-90 所示的对话框，设置适当的插入点、缩放比例等，插入的图块如图 5-91 所示，绘制结果如图 5-92 所示。重复上述操作，把 Home-Space Planner 与 House Designer 中的相应模块插入图形中，绘制结果如图 5-93 所示。

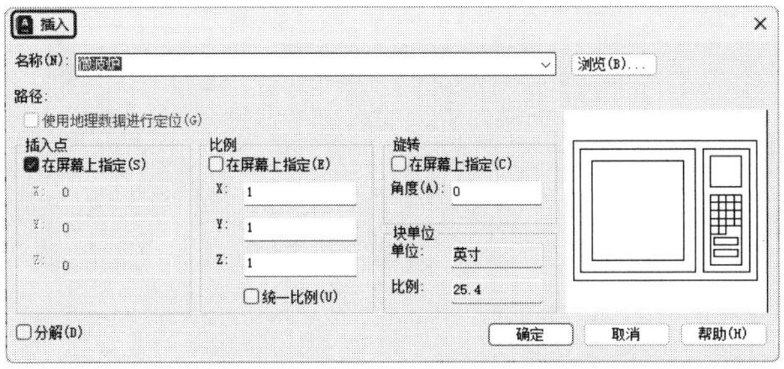

图 5-90　“插入”对话框

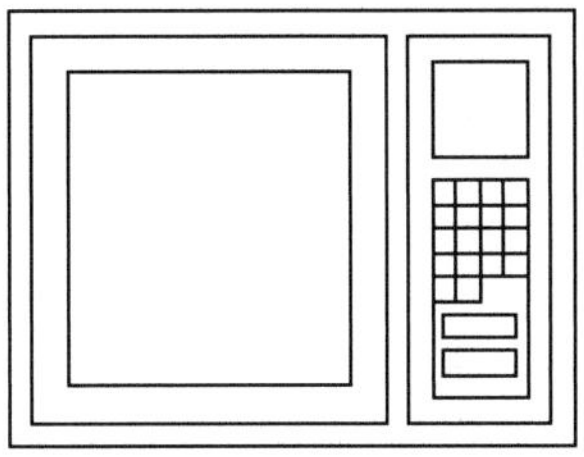

图 5-91　插入的图块

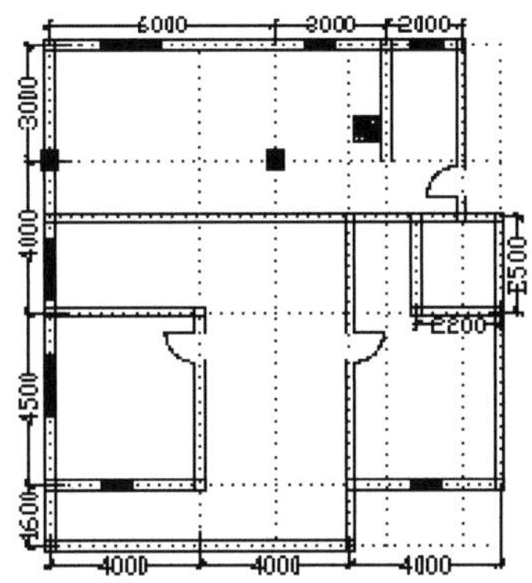

图 5-92　插入图块效果

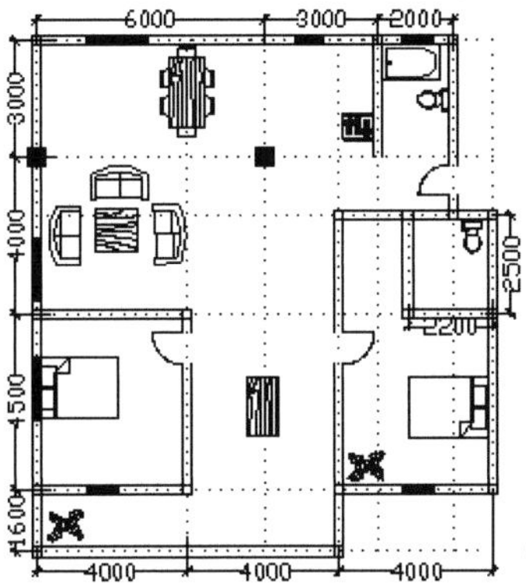

图 5-93　室内布局

5.7.4　标注文字

单击“默认”选项卡“注释”面板中的“多行文字”按钮 A，将“客厅”和“厨房”等名称输入相应的位置处，结果如图 5-94 所示。

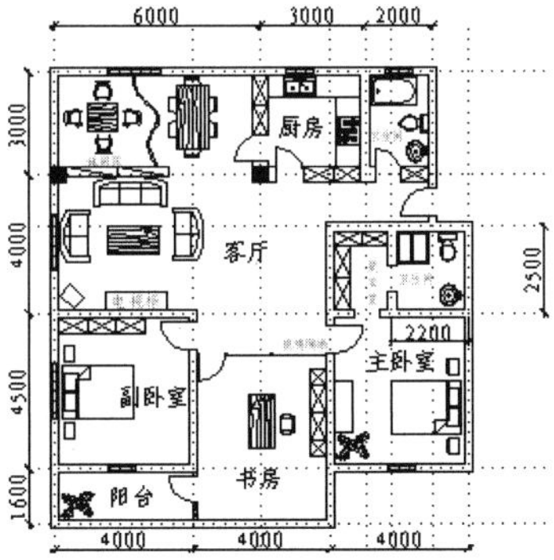

图 5-94　居室平面图

5.8　综合实例——绘制 A3 图纸样板图形

视频讲解

本实例主要介绍样板图的绘制方法。本实例首先利用二维绘制和编辑命令绘制图框，然后绘制标题栏，再绘制会签栏，最后保存为样板图形，如图 5-95 所示。

操作步骤

1. 设置单位和图形边界

（1）打开 AutoCAD 2024，新建一个图形文件。

（2）执行菜单栏中的“格式”→“单位”命令，弹出“图形单位”对话框，如图 5-96 所示。将“长度”的“类型”设置为“小数”，“精度”为 0；将“角度”的“类型”设置为“十进制度数”，“精度”为 0，系统默认逆时针方向为正，单击“确定”按钮。

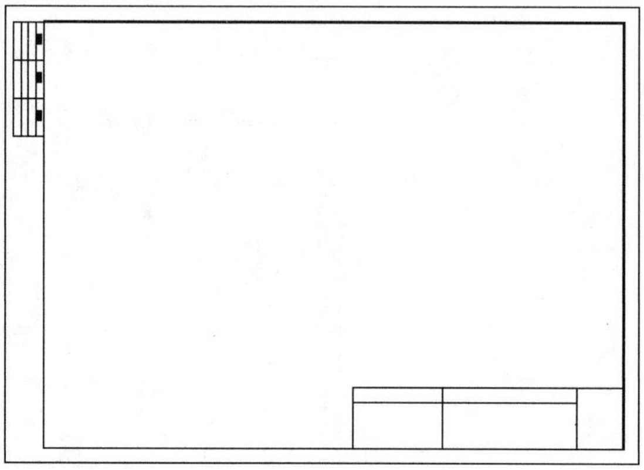

图 5-95　A3 图纸样板图形

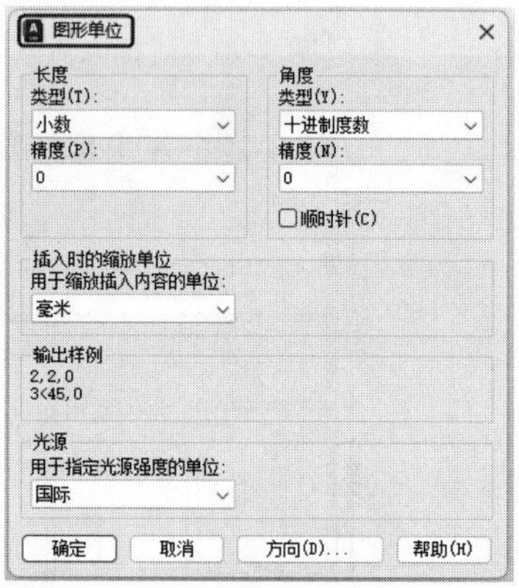

图 5-96　“图形单位”对话框

（3）设置图形边界。国标对图纸的幅面大小做了严格规定，此处不妨按国标 A3 图纸幅面设置图形边界。A3 图纸的幅面为 420mm×297mm，执行菜单栏中的“格式”→“图形界限”命令，命令行提示与操作如下：

```
命令：LIMITS↙
重新设置模型空间界限：
指定左下角点或 [开(ON)/关(OFF)] <0.0000,0.0000>：↙
指定右上角点 <12.0000,9.0000>：420,297↙
```

2. 设置图层

（1）单击“默认”选项卡“图层”面板中的“图层特性”按钮，系统弹出“图层特性管理器”选项板，如图 5-97 所示。在该选项板中单击“新建图层”按钮，建立不同名称的新图层，这些不同的图层用于存放不同的图线或图形的不同部分。

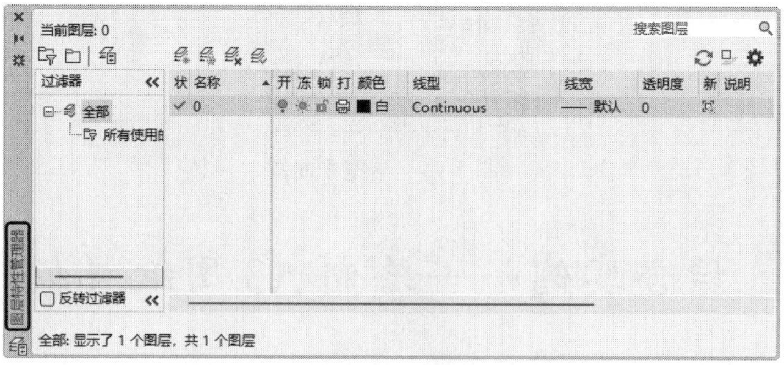

图 5-97　“图层特性管理器”选项板

（2）设置图层颜色。为了区分不同图层上的图线，增加图形不同部分的对比性，可以在“图层特性管理器”选项板中单击相应图层“颜色”标签下的颜色色块，在打开的“选择颜色”对话框中选择需要的颜色，如图 5-98 所示。

（3）设置线型。在常用的工程图样中，通常要用到不同的线型，这是因为不同的线型表示不同的含义。在“图层特性管理器”选项板中单击“线型”标签下的线型选项，打开“选择线型”对话框，如图 5-99 所示，在该对话框中选择对应的线型。如果在“已加载的线型”列表框中没有需要的线型，则可以单击“加载”按钮，打开“加载或重载线型”对话框加载线型，如图 5-100 所示。

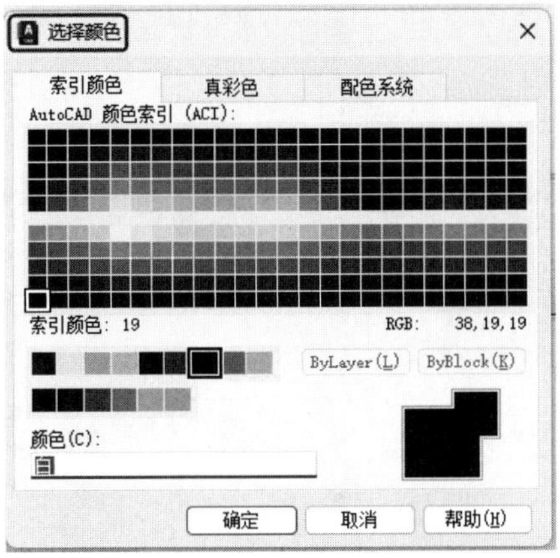

图 5-98 “选择颜色”对话框

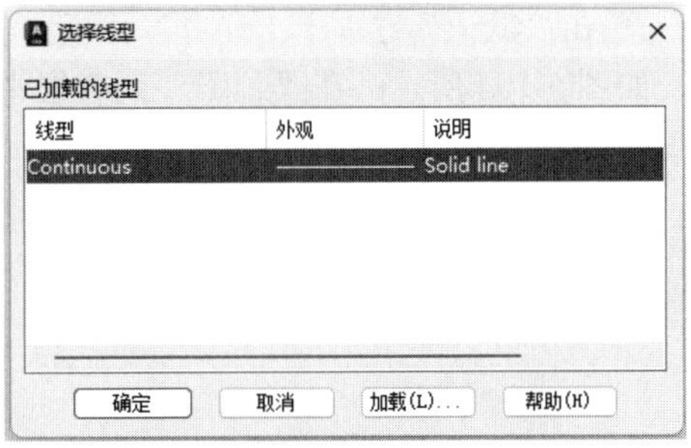

图 5-99 “选择线型”对话框

（4）设置线宽。在工程图纸中，不同的线宽表示不同的含义，因此要对不同的图层的线宽界线进行设置，单击“图层特性管理器”选项板中“线宽”标签下的选项，打开“线宽”对话框，如图 5-101 所示，在该对话框中选择适当的线宽。需要注意的是，应尽量保持细线与粗线之间的比例为 1∶2。

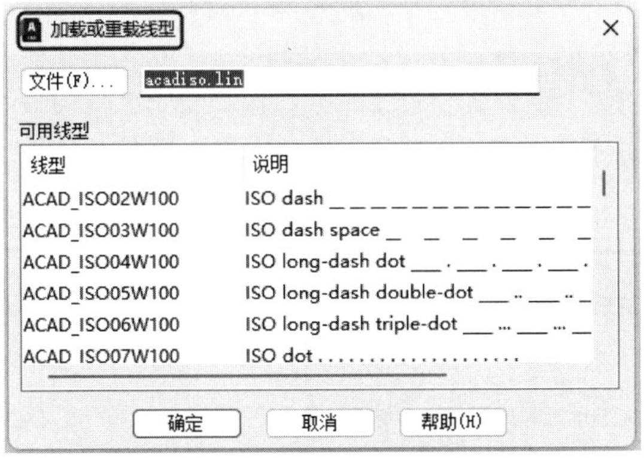

图 5-100 “加载或重载线型”对话框

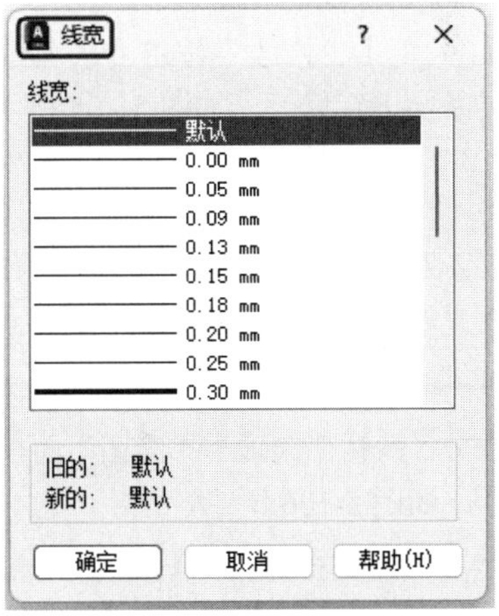

图 5-101 “线宽”对话框

3. 设置文本样式

下面列出一些本练习中的格式，请按如下约定进行设置：一般注释文本高度为 7，零件名文本高度为 10，图标栏和会签栏中其他文字高度为 5，尺寸文字高度为 5；线型比例为 1，图纸空间线型比例为 1；单位为十进制，小数点后为 0 位，角度小数点后为 0 位。

可以生成 4 种文字样式，分别用于一般注释、标题块中零件名、标题块注释及尺寸标注。

（1）单击“默认”选项卡“注释”面板中的“文字样式”按钮，系统打开“文字样式”对话框，单击“新建”按钮，系统打开“新建文字样式”对话框，如图 5-102 所示，接受默认的“样式 1”文字样式名，单击“确定”按钮退出。

图 5-102　“新建文字样式”对话框

（2）返回“文字样式”对话框，在“字体名”下拉列表框中选择“宋体”选项，将“高度”设置为 5，将“宽度因子”设置为 0.7，如图 5-103 所示。单击“应用”按钮，再单击“关闭”按钮。其他文字样式按照类似的方法进行设置。

4. 设置尺寸标注样式

（1）单击“默认”选项卡“注释”面板中的“标注样式”按钮，系统弹出“标注样式管理器”对话框，如图 5-104 所示。在“预览”列表框中显示出标注样式的预览图形。

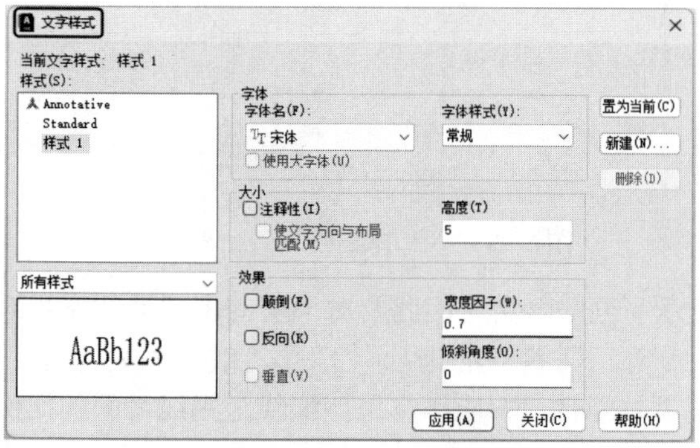

图 5-103　“文字样式”对话框

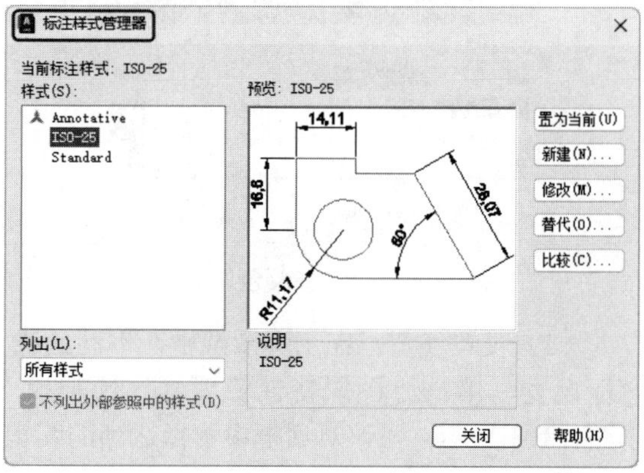

图 5-104　“标注样式管理器”对话框

（2）单击“修改”按钮，系统弹出“修改标注样式”对话框，在该对话框中可对标注样式的选项按照需要进行修改，如图 5-105 所示。

（3）在“线”选项卡中，设置“颜色”和“线宽”为 ByBlock，“基线间距”为 6，其他设置不变；在“符号和箭头”选项卡中，设置“箭头大小”为 1，其他设置不变；在“文字”选项卡中设置“颜色”为 ByBlock，“文字高度”为 5，其他设置不变；在“主单位”选项卡中，设置“精度”为 0，其他设置不变；其余选项卡的设置也不变。

5. 绘制图框

单击“默认”选项卡“绘图”面板中的“矩形”按钮，绘制角点坐标为（25,10）和（410,287）的矩形，如图 5-106 所示。

注意： 国家标准规定 A3 图纸的幅面大小是 420mm×297mm，这里留出了带装订边的图框到图纸边界的距离。

6. 绘制标题栏

标题栏示意图如图 5-107 所示，由于分隔线并不整齐，因此可以先绘制一张 20×10（每个单元格的尺寸是 20×10）的标准表格，然后在此基础上编辑或合并单元格，形成如图 5-106 所示的形式。

（1）单击“默认”选项卡“注释”面板中的“表格样式”按钮，系统弹出“表格样式”对话框，如图 5-108 所示。

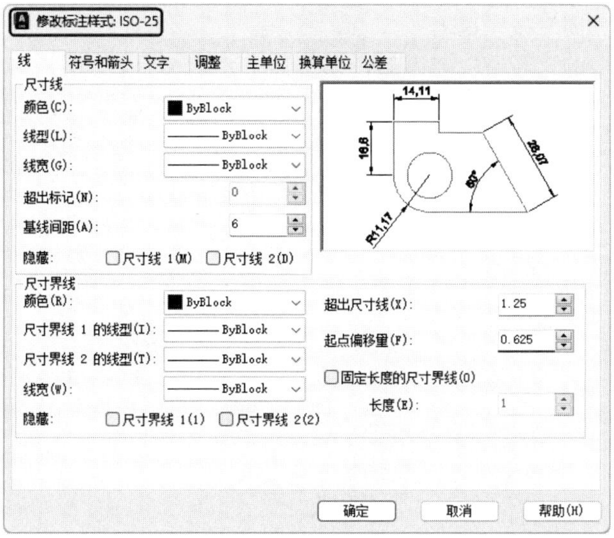

图 5-105 “修改标注样式”对话框

图 5-106 绘制矩形

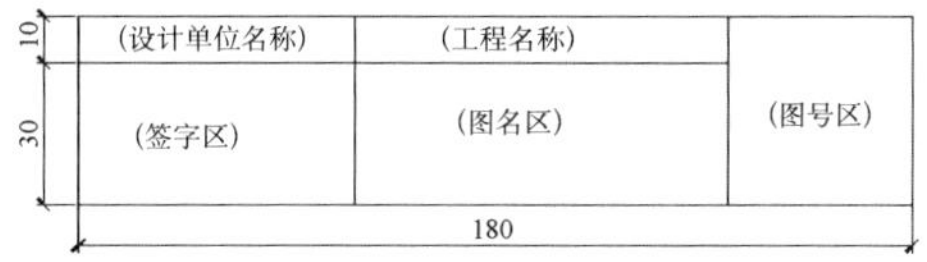

图 5-107 标题栏示意图

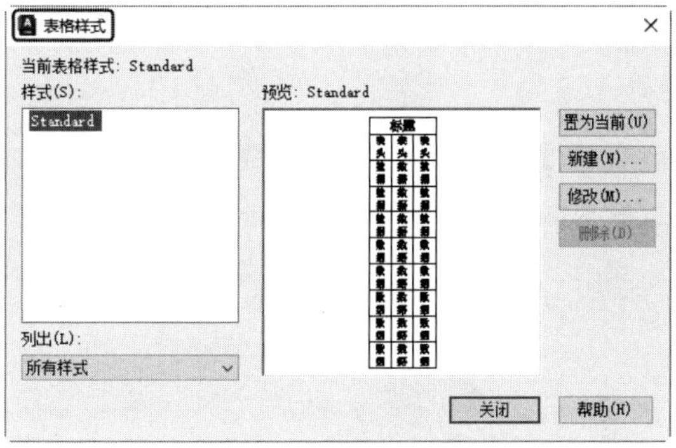

图 5-108 “表格样式”对话框

（2）单击“表格样式”对话框中的“修改”按钮，系统弹出“修改表格样式”对话框，在“单元样式”下拉列表框中选择“数据”选项，在下面的“文字”选项卡中将“文字高度”设置为 6，如图 5-109 所示。再打开“常规”选项卡，将“页边距”选项组中的“水平”和“垂直”都设置为 1，如图 5-110 所示。

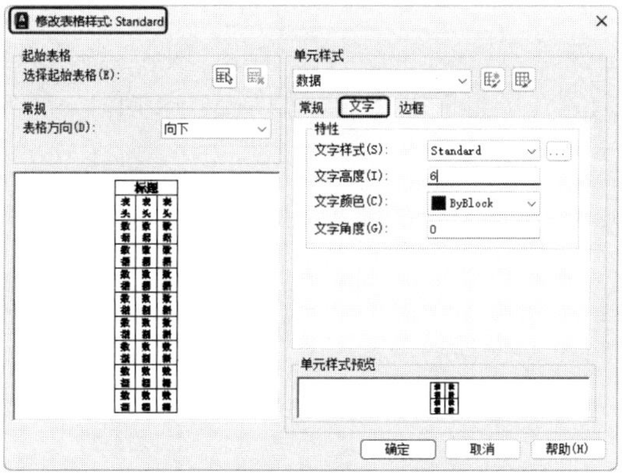

图 5-109 “修改表格样式”对话框

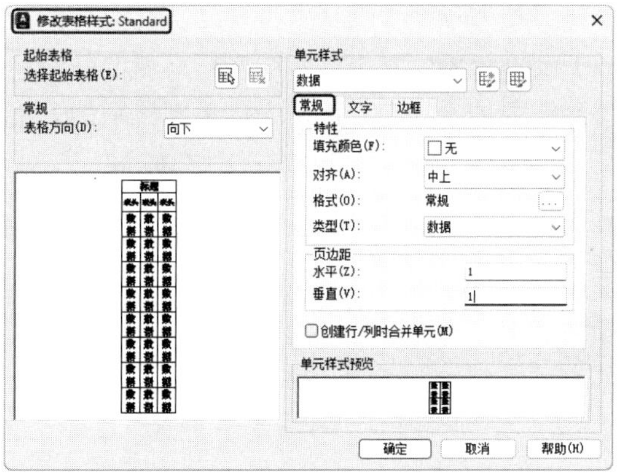

图 5-110 设置“常规”选项卡

（3）返回“表格样式”对话框，单击“关闭”按钮退出。

（4）单击“默认”选项卡“注释”面板中的“表格”按钮，系统弹出“插入表格”对话框。在“列和行设置”选项组中将“列数”设置为9，将“列宽”设置为20，将“数据行数”设置为2（加上标题行和表头行共4行），将“行高”设置为1行（即为10）；在“设置单元样式”选项组中，将“第一行单元样式”“第二行单元样式”“所有其他行单元样式”都设置为“数据”，如图5-111所示。

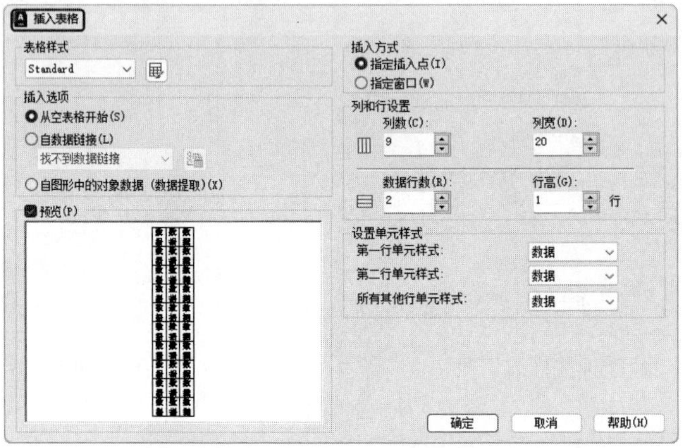

图5-111　“插入表格”对话框

（5）在图框线右下角附近指定表格位置，系统生成表格，同时打开“文字编辑器”选项卡和表格，如图5-112所示。直接按Enter键，不输入文字，生成表格，如图5-113所示。

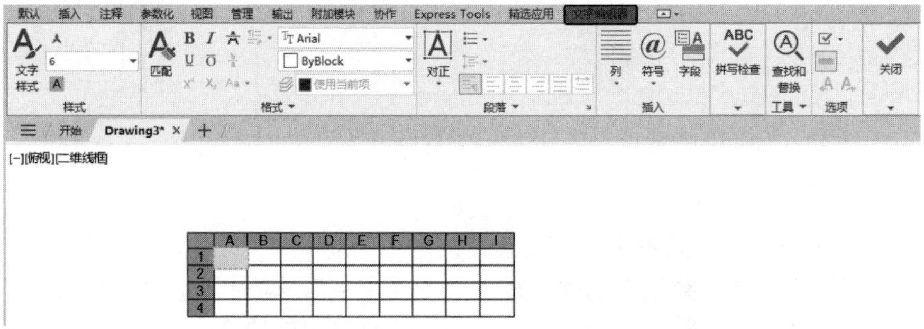

图5-112　“文字编辑器”选项卡和表格

7．移动标题栏

无法准确确定刚生成的标题栏与图框的相对位置，因此需要移动标题栏。单击“默认”选项卡“修改”面板中的“移动”按钮，将刚绘制的表格准确放置在图框的右下角，如图5-114所示。

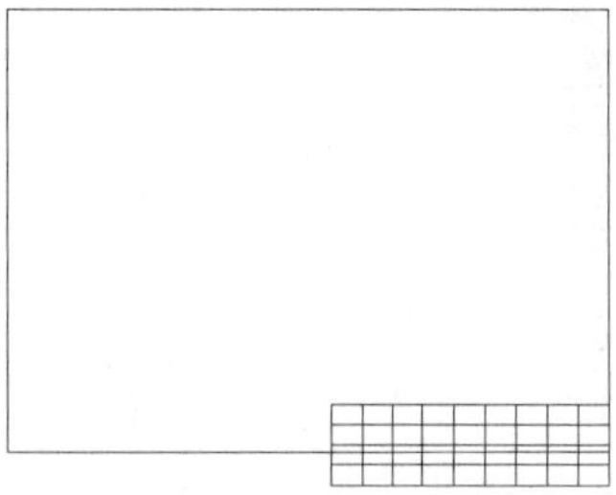

图5-113　生成表格

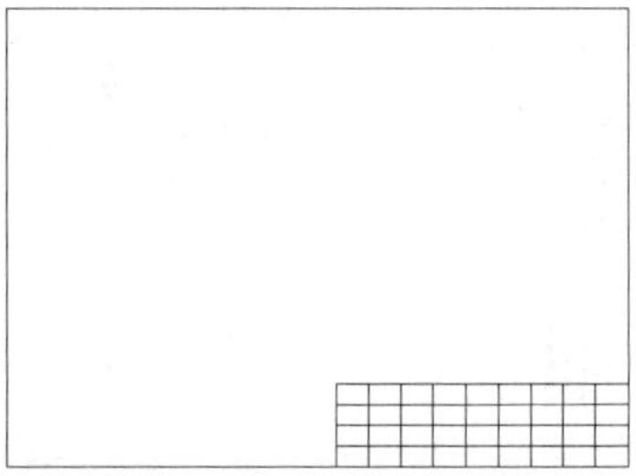

图5-114　移动表格

8. 编辑标题栏表格

（1）单击标题栏表格的 A 单元格，按住 Shift 键，同时选择 B 和 C 单元格，在“表格单元”选项卡中选择“合并单元”下拉列表中的“合并全部”选项，如图 5-115 所示。

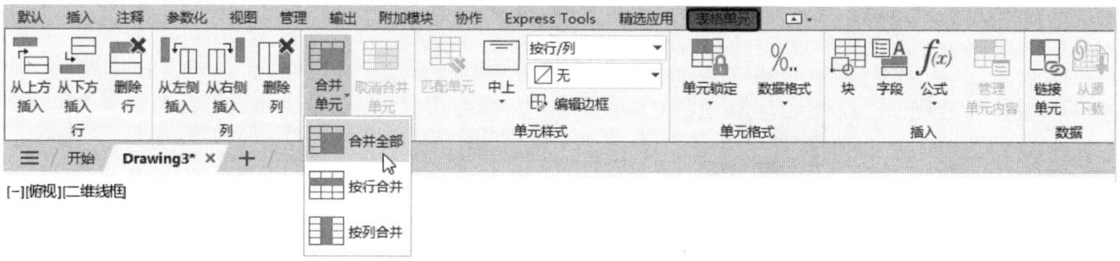

图 5-115　合并单元格

（2）重复上述方法，对其他单元格进行合并，结果如图 5-116 所示。

9. 绘制会签栏

会签栏具体大小和样式如图 5-117 所示。用户可以采取和标题栏相同的绘制方法来绘制会签栏。

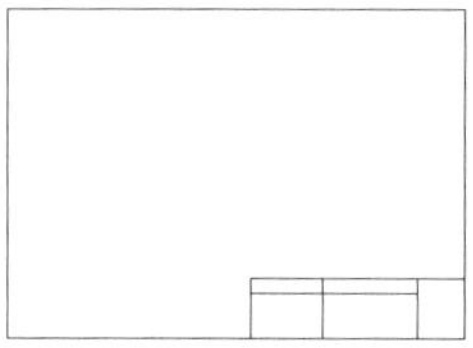

图 5-116　完成标题栏单元格编辑

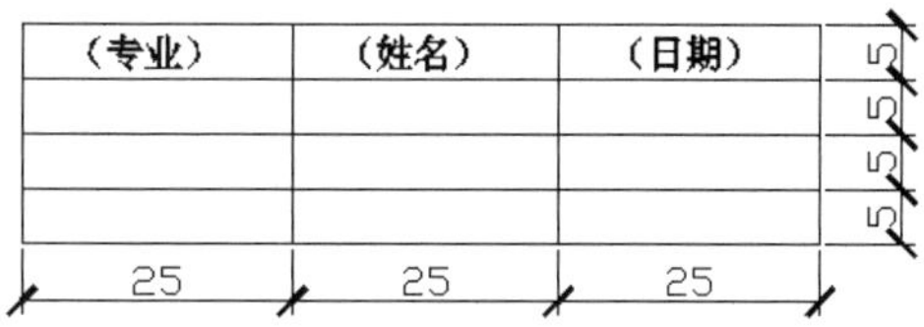

图 5-117　会签栏示意图

（1）在“修改表格样式”对话框的“文字”选项卡中，将“文字高度”设置为 4，如图 5-118 所示。再把“常规”选项卡“页边距”选项组中的“水平”和“垂直”都设置为 0.5。

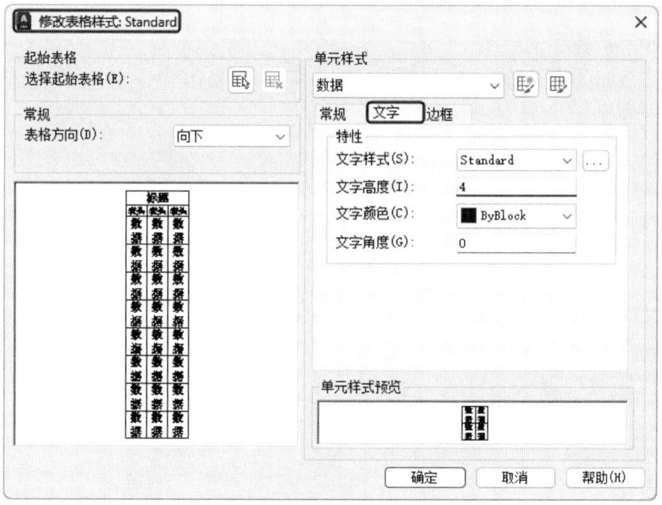

图 5-118　设置表格样式

（2）单击“默认”选项卡“注释”面板中的“表格”按钮，系统弹出“插入表格”对话框，在“列和行设置”选项组中，将“列数”设置为 3，“列宽”设置为 25，“数据行数”设置为 2，“行高”设置为 1；在“设置单元样式”选项组中，将“第一行单元样式”“第二行单元样式”“所有其他行单元样式”都设置为“数据”，如图 5-119 所示。

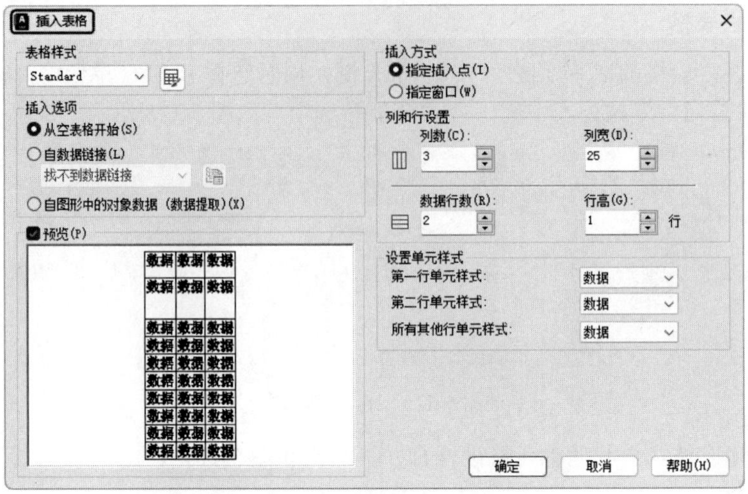

图 5-119　设置表格行和列

（3）在表格中输入文字，结果如图 5-120 所示。

10. 旋转和移动会签栏

（1）单击“默认”选项卡“修改”面板中的“旋转”按钮，旋转会签栏，结果如图 5-121 所示。

单位	姓名	日期

图 5-120　会签栏的绘制

图 5-121　旋转会签栏

（2）单击“默认”选项卡“修改”面板中的“移动”按钮，将会签栏移动到图框的左上角，结果如图 5-122 所示。

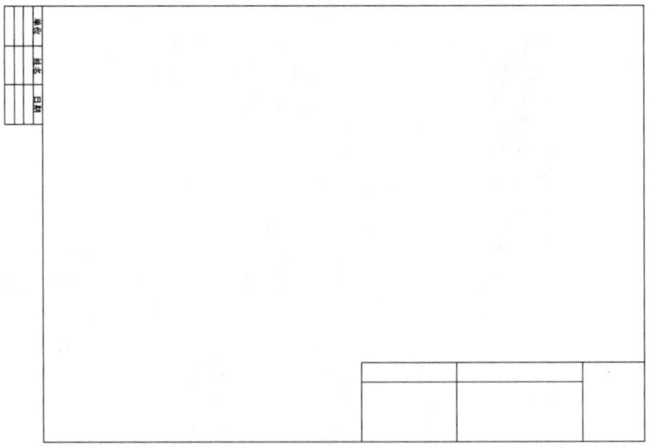

图 5-122　绘制完成的样板图

11. 保存样板图

单击快速访问工具栏中的“另存为”按钮，系统弹出“图形另存为”对话框，将图形保存为.dwt

格式的文件即可，如图 5-123 所示。

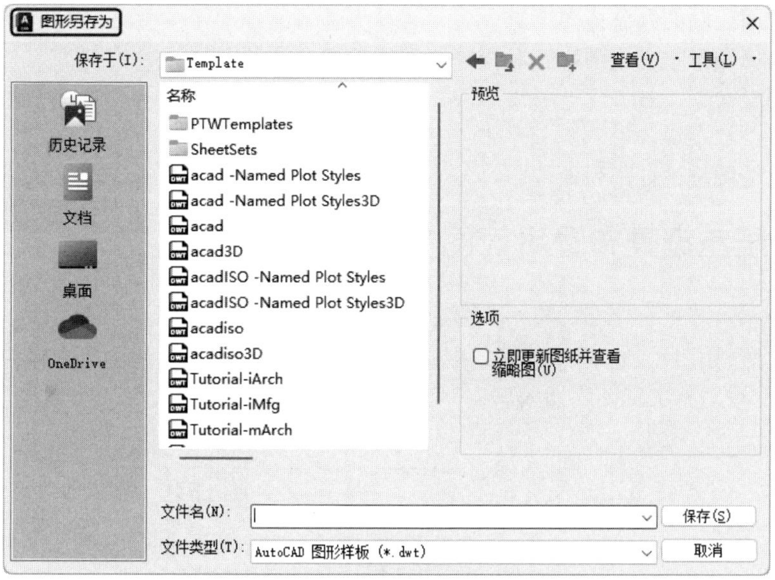

图 5-123　“图形另存为”对话框

5.9　实践与操作

通过本章前面的学习，读者对本章知识已经有了大体的了解。本节通过两个练习使读者进一步掌握本章知识要点。

5.9.1　绘制会议桌椅

1. 目的要求

本实践利用“图块”方法绘制如图 5-124 所示的会议桌椅。在实际绘图过程中，我们会经常遇到重复性的图形单元。解决这类问题最简单、最快捷的办法是将重复性的图形单元制作成图块，然后将图块插入图形中。本实践通过对会议桌椅进行标注，使读者掌握与图块相关的操作。

图 5-124　会议桌椅

Note

2. 操作提示

（1）打开前面绘制的办公椅图形。

（2）将办公椅图形定义成图块并对该图块进行保存。

（3）绘制圆桌。

（4）插入办公椅图块。

（5）对办公椅图块进行阵列处理。

5.9.2 绘制居室家具布置平面图

1. 目的要求

本实践绘制的是如图 5-125 所示的居室家具布置平面图。在绘图过程中，出现多个家具图形，运用“设计中心”命令，将家具图块插入居室平面图中。本实践要求读者进一步掌握设计中心的运用。

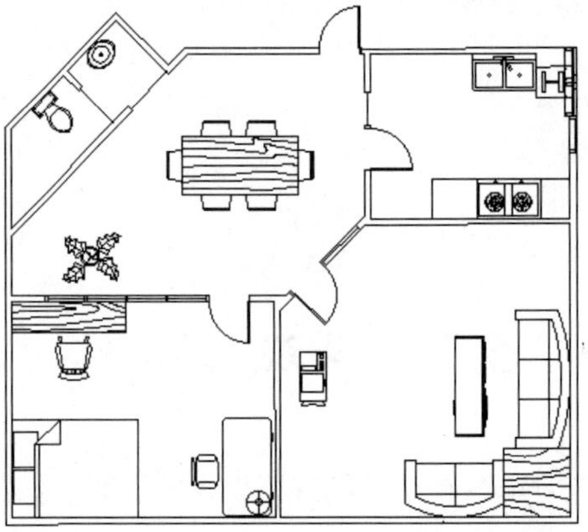

图 5-125 居室家具布置平面图

2. 操作提示

（1）利用学过的绘图命令与编辑命令，绘制住房结构截面图。

（2）利用“设计中心”命令，将多个家具图块插入居室平面图中。

▶▶第2篇

典型家具设计篇

本篇主要介绍各种典型家具样式的设计实例，包括椅凳类家具、床类家具、桌台类家具、储存类家具和古典家具的设计方法和技巧。

通过学习本篇，读者可以加深对 AutoCAD 功能的理解，快速掌握典型家具设计的基本方法和技巧。

第6章

椅凳类家具

本章将详细叙述各种椅凳类家具的绘制实例，使读者进一步巩固二维图形的绘制和编辑，并熟练掌握应用各种AutoCAD命令绘制椅凳类家具的具体思路和方法。

☑ 转角沙发

☑ 西式沙发

☑ 办公座椅

☑ 餐桌和椅子

☑ 计算机桌椅

任务驱动&项目案例

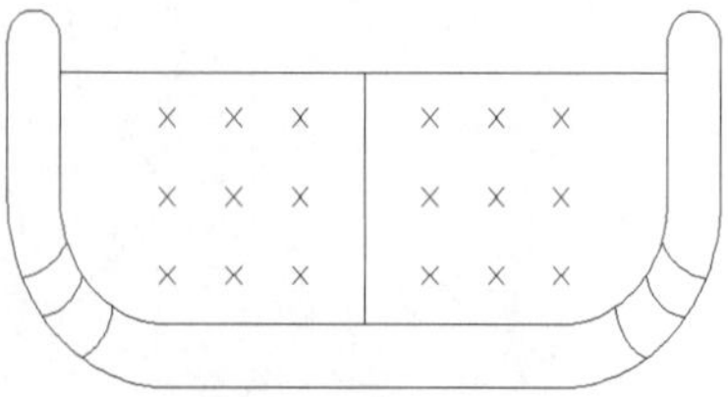

（1）

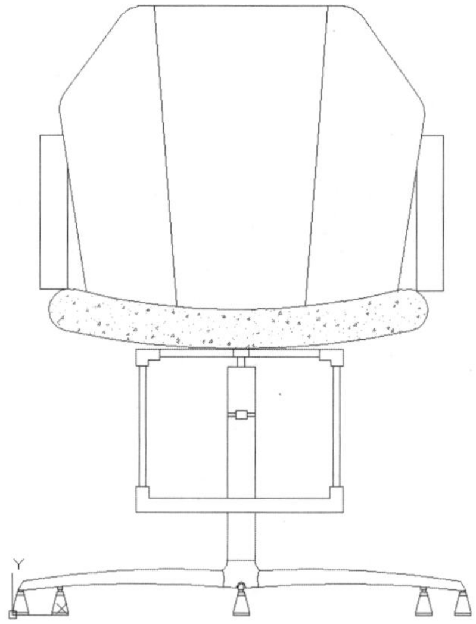

（2）

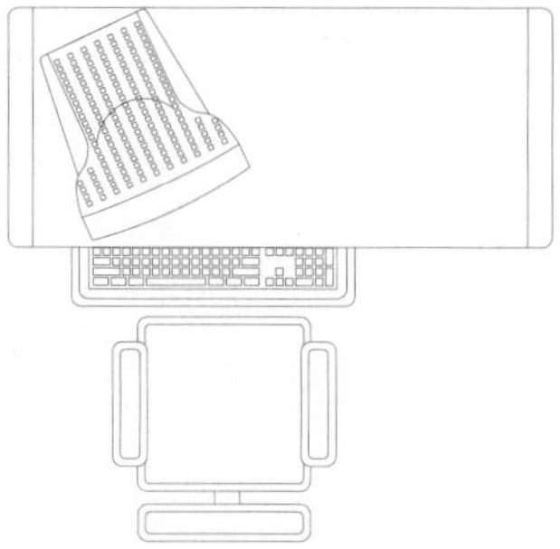

（3）

Note

视频讲解

6.1　实例——绘制转角沙发

本实例首先利用“矩形”“直线”“多段线”命令绘制初步图形，然后利用“圆角”命令对图形进行倒圆角。绘制流程如图 6-1 所示。

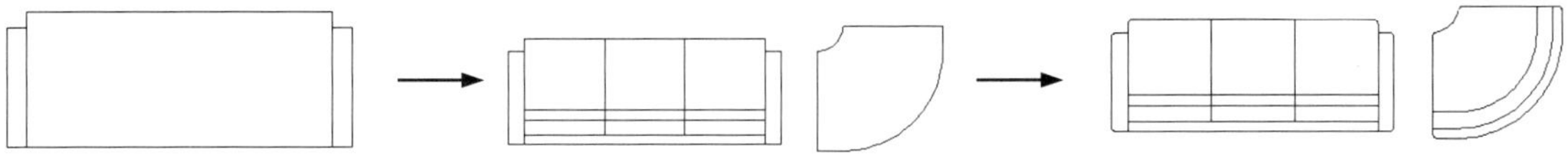

图 6-1　转角沙发的绘制流程

操作步骤

（1）单击“默认”选项卡“图层”面板中的“图层特性”按钮，打开“图层特性管理器”选项板，新建图层，如图 6-2 所示。

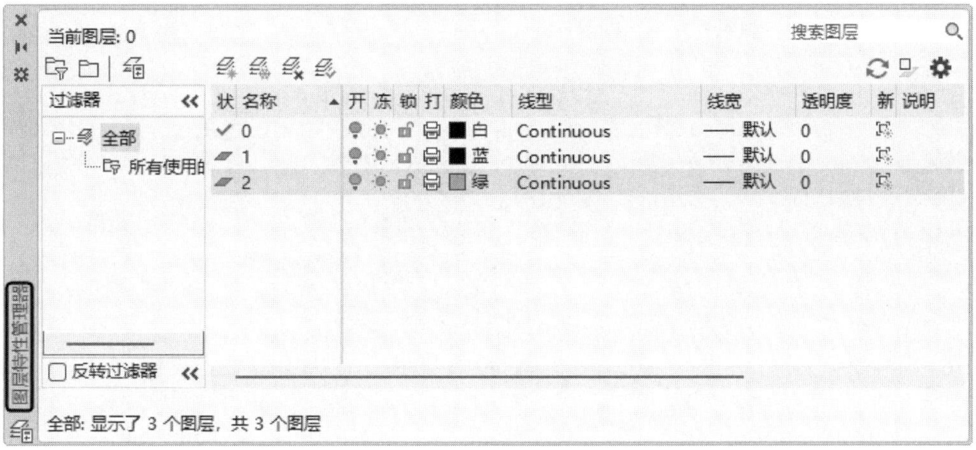

图 6-2　新建图层

（2）将“1”图层设置为当前图层，单击“默认”选项卡“绘图”面板中的“矩形”按钮，绘制矩形。命令行提示与操作如下：

```
命令: _rectang↙
指定第一个角点或 [倒角(C)/标高(E)/圆角(F)/厚度(T)/宽度(W)]: 0,0↙
指定另一个角点或 [面积(A)/尺寸(D)/旋转(R)]: @125,750↙
命令: _rectang↙
指定第一个角点或 [倒角(C)/标高(E)/圆角(F)/厚度(T)/宽度(W)]: 125,0↙
指定另一个角点或 [面积(A)/尺寸(D)/旋转(R)]: @1950,800↙
命令: _rectang↙
指定第一个角点或 [倒角(C)/标高(E)/圆角(F)/厚度(T)/宽度(W)]: 2075,0↙
指定另一个角点或 [面积(A)/尺寸(D)/旋转(R)]: @125,750↙
```

绘制结果如图 6-3 所示。

（3）将“2”图层设置为当前图层，单击“默认”选项卡“绘图”面板中的“直线”按钮，绘制直线。命令行提示与操作如下：

```
命令: LINE↙
指定第一个点: 125,75↙
指定下一点或 [放弃(U)]: @1950,0↙
指定下一点或 [放弃(U)]:
```

Note

重复“直线”命令，绘制另外 4 条端点坐标分别为{（125,200），（@1950,0）}、{（125,275），（@1950,0）}、{（775,75），（@0,725）}、{（1425,75），（@0,725）}的直线，绘制结果如图 6-4 所示。

图 6-3　绘制矩形

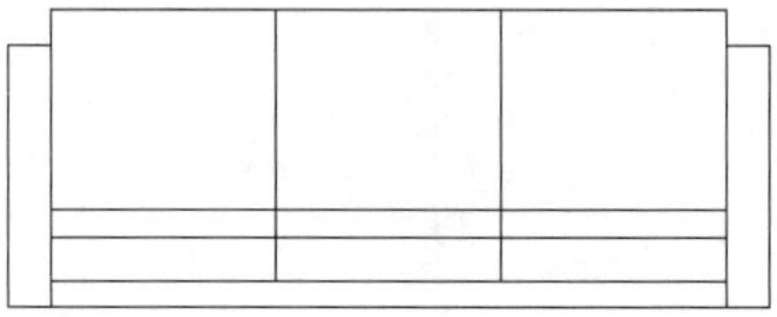

图 6-4　绘制直线

（4）将“1”图层设置为当前图层，单击“默认”选项卡“绘图”面板中的“多段线”按钮，绘制多段线。命令行提示与操作如下：

```
命令: _pline↙
指定起点: 2500,-50↙
当前线宽为 0.0000
指定下一个点或 [圆弧(A)/半宽(H)/长度(L)/放弃(U)/宽度(W)]: @200,0↙
指定下一点或 [圆弧(A)/闭合(C)/半宽(H)/长度(L)/放弃(U)/宽度(W)]: a↙
指定圆弧的端点(按住 Ctrl 键以切换方向)或[角度(A)/圆心(CE)/闭合(CL)/方向(D)/半宽(H)/直线(L)/半径(R)/第二个点(S)/放弃(U)/宽度(W)]: a↙
指定夹角: 90↙
指定圆弧的端点(按住 Ctrl 键以切换方向)或[圆心(CE)/半径(R)]: r↙
指定圆弧的半径: 800↙
指定圆弧的弦方向(按住 Ctrl 键以切换方向)<0>: 45↙
指定圆弧的端点(按住 Ctrl 键以切换方向)或[角度(A)/圆心(CE)/闭合(CL)/方向(D)/半宽(H)/直线(L)/半径(R)/第二个点(S)/放弃(U)/宽度(W)]: l↙
指定下一点或 [圆弧(A)/闭合(C)/半宽(H)/长度(L)/放弃(U)/宽度(W)]: @0,200↙
指定下一点或 [圆弧(A)/闭合(C)/半宽(H)/长度(L)/放弃(U)/宽度(W)]: @-800,0↙
指定下一点或 [圆弧(A)/闭合(C)/半宽(H)/长度(L)/放弃(U)/宽度(W)]: a↙
指定圆弧的端点(按住 Ctrl 键以切换方向)或[角度(A)/圆心(CE)/闭合(CL)/方向(D)/半宽(H)/直线(L)/半径(R)/第二个点(S)/放弃(U)/宽度(W)]: a↙
指定夹角: -90↙
指定圆弧的端点(按住 Ctrl 键以切换方向)或 [圆心(CE)/半径(R)]: r↙
指定圆弧的半径: 200↙
指定圆弧的弦方向(按住 Ctrl 键以切换方向)<180>: 225↙
指定圆弧的端点(按住 Ctrl 键以切换方向)或[角度(A)/圆心(CE)/闭合(CL)/方向(D)/半宽(H)/直线(L)/半径(R)/第二个点(S)/放弃(U)/宽度(W)]: l↙
指定下一点或 [圆弧(A)/闭合(C)/半宽(H)/长度(L)/放弃(U)/宽度(W)]: c↙
```

绘制结果如图 6-5 所示。

注意： 多段线可以用于绘制直线、圆弧，并可以指定要绘制的图形元素的半宽。用多段线绘制直线时与执行“绘图”→“直线”命令一样，根据提示指定下一点即可。绘制圆弧时可以运用各种约束条件，如半径、角度、弦长等。

（5）将“2”图层设置为当前图层，单击“默认”选项卡“绘图”面板中的“多段线”按钮，绘制多段线。命令行提示与操作如下：

```
命令：_pline↙
指定起点：2500,25↙
当前线宽为 0.0000
指定下一个点或 [圆弧(A)/半宽(H)/长度(L)/放弃(U)/宽度(W)]：@200,0↙
指定下一点或 [圆弧(A)/闭合(C)/半宽(H)/长度(L)/放弃(U)/宽度(W)]：a↙
指定圆弧的端点(按住 Ctrl 键以切换方向)或[角度(A)/圆心(CE)/闭合(CL)/方向(D)/半宽(H)/直线(L)/半径(R)/第二个点(S)/放弃(U)/宽度(W)]：a↙
指定夹角：90↙
指定圆弧的端点(按住 Ctrl 键以切换方向)或 [圆心(CE)/半径(R)]：r↙
指定圆弧的半径：725↙
指定圆弧的弦方向(按住 Ctrl 键以切换方向)<0>：45↙
指定圆弧的端点(按住 Ctrl 键以切换方向)或[角度(A)/圆心(CE)/闭合(CL)/方向(D)/半宽(H)/直线(L)/半径(R)/第二个点(S)/放弃(U)/宽度(W)]：l↙
指定下一点或 [圆弧(A)/闭合(C)/半宽(H)/长度(L)/放弃(U)/宽度(W)]：@0,200↙
指定下一点或 [圆弧(A)/闭合(C)/半宽(H)/长度(L)/放弃(U)/宽度(W)]:↙
命令:PLINE↙
指定起点：2500,150↙
当前线宽为 0.0000
指定下一个点或 [圆弧(A)/半宽(H)/长度(L)/放弃(U)/宽度(W)]：@200,0↙
指定下一点或 [圆弧(A)/闭合(C)/半宽(H)/长度(L)/放弃(U)/宽度(W)]：a↙
指定圆弧的端点(按住 Ctrl 键以切换方向)或[角度(A)/圆心(CE)/闭合(CL)/方向(D)/半宽(H)/直线(L)/半径(R)/第二个点(S)/放弃(U)/宽度(W)]：a↙
指定夹角：90↙
指定圆弧的端点(按住 Ctrl 键以切换方向)或 [圆心(CE)/半径(R)]：r↙
指定圆弧的半径：600↙
指定圆弧的弦方向(按住 Ctrl 键以切换方向) <0>：45↙
指定圆弧的端点(按住 Ctrl 键以切换方向)或[角度(A)/圆心(CE)/闭合(CL)/方向(D)/半宽(H)/直线(L)/半径(R)/第二个点(S)/放弃(U)/宽度(W)]：l↙
指定下一点或 [圆弧(A)/闭合(C)/半宽(H)/长度(L)/放弃(U)/宽度(W)]：@0,200↙
指定下一点或 [圆弧(A)/闭合(C)/半宽(H)/长度(L)/放弃(U)/宽度(W)]:↙
```

绘制结果如图 6-6 所示。

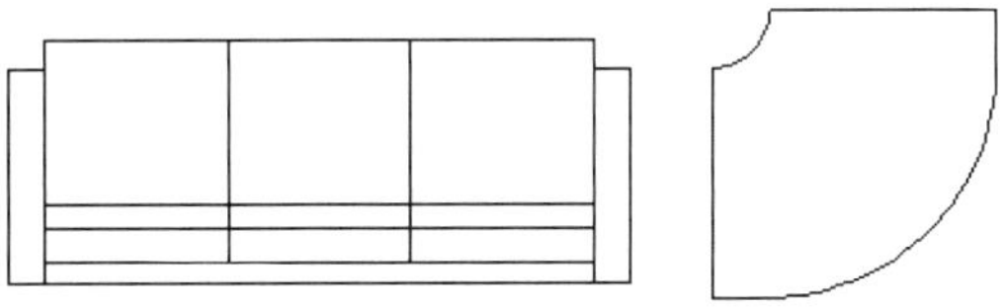

图 6-5　绘制多段线 1

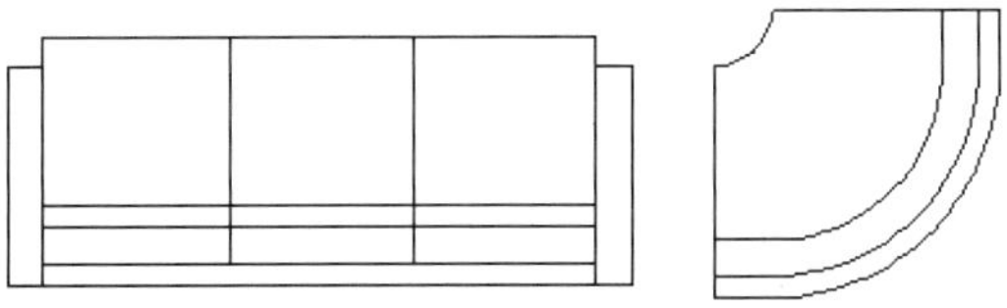

图 6-6　绘制多段线 2

（6）单击“默认”选项卡“修改”面板中的“圆角”按钮，将所有圆角半径均设为 37.5，对图形进行圆角处理，命令行提示与操作如下：

```
命令：_fillet↙
当前设置：模式 = 修剪，半径 = 37.5000
```

Note

```
选择第一个对象或 [放弃(U)/多段线(P)/半径(R)/修剪(T)/多个(M)]: r↙
指定圆角半径 <37.5000>: 37.5↙
选择第一个对象或 [放弃(U)/多段线(P)/半径(R)/修剪(T)/多个(M)]: m↙
选择第一个对象或 [放弃(U)/多段线(P)/半径(R)/修剪(T)/多个(M)]:
选择第二个对象，或按住 Shift 键选择对象以应用角点或 [半径(R)]:
选择第一个对象或 [放弃(U)/多段线(P)/半径(R)/修剪(T)/多个(M)]:
选择第二个对象，或按住 Shift 键选择对象以应用角点或 [半径(R)]:
...
选择第一个对象或 [放弃(U)/多段线(P)/半径(R)/修剪(T)/多个(M)]:
```

最后绘制结果如图 6-1 所示。

6.2 实例——绘制西式沙发

视频讲解

本实例首先利用“矩形”“圆”“圆弧”“多线”“圆角”等命令绘制初步图形，然后利用“矩形阵列”和“镜像”命令细化图形。绘制流程如图 6-7 所示。

图 6-7 西式沙发的绘制流程

操作步骤

（1）单击“默认”选项卡“绘图”面板中的“矩形”按钮▭，绘制一个长为 100、宽为 40 的矩形，如图 6-8 所示。

（2）单击“默认”选项卡“绘图”面板中的“圆”按钮◯，以矩形左侧上端点为圆心，绘制半径为 8 的圆，如图 6-9 所示。

图 6-8 绘制矩形

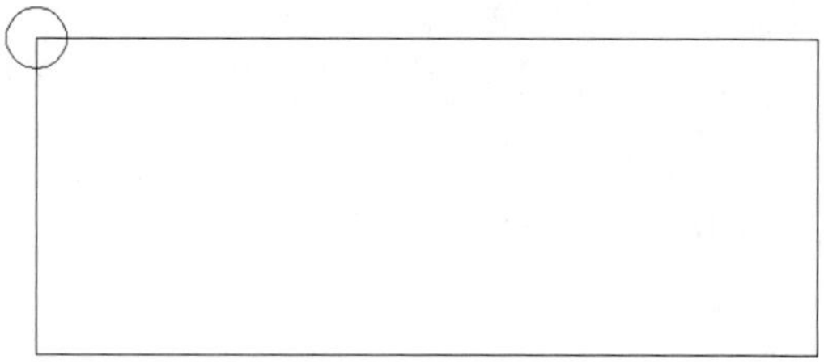

图 6-9 绘制圆

（3）单击“默认”选项卡“修改”面板中的“复制”按钮，以矩形角点为参考点，将圆复制到另一个角点处，如图 6-10 所示。

（4）在命令行中输入 MLSTYLE 命令，打开“多线样式”对话框，如图 6-11 所示。单击“新建”按钮，打开“创建新的多线样式”对话框，输入新的样式名为 mline1，如图 6-12 所示。然后单击“继续”按钮，打开“新建多线样式：MLINE1”对话框，在“偏移”文本框中输入 4 和−4，如图 6-13 所示。单击“确定”按钮，关闭所有对话框。

图 6-10　复制圆

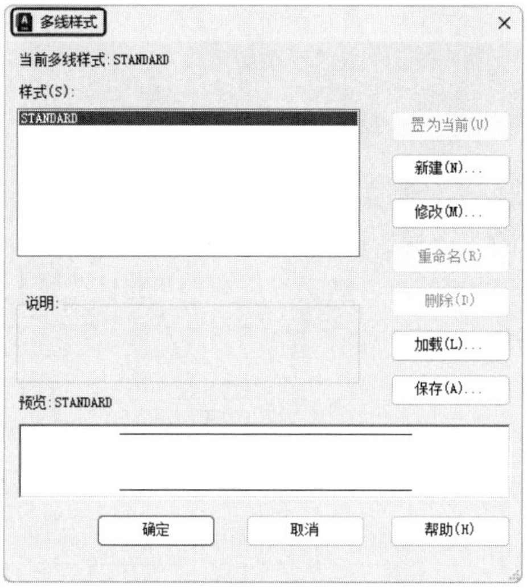

图 6-11　“多线样式”对话框

图 6-12　设置样式名

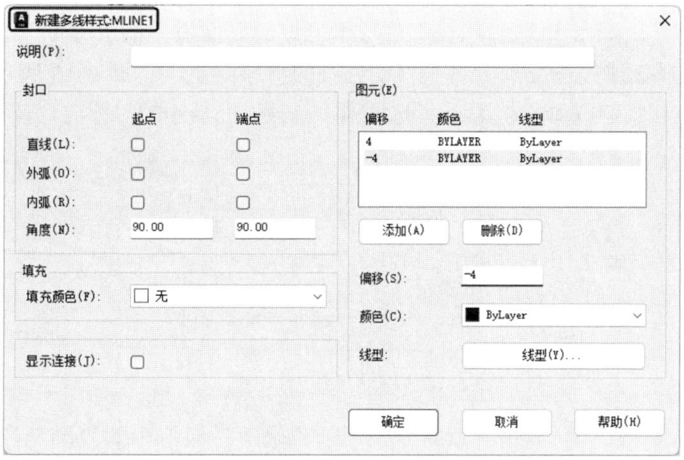

图 6-13　设置多线样式

（5）在命令行中输入 MLINE，再输入 st，选择多线样式为 mline1，然后输入 j，设置对正方式为“无”，再输入 s，将比例设置为 1，以图 6-10 中左圆的圆心为起点，沿矩形边界绘制多线。命令行提示与操作如下：

```
命令：MLINE↙
当前设置：对正 = 上，比例 = 20.00，样式 = STANDARD
指定起点或 [对正(J)/比例(S)/样式(ST)]：st（设置当前多线样式）
输入多线样式名或 [?]：mline1（选择样式 mline1）
当前设置：对正 = 上，比例 = 20.00，样式 = MLINE1
指定起点或 [对正(J)/比例(S)/样式(ST)]：j（设置对正方式）
输入对正类型 [上(T)/无(Z)/下(B)] <上>：z（设置对正方式为无）
当前设置：对正 = 无，比例 = 20.00，样式 = MLINE1
指定起点或 [对正(J)/比例(S)/样式(ST)]：s
输入多线比例 <20.00>：1（设定多线比例为 1）
当前设置：对正 = 无，比例 = 1.00，样式 = MLINE1
指定起点或 [对正(J)/比例(S)/样式(ST)]：（单击圆心）
```

Note

指定下一点：（单击矩形角点）
指定下一点或 [放弃(U)]：
指定下一点或 [闭合(C)/放弃(U)]：（单击另一侧的圆心）
指定下一点或 [闭合(C)/放弃(U)]：

（6）绘制完成，如图 6-14 所示。选择刚刚绘制的多线和矩形，单击“默认”选项卡“修改”面板中的“分解”按钮，分解多线和矩形。

（7）单击“默认”选项卡“修改”面板中的“删除”按钮，删除多线中间的矩形轮廓线，如图 6-15 所示。

图 6-14　绘制多线

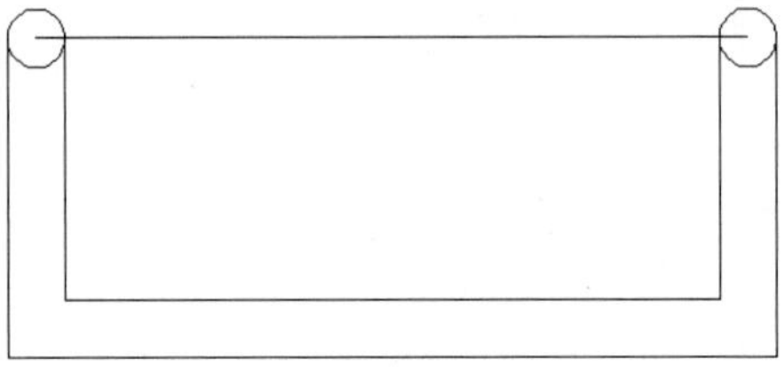

图 6-15　删除直线

（8）单击“默认”选项卡“修改”面板中的“移动”按钮，然后按空格键或 Enter 键，再选择直线的左端点，将其移动到圆的下象限点，如图 6-16 所示。

（9）单击“默认”选项卡“修改”面板中的“修剪”按钮，修剪多余直线，效果如图 6-17 所示。

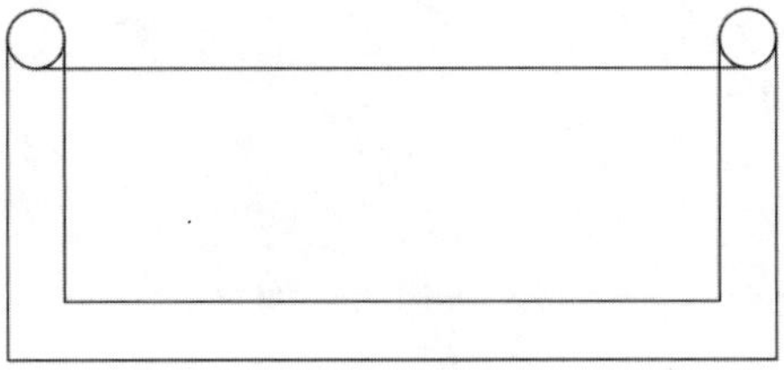

图 6-16　移动直线

图 6-17　修剪直线

（10）单击“默认”选项卡“修改”面板中的“圆角”按钮，设置内侧倒角半径为 16，对图形进行倒角处理，如图 6-18 所示。

（11）单击“默认”选项卡“修改”面板中的“圆角”按钮，设置外侧倒角半径为 24，完成沙发扶手及靠背的转角绘制，如图 6-19 所示。

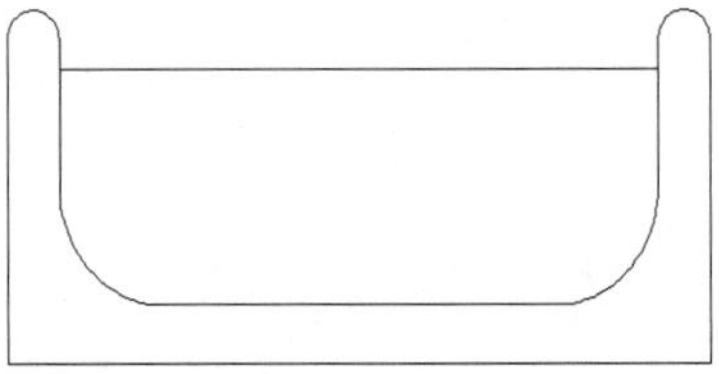

图 6-18　修改内侧倒角

图 6-19　修改外侧倒角

（12）单击“默认”选项卡“绘图”面板中的“直线”按钮，在沙发中心绘制一条垂直的直线，如图 6-20 所示。

（13）单击“默认”选项卡“绘图”面板中的“圆弧”按钮，在沙发扶手的拐角处绘制 3 条弧线，两边对称复制，如图 6-21 所示。

图 6-20　绘制中线

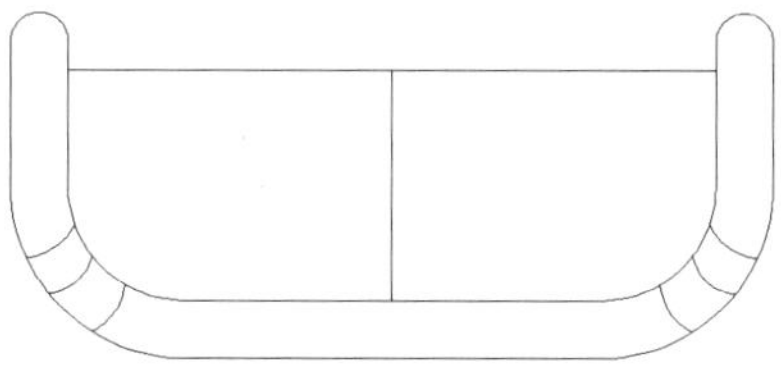

图 6-21　绘制沙发转角纹路

✍ **技巧：**在绘制转角处的纹路时，弧线上的点不易捕捉，这时需要利用 AutoCAD 2024 的“延长线捕捉”功能。此时要确保绘图窗口下部状态栏上的“对象捕捉”功能处于激活状态，其状态可以通过单击进行切换。然后单击“默认”选项卡“绘图”面板中的“圆弧”按钮，将光标停留在沙发转角弧线的起点上，如图 6-22 所示。此时在起点上会出现绿色的方块，沿弧线缓慢移动光标，可以看到一个小型的十字随光标移动，且十字中心与弧线起点由虚线相连，如图 6-23 所示。将光标移动到合适的位置后，再单击即可。

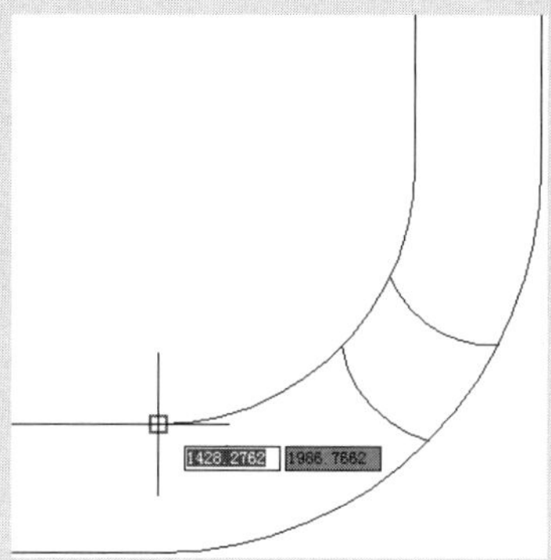

图 6-22　端点停留

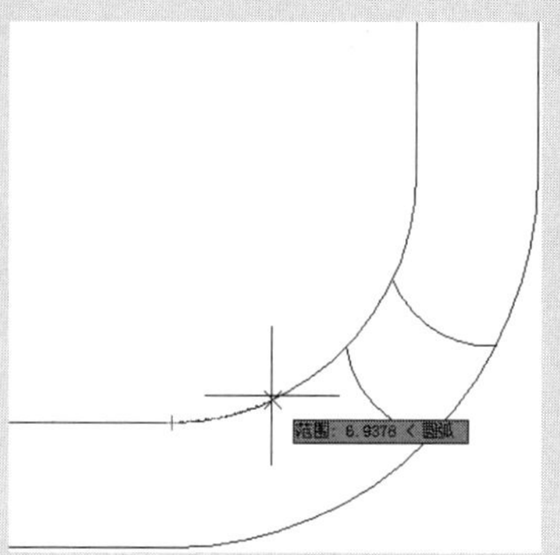

图 6-23　延伸功能

（14）在沙发左侧空白处用“直线”命令绘制一个“×”形图案，如图 6-24 所示。单击“默认”选项卡“修改”面板中的“矩形阵列”按钮，设置行数、列数均为 3，然后将“行间距”设置为−10，“列间距”设置为 10，对刚刚绘制的“×”图形进行阵列，如图 6-25 所示。

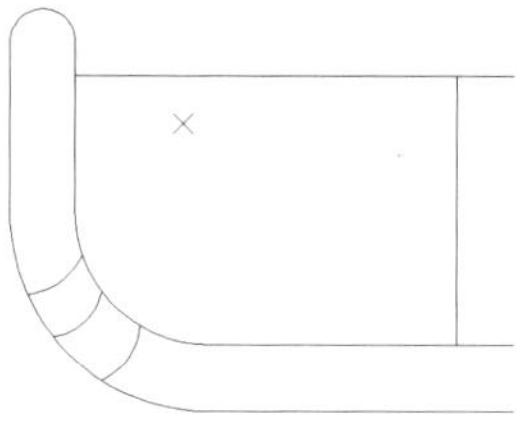

图 6-24　绘制“×”

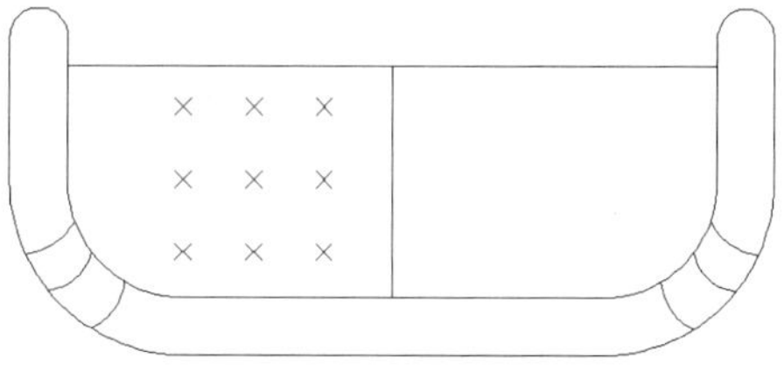

图 6-25　阵列图形

（15）单击“默认”选项卡“修改”面板中的“镜像”按钮，将左侧的花纹复制到右侧，最后绘制结果如图 6-7 所示。

6.3　实例——绘制办公座椅

本实例主要介绍二维图形的绘制和编辑命令的运用。本实例首先绘制办公座椅的轮廓，然后细化

Note

视频讲解

办公座椅，最后绘制轮子。绘制流程如图 6-26 所示。

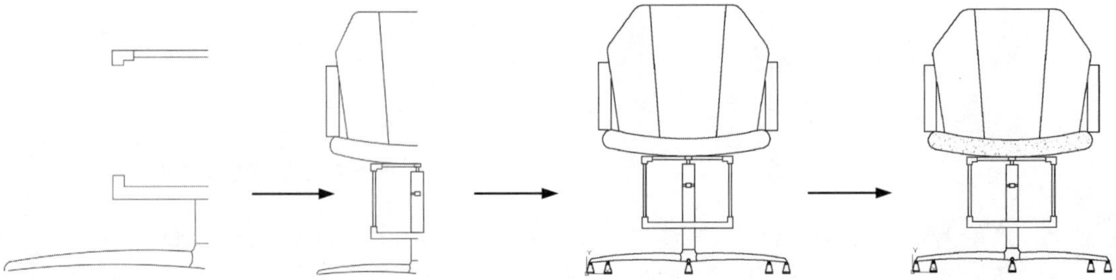

图 6-26　办公座椅的绘制流程

操作步骤

（1）单击“默认”选项卡“图层”面板中的“图层特性”按钮，打开“图层特性管理器”选项板，新建图层，如图 6-27 所示。

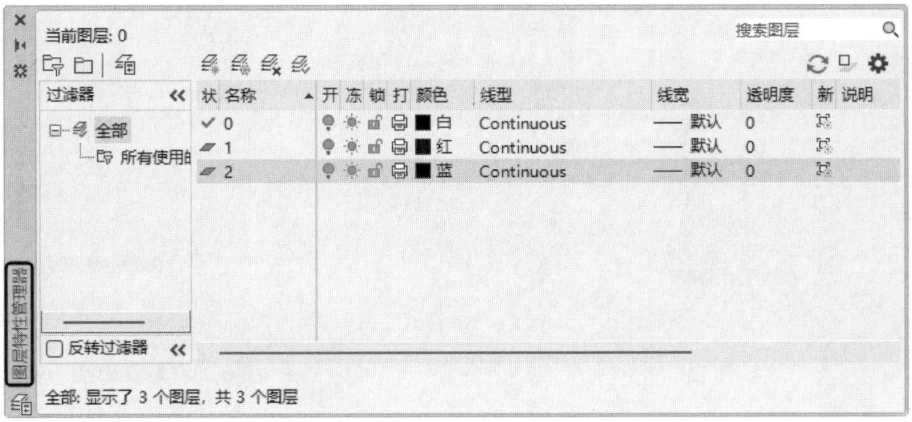

图 6-27　新建图层

（2）在命令行中输入 ZOOM，缩放视图。

（3）将当前图层设置为“1”图层，单击“默认”选项卡“绘图”面板中的“圆弧”按钮。命令行提示与操作如下：

```
命令: _arc↙
指定圆弧的起点或 [圆心(C)]: 15,35.6↙
指定圆弧的第二个点或 [圆心(C)/端点(E)]: 170,44.6↙
指定圆弧的端点: 325,38.4↙
命令:ARC↙
指定圆弧的起点或 [圆心(C)]: 8,35.6↙
指定圆弧的第二个点或 [圆心(C)/端点(E)]: 10.7,42.8↙
指定圆弧的端点: 15.7,48.5↙
命令:ARC↙
指定圆弧的起点或 [圆心(C)]: 15.7,48.5↙
指定圆弧的第二个点或 [圆心(C)/端点(E)]: 159.2,64.7↙
指定圆弧的端点: 303.5,64.6↙
命令:ARC↙
指定圆弧的起点或 [圆心(C)]: 303.5,64.6↙
```

```
指定圆弧的第二个点或 [圆心(C)/端点(E)]: 305.4,52.7↙
指定圆弧的端点: 300,40.4↙
命令:ARC↙
指定圆弧的起点或 [圆心(C)]: 303.5,64.6↙
指定圆弧的第二个点或 [圆心(C)/端点(E)]: 308,70.4↙
指定圆弧的端点: 310,77.7↙
```

绘制结果如图 6-28 所示。

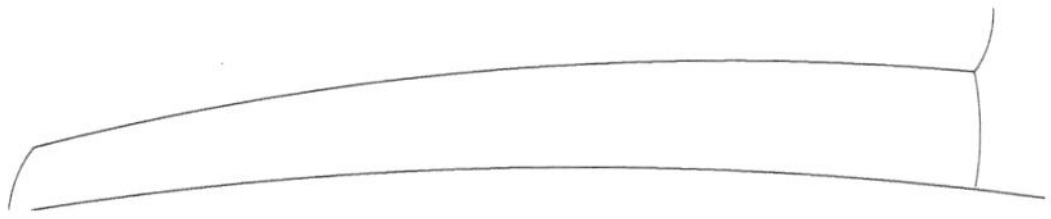

图 6-28　绘制圆弧 1

（4）单击“默认”选项卡“绘图”面板中的“直线”按钮╱，绘制直线。命令行提示与操作如下：

```
命令: _line↙
指定第一个点: 310,77.7↙
指定下一点或 [放弃(U)]: 330,77.7↙
指定下一点或 [放弃(U)]:
命令: LINE↙
指定第一个点: 310,77.7↙
指定下一点或 [放弃(U)]: 310,146↙
指定下一点或 [放弃(U)]:
命令: LINE↙
指定第一个点: 330,146↙
指定下一点或 [放弃(U)]: 180.6,146↙
指定下一点或 [放弃(U)]: 180.6,183.4↙
指定下一点或 [闭合(C)/放弃(U)]: 199,183.4↙
指定下一点或 [闭合(C)/放弃(U)]: 199,166↙
指定下一点或 [闭合(C)/放弃(U)]: 330,166↙
指定下一点或 [闭合(C)/放弃(U)]:
命令: LINE↙
指定第一个点: 330,377.4↙
指定下一点或 [放弃(U)]: 180,377.4↙
指定下一点或 [放弃(U)]: 180,355↙
指定下一点或 [闭合(C)/放弃(U)]: 180,354.7↙
指定下一点或 [闭合(C)/放弃(U)]: 198,354.7↙
指定下一点或 [闭合(C)/放弃(U)]: 198,362.7↙
指定下一点或 [闭合(C)/放弃(U)]: 214.3,362.7↙
指定下一点或 [闭合(C)/放弃(U)]: 214.3,377.4↙
指定下一点或 [闭合(C)/放弃(U)]:
命令: LINE↙
指定第一个点: 214.3,367.5↙
指定下一点或 [放弃(U)]: 330,367.5↙
指定下一点或 [放弃(U)]:
```

绘制结果如图 6-29 所示。

Note

（5）将“2”图层设置为当前图层，单击“默认”选项卡“绘图”面板中的“矩形”按钮□，绘制矩形。命令行提示与操作如下：

```
命令：_rectang↙
指定第一个角点或 [倒角(C)/标高(E)/圆角(F)/厚度(T)/宽度(W)]: 319.5,367.5↙
指定另一个角点或[面积(A)/尺寸(D)/旋转(R)]: @21.9,9.9↙
命令：RECTANG↙
指定第一个角点或 [倒角(C)/标高(E)/圆角(F)/厚度(T)/宽度(W)]: 310,166↙
指定另一个角点或[面积(A)/尺寸(D)/旋转(R)]: @40,187.2↙
命令：RECTANG↙
指定第一个角点或 [倒角(C)/标高(E)/圆角(F)/厚度(T)/宽度(W)]: 185.3,183.4↙
指定另一个角点或 [面积(A)/尺寸(D)/旋转(R)]: @8.6,171.3↙
命令：RECTANG↙
指定第一个角点或 [倒角(C)/标高(E)/圆角(F)/厚度(T)/宽度(W)]: 310,282.4↙
指定另一个角点或 [面积(A)/尺寸(D)/旋转(R)]: @11.9,4.8↙
命令：RECTANG↙
指定第一个角点或 [倒角(C)/标高(E)/圆角(F)/厚度(T)/宽度(W)]: 321.9,278.7↙
指定另一个角点或 [面积(A)/尺寸(D)/旋转(R)]: @16.4,12.3↙
命令：RECTANG↙
指定第一个角点或 [倒角(C)/标高(E)/圆角(F)/厚度(T)/宽度(W)]: 40,681.8↙
指定另一个角点或 [面积(A)/尺寸(D)/旋转(R)]: @40,-218.5↙
```

（6）单击“默认”选项卡“绘图”面板中的“直线”按钮╱，在第一个矩形的中点处绘制竖直直线，然后单击“默认”选项卡“修改”面板中的“偏移”按钮⊆，将竖直直线向两侧进行偏移，偏移距离为3.88，然后删除多余的线段，整理图形，结果如图6-30所示。

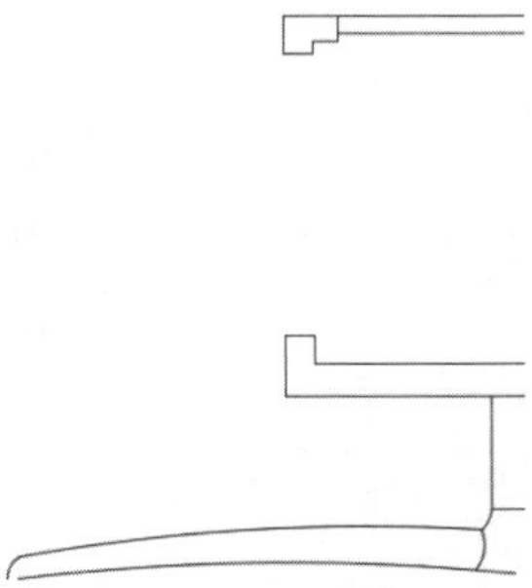

图6-29　绘制直线1

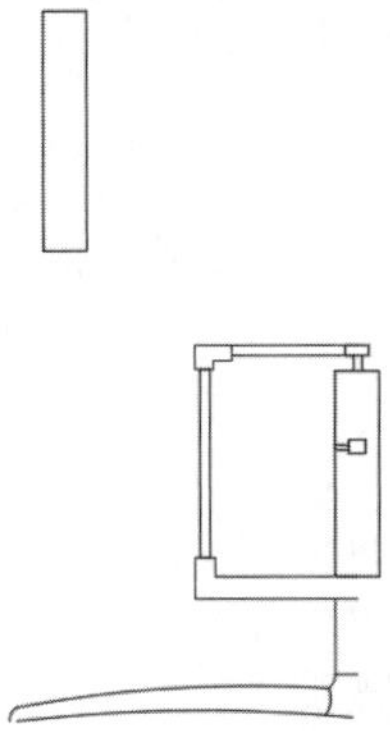

图6-30　绘制矩形

（7）将“1”图层设置为当前图层，单击“默认”选项卡“绘图”面板中的“圆弧”按钮⌒，绘制圆弧。命令行提示与操作如下：

视频讲解

```
命令：_arc↙
指定圆弧的起点或 [圆心(C)]: 327.7,377.4↙
指定圆弧的第二个点或 [圆心(C)/端点(E)]: 179.9,387.1↙
指定圆弧的端点: 63.1,412↙
命令：ARC↙
指定圆弧的起点或 [圆心(C)]: 63.1,412↙
```

```
指定圆弧的第二个点或 [圆心(C)/端点(E)]: 53.0,440.7↙
指定圆弧的端点: 69.3,462.4↙
命令: ARC↙
指定圆弧的起点或 [圆心(C)]: 69.3,462.4↙
指定圆弧的第二个点或 [圆心(C)/端点(E)]: 197.0,442.7↙
指定圆弧的端点: 330,434.5↙
```


结果如图 6-31 所示。

（8）单击“默认”选项卡“绘图”面板中的“直线”按钮，绘制直线。命令行提示与操作如下：

```
命令: _line↙
指定第一个点: 107.4,455.2↙
指定下一点或 [放弃(U)]: @-37.8,269.9↙
指定下一点或 [放弃(U)]: @60.7,124.1↙
指定下一点或 [闭合(C)/放弃(U)]: @199.7,0↙
指定下一点或 [闭合(C)/放弃(U)]:
```

将当前图层设置为“2”图层，重复“直线”命令，继续绘制直线，坐标为（206.8,849.2）和（238.4,438.8），结果如图 6-32 所示。

（9）单击“默认”选项卡“修改”面板中的“圆角”按钮，设置圆角半径为 30，对图形进行圆角操作，然后单击“默认”选项卡“修改”面板中的“修剪”按钮，修剪多余直线，如图 6-33 所示。

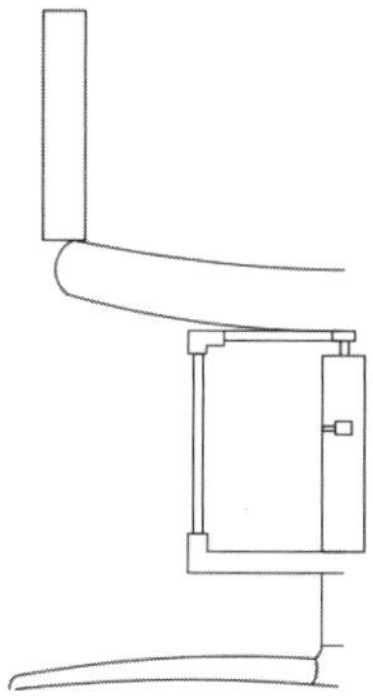

图 6-31　绘制圆弧 2

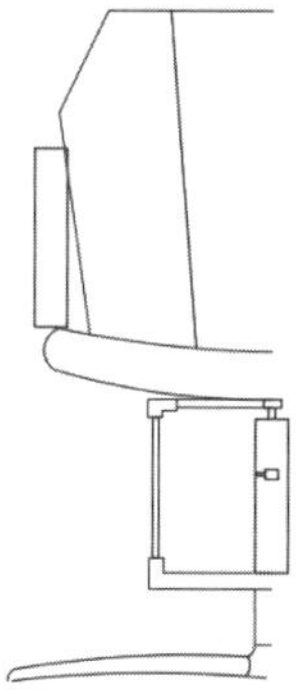

图 6-32　绘制直线 2

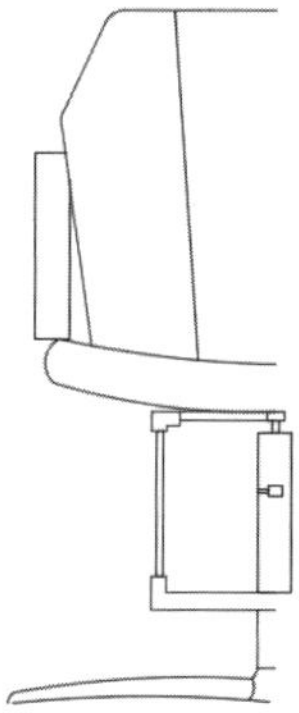

图 6-33　绘制圆角

（10）单击“默认”选项卡“绘图”面板中的“直线”按钮，绘制直线，坐标分别为（0,3.5）、（@7.2,29.7）、（@9.3,0）和（@7.2,-29.7）。

（11）单击“默认”选项卡“绘图”面板中的“矩形”按钮，绘制两个矩形，坐标分别为（0,0）、（@23.7,3.5）、（8.8,33.2）和（@6.1,2.5），然后单击“默认”选项卡“绘图”面板中的“直线”按钮，在合适的位置处绘制一条水平直线，最终完成轮子的绘制，结果如图 6-34 所示。

（12）单击“默认”选项卡“修改”面板中的“复制”按钮，将绘制的轮子复制到图中其他位置处，利用绘图和编辑命令整理图形，结果如图 6-35 所示。

（13）单击“默认”选项卡“修改”面板中的“镜像”按钮，镜像图形，结果如图 6-36 所示。

（14）将当前图层设置为“0”图层，单击“默认”选项卡“绘图”面板中的“图案填充”按钮，打开“图案填充创建”选项卡，在“图案填充图案”列表框中选择 AR-CONC 图案，如图 6-37 所示。设置填充比例为 0.2，选择填充区域，然后填充图形，最终效果如图 6-38 所示。

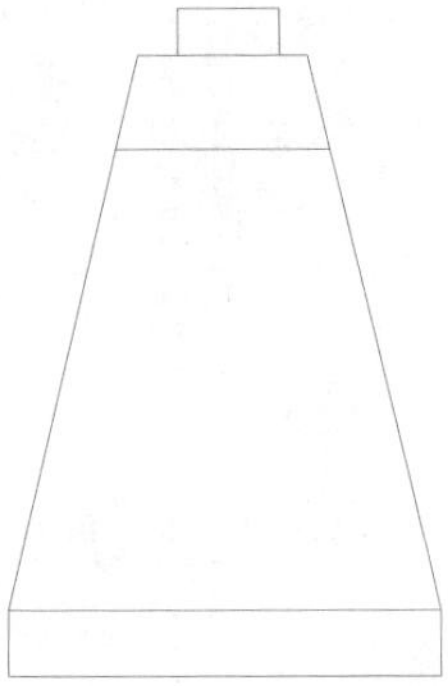

图 6-34　绘制轮子

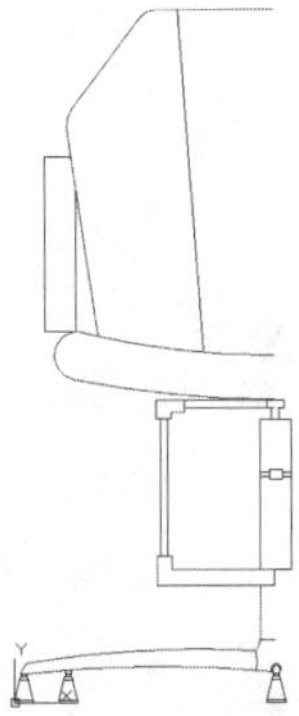

图 6-35　复制轮子

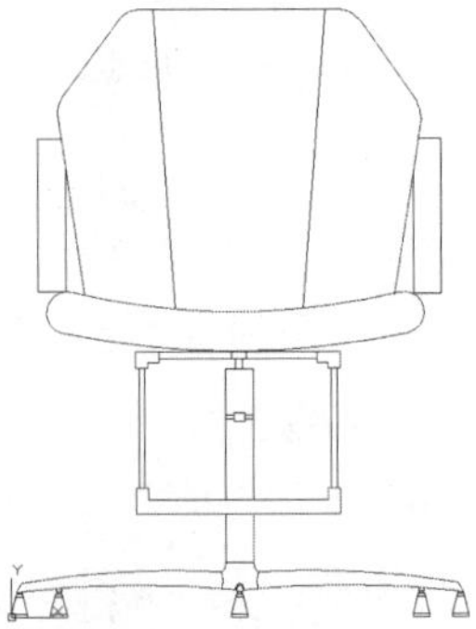

图 6-36　镜像处理

图 6-37　选择图案

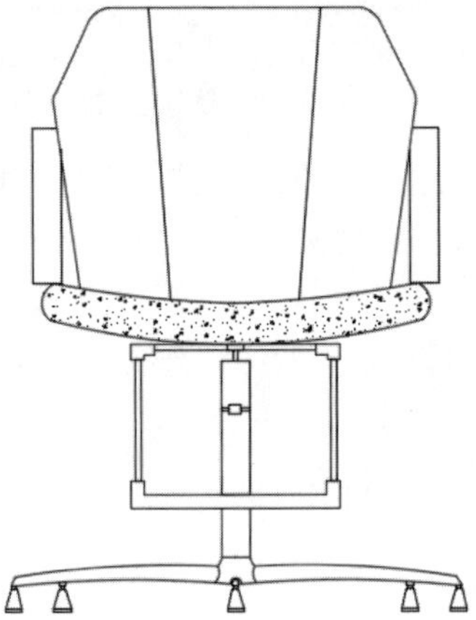

图 6-38　填充图形

6.4　实例——绘制餐桌和椅子

视频讲解

本实例首先绘制长方形桌面，然后绘制椅子造型，最后复制并镜像椅子。绘制流程如图 6-39 所示。

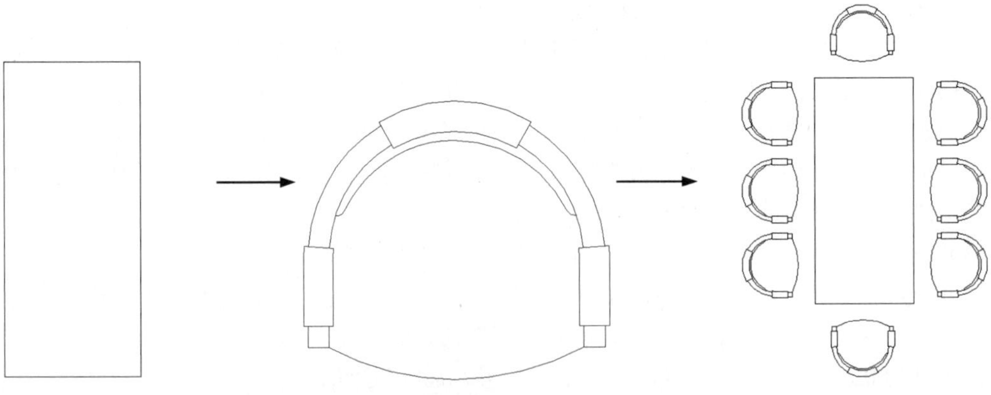

图 6-39　餐桌和椅子的绘制流程

Note

操作步骤

（1）单击“默认”选项卡“绘图”面板中的“多段线”按钮，绘制长方形桌面，如图 6-40 所示。

图 6-40　绘制桌面

注意：先绘制长方形桌面造型。

（2）单击“默认”选项卡“绘图”面板中的“圆弧”按钮，绘制椅子造型前端弧线的一半，如图 6-41 所示。

（3）单击“默认”选项卡“绘图”面板中的“矩形”按钮，绘制椅子扶手部分造型，即弧线上的矩形。

（4）单击“默认”选项卡“绘图”面板中的“直线”按钮，在刚刚绘制的矩形上方绘制一段直线，如图 6-42 所示。

（5）单击“默认”选项卡“绘图”面板中的“多段线”按钮，根据扶手的大体位置绘制稍大的近似矩形，如图 6-43 所示。

图 6-41　绘制前端弧线

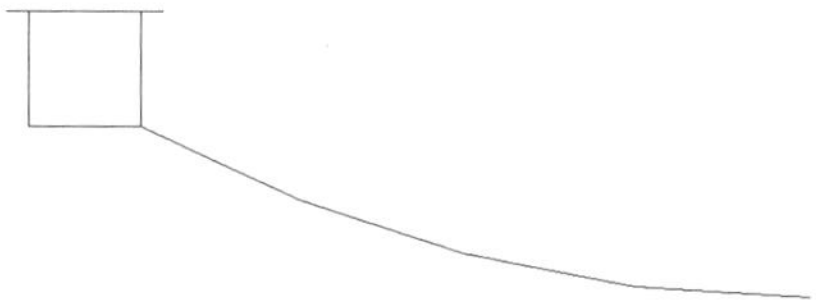

图 6-42　绘制小矩形部分

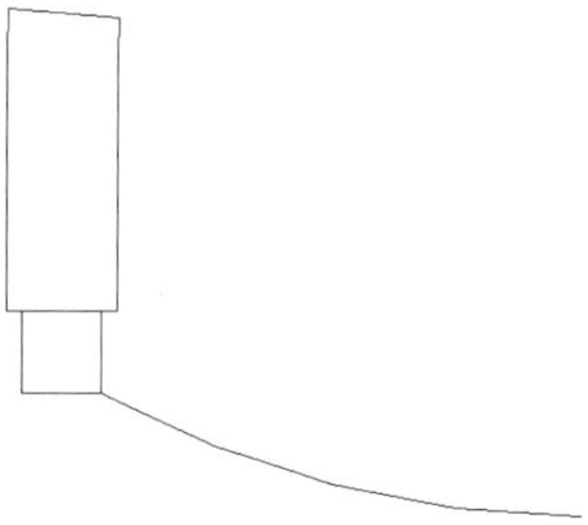

图 6-43　绘制矩形

（6）单击“默认”选项卡“绘图”面板中的“圆弧”按钮和“修改”面板中的“偏移”按钮，绘制椅子弧线靠背造型，如图 6-44 所示。命令行提示与操作如下：

```
命令：ARC↙（绘制弧线）
指定圆弧的起点或 [圆心(C)]：(指定起始点位置)
指定圆弧的第二个点或 [圆心(C)/端点(E)]：(指定中间点位置)
指定圆弧的端点：(指定终点位置)
命令：OFFSET↙（偏移生成平行线）
当前设置：删除源=否　图层=源　OFFSETGAPTYPE=0
指定偏移距离或 [通过(T)/删除(E)/图层(L)] <通过>：(输入偏移距离或指定通过点位置)
选择要偏移的对象，或 [退出(E)/放弃(U)] <退出>：(选择要偏移的图形)
指定要偏移的那一侧上的点，或 [退出(E)/多个(M)/放弃(U)] <退出>：
选择要偏移的对象，或 [退出(E)/放弃(U)] <退出>：↙（按 Enter 键结束）
```

（7）单击“默认”选项卡“绘图”面板中的“直线”按钮和“圆弧”按钮，并结合“修改”面板中的“偏移”按钮，绘制椅子背部造型，如图 6-45 所示。

注意：按椅子环形扶手及其靠背造型绘制另一段图形，构成椅子背部造型。

（8）单击“默认”选项卡“绘图”面板中的“圆弧”按钮，在靠背造型内侧绘制弧线造型，如图 6-46 所示。

（9）单击“默认”选项卡“修改”面板中的“镜像”按钮，以中间的轴线位置作为镜像线进行镜像，得到整个椅子造型，如图 6-47 所示。

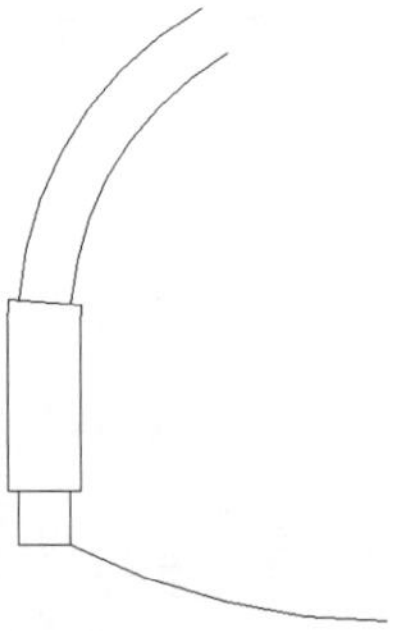

图 6-44　绘制弧线靠背

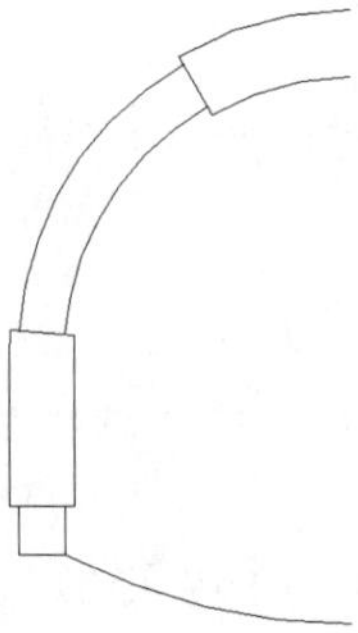

图 6-45　绘制椅子背部造型

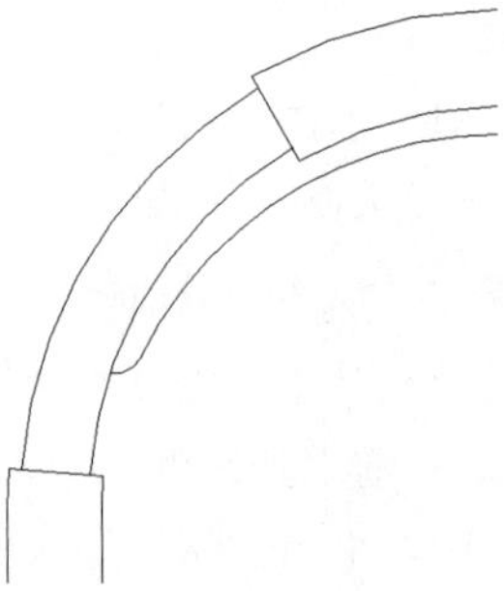

图 6-46　绘制内侧弧线

注意： 因为椅子造型是左右对称的，所以此处可以使用“镜像”功能。

（10）单击“默认”选项卡“修改”面板中的“移动”按钮，调整椅子与餐桌的位置，如图 6-48 所示。

（11）单击“默认”选项卡“修改”面板中的“镜像”按钮，得到餐桌另一端对称的椅子，如图 6-49 所示。

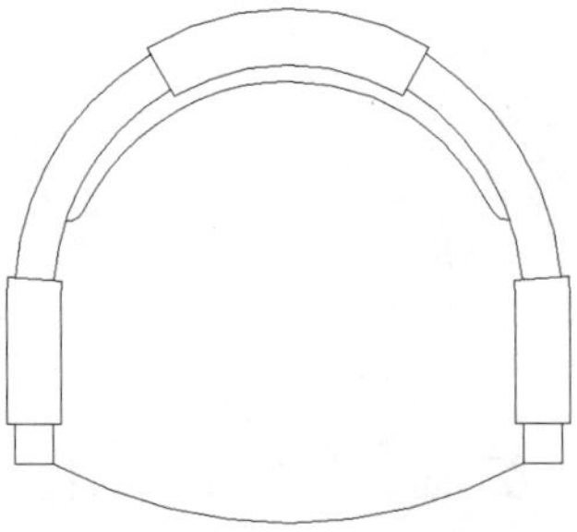

图 6-47　得到椅子造型

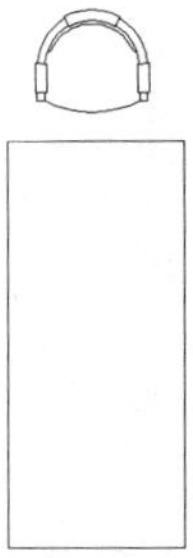

图 6-48　调整椅子位置

图 6-49　得到对称椅子

（12）单击“默认”选项卡“修改”面板中的“复制”按钮，复制一个椅子造型，如图 6-50 所示。

注意： 先复制椅子，再通过旋转或移动来布置椅子。

（13）单击“默认”选项卡“修改”面板中的“旋转”按钮，将复制的椅子旋转 90°，结果如图 6-51 所示。

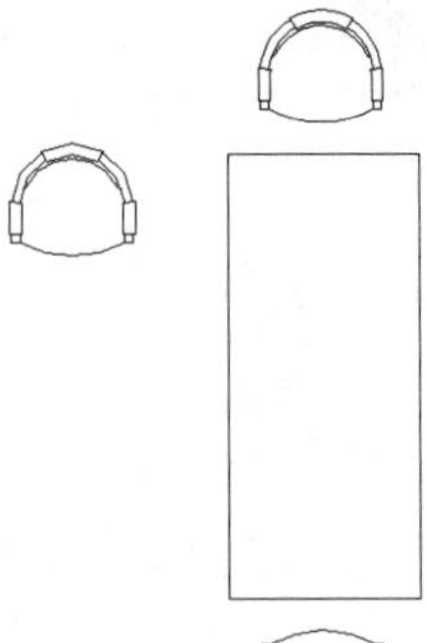

图 6-50　复制椅子

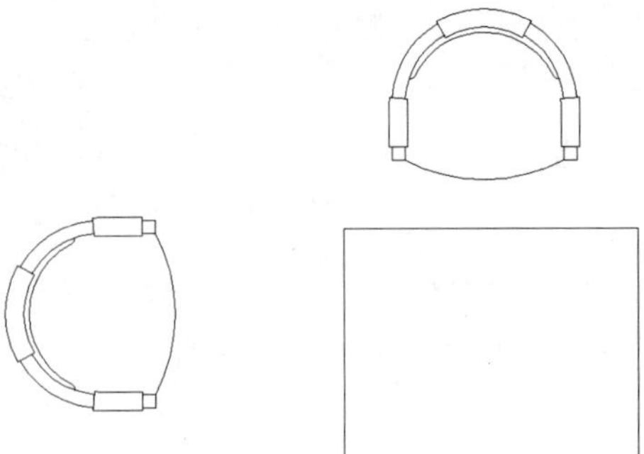

图 6-51　旋转椅子

（14）单击“默认”选项卡“修改”面板中的“复制”按钮，复制刚旋转后的椅子，得到餐桌一侧的椅子造型，如图 6-52 所示。

（15）单击“默认”选项卡“修改”面板中的“镜像”按钮，镜像刚得到的餐桌一侧的椅子，得到餐桌另一侧的椅子造型，如图 6-53 所示。

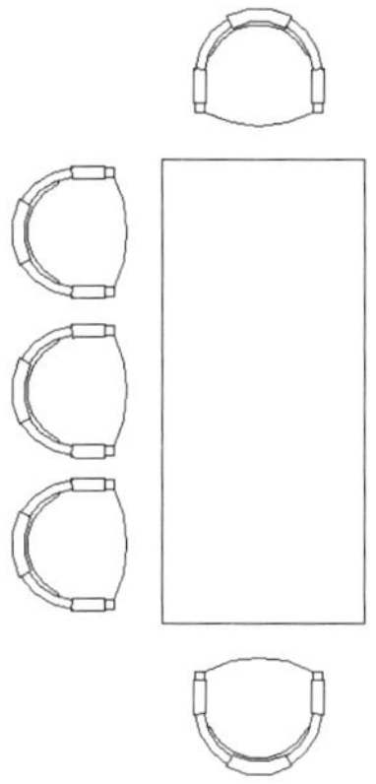

图 6-52　复制得到餐桌一侧的椅子造型

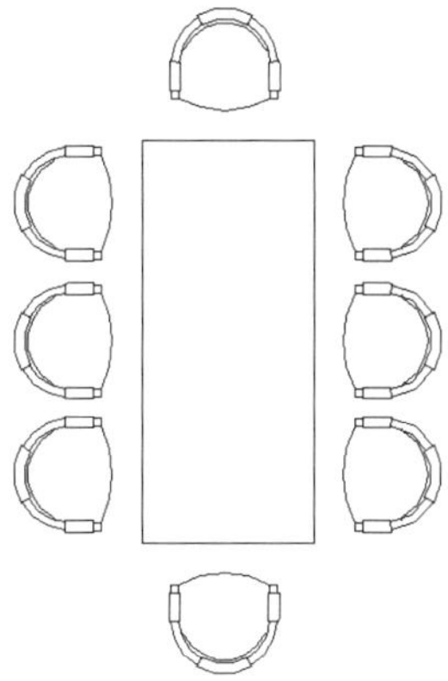

图 6-53　镜像得到餐桌另一侧的椅子造型

6.5　实例——绘制计算机桌椅

本实例首先绘制桌子，然后绘制椅子，再绘制计算机，最后绘制键盘。绘制流程如图 6-54 所示。

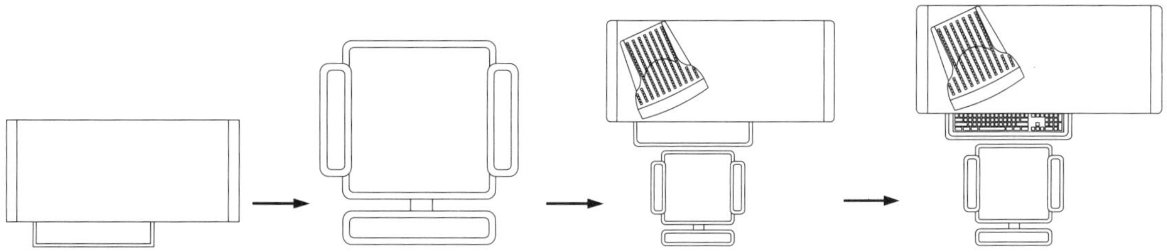

图 6-54　计算机桌椅的绘制流程

操作步骤

（1）单击“默认”选项卡“图层”面板中的“图层特性”按钮，打开“图层特性管理器”选项板，新建图层，如图 6-55 所示。

（2）将“2”图层设置为当前图层，单击“默认”选项卡“绘图”面板中的“矩形”按钮，绘制矩形。命令行提示与操作如下：

```
命令：_rectang↙
指定第一个角点或 [倒角(C)/标高(E)/圆角(F)/厚度(T)/宽度(W)]：0,589↙
指定另一个角点或 [面积(A)/尺寸(D)/旋转(R)]：1100,1069↙
```

重复“矩形”命令，绘制角点坐标分别为{（50,589），（1050,1069）}、{（129,589），（700,471）}的另外两个矩形。

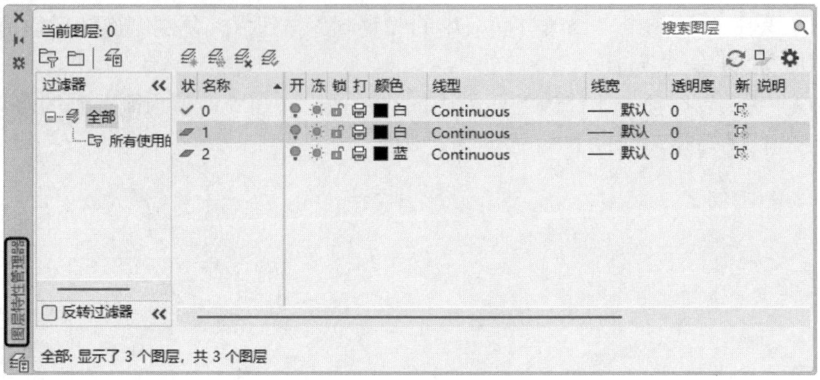

图 6-55　新建图层

将“1”图层设置为当前图层，重复“矩形”命令，绘制两角点坐标分别为（144,589）和（684,486）的矩形。

绘制结果如图 6-56 所示。

（3）单击“默认”选项卡“修改”面板中的“圆角”按钮，将圆角半径设为 20，将桌子的拐角与键盘抽屉均做圆角处理，绘制结果如图 6-57 所示。

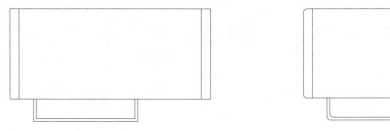

图 6-56　绘制矩形

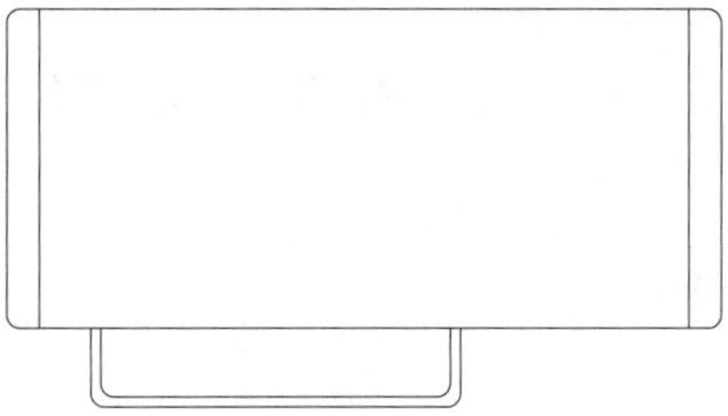

图 6-57　圆角处理

（4）将“2”图层设置为当前图层，单击“默认”选项卡“绘图”面板中的“矩形”按钮，绘制矩形。命令行提示与操作如下：

```
命令: _rectang↙
指定第一个角点或 [倒角(C)/标高(E)/圆角(F)/厚度(T)/宽度(W)]: 212,150↙
指定另一个角点或 [面积(A)/尺寸(D)/旋转(R)]: 283,400↙
```

重复“矩形”命令，绘制角点坐标分别为{（263,100），（612,450）}、{（593,150），（663,400）}、{（418,74），（468,100）}、{（264,0），（612,74）}的另外 4 个矩形。

将“1”图层设置为当前图层，重复“矩形”命令，绘制角点坐标分别为{（228,165），（268,385）}、{（278,115），（598,435）}、{（608,165），（647,385）}、{（279,15），（597,59）}的矩形。

绘制结果如图 6-58 所示。

（5）单击“默认”选项卡“修改”面板中的“圆角”按钮，将椅子外侧矩形的圆角半径设为 20，将内侧矩形的圆角半径设为 10，对椅子进行倒圆角处理。绘制结果如图 6-59 所示。

（6）单击“默认”选项卡“修改”面板中的“修剪”按钮，修剪图形，将图 6-59 中的图形修剪成如图 6-60 所示的结果。

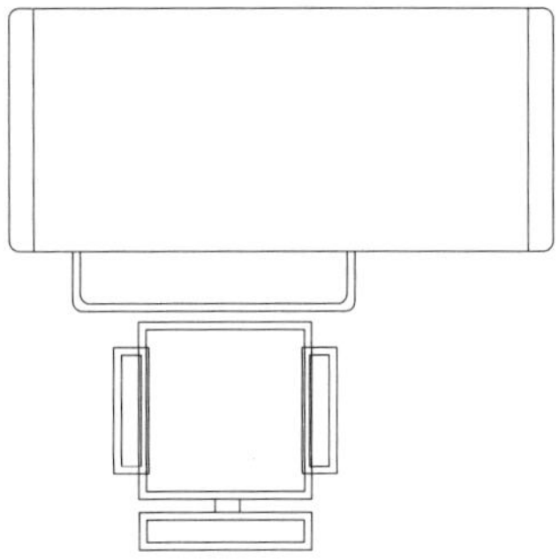
图 6-58　绘制椅子

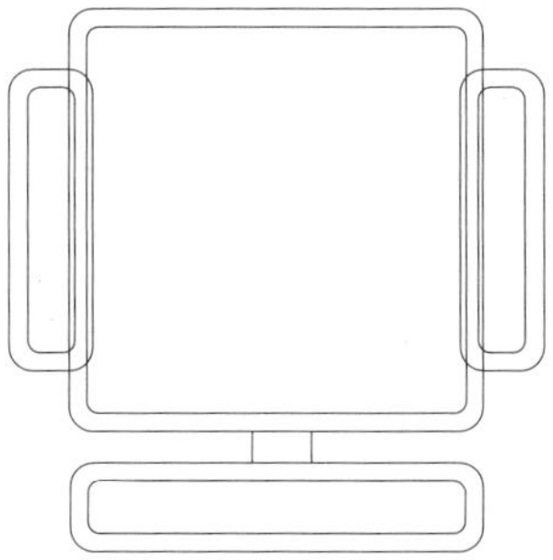
图 6-59　倒圆角处理

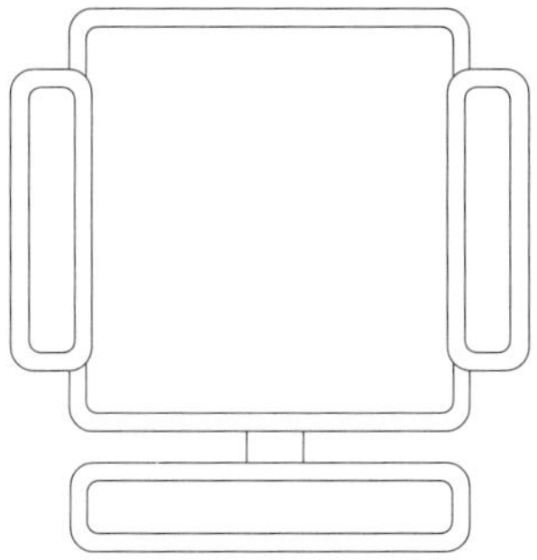
图 6-60　修剪处理

Note

视频讲解

（7）单击“默认”选项卡“绘图”面板中的“多段线”按钮⌒，绘制计算机。命令行提示与操作如下：

```
命令: _pline↙
指定起点: 100,627↙
当前线宽为 0.0000
指定下一个点或 [圆弧(A)/半宽(H)/长度(L)/放弃(U)/宽度(W)]: @0,50↙
指定下一点或 [圆弧(A)/闭合(C)/半宽(H)/长度(L)/放弃(U)/宽度(W)]: a↙
指定圆弧的端点(按住 Ctrl 键以切换方向)或[角度(A)/圆心(CE)/闭合(CL)/方向(D)/半宽(H)/直线(L)/半径(R)/第二个点(S)/放弃(U)/宽度(W)]: 128,757↙
指定圆弧的端点(按住 Ctrl 键以切换方向)或[角度(A)/圆心(CE)/闭合(CL)/方向(D)/半宽(H)/直线(L)/半径(R)/第二个点(S)/放弃(U)/宽度(W)]: s↙
指定圆弧上的第二个点: 155,776↙
指定圆弧的端点: 174,824↙
指定圆弧的端点(按住 Ctrl 键以切换方向)或[角度(A)/圆心(CE)/闭合(CL)/方向(D)/半宽(H)/直线(L)/半径(R)/第二个点(S)/放弃(U)/宽度(W)]: l↙
指定下一点或 [圆弧(A)/闭合(C)/半宽(H)/长度(L)/放弃(U)/宽度(W)]: 174,1004↙
指定下一点或 [圆弧(A)/闭合(C)/半宽(H)/长度(L)/放弃(U)/宽度(W)]: 374,1004↙
指定下一点或 [圆弧(A)/闭合(C)/半宽(H)/长度(L)/放弃(U)/宽度(W)]: 374,824↙
指定下一点或 [圆弧(A)/闭合(C)/半宽(H)/长度(L)/放弃(U)/宽度(W)]: a↙
指定圆弧的端点(按住 Ctrl 键以切换方向)或[角度(A)/圆心(CE)/闭合(CL)/方向(D)/半宽(H)/直线(L)/半径(R)/第二个点(S)/放弃(U)/宽度(W)]: s↙
指定圆弧上的第二个点: 390,780↙
指定圆弧的端点: 420,757↙
指定圆弧的端点(按住 Ctrl 键以切换方向)或[角度(A)/圆心(CE)/闭合(CL)/方向(D)/半宽(H)/直线(L)/半径(R)/第二个点(S)/放弃(U)/宽度(W)]: s↙
指定圆弧上的第二个点: 439,722↙
指定圆弧的端点: 449,677↙
指定圆弧的端点(按住 Ctrl 键以切换方向)或[角度(A)/圆心(CE)/闭合(CL)/方向(D)/半宽(H)/直线(L)/半径(R)/第二个点(S)/放弃(U)/宽度(W)]: l↙
指定下一点或 [圆弧(A)/闭合(C)/半宽(H)/长度(L)/放弃(U)/宽度(W)]: 449,627↙
指定下一点或 [圆弧(A)/闭合(C)/半宽(H)/长度(L)/放弃(U)/宽度(W)]: a↙
指定圆弧的端点(按住 Ctrl 键以切换方向)或[角度(A)/圆心(CE)/闭合(CL)/方向(D)/半宽(H)/直线(L)/半径(R)/第二个点(S)/放弃(U)/宽度(W)]: s↙
指定圆弧上的第二个点: 287,611↙
指定圆弧的端点: 100,627↙
指定圆弧的端点(按住 Ctrl 键以切换方向)或[角度(A)/圆心(CE)/闭合(CL)/方向(D)/半宽(H)/
```

```
直线(L)/半径(R)/第二个点(S)/放弃(U)/宽度(W)]:↙
    命令: _pline↙
    指定起点: 174,1004↙
    当前线宽为 0.0000↙
    指定下一个点或 [圆弧(A)/半宽(H)/长度(L)/放弃(U)/宽度(W)]: 164,1004↙
    指定下一点或 [圆弧(A)/闭合(C)/半宽(H)/长度(L)/放弃(U)/宽度(W)]: a↙
    指定圆弧的端点(按住 Ctrl 键以切换方向)或[角度(A)/圆心(CE)/闭合(CL)/方向(D)/半宽(H)/
直线(L)/半径(R)/第二个点(S)/放弃(U)/宽度(W)]: 154,995↙
    指定圆弧的端点(按住 Ctrl 键以切换方向)或[角度(A)/圆心(CE)/闭合(CL)/方向(D)/半宽(H)/
直线(L)/半径(R)/第二个点(S)/放弃(U)/宽度(W)]: l↙
    指定下一点或 [圆弧(A)/闭合(C)/半宽(H)/长度(L)/放弃(U)/宽度(W)]: 128,757↙
    指定下一点或 [圆弧(A)/闭合(C)/半宽(H)/长度(L)/放弃(U)/宽度(W)]: ↙
    命令: _pline↙
    指定起点: 374,1004↙
    当前线宽为 0.0000
    指定下一个点或 [圆弧(A)/半宽(H)/长度(L)/放弃(U)/宽度(W)]: 384,1004↙
    指定下一点或 [圆弧(A)/闭合(C)/半宽(H)/长度(L)/放弃(U)/宽度(W)]: a↙
    指定圆弧的端点(按住 Ctrl 键以切换方向)或[角度(A)/圆心(CE)/闭合(CL)/方向(D)/半宽(H)/
直线(L)/半径(R)/第二个点(S)/放弃(U)/宽度(W)]: 394,996↙
    指定圆弧的端点(按住 Ctrl 键以切换方向)或[角度(A)/圆心(CE)/闭合(CL)/方向(D)/半宽(H)/
直线(L)/半径(R)/第二个点(S)/放弃(U)/宽度(W)]: l↙
    指定下一点或 [圆弧(A)/闭合(C)/半宽(H)/长度(L)/放弃(U)/宽度(W)]: 420,757↙
    指定下一点或 [圆弧(A)/闭合(C)/半宽(H)/长度(L)/放弃(U)/宽度(W)]:
    命令: _arc
    指定圆弧的起点或 [圆心(C)]: 100,677↙
    指定圆弧的第二个点或 [圆心(C)/端点(E)]: 272,668↙
    指定圆弧的端点: 449,677↙
    命令: _arc
    指定圆弧的起点或 [圆心(C)]: 190,800↙
    指定圆弧的第二个点或 [圆心(C)/端点(E)]: 275,850↙
    指定圆弧的端点: 360,800↙
```

绘制结果如图 6-61 所示。

（8）单击“默认”选项卡“绘图”面板中的“矩形”按钮▭，绘制两个角点坐标分别是（120,690）和（130,700）的矩形。

（9）单击“默认”选项卡“修改”面板中的“矩形阵列”按钮☷，设置行数为 20、列数为 11、行间距为 15、列间距为 30，对矩形进行阵列处理，绘制结果如图 6-62 所示。

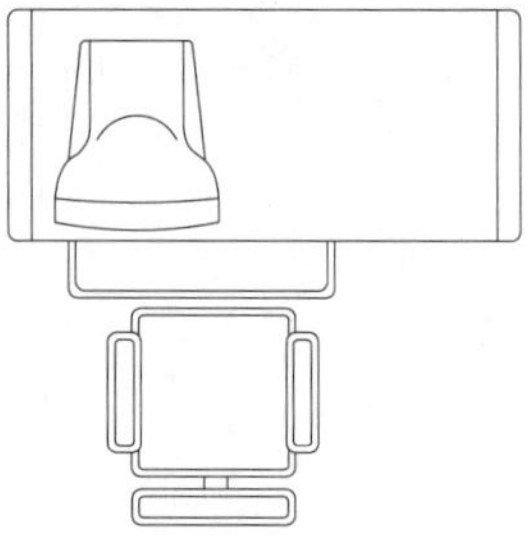

图 6-61　绘制计算机

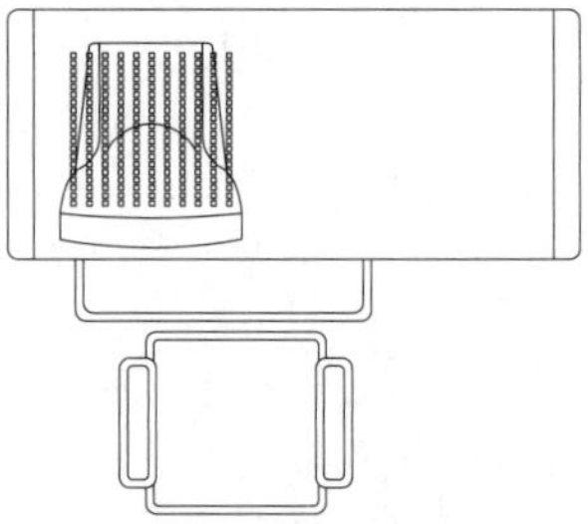

图 6-62　绘制矩形并阵列处理

（10）单击“默认”选项卡“修改”面板中的“删除”按钮，删除多余的矩形。

（11）单击“默认”选项卡“修改”面板中的“旋转”按钮，将计算机旋转 25°，效果如图 6-63 所示。

（12）单击“默认”选项卡“绘图”面板中的“矩形”按钮，绘制键盘。绘制结果如图 6-64 所示。

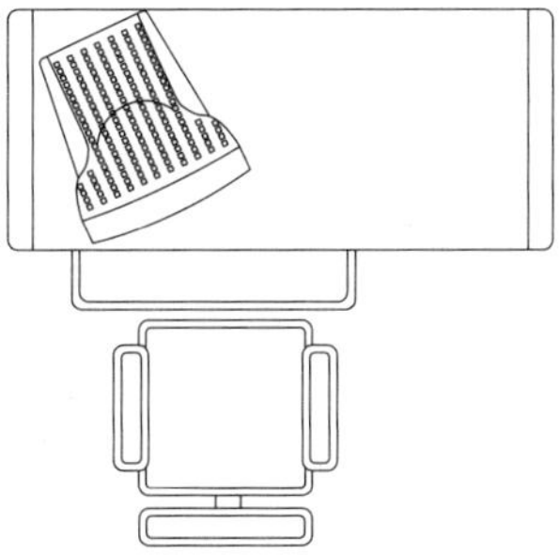

图 6-63　删除多余的矩形并旋转计算机

图 6-64　绘制键盘

6.6　实践与操作

通过本章前面的学习，读者对本章知识已经有了大体的了解。本节将通过几个练习使读者进一步掌握本章的知识要点。

6.6.1　绘制方形椅子

1. 目的要求

本实践绘制的是如图 6-65 所示的椅子，涉及的命令有“矩形”“直线”“圆角”“创建块”。本实践要求读者掌握“创建块”命令的运用。

图 6-65　方形椅子

2. 操作提示

（1）利用“直线”和“矩形”命令绘制椅子轮廓线。

（2）利用“圆角”命令对图形进行圆角处理。

（3）利用“创建块”命令将椅子创建为块，以便调用。

6.6.2　绘制圆形椅子

1. 目的要求

本实践绘制的椅子主要由圆和圆弧组成，如图 6-66 所示。本实践要求读者掌握常见的椅凳类家具的绘制方法。

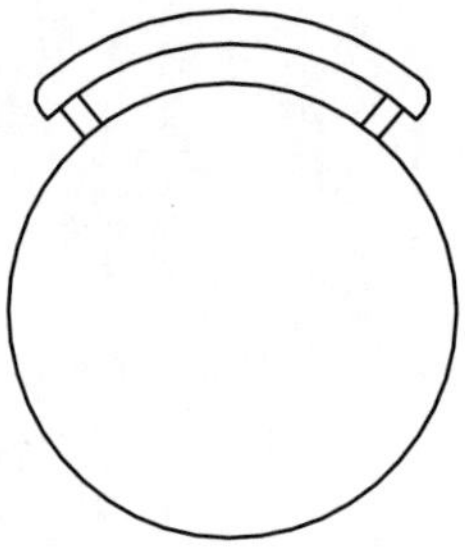

图 6-66　圆形椅子

2. 操作提示

（1）利用“圆”命令绘制椅子主体。

（2）利用“直线”和“圆弧”命令完成椅子的绘制。

6.6.3　绘制客厅沙发

1. 目的要求

本实践绘制的客厅沙发主要由一组沙发、茶几和台灯座组成，如图 6-67 所示。本实践要求读者进一步掌握组合椅凳类家具的绘制方法。

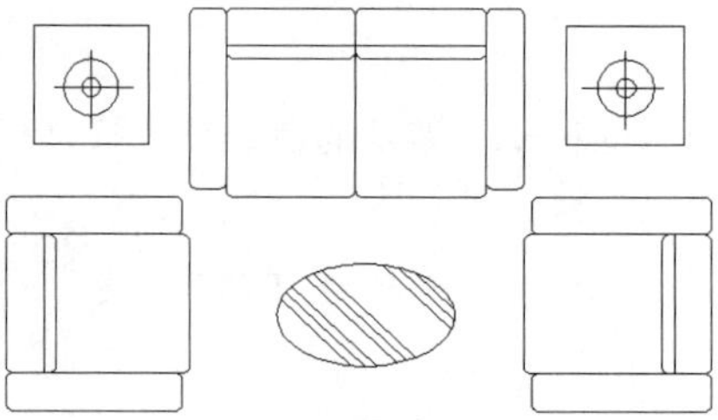

图 6-67　客厅沙发

2. 操作提示

（1）利用“矩形”“直线”“圆弧”“镜像”等命令绘制单人沙发。

（2）利用相似方法绘制双人沙发。

（3）利用“矩形”“圆”“直线”等命令绘制台灯座。

（4）镜像单人沙发和台灯座。

（5）利用“椭圆”和“图案填充”命令绘制茶几。

第7章

床类家具

在家具设计图中，床是必不可少的内容。床分为单人床和双人床。一般的住宅建筑中，卧室的位置及床的摆放均需要进行精心的设计，以方便房主居住生活，同时要考虑舒适、采光、美观等因素。本章将详细叙述床类家具的绘制方法，使读者进一步巩固二维图形的绘制和编辑。

☑ 按摩床
☑ 单人床
☑ 双人床和地毯
☑ 床和床头柜

任务驱动&项目案例

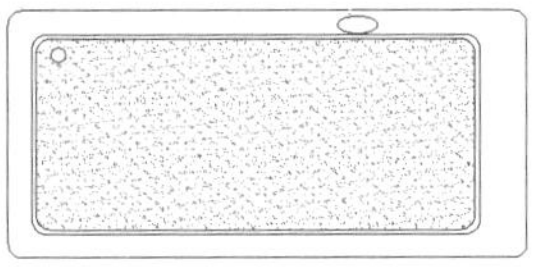

（1）

（2）

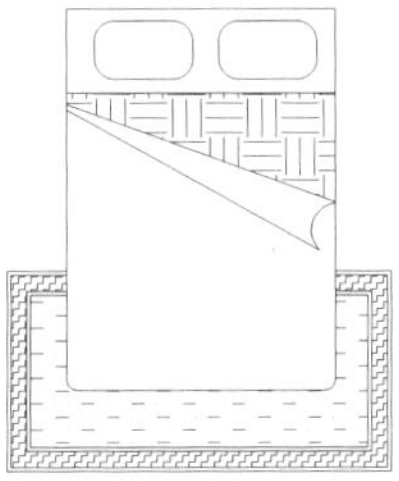

（3）

（4）

Note

视频讲解

7.1 实例——绘制按摩床

本实例将详细介绍按摩床的绘制方法和技巧。本实例首先绘制按摩床的轮廓，然后细化图形。绘制流程如图 7-1 所示。

图 7-1 按摩床的绘制流程

操作步骤

（1）单击“默认”选项卡“绘图”面板中的“矩形”按钮，绘制 2210×1040 的矩形，如图 7-2 所示。

（2）单击“默认”选项卡“修改”面板中的“偏移”按钮，将矩形向内侧偏移 100，如图 7-3 所示。

（3）单击“默认”选项卡“绘图”面板中的“矩形”按钮，以内部矩形左下角为起点，绘制 1910×840 的矩形，并删除内部的矩形，如图 7-4 所示。

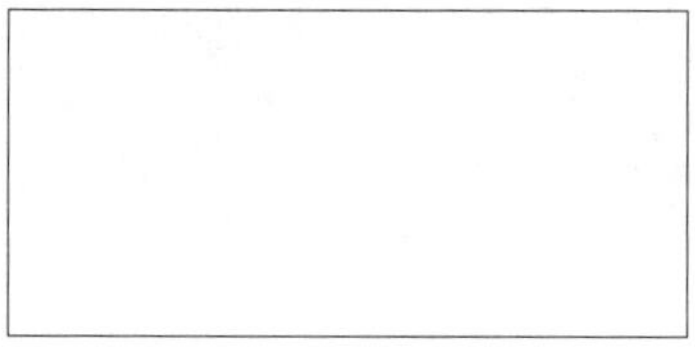

图 7-2 绘制矩形

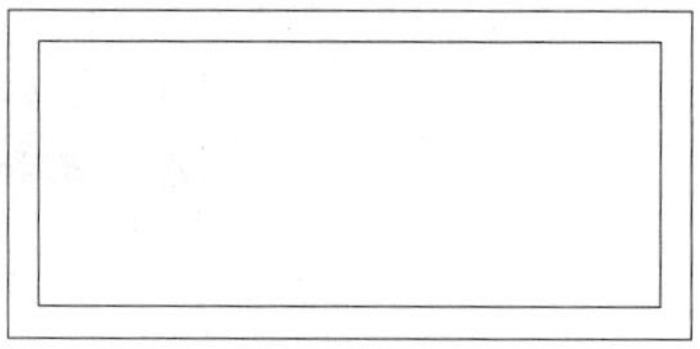

图 7-3 偏移矩形

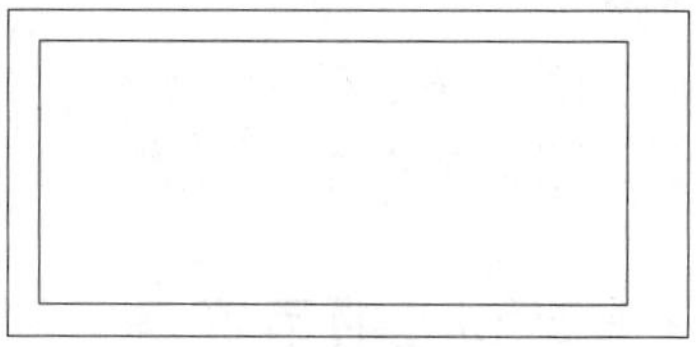

图 7-4 绘制新矩形

（4）单击“默认”选项卡“修改”面板中的“偏移”按钮，将内部的矩形向内偏移 20，如图7-5 所示。

（5）单击“默认”选项卡“修改”面板中的“圆角”按钮，设置圆角半径为 60，对所有矩形的角进行倒圆角处理，如图 7-6 所示。

图 7-5 偏移内部矩形

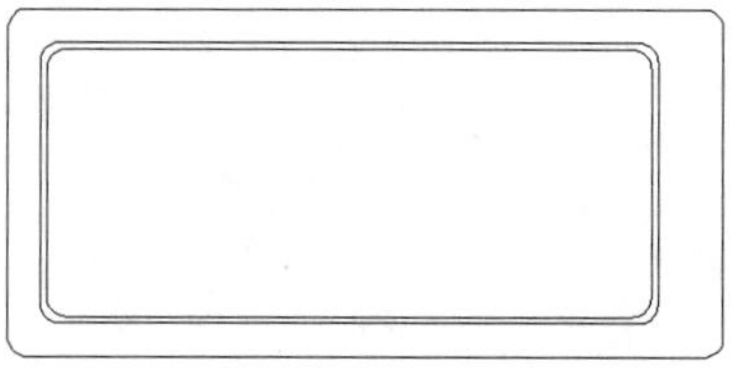

图 7-6 倒圆角

（6）单击“默认”选项卡“绘图”面板中的“圆”按钮，在内部矩形的左上角绘制半径为 30 的圆，作为排气孔，如图 7-7 所示。

（7）单击“默认”选项卡“绘图”面板中的“椭圆”按钮，并在外部矩形的上侧边缘绘制椭圆，如图 7-8 所示。命令行提示与操作如下：

```
命令：_ellipse↙
指定椭圆的轴端点或 [圆弧(A)/中心点(C)]：(在适当位置处单击以指定轴端点)
指定轴的另一个端点：
指定另一条半轴长度或 [旋转(R)]：
```

图 7-7　绘制圆

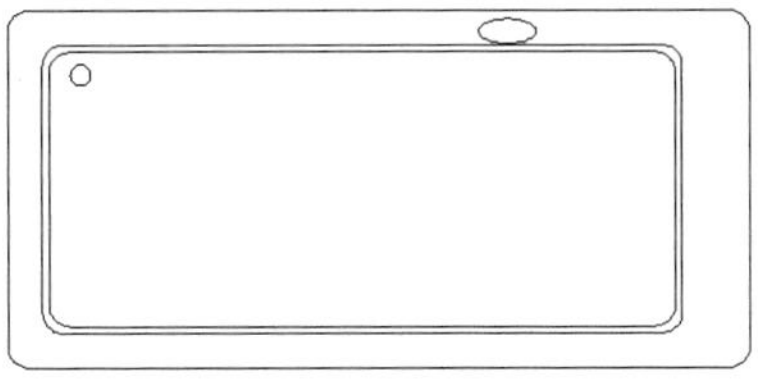

图 7-8　绘制椭圆

（8）单击“默认”选项卡“绘图”面板中的“图案填充”按钮▨，打开“图案填充创建”选项卡，设置“图案”为 AR-SAND，比例为 1，如图 7-9 所示。在内部矩形的内侧单击，按 Enter 键确认，填充图案，如图 7-10 所示。

图 7-9　“图案填充创建”选项卡

（9）在命令行中输入 WBLOCK，打开“写块”对话框，将图形保存为块，以便调用，如图 7-11 所示。命令行提示与操作如下：

```
命令：WBLOCK↙
指定插入基点：
选择对象：(选择按摩床)
选择对象：↙
```

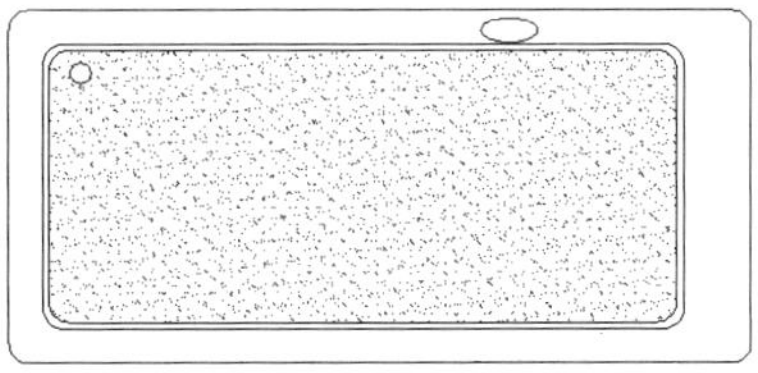

图 7-10　填充图案

图 7-11　保存图块

Note

7.2 实例——绘制单人床

本实例将详细介绍单人床的绘制方法和技巧。本实例首先绘制床，然后绘制被子、枕头，最后绘制垫子。绘制流程如图 7-12 所示。

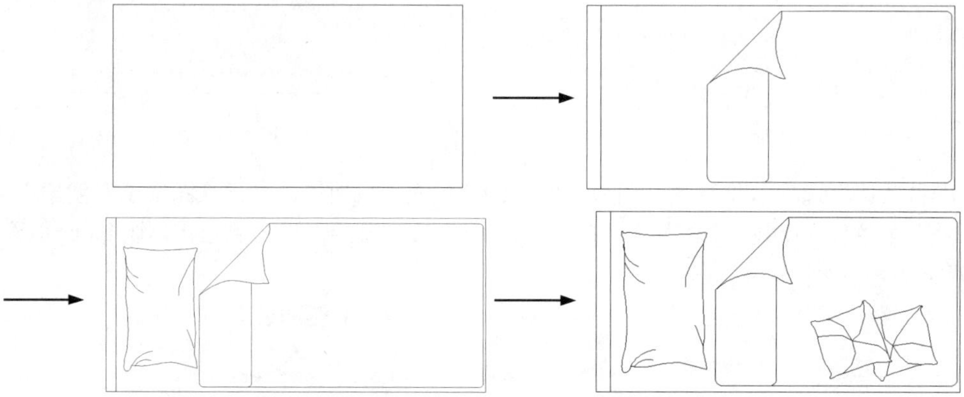

图 7-12　单人床的绘制流程

操作步骤

视频讲解

1. 绘制床平面

（1）单击“默认”选项卡“绘图”面板中的“矩形”按钮，绘制长为 300、宽为 150 的矩形，如图 7-13 所示。

（2）绘制完床的轮廓后，单击“默认”选项卡“绘图”面板中的“直线”按钮，在床左侧绘制一条垂直的直线，作为床头的平面图，如图 7-14 所示。

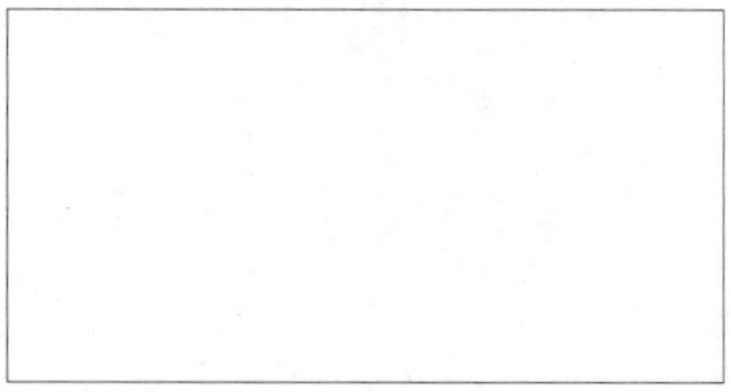

图 7-13　床轮廓

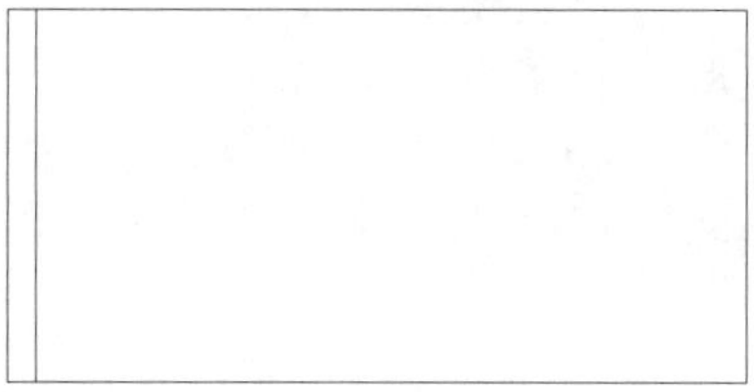

图 7-14　绘制床头

2. 绘制被子轮廓

（1）单击“默认”选项卡“绘图”面板中的“矩形”按钮，绘制一个长为 200、宽为 140 的矩形。

（2）单击“默认”选项卡“修改”面板中的“移动”按钮，移动到床的右侧。注意上下两边的间距要尽量相等，右侧距床轮廓的边缘稍近一些，如图 7-15 所示。此矩形即为被子的轮廓。

（3）单击“默认”选项卡“绘图”面板中的“矩形”按钮，在被子左顶端绘制一个长为 30、宽为 140 的矩形，如图 7-16 所示。

（4）单击“默认”选项卡“修改”面板中的“圆角”按钮，设置圆角半径为 5，对图形进行圆角处理，修改矩形的角部，如图 7-17 所示。

图 7-15　绘制被子轮廓

图 7-16　绘制矩形

（5）在被子轮廓的左上角绘制一条 45° 的斜线。

❶ 单击“默认”选项卡“绘图”面板中的“直线”按钮╱，绘制一条水平直线，如图 7-18 所示。

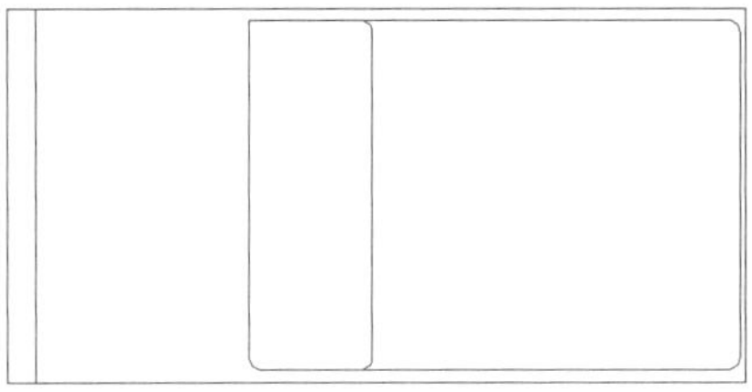

图 7-17　修改圆角

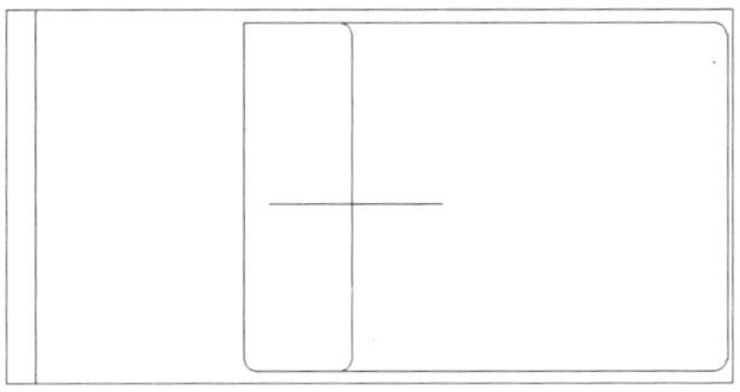

图 7-18　绘制直线

❷ 单击“默认”选项卡“修改”面板中的“旋转”按钮↻，选择线段中点为旋转基点，在角度提示行中输入 45 并按 Enter 键，旋转直线效果如图 7-19 所示。

❸ 单击“默认”选项卡“修改”面板中的“移动”按钮✥，将步骤❷中绘制的直线移动到适当的位置处，如图 7-20 所示。

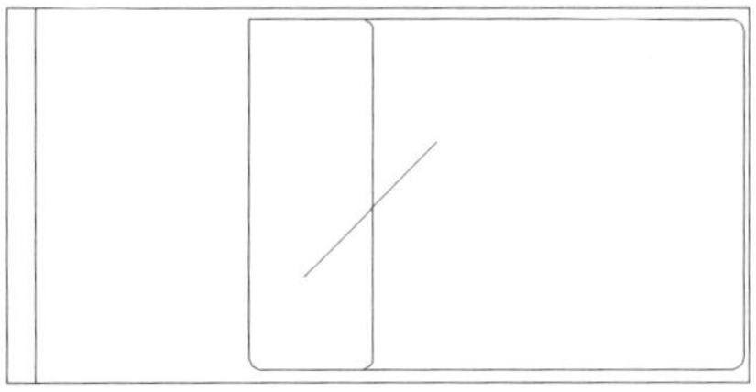

图 7-19　旋转直线

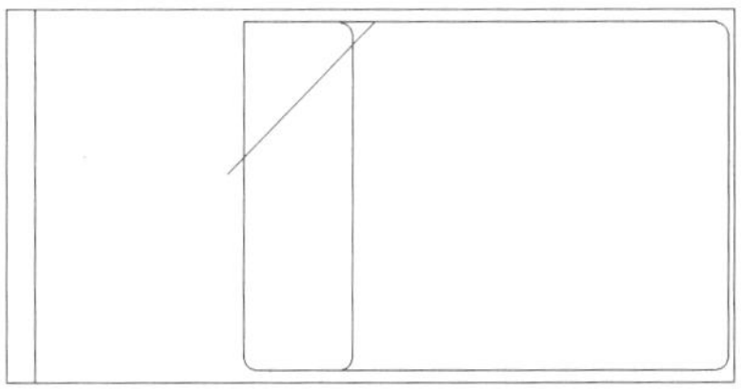

图 7-20　移动直线

❹ 单击“默认”选项卡“修改”面板中的“修剪”按钮✂，修剪多余直线，并删除多余线段，如图 7-21 所示。

（6）单击“默认”选项卡“绘图”面板中的“样条曲线拟合”按钮∿，在图形中绘制一条样条曲线，如图 7-22 所示。命令行提示与操作如下：

视频讲解

```
命令：_SPLINE↙
当前设置：方式=拟合　　节点=弦
指定第一个点或 [方式(M)/节点(K)/对象(O)]：_M↙
输入样条曲线创建方式 [拟合(F)/控制点(CV)] <拟合>：_FIT↙
当前设置：方式=拟合　　节点=弦
指定第一个点或 [方式(M)/节点(K)/对象(O)]：(选择点 A)
输入下一个点或 [起点切向(T)/公差(L)]：(选择点 B)
输入下一个点或 [起点切向(T)/公差(L)]：(选择点 C)
输入下一个点或 [端点相切(T)/公差(L)/放弃(U)/闭合(C)]：T↙
指定端点切向：(选择点 D)
```

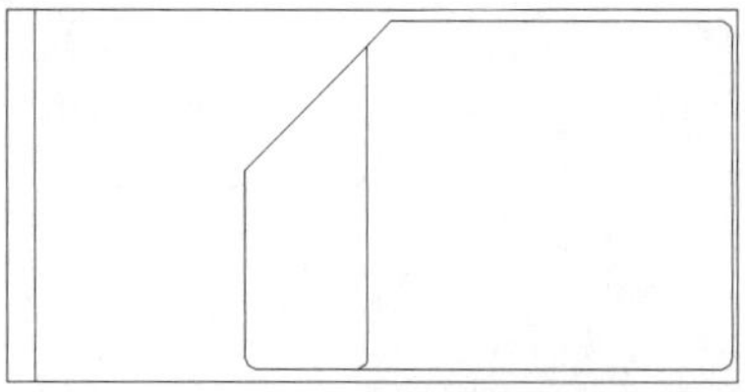

图 7-21　修剪并删除多余线段

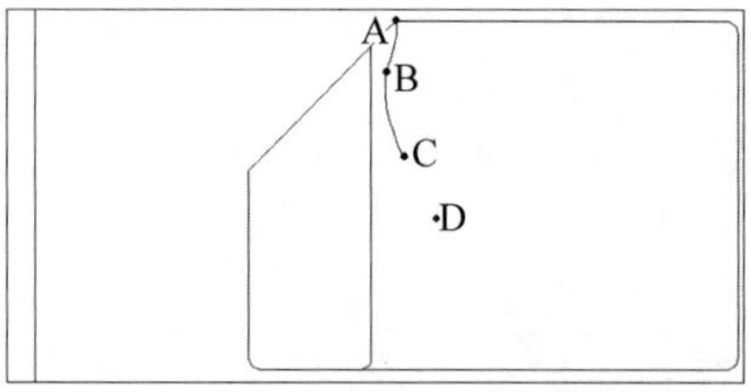

图 7-22　绘制样条曲线 1

（7）同理，另一侧的样条曲线如图 7-23 所示。首先依次单击点 A、B、C，然后选择点 D 为端点切线方向，完成另一侧样条曲线的绘制。

（8）单击“默认”选项卡“修改”面板中的“修剪”按钮，修剪多余直线，完成被子掀起角的绘制，如图 7-24 所示。

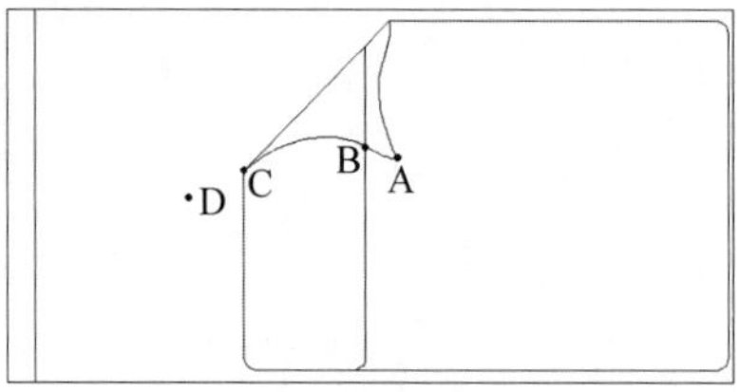

图 7-23　绘制样条曲线 2

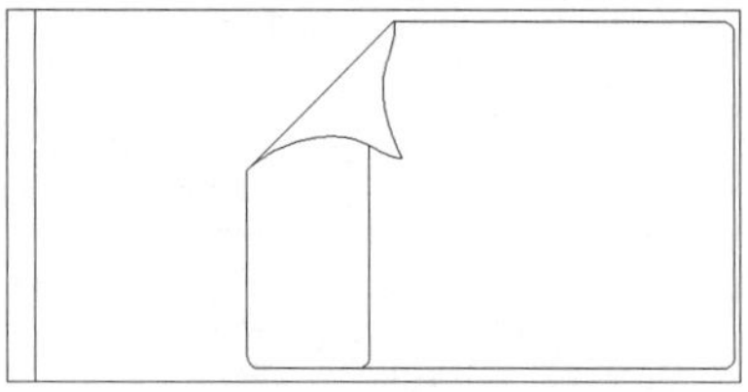

图 7-24　绘制掀起角

3. 绘制枕头轮廓

（1）单击“默认”选项卡“绘图”面板中的“样条曲线拟合”按钮，绘制枕头轮廓，如图 7-25 所示。

（2）单击“默认”选项卡“绘图”面板中的“圆弧”按钮，细化枕头内部，如图 7-26 所示。

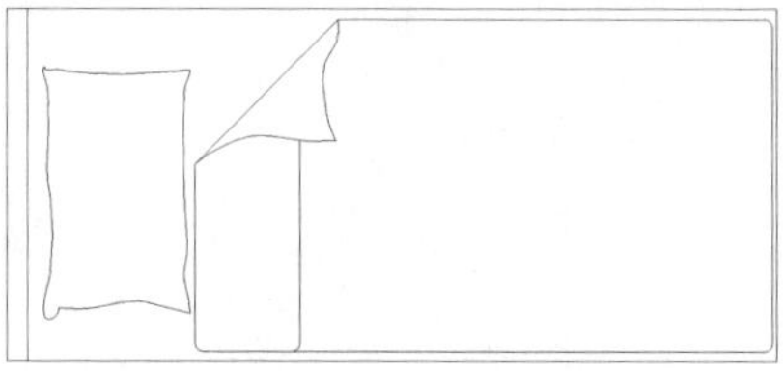

图 7-25　绘制枕头轮廓

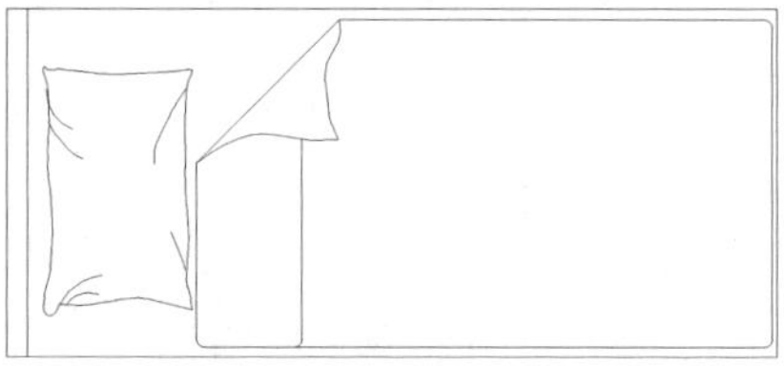

图 7-26　细化枕头内部

4. 绘制垫子轮廓

（1）单击“默认”选项卡“绘图”面板中的“样条曲线拟合”按钮，绘制垫子轮廓，如图 7-27 所示。

（2）单击“默认”选项卡“绘图”面板中的“圆弧”按钮，细化垫子内部，如图 7-28 所示。

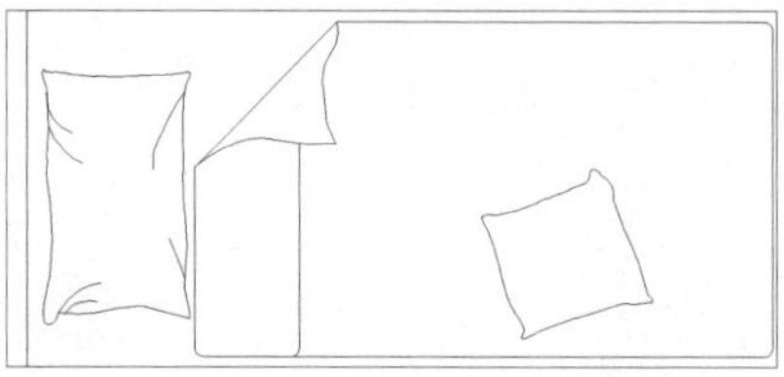

图 7-27　绘制垫子轮廓

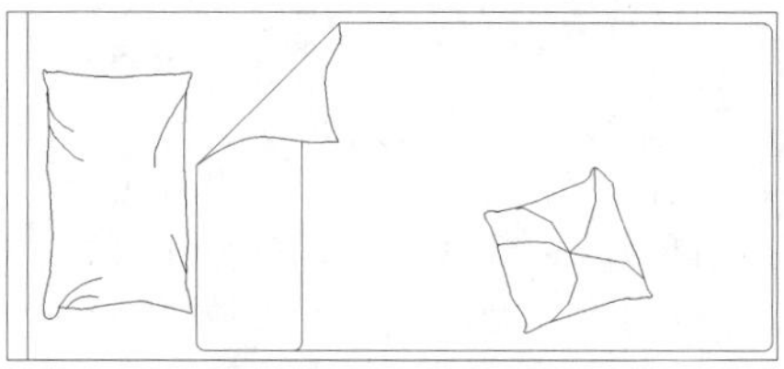

图 7-28　细化垫子内部

（3）单击“默认”选项卡“修改”面板中的“复制”按钮和“修剪”按钮，完成另一个垫子的绘制，如图 7-29 所示。

5. 将图形保存为块

在命令行中输入 WBLOCK，打开“写块”对话框，将图形保存为块，以便调用，如图 7-30 所示。

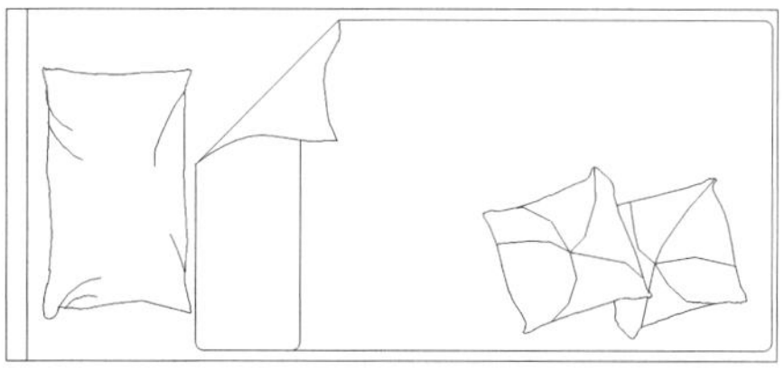

图 7-29　完成垫子的绘制

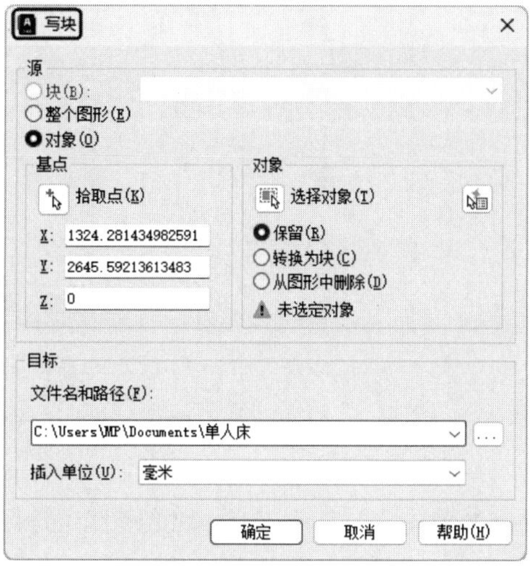

图 7-30　保存图块

Note

视频讲解

7.3　实例——绘制双人床和地毯

本实例将详细介绍双人床和地毯的绘制方法和技巧。本实例首先绘制床，然后绘制枕头，最后绘制地毯。绘制流程如图 7-31 所示。

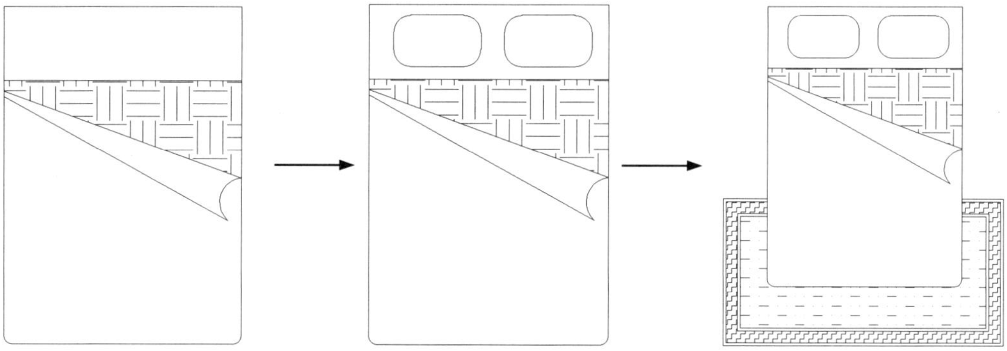

图 7-31　双人床和地毯的绘制流程

操作步骤

1. 绘制双人床

（1）单击“默认”选项卡“绘图”面板中的“矩形”按钮▭，绘制一个长为 1350、宽为 1900 的矩形，如图 7-32 所示。

（2）单击“默认”选项卡“修改”面板中的“分解”按钮，对矩形进行分解。

（3）单击“默认”选项卡“修改”面板中的“圆角”按钮，将圆角半径设置为 50，对矩形底

Note

部进行圆角处理，如图 7-33 所示。

（4）单击“默认”选项卡“修改”面板中的“偏移”按钮⊆，将矩形最上侧水平直线向下偏移，偏移距离为 418，如图 7-34 所示。

图 7-32　绘制矩形 1

图 7-33　绘制圆角 1

图 7-34　偏移直线

（5）单击“默认”选项卡“绘图”面板中的“直线”按钮╱，绘制两条斜线，如图 7-35 所示。

（6）单击“默认”选项卡“绘图”面板中的“圆弧”按钮⌒，绘制一段圆弧，完成被子折角的绘制，如图 7-36 所示。

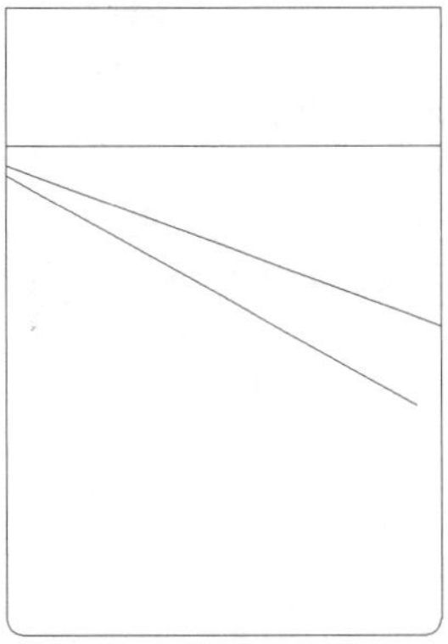

图 7-35　绘制被子折角

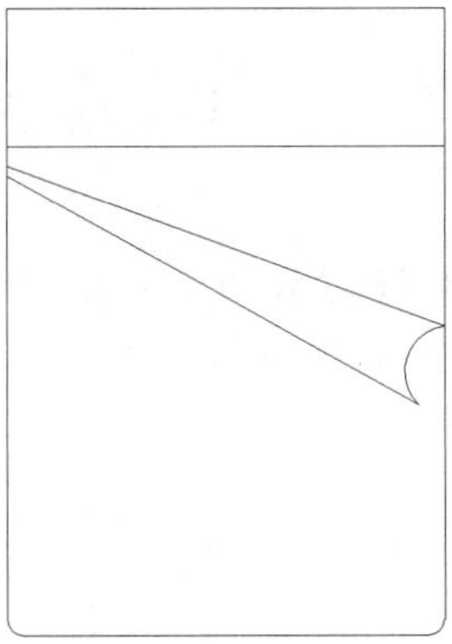

图 7-36　绘制圆弧

（7）单击“默认”选项卡“绘图”面板中的“图案填充”按钮▦，打开“图案填充创建”选项卡，设置图案为 EARTH，填充比例为 30，如图 7-37 所示。选择填充区域，填充图形，结果如图7-38 所示。

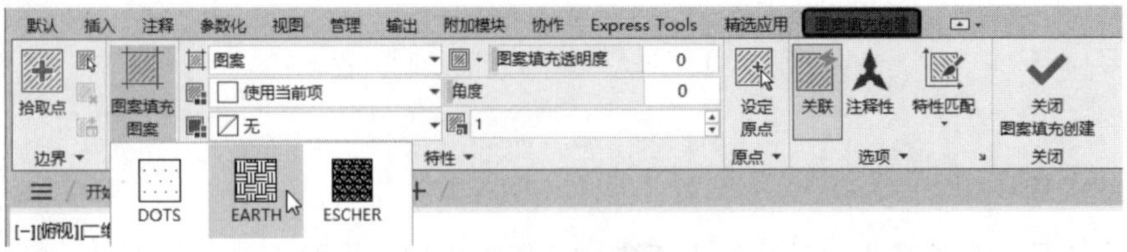

图 7-37　“图案填充创建”选项卡

（8）单击“默认”选项卡“绘图”面板中的“矩形”按钮□，在图中合适的位置处绘制一个长为 495、宽为 288 的矩形，结果如图 7-39 所示。

（9）单击“默认”选项卡“修改”面板中的“圆角”按钮，设置圆角半径为 100，对矩形进行圆角处理，完成枕头的绘制，如图 7-40 所示。

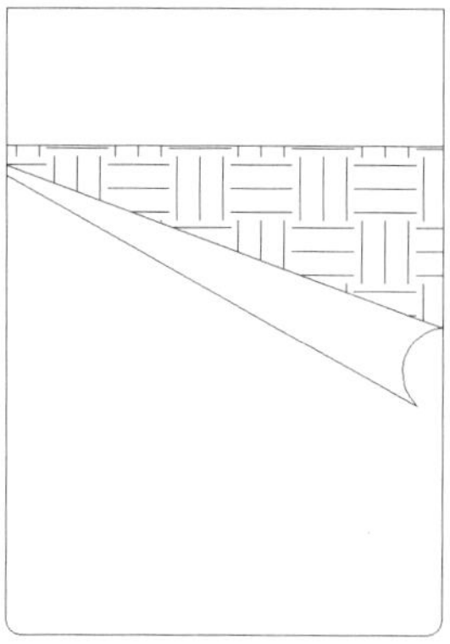

图 7-38　填充图形 1

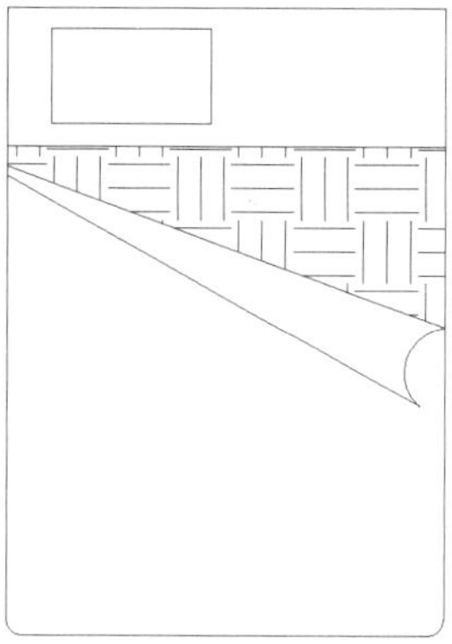

图 7-39　绘制矩形 2

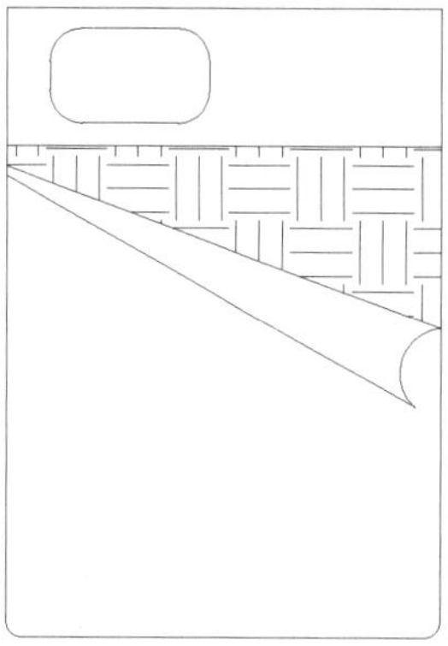

图 7-40　绘制圆角 2

（10）单击“默认”选项卡“修改”面板中的“复制”按钮，将步骤（9）中绘制的枕头复制到另一侧，完成双人床的绘制，如图 7-41 所示。

2. 绘制地毯

（1）单击“默认”选项卡“绘图”面板中的“矩形”按钮，在图中合适的位置处绘制一个长为 1940、宽为 996 的矩形，完成地毯外轮廓的绘制，如图 7-42 所示。

（2）单击“默认”选项卡“修改”面板中的“偏移”按钮，将矩形向内偏移，偏移距离依次为 20、80 和 20，如图 7-43 所示。

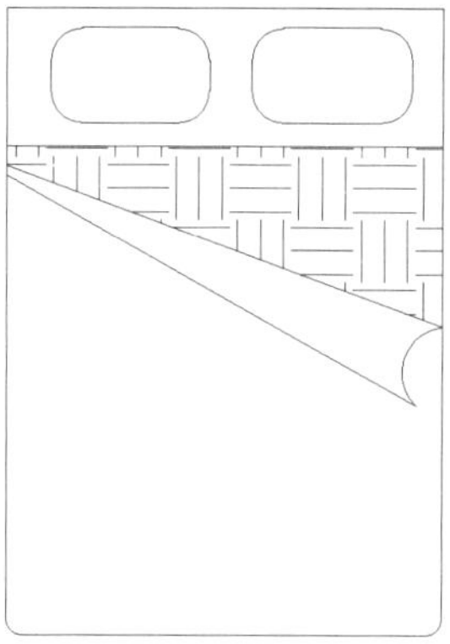

图 7-41　复制枕头

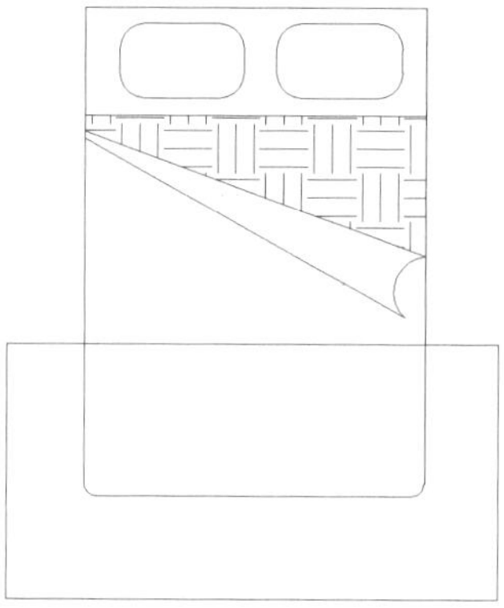

图 7-42　绘制矩形 3

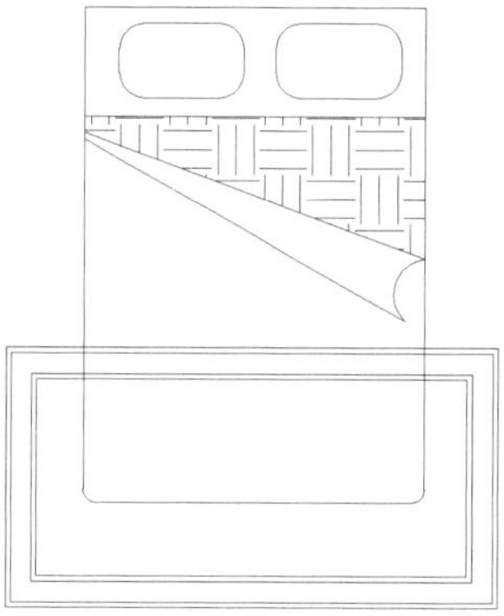

图 7-43　偏移矩形

（3）单击“默认”选项卡“修改”面板中的“修剪”按钮，修剪图形，如图 7-44 所示。

（4）单击“默认”选项卡“绘图”面板中的“图案填充”按钮，打开“图案填充创建”选项卡，设置图案为 ZIGZAG，填充比例为 10，选择填充区域，填充图形，结果如图 7-45 所示。

（5）同理，单击“默认”选项卡“绘图”面板中的“图案填充”按钮，打开“图案填充创建”选项卡，设置图案为 MUDST，填充比例为 10，选择填充区域，填充图形，完成地毯的绘制，结果如图 7-46 所示。

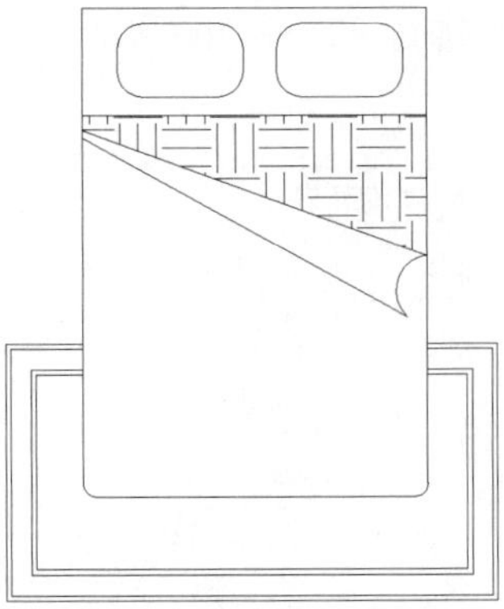

图 7-44　修剪图形

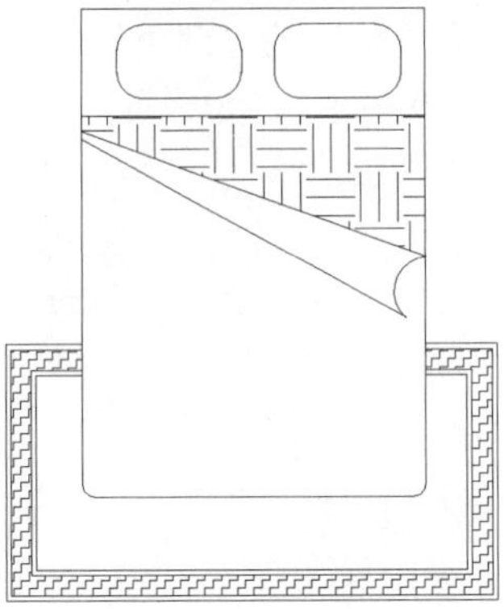

图 7-45　填充图形 2

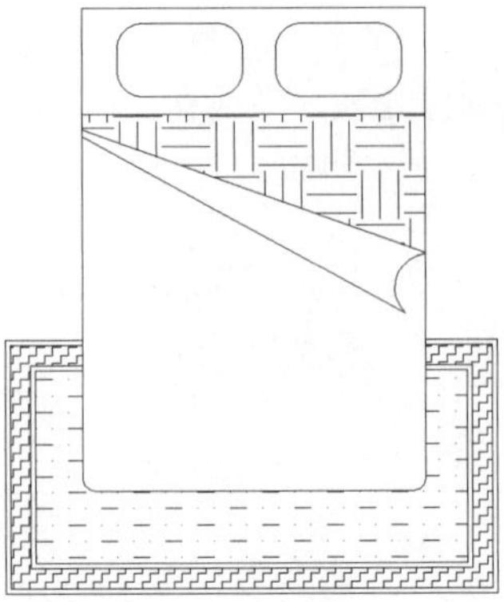

图 7-46　填充图形 3

7.4　实例——绘制床和床头柜

视频讲解

本实例将详细介绍床和床头柜的绘制方法和技巧。本实例首先绘制床，然后绘制枕头，再绘制靠垫，最后绘制床头柜。绘制流程如图 7-47 所示。

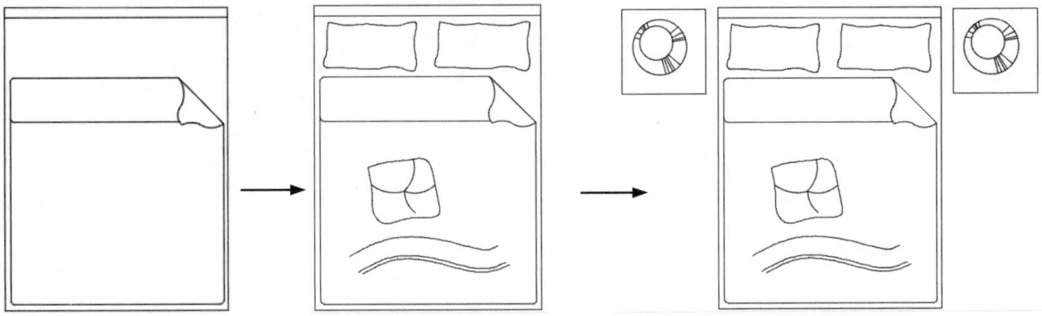

图 7-47　床和床头柜的绘制流程

操作步骤

1. 绘制双人床

（1）单击“默认”选项卡“绘图”面板中的“矩形”按钮，绘制长为 1500、宽为 2000 的矩形，完成双人床的外部轮廓线的绘制，如图 7-48 所示。

（2）单击“默认”选项卡“绘图”面板中的“直线”按钮，绘制床单造型，如图 7-49 所示。

图 7-48　绘制轮廓

图 7-49　绘制床单造型

（3）单击“默认”选项卡“绘图”面板中的“直线”按钮，进一步绘制床单造型，如图 7-50 所示。

（4）单击“默认”选项卡“修改”面板中的“圆角”按钮，将圆角半径设置为 30，对图形进行圆角处理，如图 7-51 所示。

（5）单击“默认”选项卡“修改”面板中的“倒角”按钮，对图形进行倒角处理，如图 7-52 所示。

图 7-50　进一步绘制床单造型

图 7-51　绘制圆角

图 7-52　绘制倒角

（6）单击“默认”选项卡“绘图”面板中的“圆弧”按钮，在图中合适的位置处绘制圆弧，如图 7-53 所示。

（7）单击“默认”选项卡“绘图”面板中的“样条曲线拟合”按钮，绘制枕头外轮廓造型，如图 7-54 所示。

注意：可以使用弧线命令 ARC、直线命令 LINE 等绘制枕头折线，使其效果更为逼真。

（8）单击“默认”选项卡“修改”面板中的“复制”按钮，复制枕头造型以得到另一个枕头造型，如图 7-55 所示。

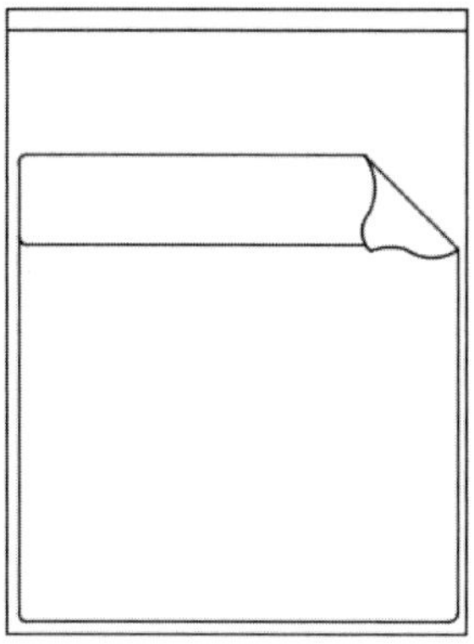

图 7-53　绘制圆弧

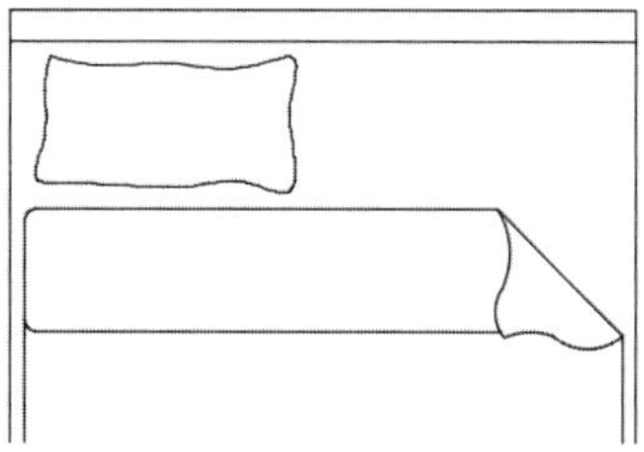

图 7-54　绘制外轮廓造型

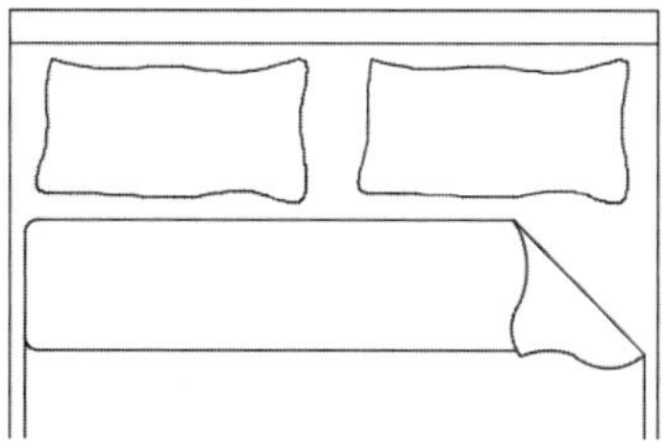

图 7-55　复制枕头造型

（9）单击“默认”选项卡“绘图”面板中的“样条曲线拟合”按钮，在床尾部建立床单尾部的造型，如图 7-56 所示。

（10）单击“默认”选项卡“修改”面板中的“偏移”按钮，通过偏移得到一组平行线造型，如图 7-57 所示。

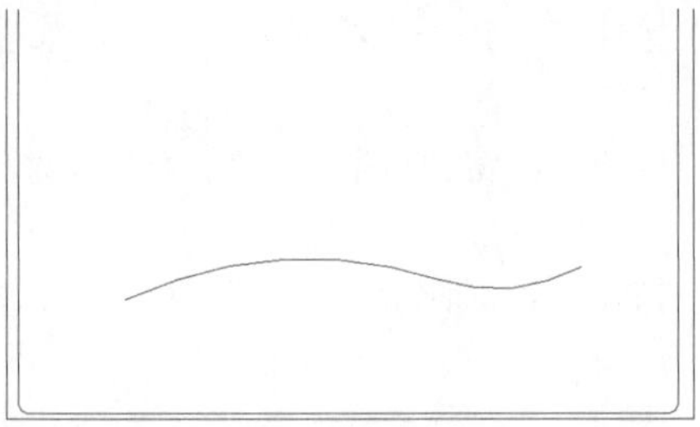

图 7-56　建立床单尾部造型

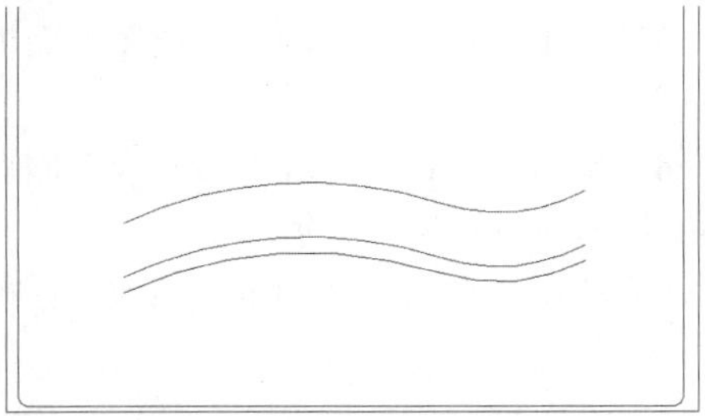

图 7-57　偏移得到平行线造型

（11）单击“默认”选项卡“绘图”面板中的“样条曲线拟合”按钮，绘制一个靠垫造型，如图 7-58 所示。

（12）单击“默认”选项卡“绘图”面板中的“圆弧”按钮，绘制靠垫内部线条造型，如图 7-59 所示。

2. 绘制床头柜

（1）单击“默认”选项卡“绘图”面板中的“多边形”按钮，绘制一个正方形，如图 7-60 所示。

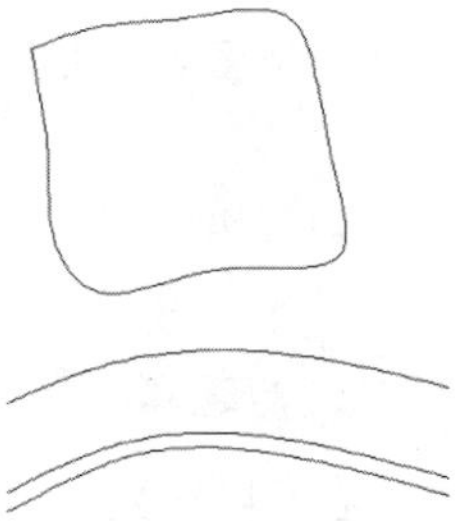

图 7-58　绘制靠垫造型

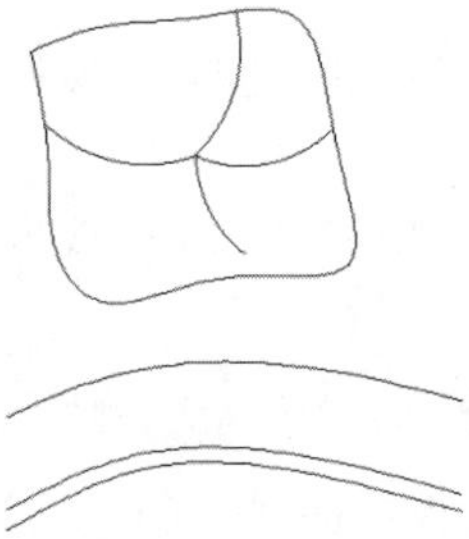

图 7-59　绘制靠垫内部线条造型

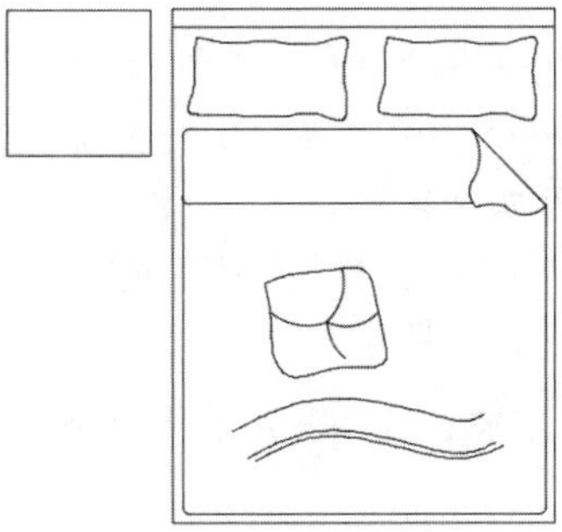

图 7-60　绘制正方形

注意：本例绘制床头灯造型为方形，也可以绘制成其他形状。

（2）单击“默认”选项卡“绘图”面板中的“圆”按钮，在正方形内侧绘制一个圆，如图 7-61 所示。

（3）使用同样的方法，单击“默认”选项卡“绘图”面板中的“圆”按钮，在步骤（2）中绘制的圆内绘制一个圆心位置不同的小圆，如图 7-62 所示。

（4）单击“默认”选项卡“绘图”面板中的“直线”按钮，绘制随机斜线，形成灯罩效果，如图7-63 所示。

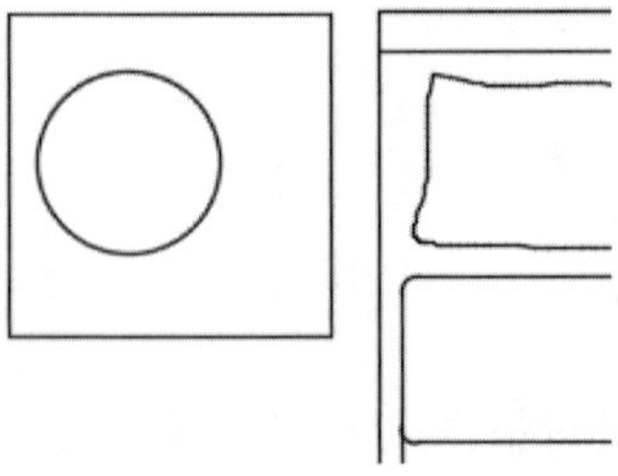

图 7-61　绘制圆

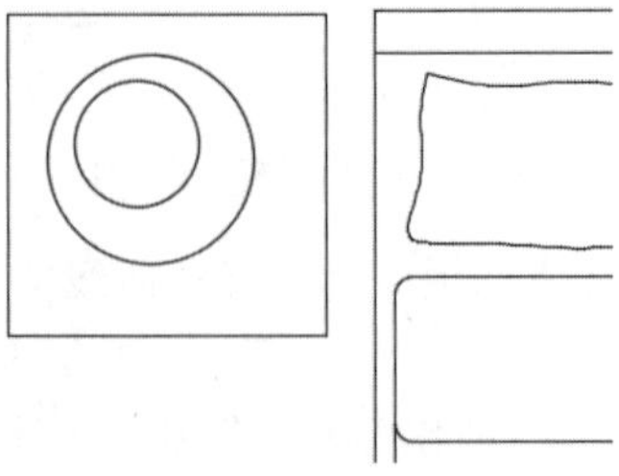

图 7-62　绘制小圆

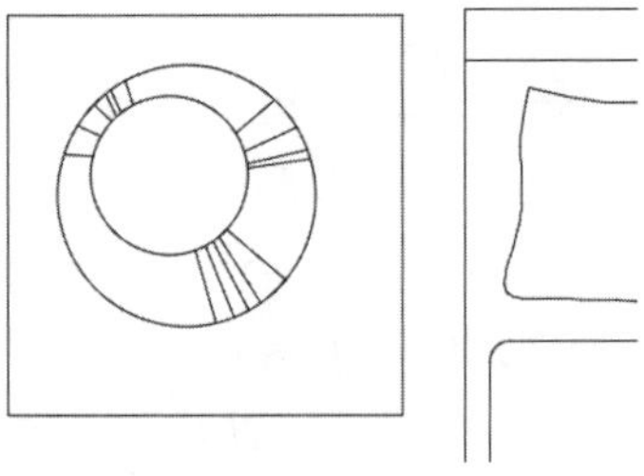

图 7-63　绘制灯罩

（5）单击“默认”选项卡“修改”面板中的“复制”按钮，复制刚绘制的灯罩，得到两个床头灯造型，如图7-64 所示。

（6）缩放视图，完成双人床及其床头灯平面造型设计，如图 7-65 所示。

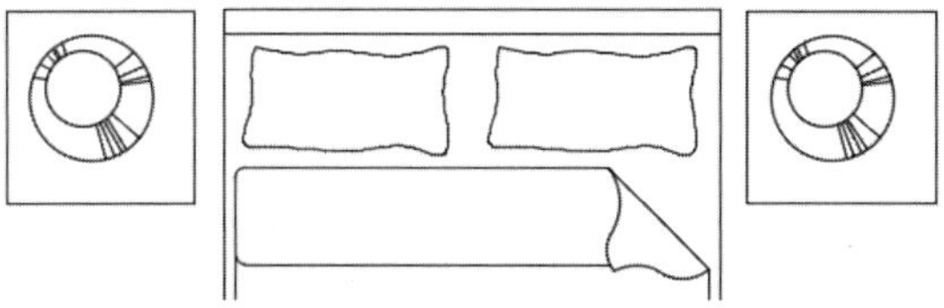

图 7-64 两个床头灯造型

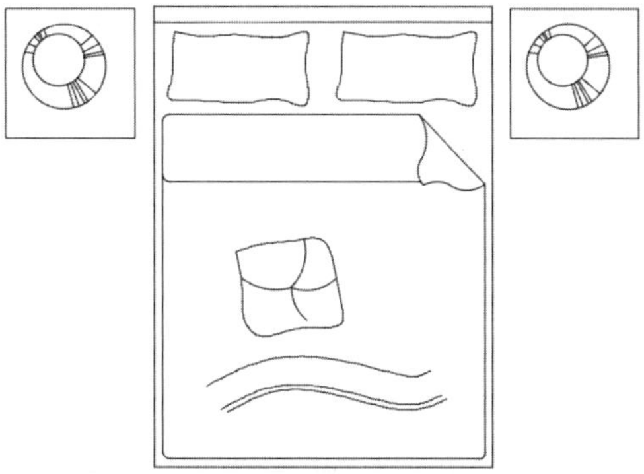

图 7-65 双人床及其床头灯平面造型

7.5 实践与操作

通过本章前面的学习，读者对本章知识已经有了大体的了解。本节将通过 3 个练习使读者进一步掌握本章知识要点。

7.5.1 绘制单人床

1. 目的要求

本实践绘制的是如图 7-66 所示的单人床，涉及的命令有“矩形”“分解”“偏移”“圆角”“圆弧”“修剪”。本实践可以帮助读者掌握床具的绘制方法。

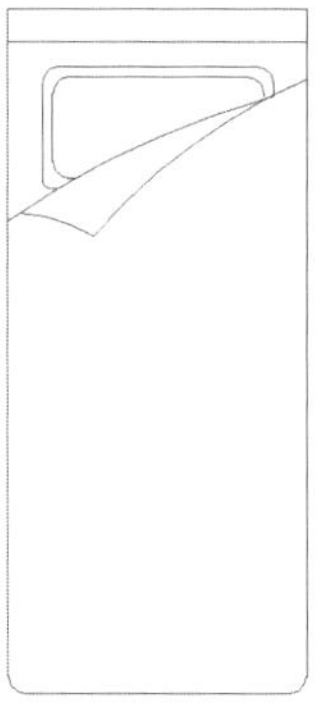

图 7-66 单人床

2. 操作提示

（1）利用“矩形”“分解”“偏移”“圆角”命令绘制床的基本轮廓。

（2）利用“圆弧”命令绘制折角。

（3）利用“矩形”“偏移”“圆角”命令绘制枕头。

（4）利用“修剪”命令修剪多余直线，最终完成图形的绘制。

7.5.2 绘制双人床

1. 目的要求

本实践绘制的是如图 7-67 所示的双人床，涉及的命令有“直线”“圆角”“样条曲线”“复制”。本实践可以帮助读者更进一步掌握床具图形的绘制方法。

2. 操作提示

（1）利用“直线”和“圆角”命令绘制床轮廓。

图 7-67　双人床

（2）利用“样条曲线”命令绘制枕头和垫子。

（3）利用“复制”命令复制枕头和垫子。

7.5.3　绘制床和床头柜

1. 目的要求

本实践绘制的是如图 7-68 所示的床和床头柜，涉及的主要命令有“矩形”“圆角”“圆弧”“圆”。本实践可以帮助读者熟练掌握床具类图形的绘制方法。

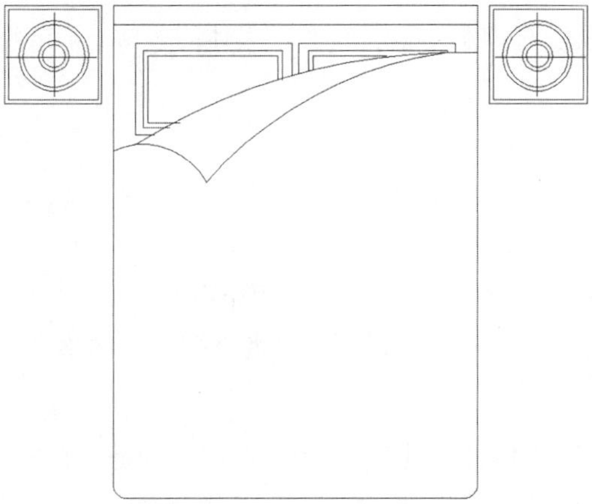

图 7-68　床和床头柜

2. 操作提示

（1）利用“矩形”和“圆角”命令绘制床轮廓。

（2）利用“圆弧”命令绘制被子折角。

（3）利用“矩形”命令绘制枕头。

（4）利用“矩形”和“圆”命令绘制床头柜。

第8章

桌台类家具

本章将详细叙述各种桌台类家具的绘制实例，使读者进一步巩固二维图形的绘制和编辑，灵活应用各种AutoCAD命令绘制桌台类家具的具体思路和方法。

☑ 家庭影院　　☑ 吧台

☑ 办公桌及其隔断　　☑ 会议桌椅

任务驱动&项目案例

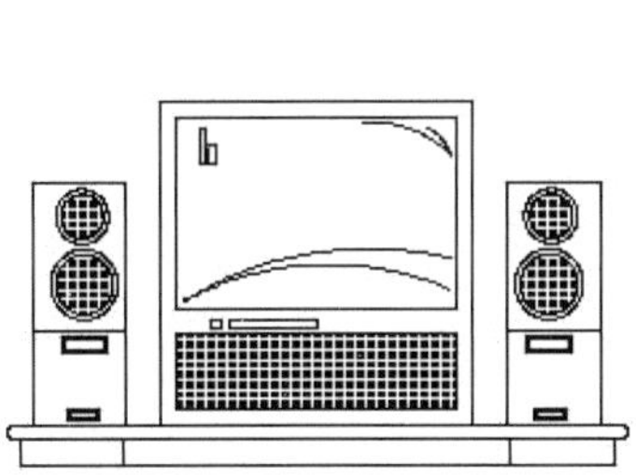

(1)

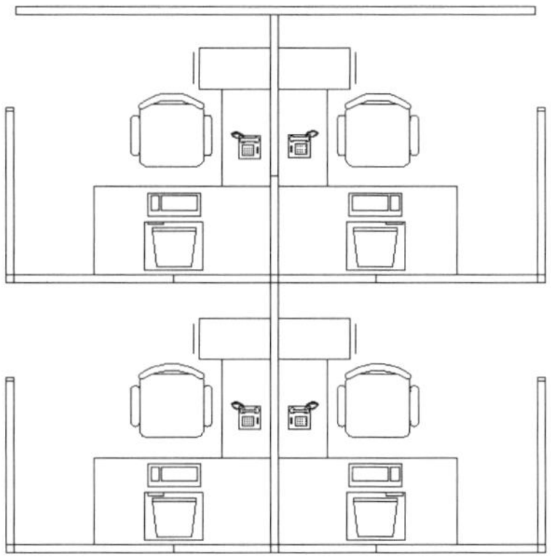

(2)

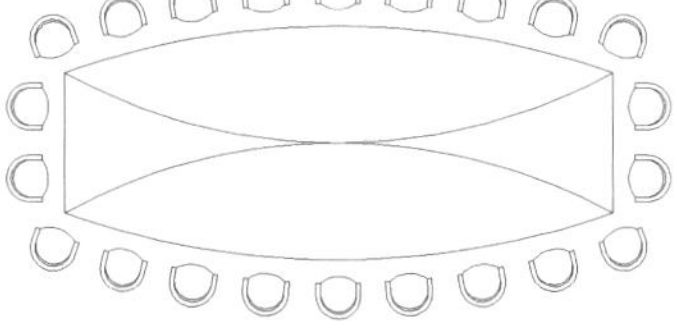

(3)

8.1 实例——绘制家庭影院

本实例在绘制过程中主要使用“矩形”“直线”“圆”“偏移”“圆弧”“圆角”“图案填充”命令。本实例首先绘制家庭影院的轮廓线，再进行细部加工。绘制流程如图 8-1 所示。

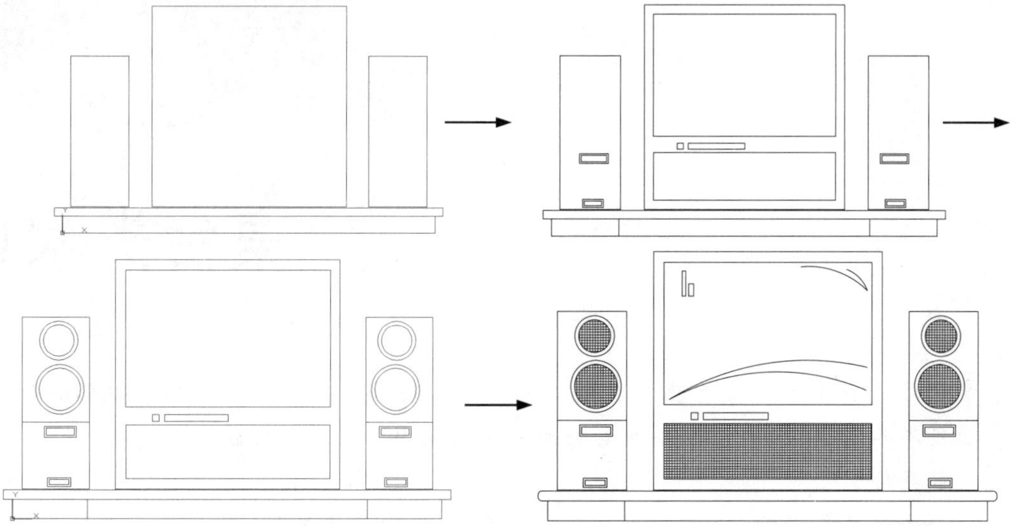

图 8-1 家庭影院的绘制流程

操作步骤

（1）单击“默认”选项卡“图层”面板中的“图层特性”按钮，打开“图层特性管理器”选项板，新建图层，如图 8-2 所示。

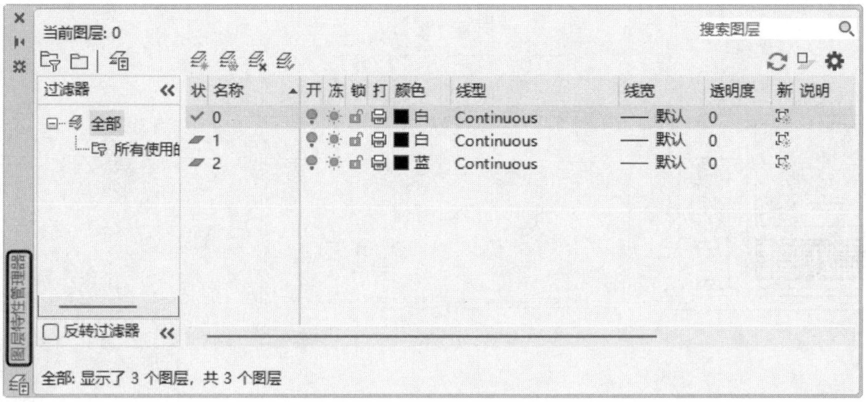

图 8-2 新建图层

（2）将当前图层设置为“2”图层，单击“默认”选项卡“绘图”面板中的“矩形”按钮，绘制矩形。命令行提示与操作如下：

```
命令: _rectang↙
指定第一个角点或 [倒角(C)/标高(E)/圆角(F)/厚度(T)/宽度(W)]: 0,0↙
指定另一个角点或 [面积(A)/尺寸(D)/旋转(R)]: 2300,100↙
```

结果如图 8-3 所示。

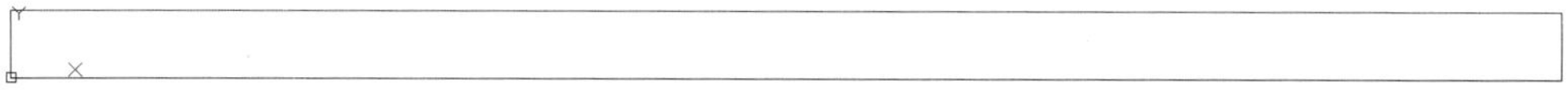

图 8-3　绘制矩形 1

（3）用同样的方法，单击“默认”选项卡“绘图”面板中的“矩形”按钮▭，端点坐标分别为{（−50,100），（2350,150）}、{（50,155），（@360,900）}、{（2250,155），（@−360,900）}、{（550,155），（@1200,1200）}，继续绘制矩形，完成轮廓线的绘制，如图 8-4 所示。

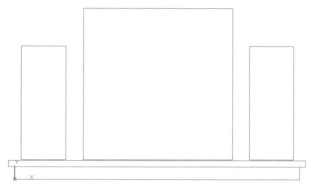

图 8-4　绘制轮廓线

（4）单击“默认”选项卡“绘图”面板中的“直线”按钮╱，在下面矩形内部绘制直线。命令行提示与操作如下：

```
命令: _line↙
指定第一个点: 400,0↙
指定下一点或 [放弃(U)]: @0,100↙
指定下一点或 [放弃(U)]:
命令:LINE↙
指定第一个点: 1900,0↙
指定下一点或 [放弃(U)]: @0,100↙
指定下一点或 [放弃(U)]:
```

结果如图 8-5 所示。

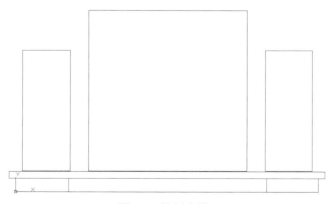

图 8-5　绘制直线 1

Note

（5）将当前图层设置为“1”图层，单击“默认”选项卡“绘图”面板中的“矩形”按钮▭，绘制矩形。命令行提示与操作如下：

```
命令：_rectang↙
指定第一个角点或 [倒角(C)/标高(E)/圆角(F)/厚度(T)/宽度(W)]：604,585↙
指定另一个角点或 [面积(A)/尺寸(D)/旋转(R)]：@1092,716↙
```

结果如图 8-6 所示。

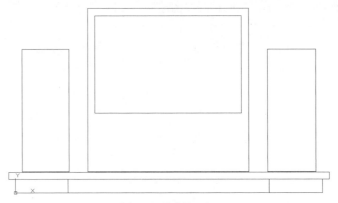

图 8-6　绘制矩形 2

（6）用同样的方法，单击“默认”选项卡“绘图”面板中的“矩形”按钮▭，绘制 11 个矩形，端点坐标分别为{（605,210），（@1090,280）}、{（745,510），（@37,35）}、{（810,510），（@340,35）}、{（167,426），（@171,57）}、{（177,436），（@151,37）}、{（185,168），（@124,46）}、{（195,178），（@104,26）}、{（2133,426），（@−171,57）}、{（2123,436），（@−151,37）}、{（2115,168），（@−124,46）}、{（2105,178），（@−104,26）}，绘制结果如图 8-7 所示。

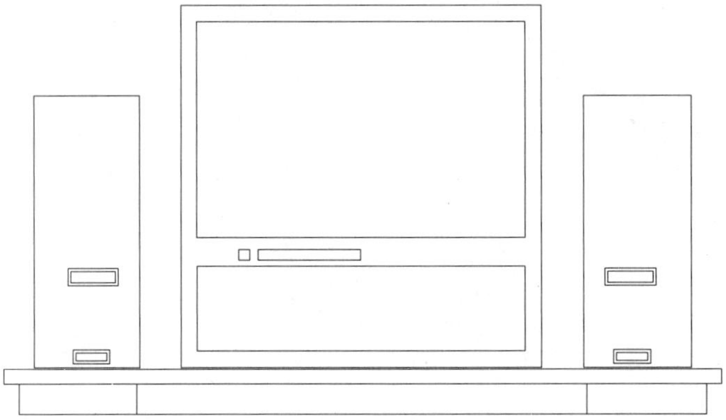

图 8-7　绘制剩余矩形

（7）单击“默认”选项卡“绘图”面板中的“圆”按钮⊙，在左侧矩形内绘制一个圆。命令行提示与操作如下：

```
命令：_circle↙
指定圆的圆心或 [三点(3P)/两点(2P)/相切、相切、半径(T)]：251,677↙
指定圆的半径或 [直径(D)]：131↙
```

结果如图 8-8 所示。

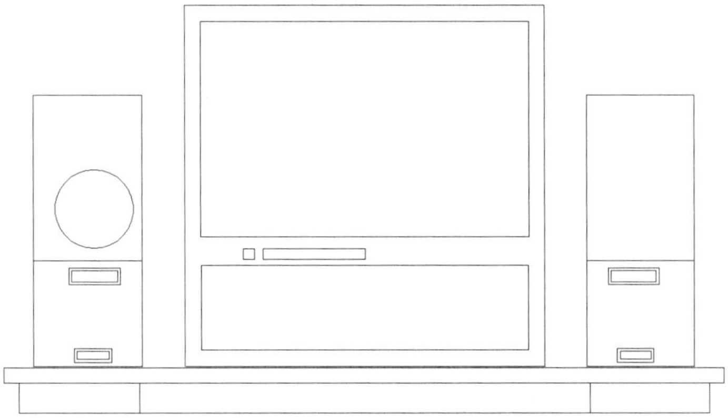

图 8-8　绘制圆 1

（8）单击“默认”选项卡“修改”面板中的“偏移”按钮⊆，将步骤（7）中绘制的圆向内偏移 20，如图 8-9 所示。

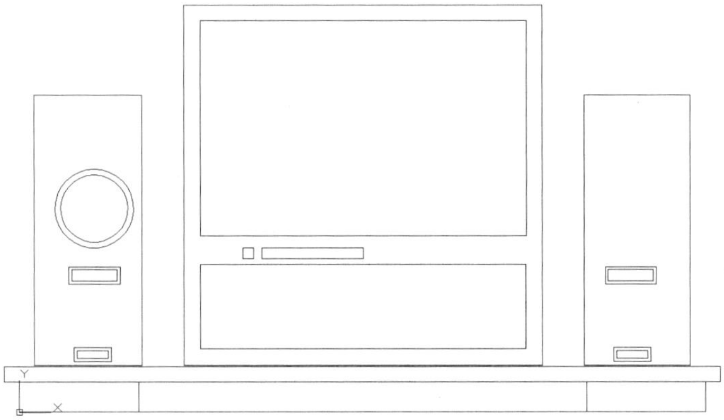

图 8-9　偏移圆 1

（9）单击“默认”选项卡“绘图”面板中的“圆”按钮⊙，将圆心坐标设置为（244,930），圆的半径设置为 103，在图中合适的位置处继续绘制圆，如图 8-10 所示。

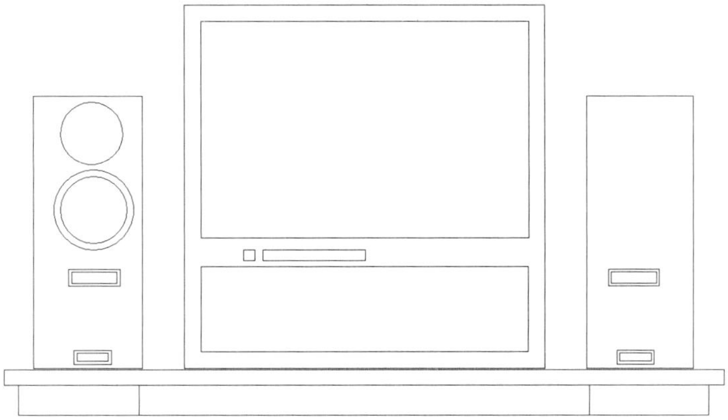

图 8-10　绘制圆 2

（10）单击“默认”选项卡“修改”面板中的“偏移”按钮⊆，将步骤（9）中绘制的圆向内偏移 20，如图 8-11 所示。

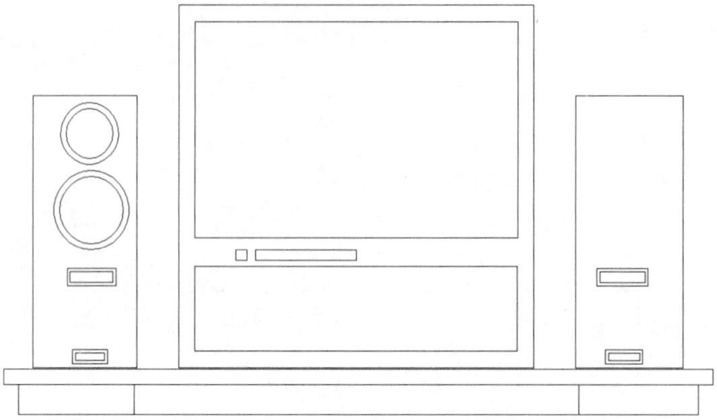

图 8-11　偏移圆 2

（11）单击“默认”选项卡“绘图”面板中的“圆”按钮，将圆心坐标设置为（2049,677），圆的半径设置为 131，在另一侧的矩形内绘制圆，如图 8-12 所示。

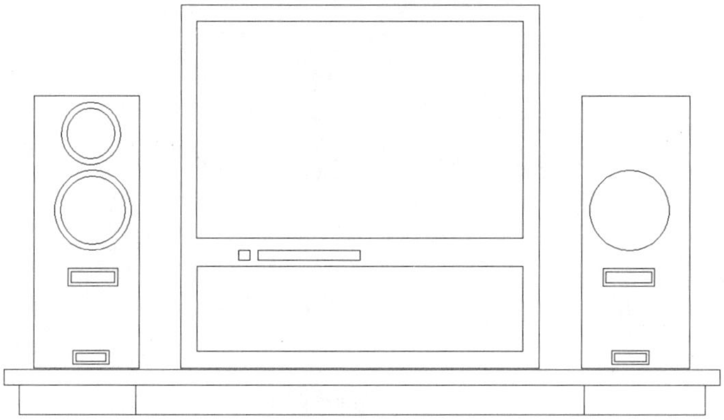

图 8-12　绘制圆 3

（12）单击“默认”选项卡“修改”面板中的“偏移”按钮，将步骤（11）中绘制的圆向内偏移 20，如图 8-13 所示。

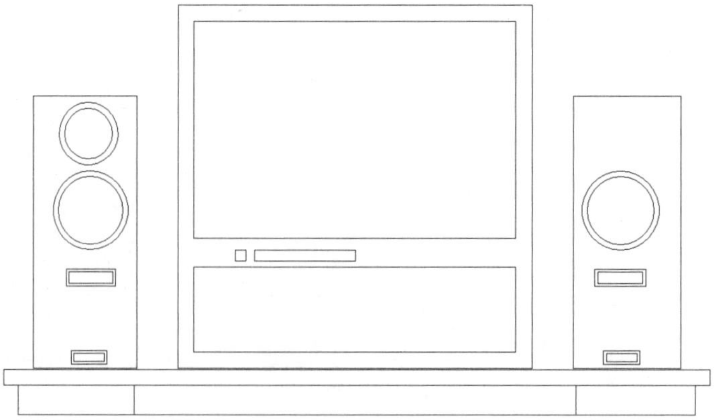

图 8-13　偏移圆 3

（13）单击“默认”选项卡“绘图”面板中的“圆”按钮，将圆心坐标设置为（2056,930），圆的半径设置为103，在合适的位置处绘制圆，如图8-14所示。

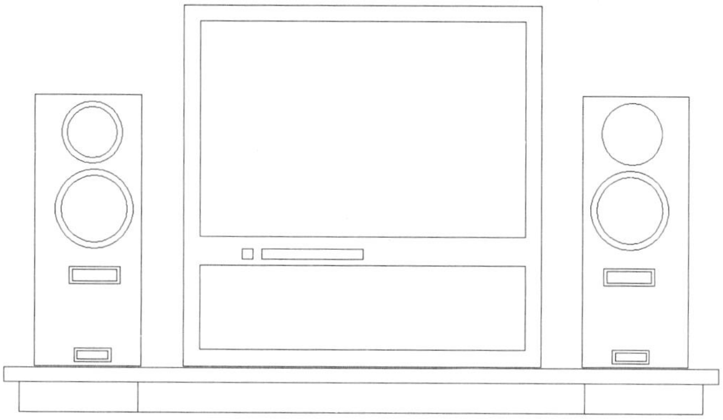

图8-14 绘制圆4

（14）单击“默认”选项卡“修改”面板中的“偏移”按钮，将步骤（13）中绘制的圆向内偏移20，如图8-15所示。

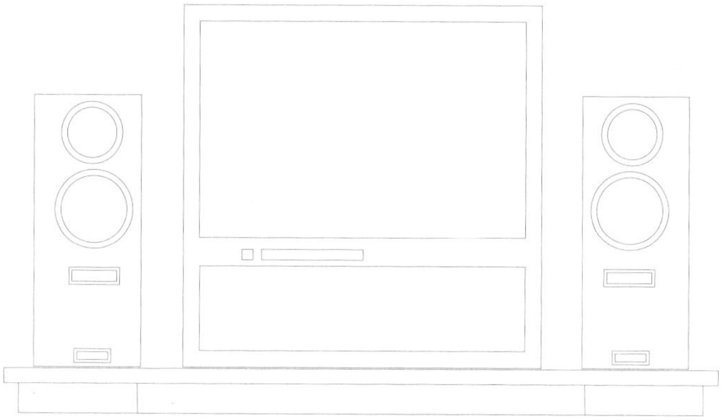

图8-15 偏移圆4

（15）单击“默认”选项卡“绘图”面板中的“直线”按钮，绘制直线，坐标分别为{（50,506），（@360,0）}和{（1890,506），（@360,0）}，如图8-16所示。

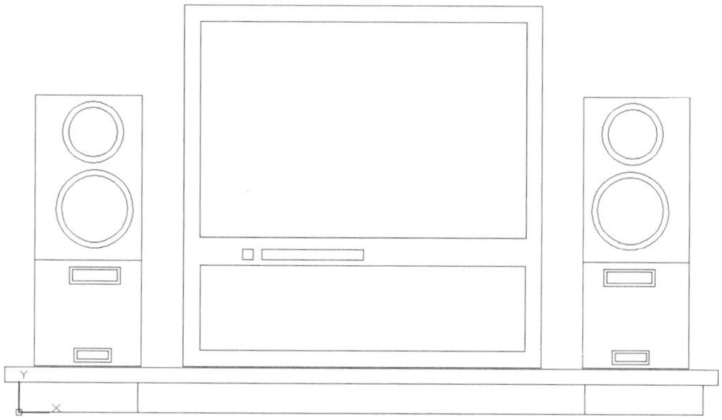

图8-16 绘制直线2

（16）单击“默认”选项卡“绘图”面板中的“矩形”按钮▭，绘制画面图形，如图 8-17 所示。

图 8-17　绘制画面图形

（17）单击“默认”选项卡“绘图”面板中的“圆弧”按钮⌒，细化画面图形，如图 8-18 所示。

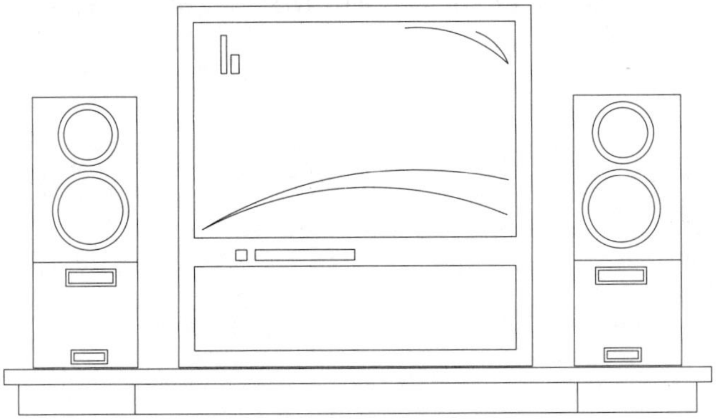

图 8-18　细化画面图形

（18）单击“默认”选项卡“修改”面板中的“圆角”按钮⌐，设置圆角半径为 20，对图形进行圆角处理，如图 8-19 所示。

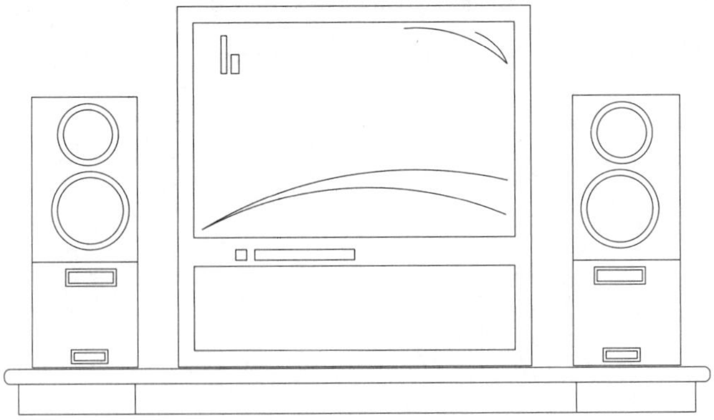

图 8-19　圆角处理

（19）单击“默认”选项卡“绘图”面板中的“图案填充”按钮▦，打开“图案填充创建”选项卡，选择填充图案为 ANGLE，设置比例为 5，选择需要填充的区域，填充图形，结果如图 8-20 所示。

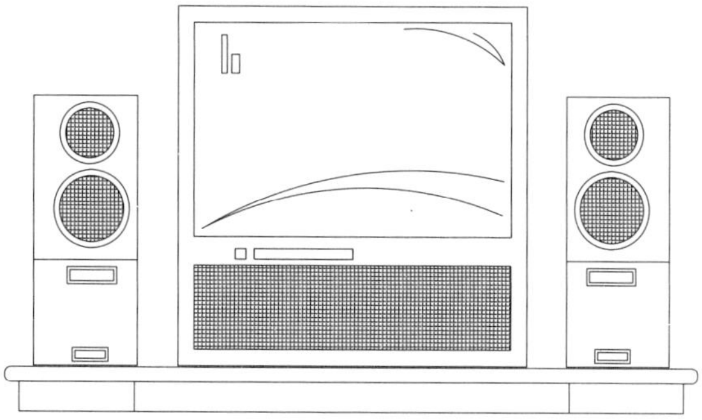

图 8-20　填充图案

8.2　实例——绘制办公桌及其隔断

本实例将详细介绍办公桌及其隔断的绘制方法与相关技巧。本实例首先绘制办公桌和办公椅，然后绘制办公设备，再绘制电话，最后绘制办公桌的隔断。绘制流程如图 8-21 所示。

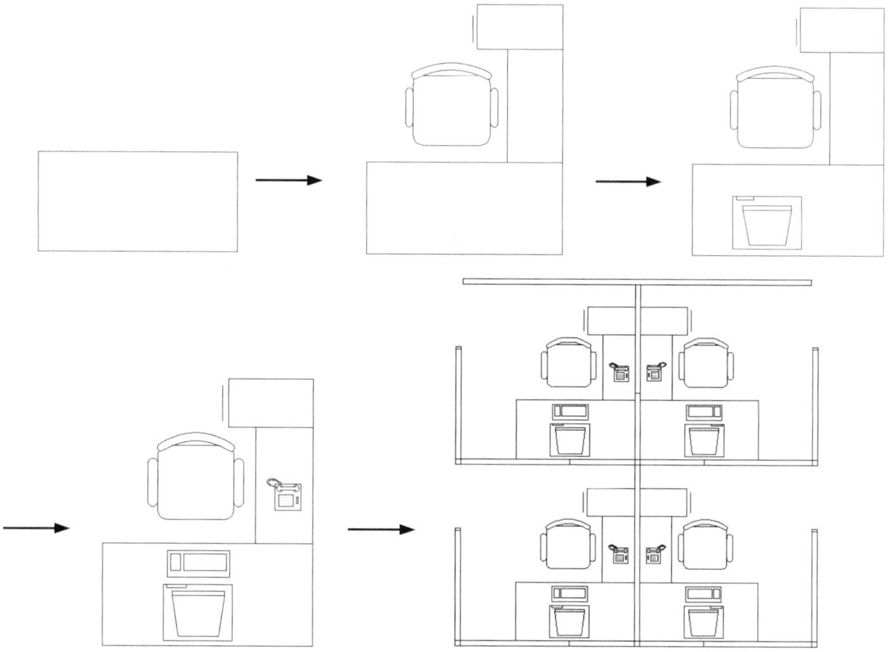

图 8-21　办公桌及其隔断的绘制流程

操作步骤

1. 绘制办公桌

（1）单击“默认”选项卡“绘图”面板中的“矩形”按钮，绘制矩形办公桌桌面，如图 8-22 所示。

注意： 根据办公桌及其隔断的图形整体情况，先绘制办公桌。

（2）单击“默认”选项卡“绘图”面板中的“多段线”按钮，绘制侧面桌面，如图 8-23 所示。

视频讲解

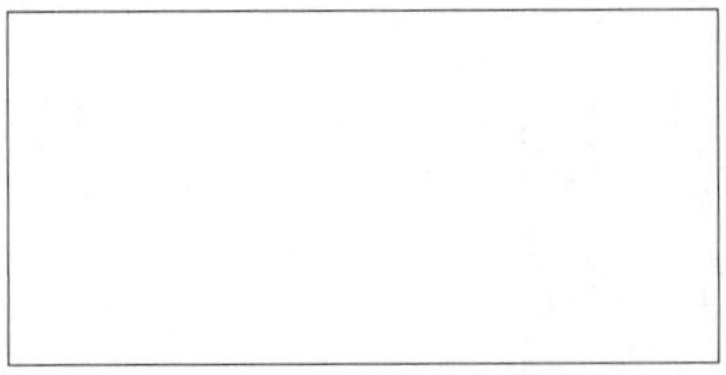

图 8-22　绘制办公桌桌面

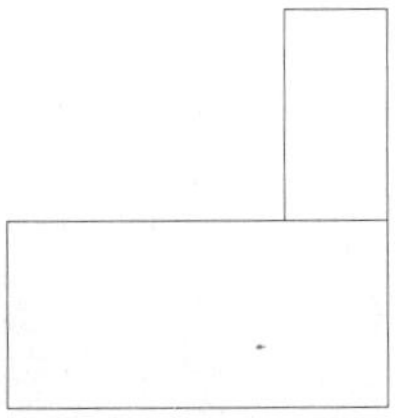

图 8-23　绘制侧面桌面

2. 绘制办公椅

（1）单击“默认”选项卡“绘图”面板中的“直线”按钮，绘制办公椅的四面轮廓，如图 8-24 所示。

注意：办公椅造型也可以直接使用第 6 章中绘制的椅子造型。

（2）单击“默认”选项卡“修改”面板中的“圆角”按钮，进行倒圆角，如图 8-25 所示。

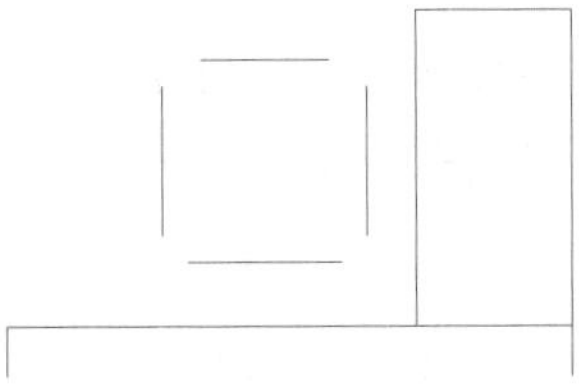

图 8-24　绘制办公椅的四面轮廓

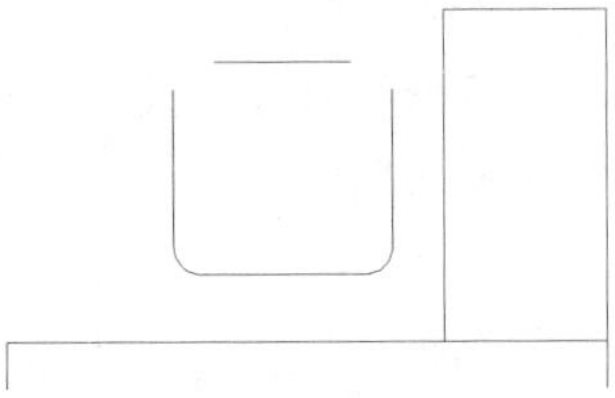

图 8-25　倒圆角

（3）单击“默认”选项卡“绘图”面板中的“圆弧”按钮，在椅子后侧绘制轮廓局部造型，如图 8-26 所示。

（4）单击“默认”选项卡“修改”面板中的“偏移”按钮，将绘制的圆弧向上偏移，如图 8-27 所示。

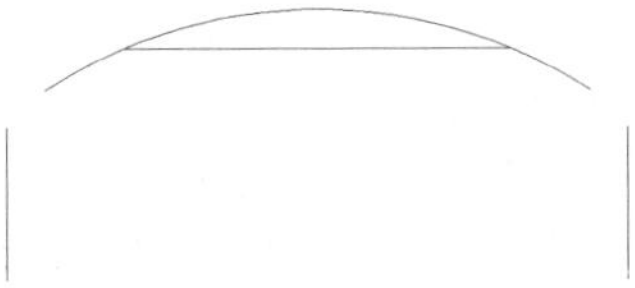

图 8-26　绘制轮廓局部造型

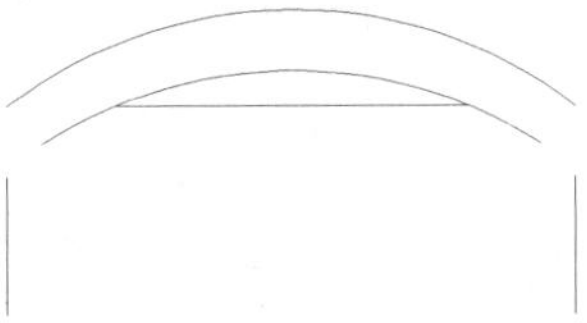

图 8-27　偏移圆弧

（5）单击“默认”选项卡“绘图”面板中的“圆弧”按钮，对两端进行圆滑处理，如图 8-28 所示。

（6）单击“默认”选项卡“绘图”面板中的“直线”按钮，在办公椅侧面绘制一条竖向直线，如图 8-29 所示。

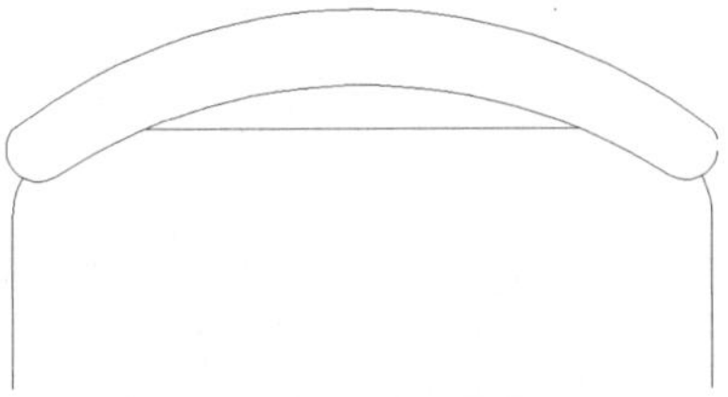

图 8-28　绘制两端弧线

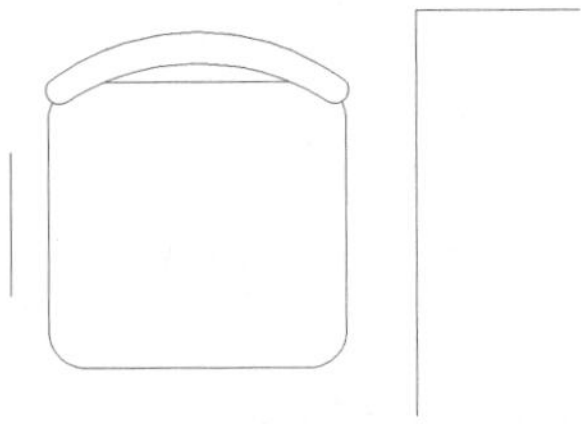

图 8-29　绘制竖向直线

Note

（7）单击“默认”选项卡“绘图”面板中的“圆弧”按钮，完成侧面扶手的绘制，如图 8-30 所示。

（8）单击“默认”选项卡“修改”面板中的“镜像”按钮，镜像刚绘制的侧面扶手，得到另一侧的扶手，完成椅子的绘制，如图 8-31 所示。

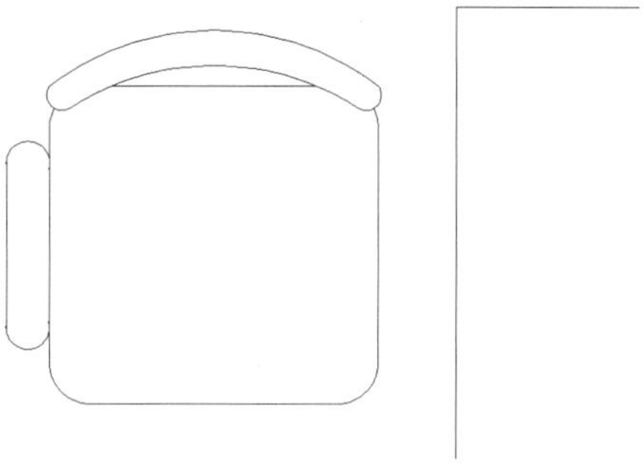

图 8-30　绘制侧面扶手

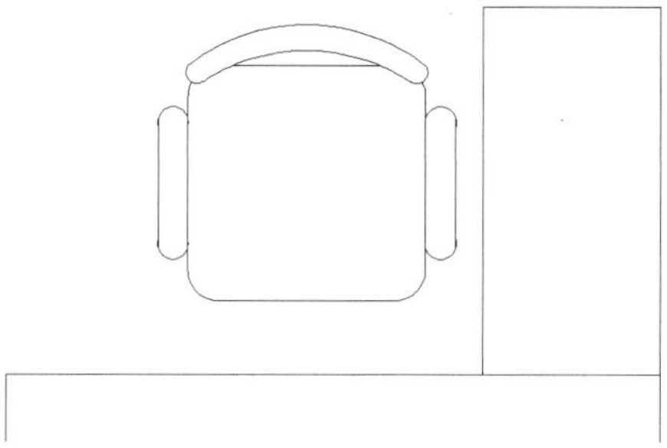

图 8-31　完成椅子的绘制

3. 绘制柜子

（1）单击“默认”选项卡“绘图”面板中的“多段线”按钮，绘制侧面桌面的柜子造型，如图 8-32 所示。

（2）单击“默认”选项卡“绘图”面板中的“直线”按钮，绘制一条竖向直线，如图 8-33 所示。

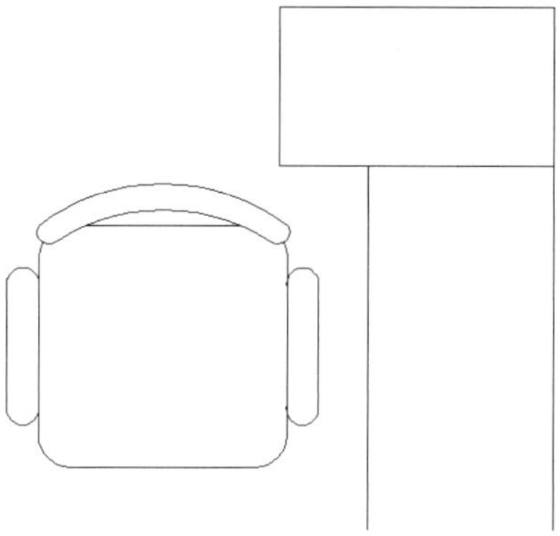

图 8-32　绘制侧面桌面的柜子造型

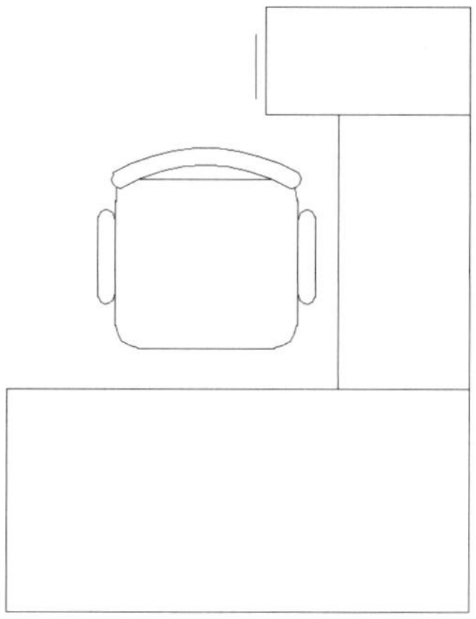

图 8-33　绘制竖向直线

4. 绘制办公设备

（1）单击“默认”选项卡“绘图”面板中的“矩形”按钮，在合适的位置处绘制一个矩形，如图 8-34 所示。

（2）单击“默认”选项卡“绘图”面板中的“多段线”按钮，在步骤（1）中绘制的矩形内部绘制一个小矩形，如图 8-35 所示。

（3）单击“默认”选项卡“绘图”面板中的“多段线”按钮，完成办公设备轮廓的绘制，如图 8-36 所示。

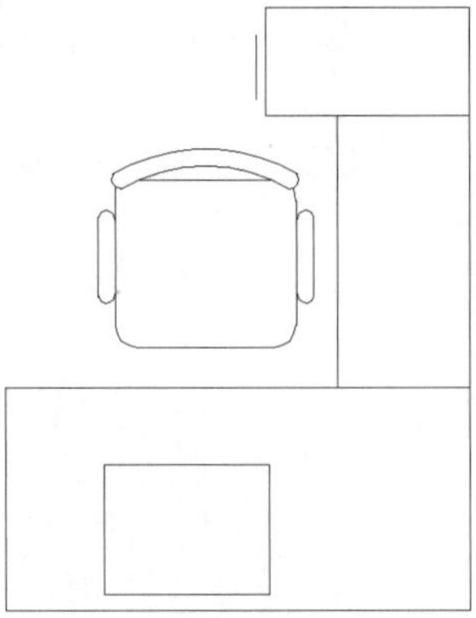

图 8-34　绘制矩形

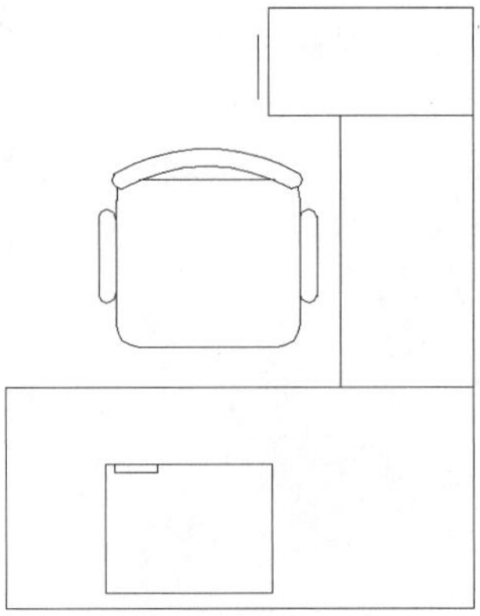

图 8-35　绘制小矩形

（4）单击“默认”选项卡“绘图”面板中的“矩形”按钮▭，绘制键盘轮廓，如图 8-37 所示。

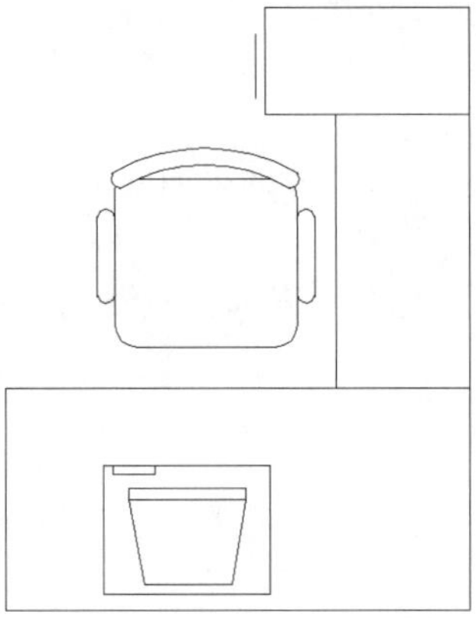

图 8-36　绘制办公设备轮廓

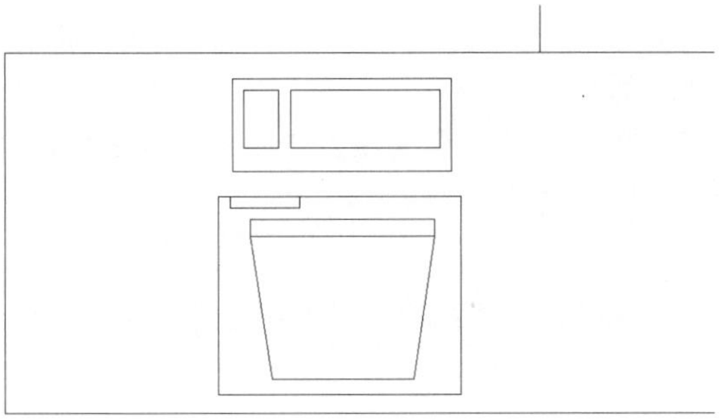

图 8-37　绘制键盘轮廓

注意：在这里对办公桌上的设备仅做轮廓近似绘制。

5. 绘制电话机

（1）单击“默认”选项卡“绘图”面板中的“多边形”按钮⬠，绘制办公电话轮廓，如图8-38 所示。

（2）单击“默认”选项卡“绘图”面板中的“矩形”按钮▭，绘制办公电话局部大体轮廓，如图8-39 所示。

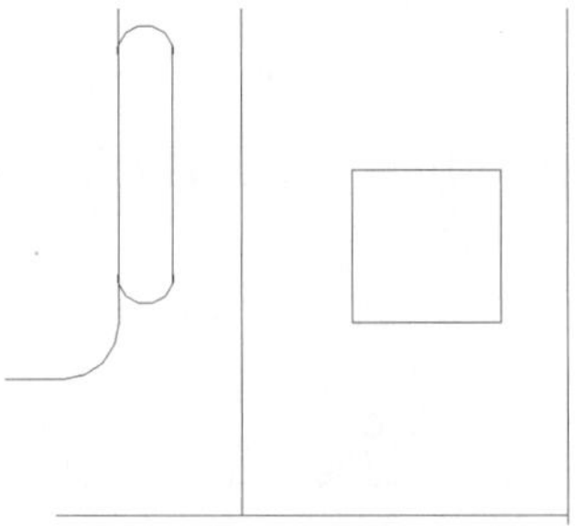

图 8-38　绘制办公电话轮廓

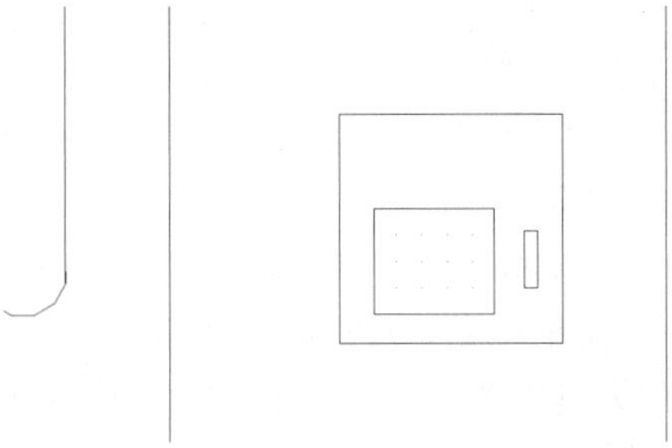

图 8-39　绘制办公电话局部大体轮廓

（3）单击“默认”选项卡“绘图”面板中的“圆”按钮⊙，绘制一个圆，如图 8-40 所示。

（4）单击“默认”选项卡“修改”面板中的“复制”按钮，复制步骤（3）中绘制的圆，如图8-41 所示。

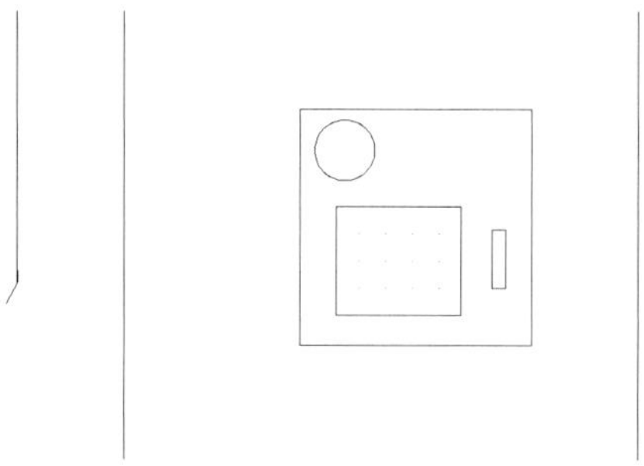

图 8-40　绘制圆

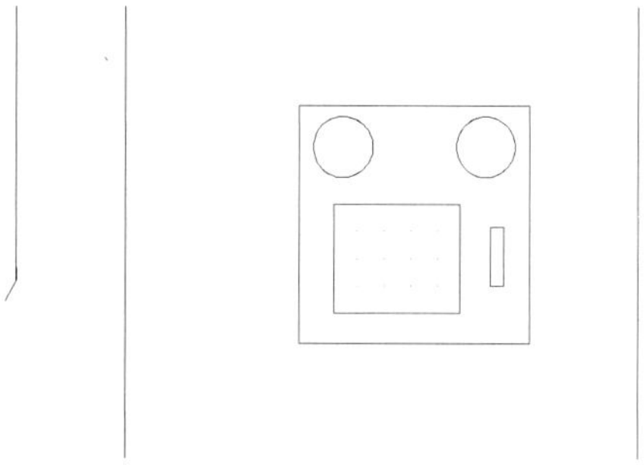

图 8-41　复制圆

（5）单击“默认”选项卡“绘图”面板中的“直线”按钮╱，在两圆之间绘制一条水平直线，如图 8-42 所示。

（6）单击“默认”选项卡“修改”面板中的“偏移”按钮⊆，将水平直线向下偏移，如图 8-43 所示。

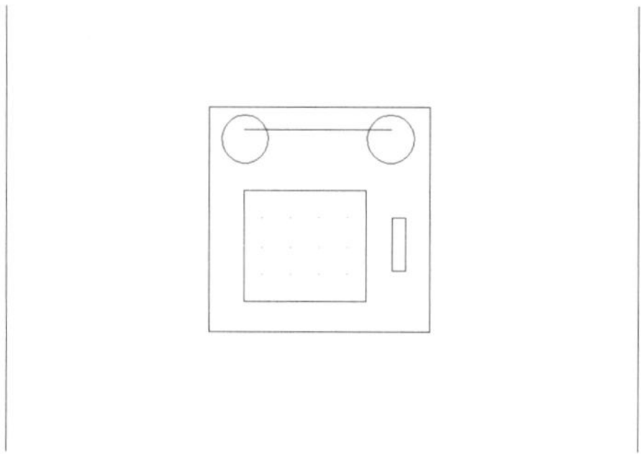

图 8-42　绘制水平直线

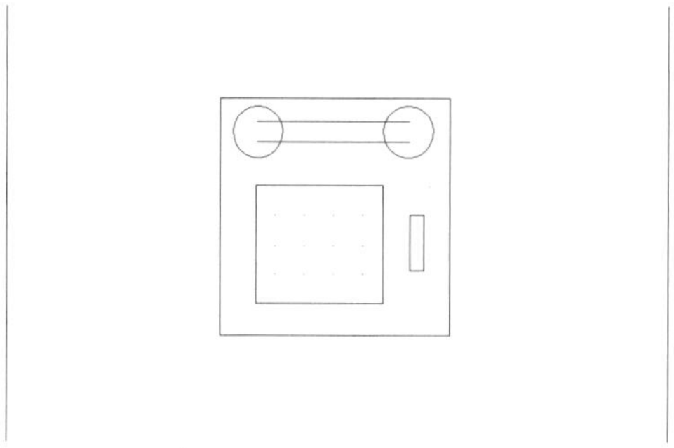

图 8-43　偏移水平直线

（7）单击“默认”选项卡“修改”面板中的“修剪”按钮，修剪多余直线，完成话筒的绘制，如图 8-44 所示。

（8）单击“默认”选项卡“绘图”面板中的“直线”按钮╱和“修改”面板中的“复制”按钮，绘制话筒与电话机连接线，如图 8-45 所示。

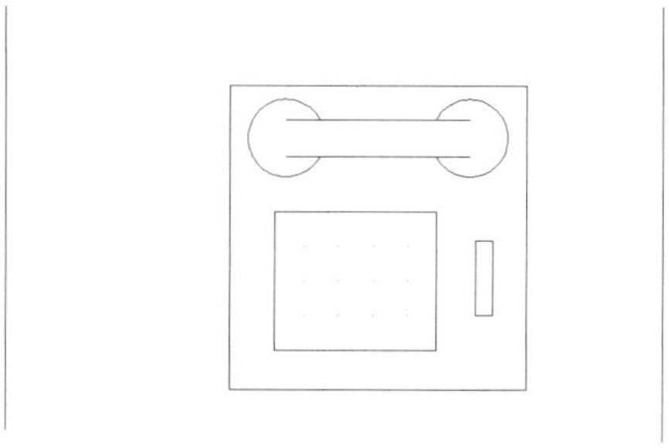

图 8-44　完成话筒的绘制

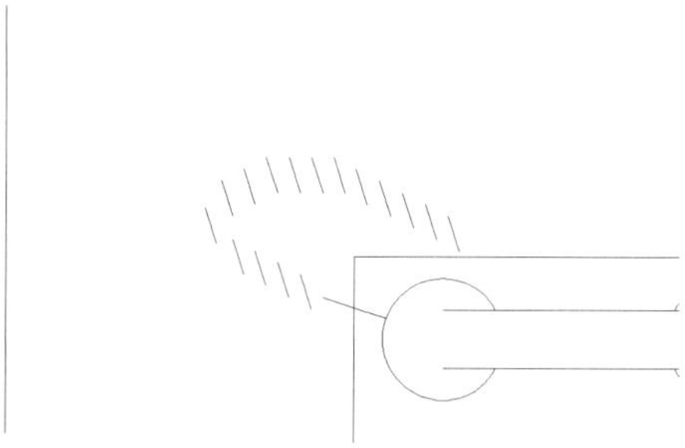

图 8-45　绘制连接线

（9）单击“默认”选项卡“绘图”面板中的“多点”按钮∴，在电话机上绘制数字按键。在命令行中输入ZOOM，缩放视图，完成办公桌部分图形的绘制，如图8-46所示。

6. 绘制隔断

（1）单击“默认”选项卡“绘图”面板中的“直线”按钮╱，绘制办公桌的隔断轮廓线，如图8-47所示。

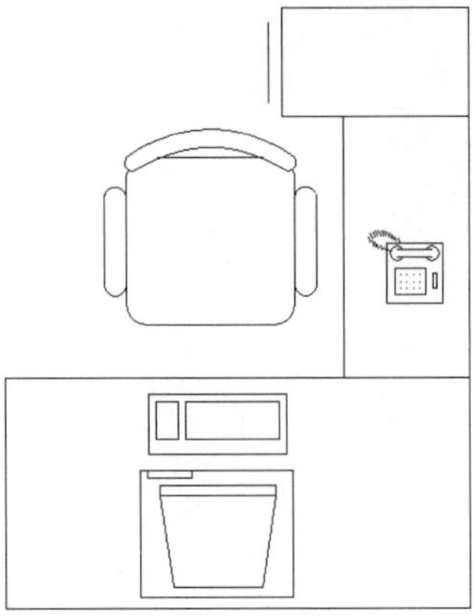

图8-46　完成办公桌绘制图

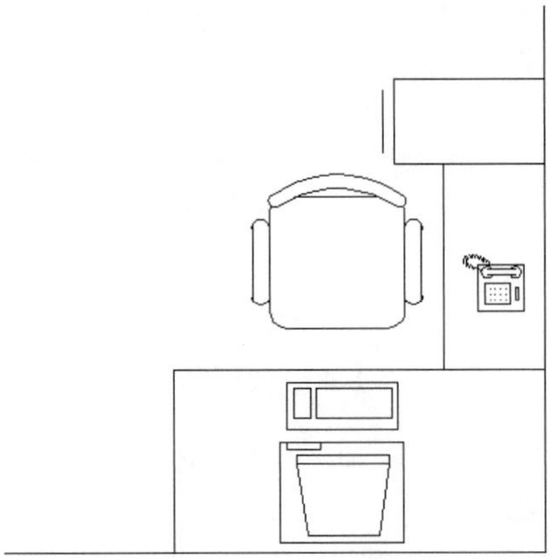

图8-47　绘制隔断轮廓线

（2）单击“默认”选项卡“修改”面板中的“偏移”按钮⊆，偏移轮廓线，如图8-48所示。

（3）使用同样的方法，继续绘制隔断，形成一个标准办公桌单元，如图8-49所示。

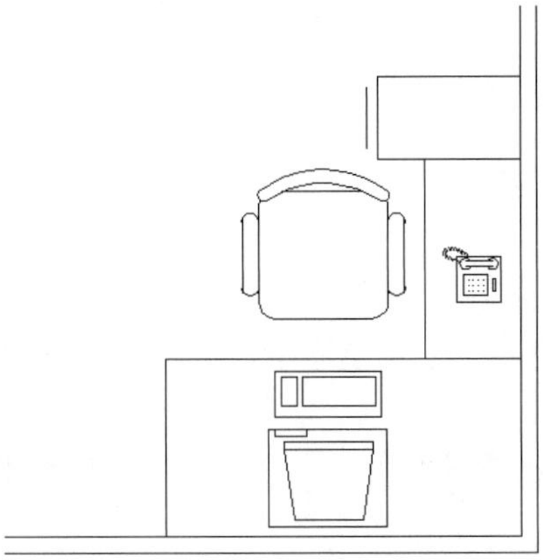

图8-48　偏移轮廓线

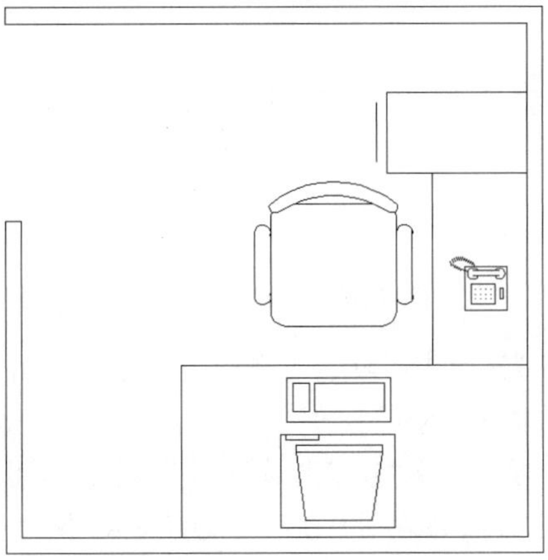

图8-49　形成一个标准办公桌单元

7. 完成绘制

（1）单击“默认”选项卡“修改”面板中的“镜像”按钮⚠，对刚刚绘制的标准办公桌单元进行镜像操作，得到对称的两个办公桌单元图形。结果如图8-50所示。

注意：左右相同的办公桌单元造型可以通过镜像得到，而前后相同的办公单元造型可以通过复制得到。

（2）单击“默认”选项卡“修改”面板中的“复制”按钮，通过复制得到相同方向排列的办公桌单元图形，如图8-51所示。

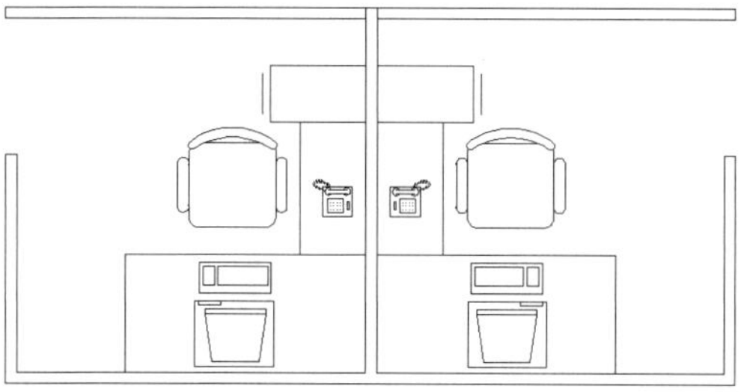

图 8-50　镜像办公桌单元

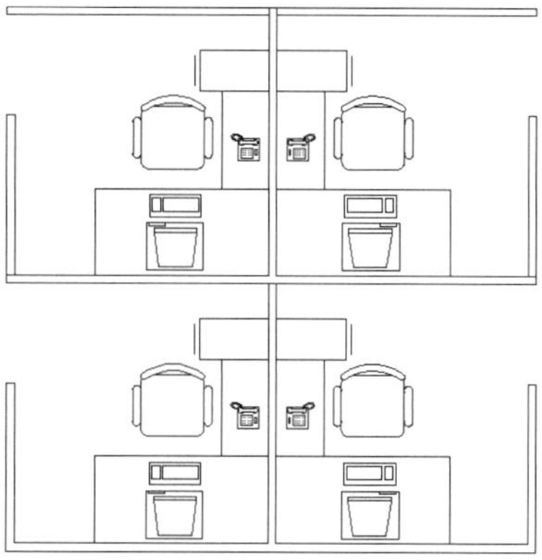

图 8-51　复制图形

8.3　实例——绘制吧台

本实例将详细介绍吧台的绘制方法与相关技巧。在绘制过程中，本实例主要使用“直线”“镜像”“圆”“多段线”“矩形阵列”命令。绘制流程如图 8-52 所示。

视频讲解

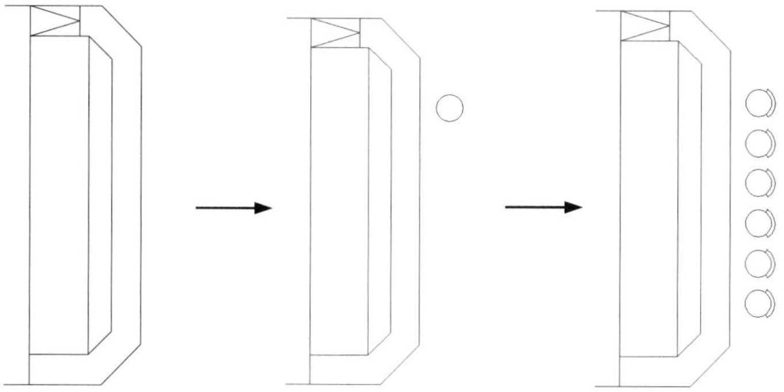

图 8-52　吧台的绘制流程

操作步骤

（1）单击“默认”选项卡“绘图”面板中的“直线”按钮╱，绘制直线。命令行提示与操作如下：

```
命令: _line↙
指定第一点: 4243,-251↙
指定下一点或 [放弃(U)]: 5131,-251↙
指定下一点或 [放弃(U)]: 5494,110↙
指定下一点或 [闭合(C)/放弃(U)]: 5494,1436↙
指定下一点或 [闭合(C)/放弃(U)]:
命令:LINE↙
指定第一点: 4474,-251↙
指定下一点或 [放弃(U)]: 4474,1436↙
指定下一点或 [放弃(U)]
命令:LINE↙
指定第一点: 4474,18↙
```

```
指定下一点或 [放弃(U)]: 5014,18↙
指定下一点或 [放弃(U)]: 5224,222↙
指定下一点或 [闭合(C)/放弃(U)]: 5224,1436↙
指定下一点或 [闭合(C)/放弃(U)]:
命令:LINE↙
指定第一点: 5019,18↙
指定下一点或 [放弃(U)]: 5014,1436↙
指定下一点或 [放弃(U)]:
```

结果如图 8-53 所示。

（2）单击“默认”选项卡“修改”面板中的“镜像”按钮⚠，镜像步骤（1）中绘制的图形。命令行提示与操作如下：

```
命令: _mirror↙
选择对象: all（选取所有图形）
找到 8 个
选择对象:↙
指定镜像线的第一点: 0,1436↙
指定镜像线的第二点: 10,1436↙
是否删除源对象？[是(Y)/否(N)] <否>:
```

结果如图 8-54 所示。

（3）单击“默认”选项卡“绘图”面板中的“直线”按钮╱，绘制门，坐标为{（4474,2854），（4929,2989），（4474,3123）}和{（4929,2854），（4929,3123）}，如图 8-55 所示。

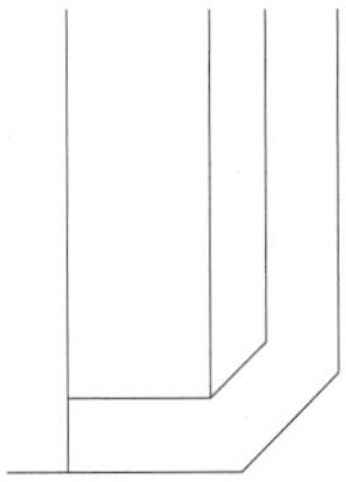

图 8-53　绘制直线

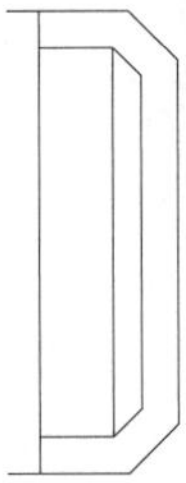

图 8-54　镜像处理

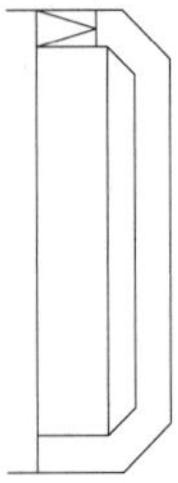

图 8-55　绘制门

（4）单击“默认”选项卡“绘图”面板中的“圆”按钮⊙，在图中合适的位置处绘制圆，设置圆的圆心坐标为（5765,2297），半径为 120，如图 8-56 所示。

（5）单击“默认”选项卡“绘图”面板中的“多段线”按钮⊃，绘制座椅。命令行提示与操作如下：

```
命令: _pline↙
指定起点: 5834,2199↙
当前线宽为 0.0000
指定下一个点或 [圆弧(A)/半宽(H)/长度(L)/放弃(U)/宽度(W)]: 5853,2171↙
指定下一点或 [圆弧(A)/闭合(C)/半宽(H)/长度(L)/放弃(U)/宽度(W)]: a↙
指定圆弧的端点(按住 Ctrl 键以切换方向)或[角度(A)/圆心(CE)/闭合(CL)/方向(D)/半宽(H)/直线(L)/半径(R)/第二个点(S)/放弃(U)/宽度(W)]: s↙
指定圆弧上的第二个点: 5919,2299↙
指定圆弧的端点: 5850,2426↙
```

指定圆弧的端点(按住 Ctrl 键以切换方向)或[角度(A)/圆心(CE)/闭合(CL)/方向(D)/半宽(H)/直线(L)/半径(R)/第二个点(S)/放弃(U)/宽度(W)]: 1↙

指定下一点或 [圆弧(A)/闭合(C)/半宽(H)/长度(L)/放弃(U)/宽度(W)]: 5831,2397↙

指定下一点或 [圆弧(A)/闭合(C)/半宽(H)/长度(L)/放弃(U)/宽度(W)]:

结果如图 8-57 所示。

（6）单击“默认”选项卡“修改”面板中的“矩形阵列”按钮，设置行数为 6，列数为 1，行间距为-360，阵列椅子图形，如图 8-58 所示。

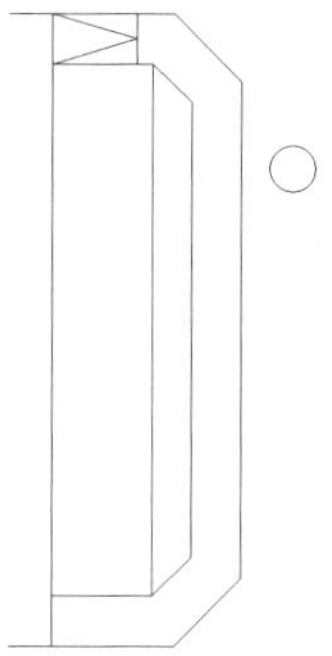

图 8-56　绘制圆

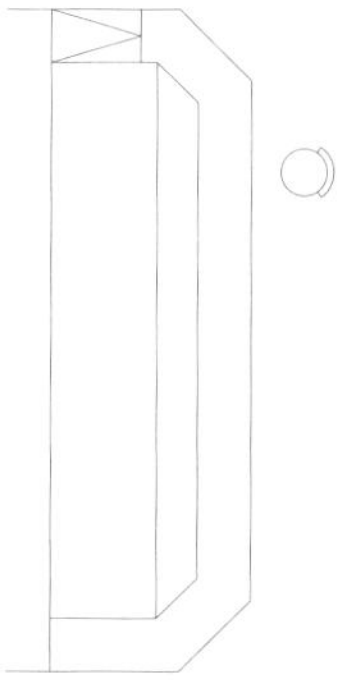

图 8-57　绘制座椅

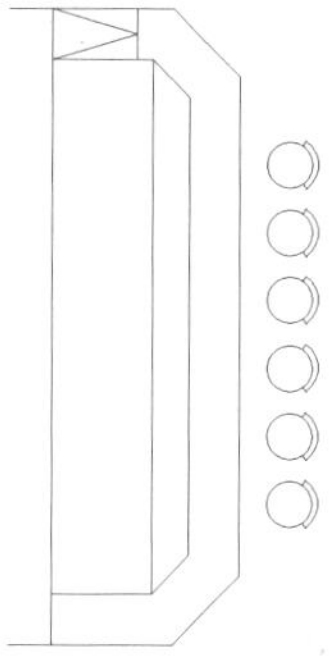

图 8-58　阵列椅子图形

8.4　实例——绘制会议桌椅

会议桌椅属于典型的办公家具，由会议桌和配套的若干椅子组成。本实例首先绘制会议桌，然后把已经绘制好的椅子粘贴到会议桌图形文件中，接着利用“对齐”命令将椅子和桌子对齐，最后利用“环形阵列”“镜像”“旋转”“移动”“复制”命令完成椅子的有序布置。绘制流程如图 8-59 所示。

视频讲解

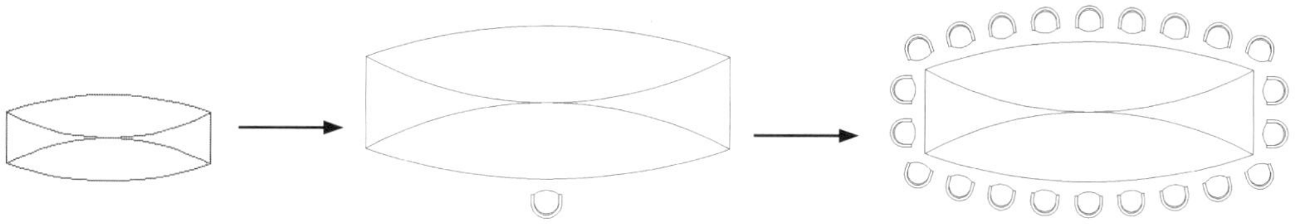

图 8-59　会议桌椅的绘制流程

8.4.1　会议桌的绘制

本节绘制如图 8-60 所示的会议桌。

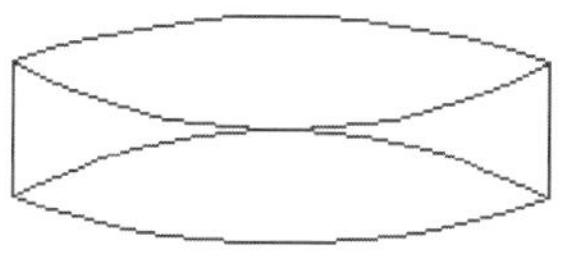

图 8-60　会议桌

（1）首先绘制两条长度均为 1500 的竖向直线 1、2，二者之间的距离为 6000，然后绘制直线 3，连接它们的中点，如图 8-61 所示。

（2）将直线 3 向上下两侧分别偏移 1500，绘制出直线 4、5，然后执行“圆弧”命令，依次捕捉 ABC、DEF 绘制出两条弧线，如图 8-62 所示。

（3）用“圆弧”命令绘制内部的两条弧线，最后删除辅助线，完成桌面的绘制，如图 8-63 所示。

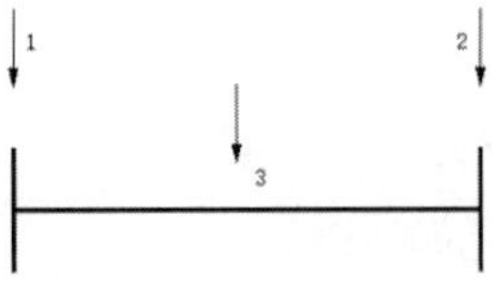

图 8-61　绘制直线

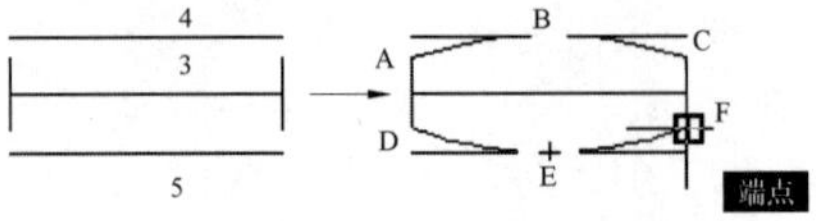

图 8-62　偏移直线

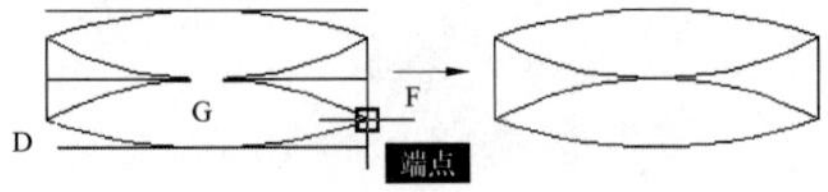

图 8-63　绘制弧线

8.4.2　会议桌椅对齐

本节将对齐如图 8-64 所示的会议桌椅。

（1）打开随书附赠资料中的小靠背椅图形文件。

（2）利用“编辑”菜单中的“复制”和“粘贴”命令将小靠背椅图形复制到会议桌图形的适当位置处。

（3）执行菜单栏中的“修改”→“三维操作”→“对齐”命令。命令行提示与操作如下：

```
命令：ALIGN↙
选择对象：（在屏幕上拉出矩形选框将椅子图形全部选中）
选择对象：↙
指定第一个源点：（选择椅子边缘弧线中点为第一个源点，如图 8-65 所示）
指定第一个目标点：（选择桌子边缘弧线中点为第一个目标点，然后按 Enter 键，结果如图 8-66 所示）
```

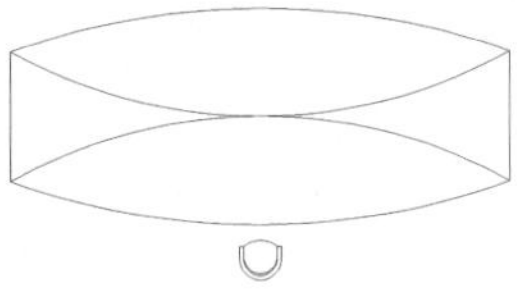

图 8-64　对齐会议桌椅

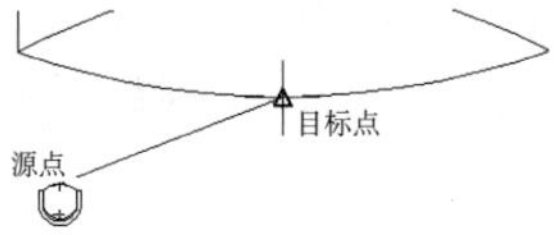

图 8-65　对齐

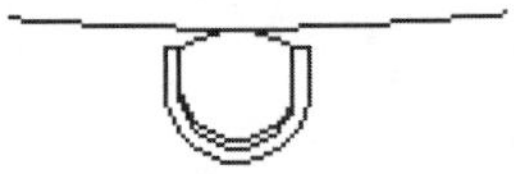

图 8-66　对齐后的椅子

（4）单击“默认”选项卡“修改”面板中的“移动”按钮✥，将椅子竖直向下移出一定距离，使其不紧贴桌子边缘。

（5）用鼠标选中桌子边缘圆弧并右击，弹出快捷菜单，如图 8-67 所示。执行其中的“特性”命令，弹出“特性”选项板，记下其圆心坐标和总角度，为后面的阵列做准备，如图 8-68 所示。

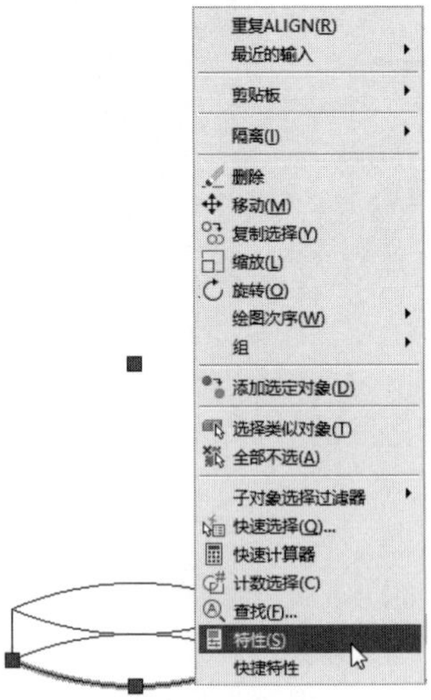

图 8-67　桌子边缘圆弧特性

图 8-68　“特性”选项板

Note

提示：记下圆心坐标和总角度以备阵列时使用。读者绘图的位置不可能和笔者完全一样，所以圆心坐标不会与图中相同，特此说明。

8.4.3 布置会议桌椅

本节将布置会议桌椅，如图 8-69 所示。

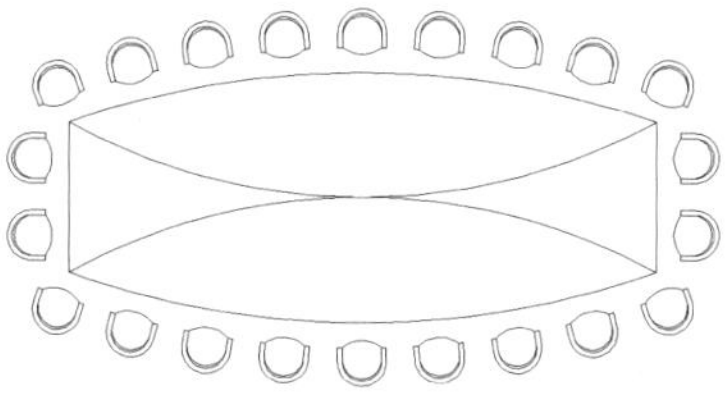

图 8-69　布置会议桌椅

（1）单击“默认”选项卡“修改”面板中的“环形阵列”按钮，指定桌面圆心为阵列中心点，选择椅子作为阵列对象，阵列数目为 5。命令行提示与操作如下：

命令：_arraypolar↙
选择对象：(框选椅子)
选择对象：↙
类型 = 极轴　关联 = 是
指定阵列的中心点或 [基点(B)/旋转轴(A)]: 4990.3432,6538.9676↙（按图 8-68 中显示的坐标）
选择夹点以编辑阵列或 [关联(AS)/基点(B)/项目(I)/项目间角度(A)/填充角度(F)/行(ROW)/层(L)/旋转项目(ROT)/退出(X)] <退出>: i↙
输入阵列中的项目数或 [表达式(E)] <6>: 5↙
选择夹点以编辑阵列或 [关联(AS)/基点(B)/项目(I)/项目间角度(A)/填充角度(F)/行(ROW)/层(L)/旋转项目(ROT)/退出(X)] <退出>: f↙
指定填充角度(+=逆时针、-=顺时针)或 [表达式(EX)] <360>: 28↙（按图 8-68 中显示的总角度的一半）
选择夹点以编辑阵列或 [关联(AS)/基点(B)/项目(I)/项目间角度(A)/填充角度(F)/行(ROW)/层(L)/旋转项目(ROT)/退出(X)] <退出>: as↙
创建关联阵列 [是(Y)/否(N)] <是>: n↙
选择夹点以编辑阵列或 [关联(AS)/基点(B)/项目(I)/项目间角度(A)/填充角度(F)/行(ROW)/层(L)/旋转项目(ROT)/退出(X)] <退出>:

结果如图 8-70 所示。

（2）两次单击“默认”选项卡“修改”面板中的“镜像”按钮，围绕桌子的两条中线对椅子进行镜像处理，结果如图 8-71 所示。

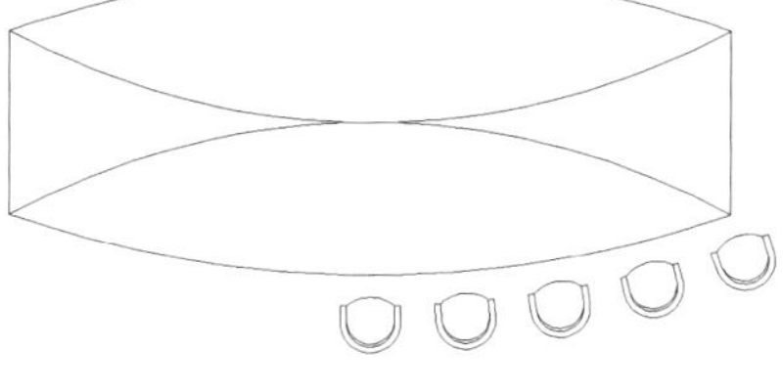

图 8-70　环形阵列椅子

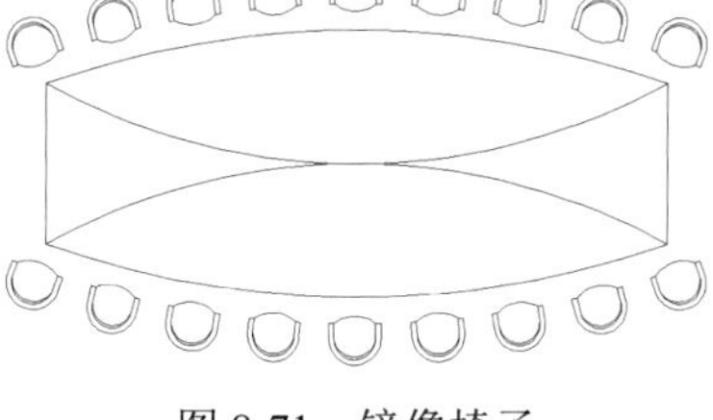

图 8-71　镜像椅子

Note

（3）单击“默认”选项卡“修改”面板中的“旋转”按钮，复制下边中间的椅子并将其旋转90°，结果如图8-72所示。

（4）单击“默认”选项卡“修改”面板中的“移动”按钮，将刚复制旋转的椅子移动到桌子右边适当位置处，如图8-73所示。

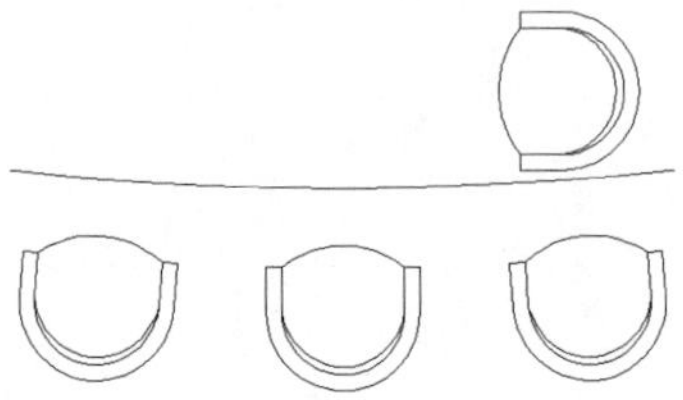

图8-72　复制并旋转椅子

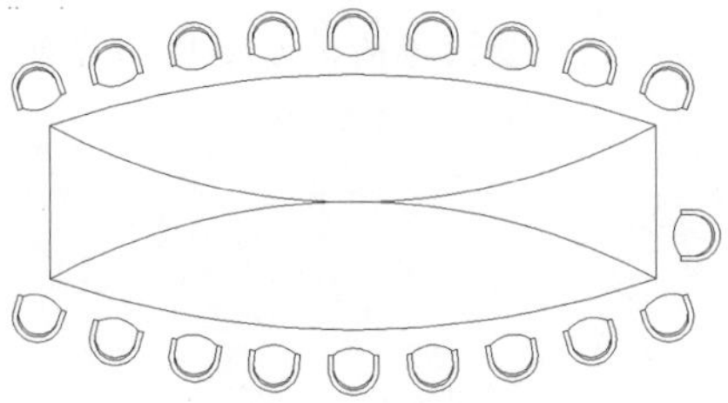

图8-73　移动椅子

（5）单击“默认”选项卡“修改”面板中的“复制”按钮和“镜像”按钮，对刚移动的椅子进行复制和镜像，最终结果如图8-59所示。

8.5　实践与操作

通过本章前面的学习，读者对本章知识已经有了大体的了解。本节通过3个练习使读者进一步掌握本章知识要点。

8.5.1　绘制隔断办公桌

1. 目的要求

本实践绘制如图8-74所示的隔断办公桌，其绘制方法比较简单。本实践要求读者熟练掌握桌台类家具的绘制方法。

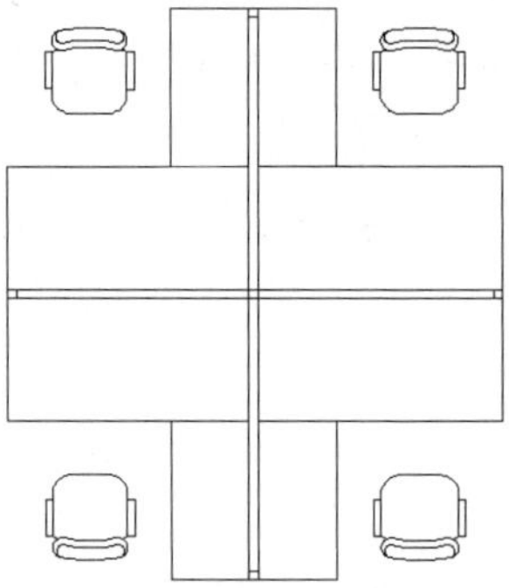

图8-74　隔断办公桌

2. 操作提示

（1）打开前面绘制的办公椅图形。

（2）利用“直线”和“矩形”命令绘制办公桌轮廓线。

（3）对图形进行两次镜像处理。

8.5.2　绘制接待台

1. 目的要求

本实践绘制的接待台由桌子和椅子组成，如图 8-75 所示。其中涉及的命令主要有“直线”“圆弧”“偏移”“移动”“旋转”“复制”。本实践要求读者进一步熟练掌握桌台类家具的绘制方法。

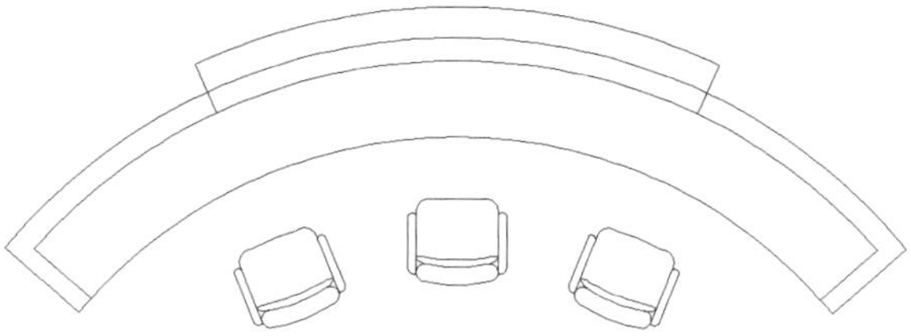

图 8-75　接待台

2. 操作提示

（1）利用“直线”“圆弧”“偏移”命令绘制桌子。

（2）打开前面绘制好的椅子并将其复制到当前图形中。

（3）利用“移动”“旋转”“复制”命令布置椅子。

8.5.3　绘制会议桌

1. 目的要求

本实践绘制的会议桌由桌子和椅子组成，如图 8-76 所示。其中涉及的命令主要有“直线”“圆弧”“偏移”“移动”“旋转”“环形阵列”。本实践要求读者进一步熟练掌握桌台类家具的绘制方法。

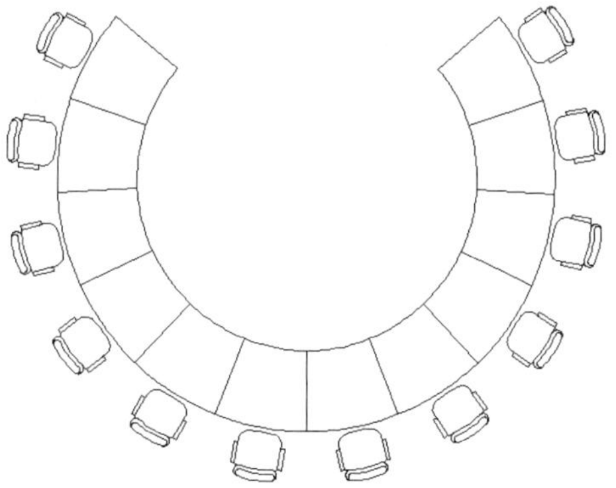

图 8-76　会议桌

2. 操作提示

（1）利用“直线”“圆弧”“偏移”命令绘制桌子。

（2）打开前面绘制好的椅子并将其复制到当前图形中。

（3）利用“移动”“旋转”“环形阵列”命令布置椅子。

第 9 章

储存类家具

本章将详细叙述各种储存类家具的绘制实例，使读者进一步巩固二维图形的绘制和编辑，以及灵活应用各种 AutoCAD 命令绘制储存类家具的具体思路和方法。

☑ 衣柜　　☑ 更衣柜

☑ 橱柜　　☑ 客房组合柜

任务驱动&项目案例

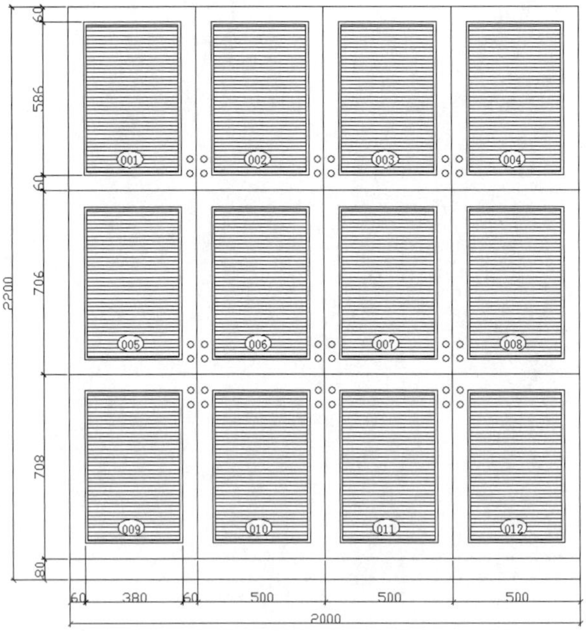

(1)

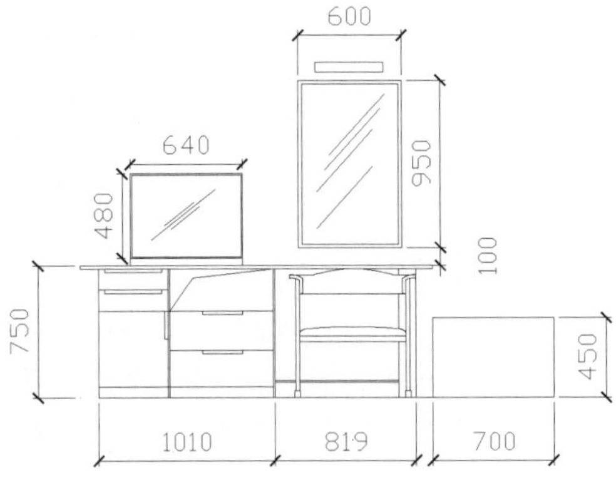

(2)

9.1　实例——绘制衣柜

衣柜是卧室中必不可少的家具，设计时要充分注意空间，并考虑人的活动范围。本实例首先绘制衣柜轮廓，然后绘制衣架，最后摆放衣架。绘制流程如图 9-1 所示。

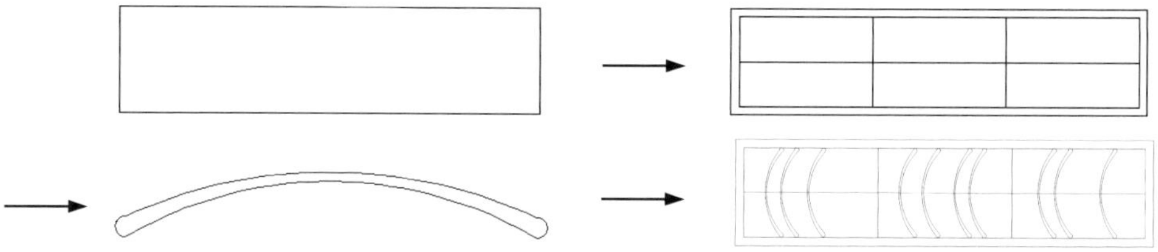

图 9-1　衣柜的绘制流程

操作步骤

（1）单击“默认”选项卡“绘图”面板中的“矩形”按钮，绘制一个大小为 2000×500 的矩形，如图 9-2 所示。

（2）单击“默认”选项卡“修改”面板中的“偏移”按钮，将矩形向内偏移 40，结果如图 9-3 所示。

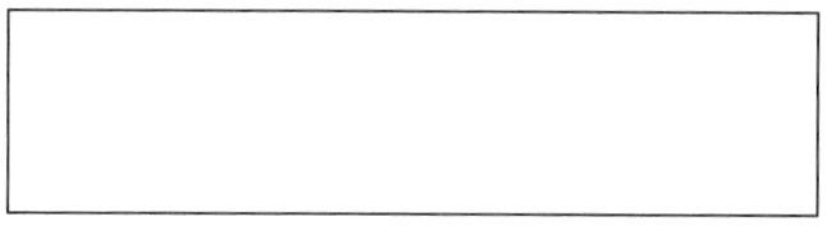

图 9-2　绘制矩形

图 9-3　偏移矩形

（3）单击“默认”选项卡“修改”面板中的“分解”按钮，对矩形进行分解。

（4）单击“默认”选项卡“绘图”面板中的“定数等分”按钮，选择内部矩形下边直线，将其分解为 3 份。

（5）单击对象捕捉旁的下拉按钮，在打开的列表中选择“节点”选项。单击“默认”选项卡“绘图”面板中的“直线”按钮，将光标移动到刚刚等分的直线的三分点附近，此时可以看到节点标志，即捕捉到三分点，如图 9-4 所示。绘制两条竖向直线，如图 9-5 所示。

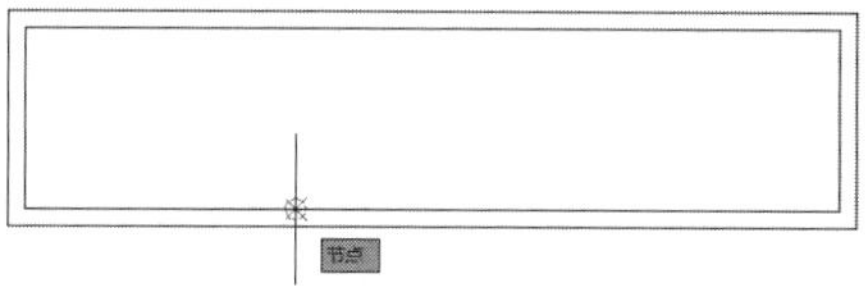

图 9-4　捕捉三分点

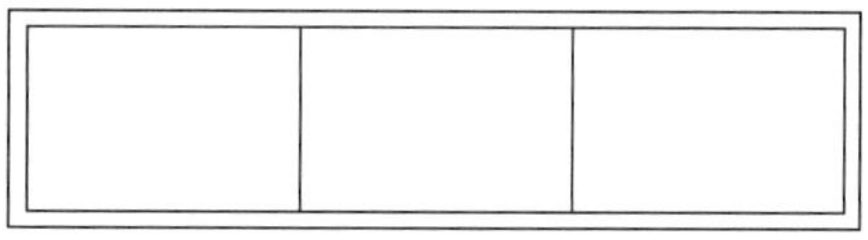

图 9-5　绘制垂直线

（6）单击“默认”选项卡“绘图”面板中的“直线”按钮，捕捉内部矩形左、右两侧的中点分别作为直线的两个端点，绘制一条水平直线，如图 9-6 所示。

（7）单击“默认”选项卡“绘图”面板中的“直线”按钮，绘制一条长为 400 的水平直线，再绘制一条通过其中点的竖向直线，如图 9-7 所示。

（8）单击“默认”选项卡“绘图”面板中的“圆弧”按钮，以水平直线的两个端点为端点，绘制一条弧线，如图 9-8 所示。

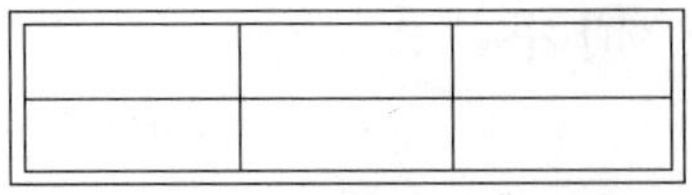

图 9-6　绘制水平线

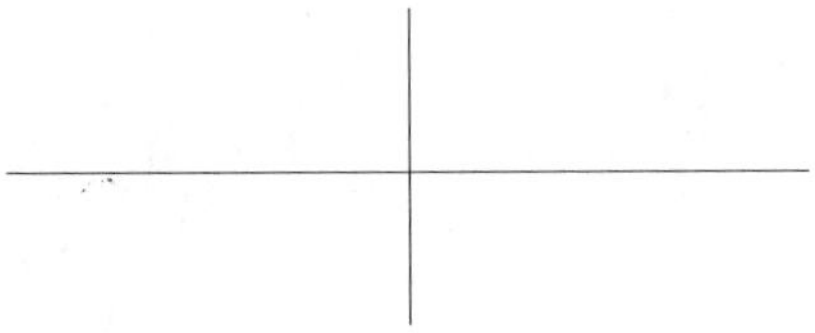

图 9-7　绘制直线

（9）单击“默认”选项卡“绘图”面板中的“圆”按钮，在弧线一端绘制直径为 20 的圆，如图 9-9 所示。

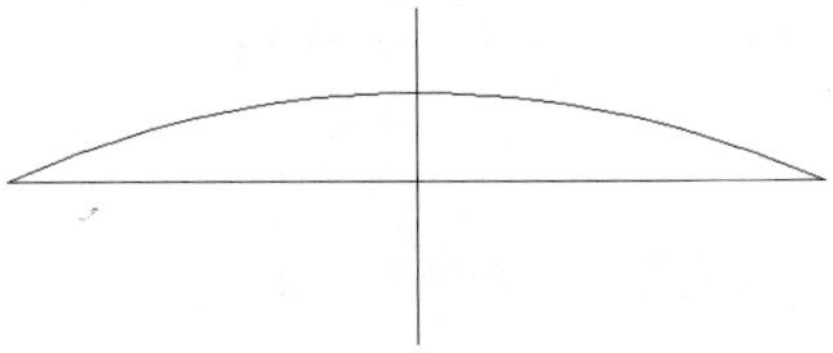

图 9-8　绘制弧线

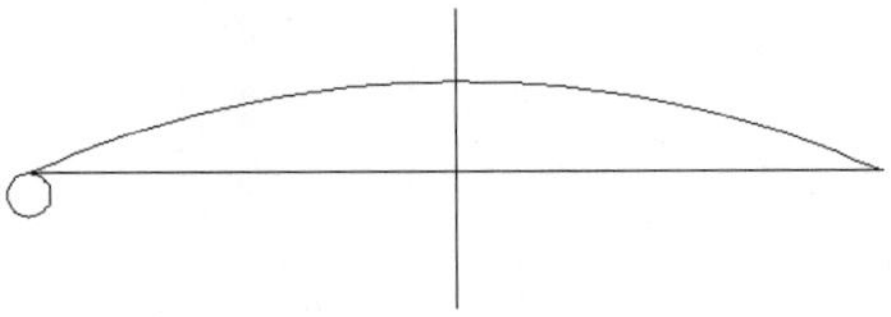

图 9-9　绘制圆

（10）单击“默认”选项卡“修改”面板中的“复制”按钮，将步骤（9）中绘制的圆复制到弧线的另一端，如图 9-10 所示。

（11）单击“默认”选项卡“绘图”面板中的“圆弧”按钮，以两圆的下端分别作为弧线的两端点，绘制另一条弧线，如图 9-11 所示。

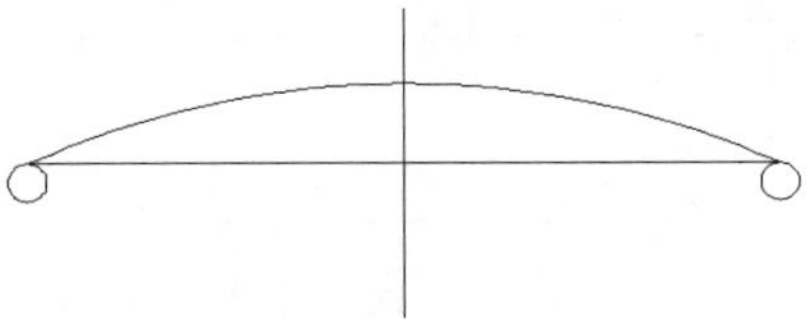

图 9-10　复制圆

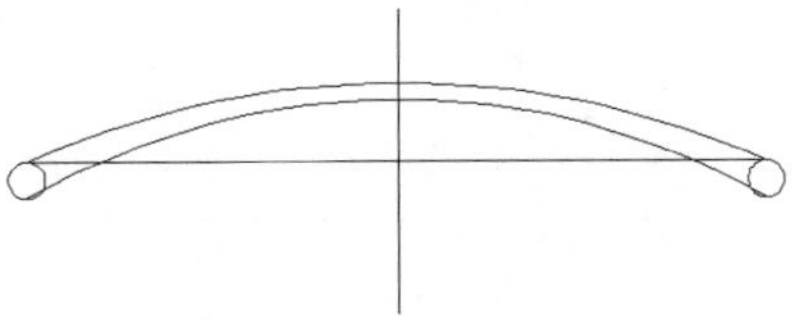

图 9-11　绘制另一条弧线

（12）单击“默认”选项卡“修改”面板中的“修剪”按钮，修剪多余直线，如图 9-12 所示。

（13）单击“默认”选项卡“修改”面板中的“删除”按钮，删除辅助线，完成衣架的绘制，如图 9-13 所示。

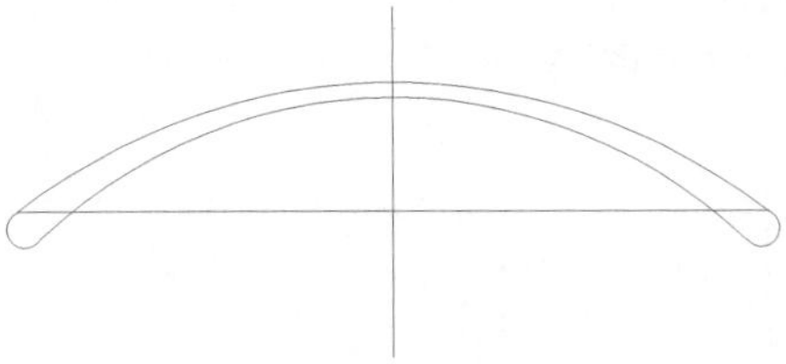

图 9-12　修剪直线

图 9-13　删除辅助线

（14）单击“默认”选项卡“块”面板中的“创建”按钮，打开“块定义”对话框，选择步骤（13）中绘制的衣架图形，将圆弧中点设置为拾取点，并设置名称为“衣架”，如图 9-14 所示。单击“确定”按钮，即可将衣架创建为块。

（15）单击“默认”选项卡“块”面板“插入”下拉菜单中的“最近使用的块”选项，系统弹出“块”选项板，在“选项”下拉列表中选中“插入点”复选框并将角度设置为 90°，如图 9-15 所示。将衣架图块插入图中合适的位置处，如图 9-16 所示。

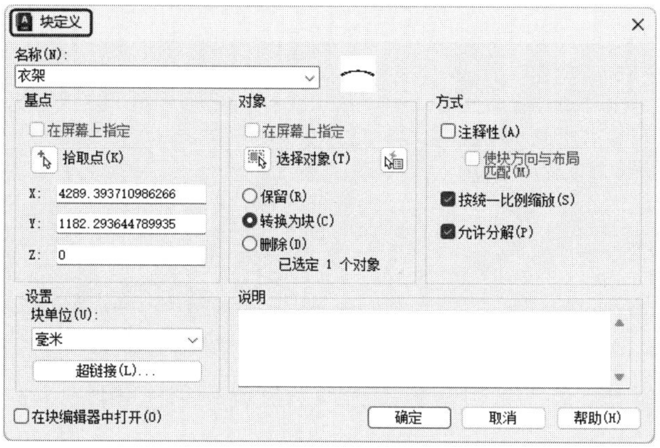

图 9-14 创建图块

图 9-15 “块”选项板

（16）使用同样的方法，将衣架图块插入图中其他位置处，或者单击“默认”选项卡“修改”面板中的“复制”按钮，将步骤（15）中插入的衣架图块复制到其他位置处，最终完成衣柜的绘制，如图 9-17 所示。

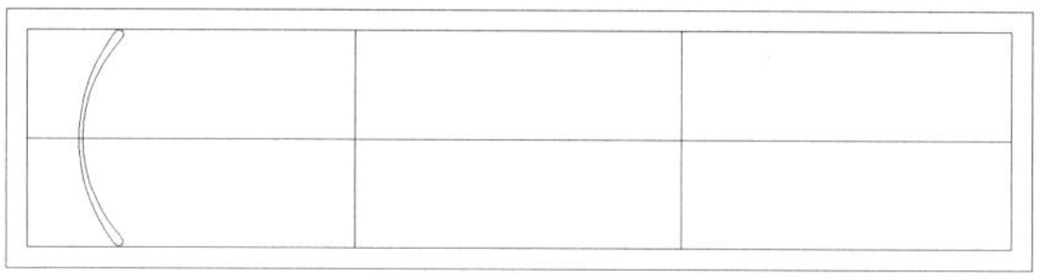

图 9-16 插入衣架图块

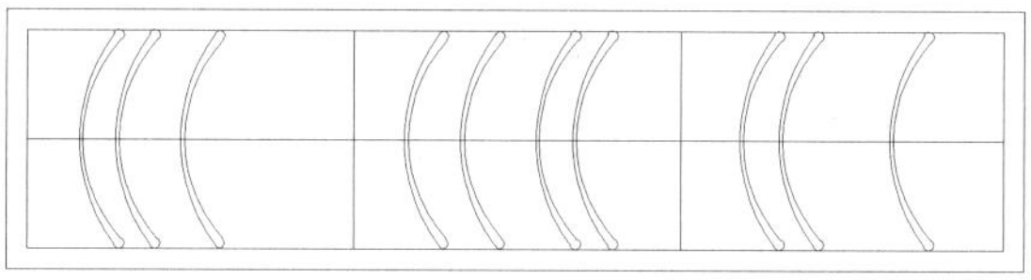

图 9-17 完成衣柜的绘制

（17）最后将衣柜创建为块，以便调用。

9.2 实例——绘制橱柜

视频讲解

橱柜是厨房中必不可少的家具，设计时要注意空间分配，并考虑人的活动范围。本实例首先绘制橱柜轮廓，然后绘制门，最后细化图形。绘制流程如图 9-18 所示。

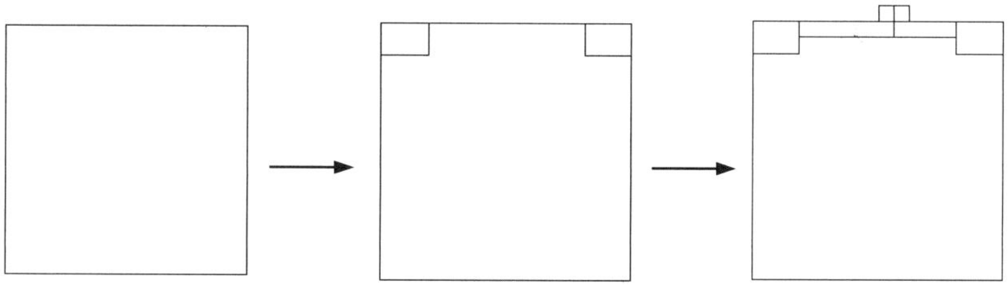

图 9-18 橱柜的绘制流程

操作步骤

（1）单击“默认”选项卡“绘图”面板中的“矩形”按钮，绘制一个边长为 800 的正方形，

Note

如图 9-19 所示。

（2）单击“默认”选项卡“绘图”面板中的“矩形”按钮▭，在正方形内部左上角绘制一个大小为 150×100 的矩形，如图 9-20 所示。

（3）单击“默认”选项卡“修改”面板中的“镜像”按钮⚠，选择刚刚绘制的小矩形，以正方形的上、下两边中点为对称轴，将小矩形镜像复制到另一侧，如图 9-21 所示。

图 9-19　绘制正方形

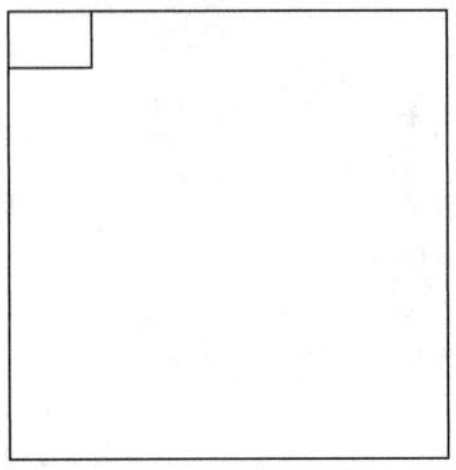

图 9-20　绘制小矩形

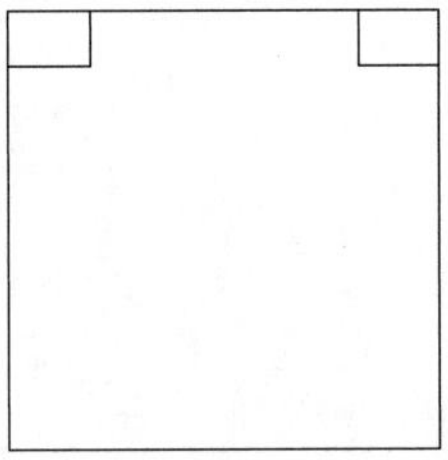

图 9-21　镜像复制矩形

（4）单击“默认”选项卡“绘图”面板中的“直线”按钮╱，选择左上角矩形右边的中点为起点，绘制一条水平直线，作为橱柜的门，如图 9-22 所示。

（5）单击“默认”选项卡“绘图”面板中的“直线”按钮╱，在柜门的右侧绘制一条竖向直线，如图 9-23 所示。

（6）单击“默认”选项卡“绘图”面板中的“矩形”按钮▭，在直线上侧绘制一个边长为 50 的小正方形，如图 9-24 所示。

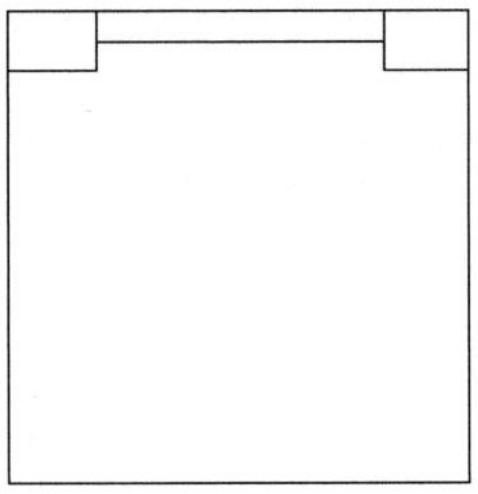

图 9-22　绘制橱柜门

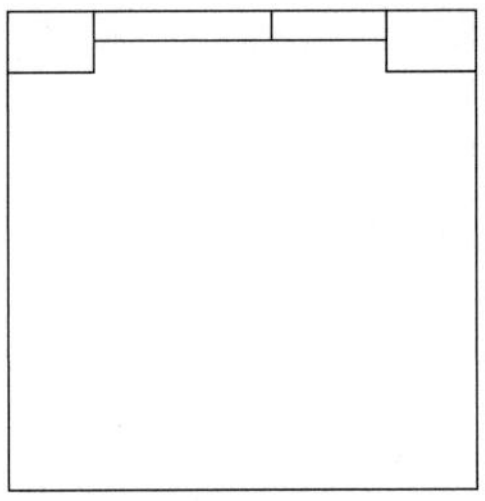

图 9-23　绘制竖向直线

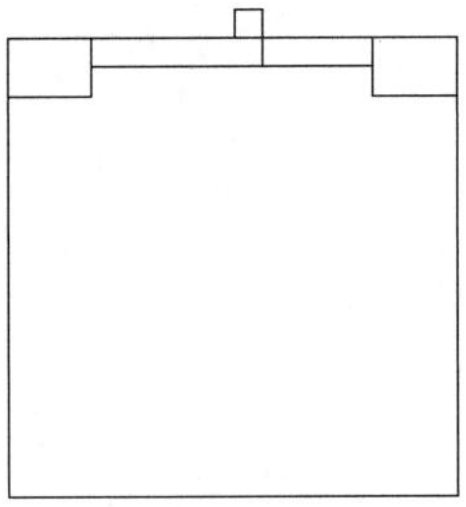

图 9-24　绘制小正方形

（7）单击“默认”选项卡“修改”面板中的“复制”按钮，将步骤（6）中绘制的小正方形复制到另一侧，完成橱柜门拉手的绘制，如图 9-25 所示。

（8）在命令行中输入 WBLOCK，打开“写块”对话框，如图 9-26 所示，将橱柜保存为图块，以便调用。

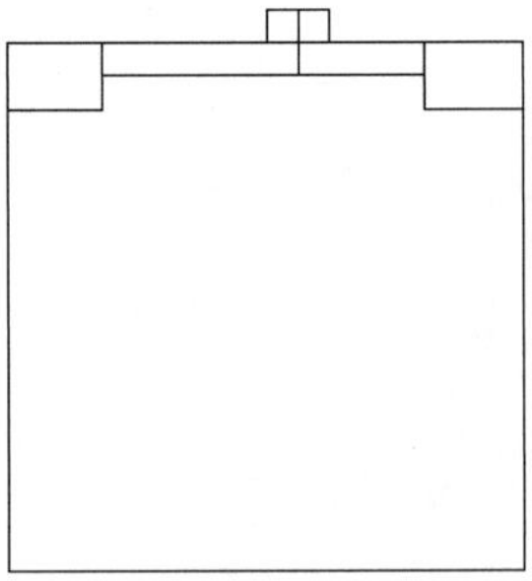

图 9-25　复制小正方形

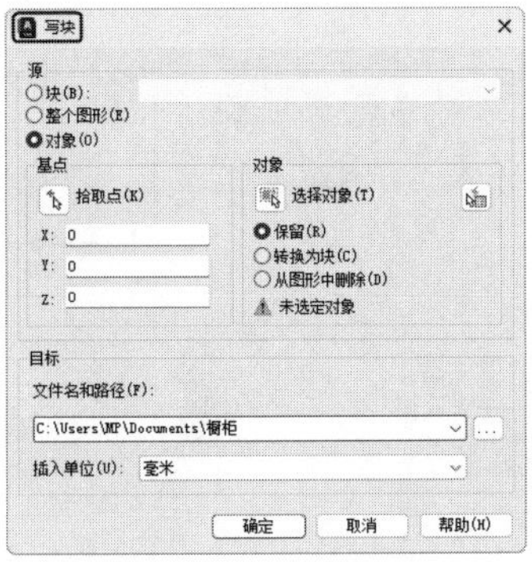

图 9-26　保存图块

9.3　实例——绘制更衣柜

Note

更衣柜是洗浴房中不可缺少的家具，设计时要注意空间分配，并考虑人的活动范围。本实例首先绘制更衣柜轮廓，然后绘制柜门，再绘制开关门按钮，最后标注尺寸。绘制流程如图 9-27 所示。

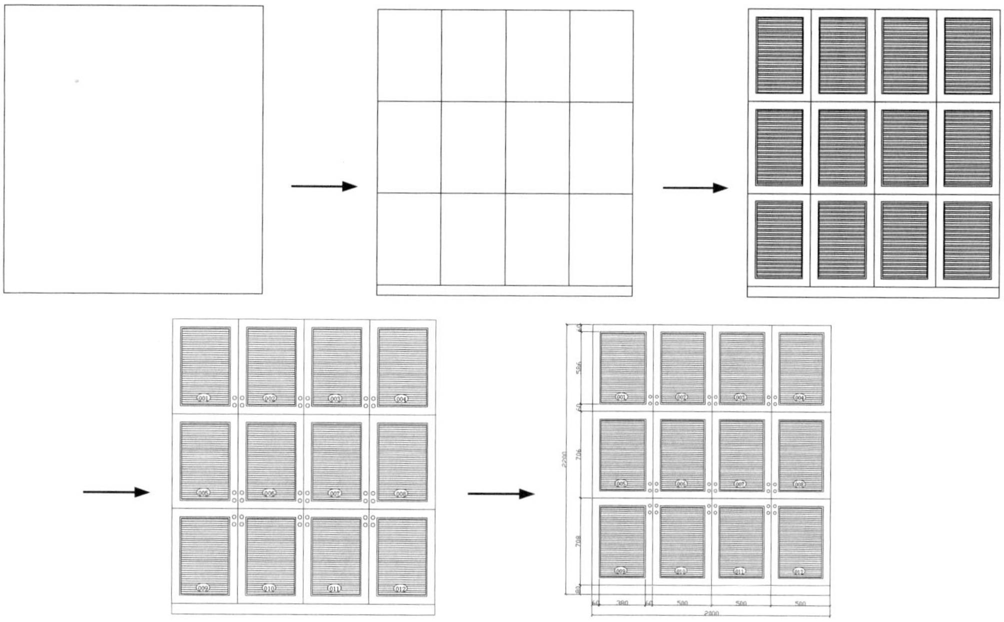

图 9-27　更衣柜的绘制流程

操作步骤

1. 绘制图形

（1）单击“默认”选项卡“绘图”面板中的“矩形”按钮▭，绘制大小为 2000×2200 的矩形，如图 9-28 所示。

（2）单击“默认”选项卡“绘图”面板中的“直线”按钮╱，在距离底边 80 的位置处绘制水平直线，如图 9-29 所示。

（3）单击“默认”选项卡“修改”面板中的“复制”按钮，将直线向上复制两次，间隔分别为 708 和 706，如图 9-30 所示。

视频讲解

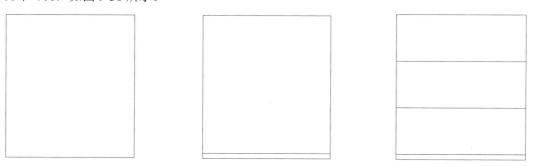

图 9-28　绘制矩形 1

图 9-29　绘制直线

图 9-30　复制直线

（4）单击“默认”选项卡“绘图”面板中的“定数等分”按钮，将最下部的水平直线4等分。单击“默认”选项卡“绘图”面板中的“直线”按钮，在节点处绘制竖向直线，如图9-31所示。

（5）单击“默认”选项卡“绘图”面板中的“矩形”按钮，在左上角的方格中绘制大小为380×586的矩形，矩形到上下左右四边的距离为60，如图9-32所示。

（6）单击“默认”选项卡“修改”面板中的“偏移”按钮，将矩形向内侧偏移10，如图9-33所示。

图9-31 绘制等分线

图9-32 绘制矩形2

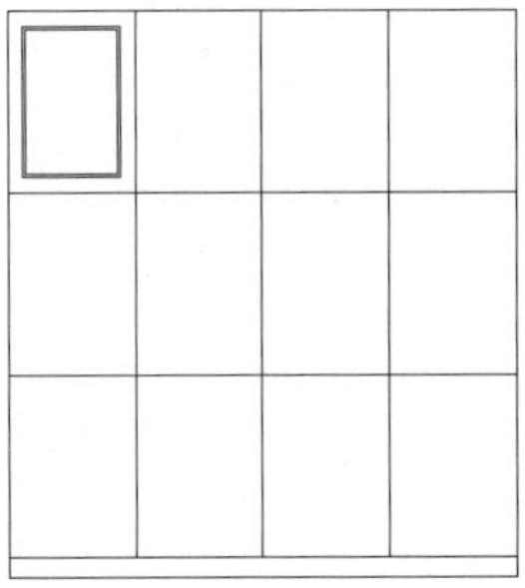

图9-33 偏移矩形

（7）单击“默认”选项卡“绘图”面板中的“图案填充”按钮，打开“图案填充创建”选项卡，按如图9-34所示的设置填充图案。在内部矩形中单击，进行填充，如图9-35所示。

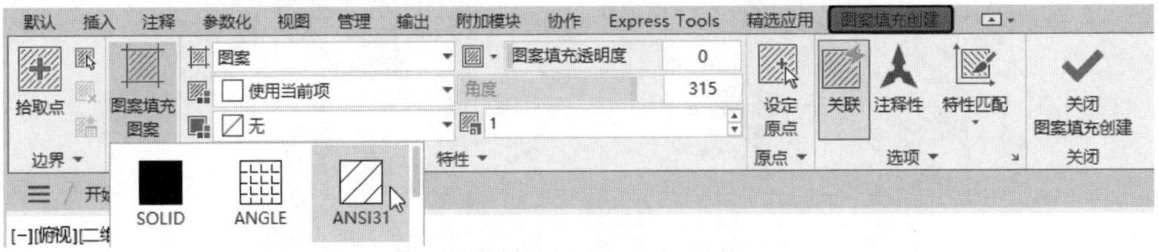

图9-34 填充图案设置

（8）单击“默认”选项卡“修改”面板中的“矩形阵列”按钮，选择刚刚绘制的矩形和填充图案，设置行数为1，列数为4，列间距为500，阵列图形，如图9-36所示。

（9）单击“默认”选项卡“修改”面板中的“复制”按钮，复制图形，如图9-37所示。

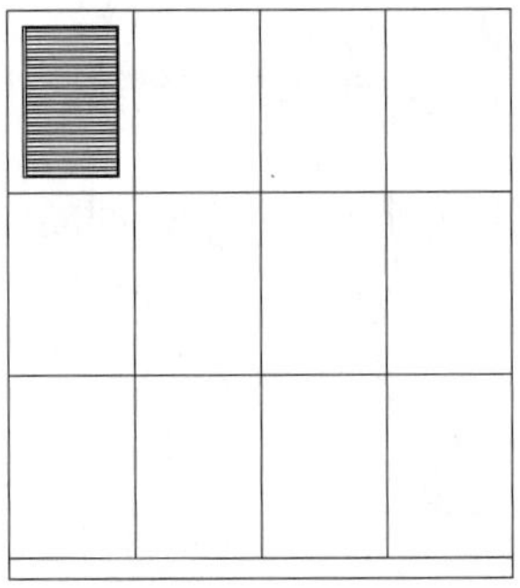

图9-35 填充矩形

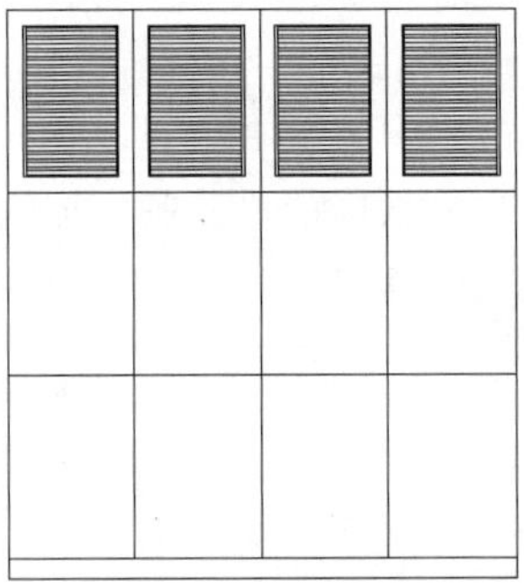

图9-36 阵列图形

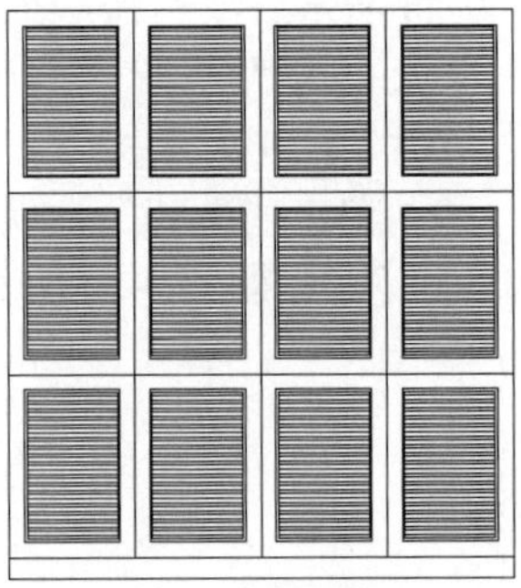

图9-37 复制图形

（10）单击“默认”选项卡“绘图”面板中的“圆”按钮，在柜门的角部绘制直径为30的圆，如图9-38所示。

（11）单击“默认”选项卡“修改”面板中的“复制”按钮，将步骤（10）中绘制的圆向下复制，如图9-39所示。

（12）单击“默认”选项卡“修改”面板中的“镜像”按钮，将圆镜像到另一侧，完成开门和关门按钮的绘制，如图 9-40 所示。

图 9-38　绘制圆

图 9-39　复制圆

图 9-40　镜像圆

（13）单击“默认”选项卡“修改”面板中的“复制”按钮，将开门和关门的按钮复制到图中其他位置处，如图 9-41 所示。

（14）单击“默认”选项卡“绘图”面板中的“椭圆”按钮，在图中合适的位置处绘制一个椭圆，如图 9-42 所示。

（15）单击“默认”选项卡“修改”面板中的“修剪”按钮，修剪椭圆内多余的直线，如图9-43 所示。

图 9-41　复制按钮

图 9-42　绘制椭圆

图 9-43　修剪多余直线 1

（16）单击“默认”选项卡“注释”面板中的“多行文字”按钮A，在椭圆内输入文字，如图 9-44 所示。

（17）单击“默认”选项卡“修改”面板中的“复制”按钮，将椭圆复制到图中其他位置处，如图 9-45 所示。

（18）单击“默认”选项卡“修改”面板中的“修剪”按钮，修剪椭圆内多余的直线，如图9-46 所示。

（19）单击“默认”选项卡“注释”面板中的“多行文字”按钮A，分别在椭圆内输入相应的文字，完成柜门编号的绘制，如图 9-47 所示。

2. 标注尺寸

（1）单击“默认”选项卡“注释”面板中的“标注样式”按钮，打开“标注样式管理器”对话框，如图 9-48 所示。

Note

视频讲解

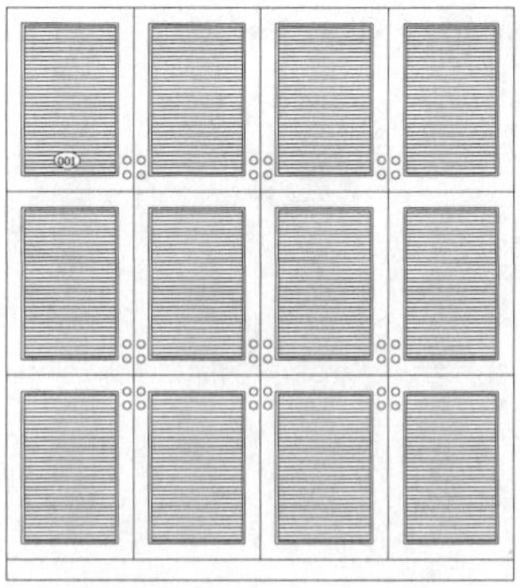

图 9-44　输入文字

图 9-45　复制椭圆

图 9-46　修剪多余直线 2

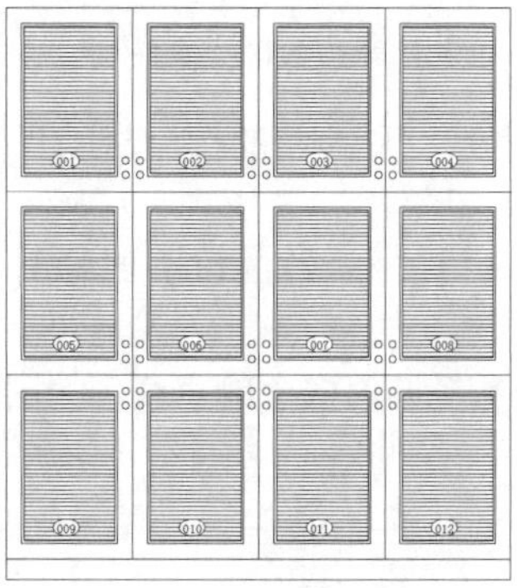

图 9-47　绘制柜门编号

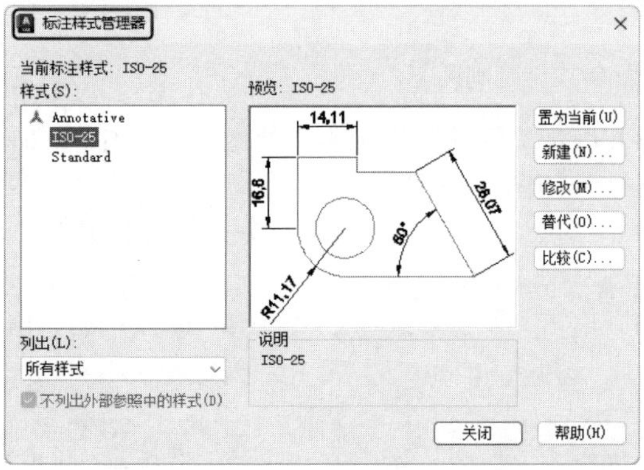

图 9-48　“标注样式管理器”对话框

（2）单击“新建”按钮，打开“创建新标注样式”对话框，在“新样式名”文本框中输入“尺寸”，如图 9-49 所示。

（3）单击“继续”按钮，打开“新建标注样式：尺寸”对话框，然后在“线”选项卡中将“超出尺寸线”设置为 10，“起点偏移量”设置为 10，如图 9-50 所示。

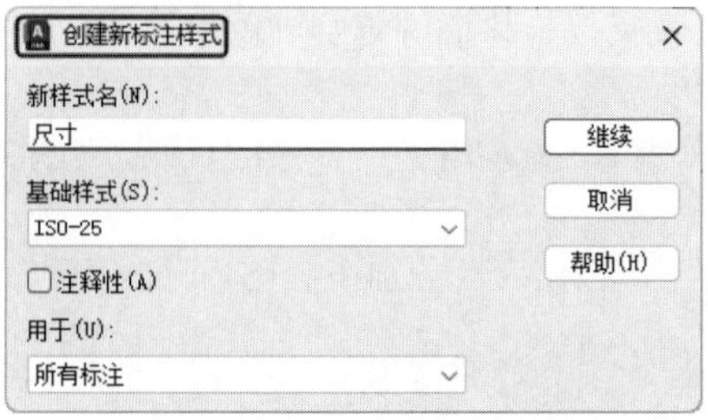

图 9-49　新建标注样式

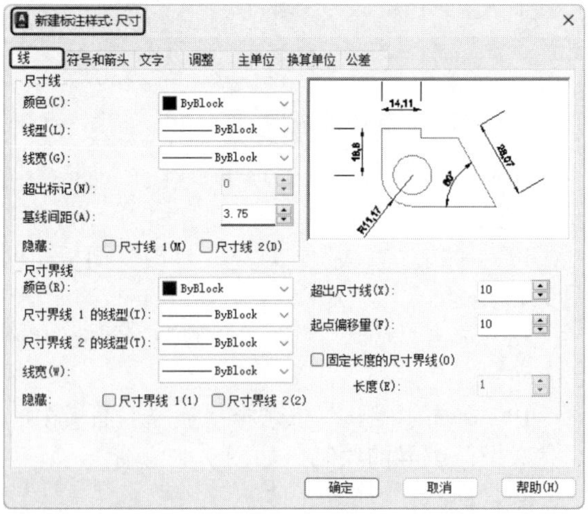

图 9-50　设置“线”选项卡

（4）选择“符号和箭头”选项卡，将“箭头”设置为“建筑标记”，将“箭头大小”设置为 15，如图 9-51 所示。

（5）选择“文字”选项卡，将“文字高度”设置为 35，如图 9-52 所示。

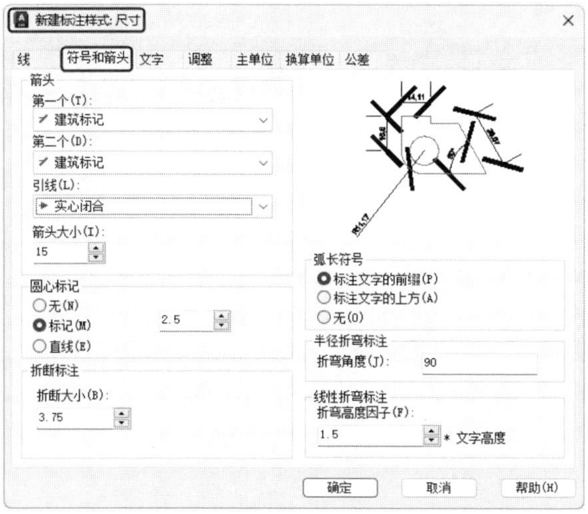

图 9-51　设置“符号和箭头”选项卡

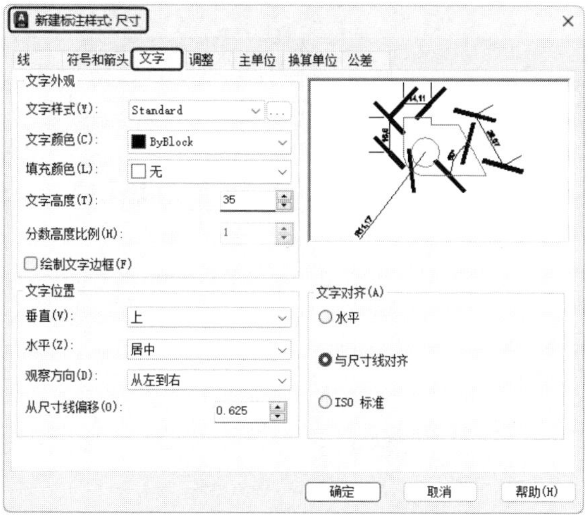

图 9-52　设置“文字”选项卡

（6）选择“主单位”选项卡，将“精度”设置为 0，如图 9-53 所示。

（7）单击“默认”选项卡“注释”面板中的“线性”按钮⊢⊣，为图形标注第一道尺寸，可以结合“注释”选项卡“标注”面板中的“连续”按钮⊢⊢⊣，快速完成图形的尺寸标注，如图 9-54 所示。

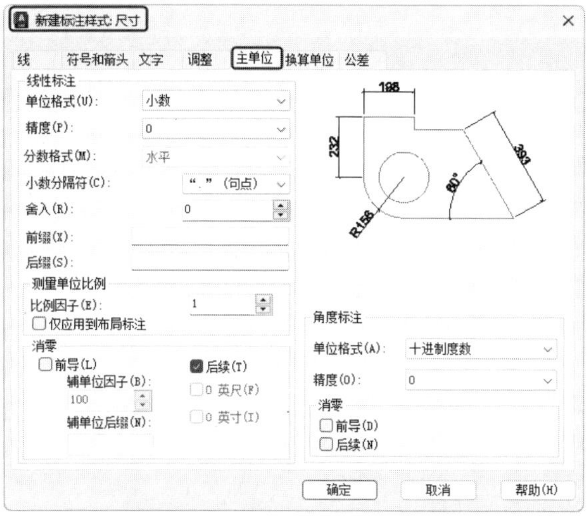

图 9-53　设置“主单位”选项卡

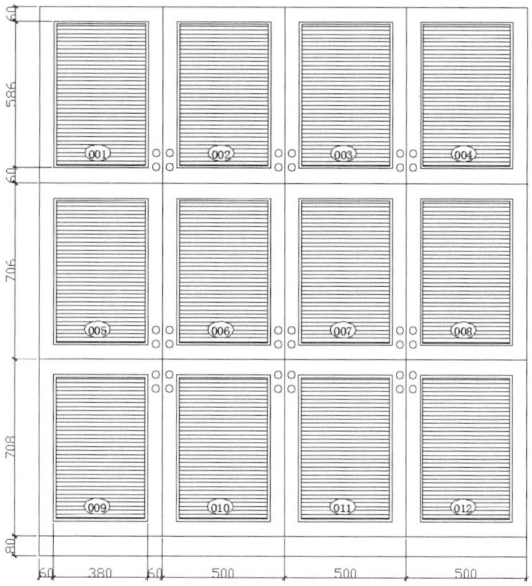

图 9-54　标注第一道尺寸

（8）单击“默认”选项卡“注释”面板中的“线性”按钮⊢⊣，为图形标注总尺寸，如图 9-55 所示。

（9）在命令行中输入 WBLOCK，打开“写块”对话框，如图 9-56 所示，将更衣柜保存为图块，以便调用。

Note

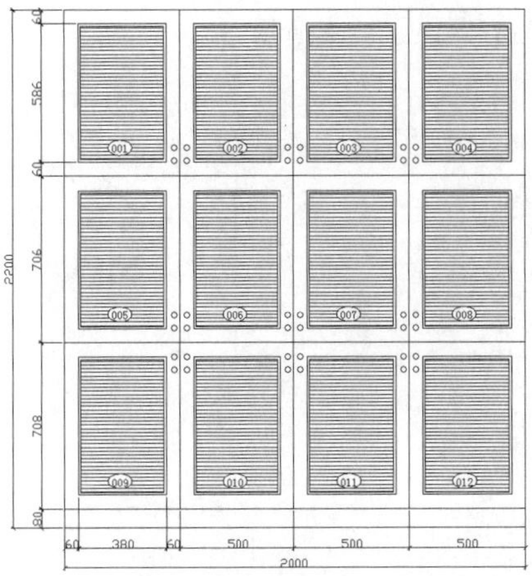

图 9-55 标注总尺寸

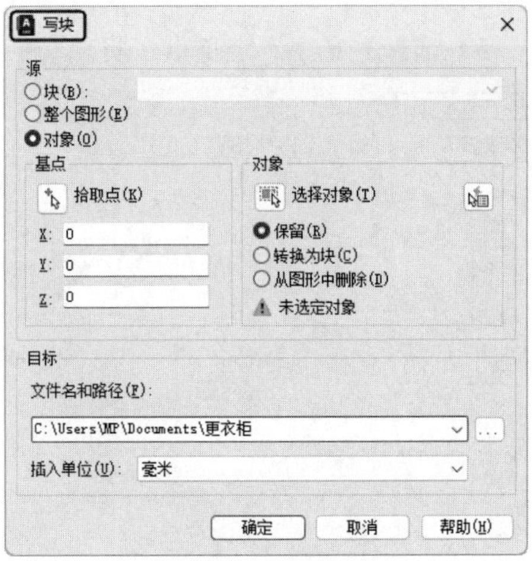

图 9-56 保存图块

9.4 实例——绘制客房组合柜

视频讲解

客房组合柜是卧室中必不可少的家具，通过本实例，读者将掌握客房组合柜的绘制方法和技巧。本实例首先绘制桌子，然后绘制抽屉，再绘制椅子，接着绘制镜子，最后标注尺寸。绘制流程如图 9-57 所示。

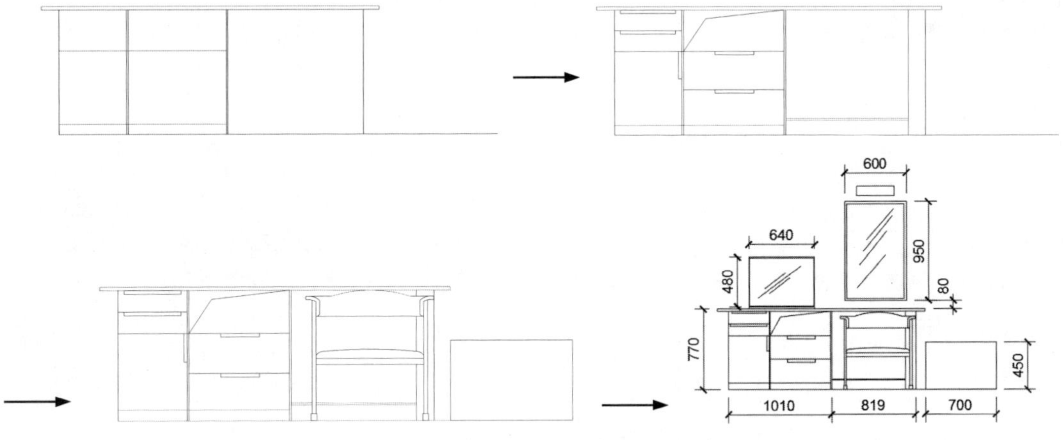

图 9-57 客房组合柜的绘制流程

操作步骤

1. 绘制桌子

（1）单击“默认”选项卡“绘图”面板中的“矩形”按钮▭，绘制一个长为 2030、宽为 20 的矩形，如图 9-58 所示。

图 9-58 绘制矩形 1

（2）单击“默认”选项卡“绘图”面板中的“直线”按钮，绘制一条长为750的竖向直线，如图9-59所示。

（3）单击“默认”选项卡“修改”面板中的“偏移”按钮，将竖向直线向右偏移，偏移距离分别为1010、819，如图9-60所示。

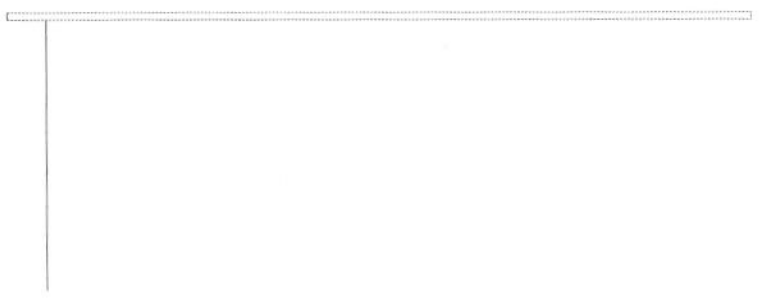

图9-59　绘制竖向直线1

图9-60　偏移竖向直线1

（4）单击“默认”选项卡“绘图”面板中的“直线”按钮，以最左侧竖向直线的端点为起点绘制一条长为2625的水平直线，如图9-61所示。

（5）单击“默认”选项卡“修改”面板中的“分解”按钮，分解矩形。

（6）单击“默认”选项卡“修改”面板中的“偏移”按钮，将矩形下侧直线依次向下偏移240和450，如图9-62所示。

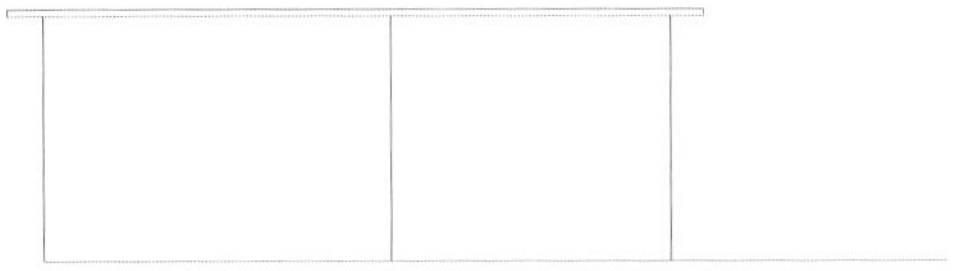

图9-61　绘制水平直线

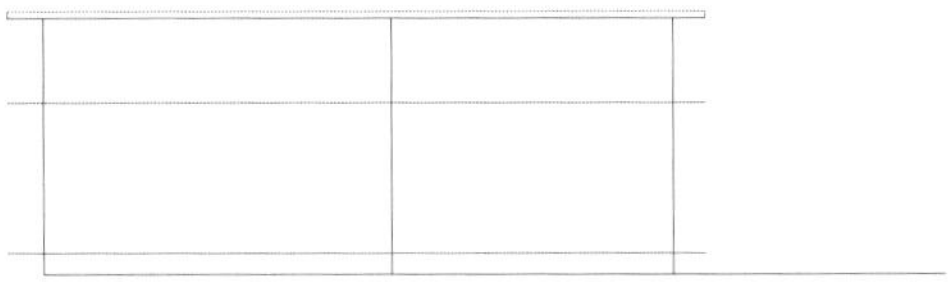

图9-62　偏移直线1

（7）同理，单击“默认”选项卡“修改”面板中的“偏移”按钮，将左侧竖向直线向右偏移，偏移距离依次为400、10和590，如图9-63所示。

（8）单击“默认”选项卡“修改”面板中的“修剪”按钮，修剪多余直线，如图9-64所示。

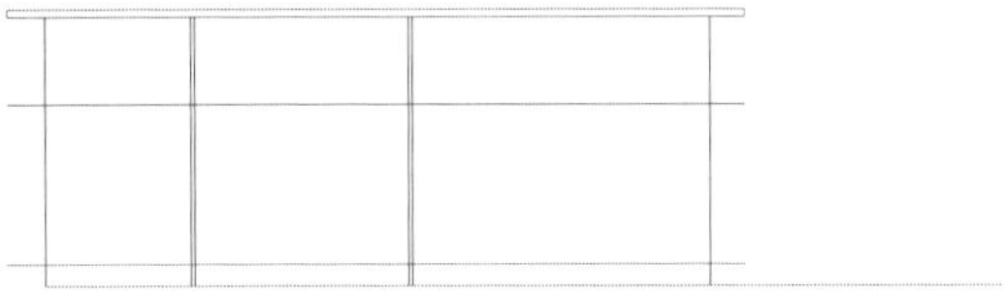

图9-63　偏移竖向直线2

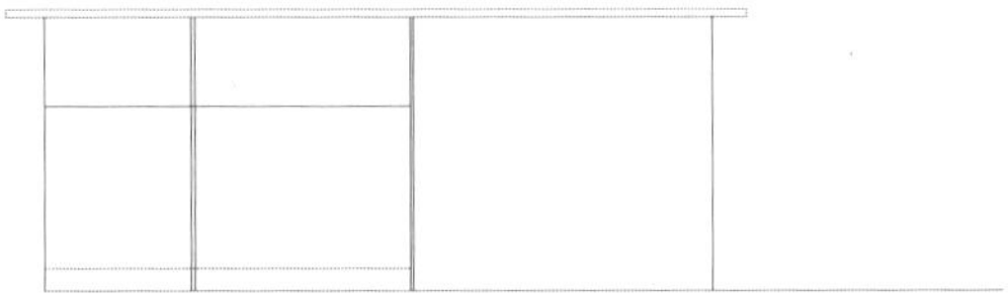

图9-64　修剪多余直线1

2. 绘制抽屉

（1）单击“默认”选项卡“绘图”面板中的“直线”按钮和“矩形”按钮，绘制抽屉，如图9-65所示。

（2）单击“默认”选项卡“绘图”面板中的“多段线”按钮，绘制折线，细化抽屉图形，如图9-66所示。

图9-65　绘制抽屉

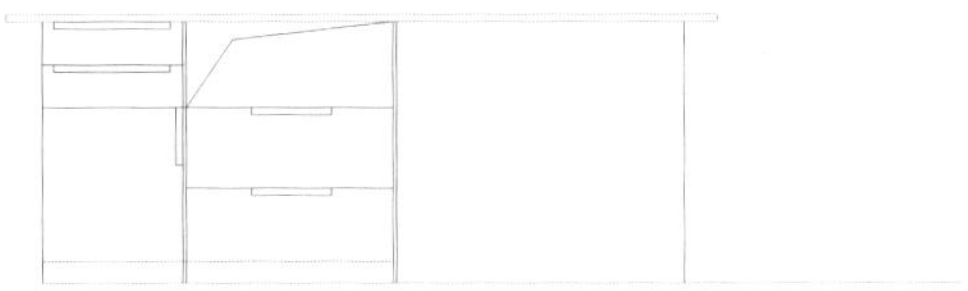

图9-66　细化抽屉图形

（3）单击“默认”选项卡“修改”面板中的“偏移”按钮⊆，将最右侧竖向直线向左偏移，偏移距离为100，将最下侧水平直线依次向上偏移88和10，如图9-67所示。

（4）单击“默认”选项卡“修改”面板中的“修剪”按钮✂，修剪多余直线，完成柜子的绘制，如图9-68所示。

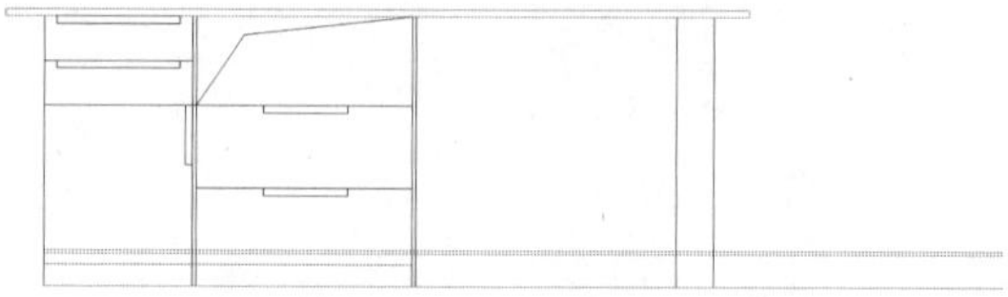

图9-67　偏移直线2

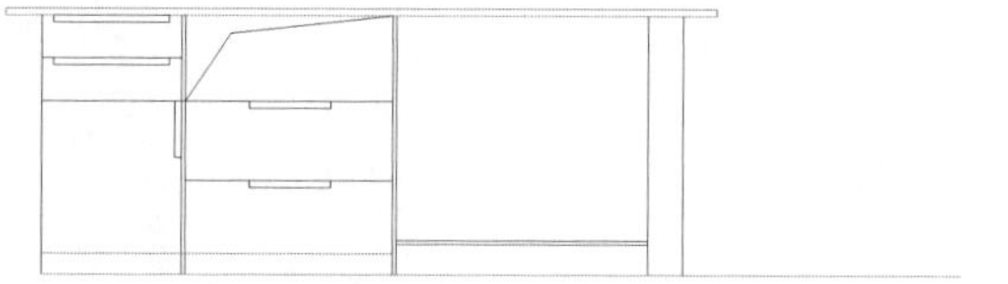

图9-68　修剪多余直线2

（5）单击“默认”选项卡“绘图”面板中的“矩形”按钮□，以最下侧水平直线右端点为起点，绘制一个长为700、宽为450的小矩形，完成小柜子的绘制，如图9-69所示。

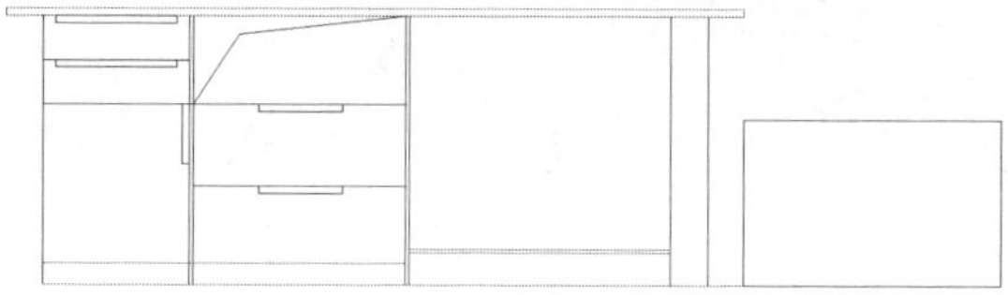

图9-69　绘制小柜子

3. 绘制椅子

（1）单击“默认”选项卡“块”面板“插入”下拉菜单中的“最近使用的块”选项，系统弹出“块”选项板，如图9-70所示。单击选项板顶部的按钮，选择椅子图块并将其插入图中合适的位置处，如图9-71所示。

（2）单击“默认”选项卡“修改”面板中的“修剪”按钮✂，修剪多余直线，如图9-72所示。

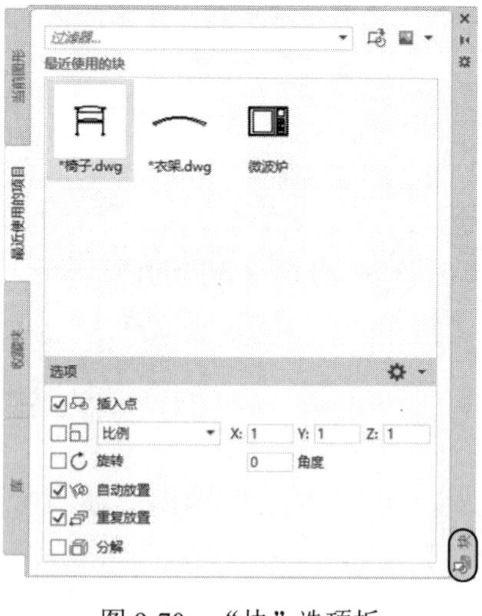

图9-70　“块”选项板

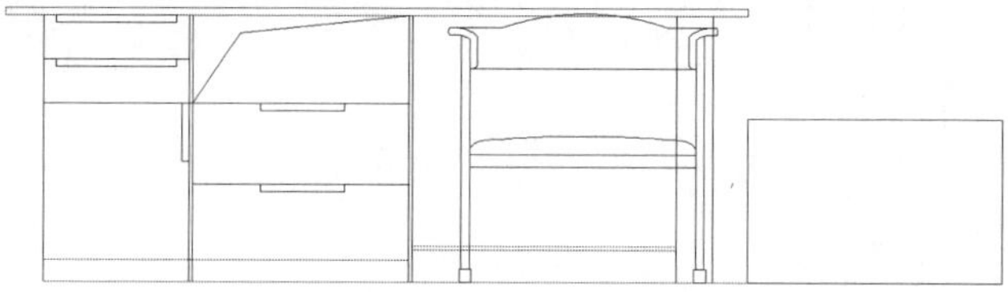

图9-71　插入椅子图块

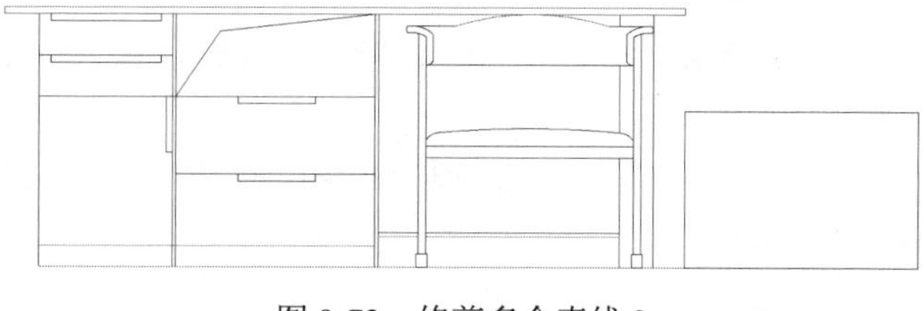

图9-72　修剪多余直线3

4. 绘制镜子

（1）单击“默认”选项卡“绘图”面板中的“直线”按钮╱，在柜子上侧绘制一条长为40的竖向直线，如图9-73所示。

（2）单击“默认”选项卡“修改”面板中的“偏移”按钮⊆，将步骤（1）中绘制的竖向直线向右偏移，偏移距离为 640，如图 9-74 所示。

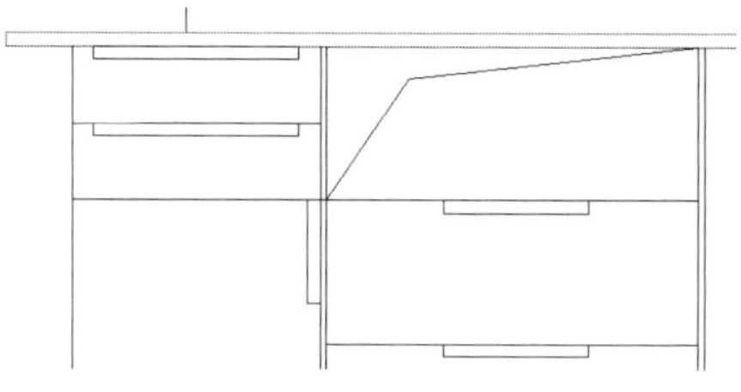

图 9-73　绘制竖向直线 2

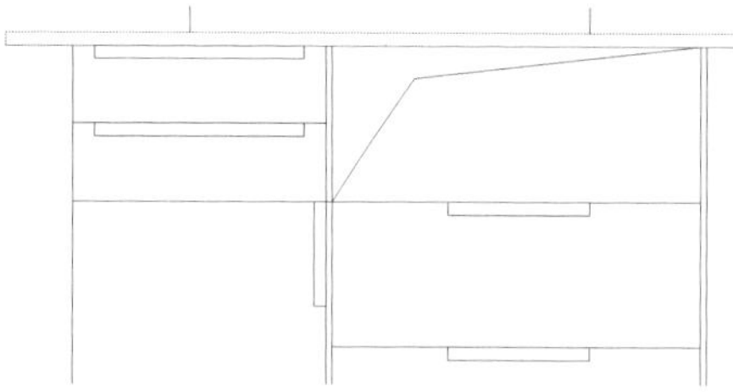

图 9-74　偏移竖向直线 3

（3）单击“默认”选项卡“绘图”面板中的“直线”按钮╱，连接竖向直线的上端点。

（4）单击“默认”选项卡“绘图”面板中的“矩形”按钮□，在柜子上侧绘制长为 640、宽为 480 的矩形，如图 9-75 所示。

（5）单击“默认”选项卡“修改”面板中的“偏移”按钮⊆，将矩形向内偏移，偏移距离为 8，如图 9-76 所示。

（6）单击“默认”选项卡“绘图”面板中的“直线”按钮╱，细化镜子图形，如图 9-77 所示。

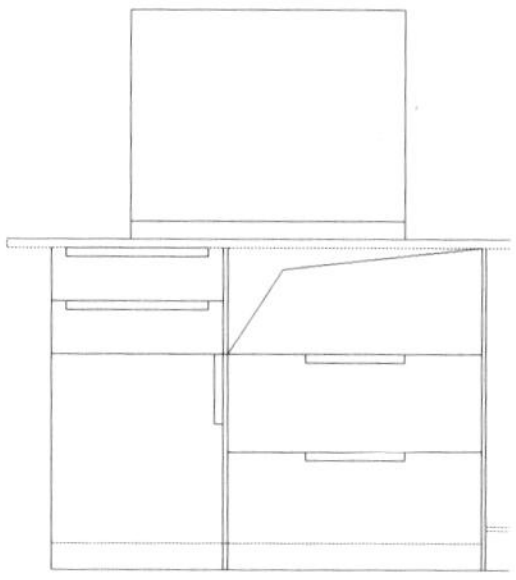

图 9-75　绘制矩形 2

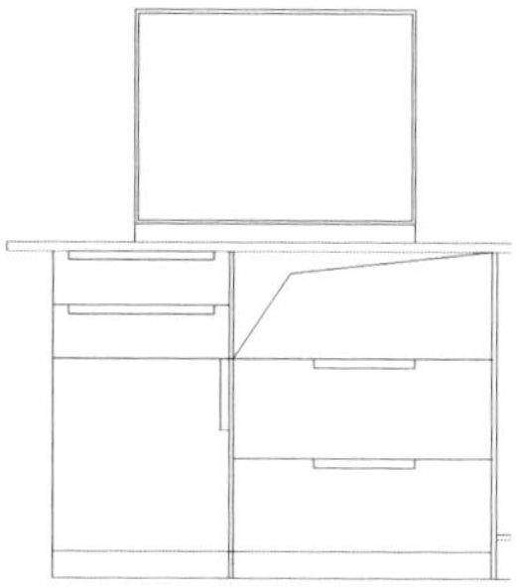

图 9-76　偏移矩形 1

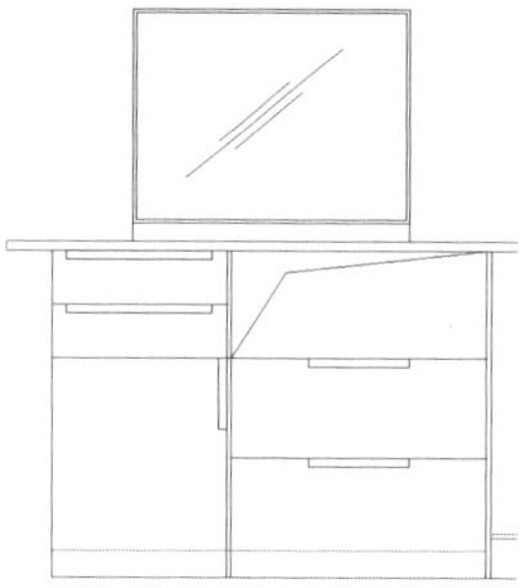

图 9-77　细化镜子图形 1

（7）单击“默认”选项卡“修改”面板中的“偏移”按钮⊆，将柜子最下侧水平直线向上偏移 850，如图 9-78 所示。

（8）单击“默认”选项卡“绘图”面板中的“矩形”按钮□，以步骤（7）中偏移后的直线上一点为起点，绘制一个长为 600、宽为 950 的矩形，然后单击“默认”选项卡“修改”面板中的“删除”按钮，删除偏移后的水平直线，如图 9-79 所示。

图 9-78　偏移水平直线

图 9-79　绘制矩形 3

（9）单击“默认”选项卡“修改”面板中的“偏移”按钮⊆，将步骤（8）中绘制的矩形向内偏移，偏移距离为20，如图9-80所示。

（10）单击“默认”选项卡“绘图”面板中的“直线”按钮╱，细化镜子图形，如图9-81所示。

图9-80　偏移矩形2

图9-81　细化镜子图形2

（11）单击“默认”选项卡“绘图”面板中的“矩形”按钮□，在镜子上侧绘制一个矩形，最终完成图形的绘制，如图9-82所示。

5. 标注尺寸

单击“默认”选项卡“注释”面板中的“线性”按钮⊢，为客房组合柜标注尺寸，如图9-83所示。

图9-82　绘制矩形4

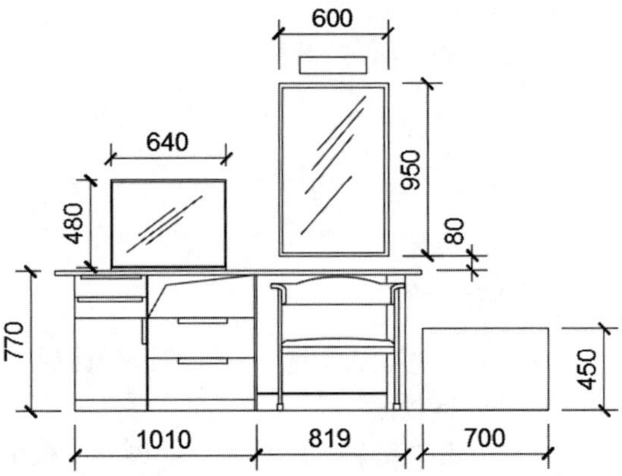

图9-83　标注客房组合柜

9.5　实践与操作

通过本章前面的学习，读者对本章知识已经有了大体的了解。本节通过两个练习使读者进一步掌握本章知识要点。

9.5.1　绘制碗柜

1. 目的要求

本实践将绘制如图9-84所示的碗柜，其绘制方法比较简单，主要由矩形和直线组成。本实践要求读者熟练掌握二维图形的绘制。

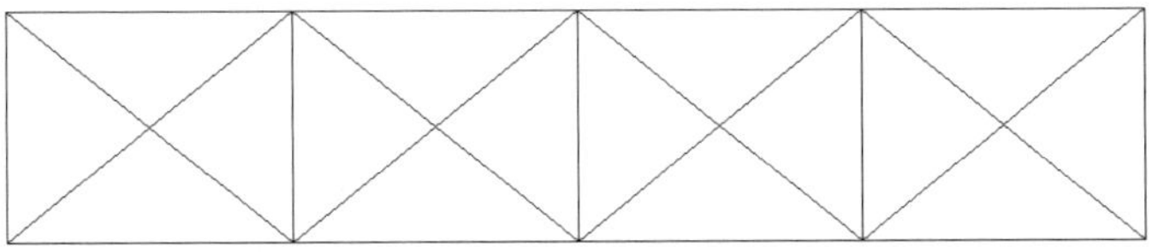

图 9-84　碗柜

2. 操作提示

（1）利用“矩形”命令绘制碗柜外轮廓线。

（2）利用“直线”命令绘制碗柜内轮廓线。

9.5.2　绘制立面床头柜

1. 目的要求

本实践绘制的是如图 9-85 所示的立面床头柜，涉及的命令有“直线”和“矩形”。另外，本实践对尺寸要求不是很严格，在绘图时可以适当指定位置。本实践要求读者掌握矩形的绘制方法。

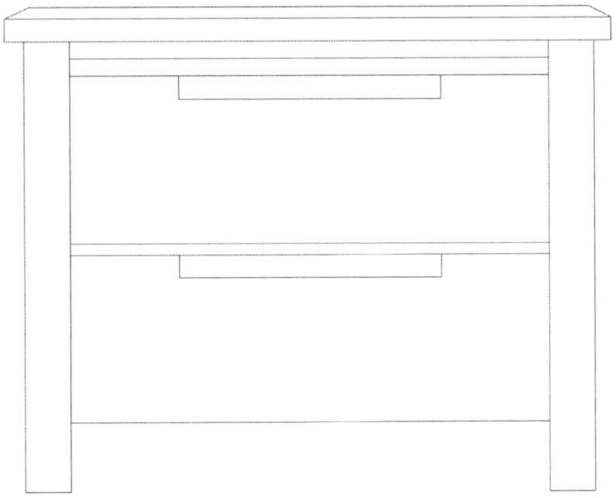

图 9-85　立面床头柜

2. 操作提示

（1）利用“直线”命令绘制床头柜外轮廓。

（2）利用“矩形”命令细化床头柜。

第10章

古典家具

随着时代的发展，中西方文化相互融合，西式家具逐渐流入中国市场，在中国家具行业所占比重越来越大，但近年来，随着中式家具逐渐发展，设计师开始把目光投向古典家具，在现代化的设计思想中融合进古典思想，因此古典家具成为家具设计中不可或缺的一部分。本章主要介绍常见古典家具的设计与绘制。

☑ 八仙桌　　☑ 古典梳妆台
☑ 古典柜子　　☑ 太师椅

任务驱动&项目案例

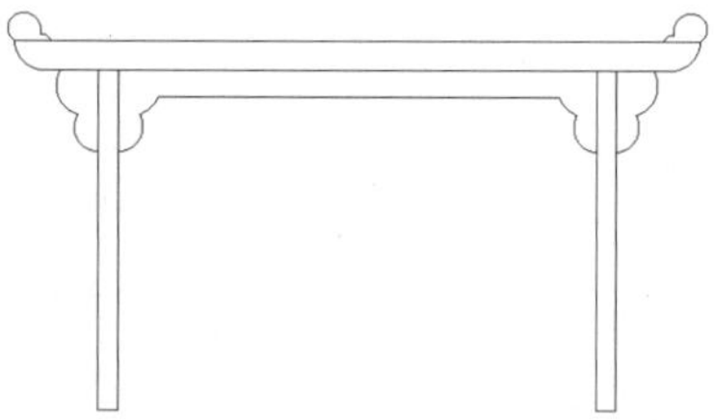

（1）

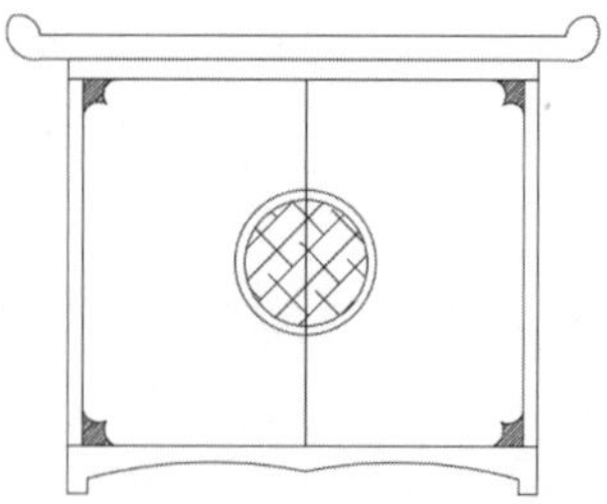

（2）

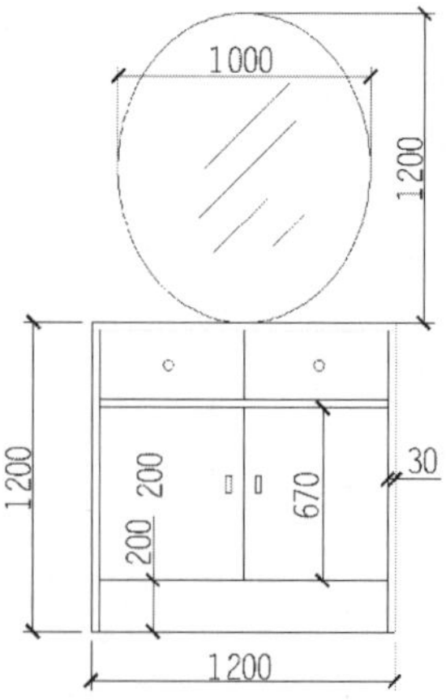

（3）

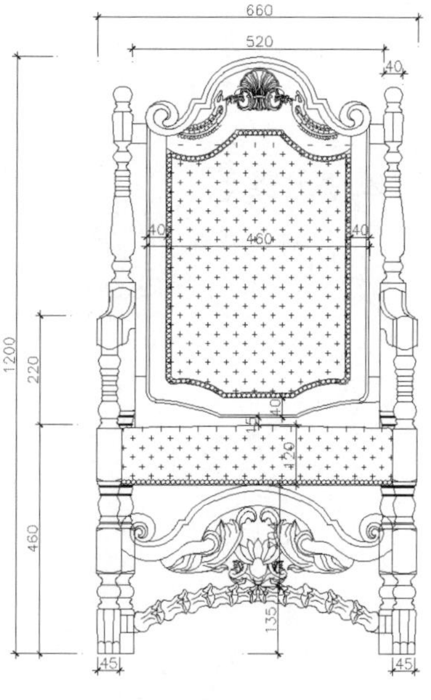

（4）

10.1 实例——绘制八仙桌

本实例首先利用“矩形”和“多段线”命令绘制初步结构，再利用“镜像”命令得到另一侧。绘制流程如图 10-1 所示。

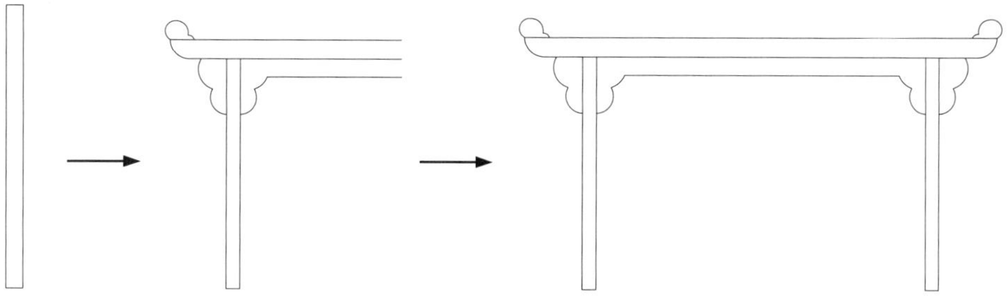

图 10-1 八仙桌的绘制流程

操作步骤

（1）单击“默认”选项卡“绘图”面板中的“矩形”按钮，绘制两角点坐标分别为（225,0）、（275,830）的矩形，绘制结果如图 10-2 所示。

（2）单击“默认”选项卡“绘图”面板中的“多段线”按钮，绘制多段线，命令行提示与操作如下：

```
命令: PLINE↙
指定起点: 871,765↙
当前线宽为 0.0000
指定下一个点或 [圆弧(A)/半宽(H)/长度(L)/放弃(U)/宽度(W)]: 374,765↙
指定下一点或 [圆弧(A)/闭合(C)/半宽(H)/长度(L)/放弃(U)/宽度(W)]: a↙
指定圆弧的端点(按住 Ctrl 键以切换方向)或[角度(A)/圆心(CE)/闭合(CL)/方向(D)/半宽(H)/直线(L)/半径(R)/第二个点(S)/放弃(U)/宽度(W)]: s↙
指定圆弧上的第二个点: 355.4,737.8↙
指定圆弧的端点: 326.4,721.3↙
指定圆弧的端点(按住 Ctrl 键以切换方向)或[角度(A)/圆心(CE)/闭合(CL)/方向(D)/半宽(H)/直线(L)/半径(R)/第二个点(S)/放弃(U)/宽度(W)]: s↙
指定圆弧上的第二个点: 326.9,660.8↙
指定圆弧的端点: 275,629↙
指定圆弧的端点(按住 Ctrl 键以切换方向)或[角度(A)/圆心(CE)/闭合(CL)/方向(D)/半宽(H)/直线(L)/半径(R)/第二个点(S)/放弃(U)/宽度(W)]:
命令: _pline↙
指定起点: 225,629.4↙
当前线宽为 0.0000
指定下一个点或 [圆弧(A)/半宽(H)/长度(L)/放弃(U)/宽度(W)]: a↙
指定圆弧的端点(按住 Ctrl 键以切换方向)或[角度(A)/圆心(CE)/方向(D)/半宽(H)/直线(L)/半径(R)/第二个点(S)/放弃(U)/宽度(W)]: s↙
指定圆弧上的第二个点: 173.4,660.8↙
指定圆弧的端点: 173.9,721.3↙
指定圆弧的端点(按住 Ctrl 键以切换方向)或[角度(A)/圆心(CE)/闭合(CL)/方向(D)/半宽(H)/
```

```
直线(L)/半径(R)/第二个点(S)/放弃(U)/宽度(W)]: s↙
    指定圆弧上的第二个点: 126,765.3↙
    指定圆弧的端点: 131.3,830↙
    指定圆弧的端点(按住 Ctrl 键以切换方向)或[角度(A)/圆心(CE)/闭合(CL)/方向(D)/半宽(H)/
直线(L)/半径(R)/第二个点(S)/放弃(U)/宽度(W)]:
```

绘制结果如图 10-3 所示。

图 10-2　绘制矩形

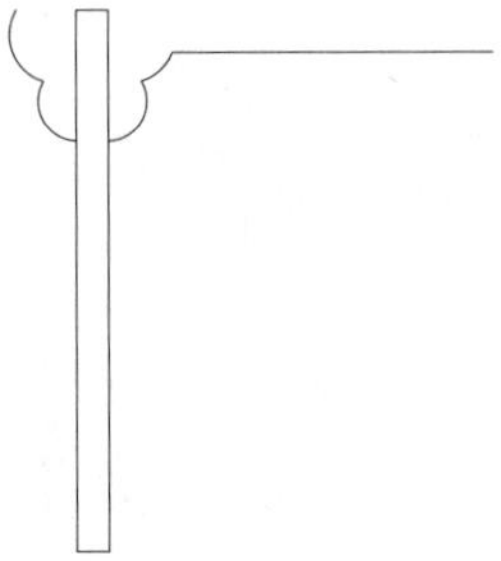

图 10-3　绘制多段线 1

继续绘制多段线。命令行提示与操作如下：

```
    命令: _pline↙
    指定起点: 870,830↙
    当前线宽为 0.0000
    指定下一个点或 [圆弧(A)/半宽(H)/长度(L)/放弃(U)/宽度(W)]: 88,830↙
    指定下一点或 [圆弧(A)/闭合(C)/半宽(H)/长度(L)/放弃(U)/宽度(W)]: a↙
    指定圆弧的端点(按住 Ctrl 键以切换方向)或[角度(A)/圆心(CE)/闭合(CL)/方向(D)/半宽(H)/
直线(L)/半径(R)/第二个点(S)/放弃(U)/宽度(W)]: 18,900↙
    指定圆弧的端点(按住 Ctrl 键以切换方向)或[角度(A)/圆心(CE)/闭合(CL)/方向(D)/半宽(H)/
直线(L)/半径(R)/第二个点(S)/放弃(U)/宽度(W)]: l↙
    指定下一点或 [圆弧(A)/闭合(C)/半宽(H)/长度(L)/放弃(U)/宽度(W)]: 870,900↙
    指定下一点或 [圆弧(A)/闭合(C)/半宽(H)/长度(L)/放弃(U)/宽度(W)]:
    命令: _pline↙
    指定起点: 18,900↙
    当前线宽为 0.0000
    指定下一个点或 [圆弧(A)/半宽(H)/长度(L)/放弃(U)/宽度(W)]: a↙
    指定圆弧的端点(按住 Ctrl 键以切换方向)或[角度(A)/圆心(CE)/方向(D)/半宽(H)/直线(L)/
半径(R)/第二个点(S)/放弃(U)/宽度(W)]: s↙
    指定圆弧上的第二个点: 1.3,941↙
    指定圆弧的端点: 36.8,968↙
    指定圆弧的端点(按住 Ctrl 键以切换方向)或[角度(A)/圆心(CE)/闭合(CL)/方向(D)/半宽(H)/
直线(L)/半径(R)/第二个点(S)/放弃(U)/宽度(W)]: s↙
    指定圆弧上的第二个点: 72.6,954↙
    指定圆弧的端点: 83,916↙
    指定圆弧的端点(按住 Ctrl 键以切换方向)或[角度(A)/圆心(CE)/闭合(CL)/方向(D)/半宽(H)/
直线(L)/半径(R)/第二个点(S)/放弃(U)/宽度(W)]: s↙
    指定圆弧上的第二个点: 97.8,912↙
    指定圆弧的端点: 106,900↙
    指定圆弧的端点(按住 Ctrl 键以切换方向)或[角度(A)/圆心(CE)/闭合(CL)/方向(D)/半宽(H)/
```

直线(L)/半径(R)/第二个点(S)/放弃(U)/宽度(W)]:

绘制结果如图 10-4 所示。

（3）单击“默认”选项卡“修改”面板中的“镜像”按钮，以（870,0）和（870,10）两坐标点的连线为镜像线对图形进行镜像处理，绘制结果如图 10-5 所示。

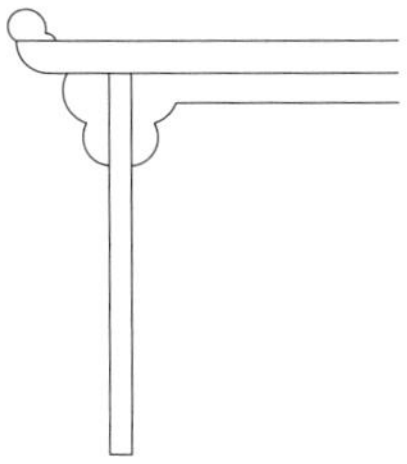

图 10-4　绘制多段线 2

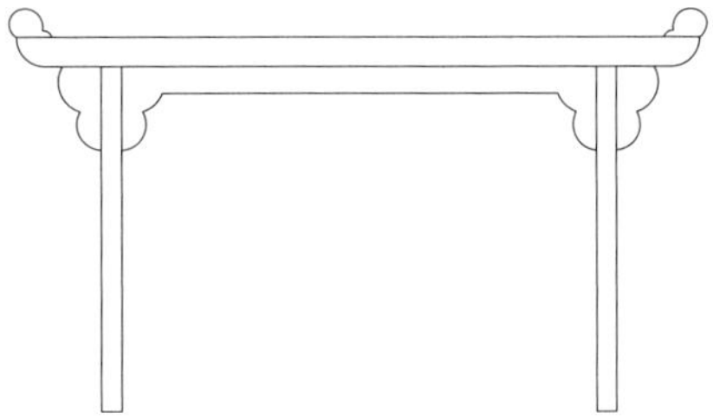

图 10-5　八仙桌

10.2　实例——绘制古典柜子

本实例首先利用“直线”“矩形”“圆弧”命令绘制初步结构，然后利用“镜像”命令得到另一部分，最后利用“图案填充”命令填充图形。绘制流程如图 10-6 所示。

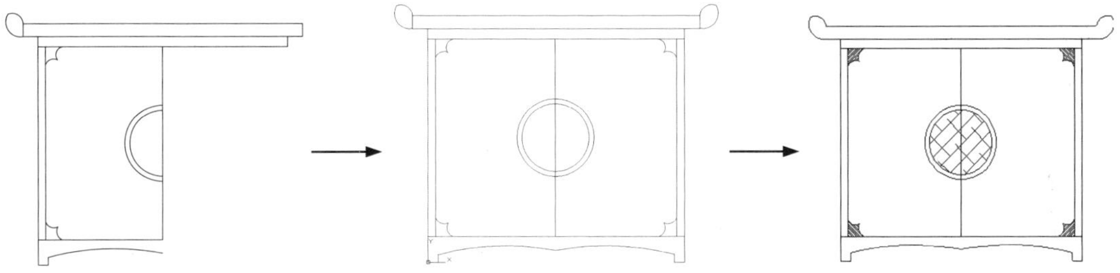

图 10-6　柜子的绘制流程

操作步骤

（1）单击“默认”选项卡“图层”面板中的“图层特性”按钮，打开“图层特性管理器”选项板，新建图层，如图 10-7 所示。

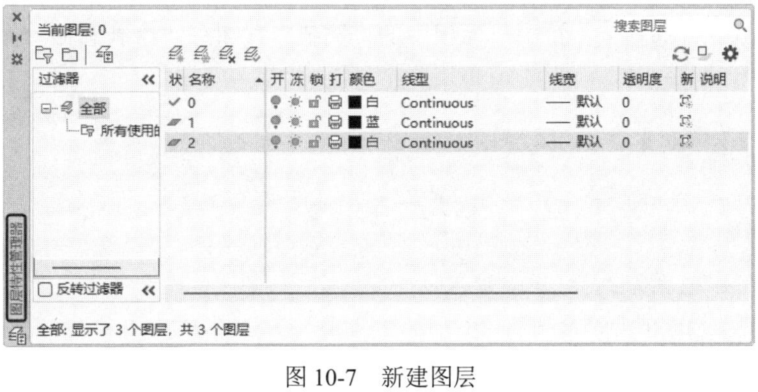

图 10-7　新建图层

（2）将图层“1”设置为当前图层，单击“默认”选项卡“绘图”面板中的“直线”按钮，绘制直线。命令行提示与操作如下：

```
命令：_line↙
指定第一个点：40,32↙
指定下一点或 [放弃(U)]：@0,-32↙
指定下一点或 [放弃(U)]：@-40,0↙
指定下一点或 [闭合(C)/放弃(U)]：@0,100↙
指定下一点或 [闭合(C)/放弃(U)]:↙
```

绘制结果如图 10-8 所示。

（3）单击“默认”选项卡“绘图”面板中的“直线”按钮，绘制两个端点坐标分别为（30,100）和（@0,760）的直线，结果如图 10-9 所示。

（4）单击“默认”选项卡“绘图”面板中的“矩形”按钮，绘制矩形。命令行提示与操作如下：

```
命令：_rectang↙
指定第一个角点或 [倒角(C)/标高(E)/圆角(F)/厚度(T)/宽度(W)]：0,100↙
指定另一个角点或 [面积(A)/尺寸(D)/旋转(R)]：500,860↙
```

绘制结果如图 10-10 所示。

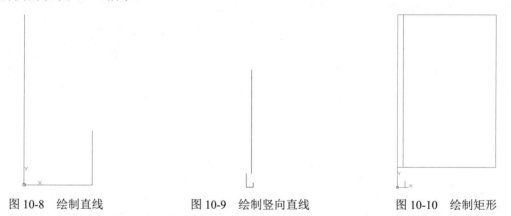

图 10-8　绘制直线

图 10-9　绘制竖向直线

图 10-10　绘制矩形

（5）单击“默认”选项卡“绘图”面板中的“矩形”按钮，绘制角点坐标分别为{（0,860），（1000,900）}、{（-60,900），（1060,950）}的两个矩形，结果如图 10-11 所示。

（6）单击“默认”选项卡“绘图”面板中的“圆弧”按钮，绘制圆弧。命令行提示与操作如下：

```
命令：_arc↙
指定圆弧的起点或 [圆心(C)]：500,47.4↙
指定圆弧的第二个点或 [圆心(C)/端点(E)]：269,65↙
指定圆弧的端点：40,32↙
```

绘制结果如图 10-12 所示。

（7）单击“默认”选项卡“绘图”面板中的“圆弧”按钮，绘制 3 点坐标分别为{（500,630），（350,480），（500,330）}、{（500,610），（370,480），（500,350）}、{（30,172），（50,150.4），（79.4,152）}、{（79.4,152），（76.9,121.8），（98,100）}、{（30,788），（50,809.6），（79.4,807.7）}、{（79.4,807.7），

（73.7,837），（101,860）}、{（−60,900），（−120,924），（−121.6,988.3）}、{（−121.6,988.3），（−81.1,984.7），（−60,950）}的另外 8 段圆弧，结果如图 10-13 所示。

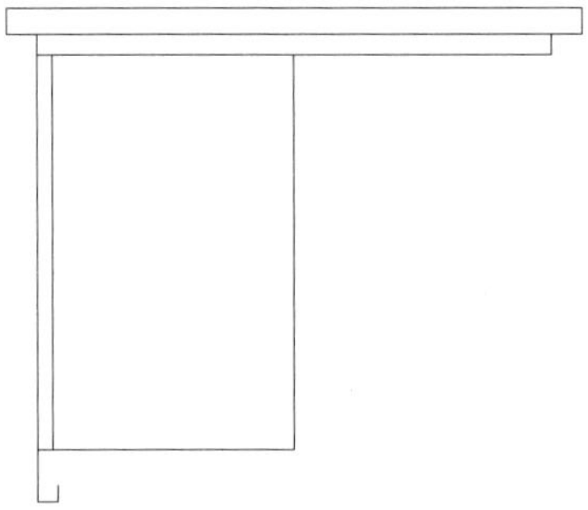

图 10-11 绘制其他矩形

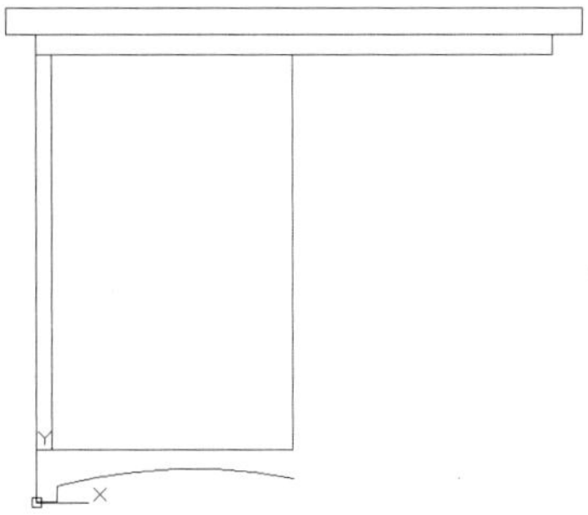

图 10-12 绘制圆弧

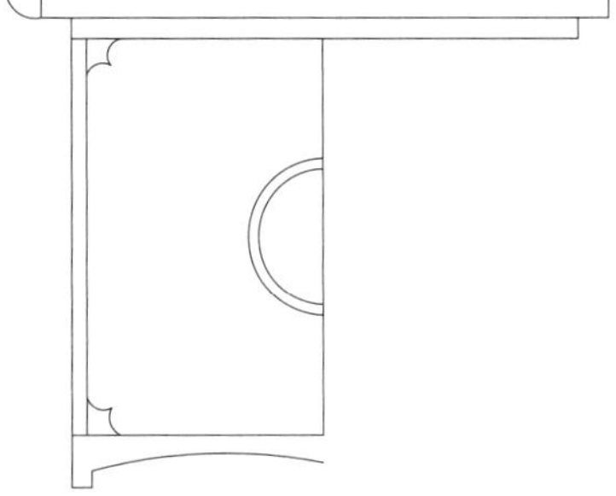

图 10-13 绘制另外 8 段圆弧

（8）单击“默认”选项卡“修改”面板中的“镜像”按钮，对图形进行镜像处理。命令行提示与操作如下：

```
命令: _mirror↙
选择对象: all（选取左侧所有图形）
找到 58 个
选择对象:↙
指定镜像线的第一点: 500,100↙
指定镜像线的第二点: 500,1000↙
要删除源对象吗？[是(Y)/否(N)] <否>:
```

绘制结果如图 10-14 所示。

（9）将图层“2”设置为当前图层，单击“默认”选项卡“绘图”面板中的“图案填充”按钮，打开“图案填充创建”选项卡，设置填充图案为 ANSI31，比例为 2，对柜子 4 个角进行填充，结果如图10-15 所示。

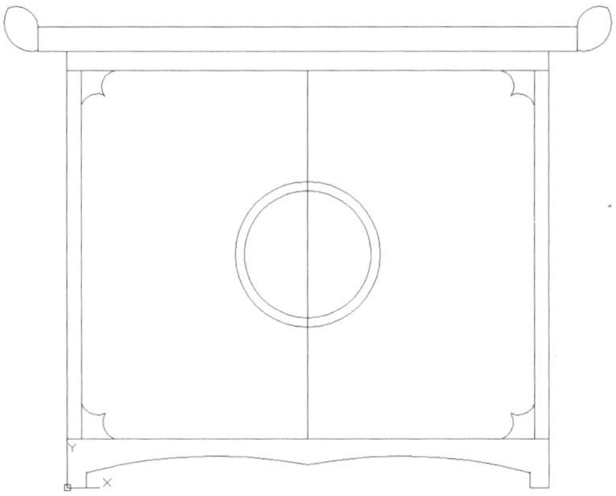

图 10-14 镜像处理

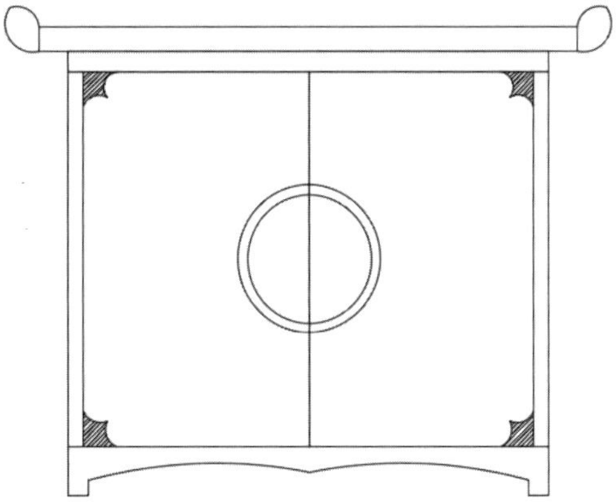

图 10-15 填充柜子 4 个角

（10）使用同样的方法，继续利用“图案填充”命令，设置填充图案为 ANSI38，比例为 15，对同心圆区域进行填充，结果如图 10-16 所示。

（11）单击“默认”选项卡“修改”面板中的“分解”按钮，分解最上端的矩形，删除两侧的竖向直线，结果如图 10-17 所示。

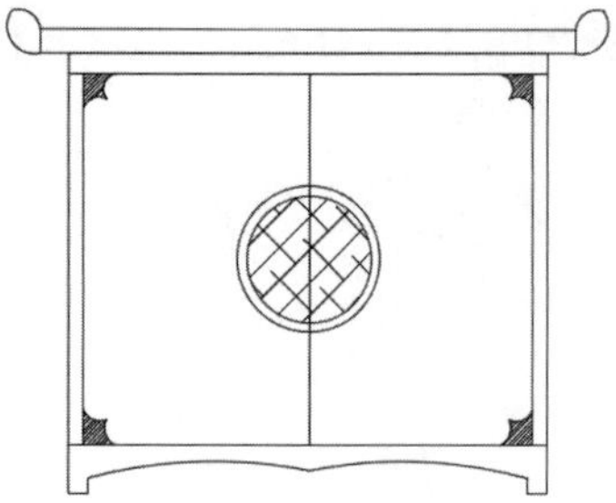

图 10-16　填充同心圆

图 10-17　删除竖向直线

10.3　实例——绘制古典梳妆台

视频讲解

本实例将详细介绍古典梳妆台的绘制方法和技巧。本实例首先绘制柜子，然后绘制镜子。绘制流程如图10-18 所示。

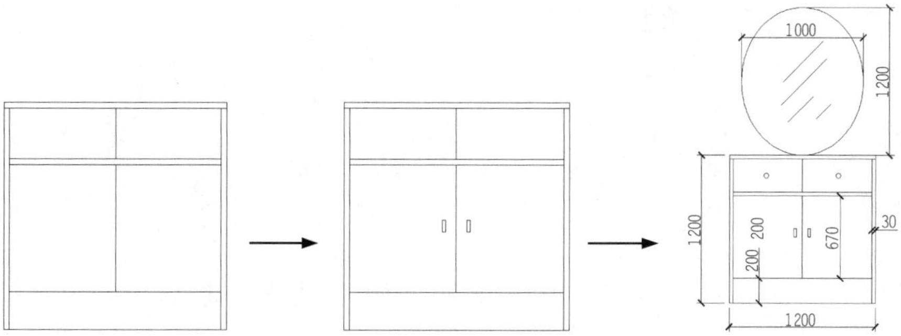

图 10-18　古典梳妆台的绘制流程

操作步骤

1. 绘制图形

（1）单击“默认”选项卡“绘图”面板中的“矩形”按钮▭，绘制一个长为 1200、宽为 1200 的矩形，如图 10-19 所示。

（2）单击“默认”选项卡“修改”面板中的“分解”按钮，分解矩形。

（3）单击“默认”选项卡“修改”面板中的“偏移”按钮⊆，将矩形上边向下偏移，偏移距离为 30，如图 10-20 所示。

（4）继续单击“默认”选项卡“修改”面板中的“偏移”按钮⊆，将矩形两侧边向内偏移，偏移距离均为 30，如图 10-21 所示。

图 10-19　绘制矩形

图 10-20　偏移上边

图 10-21　偏移两侧边

（5）单击“默认”选项卡“修改”面板中的“修剪”按钮，修剪多余直线，如图 10-22 所示。

（6）单击“默认”选项卡“修改”面板中的“偏移”按钮，将最下侧水平直线向上偏移，偏移距离依次为 200、670、30，偏移后的效果如图 10-23 所示。

（7）单击“默认”选项卡“修改”面板中的“修剪”按钮，修剪多余直线，如图 10-24 所示。

图 10-22　修剪多余直线 1

图 10-23　偏移直线

图 10-24　修剪多余直线 2

（8）单击“默认”选项卡“绘图”面板中的“直线”按钮，以水平直线中点为起点，绘制两条竖向直线，如图 10-25 所示。

（9）单击“默认”选项卡“绘图”面板中的“矩形”按钮，绘制一个小矩形，作为柜子的把手，如图 10-26 所示。

（10）单击“默认”选项卡“修改”面板中的“镜像”按钮，将步骤（9）中绘制的小矩形镜像到另一侧，如图 10-27 所示。

图 10-25　绘制竖向直线

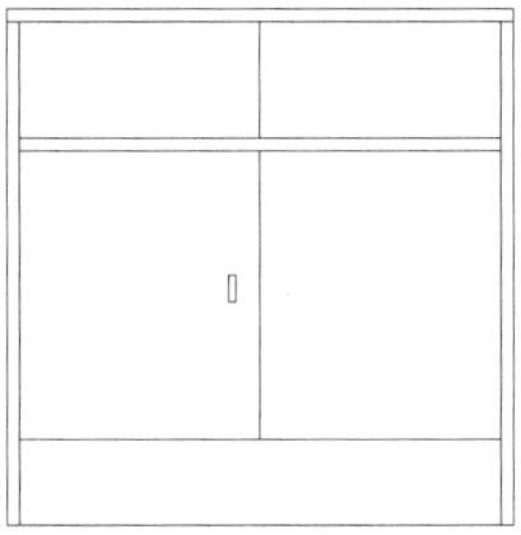

图 10-26　绘制小矩形

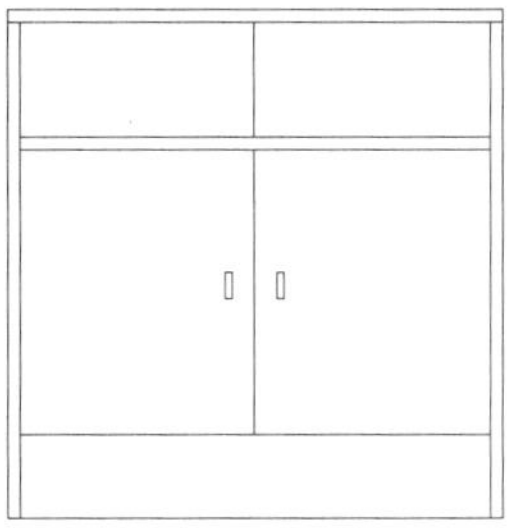

图 10-27　镜像小矩形

（11）单击“默认”选项卡“绘图”面板中的“圆”按钮，绘制一个圆，如图 10-28 所示。

（12）单击“默认”选项卡“修改”面板中的“镜像”按钮，将步骤（11）中绘制的圆镜像到另一侧，最终完成柜子的绘制，如图 10-29 所示。

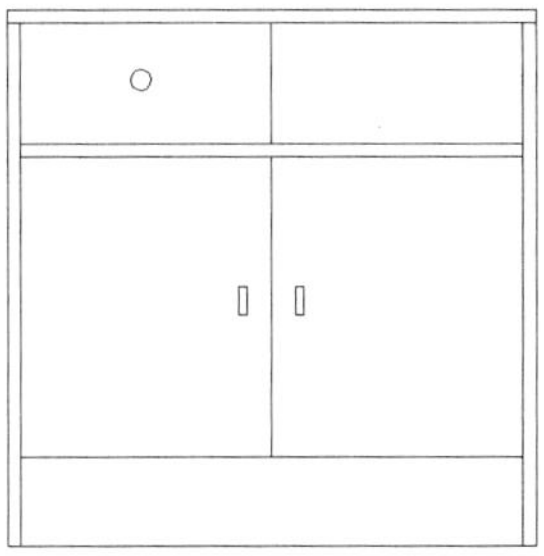

图 10-28　绘制圆

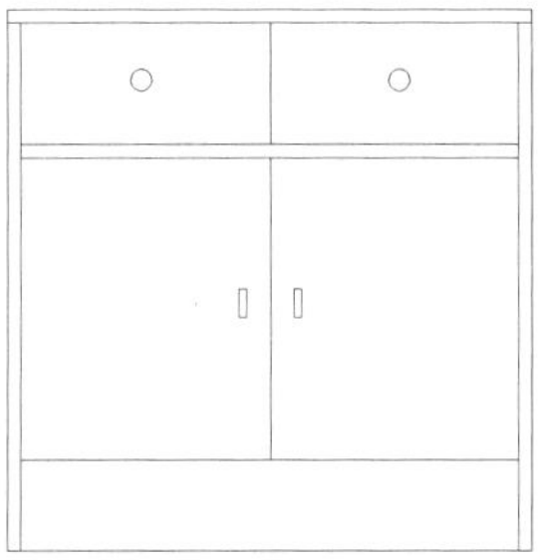

图 10-29　完成柜子的绘制

（13）单击“默认”选项卡“绘图”面板中的“椭圆”按钮，在图中合适的位置处绘制一个椭圆，将其长轴设置为1200，短轴设置为1000，如图10-30所示。

（14）单击“默认”选项卡“绘图”面板中的“直线”按钮╱和“圆”按钮⊙，细化镜子图形，如图10-31所示。

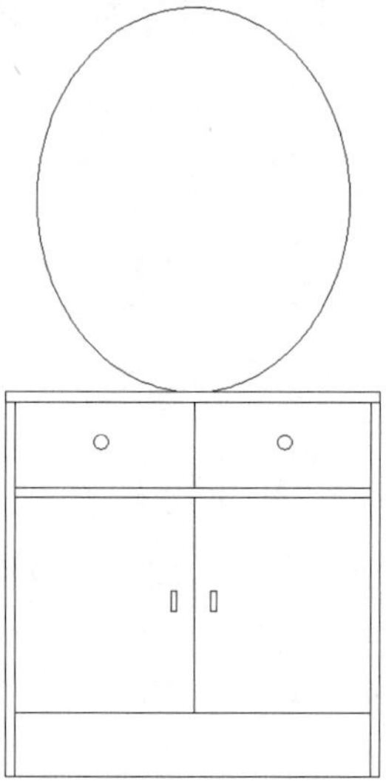

图10-30　绘制椭圆

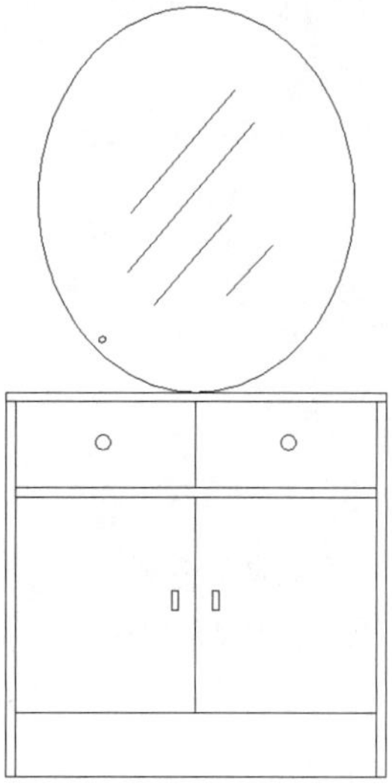

图10-31　细化镜子图形

2. 标注尺寸

（1）单击“默认”选项卡“注释”面板中的“标注样式”按钮，打开“标注样式管理器”对话框，如图10-32所示。

（2）单击“修改”按钮，打开“修改标注样式：ISO-25”对话框，在“线”选项卡中将“超出尺寸线”和“起点偏移量”均设置为40，如图10-33所示。

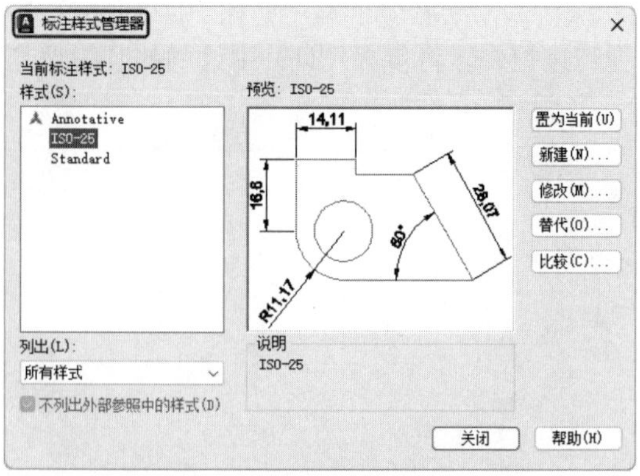

图10-32　“标注样式管理器”对话框

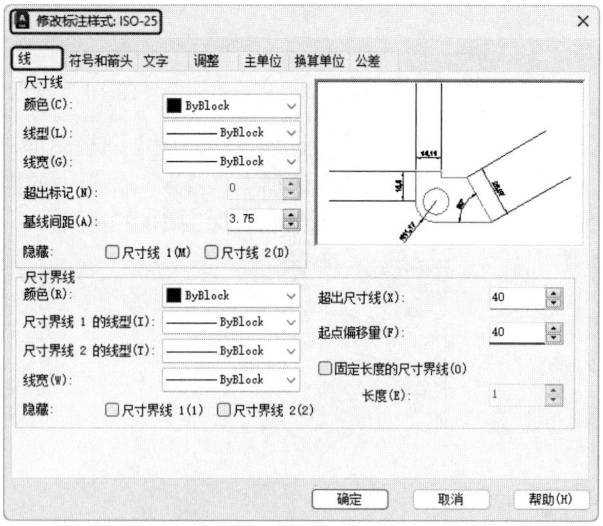

图10-33　设置“线”选项卡

（3）在“符号和箭头”选项卡中选取箭头类型为“建筑标记”，将“箭头大小”设置为50，如图10-34所示。

（4）在“文字”选项卡中将“文字高度”设置为 100，如图 10-35 所示。

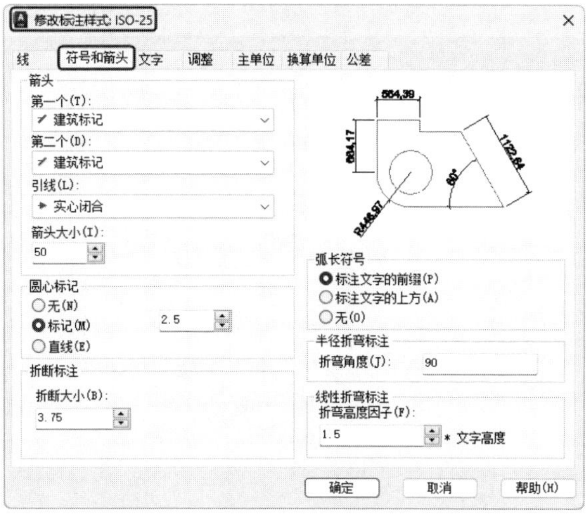

图 10-34　设置“符号和箭头”选项卡

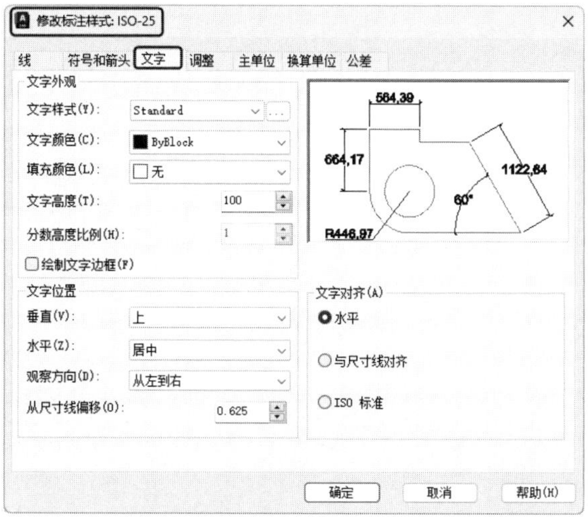

图 10-35　设置“文字”选项卡

（5）在“主单位”选项卡中将“精度”设置为 0，如图 10-36 所示。

（6）单击“默认”选项卡“注释”面板中的“线性”按钮，对图形进行尺寸标注，最终完成梳妆台的绘制，如图 10-37 所示。

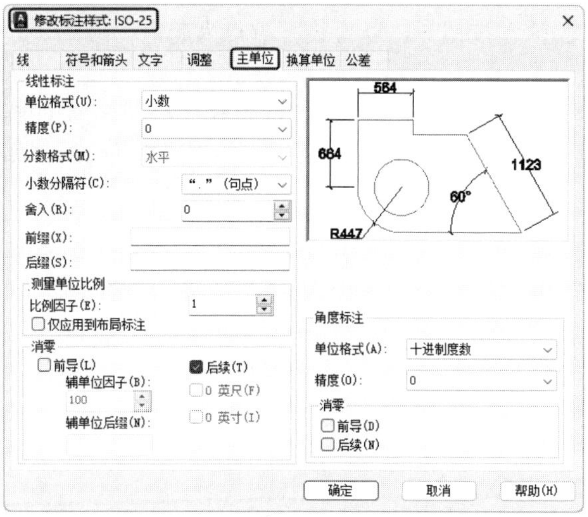

图 10-36　设置“主单位”选项卡

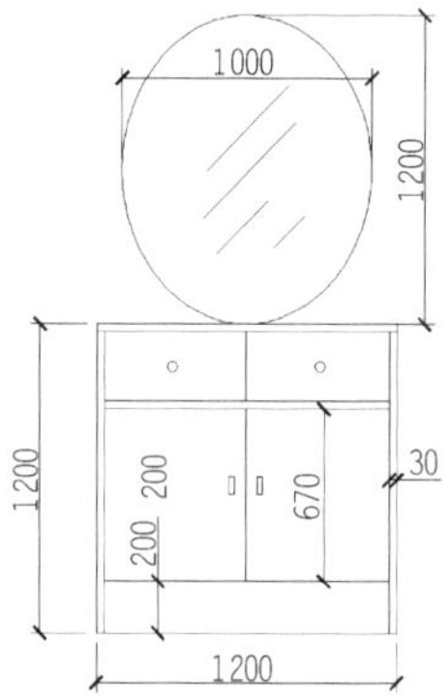

图 10-37　标注尺寸

10.4　实例——绘制太师椅

本实例将详细介绍太师椅的绘制方法和技巧。本实例首先绘制椅背，然后绘制扶手，最后绘制底座。绘制流程如图 10-38 所示。

Note

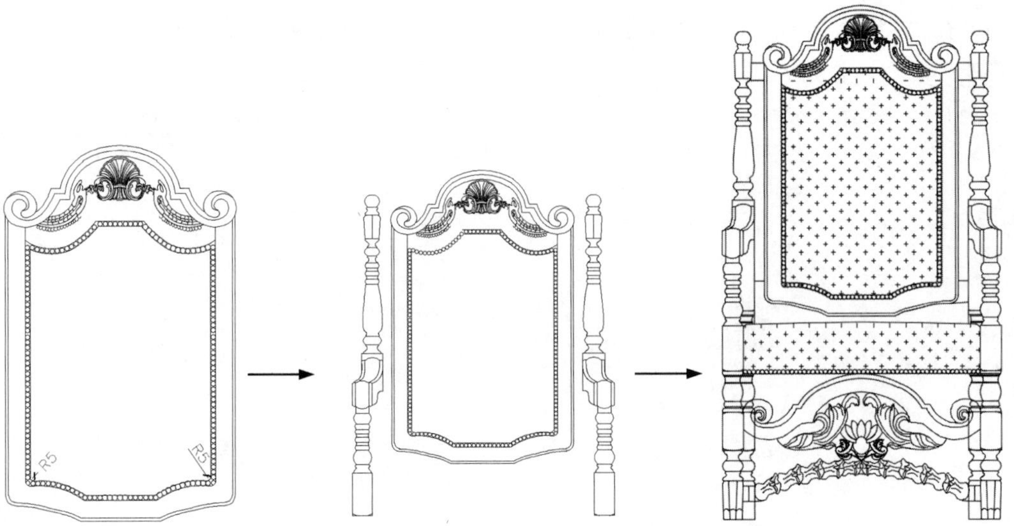

图 10-38　太师椅的绘制流程

操作步骤

1. 绘制椅背外部轮廓

视频讲解

（1）单击“默认”选项卡“绘图”面板中的“直线”按钮╱，绘制一条竖向直线，设置长为 541，如图 10-39 所示。

（2）单击“默认”选项卡“绘图”面板中的“圆弧”按钮⌒，以直线下端点为起点，绘制一段圆弧，如图 10-40 所示。

（3）单击“默认”选项卡“绘图”面板中的“样条曲线拟合”按钮，以步骤（2）中绘制的圆弧端点为样条曲线的起点，绘制一条样条曲线，将竖向直线与样条曲线的右端点距离设置为 150，如图 10-41 所示。

图 10-39　绘制竖向直线

图 10-40　绘制圆弧

图 10-41　绘制样条曲线 1

（4）单击“默认”选项卡“绘图”面板中的“直线”按钮╱，以步骤（3）中绘制的样条曲线端点为直线的起点，绘制一条长为 80 的水平直线，如图 10-42 所示。

（5）单击“默认”选项卡“修改”面板中的“偏移”按钮⊆，将绘制的所有图形向内偏移 6，然后单击“默认”选项卡“修改”面板中的“修剪”按钮，修剪多余直线，如图 10-43 所示。

（6）单击“默认”选项卡“修改”面板中的“镜像”按钮⚠，将所有图形镜像到另一侧，如图 10-44 所示。

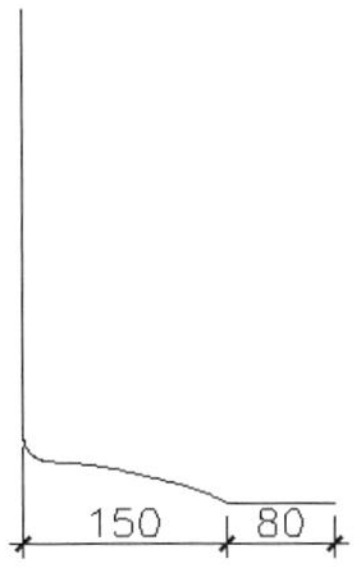

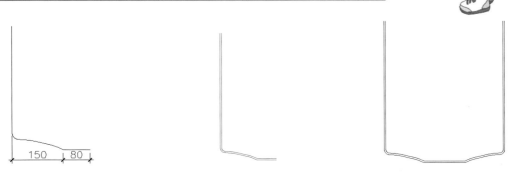

图 10-42　绘制水平直线 1

图 10-43　偏移并修剪图形

图 10-44　镜像图形 1

（7）单击“默认”选项卡“绘图”面板中的“样条曲线拟合”按钮，在图中合适的位置处绘制几段样条曲线，然后单击“默认”选项卡“修改”面板中的“修剪”按钮，修剪多余直线，如图 10-45 所示。

（8）单击“默认”选项卡“修改”面板中的“镜像”按钮，将步骤（7）中绘制的样条曲线镜像到另一侧，然后单击“默认”选项卡“修改”面板中的“修剪”按钮，修剪多余直线，如图 10-46 所示。

（9）使用同样的方法，单击“默认”选项卡“绘图”面板中的“样条曲线拟合”按钮和“修改”面板中的“修剪”按钮，继续在图中合适的位置处绘制样条曲线，完成椅背外部轮廓的绘制，如图 10-47 所示。

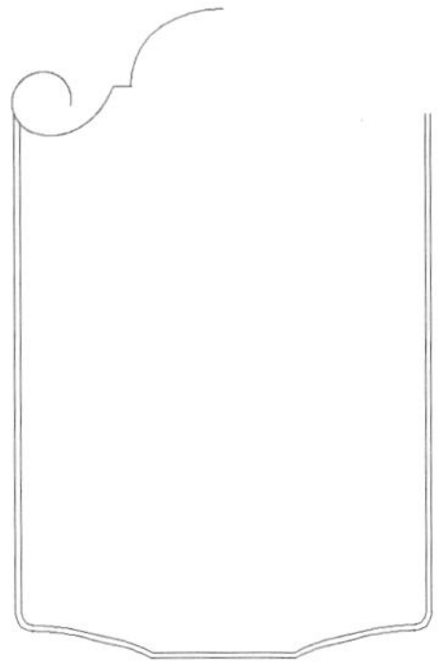

图 10-45　绘制样条曲线 2

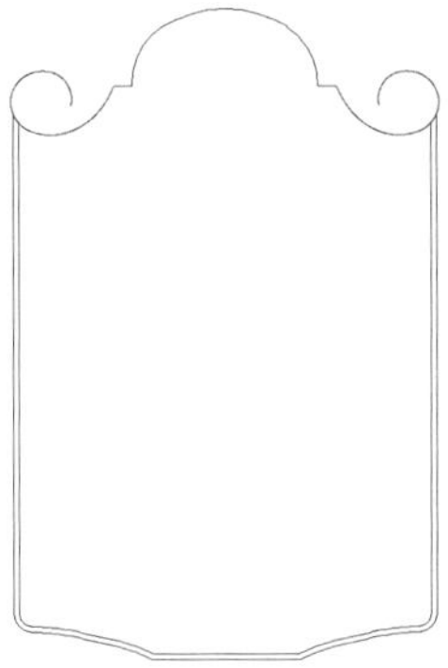

图 10-46　镜像样条曲线

图 10-47　绘制外轮廓线

2. 绘制椅背内部花纹

（1）单击“默认”选项卡“修改”面板中的“偏移”按钮，将内侧的竖向直线与水平直线分别向内偏移 34，如图 10-48 所示。

（2）单击“默认”选项卡“修改”面板中的“修剪”按钮，修剪多余直线，如图 10-49 所示。

（3）单击“默认”选项卡“绘图”面板中的“圆弧”按钮和“修改”面板中的“镜像”按钮，在图中合适的位置处绘制两段小的圆弧，然后单击“默认”选项卡“修改”面板中的“修剪”按钮，修剪多余线段，如图 10-50 所示。

（4）单击“默认”选项卡“绘图”面板中的“样条曲线拟合”按钮绘制两段样条曲线，然后单击“默认”选项卡“修改”面板中的“镜像”按钮，对刚绘制的曲线进行镜像，得到 4 段样条曲线，如图 10-51 所示。

Note

视频讲解

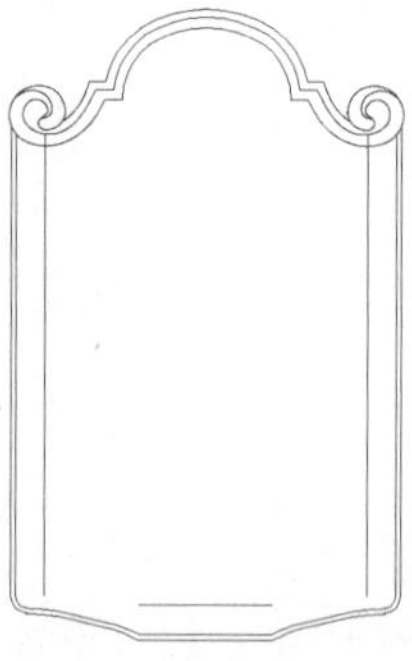
图 10-48　偏移直线 1

图 10-49　修剪多余直线 1

图 10-50　绘制并修剪圆弧

（5）单击“默认”选项卡“绘图”面板中的“直线”按钮╱，绘制一条水平直线，完成内部轮廓线的绘制，如图 10-52 所示。

（6）单击“默认”选项卡“修改”面板中的“偏移”按钮⊆，将内轮廓线向内偏移，偏移距离为 10，如图 10-53 所示。

图 10-51　绘制并镜像样条曲线

图 10-52　绘制水平直线 2

图 10-53　偏移内轮廓线

（7）单击“默认”选项卡“修改”面板中的“修剪”按钮✂，修剪多余直线，如图 10-54 所示。

（8）单击“默认”选项卡“修改”面板中的“圆角”按钮⌒，设置圆角半径为 5，对图形两端处进行圆角处理，如图 10-55 所示。

（9）单击“默认”选项卡“绘图”面板中的“圆”按钮⊙和“修改”面板中的“复制”按钮⚇，在图中合适的位置处绘制半径为 5 的圆，如图 10-56 所示。

图 10-54　修剪多余直线 2

图 10-55　绘制圆角

图 10-56　绘制圆 1

（10）单击“默认”选项卡“块”面板“插入”下拉菜单中的“最近使用的块”选项，系统弹出

“块”选项板，如图 10-57 所示。单击选项板顶部的按钮，选择椅背花纹，并将其插入图中，如图 10-58 所示。

图 10-57　“块”选项板

图 10-58　插入花纹图块

3. 绘制扶手

（1）单击“默认”选项卡“绘图”面板中的“圆弧”按钮、“样条曲线拟合”按钮和“直线”按钮，在靠背左侧绘制图形，如图 10-59 所示。

（2）单击“默认”选项卡“修改”面板中的“镜像”按钮，将绘制的图形镜像到另一侧，如图 10-60 所示。

（3）单击“默认”选项卡“绘图”面板中的“圆弧”按钮和“样条曲线拟合”按钮，继续绘制扶手的部分图形，然后单击“默认”选项卡“修改”面板中的“镜像”按钮，完成扶手上半部分的绘制，如图 10-61 所示。

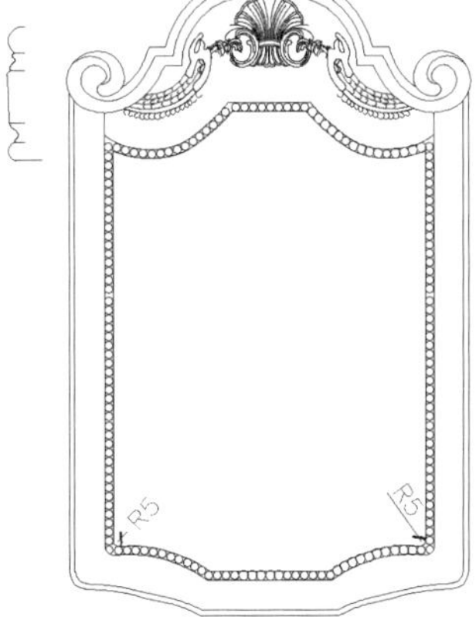

图 10-59　绘制左侧图形

图 10-60　镜像图形 2

图 10-61　绘制扶手上半部分

（4）单击“默认”选项卡“绘图”面板中的“直线”按钮、“圆弧”按钮和“样条曲线拟合”

Note

视频讲解

按钮，绘制扶手的中间部分，如图 10-62 所示。

（5）单击“默认”选项卡“绘图”面板中的“直线”按钮、“圆弧”按钮和“样条曲线拟合”按钮，绘制扶手的下半部分，如图 10-63 所示。

（6）单击“默认”选项卡“修改”面板中的“镜像”按钮，将左侧扶手镜像到另一侧，完成椅子扶手的绘制，如图 10-64 所示。

图 10-62　绘制扶手中间部分

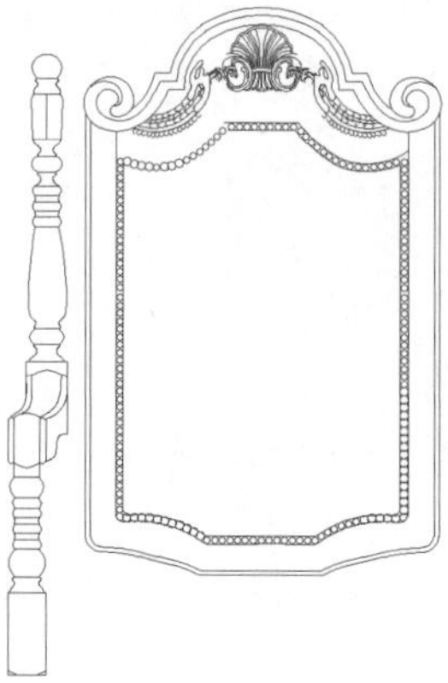

图 10-63　绘制扶手下半部分

图 10-64　镜像扶手

（7）单击“默认”选项卡“绘图”面板中的“直线”按钮和“圆弧”按钮，在图中合适的位置处绘制椅座轮廓，如图 10-65 所示。

（8）单击“默认”选项卡“修改”面板中的“镜像”按钮，将步骤（7）中绘制的轮廓线镜像到另一侧，如图 10-66 所示。

（9）单击“默认”选项卡“绘图”面板中的“圆”按钮，在椅座底部绘制一个半径为 5 的小圆，如图 10-67 所示。

图 10-65　绘制轮廓线

图 10-66　镜像轮廓线

图 10-67　绘制圆 2

（10）单击“默认”选项卡“修改”面板中的“复制”按钮，将小圆复制到其他位置处，以细化底座图形，结果如图 10-68 所示。

（11）单击“默认”选项卡“绘图”面板中的“直线”按钮和“圆弧”按钮，细化左侧扶手，如图 10-69 所示。

（12）同理，单击“默认”选项卡“修改”面板中的“镜像”按钮，细化右侧扶手，如图 10-70

所示。

图 10-68 复制小圆

图 10-69 细化左侧扶手

图 10-70 细化右侧扶手

4. 绘制椅子腿

（1）单击“默认”选项卡“修改”面板中的“偏移”按钮⊆，将扶手下侧直线向下偏移 9，如图10-71 所示。

（2）单击“默认”选项卡“绘图”面板中的“直线”按钮╱和“圆弧”按钮⌒，在合适的位置处绘制图形，然后单击“默认”选项卡“修改”面板中的“修剪”按钮✂，修剪多余线段，如图 10-72 所示。

视频讲解

（3）单击“默认”选项卡“修改”面板中的“偏移”按钮⊆，将步骤（1）中偏移后的直线继续向下偏移，直线之间偏移距离分别为 1、2、14、1、2、41、12、4 和 9，结果如图 10-73 所示。

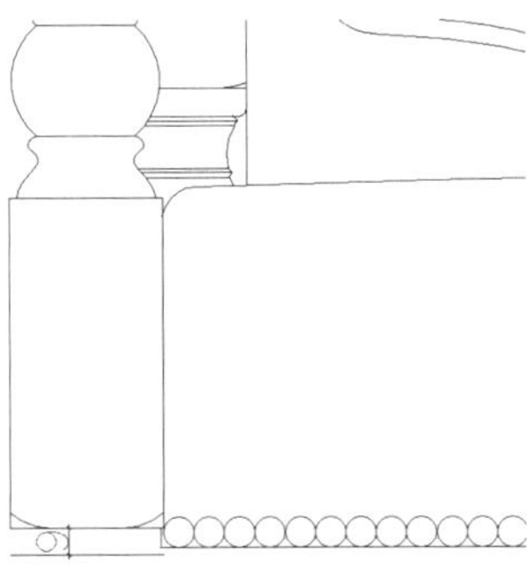

图 10-71 偏移直线 2

图 10-72 绘制图形

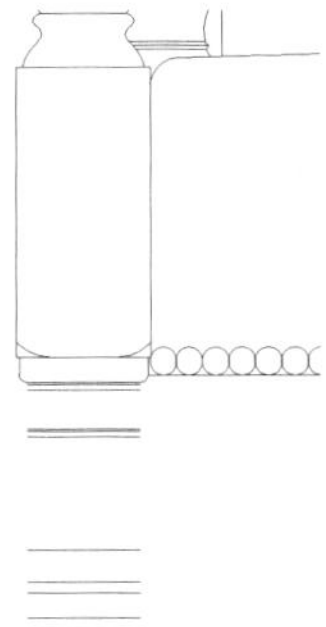

图 10-73 偏移直线 3

（4）单击“默认”选项卡“绘图”面板中的“直线”按钮╱和“圆弧”按钮⌒，在合适的位置处绘制图形，然后单击“默认”选项卡“修改”面板中的“修剪”按钮✂，修剪多余线段，完成椅子腿上半部分的绘制，如图 10-74 所示。

（5）单击“默认”选项卡“修改”面板中的“偏移”按钮⊆，将步骤（3）中偏移后的最下侧直线向下偏移，直线之间的偏移距离分别为 91、23、26 和 22，结果如图 10-75 所示。

（6）单击“默认”选项卡“绘图”面板中的“直线”按钮╱、“圆弧”按钮⌒和“样条曲线拟合”按钮∿，在合适的位置处绘制图形，然后单击“默认”选项卡“修改”面板中的“修剪”按钮✂，修剪多余线段，完成椅子腿中间部分的绘制，如图 10-76 所示。

（7）单击“默认”选项卡“修改”面板中的“偏移”按钮⊆，将步骤（5）中偏移后的最下侧直线向下偏移，偏移距离为 90，如图 10-77 所示。

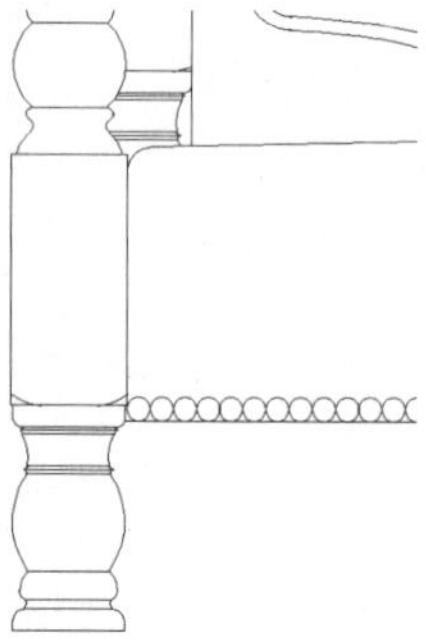

图 10-74　绘制椅子腿上半部分

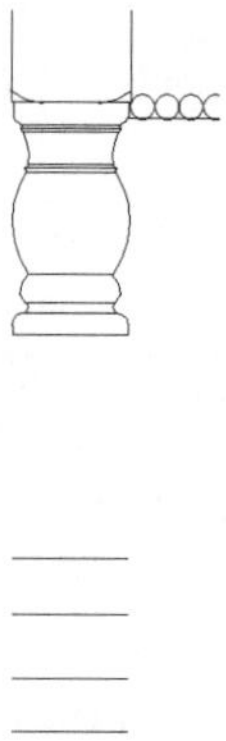

图 10-75　偏移直线 4

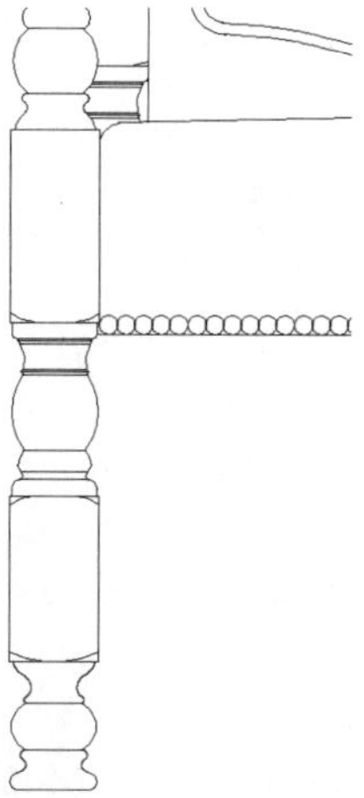

图 10-76　绘制椅子腿中间部分

（8）单击“默认”选项卡“绘图”面板中的“直线”按钮和“圆弧”按钮，在合适的位置处绘制图形，然后单击“默认”选项卡“修改”面板中的“修剪”按钮，修剪多余线段，完成椅子腿下半部分的绘制，如图 10-78 所示。

（9）单击“默认”选项卡“修改”面板中的“复制”按钮，复制图 10-78 中的椅子腿，然后单击“默认”选项卡“绘图”面板中的“直线”按钮和“修改”面板中的“修剪”按钮，完成另一个椅子腿的绘制，结果如图 10-79 所示。

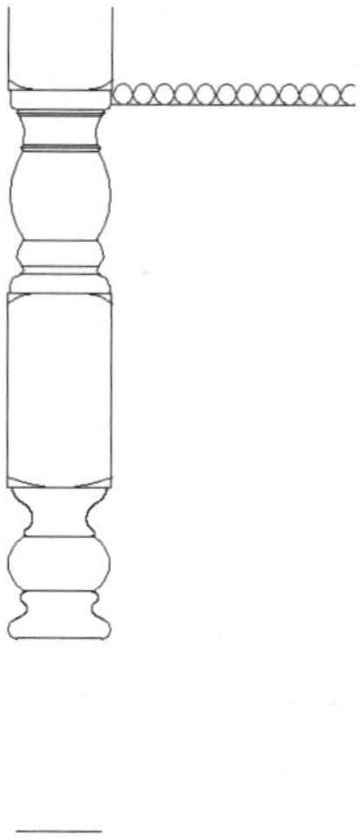

图 10-77　偏移直线 5

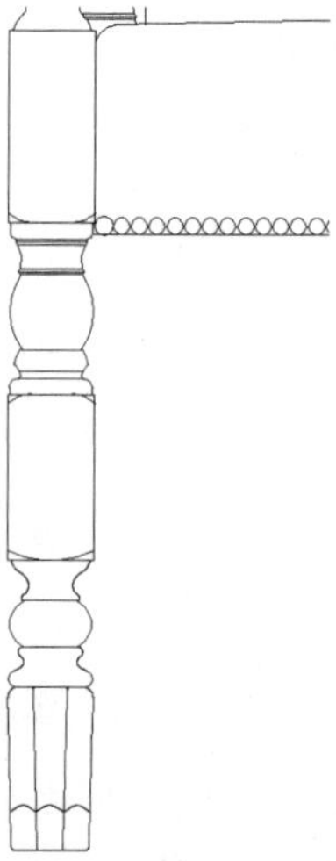

图 10-78　绘制椅子腿下半部分

图 10-79　绘制另一个椅子腿

（10）单击“默认”选项卡“修改”面板中的“镜像”按钮，将左侧椅子腿镜像到另一侧，如图 10-80 所示。

5. 完成图形

（1）单击“默认”选项卡“块”面板“插入”下拉菜单中的“最近使用的块”选项，系统弹出“块”选项板，单击选项板顶部的按钮，选择花纹 1 并将其插入合适的位置处，如图10-81 所示。

（2）单击“默认”选项卡“绘图”面板中的“图案填充”按钮，打开“图案填充创建”选项卡，设置填充图案为 CROSS，比例为 3，填充椅子，结果如图 10-82 所示。

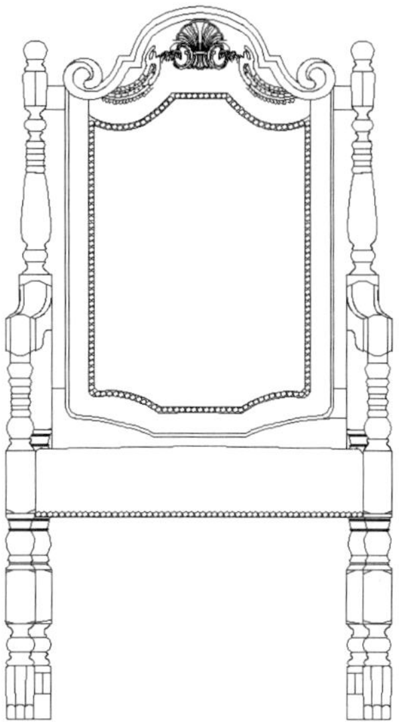

图 10-80　镜像椅子腿

图 10-81　插入花纹图块

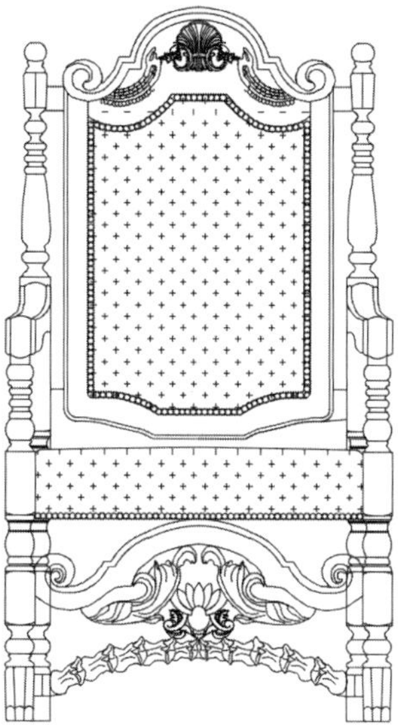

图 10-82　填充椅子

10.5　实践与操作

通过本章前面的学习，读者对本章的知识已经有了大体的了解。本节通过两个练习使读者进一步掌握本章知识要点。

10.5.1　绘制玫瑰椅

1. 目的要求

本实践绘制如图 10-83 所示的玫瑰椅，其中涉及的命令是“直线”“圆弧”“样条曲线”“插入块”“矩形”。本实践要求读者熟练掌握二维图形的绘制和编辑。

图 10-83　玫瑰椅

2. 操作提示

（1）利用“直线”和“圆弧”命令绘制玫瑰椅轮廓。
（2）利用“样条曲线”和“插入块”命令绘制花纹图形。
（3）利用“矩形”命令细化图形。

Note

10.5.2 绘制方凳

1. 目的要求

本实践绘制如图 10-84 所示的方凳，其中涉及的命令是“直线”“圆弧”“偏移”。本实践要求读者熟练掌握二维图形的绘制和编辑。

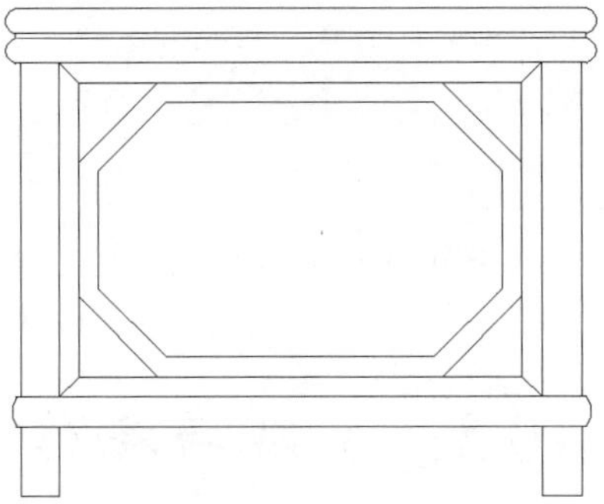

图 10-84 方凳

2. 操作提示

（1）利用“直线”和“圆弧”命令绘制凳面。
（2）利用“直线”命令绘制凳腿。
（3）利用“直线”和“偏移”命令细化图形。

▶▶第3篇

家具三维造型设计篇

本篇主要介绍 AutoCAD 三维造型功能以及家具三维造型的设计方法。

本篇将结合具体实例进行讲解，以加深读者对 AutoCAD 三维功能以及家具三维造型的设计方法和技巧的理解和掌握。

第11章

家具三维造型的绘制

实体建模是AutoCAD三维建模中比较重要的一部分。实体模型能够完整描述对象的三维模型，比三维线框、三维曲面更能表达实物。这些命令的工具栏操作主要集中在“实体”和“实体编辑”工具栏中。本章主要介绍三维坐标系统的建立、动态观察、显示形式、基本三维实体的绘制、布尔运算、特征操作、渲染实体等内容。

- ☑ 三维坐标系统
- ☑ 动态观察
- ☑ 显示形式
- ☑ 绘制基本三维实体
- ☑ 布尔运算
- ☑ 特征操作
- ☑ 渲染实体

任务驱动&项目案例

（1）

（2）

（3）

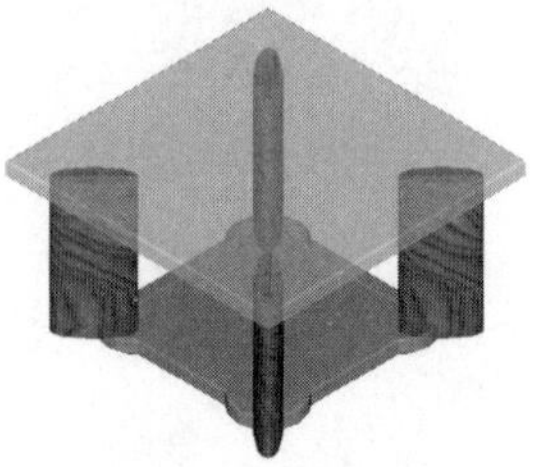

（4）

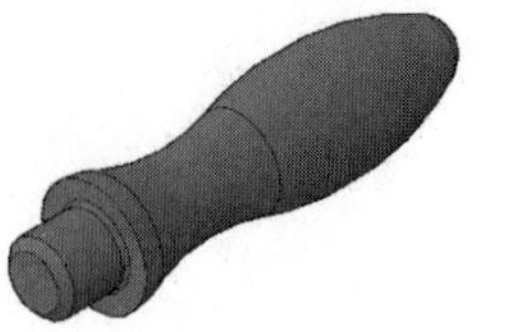

（5）

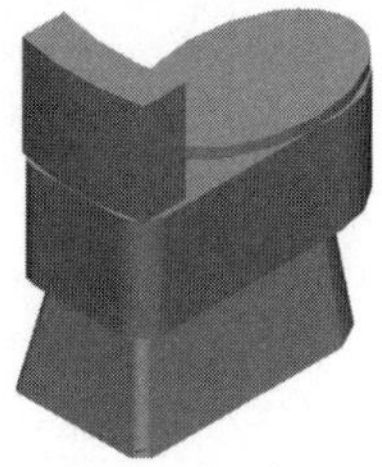

（6）

11.1　三维坐标系统

AutoCAD 2024 使用的是笛卡儿坐标系。其中直角坐标系有两种类型，一种是绘制二维图形时常用的坐标系，即世界坐标系（WCS），由系统默认提供。世界坐标系又称为通用坐标系或绝对坐标系。对于二维绘图来说，世界坐标系足以满足要求。为了方便创建三维模型，AutoCAD 2024 允许用户根据自己的需要设定坐标系，即另一种坐标系——用户坐标系（UCS）。合理地创建 UCS，可以方便地创建三维模型。

11.1.1　坐标系建立

1. 执行方式

☑　命令行：UCS。

☑　菜单栏："工具" → "新建 UCS" → "世界"。

☑　工具栏：UCS。

☑　功能区："视图" → "视口工具" → "UCS 图标"。

2. 操作步骤

命令：UCS↙

当前 UCS 名称：*世界*

指定 UCS 的原点或 [面(F)/命名(NA)/对象(OB)/上一个(P)/视图(V)/世界(W)/X/Y/Z/Z 轴(ZA)] <世界>:

3. 选项说明

（1）指定 UCS 的原点：使用一点、两点或三点定义一个新的 UCS。如果指定单个点 1，那么当前 UCS 的原点将会移动而不会更改 *X*、*Y* 和 *Z* 轴的方向。选择该选项，命令行提示如下：

指定 X 轴上的点或<接受>:（继续指定 *X* 轴通过的点 2，或直接按 Enter 键接受原坐标系 *X* 轴为新坐标系 *X* 轴）

指定 XY 平面上的点或<接受>:（继续指定 *XY* 平面通过的点 3 以确定 *Y* 轴，或直接按 Enter 键接受原坐标系 *XY* 平面为新坐标系 *XY* 平面，根据右手法则，相应的 *Z* 轴也同时确定）

示意图如图 11-1 所示。

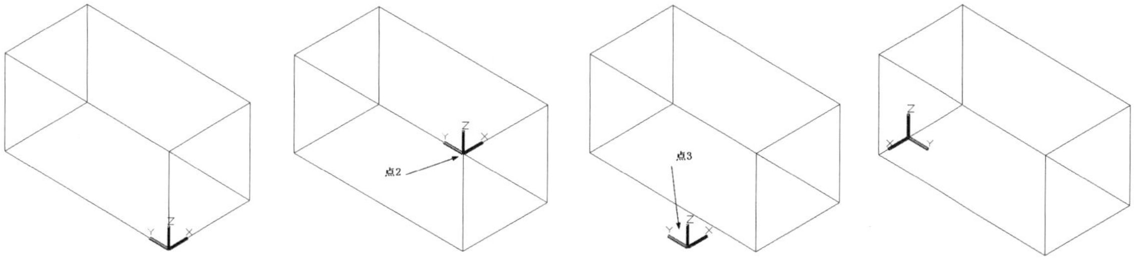

（a）原坐标系　（b）指定一点　（c）指定两点　（d）指定三点

图 11-1　指定原点

Note

（2）面(F)：将 UCS 与三维实体的选定面对齐。要选择一个面，在此面的边界内或面的边上单击，被选中的面将亮显，UCS 的 *X* 轴将与找到的第一个面上的最近的边对齐。选择该选项，命令行提示与操作如下：

```
选择实体面、曲面或网格：IO：（选择面）
输入选项 [下一个(N)/X 轴反向(X)/Y 轴反向(Y)] <接受>：（结果如图 11-2 所示）
```

如果选择“下一个(N)”选项，那么系统将 UCS 定位于邻接的面或选定边的后向面。

（3）对象(OB)：根据选定三维对象定义新的坐标系，如图 11-3 所示。新建 UCS 的拉伸方向（*Z* 轴正方向）与选定对象的拉伸方向相同。选择该选项，命令行提示与操作如下：

```
选择对齐 UCS 的对象：（选择对象）
```

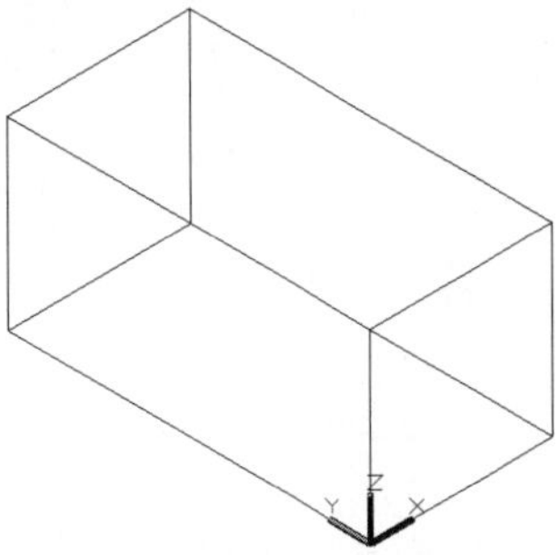

图 11-2　选择面确定坐标系

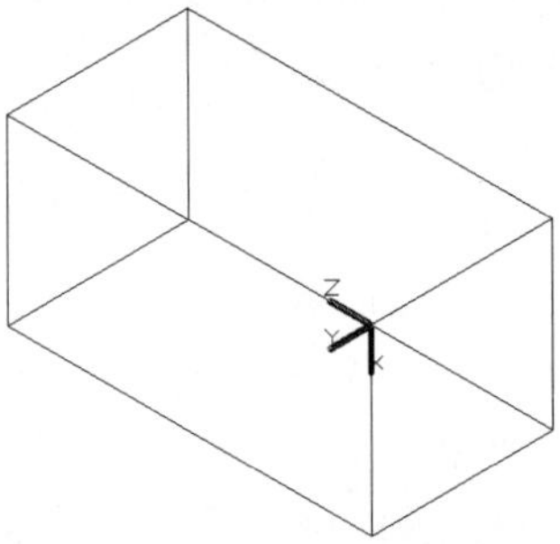

图 11-3　选择对象确定坐标系

对于大多数对象，新 UCS 的原点位于离选定对象最近的顶点处，并且 *X* 轴与一条边对齐或相切；对于平面对象，UCS 的 *XY* 平面与该对象所在的平面对齐；对于复杂对象，将重新定位原点，但是轴的当前方向保持不变。

注意： 该选项不能用于三维多段线、网格和构造线。

（4）视图(V)：以垂直于观察方向（平行于屏幕）的平面为 *XY* 平面，建立新的坐标系，UCS 原点保持不变。

（5）世界(W)：将当前用户坐标系设置为世界坐标系。WCS 是所有用户坐标系的基准，不能被重新定义。

（6）X、Y、Z：绕指定轴旋转当前 UCS。

（7）Z 轴：用指定的 *Z* 轴正半轴定义 UCS。

11.1.2 动态 UCS

动态 UCS 的具体操作方法是单击状态栏上的 UCS 按钮。

可以使用动态 UCS 在三维实体的平整面上创建对象，而无须手动更改 UCS 方向。

在执行命令的过程中，当将光标移动到面的上方时，动态 UCS 会临时将 UCS 的 *XY* 平面与三维实体的平整面对齐，如图 11-4 所示。

动态 UCS 被激活后，指定的点和绘图工具（如极轴追踪和栅格）都将与动态 UCS 建立的临时 UCS 相关联。

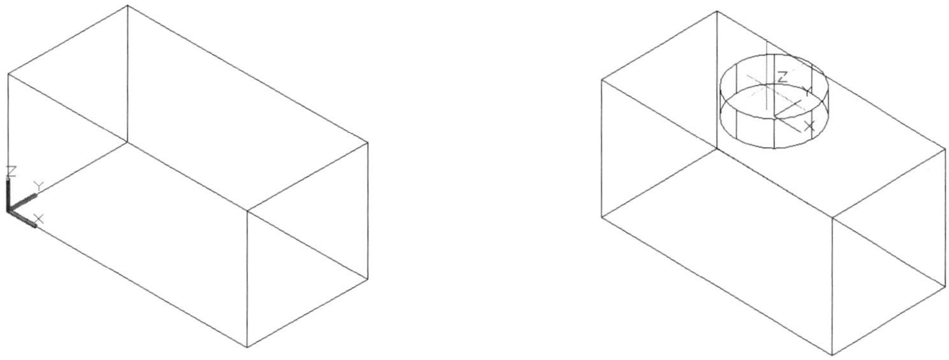

（a）原坐标系　　　　（b）绘制圆柱体时的动态坐标系

图 11-4　动态 UCS

11.2　动态观察

AutoCAD 2024 提供了具有交互控制功能的三维动态观测器，可以实时地控制和改变当前视口中创建的三维视图，以达到用户期望的效果。

11.2.1　受约束的动态观察

1. 执行方式

☑　命令行：3DORBIT。

☑　菜单栏：“视图”→“动态观察”→“受约束的动态观察”。

☑　工具栏：“动态观察”→“受约束的动态观察”或“三维导航”→“受约束的动态观察”（见图 11-5）。

☑　功能区：“视图”→“导航”→“动态观察”（见图 11-6）。

图 11-5　“动态观察”和“三维导航”工具栏

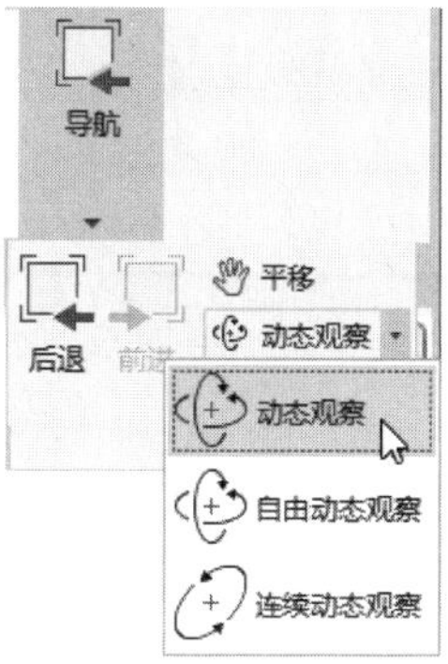

图 11-6　“导航”面板

☑　快捷菜单：“其他导航模式”→“受约束的动态观察”（见图 11-7）。

2. 操作步骤

```
命令：3DORBIT↙
```

执行该命令后，视图的目标保持静止，而视点将围绕目标移动。但是，从用户的视点看就像三维模型正在随着光标旋转。用户可以以此方式指定模型的任意视图。

系统显示三维动态观察光标图标。如果水平拖曳光标，相机将平行于世界坐标系（WCS）的 *XY* 平面移动；如果垂直拖曳光标，相机将沿 *Z* 轴移动，如图 11-8 所示。

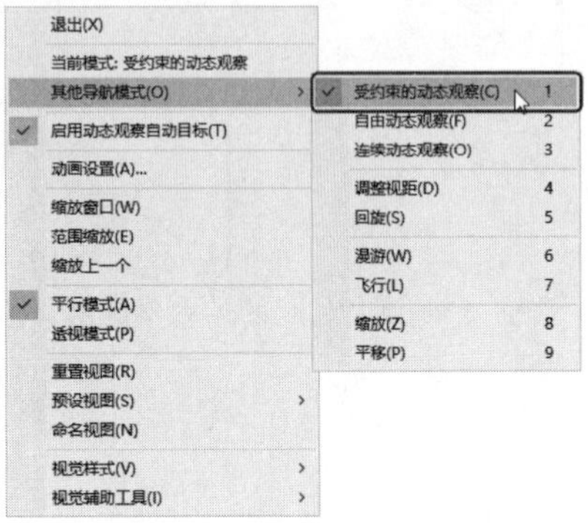

图 11-7　快捷菜单

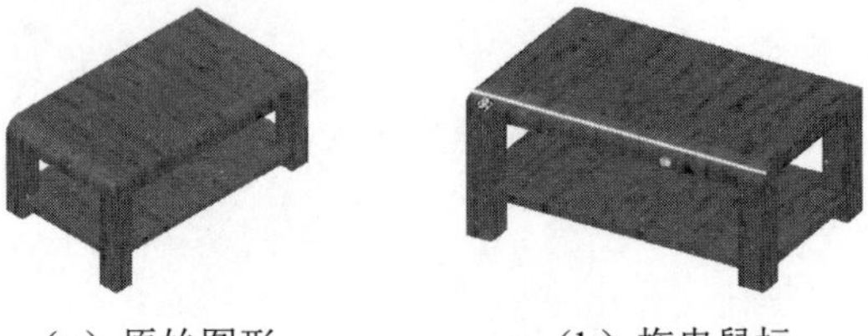

（a）原始图形　　（b）拖曳鼠标

图 11-8　受约束的三维动态观察

11.2.2　自由动态观察

1. 执行方式

☑　命令行：3DFORBIT。
☑　菜单栏："视图"→"动态观察"→"自由动态观察"。
☑　工具栏："动态观察"→"自由动态观察"或"三维导航"→"自由动态观察"。
☑　功能区："视图"→"导航"→"自由动态观察"。
☑　快捷菜单："其他导航模式"→"自由动态观察"。

2. 操作步骤

```
命令：3DFORBIT↙
```

执行该命令后，当前视口中会出现一个绿色的大圆，在大圆上有 4 个绿色的小圆，如图 11-9 所示。此时通过拖曳鼠标即可对视图进行旋转观测。

在三维动态观测器中，查看目标的点被固定，用户可以利用鼠标控制相机位置绕观察对象得到动态的观测效果。当在绿色大圆的不同位置进行拖曳时，光标的表现形式是不同的，视图的旋转方向也不同。视图的旋转由光标的表现形式和位置决定。光标在不同位置有、、、几种表现形式，在不同形式下移动鼠标，可分别对对象进行不同形式的旋转。

11.2.3　连续动态观察

1. 执行方式

☑　命令行：3DCORBIT。
☑　菜单栏："视图"→"动态观察"→"连续动态观察"。
☑　工具栏："动态观察"→"连续动态观察"或"三维导航"→"连续动态观察"。
☑　功能区："视图"→"导航"→"连续动态观察"。
☑　快捷菜单："其他导航模式"→"连续动态观察"。

2. 操作步骤

命令：3DCORBIT↙

执行该命令后，界面出现动态观察图标，按住鼠标左键并拖曳鼠标，图形将沿鼠标拖曳方向旋转，旋转速度为鼠标拖曳的速度，如图 11-10 所示。

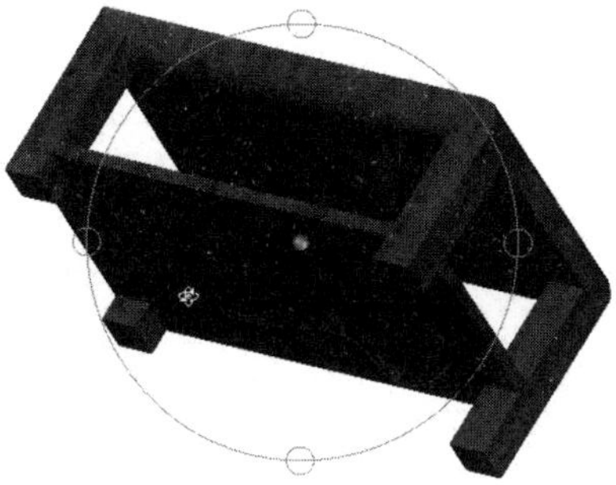

图 11-9　自由动态观察

图 11-10　连续动态观察

11.3 显示形式

在 AutoCAD 中，三维实体有多种显示形式，包括二维线框、三维线框、三维消隐、真实、概念、消隐等。

11.3.1 消隐

1. 执行方式

☑ 命令行：HIDE。
☑ 菜单栏："视图"→"消隐"。
☑ 工具栏："渲染"→"隐藏" 。
☑ 功能区："可视化"→"视觉样式"→"隐藏" 。

2. 操作步骤

命令：HIDE↙

系统将被其他对象挡住的图线隐藏起来，以增强三维视觉效果，如图 11-11 所示。

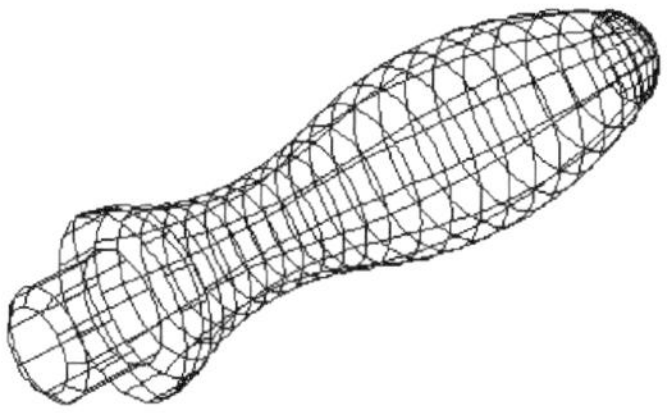

（a）消隐前

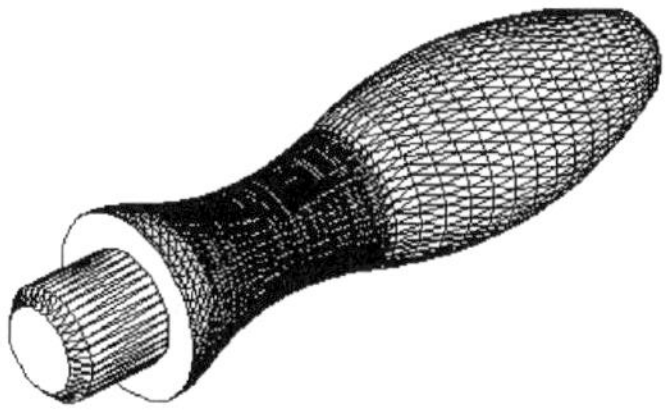

（b）消隐后

图 11-11　消隐效果

Note

11.3.2 视觉样式

1. 执行方式

☑ 命令行：VSCURRENT。

☑ 菜单栏："视图"→"视觉样式"下拉菜单。

☑ 工具栏："视觉样式"。

☑ 功能区："可视化"→"视觉样式"→"视觉样式"下拉列表。

2. 操作步骤

命令：VSCURRENT↙
输入选项 [二维线框(2)/线框(w)/隐藏(H)/真实(R)/概念(C)/着色(S)/带边缘着色(E)/灰度(G)/勾画(SK)/X 射线(X)/其他(O)] <二维线框>:

3. 选项说明

（1）二维线框(2)：用直线和曲线表示对象的边界。光栅和 OLE 对象、线型和线宽都是可见的。即使将 COMPASS 系统变量的值设置为 1，附着到对象的颜色也不会出现在二维线框视图中。UCS 坐标和手柄的二维线框图如图 11-12 所示。

（2）线框(W)：显示对象时使用直线和曲线表示边界。显示一个已着色的三维 UCS 图标。光栅和 OLE 对象、线型及线宽不可见，可将 COMPASS 系统变量设置为 1 来查看坐标球，将显示应用到对象的材质颜色。UCS 坐标和手柄的三维线框图如图 11-13 所示。

（3）隐藏(H)：显示用三维线框表示的对象并隐藏表示后向面的直线。UCS 坐标和手柄的消隐图如图 11-14 所示。

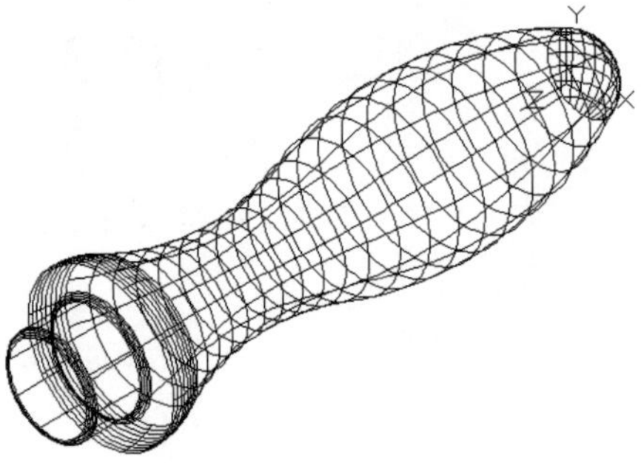

图 11-12 UCS 坐标和手柄的二维线框图

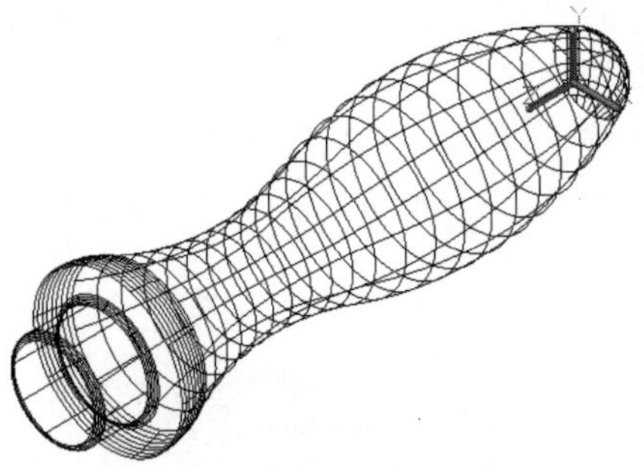

图 11-13 UCS 坐标和手柄的三维线框图

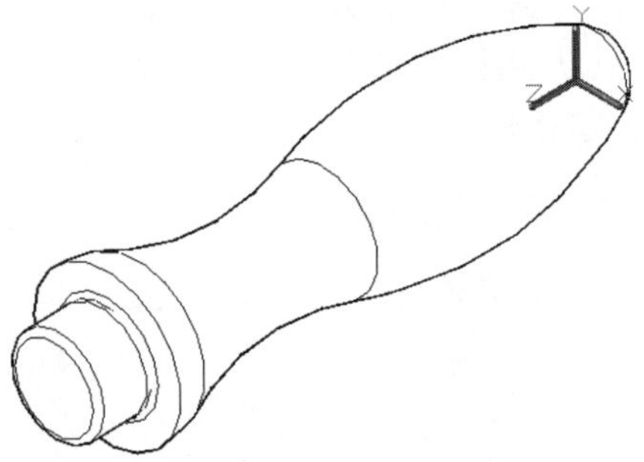

图 11-14 UCS 坐标和手柄的消隐图

（4）真实(R)：着色多边形平面间的对象，并使对象的边平滑化。如果已为对象附着材质，则将显示已附着到对象的材质，UCS 坐标和手柄的真实图如图 11-15 所示。

（5）概念(C)：着色多边形平面间的对象，并使对象的边平滑化。着色使用冷色和暖色之间的过渡。效果缺乏真实感，但是可以更方便地查看模型的细节，UCS 坐标和手柄的概念图如图 11-16 所示。

图 11-15　UCS 坐标和手柄的真实图

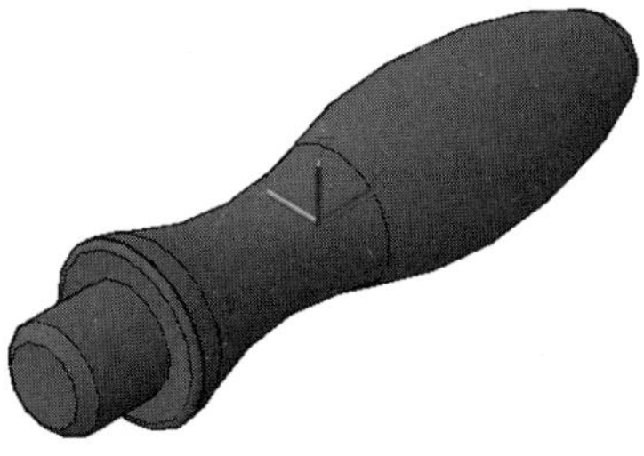

图 11-16　UCS 坐标和手柄的概念图

11.3.3　视觉样式管理器

1. 执行方式

☑　命令行：VISUALSTYLES。

☑　菜单栏："视图"→"视觉样式"→"视觉样式管理器"或"工具"→"选项板"→"视觉样式"。

☑　工具栏："视觉样式"→"视觉样式管理器"。

☑　功能区："可视化"→"视觉样式"→"对话框启动器"。

2. 操作步骤

```
命令：VISUALSTYLES↙
```

执行该命令后，系统打开"视觉样式管理器"选项板，可以在管理器中对视觉样式的各参数进行设置，如图 11-17 所示。图 11-18 为按图 11-17 进行设置的概念图的显示结果，可以与图 11-16 进行比较。

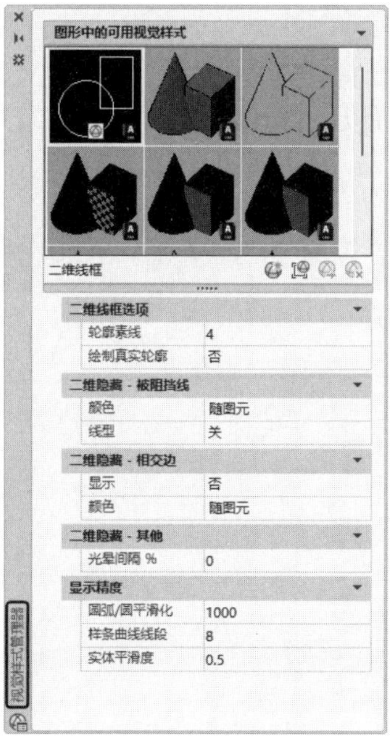

图 11-17　视觉样式管理器

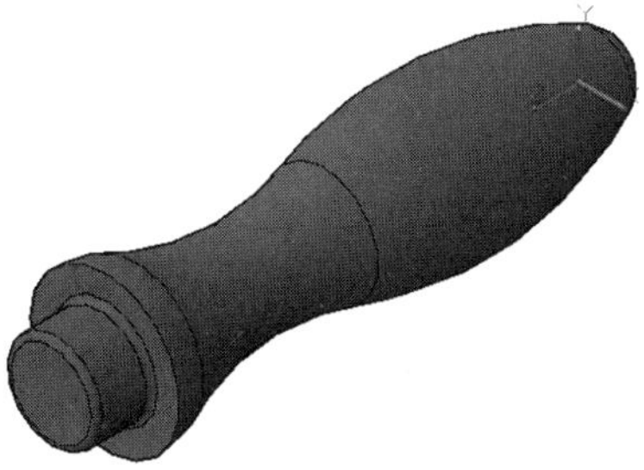

图 11-18　显示结果

Note

11.4 绘制基本三维实体

本节主要介绍各种基本三维实体的绘制方法。

11.4.1 螺旋

螺旋是一种特殊的基本三维实体，如图 11-19 所示。如果没有专门的命令，那么要绘制一个螺旋体还是很困难的。从 AutoCAD 2010 开始，AutoCAD 提供了一个螺旋绘制功能来完成螺旋体的绘制。

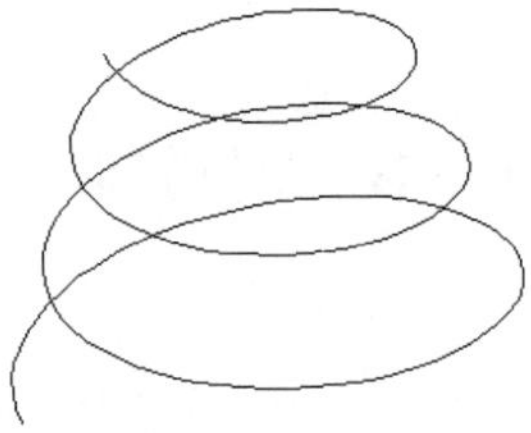

图11-19 螺旋体

1. 执行方式

☑ 命令行：HELIX。
☑ 菜单栏："绘图"→"螺旋"。
☑ 工具栏："建模"→"螺旋"。
☑ 功能区："默认"→"绘图"→"螺旋"。

2. 操作步骤

```
命令：HELIX↙
圈数 = 3.0000    扭曲=CCW
指定底面的中心点：(指定点)
指定底面半径或 [直径(D)] <1.0000>：(输入底面半径或直径)
指定顶面半径或 [直径(D)] <26.5531>：(输入顶面半径或直径)
指定螺旋高度或 [轴端点(A)/圈数(T)/圈高(H)/扭曲(W)] <1.0000>:
```

3. 选项说明

（1）轴端点(A)：指定螺旋轴的端点位置。它定义了螺旋的长度和方向。

（2）圈数(T)：指定螺旋的圈（旋转）数。螺旋的圈数不能超过 500。

（3）圈高(H)：指定螺旋内一个完整圈的高度。当指定了圈的高度值后，螺旋中的圈数将相应地自动更新。如果已指定螺旋的圈数，则不能输入圈高的值。

（4）扭曲(W)：指定是以顺时针（CW）方向还是以逆时针方向（CCW）绘制螺旋。螺旋扭曲的默认值是逆时针。

11.4.2 长方体

1. 执行方式

☑ 命令行：BOX。
☑ 菜单栏："绘图"→"建模"→"长方体"。
☑ 工具栏："建模"→"长方体"。
☑ 功能区："三维工具"→"建模"→"长方体"。

2. 操作步骤

```
命令：BOX↙
指定第一个角点或[中心(C)]：(指定第一角点，或按 Enter 键表示原点是长方体的角点，或输入 C 代表中心点)
```

3. 选项说明

（1）指定长方体的角点：确定长方体的一个顶点的位置。选择该选项后，命令行提示如下：

```
指定其他角点或 [立方体(C)/长度(L)]:(指定第二点或输入选项)
```

❶ 指定其他角点：输入另一角点的数值，即可确定该长方体。如果输入的是正值，则沿着当前 UCS 的 *X*、*Y* 和 *Z* 轴的正向绘制长度；如果输入的是负值，则沿着 *X*、*Y* 和 *Z* 轴的负向绘制长度。图 11-20 即为使用相对坐标绘制的长方体。

❷ 立方体(C)：创建一个长、宽、高相等的长方体。图 11-21 显示了使用指定长度命令创建的正方体。

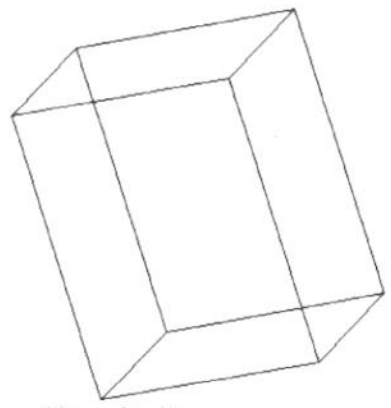

图 11-20 利用角点命令创建的长方体

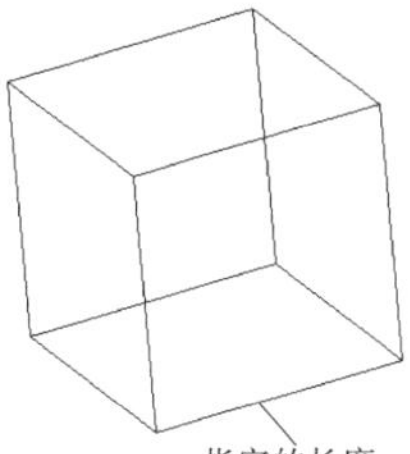

图 11-21 利用指定长度命令创建的正方体

❸ 长度(L)：要求输入长、宽、高的值。图 11-22 显示了使用长、宽和高命令创建的长方体。

（2）中心点：使用指定的中心点创建长方体。图 11-23 显示了使用中心点命令创建的正方体。

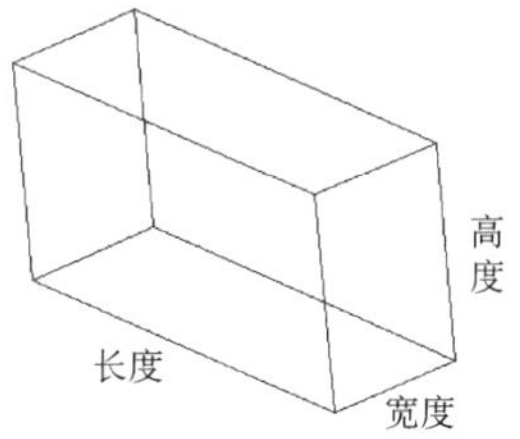

图 11-22 利用长、宽和高命令创建的长方体

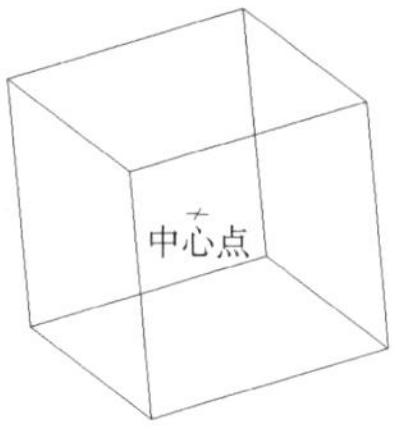

图 11-23 使用中心点命令创建的正方体

11.4.3 实例——绘制书柜

本实例将详细介绍书柜的绘制方法，其中使用“长方体”“三维阵列”“圆角边”“圆锥体”命令完成书柜的绘制。绘制流程如图 11-24 所示。

视频讲解

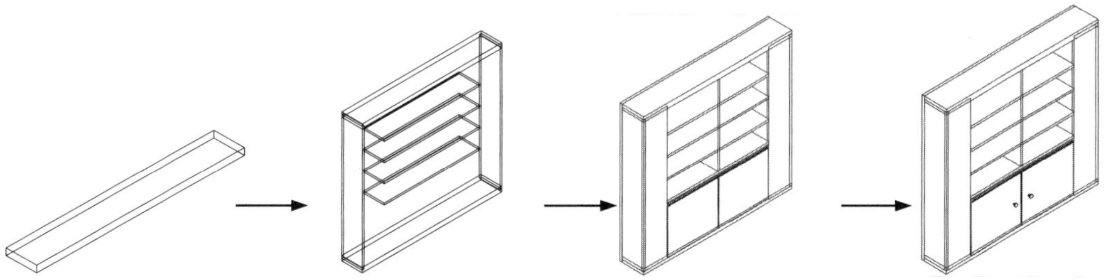

图 11-24 书柜的绘制流程

Note

操作步骤

（1）单击“可视化”选项卡“命名视图”面板中的“西南等轴测”按钮，将视图切换至西南等轴测视图。单击“三维工具”选项卡“建模”面板中的“长方体”按钮，绘制一个长方体。命令行提示与操作如下：

```
命令：_box↙
指定第一个角点或 [中心点(C)] <0,0,0>: c↙
指定中心:0,0,0↙
指定角点或 [立方体(C)/长度(L)]: l↙
指定长度:（打开正交模式）3050↙
指定宽度: 450↙
指定高度或 [两点(2P)]: 100↙
```

结果如图 11-25 所示。

（2）单击“三维工具”选项卡“建模”面板中的“长方体”按钮，绘制长方体。命令行提示与操作如下：

```
命令：_box↙
指定第一个角点或 [中心(C)]: c↙
指定中心: 0,0,2700:↙
指定角点或 [立方体(C)/长度(L)]: l↙
指定长度: 3050↙
指定宽度: 450↙
指定高度或 [两点(2P)]: 100↙
命令：_box↙
指定第一个角点或 [中心(C)]: c↙
指定中心: 0,0,1000↙
指定角点或 [立方体(C)/长度(L)]: l↙
指定长度: 2090↙
指定宽度: 450↙
指定高度或 [两点(2P)]: 40↙
```

绘制结果如图 11-26 所示。

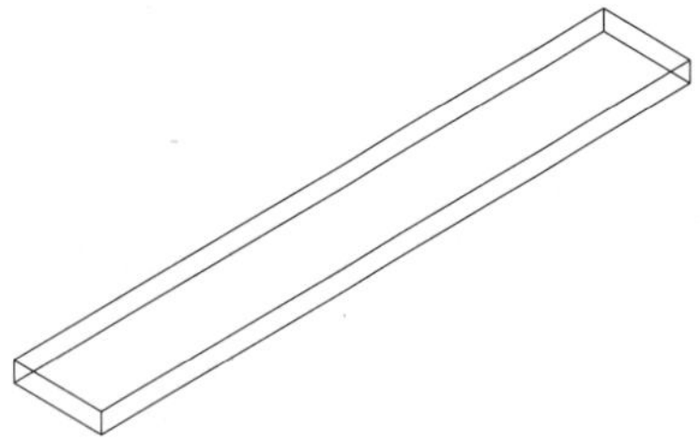

图 11-25　绘制长方体 1

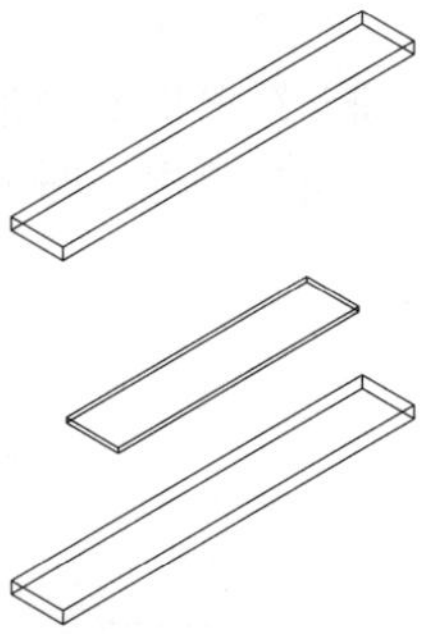

图 11-26　绘制长方体 2

（3）在命令行中输入 3DARRAY，阵列图形。命令行提示与操作如下：

```
命令: 3DARRAY↙
```

```
正在初始化...已加载 3DARRAY
选择对象:(选择最小的长方体)
选择对象:↙
输入阵列类型 [矩形(R)/环形(P)] <矩形>:↙
输入行数 (---) <1>:↙
输入列数 (|||) <1>:↙
输入层数 (...) <1>: 4↙
指定层间距 (...): 400↙
```

绘制结果如图 11-27 所示。

（4）单击“三维工具”选项卡“建模”面板中的“长方体”按钮，绘制长方体。命令行提示与操作如下：

```
命令: _box↙
指定第一个角点或 [中心(C)]: c↙
指定中心: 1505,0,1350↙
指定角点或 [立方体(C)/长度(L)]: l↙
指定长度: 40↙
指定宽度: 450↙
指定高度或 [两点(2P)]: 2700↙
命令: BOX↙
指定第一个角点或 [中心(C)]: c↙
指定中心: -1505,0,1350↙
指定角点或 [立方体(C)/长度(L)]: l↙
指定长度: 40↙
指定宽度: 450↙
指定高度或 [两点(2P)]: 2700↙
```

绘制结果如图 11-28 所示。

（5）单击“三维工具”选项卡“建模”面板中的“长方体”按钮，绘制长方体。命令行提示与操作如下：

```
命令: BOX↙
指定第一个角点或 [中心(C)]: -1045,-225,0↙
指定其他角点或 [立方体(C)/长度(L)]: @-480,40,2700↙
命令: BOX↙
指定第一个角点或 [中心(C)]: 1045,-225,0↙
指定其他角点或 [立方体(C)/长度(L)]: @480,40,2700↙
命令: BOX↙
指定第一个角点或 [中心(C)]: -1525,265,-50↙
指定其他角点或 [立方体(C)/长度(L)]: 1525,225,2750↙
命令: _box↙
指定第一个角点或 [中心(C)]: -20,-225,1020↙
指定其他角点或 [立方体(C)/长度(L)]: @40,450,1630↙
命令: _box↙
指定第一个角点或 [中心(C)]: -1045,-225,0↙
指定其他角点或 [立方体(C)/长度(L)]:@1045,40,920↙
命令: BOX↙
```

```
指定长方体的角点或 [中心点(CE)] <0,0,0>: 1045,-225,0↙
指定角点或 [立方体(C)/长度(L)]: 0,-185,920↙
```

绘制结果如图 11-29 所示。

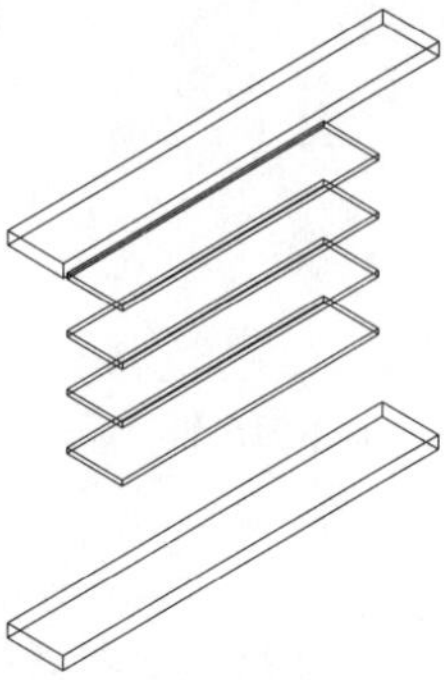

图 11-27　三维阵列处理

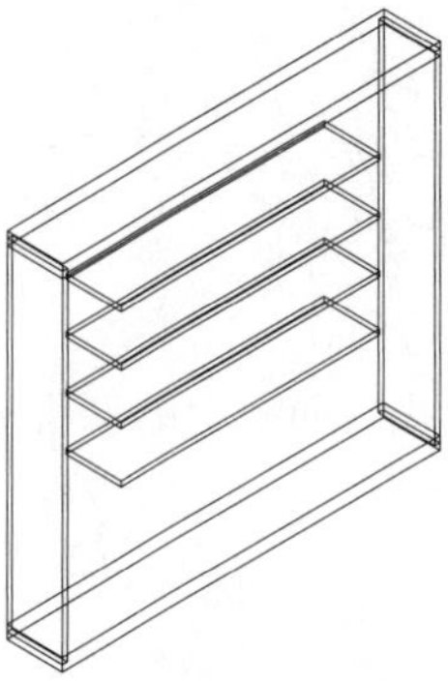

图 11-28　绘制长方体 3

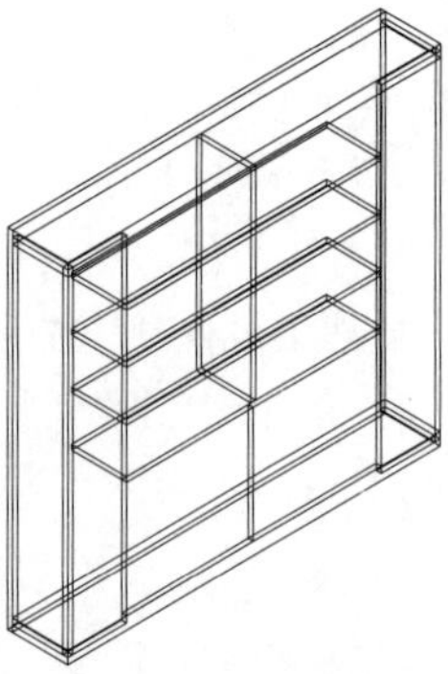

图 11-29　绘制长方体 4

（6）单击“三维工具”选项卡“实体编辑”面板中的“圆角边”按钮，将圆角半径设为 10，对柜门的每条棱边进行圆角处理。单击“可视化”选项卡“视觉样式”面板中的“隐藏”按钮，消隐之后的结果如图 11-30 所示。

（7）单击“三维工具”选项卡“建模”面板中的“圆锥体”按钮，绘制圆锥体。命令行提示与操作如下：

```
命令: _cone↙
指定底面的中心点或 [三点(3P)/两点(2P)/切点、切点、半径(T)/椭圆(E)]: -150,-275,455↙
指定底面半径或 [直径(D)]: 30↙
指定高度或 [两点(2P)/轴端点(A)/顶面半径(T)] <930.0000>: a↙
指定轴端点: @0,100,0↙
命令: CONE↙
指定底面的中心点或 [三点(3P)/两点(2P)/切点、切点、半径(T)/椭圆(E)]: 150,-275,455↙
指定底面半径或 [直径(D)] <30.0000>:↙
指定高度或 [两点(2P)/轴端点(A)/顶面半径(T)] <100.0000>: a↙
指定轴端点: @0,100,0↙
```

消隐之后的结果如图 11-31 所示。

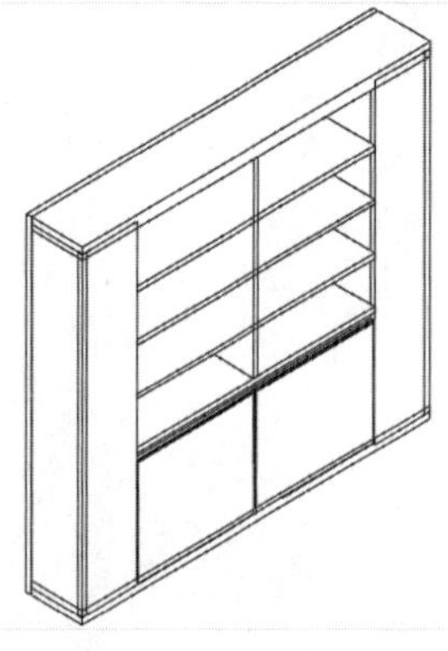

图 11-30　圆角处理

图 11-31　绘制圆锥体

11.4.4　圆柱体

1. 执行方式

☑　命令行：CYLINDER。
☑　菜单栏："绘图"→"建模"→"圆柱体"。
☑　工具栏："建模"→"圆柱体"。
☑　功能区："三维工具"→"建模"→"圆柱体"。

2. 操作步骤

```
命令：CYLINDER↙
指定底面的中心点或 [三点(3P)/两点(2P)/切点、切点、半径(T)/椭圆(E)]:
```

3. 选项说明

（1）中心点：输入底面圆心的坐标，此选项为系统的默认选项，然后指定底面的半径和高度。AutoCAD 按指定的高度创建圆柱体，且圆柱体的中心线与当前坐标系的 *Z* 轴平行，如图 11-32 所示。用户也可以输入另一个端面的中心点坐标来指定高度。AutoCAD 根据圆柱体两个端面的中心位置来创建圆柱体。该圆柱体的中心线就是两个端面的中心点的连线，如图 11-33 所示。

（2）椭圆(E)：绘制椭圆柱体。其中，端面椭圆的绘制方法与平面椭圆一样，绘制结果如图 11-34 所示。

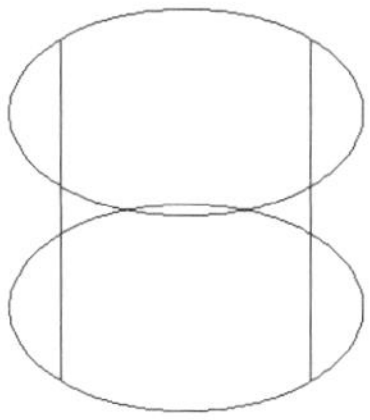

图 11-32　按指定的高度创建圆柱体

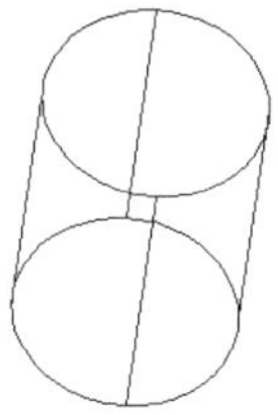

图 11-33　指定圆柱体另一个端面的中心位置

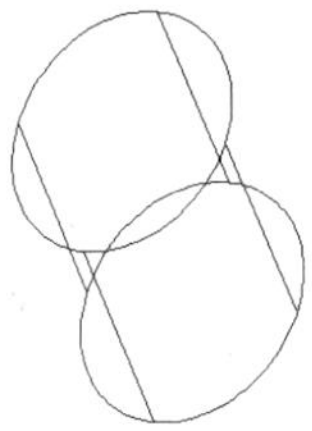

图 11-34　绘制椭圆柱体

其他基本实体（如螺旋、楔体、圆锥体、球体、圆环体等）的绘制方法与上面讲述的长方体和圆柱体类似，此处不再赘述。

11.4.5　实例——绘制石凳

本实例将详细介绍石凳的绘制方法。本实例首先利用"圆锥面"命令绘制石凳主体，然后利用"圆柱体"命令绘制石凳的凳面，最后选择适当的材质对石凳进行渲染处理。绘制流程如图 11-35 所示。

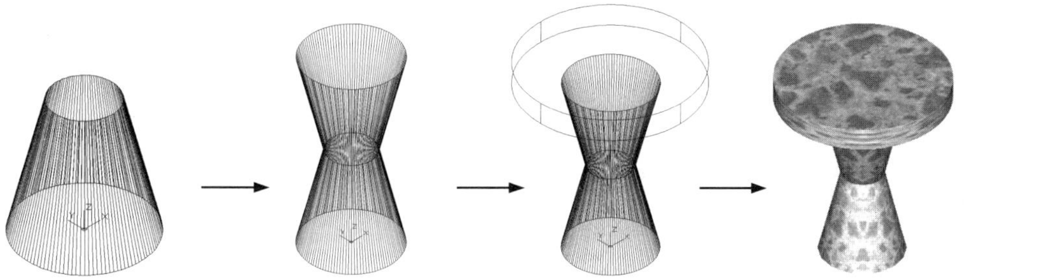

图 11-35　石凳的绘制流程

Note

操作步骤

（1）单击“三维工具”选项卡“建模”面板中的“圆锥体”按钮，以（0,0,0）为圆心，绘制底面半径为10、顶面半径为5、高度为20的圆台。命令行提示与操作如下：

```
命令: _cone↙
指定底面的中心点或 [三点(3P)/两点(2P)/切点、切点、半径(T)/椭圆(E)]: 0,0,0↙
指定底面半径或 [直径(D)] <35.0000>: 10↙
指定高度或 [两点(2P)/轴端点(A)/顶面半径(T)] <80.0000>: T↙
指定顶面半径 <0.0000>: 5↙
指定高度或 [两点(2P)/轴端点(A)] <80.0000>: 20↙
```

（2）单击“可视化”选项卡“命名视图”面板中的“西南等轴测”按钮，将当前视图设置为西南等轴测视图，绘制结果如图11-36所示。

（3）单击“三维工具”选项卡“建模”面板中的“圆锥体”按钮，以（0,0,20）为圆心，绘制底面半径为5、顶面半径为10、高度为20的圆台。完成石凳主体的绘制，结果如图11-37所示。

（4）单击“三维工具”选项卡“建模”面板中的“圆柱体”按钮，以（0,0,40）为圆心，绘制底面半径为20、高度为5的圆柱体。命令行提示与操作如下：

```
命令: _cylinder↙
指定底面的中心点或 [三点(3P)/两点(2P)/切点、切点、半径(T)/椭圆(E)]: 0,0,40↙
指定底面半径或 [直径(D)] <10.0000>: 20↙
指定高度或 [两点(2P)/轴端点(A)] <20.0000>: 5↙
```

完成石凳凳面的绘制，结果如图11-38所示。

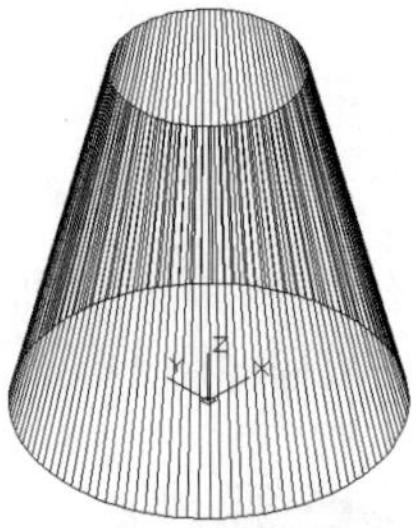

图11-36　绘制圆台1

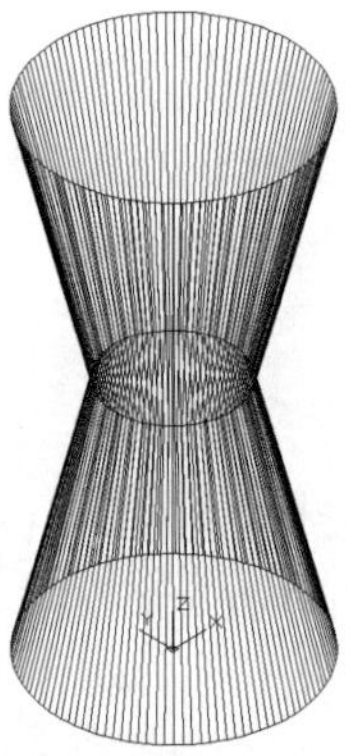

图11-37　绘制圆台2

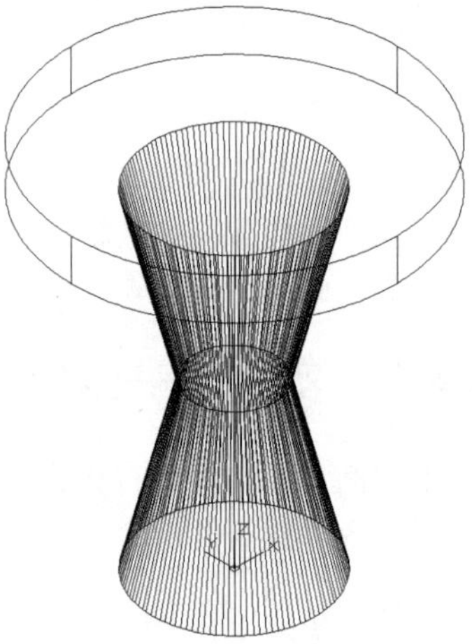

图11-38　绘制圆柱体

（5）单击“可视化”选项卡“材质”面板中的“材质浏览器”按钮，打开“材质浏览器”选项板，选择❶“主视图”→❷“Autodesk库”→❸“石料”→❹“大理石”，如图11-39所示，然后在列表中选择适当的材质赋予图形。执行选项卡中的“可视化”→“渲染”→“渲染到尺寸”命令，对实体进行渲染，渲染后的效果如图11-40所示。

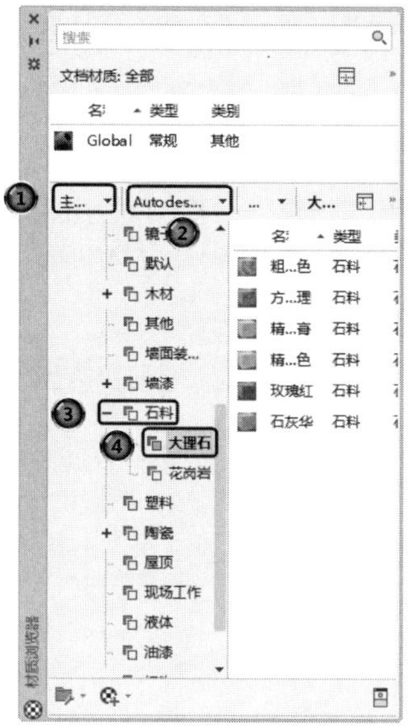

图 11-39　“材质浏览器”选项板

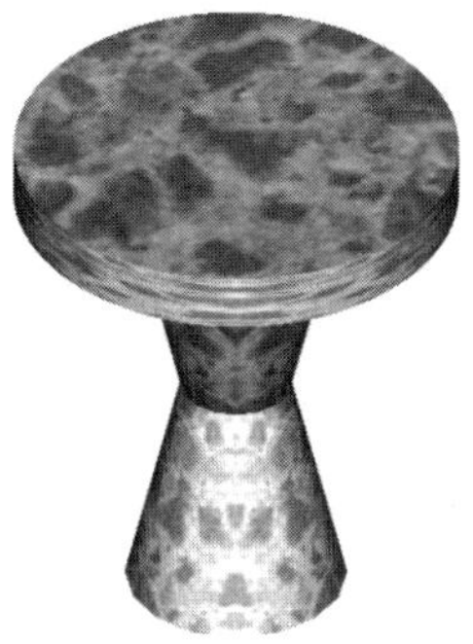

图 11-40　渲染处理

11.5　布尔运算

本节主要介绍布尔运算的应用。

11.5.1　三维建模布尔运算

布尔运算在集合运算中得到了广泛应用，AutoCAD 也将该运算应用到了模型的创建过程中。用户可以对三维建模对象进行并集、交集、差集的运算。三维建模的布尔运算与平面图形类似。图 11-41 显示了对 3 个圆柱体进行交集运算前后的图形。

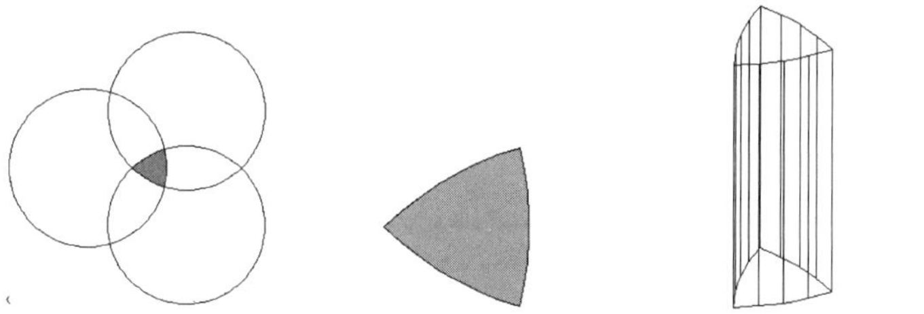

（a）求交集前　（b）求交集后　（c）交集的立体图

图 11-41　对 3 个圆柱体进行交集运算前后的图形

注意：如果某些命令第一个字母都相同，那么对于比较常用的命令，其快捷命令取第一个字母，其他命令的快捷命令可用前面两个或三个字母表示。例如，“R”表示 Redraw，“RA”表示 Redrawall；“L”表示 Line，“LT”表示 LineType，“LTS”表示 LTScale。

视频讲解

11.5.2 实例——绘制几案

本实例将详细介绍几案的绘制方法。本实例首先利用“长方体”命令绘制几案面、几案腿以及隔板，然后利用“移动”命令移动隔板到合适的位置处，再利用“圆角”命令对几案面进行圆角处理，并对所有实体进行并集处理，最后对实体进行赋材质和渲染。绘制流程如图 11-42 所示。

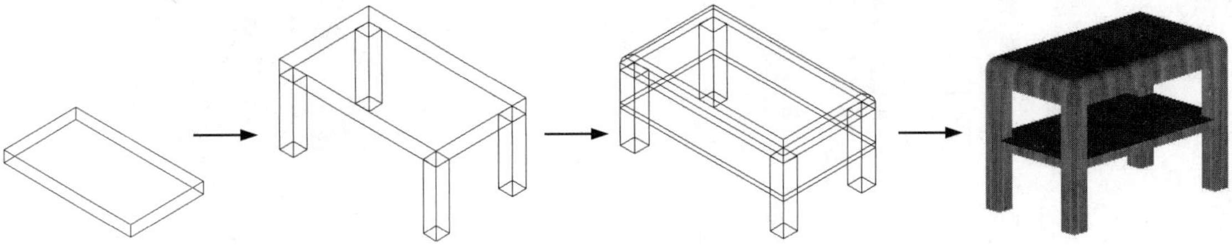

图 11-42　几案的绘制流程

操作步骤

（1）单击“可视化”选项卡“命名视图”面板中的“西南等轴测”按钮，将当前视图设置为西南等轴测视图。

（2）单击“三维工具”选项卡“建模”面板中的“长方体”按钮，绘制长方体，完成几案面的绘制。命令行提示与操作如下：

```
命令：BOX↙
指定第一个角点或 [中心(C)]: 10,10↙
指定其他角点或 [立方体(C)/长度(L)]: @70,40↙
指定高度或 [两点(2P)]: 6↙
```

结果如图 11-43 所示。

（3）单击“三维工具”选项卡“建模”面板中的“长方体”按钮，在几案的 4 个角点绘制 4 个尺寸为 6×6×28 的长方体，完成几案腿的绘制，如图 11-44 所示。

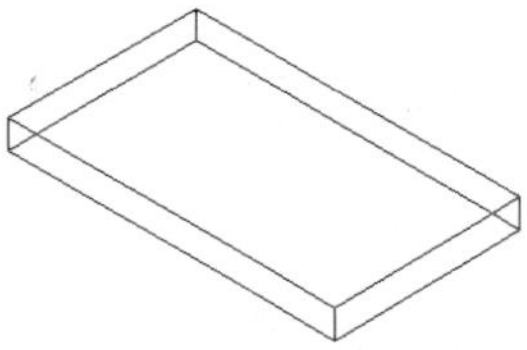

图 11-43　绘制几案表面

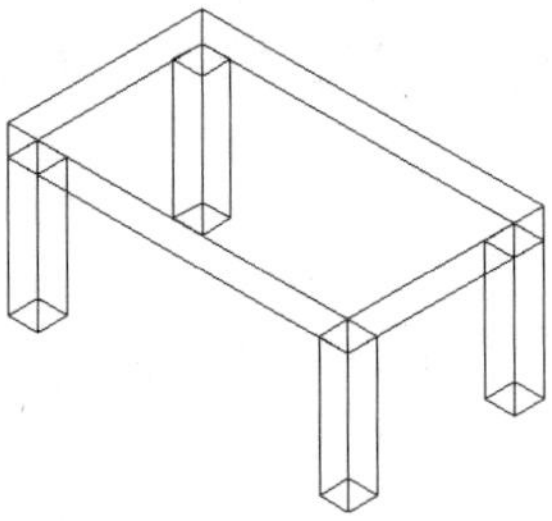

图 11-44　绘制几案腿

（4）单击“三维工具”选项卡“建模”面板中的“长方体”按钮，以几案的两条对角腿的外角点为对角点，制作厚度为 2 的长方体，完成隔板的绘制，结果如图 11-45 所示。

（5）单击“默认”选项卡“修改”面板中的“移动”按钮，移动隔板。命令行提示与操作如下：

```
命令：MOVE↙
选择对象：(选中要移动的隔板)
选择对象：↙
指定基点或 [位移(D)] <位移>: 80,10,-28↙
指定第二个点或 <使用第一个点作为位移>: @0,0,10↙
```

结果如图 11-46 所示。

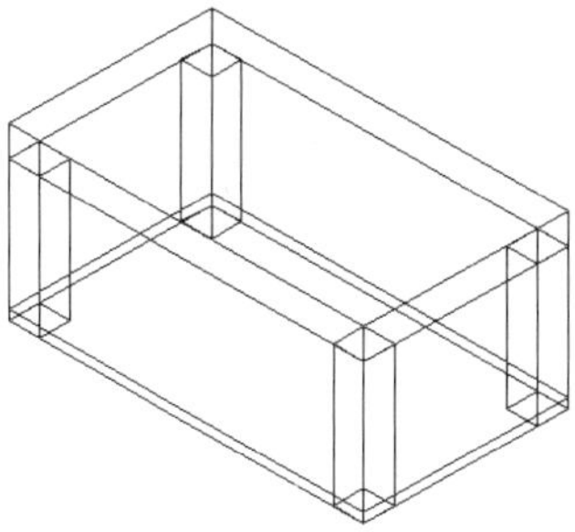

图 11-45　绘制隔板

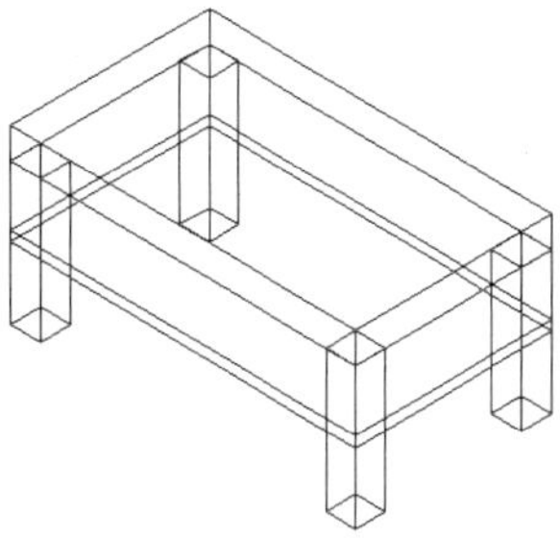

图 11-46　移动隔板

（6）单击“三维工具”选项卡“实体编辑”面板中的“圆角边”按钮，设置圆角半径为 4，对立方体各条边进行圆角处理，结果如图 11-47 所示。

（7）单击“三维工具”选项卡“实体编辑”面板中的“并集”按钮，对图形进行并集运算，命令行提示与操作如下：

```
命令：UNION↙
选择对象：(选中要进行并集处理的几案桌面、腿以及隔板)
选择对象：↙
```

（8）单击“可视化”选项卡“视觉样式”面板中的“隐藏”按钮，对图形进行消隐处理，结果如图 11-48 所示。

（9）单击“可视化”选项卡“材质”面板中的“材质浏览器”按钮，打开“材质浏览器”选项板，如图 11-49 所示。打开其中的“木材”选项卡，选择其中一种材质，并拖曳到绘制的几案实体上。

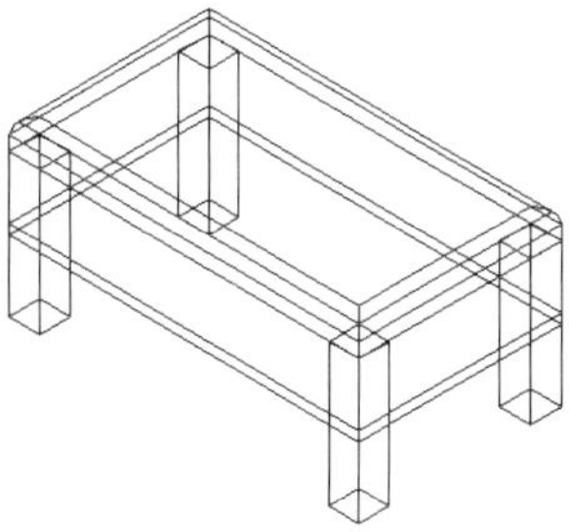

图 11-47　圆角几案桌面

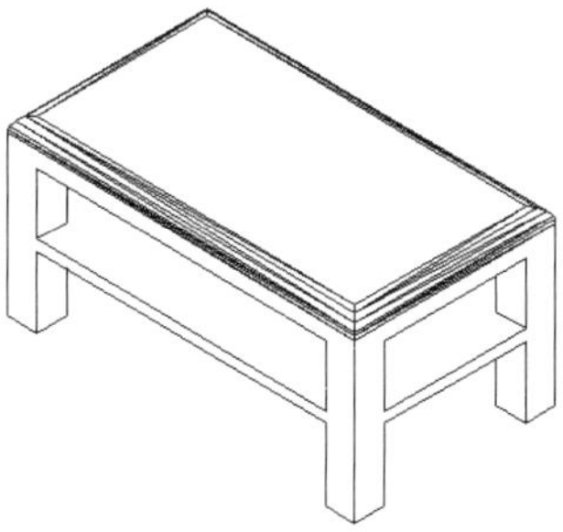

图 11-48　并集处理后消隐的结果

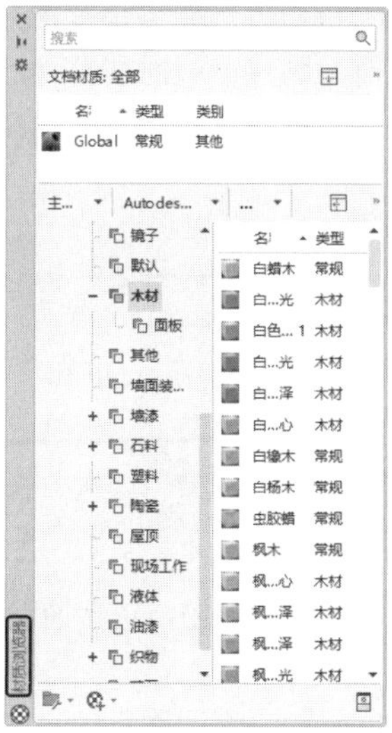

图 11-49　“材质浏览器”选项板

（10）在“可视化”选项卡“视觉样式”面板的“视觉样式”下拉列表中选择“真实”，系统自动改变实体的视觉样式，结果如图 11-42 所示。

Note

11.6 特征操作

三维网格生成的原理与二维网格生成的原理一样，也可以通过二维图形来生成三维实体，具体如下所述。

11.6.1 拉伸

1. 执行方式

☑ 命令行：EXTRUDE（快捷命令：EXT）。
☑ 菜单栏："绘图"→"建模"→"拉伸"。
☑ 工具栏："建模"→"拉伸"。
☑ 功能区："三维工具"→"建模"→"拉伸"。

2. 操作步骤

```
命令：EXTRUDE↙
当前线框密度：ISOLINES=4，闭合轮廓创建模式=实体
选择要拉伸的对象或 [模式(MO)]：(选择绘制好的二维对象)
选择要拉伸的对象或 [模式(MO)]：(可继续选择对象或按 Enter 键结束选择)
指定拉伸的高度或 [方向(D)/路径(P)/倾斜角(T)/表达式(E)] <52.0000>:
```

3. 选项说明

（1）拉伸的高度：按指定的高度拉伸出三维建模对象。输入高度值后，根据实际需要，指定拉伸的倾斜角度。如果指定的角度为0，则AutoCAD把二维对象按指定的高度拉伸成柱体；如果输入角度值，则建模截面在拉伸后会按此角度沿拉伸方向发生变化，成为一个棱台或圆台体。图11-50显示了从不同角度拉伸圆的结果。

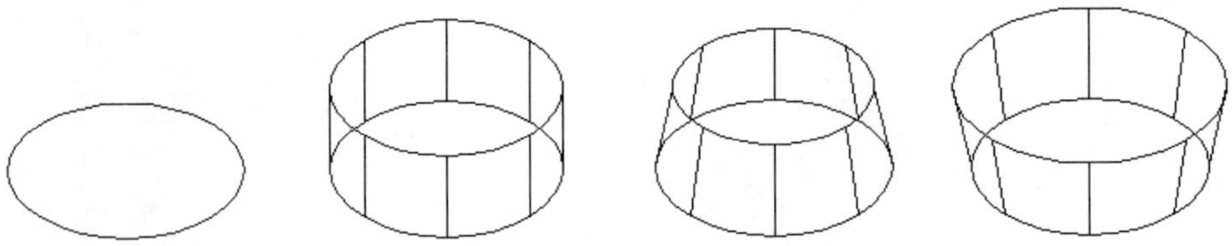

（a）拉伸前　（b）拉伸锥角为0°　（c）拉伸锥角为10°　（d）拉伸锥角为-10°

图11-50　拉伸圆

（2）路径(P)：以现有的图形对象作为拉伸创建三维建模对象。图11-51显示了沿圆弧曲线路径拉伸圆的结果。

注意：可以使用创建圆柱体的"轴端点"命令确定圆柱体的高度和方向。轴端点是圆柱体顶面的中心点，轴端点可以位于三维空间的任意位置处。

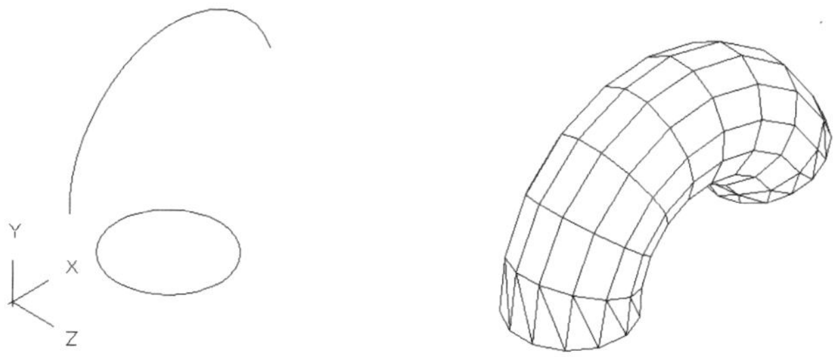

（a）拉伸前 （b）拉伸后

图 11-51 沿圆弧曲线路径拉伸圆

11.6.2 实例——绘制茶几

本实例将详细介绍茶几的绘制方法。本实例首先绘制茶几面，然后绘制茶几腿，再绘制隔板，最后赋予材质并进行渲染。绘制流程如图 11-52 所示。

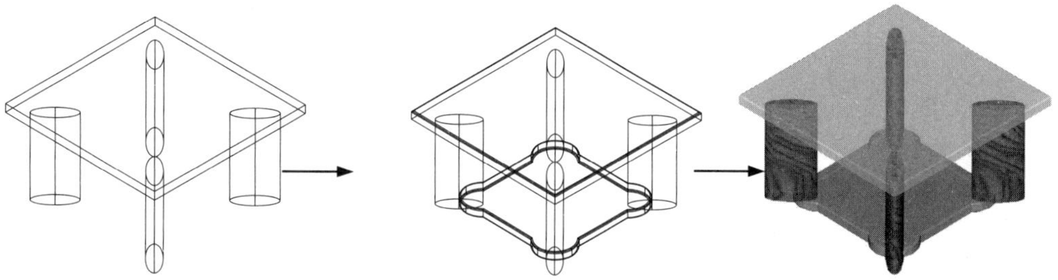

图 11-52 茶几的绘制流程

操作步骤

（1）单击“可视化”选项卡“命名视图”面板中的“西南等轴测”按钮，将视图切换到西南等轴测视图。

（2）单击“三维工具”选项卡“建模”面板中的“圆柱体”按钮，绘制圆柱体。命令行提示与操作如下：

```
命令：_cylinder↙
指定底面的中心点或 [三点(3P)/两点(2P)/切点、切点、半径(T)/椭圆(E)]：e↙
指定第一个轴的端点或 [中心(C)]：c↙
指定中心点：0,0,0↙
指定到第一个轴的距离：25↙
指定第二个轴的端点：50,50,0↙
指定高度或 [两点(2P)/轴端点(A)]：300↙
```

结果如图 11-53 所示。

（3）单击“三维工具”选项卡“建模”面板中的“长方体”按钮，绘制一个长方体，角点坐标为（−100,−100,300）和（@600,600,30），如图 11-54 所示。

（4）在命令行中输入 3DARRAY，对椭圆柱体进行环形阵列。命令行提示与操作如下：

```
命令：3DARRAY↙
选择对象：(选取椭圆柱体)
```

Note

```
输入阵列类型 [矩形(R)/环形(P)] <R>:P↙
输入阵列中的项目数目: 4↙
指定要填充的角度 (+=逆时针, -=顺时针) <360>: ↙
旋转阵列对象? [是(Y)/否(N)] <Y>:
指定阵列的中心点: 200,200,0↙
指定旋转轴上的第二点: 200,200,100↙
```

结果如图 11-55 所示。

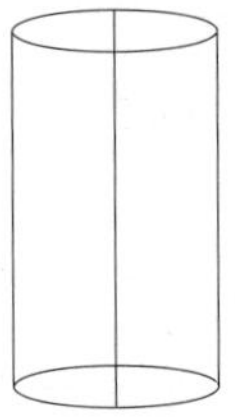

图 11-53　绘制椭圆柱体

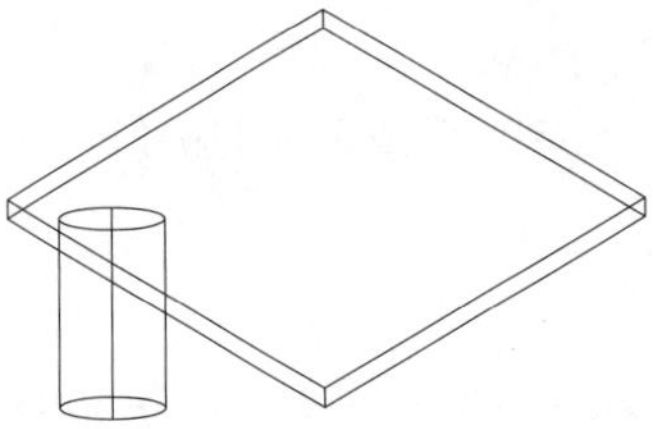

图 11-54　绘制长方体

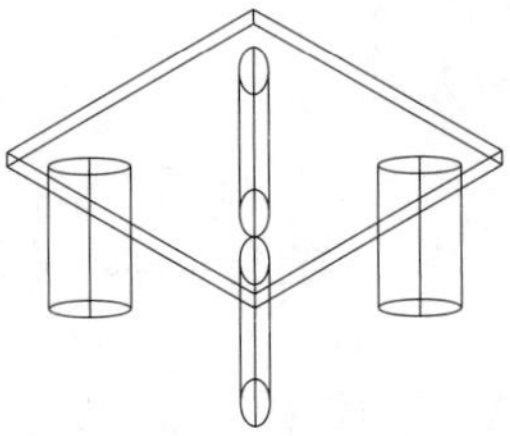

图 11-55　阵列处理

（5）单击“三维工具”选项卡“实体编辑”面板中的“圆角边”按钮，将长方体各棱边的半径均设为 5，进行圆角处理，如图 11-56 所示。

（6）单击“默认”选项卡“绘图”面板中的“矩形”按钮，设置角点坐标为（50,50,150）和（350,350），绘制一个矩形。

（7）单击“默认”选项卡“修改”面板中的“偏移”按钮，将步骤（6）中绘制的矩形向外偏移 50。绘制结果如图 11-57 所示。

（8）单击“默认”选项卡“绘图”面板中的“圆”按钮，以小矩形的顶点为圆心，捕捉大矩形的顶点为半径绘制圆。单击“默认”选项卡“修改”面板中的“修剪”按钮，修剪多余直线。

（9）单击“默认”选项卡“绘图”面板中的“面域”按钮，将如图 11-58 所示的图形创建为面域。命令行提示与操作如下：

```
命令: _region↙
选择对象:(选取图 11-58 中的图形)
选择对象: ↙
已提取 1 个环。
已创建 1 个面域。
```

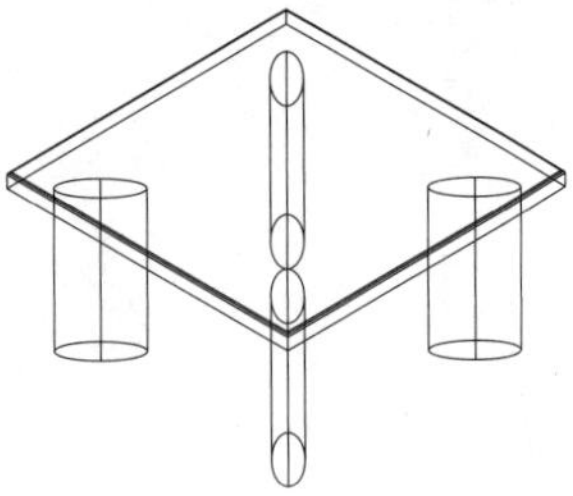

图 11-56　圆角处理 1

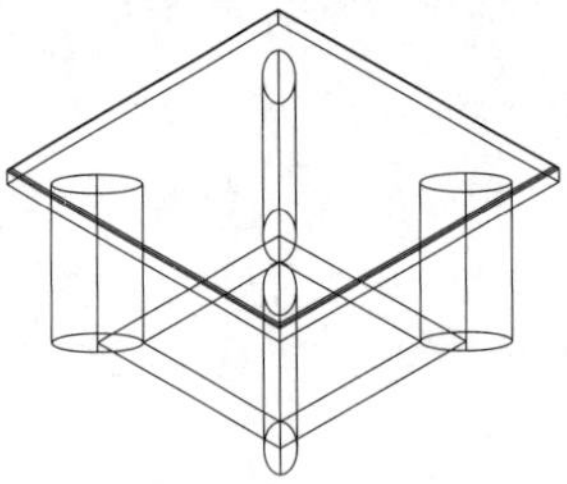

图 11-57　绘制矩形并偏移

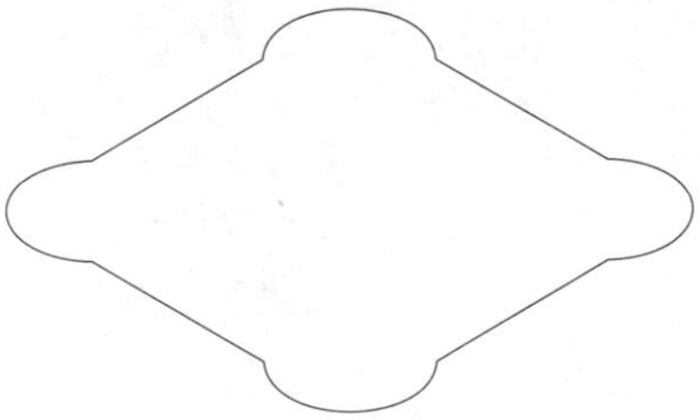

图 11-58　面域处理

（10）单击“三维工具”选项卡“建模”面板中的“拉伸”按钮，拉伸步骤（9）中创建的面域。命令行提示与操作如下：

```
命令: _extrude↙
当前线框密度: ISOLINES=8, 闭合轮廓创建模式 = 实体
```

```
选择要拉伸的对象或 [模式(MO)]: _MO↙
闭合轮廓创建模式 [实体(SO)/曲面(SU)] <实体>: _SO↙
选择要拉伸的对象或 [模式(MO)]: 找到 1 个（选择步骤（9）中创建的面域图形）
选择要拉伸的对象或 [模式(MO)]: ↙
指定拉伸的高度或 [方向(D)/路径(P)/倾斜角(T)/表达式(E)] <30.0000>: 30↙
```

（11）单击“三维工具”选项卡“实体编辑”面板中的“圆角边”按钮，将上述各棱边的半径均设为 5，进行圆角处理，如图 11-59 所示。

（12）单击“可视化”选项卡“材质”面板中的“材质浏览器”按钮，在弹出的“材质浏览器”对话框中选择合适的材质，赋予图形。单击“可视化”选项卡“渲染”面板中的“渲染到尺寸”按钮，渲染图形，结果如图11-60 所示。

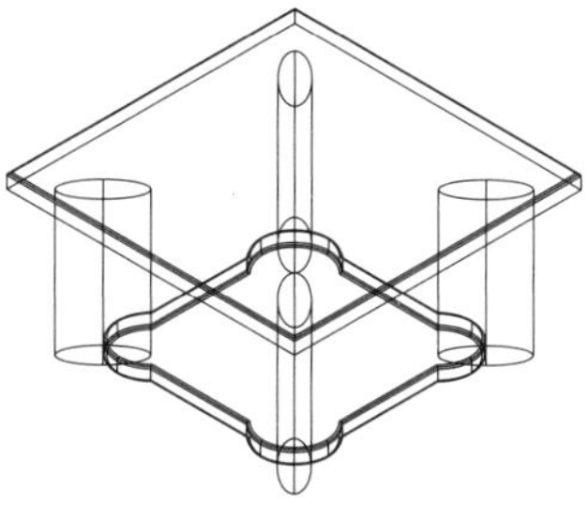

图 11-59　圆角处理 2

图 11-60　茶几

11.6.3　旋转

1. 执行方式

☑ 命令行：REVOLVE（快捷命令：REV）。
☑ 菜单栏：“绘图”→“建模”→“旋转”。
☑ 工具栏：“建模”→“旋转”。
☑ 功能区：“三维工具”→“建模”→“旋转”。

2. 操作步骤

```
命令: REVOLVE↙
当前线框密度: ISOLINES=4, 闭合轮廓创建模式 = 实体
选择要旋转的对象或 [模式(MO)]: _MO↙
闭合轮廓创建模式 [实体(SO)/曲面(SU)] <实体>: _SO↙
选择要旋转的对象或 [模式(MO)]: 找到 1 个
选择要旋转的对象或 [模式(MO)]: ↙
指定轴起点或根据以下选项之一定义轴 [对象(O)/X/Y/Z] <对象>: x↙
指定旋转角度或 [起点角度(ST)/反转(R)/表达式(EX)] <360>: 115↙
```

3. 选项说明

（1）指定轴起点：通过两个点来定义旋转轴。AutoCAD 将按指定的角度和旋转轴旋转二维对象。

（2）对象(O)：选择已经绘制好的直线或用多段线命令绘制的直线段作为旋转轴线。

（3）X/Y/Z 轴：将二维对象绕当前坐标系（UCS）的 X（Y/Z）轴旋转。图 11-61 显示了矩形平面绕 X 轴旋转的结果。

Note

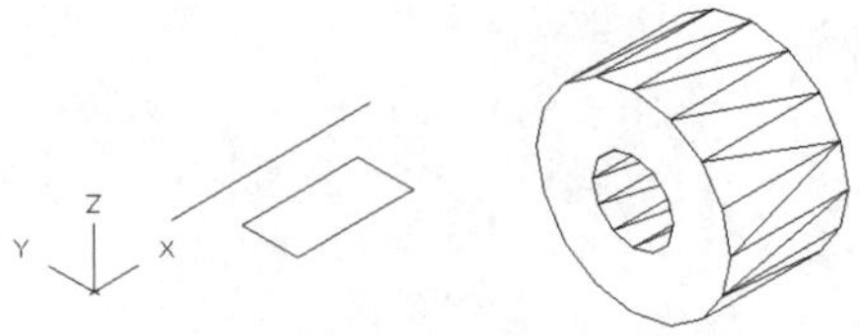

（a）旋转界面　　（b）旋转后的建模

图 11-61　旋转体

11.6.4　扫掠

1. 执行方式

☑ 命令行：SWEEP。

☑ 菜单栏："绘图"→"建模"→"扫掠"。

☑ 工具栏："建模"→"扫掠"。

☑ 功能区："三维工具"→"建模"→"扫掠"。

2. 操作步骤

```
命令：SWEEP↙
当前线框密度：ISOLINES=4，闭合轮廓创建模式 = 实体
选择要扫掠的对象或 [模式(MO)]：(选择图 11-62（a）中的圆)
选择要扫掠的对象或 [模式(MO)]：↙
选择扫掠路径或[对齐(A)/基点(B)/比例(S)/扭曲(T)]：(选择图 11-62（a）中的螺旋线)
```

扫掠结果如图 11-62（b）所示。

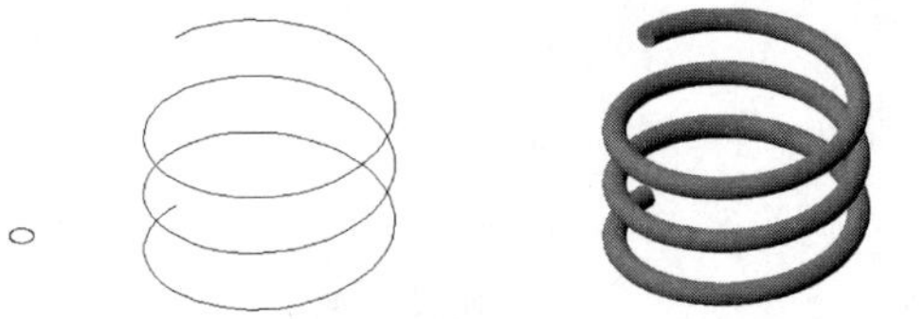

（a）对象和路径　　（b）结果

图 11-62　扫掠

3. 选项说明

（1）对齐(A)：指定是否对齐轮廓以使其作为扫掠路径切向的法向，默认情况下，轮廓是对齐的。选择该选项，命令行提示与操作如下：

```
扫掠前对齐垂直于路径的扫掠对象 [是(Y)/否(N)] <是>：(输入 n，指定轮廓无须对齐；按 Enter 键，指定轮廓将对齐)
```

注意： 使用"扫掠"命令，AutoCAD 可以通过沿开放或闭合的二维路径或三维路径扫掠开放或闭合的平面曲线（轮廓）来创建新实体或曲面。"扫掠"命令用于沿指定路径以指定轮廓的形状（扫掠对象）创建实体或曲面。AutoCAD 可以扫掠多个对象，但是这些对象必须在同一平面内。如果沿一条路径扫掠闭合的曲线，则生成实体。

（2）基点(B)：指定要扫掠对象的基点。如果指定的点不在选定对象所在的平面上，则该点将被

投影到该平面上。选择该选项，命令行提示与操作如下：

指定基点：（指定选择集的基点）

（3）比例(S)：指定比例因子以进行扫掠操作。从扫掠路径的开始到结束，比例因子被统一应用到扫掠的对象上。选择该选项，命令行提示与操作如下：

输入比例因子或 [参照(R)/表达式(E)]<1.0000>：（指定比例因子，输入 r，调用参照选项；按 Enter 键，选择默认值）

其中，“参照(R)”选项表示通过拾取点或输入值来根据参照的长度缩放选定的对象。

（4）扭曲(T)：设置正被扫掠对象的扭曲角度。扭曲角度指定沿扫掠路径全部长度的旋转量。选择该选项，命令行提示与操作如下：

输入扭曲角度或允许非平面扫掠路径倾斜 [倾斜(B)/表达式(EX)] <n>：（指定小于 360°的角度值，输入 b，打开倾斜；按 Enter 键，选择默认角度值）

其中，“倾斜(B)”选项指定被扫掠的曲线是否沿三维扫掠路径（三维多段线、三维样条曲线或螺旋线）自然倾斜（旋转）。

图 11-63 为扭曲扫掠示意图。

（a）对象和路径　　（b）不扭曲　　（c）扭曲 45°

图 11-63　扭曲扫掠

11.6.5　放样

1. 执行方式

☑ 命令行：LOFT。
☑ 菜单栏：“绘图”→“建模”→“放样”。
☑ 工具栏：“建模”→“放样”。
☑ 功能区：“三维工具”→“建模”→“放样”。

2. 操作步骤

命令：LOFT↙
当前线框密度：ISOLINES=4，闭合轮廓创建模式 = 实体
按放样次序选择横截面或 [点(PO)/合并多条边(J)/模式(MO)]：（选取第一个截面）
按放样次序选择横截面或 [点(PO)/合并多条边(J)/模式(MO)]：（选取第二个截面）
按放样次序选择横截面或 [点(PO)/合并多条边(J)/模式(MO)]：（选取第三个截面。依次选择如图11-64 所示的 3 个截面）
输入选项 [导向(G)/路径(P)/仅横截面(C)/设置(S)] <仅横截面>：

3. 选项说明

（1）导向(G)：指定控制放样实体或曲面形状的导向曲线。导向曲线可用于控制点与相应横截面的匹配方式，以防止出现不希望看到的效果（如结果实体或曲面中的皱褶）。指定控制放样建模或曲面形状的导向曲线。导向曲线是直线或曲线，可通过将其他线框信息添加至对象中来进一步定义建模

或曲面的形状，如图 11-65 所示。选择该选项，命令行提示与操作如下：

```
选择导向轮廓或 [合并多条边(J)]：(选择放样建模或曲面的导向曲线，然后按 Enter 键)
```

（2）路径(P)：指定放样实体或曲面的单一路径，如图 11-66 所示。选择该选项，命令行提示与操作如下：

Note

```
选择路径轮廓：(指定放样建模或曲面的单一路径)
```

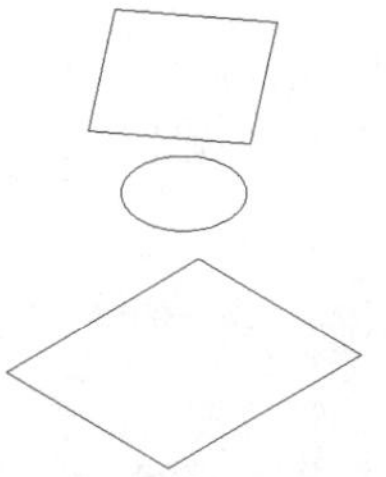

图 11-64　选择截面

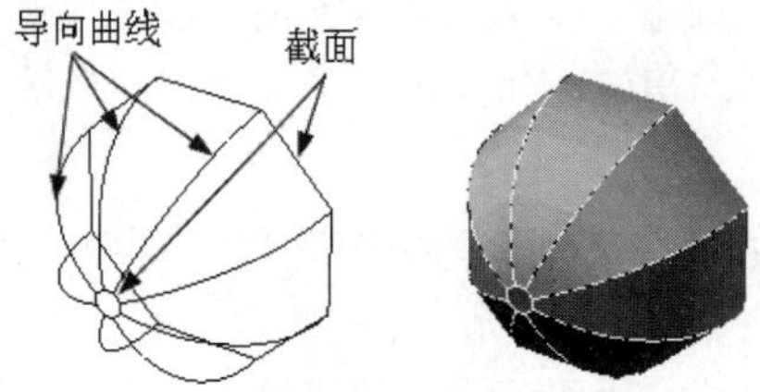

图 11-65　导向放样

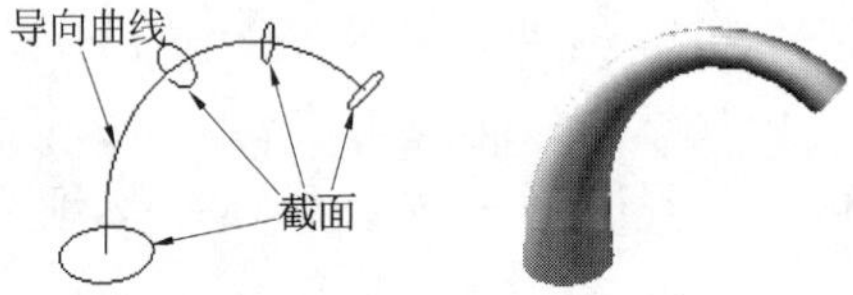

图 11-66　路径放样

注意：路径曲线必须与横截面的所有平面相交。

（3）仅横截面(C)：在不使用导向或路径的情况下，创建放样对象。

（4）设置(S)：选择该选项，系统打开“放样设置”对话框，如图 11-67 所示。其中有 4 个单选按钮：图 11-68（a）为选中“直纹”单选按钮的放样结果示意图；图 11-68（b）为选中“平滑拟合”单选按钮的放样结果示意图；图 11-68（c）为选中“法线指向”单选按钮，并选择“所有横截面”选项的放样结果示意图；图 11-68（d）为选中“拔模斜度”单选按钮并设置“起点角度”为45°、“起点幅值”为 10、“端点角度”为60°、“端点幅值”为 10 的放样结果示意图。

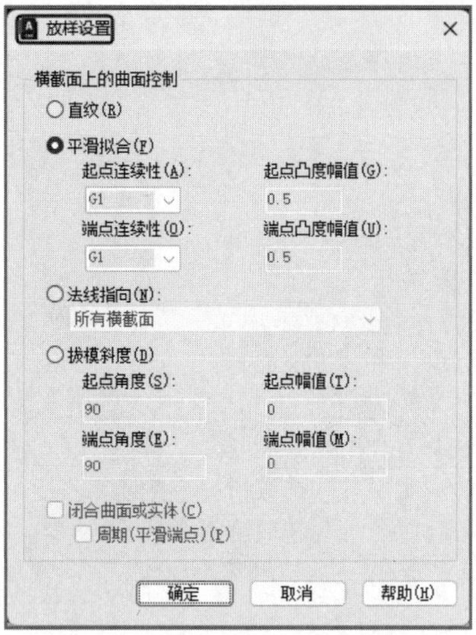

图 11-67　“放样设置”对话框

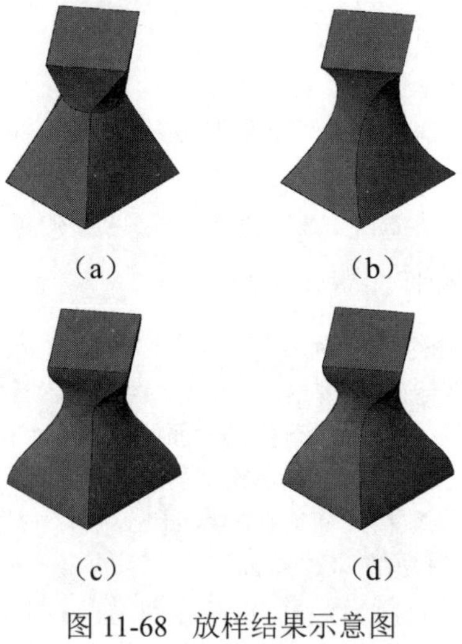

图 11-68　放样结果示意图

注意：每条导向曲线必须满足以下条件才能正常工作。

（1）与每个横截面相交。

（2）从第一个横截面开始。

（3）到最后一个横截面结束。
可以为放样曲面或建模选择任意数量的导向曲线。

11.6.6 拖曳

1. 执行方式

☑ 命令行：PRESSPULL。
☑ 工具栏："建模"→"按住并拖动"。
☑ 功能区："三维工具"→"实体编辑"→"按住并拖动"。

2. 操作步骤

```
命令：PRESSPULL↙
选择对象或边界区域:
指定拉伸高度或 [多个(M)]:
指定拉伸高度或 [多个(M)]:
已创建 1 个拉伸
```

单击有边界区域以进行按住并拖动操作。

选择有边界区域后，按住鼠标左键并拖曳鼠标，相应的区域就会被拉伸变形。图 11-69 显示了选择圆台上表面，然后按住鼠标左键并拖动鼠标的结果。

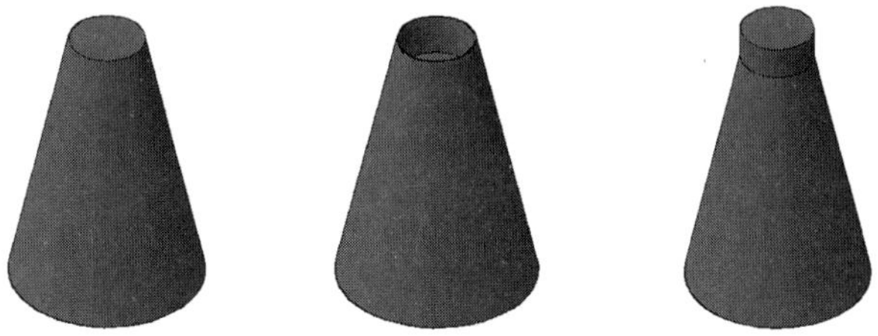

（a）圆台　（b）向下拖动　（c）向上拖动

图 11-69　按住并拖动

11.6.7 倒角

1. 执行方式

☑ 命令行：CHAMFEREDGE。
☑ 菜单栏："修改"→"实体编辑"→"倒角边"。
☑ 工具栏："实体编辑"→"倒角"。
☑ 功能区："三维工具"→"实体编辑"→"倒角边"。

2. 操作步骤

```
命令：CHAMFEREDGE↙
距离 1 = 0.0000，距离 2 = 0.0000
选择一条边或[环(L)/距离(D)]:
```

3. 选项说明

（1）选择一条边：选择建模的一条边，此选项为系统的默认选项。选择某一条边以后，边就变成虚线。

（2）环(L)：如果选择该选项，则将对一个面上的所有边进行倒角，并且命令行上将继续出现如下提示：

```
选择环边或[边(E)距离(D)]：(选择环边)
输入选项[接受(A)下一个(N)]<接受>：↙
选择环边或[边(E)距离(D)]：↙
按Enter键接受倒角或[(距离(D)]：↙
```

（3）距离(D)：如果选择该选项，则需要输入倒角距离。

图 11-70 显示了对长方体倒角的结果。

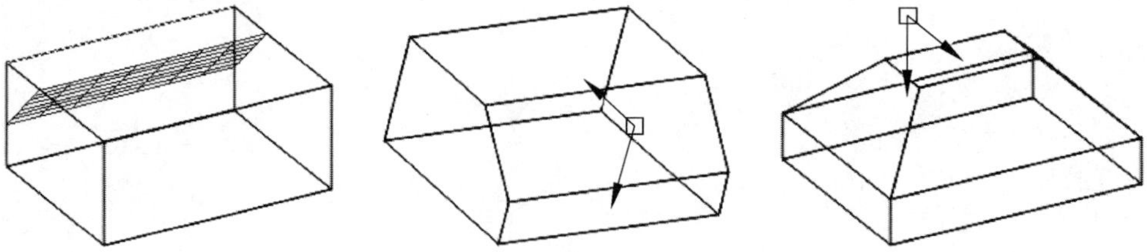

（a）选择倒角边　　（b）选择边倒角结果　　（c）选择环倒角结果

图 11-70　对长方体进行倒角

11.6.8　实例——绘制手柄

视 频 讲 解

本实例将详细介绍手柄的绘制方法。本实例首先绘制手柄把截面，然后绘制柄体，最后绘制手柄头部。绘制流程如图 11-71 所示。

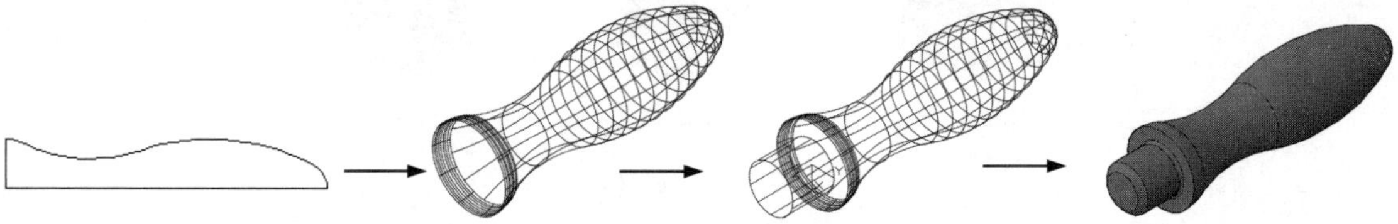

图 11-71　手柄的绘制流程

操作步骤

1. 绘制手柄把

（1）在命令行中输入 ISOLINES，设置线框密度。命令行提示与操作如下：

```
命令：ISOLINES↙
输入 ISOLINES 的新值 <4>：10
```

（2）单击“默认”选项卡“绘图”面板中的“圆”按钮，绘制半径为 13 的圆。

（3）单击“默认”选项卡“绘图”面板中的“构造线”按钮，过 R13 圆的圆心绘制竖直和水平辅助线。绘制结果如图 11-72 所示。

（4）单击“默认”选项卡“修改”面板中的“偏移”按钮，将竖直辅助线向右偏移 83。

（5）单击“默认”选项卡“绘图”面板中的“圆”按钮，捕捉最右边竖直辅助线与水平辅助线的交点，绘制半径为 7 的圆，绘制结果如图 11-73 所示。

图 11-72　圆及辅助线

图 11-73　绘制 R7 圆

（6）单击“默认”选项卡“修改”面板中的“偏移”按钮，将水平辅助线向上偏移 13。

（7）单击“默认”选项卡“绘图”面板中的“圆”按钮，绘制与 R7 圆及偏移水平辅助线相切且半径为 65 的圆。继续绘制与 R65 圆及 R13 圆相切的半径为 45 的圆，绘制结果如图 11-74 所示。

（8）单击“默认”选项卡“修改”面板中的“修剪”按钮，对所绘制的图形进行修剪，并删除多余的线段，结果如图 11-75 所示。

（9）单击“默认”选项卡“绘图”面板中的“面域”按钮，选择全部图形，创建面域，结果如图 11-75 所示。

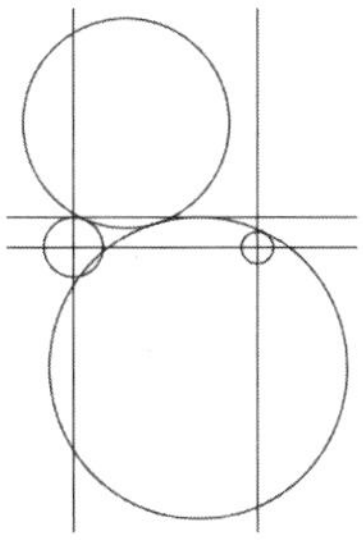

图 11-74　绘制 R65 及 R45 圆

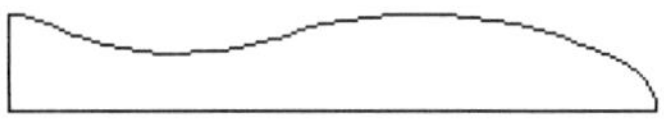

图 11-75　手柄把截面

（10）单击“三维工具”选项卡“建模”面板中的“旋转”按钮，以水平线为旋转轴，旋转创建的面域。单击“可视化”选项卡“命名视图”面板中的“西南等轴测”按钮，切换到西南等轴测视图，结果如图 11-76 所示。

2. 绘制手柄头部

（1）在命令行中输入 UCS，命令行提示与操作如下：

```
命令：UCS↙
指定 UCS 的原点或[面(F)/命名(NA)/对象(O)/上一个(P)/视图(V)/世界(W)X/Y/Z/Z 轴(ZA)]
<世界>:（捕捉左端圆心）
```

（2）单击“三维工具”选项卡“建模”面板中的“圆柱体”按钮，以坐标原点为圆心，创建半径为 8、高为 15 的圆柱体，结果如图 11-77 所示。

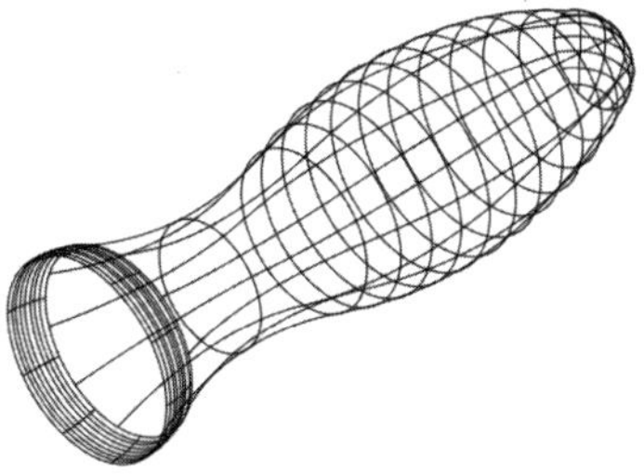

图 11-76　柄体

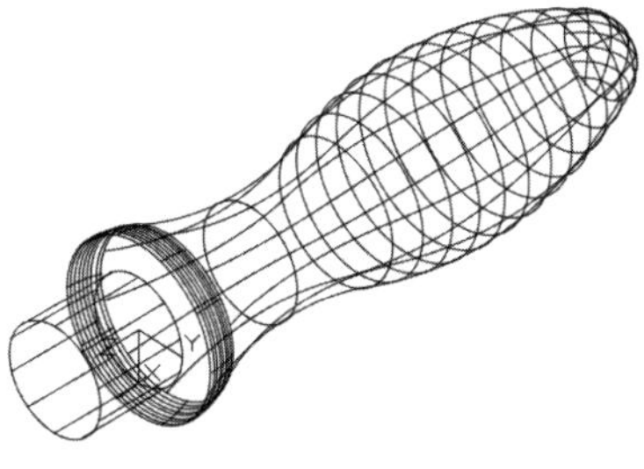

图 11-77　创建手柄头部

（3）单击“三维工具”选项卡“实体编辑”面板中的“倒角边”按钮，对圆柱体进行倒角，倒角距离为 2。命令行提示与操作如下：

```
命令：CHAMFEREDGE↙
距离 1 = 0.0000，距离 2 = 0.0000
选择第一条边或[环(L)/距离(D)]：D↙
指定距离 1 或[表达式(E)]<1.0000>：2↙
指定距离 2 或[表达式(E)]<1.0000>：2↙
选择一条边或[环(L)/距离(D)]：(选择圆柱体要倒角的边)↙
选择同一个面上的其他边或[环(L)/距离(D)]:↙
按 Enter 键接受倒角或[距离(D)]：↙
```

结果如图 11-78 所示。

3. 完成图形

（1）单击“三维工具”选项卡“实体编辑”面板中的“并集”按钮，对手柄头部与手柄把进行并集运算。

（2）单击“三维工具”选项卡“实体编辑”面板中的“圆角边”按钮，对手柄头部与柄体的交线柄体端面圆进行倒圆角，圆角半径为 1。命令行提示与操作如下：

```
命令：FILLETEDGE↙
半径 = 1.0000
选择边或 [链(C)/环(L)/半径(R)]：(选择倒圆角的一条边)
选择边或 [链(C)/环(L)/半径(R)]：R↙
输入圆角半径或[表达式（E）]<1.0000>:1↙
选择边或 [链(C)/环(L)/半径(R)]:↙
按 Enter 键接受圆角或[半径(R)]：↙
```

（3）单击“可视化”选项卡“视觉样式”面板中的“概念”按钮，显示图形，效果如图 11-79 所示。

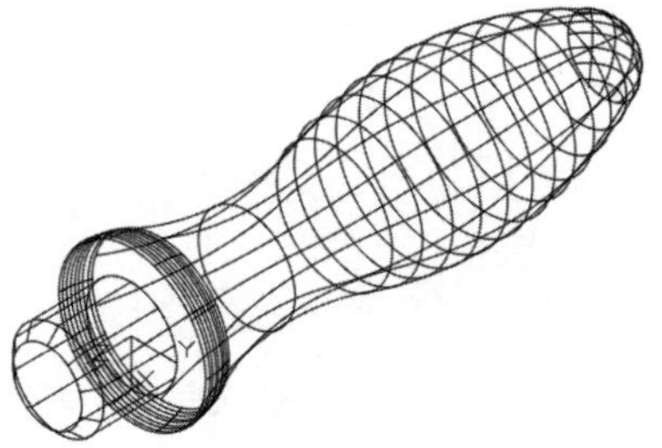

图 11-78　倒角

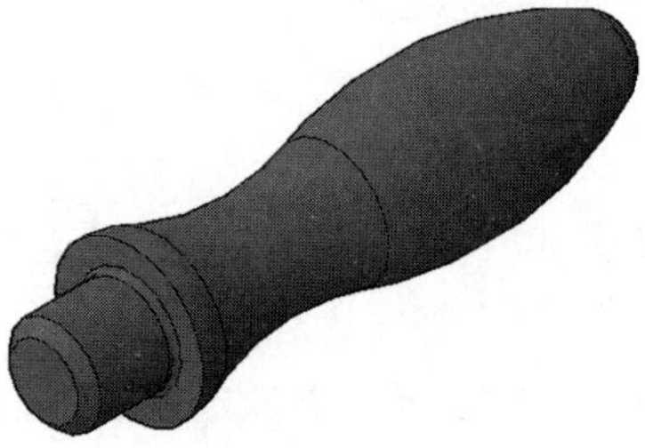

图 11-79　手柄

11.6.9　圆角

1. 执行方式

☑ 命令行：FILLETEDGE。
☑ 菜单栏：“修改”→“实体编辑”→“圆角边”。
☑ 工具栏：“实体编辑”→“圆角边”。
☑ 功能区：“三维工具”→“实体编辑”→“圆角边”。

2. 操作步骤

```
命令：FILLETEDGE↙
半径 = 1.0000
选择边或 [链(C)/环(L)/半径(R)]：(选择建模上的一条边)↙
已选定 1 条边用于圆角。
按 Enter 键接受圆角或[半径(R)]：↙
```

3. 选项说明

选择“链(C)”选项，表示与此边相邻的边都被选中，并进行倒圆角的操作。图 11-80 显示了对长方体倒圆角的结果。

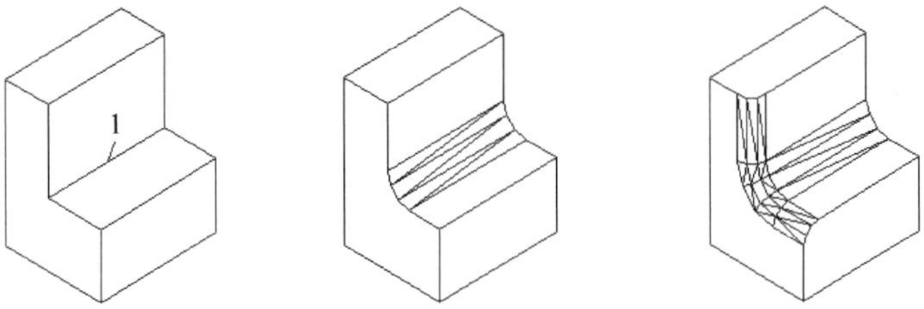

（a）选择倒圆角边“1”　（b）边倒圆角结果　（c）链倒圆角结果

图 11-80　对模型棱边倒圆角

11.6.10　实例——绘制办公桌

视频讲解

本实例要求读者对办公桌的结构熟悉，且能灵活运用三维实体的基本图形的绘制命令和编辑命令。通过绘制此图，读者将全面了解此三维实体的绘制过程，熟悉一些常用的图形处理和绘制技巧。本实例首先绘制办公桌的主体结构，然后绘制办公桌的抽屉和柜门。绘制流程如图 11-81 所示。

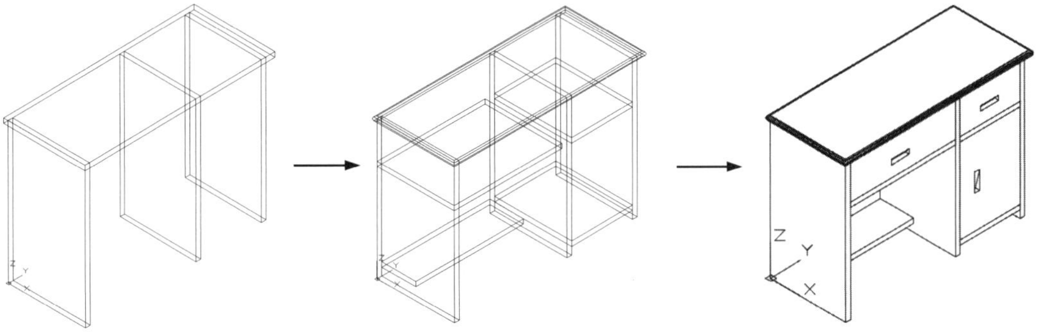

图 11-81　办公桌的绘制流程

操作步骤

1. 绘制办公桌主体

（1）单击“可视化”选项卡“命名视图”面板中的“东南等轴测”按钮，将当前视图切换到东南等轴测视图。

（2）单击“三维工具”选项卡“建模”面板中的“长方体”按钮，绘制一个长方体，其角点坐标为（0,0,0）和（@500,30,900）。

（3）在命令行中输入 3DARRAY，对步骤（2）中绘制的长方体进行阵列。命令行提示与操作

Note

如下：

```
命令：3DARRAY↙
选择对象：(选择步骤（2）中绘制的长方体)
选择对象：↙
输入阵列类型 [矩形(R)/环形(P)] <矩形>:↙
输入行数 (---) <1>: 2↙
输入列数 (|||) <1>: 1↙
输入层数 (...) <1>: 1↙
指定行间距 (---): 730↙
```

绘制结果如图 11-82 所示。

（4）单击“默认”选项卡“修改”面板中的“复制”按钮，复制步骤（3）中绘制的长方体，命令行提示与操作如下：

```
命令：COPY↙
选择对象：(选择步骤（3）中绘制的长方体)
选择对象：↙
当前设置：复制模式=多个
指定基点或 [位移(D)/模式(O)] <位移>: 0,730,0↙
指定第二个点或 [阵列(A)]<使用第一个点作为位移>: @0,430,0↙
指定第二个点或 [阵列(A)/退出(E)/放弃(U)] <退出>:
```

绘制结果如图 11-83 所示。

（5）单击“三维工具”选项卡“建模”面板中的“长方体”按钮，绘制一个长方体，其角点坐标为（0,−30,900）和（@530,1250,30），结果如图 11-84 所示。

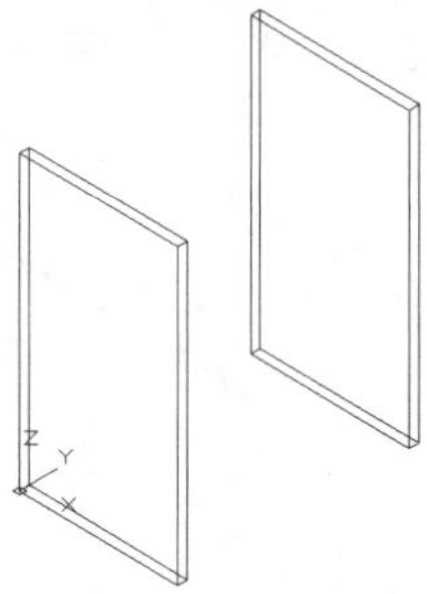

图 11-82　三维阵列后的图形

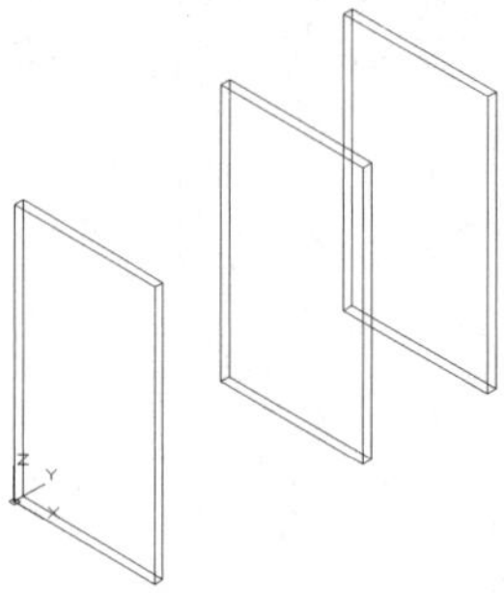

图 11-83　复制后的图形

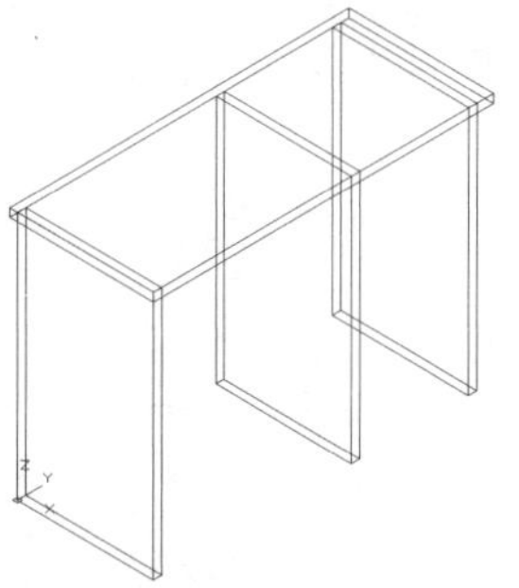

图 11-84　绘制长方体后的图形 1

（6）单击“三维工具”选项卡“实体编辑”面板中的“圆角边”按钮，对图形进行圆角处理。命令行提示与操作如下：

```
命令：_FILLETEDGE↙
半径 = 1.0000
选择边或 [链(C)/环(L)/半径(R)]:(选择步骤（5）中绘制的长方体前面的一边)
选择边或 [链(C)/环(L)/半径(R)]: R↙
输入圆角半径或 [表达式(E)] <1.0000>: 15↙
选择边或 [链(C)/环(L)/半径(R)]:
选择边或 [链(C)/环(L)/半径(R)]:(依次选择步骤（5）中绘制的长方体的另外 7 条边）↙
已选定 8 条边用于圆角。
```

```
按 Enter 键接受圆角或 [半径(R)]: ↙
```

绘制结果如图 11-85 所示。

（7）单击“三维工具”选项卡“建模”面板中的“长方体”按钮，绘制一个长方体，其角点坐标为（0,30,630）和（@500,700,30）。

（8）单击“三维工具”选项卡“建模”面板中的“长方体”按钮，绘制一个长方体，其角点坐标为（0,760,630）和（@500,400,30），结果如图 11-86 所示。

（9）单击“三维工具”选项卡“建模”面板中的“长方体”按钮，绘制一个长方体，其角点坐标为（0,30,50）和（@220,700,30）。

（10）单击“三维工具”选项卡“建模”面板中的“长方体”按钮，绘制一个长方体，其角点坐标为（0,760,50）和（@500,400,30），结果如图 11-87 所示。

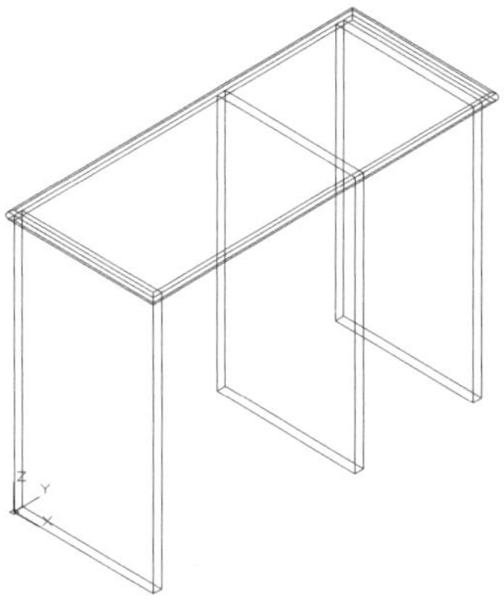

图 11-85　倒圆角后的图形

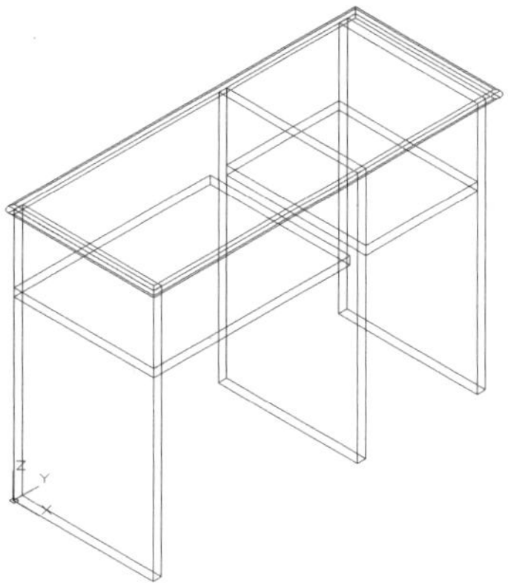

图 11-86　绘制长方体后的图形 2

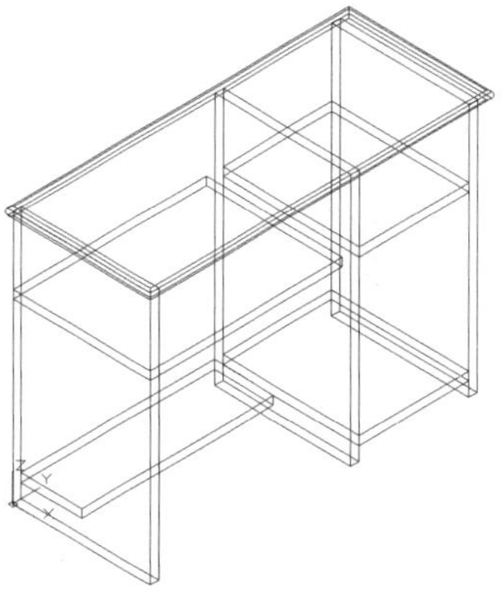

图 11-87　绘制长方体后的图形 3

2. 绘制办公桌的抽屉和柜门

（1）单击“三维工具”选项卡“建模”面板中的“长方体”按钮，绘制一个长方体，其角点坐标为（500,760,660）和（@-30,400,240）。

（2）单击“三维工具”选项卡“建模”面板中的“楔体”按钮，绘制一个楔体。命令行提示与操作如下：

```
命令: WEDGE↙
指定第一个角点或 [中心(C)]: 500,900,735↙
指定其他角点或 [立方体(C)/长度(L)]: @-25,120,30↙
```

（3）单击“三维工具”选项卡“实体编辑”面板中的“差集”按钮，从实体中减去步骤（2）中绘制的楔体。命令行提示与操作如下：

```
命令: SUBTRACT↙
选择要从中减去的实体、曲面和面域...
选择对象:(选择步骤（1）中绘制的长方体)
选择要从中减去的实体、曲面和面域...
选择对象:(选择步骤（2）中绘制的楔体)
```

绘制结果如图 11-88 所示。

（4）单击“三维工具”选项卡“建模”面板中的“长方体”按钮，绘制一个长方体，其角点坐标为（500,760,80）和（@−30,400,550）。

（5）单击“三维工具”选项卡“建模”面板中的“楔体”按钮，绘制一个楔体，其角点坐标为（500,860,295）和（@−25,30,120）。

（6）单击“三维工具”选项卡“实体编辑”面板中的“差集”按钮，从步骤（4）中绘制的长方体中减去步骤（5）中绘制的楔体，结果如图 11-89 所示。

图 11-88　差集处理后的图形 1

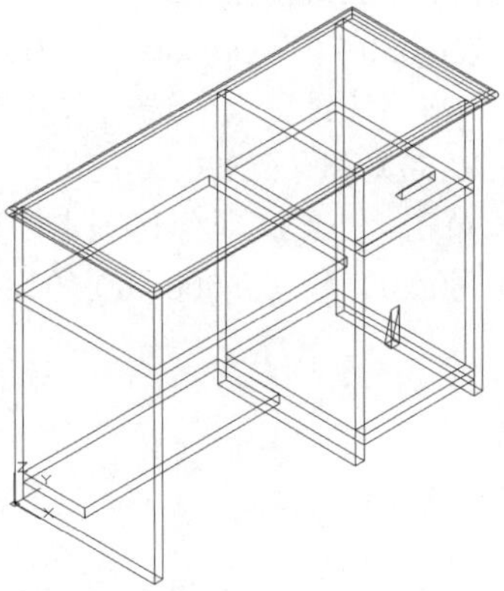

图 11-89　差集处理后的图形 2

（7）单击“三维工具”选项卡“建模”面板中的“长方体”按钮，绘制一个长方体，其角点坐标为（500,30,660）和（@−30,700,240）。

（8）单击“三维工具”选项卡“建模”面板中的“楔体”按钮，绘制一个楔体，其角点坐标为（500,300,735）和（@−25,120,30）。

（9）单击“三维工具”选项卡“实体编辑”面板中的“差集”按钮，从步骤（7）中绘制的长方体中减去步骤（8）中绘制的楔体，结果如图 11-90 所示。

（10）单击“可视化”选项卡“视觉样式”面板中的“隐藏”按钮，显示图形，最终结果如图11-91 所示。

图 11-90　差集处理后的图形 3

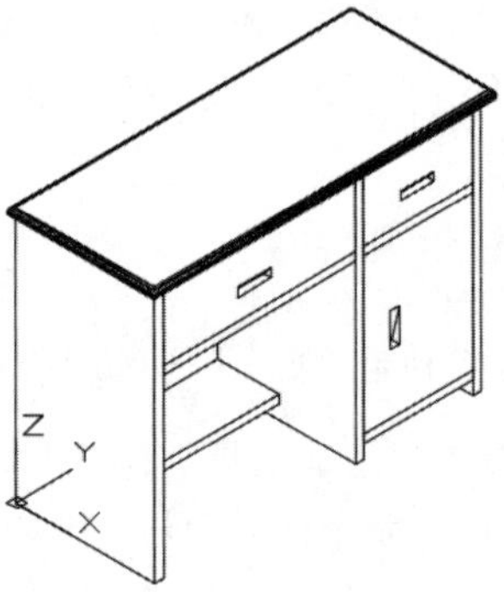

图 11-91　办公桌

11.7　渲染实体

渲染是在三维图形对象上添加颜色和材质因素，还可以在三维图形对象上添加灯光、背景、场景等因素，可以更真实地表达图形的外观和纹理。渲染是输出图形前的关键步骤，尤其是在效果图的设计中。

11.7.1　设置光源

1. 执行方式

☑　命令行：LIGHT。

☑　菜单栏：❶“视图”→❷“渲染”→❸“光源”→❹“新建点光源”（见图 11-92）。

☑　工具栏：“渲染”→“新建点光源”（见图 11-93）。

☑　功能区：“可视化”→“光源”→“创建光源”（见图 11-94）。

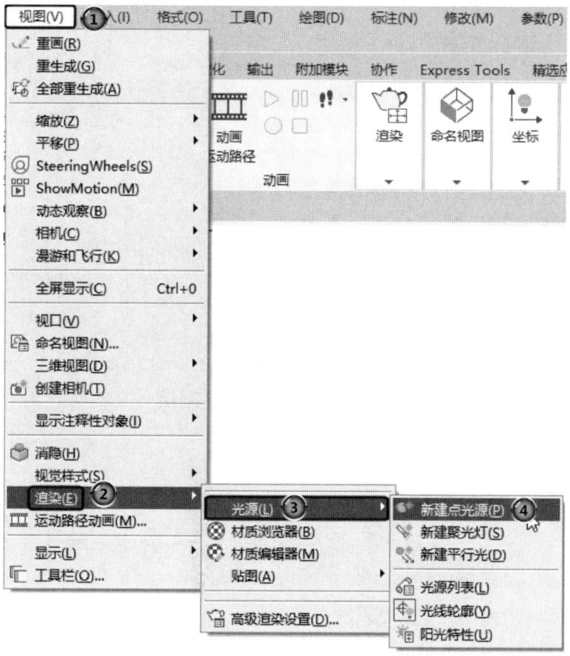

图 11-92　“光源”子菜单

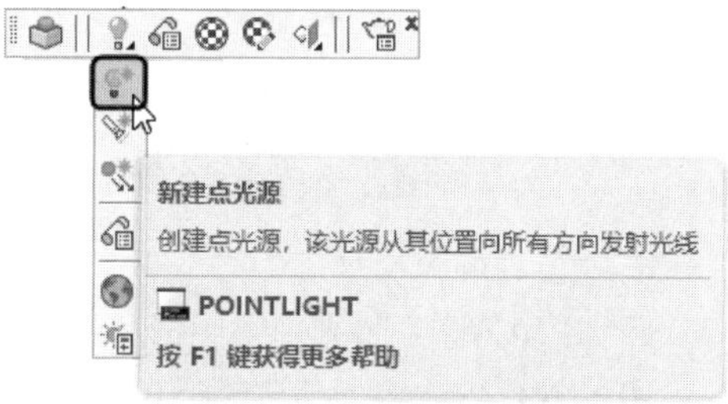

图 11-93　“渲染”工具栏

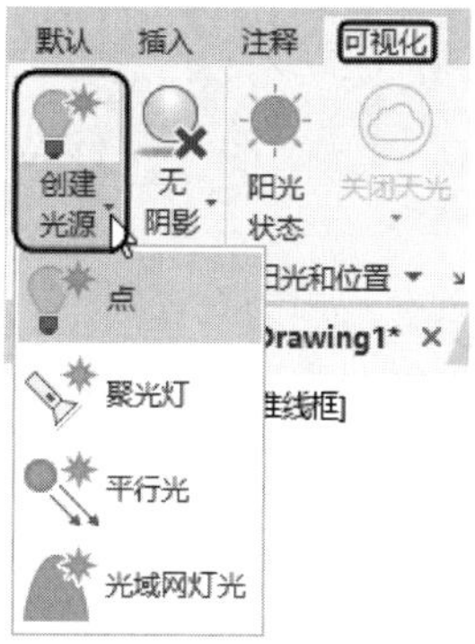

图 11-94　“光源”面板

2. 操作步骤

```
命令：LIGHT↙
输入光源类型 [点光源(P)/聚光灯(S)/光域网(W)/目标点光源(T)/自由聚光灯(F)/自由光域(B)/平行光(D)] <点光源>:
```

3. 选项说明

（1）点光源(P)：创建点光源。选择该选项，命令行提示如下：

```
指定源位置 <0,0,0>:（指定位置）
输入要更改的选项 [名称(N)/强度因子(I)/状态(S)/光度(P)/阴影(W)/衰减(A)/过滤颜色(C)/退出(X)] <退出>:
```

部分选项的含义如下。

❶ 名称(N)：指定光源的名称。名称可以包含大写字母和小写字母、数字、空格、连字符（-）和下画线（_）。名称的最大长度为256个字符。命令行提示如下：

```
输入光源名称：
```

❷ 强度因子(I)：设置光源的强度或亮度。取值为0.00到系统支持的最大值。选择该选项，系统提示如下：

```
输入强度 (0.00 - 最大浮点数) <1>:
```

❸ 状态(S)：打开和关闭光源。如果图形中没有启用光源，则该设置没有影响。选择该选项，命令行提示如下：

```
输入状态 [开(N)/关(F)] <开>:
```

❹ 阴影(W)：使光源投影。选择该选项，命令行提示如下：

```
输入 [关(O)/锐化(S)/已映射柔和(F)/已采样柔和(A)] <锐化>:
```

其中各项的含义如下。

☑ 关(O)：关闭光源的阴影显示和阴影计算。关闭阴影将提高性能。

☑ 锐化(S)：显示带有强烈边界的阴影。使用此选项可以提高性能。

☑ 已映射柔和(F)：显示带有柔和边界的真实阴影。

☑ 已采样柔和(A)：显示真实阴影和基于扩展光源的较柔和的阴影（半影）。

❺ 衰减(A)：设置系统的衰减特性。选择该选项，命令行提示如下：

```
输入要更改的选项 [衰减类型(T)/使用界限(U)/衰减起始界限(L)/衰减结束界限(E)/退出(X)]
<退出>:
```

其中部分选项的含义如下。

☑ 衰减类型(T)：控制光线如何随着距离增加而衰减。对象距离点光源越远，则越暗。选择该选项，命令行提示如下：

```
输入衰减类型 [无(N)/线性反比(I)/平方反比(S)] <线性反比>:
```

其中各项的含义如下。

- 无(N)：设置无衰减。此时对象不论距离点光源远还是近，明暗程度都一样。
- 线性反比(I)：将衰减设置为与距离点光源的线性距离成反比。例如：距离点光源2个单位时，光线强度是点光源的一半；距离点光源4个单位时，光线强度是点光源的1/4。线性反比的默认值是最大强度的一半。
- 平方反比(S)：将衰减设置为与距离点光源的距离的平方成反比。例如：距离点光源2个单位时，光线强度是点光源的1/4；距离点光源4个单位时，光线强度是点光源的1/16。

☑ 衰减起始界限(L)：指定一个点，光线的亮度相对于光源中心的衰减从这一点开始，默认值为0。选择该选项，命令行提示如下：

```
指定起始界限偏移<1>:
```

☑ 衰减结束界限(E)：指定一个点，光线的亮度相对于光源中心的衰减从这一点结束，在此点之后将不会投射光线。在光线的效果很微弱、计算将浪费处理时间的位置处设置结束界限将提高性能。选择该选项，命令行提示如下：

指定结束界限偏移<10>:

❻ 过滤颜色(C)。控制光源的颜色。选择该选项，系统提示如下：

输入真彩色 (R,G,B) 或输入选项 [索引颜色(I)/HSL(H)/配色系统(B)]<255,255,255>:

第 2 章已经介绍了颜色设置的方法，这里不再赘述。

（2）聚光灯(S)：创建聚光灯。选择该选项，命令行提示如下：

指定源位置 <0,0,0>:（输入坐标值或使用定点设备）
指定目标位置 <1,1,1>:（输入坐标值或使用定点设备）
输入要更改的选项 [名称(N)/强度因子(I)/状态(S)/光度(P)/聚光角(H)/照射角(F)/阴影(W)/衰减(A)/过滤颜色(C)/退出(X)] <退出>:

其中，大部分选项与点光源的选项相同，下面只对特别的几项加以说明。

❶ 聚光角(H)：指定定义最亮光锥的角度，也称为光束角。聚光角的取值为0°～160°或基于其他角度单位的等价值。选择该选项，命令行提示如下：

输入聚光角角度 (0.00-160.00):

❷ 照射角(F)：指定定义完整光锥的角度，也称为现场角。照射角的取值为0°～160°。默认值为45°或基于其他角度单位的等价值。选择该选项，命令行提示如下：

输入照射角角度 (0.00-160.00):

注意：照射角角度必须大于或等于聚光角角度。

（3）平行光(D)：创建平行光。选择该选项，命令行提示如下：

指定光源方向 FROM <0,0,0> 或 [矢量(V)]:（指定点或输入 V）
指定光源方向 TO <1,1,1>:（指定点）

如果输入 V，命令行提示如下：

指定矢量方向 <0.0000,-0.0100,1.0000>:（输入矢量）

指定光源方向后，命令行提示如下：

输入要更改的选项 [名称(N)/强度因子(I)/状态(S)/光度(P)/阴影(W)/过滤颜色(C)/退出(X)] <退出>:

其中，各项与前面所述相同，这里不再赘述。

光源设置的命令还包括光源列表、地理位置和阳光特性等，下面分别进行说明。

（1）光源列表的相关内容如下。

❶ 执行方式。

☑ 命令行：LIGHTLIST。
☑ 菜单栏：“视图”→“渲染”→“光源”→“光源列表”。
☑ 工具栏：“渲染”→“光源列表”。

❷ 操作步骤。

命令：LIGHTLIST

执行上述命令后，系统打开“模型中的光源”选项板，显示模型中已经建立的光源，如图 11-95

所示。

（2）阳光特性的相关内容如下。

❶ 执行方式。

☑ 命令行：SUNPROPERTIES。

☑ 菜单栏："视图"→"渲染"→"光源"→"阳光特性"。

❷ 操作步骤。

```
命令：SUNPROPERTIES
```

执行上述命令后，系统打开"阳光特性"选项板，如图 11-96 所示。在该选项板中，用户可以修改已经设置好的阳光特性。

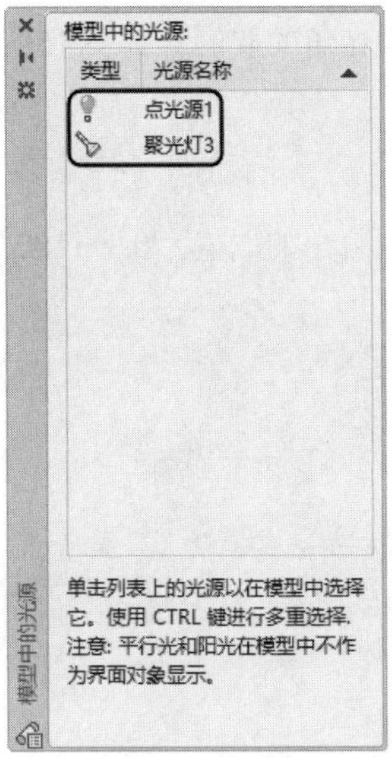

图 11-95 "模型中的光源"选项板

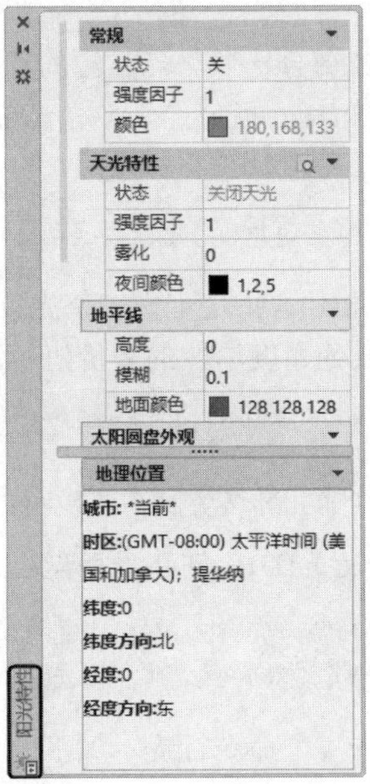

图 11-96 "阳光特性"选项板

11.7.2 渲染环境

1. 执行方式

☑ 命令行：RENDERENVIRONMENT。

☑ 功能区："可视化"→"渲染"→"渲染环境和曝光"。

2. 操作步骤

```
命令：RENDERENVIRONMENT↙
```

执行该命令后，弹出如图 11-97 所示的"渲染环境和曝光"选项板。在该选项板中，用户可以设置渲染环境的有关参数。

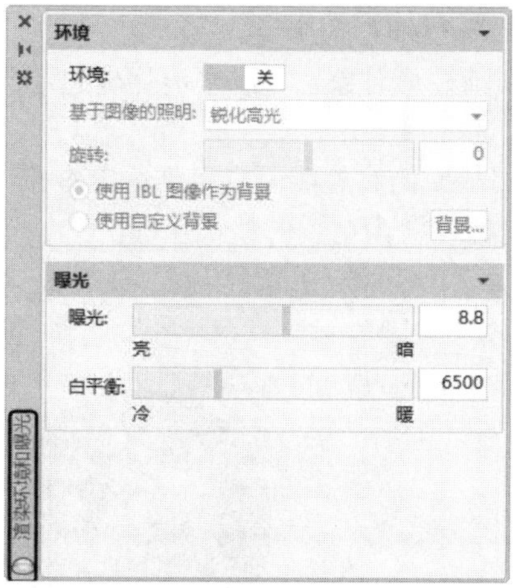

图 11-97　“渲染环境和曝光”选项板

11.7.3　贴图

贴图的功能是在实体附着带纹理的材质后，调整实体或面上纹理贴图的方向。在材质被映射后，调整材质以适应对象的形状。将合适的材质贴图类型应用于对象可以使其更加适合对象。

1. 执行方式

☑　命令行：MATERIALMAP。
☑　菜单栏：“视图”→“渲染”→“贴图”（见图 11-98）。
☑　工具栏：“渲染”→“贴图”（见图 11-99 和图 11-100）。

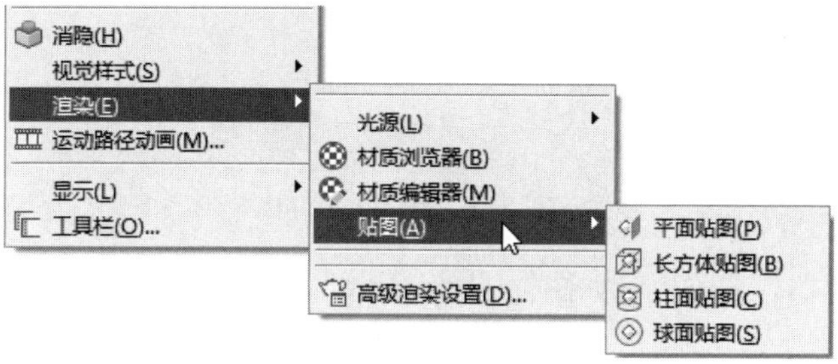

图 11-98　“贴图”子菜单

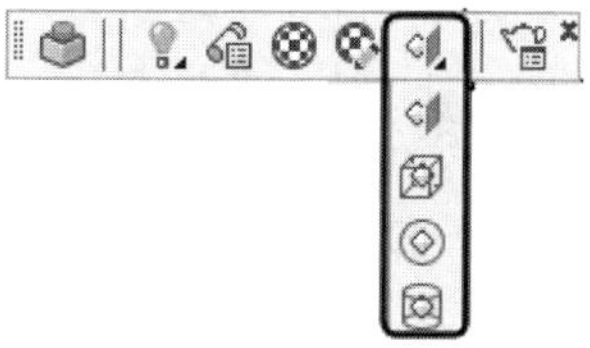

图 11-99　“渲染”工具栏

图 11-100　“贴图”工具栏

☑　功能区：“可视化”→“材质”→“材质贴图”下拉列表（见图 11-101）。

2. 操作步骤

```
命令：MATERIALMAP↙
选择选项 [长方体(B)/平面(P)/球面(S)/柱面(C)/复制贴图至(Y)/重置贴图(R)] <长方体>:
```

3. 选项说明

（1）长方体(B)：将图像映射到类似长方体的实体上。该图像将在对象的每个面上重复使用。

（2）平面(P)：将图像映射到对象上，就像将其从幻灯片投影器投影到二维曲面上一样。图像不会失真，但是会被缩放以适应对象。该贴图最常用于面。

（3）球面(S)：在水平和垂直两个方向上同时使图像弯曲。纹理贴图的顶边在球体的“北极”压缩为一个点；同样，底边在“南极”压缩为一个点。

（4）柱面(C)：将图像映射到圆柱形对象上，水平边将一起弯曲，但顶边和底边不会弯曲。图像的高度将沿圆柱体的轴进行缩放。

（5）复制贴图至(Y)：将贴图从原始对象或面应用到选定对象上。

（6）重置贴图(R)：将 *UV* 坐标重置为贴图的默认坐标。

图 11-102 是球面贴图实例。

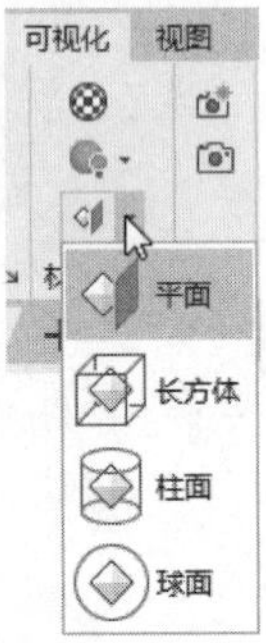

图 11-101 “贴图”下拉列表

（a）贴图前　（b）贴图后

图 11-102 球面贴图

11.7.4 渲染

1. 高级渲染设置

（1）执行方式。

☑ 命令行：RPREF。

☑ 菜单栏：“视图”→“渲染”→“高级渲染设置”。

☑ 工具栏：“渲染”→“高级渲染设置”。

☑ 功能区：“视图”→“选项板”→“高级渲染设置”。

（2）操作步骤。

```
命令：RPREF↙
```

执行该命令后，弹出“渲染预设管理器”选项板，如图 11-103 所示。通过该选项板，用户可以对渲染的有关参数进行设置。

2. 渲染

（1）执行方式。

☑ 命令行：RENDER。

☑ 功能区：“可视化”→“渲染”→“渲染到尺寸”。

（2）操作步骤。

```
命令：RENDER↙
```

执行该命令后，弹出如图 11-104 所示的“渲染”窗口，显示渲染结果。

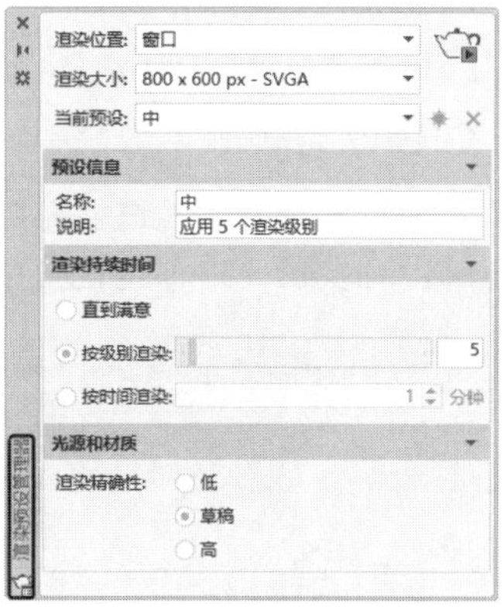

图 11-103　“渲染预设管理器”选项板

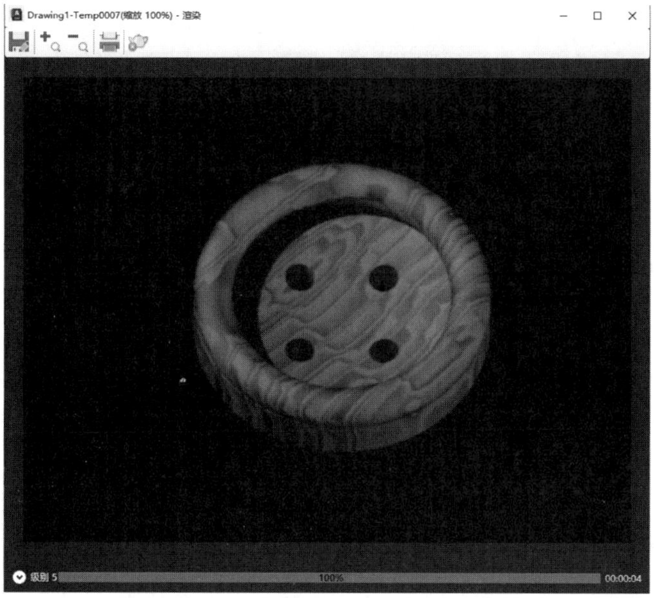

图 11-104　“渲染”窗口

11.7.5　实例——绘制马桶

视频讲解

本实例将详细介绍马桶的绘制方法。本实例首先利用“矩形”“圆弧”“修剪”“面域”“拉伸”“圆角边”“长方体”命令绘制马桶的主体，然后利用“圆柱体”“差集”“交集”命令绘制水箱，接着利用“椭圆”和“拉伸”命令绘制马桶盖，最后赋予马桶适当的材质并对实体进行渲染。绘制流程如图 11-105 所示。

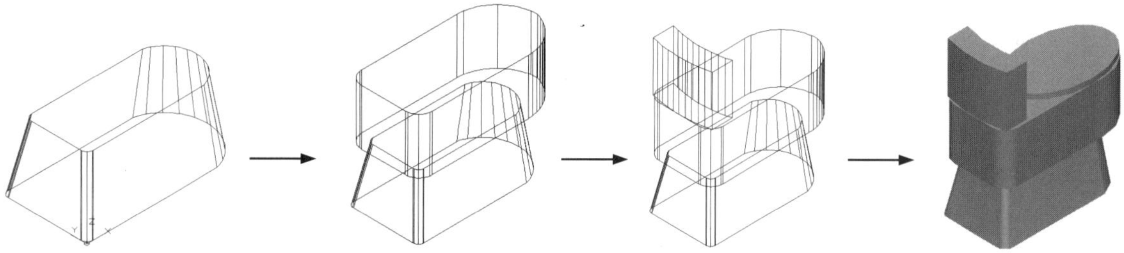

图 11-105　马桶的绘制流程

操作步骤

（1）设置绘图环境。用 LIMITS 命令设置图幅为 297mm×210mm，用 ISOLINES 命令设置对象上每个曲面的轮廓线数目为 10。

（2）单击“默认”选项卡“绘图”面板中的“矩形”按钮，绘制角点坐标为（0,0）和（560,260）的矩形，绘制结果如图 11-106 所示。

（3）单击“默认”选项卡“绘图”面板中的“圆弧”按钮，绘制圆弧。命令行提示与操作如下：

```
命令: _arc↙
指定圆弧的起点或 [圆心(C)]: 400,0↙
指定圆弧的第二个点或 [圆心(C)/端点(E)]: 500,130↙
指定圆弧的端点: 400,260↙
```

Note

（4）单击“默认”选项卡“修改”面板中的“修剪”按钮，修剪多余的线段，结果如图 11-107 所示。

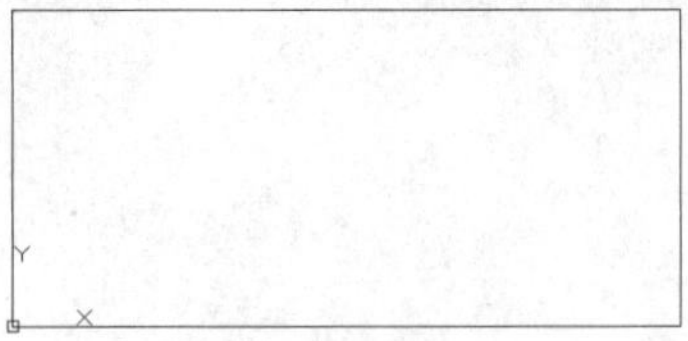

图 11-106　绘制矩形

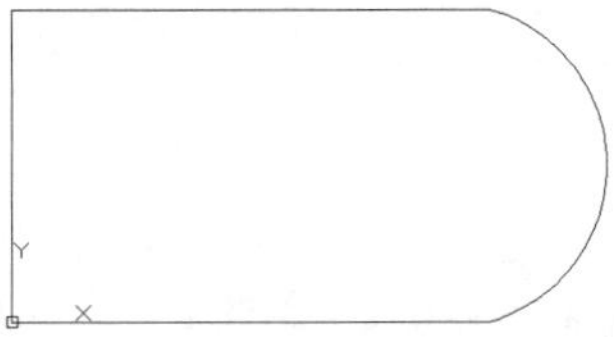

图 11-107　绘制圆弧

（5）单击“默认”选项卡“绘图”面板中的“面域”按钮，对绘制的矩形和圆弧进行面域处理。

（6）单击“三维工具”选项卡“建模”面板中的“拉伸”按钮，对步骤（5）中创建的面域进行拉伸处理。命令行提示与操作如下：

```
命令: _extrude↙
当前线框密度: ISOLINES=10，闭合轮廓创建模式 = 实体
选择要拉伸的对象或 [模式(MO)]: _MO↙
闭合轮廓创建模式 [实体(SO)/曲面(SU)] <实体>: _SO↙
选择要拉伸的对象或 [模式(MO)]: 找到 1 个
选择要拉伸的对象或 [模式(MO)]:↙
指定拉伸的高度或 [方向(D)/路径(P)/倾斜角(T)/表达式(E)] <30.0000>: t↙
指定拉伸的倾斜角度或 [表达式(E)] <0>: 10↙
指定拉伸的高度或 [方向(D)/路径(P)/倾斜角(T)/表达式(E)] <30.0000>: 200↙
```

绘制结果如图 11-108 所示。

（7）单击“三维工具”选项卡“实体编辑”面板中的“圆角边”按钮，将圆角半径设为 20，将马桶底座的直角边改为圆角边，绘制结果如图 11-109 所示。

（8）单击“三维工具”选项卡“建模”面板中的“长方体”按钮，绘制角点坐标为（0,0,200）和（550,260,400）的长方体，作为马桶主体。绘制结果如图 11-110 所示。

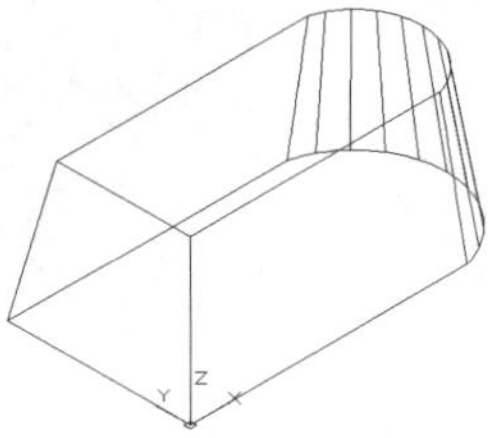

图 11-108　拉伸处理

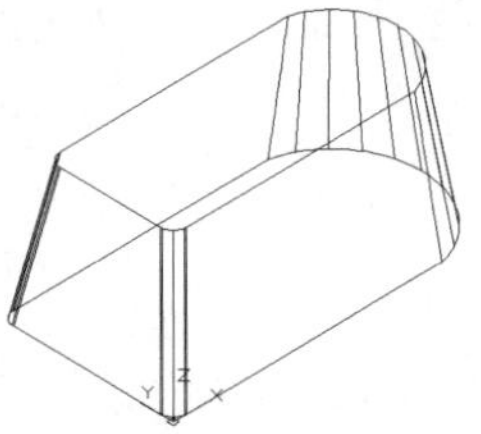

图 11-109　圆角处理 1

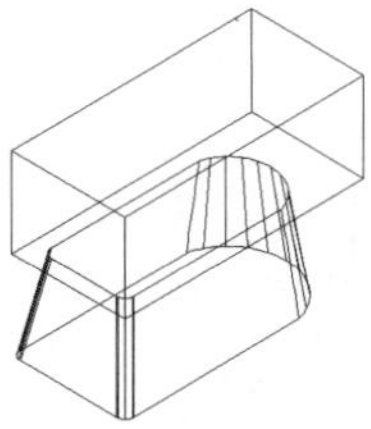

图 11-110　绘制长方体

（9）单击“三维工具”选项卡“实体编辑”面板中的“圆角边”按钮。将圆角半径设为 150，对长方体右侧的两条棱进行圆角处理；将圆角半径设为 50，对长方体左侧的两条棱进行圆角处理。结果如图 11-111 所示。

（10）单击“三维工具”选项卡“建模”面板中的“长方体”按钮，以（50,130,500）为中心点，绘制长为 100、宽为 240、高为 200 的长方体。

（11）单击“三维工具”选项卡“建模”面板中的“圆柱体”按钮，绘制马桶水箱。命令行提示与操作如下：

```
命令: _cylinder↙
指定底面的中心点或 [三点(3P)/两点(2P)/切点、切点、半径(T)/椭圆(E)]: 500,130,400↙
```

```
指定底面半径或 [直径(D)]: 500↙
指定高度或 [两点(2P)/轴端点(A)]: 200↙
命令: _cylinder↙
指定底面的中心点或 [三点(3P)/两点(2P)/切点、切点、半径(T)/椭圆(E)]: 500,130,400↙
指定底面半径或 [直径(D)]: 420↙
指定高度或 [两点(2P)/轴端点(A)]: 200↙
```

绘制结果如图 11-112 所示。

（12）单击“三维工具”选项卡“实体编辑”面板中的“差集”按钮，对步骤（11）中绘制的大圆柱体与小圆柱体进行差集处理，结果如图 11-113 所示。

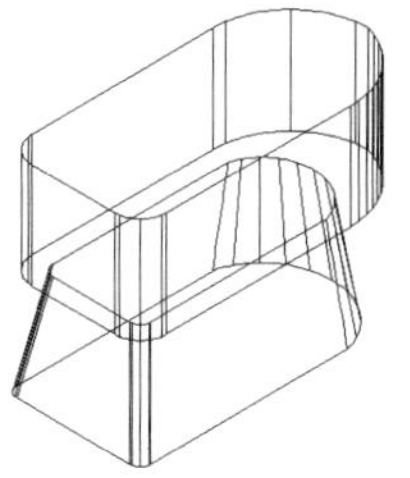

图 11-111　圆角处理 2

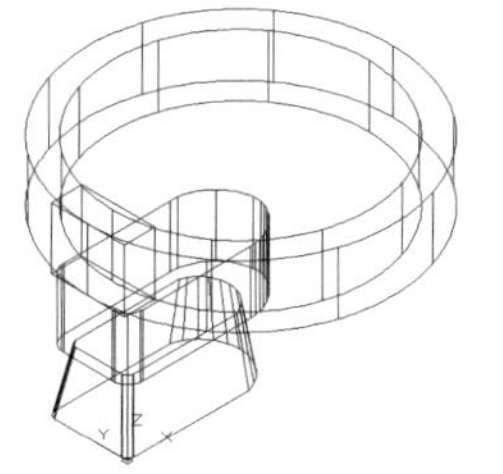

图 11-112　绘制圆柱体

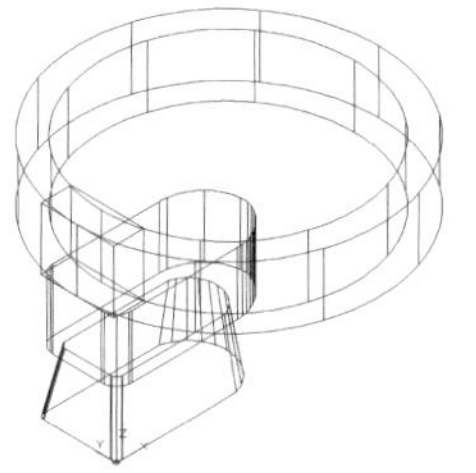

图 11-113　差集处理

（13）单击“可视化”选项卡“视觉样式”面板中的“隐藏”按钮，对实体进行消隐。

（14）单击“三维工具”选项卡“实体编辑”面板中的“交集”按钮，选择长方体和圆柱环，对其进行交集处理，结果如图 11-114 所示。

（15）单击“默认”选项卡“绘图”面板中的“椭圆”按钮，绘制椭圆。命令行提示与操作如下：

```
命令: _ellipse↙
指定椭圆的轴端点或 [圆弧(A)/中心点(C)]: c↙
指定椭圆的中心点: 300,130,400↙
指定轴的端点: 500,130↙
指定另一条半轴长度或 [旋转(R)]: 130↙
```

（16）单击“三维工具”选项卡“建模”面板中的“拉伸”按钮，将椭圆拉伸成马桶，绘制结果如图 11-115 所示。

（17）单击“可视化”选项卡“材质”面板中的“材质浏览器”按钮，在材质选项板中选择适当的材质，然后将其赋予图形。单击“可视化”选项卡“渲染”面板中的“渲染到尺寸”按钮，对实体进行渲染，渲染后的效果如图 11-116 所示。

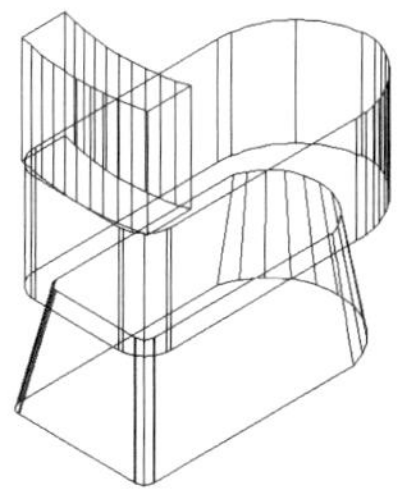

图 11-114　交集处理

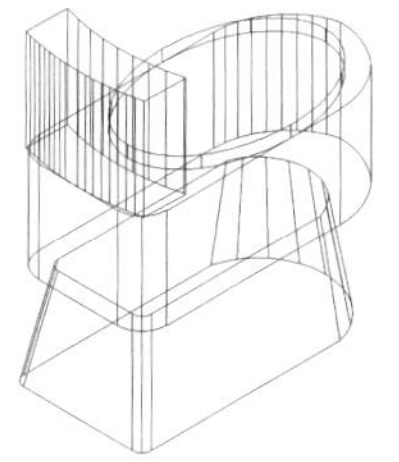

图 11-115　绘制椭圆并拉伸它

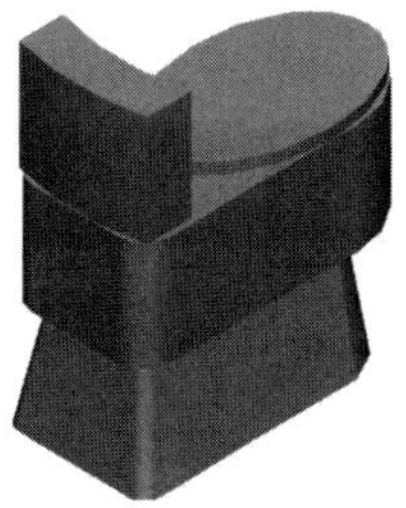

图 11-116　渲染实体

Note

11.8 实践与操作

通过本章前面的学习，读者对本章知识已经有了大体的了解。本节将通过两个练习使读者进一步掌握本章知识要点。

11.8.1 利用三维动态观察器观察写字台

1. 目的要求

本实践利用三维动态观察器观察如图 11-117 所示的写字台，其绘制方法比较简单。本实践要求读者掌握三维动态观察器的运用。

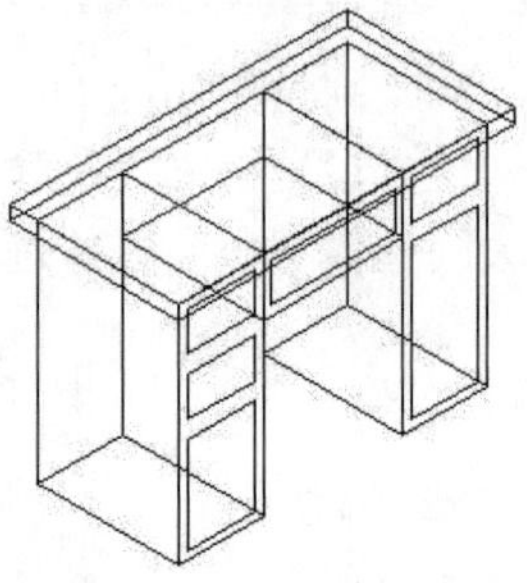

图 11-117 写字台

2. 操作提示

（1）利用三维命令绘制和编辑桌子图形。

（2）利用三维动态观察器观察图形。

11.8.2 绘制电视机

1. 目的要求

三维图形具有形象逼真的优点，但是三维图形的创建比较复杂，需要读者掌握的知识比较多。本实践绘制的是如图 11-118 所示的电视机，其中涉及的命令主要有“长方体”“倒角”“拉伸”“球体”“圆柱体”“差集”“渲染到尺寸”。本实践要求读者掌握三维造型的绘制技巧。

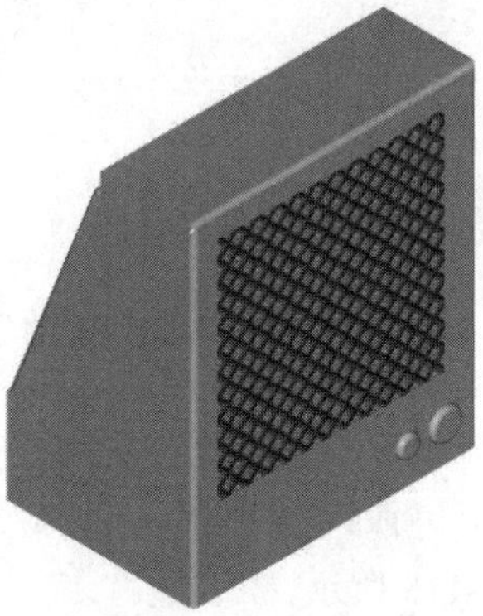

图 11-118 电视机

2. 操作提示

（1）设置视图方向。

（2）利用“长方体”“倒角”“拉伸”命令创建大体轮廓。

（3）利用“球体”或“圆柱体”命令创建旋钮并利用“差集”命令对实体进行差集处理。

（4）利用“渲染到尺寸”命令渲染实体。

第12章

家具三维造型的编辑

三维实体编辑功能主要是对三维物体进行编辑，包括编辑三维曲面、特殊视图、编辑实体、显示形式和渲染实体等内容。本章将介绍如何利用三维实体编辑功能绘制家具三维造型。

☑ 编辑三维曲面 ☑ 编辑实体

☑ 特殊视图

任务驱动&项目案例

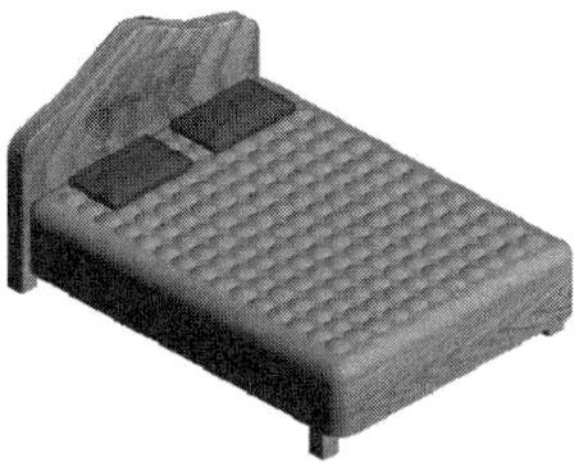

（1）

（2）

（3）

（4）

（5）

（6）

Note

12.1 编辑三维曲面

与二维图形的编辑功能相似，三维造型中也有一些对应的编辑功能，用户可以利用这些功能对三维造型进行相应的编辑。

12.1.1 三维阵列

1. 执行方式

☑ 命令行：3DARRAY。

☑ 菜单栏："修改"→"三维操作"→"三维阵列"。

☑ 工具栏："建模"→"三维阵列"。

2. 操作步骤

```
命令：3DARRAY↙
选择对象：（选择要阵列的对象）
选择对象：（选择下一个对象或按 Enter 键）
输入阵列类型[矩形(R)/环形(P)]<矩形>:
```

3. 选项说明

（1）矩形(R)：对图形进行矩形阵列复制，是系统的默认选项。选择该选项后，命令行提示与操作如下：

```
输入行数(---)<1>:（输入行数）
输入列数(|||)<1>:（输入列数）
输入层数(...)<1>:（输入层数）
指定行间距(---):（输入行间距）
指定列间距(|||):（输入列间距）
指定层间距(...):（输入层间距）
```

（2）环形(P)：对图形进行环形阵列复制。选择该选项后，命令行提示与操作如下：

```
输入阵列中的项目数目:（输入阵列的数目）
指定要填充的角度(+=逆时针，-=顺时针)<360>:（输入环形阵列的圆心角）
旋转阵列对象？[是(Y)/否(N)]<是>:（确定阵列上的每一个图形是否根据旋转轴线的位置进行旋转）
指定阵列的中心点:（输入旋转轴线上一点的坐标）
指定旋转轴上的第二点:（输入旋转轴线上另一点的坐标）
```

图 12-1 显示了 3 层 3 行 3 列间距分别为 300 的三维图形的矩形阵列，图 12-2 显示了三维图形的环形阵列。

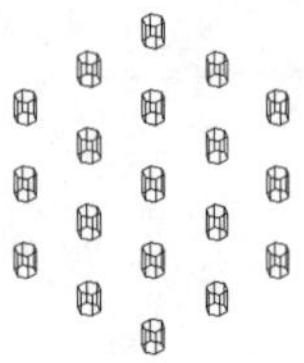

图 12-1 三维图形的矩形阵列

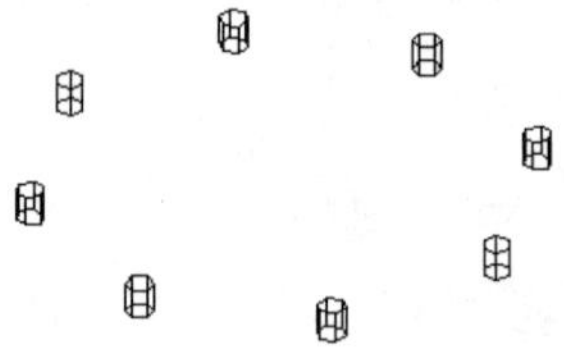

图 12-2 三维图形的环形阵列

Note

12.1.2　实例——绘制双人床

本实例将详细介绍双人床的绘制方法。本实例首先利用“长方体”命令绘制床体、床垫和床头主体，然后利用“面域”和“拉伸”命令绘制床头曲面，利用“长方体”和“三维阵列”命令绘制床腿，再利用“球体”“长方体”“三维阵列”命令绘制床垫凸纹，利用“拉伸”和“三维阵列”命令绘制枕头，利用“圆柱体”和“多行文字”命令绘制床头装饰，最后为每个单元添加适当的材质，设置光源，并渲染实体。绘制流程如图 12-3 所示。

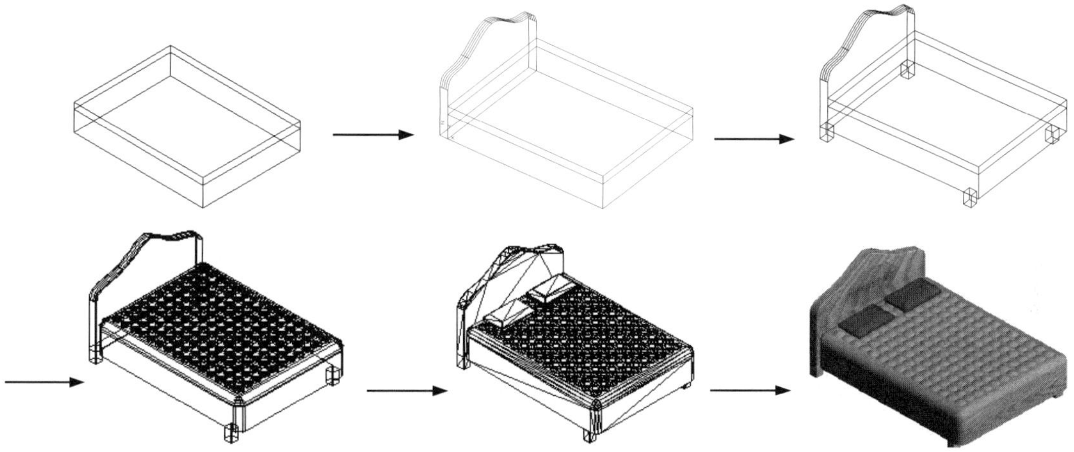

图 12-3　双人床的绘制流程

操作步骤

1. 绘制床体

（1）将视图方向设定为西南等轴测视图。单击“三维工具”选项卡“建模”面板中的“长方体”按钮，绘制一个长方体，其长度、宽度和高度分别为 1500、2000、300，如图 12-4 所示。

（2）单击“三维工具”选项卡“建模”面板中的“长方体”按钮，以床体长方体上表面右下方角点为床垫长方体的绘制基准，将长度、宽度和高度分别设置为 1500、2000、100，如图 12-5 所示。

（3）单击“三维工具”选项卡“建模”面板中的“长方体”按钮，以床体长方体下表面左下方角点为床头长方体的绘制基准，将长度、宽度和高度分别设置为 1500、100、600，如图 12-6 所示。

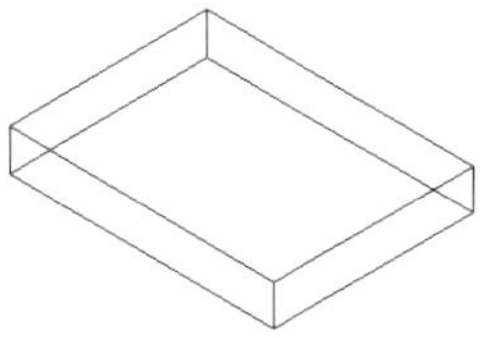

图 12-4　床体主体

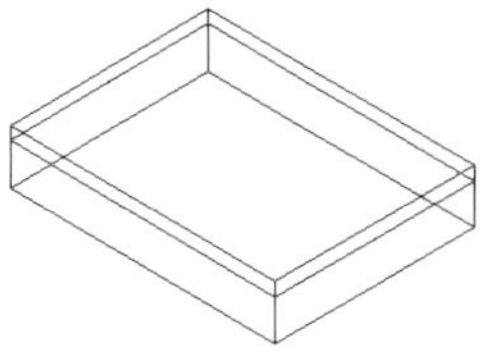

图 12-5　绘制床垫主体

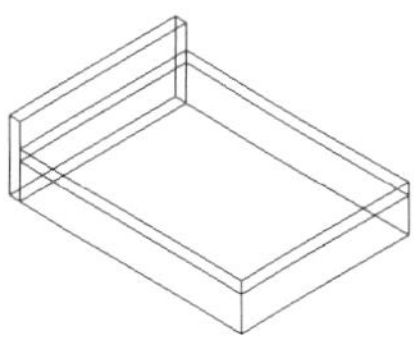

图 12-6　绘制床头长方体

（4）单击“可视化”选项卡“坐标”面板中的“3 点”按钮，以三点方式改变当前坐标系，将床头长方体上表面左下方角点设置为新的坐标原点，选取床头长方体上表面右下方角点确定新的 X 轴方向，选取床头长方体下表面左下方角点确定新的 Y 轴方向，新的 Z 轴方向根据右手法则确定，如图 12-7 所示。

（5）单击“默认”选项卡“绘图”面板中的“样条曲线拟合”按钮，在命令行中依次输入（0,0）、（40,−100）、（230,−145）、（375,−200）、（750,−400）、（1125,−200）、（1270,−145）、（1460,−100）和（1500,0）

视频讲解

作为关键点，并将其起始点和终止点处的切向都设置为竖直向下，如图 12-8 所示。

（6）单击“默认”选项卡“绘图”面板中的“直线”按钮╱，绘制直线，连接样条曲线的起始点和终止点。

（7）单击“默认”选项卡“绘图”面板中的“面域”按钮，拉框选取样条曲线和步骤（6）中绘制的直线，形成一个面域。

Note

（8）单击“三维工具”选项卡“建模”面板中的“拉伸”按钮，选取步骤（7）中生成的面域作为拉伸对象，设定拉伸高度为 100，拉伸倾斜角度接受默认值 0，执行结果如图 12-9 所示。

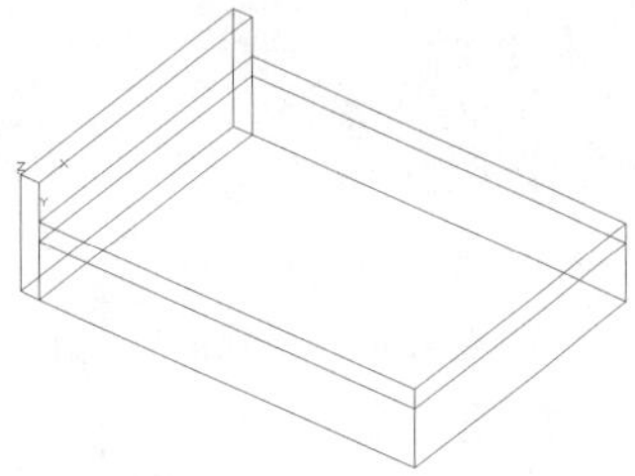

图 12-7　变换坐标系 1

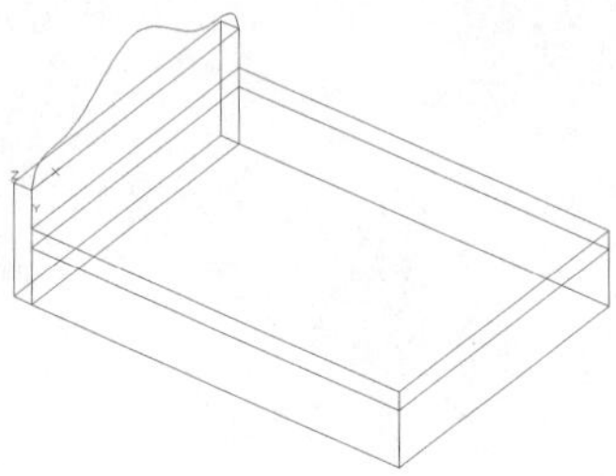

图 12-8　绘制样条曲线

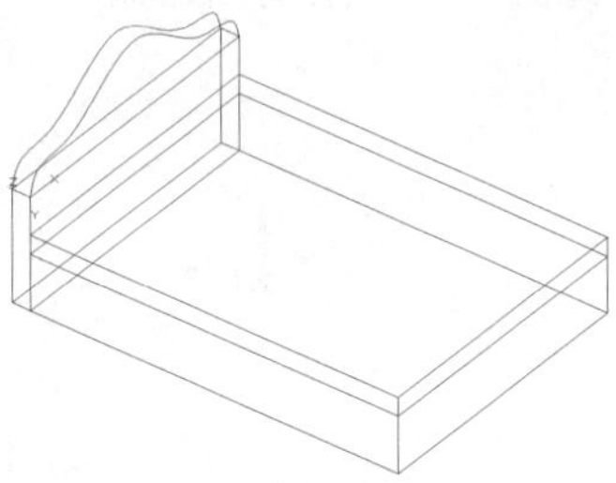

图 12-9　绘制床头曲面柱体

（9）单击“三维工具”选项卡“实体编辑”面板中的“并集”按钮，将床头的长方体部分和曲面柱体部分合并在一起，如图 12-10 所示。

（10）在命令行中输入 ISOLINES，将当前的线框密度从默认值 4 修改为 7，然后在命令行中输入 re，重新生成图形。这样可以很好地改善在“三维线框图”下曲面柱体侧面的显示效果，如图 12-11 所示。

（11）在命令行中输入 UCS，以三点方式改变当前坐标系，将床头长方体下表面左上方角点设置为新的坐标原点，选取床头长方体下表面左下方角点确定新的 *X* 轴方向，选取床头长方体下表面右上方角点确定新的 *Y* 轴方向，新的 *Z* 轴方向根据右手法则确定，如图 12-12 所示。

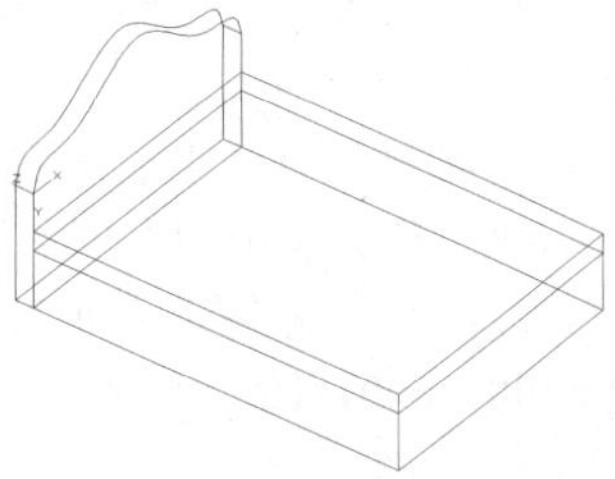

图 12-10　合并床头两部分

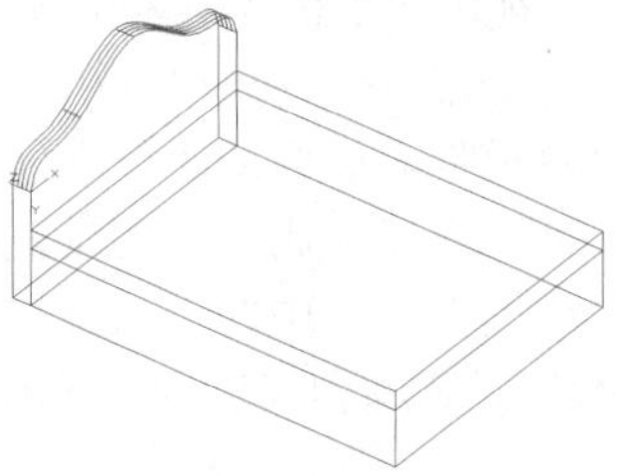

图 12-11　修改当前线框密度

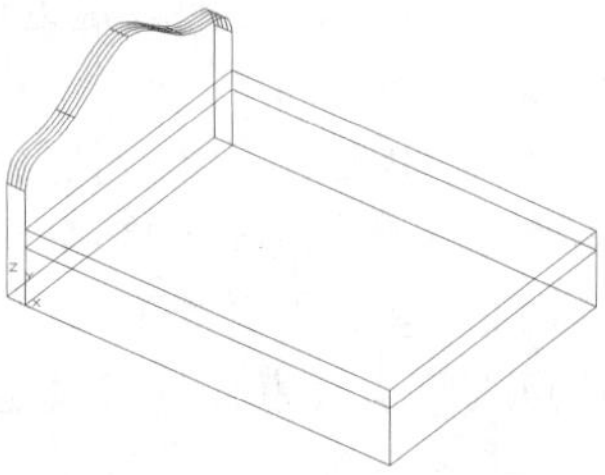

图 12-12　变换坐标系 2

（12）单击“三维工具”选项卡“建模”面板中的“长方体”按钮，以床头长方体下表面左上方角点为基准，绘制一个长方体，将长度、宽度和高度分别设定为 100、100、−150，如图 12-13 所示。

（13）在命令行中输入 3DARRAY，设置阵列类型为“矩形”、行数和列数均为 2、层数为 1、行间距为 1400、列间距为 1900，阵列步骤（12）中绘制的长方体。命令行提示与操作如下：

```
命令: _3darray↙
正在初始化...已加载 3DARRAY
选择对象: 找到 1 个（选择步骤（12）中绘制的长方体）
选择对象: ↙
输入阵列类型 [矩形(R)/环形(P)] <矩形>:↙
输入行数 (---) <1>: 2↙
```

```
输入列数 (|||) <1>: 2↙
输入层数 (...) <1>: 1↙
指定行间距 (---): 1400↙
指定列间距 (|||): 1900↙
```

结果如图 12-14 所示。

（14）在命令行中输入 UCS，以三点方式改变当前坐标系，将床垫长方体上表面左上方角点设定为新的坐标原点，选取竖直向上的方向为新坐标系的 X 轴方向，选取床垫长方体上表面左上方角点确定 Y 轴方向，Z 轴方向随之确定，如图 12-15 所示。

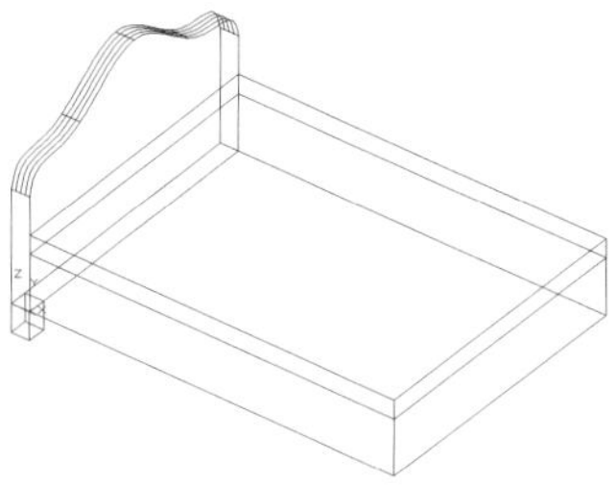

图 12-13　绘制床腿

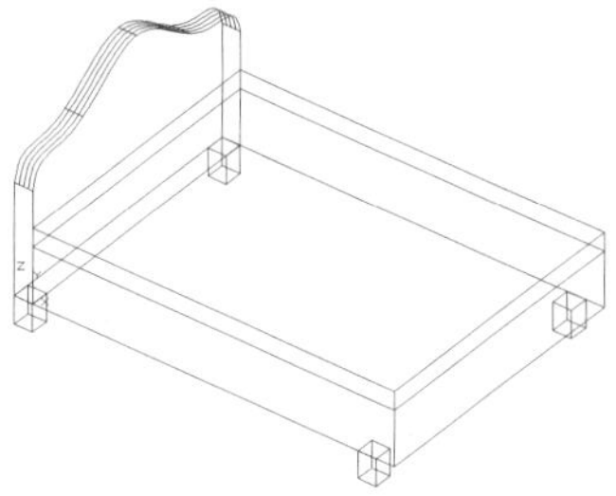

图 12-14　床腿阵列

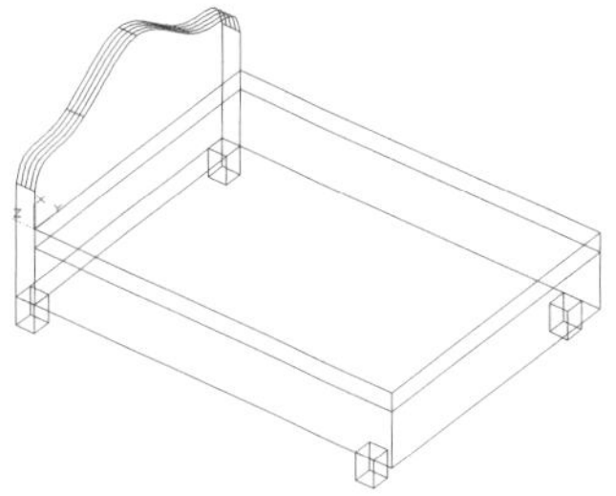

图 12-15　变换坐标系 3

（15）在命令行中输入 UCS，命名坐标系。命令行提示与操作如下：

```
命令: UCS↙
当前 UCS 名称: *没有名称*
指定 UCS 的原点或 [面(F)/命名(NA)/对象(OB)/上一个(P)/视图(V)/世界(W)/X/Y/Z/Z轴(ZA)] <世界>: na↙
输入选项 [恢复(R)/保存(S)/删除(D)/?]: s↙
输入保存当前 UCS 的名称或 [?]:（床头装饰）↙
```

（16）在命令行中输入 UCS，以当前 Y 轴为旋转轴旋转坐标系，设置旋转角度为90°，得到新的坐标系，如图 12-16 所示。

（17）单击“可视化”选项卡“视觉样式”面板中的“隐藏”按钮，然后单击“视图”选项卡“视口工具”面板中的“UCS 图标”按钮，使坐标系不显示，得到双人床的大致轮廓消隐图，如图 12-17 所示。

提示：根据作图灵活变换坐标系，可以大大减少作图过程中的尺寸计算，方便图形的绘制。

2. 倒圆角处理

（1）在命令行中输入 RE，使图形回到线框状态，如图 12-18 所示。

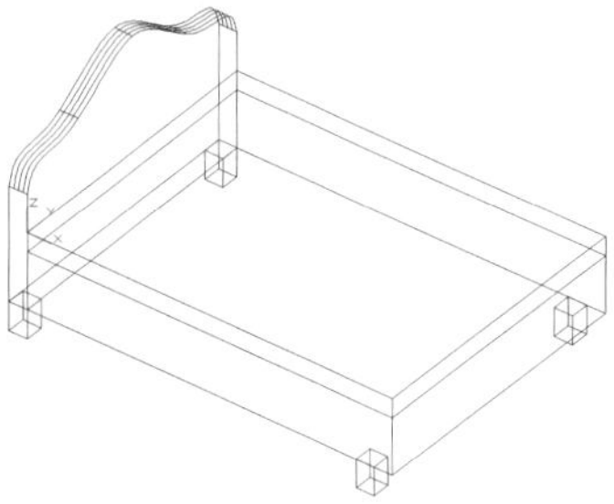

图12-16　旋转坐标系

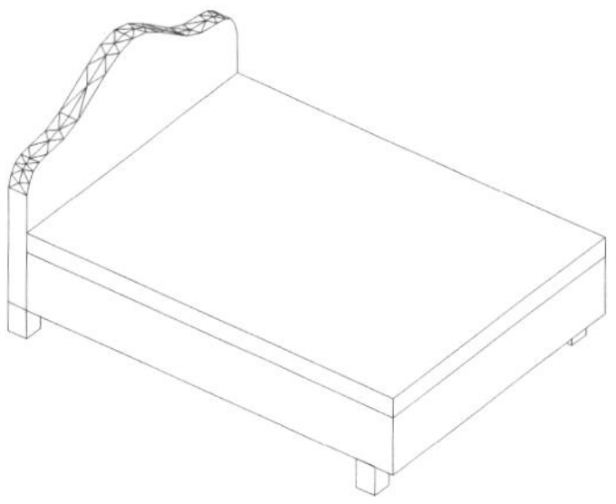

图12-17　双人床的大致轮廓消隐图

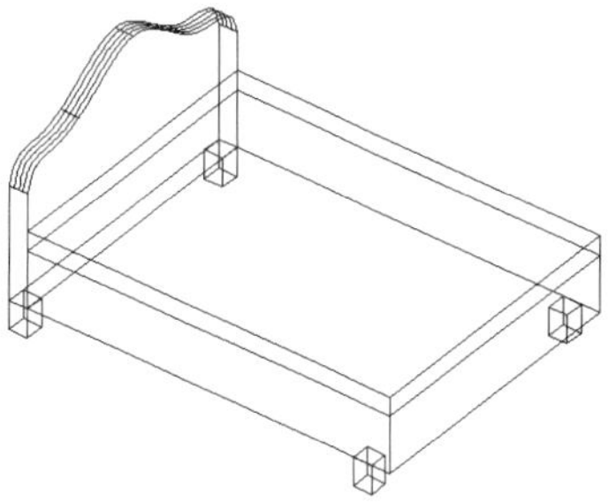

图12-18　二维线框图

（2）单击“三维工具”选项卡“实体编辑”面板中的“圆角边”按钮，将圆角半径设置为 80，并依次选取床体长方体垂直方向的 4 条棱作为操作对象，结果如图 12-19 所示。

提示：在执行“圆角边”命令时，每次只可对一个实体进行操作，因此为避免拾取到其他实体的棱边，可先拾取实体上不与其他实体棱边重合的棱边，以确定待操作实体，然后拾取其他棱边。

Note

（3）单击“三维工具”选项卡“实体编辑”面板中的“圆角边”按钮，对床垫长方体的 4 条垂直棱边和上表面 4 条棱边进行倒圆角操作，设置圆角半径为 80，绘制结果如图 12-20 所示。

（4）单击“三维工具”选项卡“实体编辑”面板中的“圆角边”按钮，对床头部分进行倒圆角操作，设置圆角半径为 8，选取其 4 条垂直的棱边和顶部前后两条曲线棱边作为操作对象，绘制结果如图 12-21 所示。

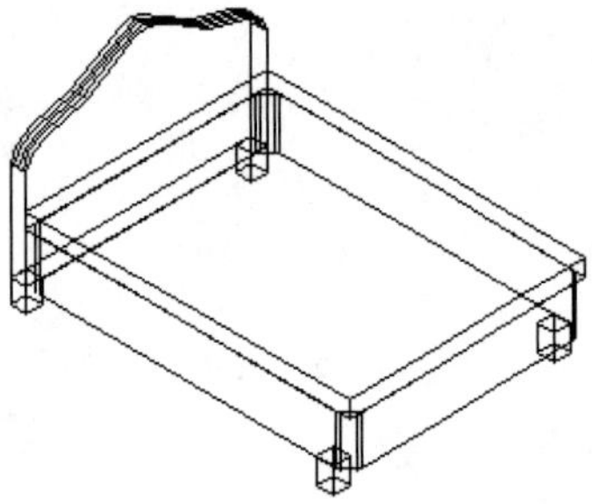

图 12-19　床体垂直棱边倒圆角

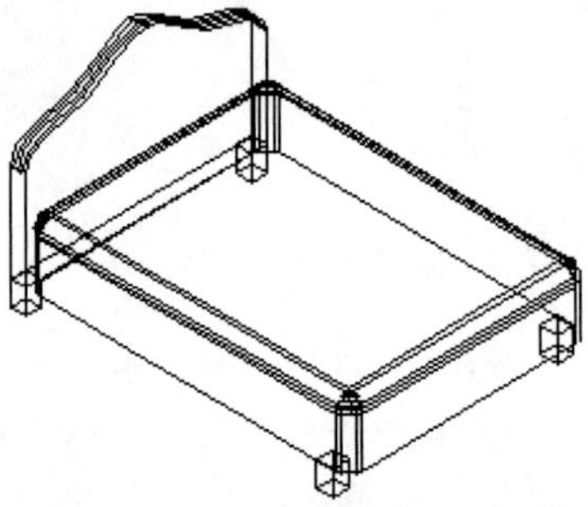

图 12-20　床垫长方体棱边倒圆角

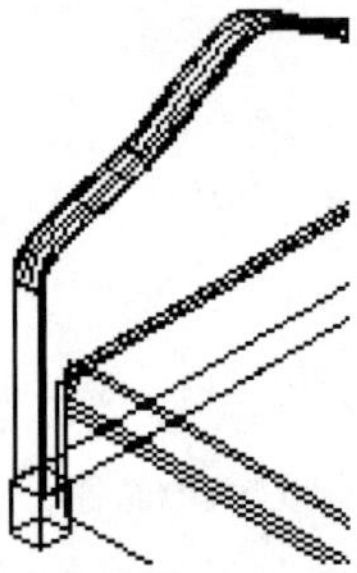

图 12-21　床头倒圆角

（5）按照同样的方法，对床腿的垂直棱边进行倒圆角操作，设置倒圆角半径为 8，绘制结果如图 12-22 所示。

3. 绘制床垫装饰

视频讲解

（1）单击“三维工具”选项卡“建模”面板中的“球体”按钮，绘制一个半径为 100 的圆球，结果如图 12-23 所示。

（2）以圆球的球心为中心点，绘制一个长方体，将该长方体的长度、宽度和高度分别设置为 300、300、160，结果如图 12-24 所示。

（3）单击“三维工具”选项卡“实体编辑”面板中的“差集”按钮，选择圆球作为“从中减去的对象”，长方体作为“减去对象”，绘制球冠，结果如图 12-25 所示。

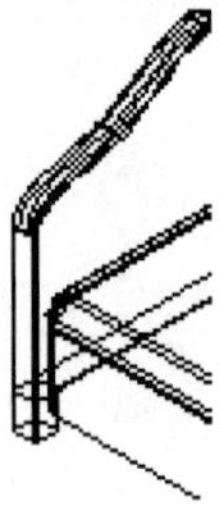

图 12-22　床腿倒圆

图 12-23　绘制圆球

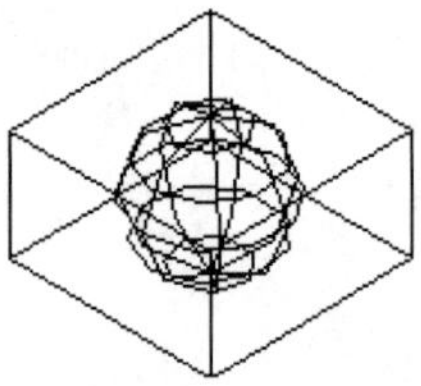

图 12-24　绘制长方体

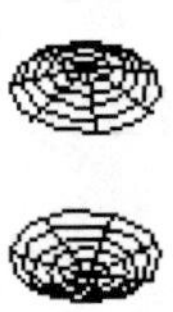

图 12-25　生成球冠

（4）单击“默认”选项卡“修改”面板中的“分解”按钮，选取步骤（3）中绘制的图形作为操作对象，然后删除下球冠，得到如图 12-26 所示的图形。

（5）在命令行中输入 3DARRAY，选取球冠为阵列对象，设置阵列类型为“矩形”、行数为 11、列数为 15、层数为 1、行间距和列间距均为 120，如图 12-27 所示。命令行提示与操作如下：

```
命令: _3darray↙
正在初始化...已加载 3DARRAY
选择对象: 找到 1 个（选择球冠）
选择对象:↙
输入阵列类型 [矩形(R)/环形(P)] <矩形>:↙
输入列数 (|||) <1>: 15↙
输入层数 (...) <1>: 1↙
指定行间距 (---): -120↙
指定列间距 (|||): -120↙
```

（6）单击“默认”选项卡“修改”面板中的“移动”按钮✥，移动整个球冠阵列，选取球冠阵列左下方球冠的圆心作为移动基点，将移动第二点设定为（160,150,0），如图 12-28 所示。

4. 绘制枕头

（1）单击“三维工具”选项卡“建模”面板中的“长方体”按钮，以点（3000,2000,0）作为基点，绘制一个长方体作为枕头，将该长方体的长度、宽度和高度分别设置为 300、500、30，如图 12-29 所示。

图 12-26 删除下球冠

图 12-27 阵列球冠

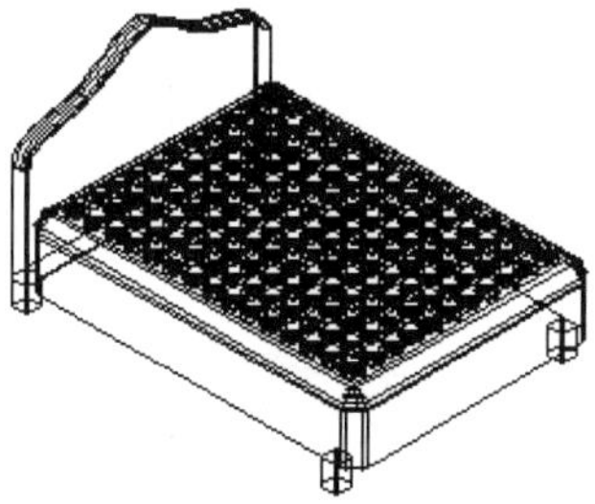

图 12-28 移动球冠阵列

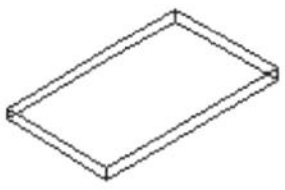

图 12-29 绘制长方体枕头

（2）单击“默认”选项卡“绘图”面板中的“矩形”按钮，在步骤（1）绘制的长方体枕头的上表面绘制一个矩形。

（3）单击“三维工具”选项卡“建模”面板中的“拉伸”按钮，对步骤（2）中绘制的矩形进行拉伸，设定拉伸高度为 50，设定拉伸的倾斜角度为 45°，如图 12-30 所示。

（4）单击“三维工具”选项卡“实体编辑”面板中的“并集”按钮，对拉伸后的图形和长方体进行并集运算。

（5）单击“视图”选项卡“导航”面板中的“自由动态观察”按钮，拖曳鼠标，使长方体枕头的下表面置于窗口前，如图 12-31 所示。

（6）单击“默认”选项卡“绘图”面板中的“矩形”按钮，在步骤（3）中绘制的长方体下表面绘制一个矩形。

（7）单击“三维工具”选项卡“建模”面板中的“拉伸”按钮，选取长方体枕头的下表面作为操作面，设定拉伸高度为 20，设定拉伸的倾斜角度为 20°，如图 12-32 所示。

（8）单击“三维工具”选项卡“实体编辑”面板中的“并集”按钮，对拉伸后的图形和长方体进行并集运算。

（9）单击“默认”选项卡“修改”面板中的“圆角”按钮，对枕头的各条棱边进行倒圆角操

Note

视频讲解

作，共计有 28 条棱边。由于观察角度的局限性，可能有些棱边在当前方位上彼此重叠或间距很小，此时，可先对部分棱边进行倒圆角操作，然后通过单击“视图”选项卡“导航”面板中的“自由动态观察”按钮、“实时”按钮和“平移”按钮将图形调整到适当的方位，对其他各棱边进行倒圆角操作。

（10）在完成所有倒圆角操作之后，执行菜单栏中的“视图”→“动态观察”→“自由动态观察”命令，拖曳鼠标，使整个图形的观察角度大致恢复到步骤（8）之前的方位，结果如图 12-33 所示。

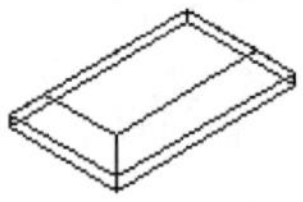

图 12-30　拉伸矩形

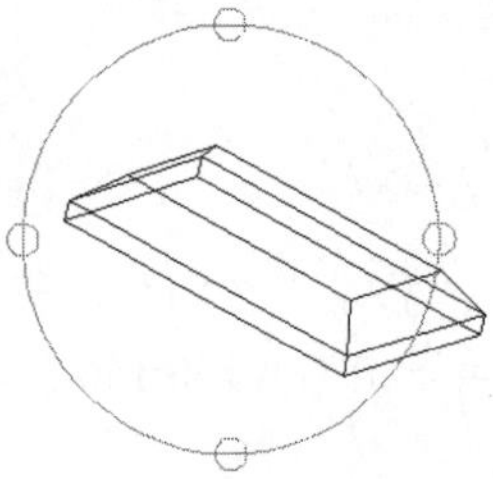

图 12-31　调整枕头图形位置

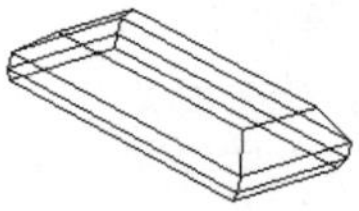

图 12-32　拉伸

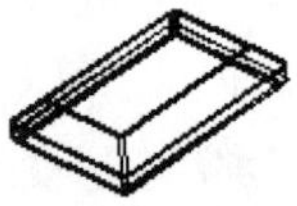

图 12-33　倒圆角

（11）在命令行中输入 3DARRAY，对刚刚创建的枕头进行矩形阵列，输入行数为 2、列数和层数均为 1、行间距为 640，结果如图 12-34 所示。

（12）单击“默认”选项卡“修改”面板中的“移动”按钮，移动刚刚阵列的枕头，设定基点坐标为（3000,2000,0），设定移动第二点的坐标为（100,190,40），结果如图 12-35 所示。

（13）单击“可视化”选项卡“视觉样式”面板中的“隐藏”按钮，得到消隐后的整体三维立体图，如图 12-36 所示。

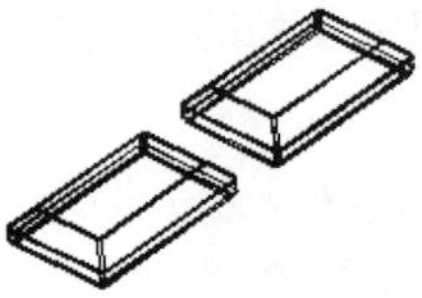

图 12-34　三维阵列操作

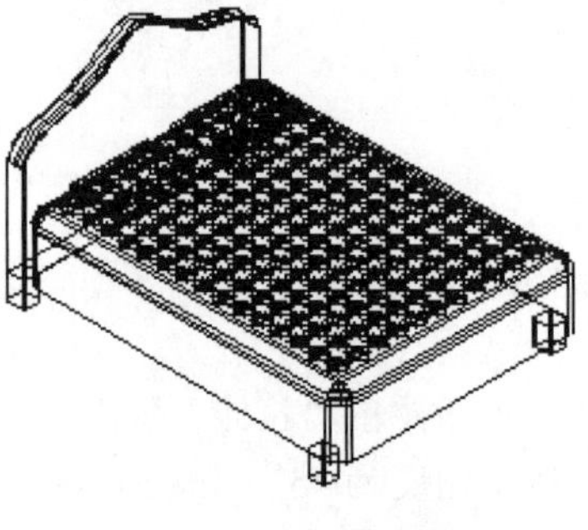

图 12-35　将枕头移至床垫上

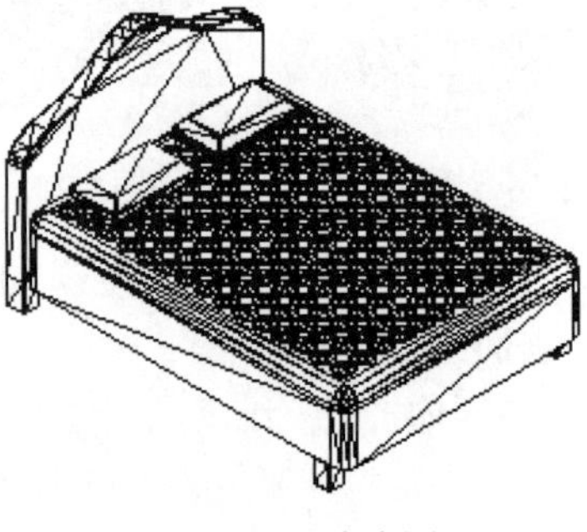

图 12-36　消隐图

5. 绘制床头装饰

（1）单击“可视化”选项卡“坐标”面板中的“UCS 命名”按钮，打开 UCS 对话框，选取“床头装饰”坐标系，然后单击“置为当前”按钮，如图 12-37 所示，单击“确定”按钮退出 UCS 对话框。此时在“1．绘制床体”的步骤（15）中保存的“床头装饰”坐标系成为当前坐标系。

（2）单击“三维工具”选项卡“建模”面板中的“圆柱体”按钮，按照命令行的提示，输入 E，选择绘制椭圆体。然后输入 C，选择以椭圆体的底面中心点作为基准。中心点底坐标为（220,750,0），指定到第一个轴的距离为 200，指定第二个轴的端点为（220,400,0），设定椭圆体的高度为−5，结果如图 12-38 所示。

（3）单击“可视化”选项卡“命名视图”面板中的“前视”按钮，将当前视图方向设置为前视图，如图 12-39 所示。

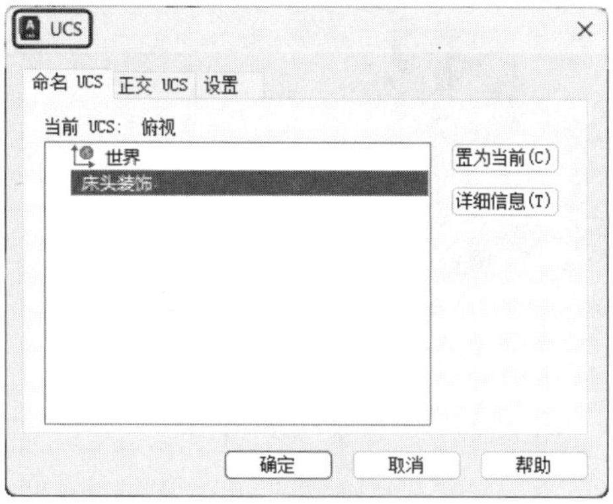

图 12-37　设置当前坐标系

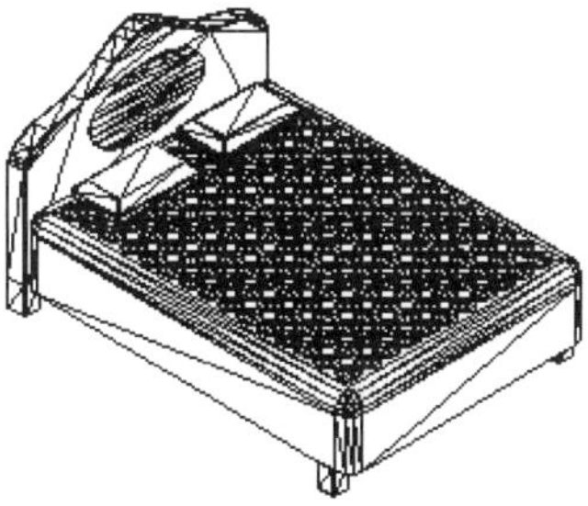

图 12-38　生成椭圆体

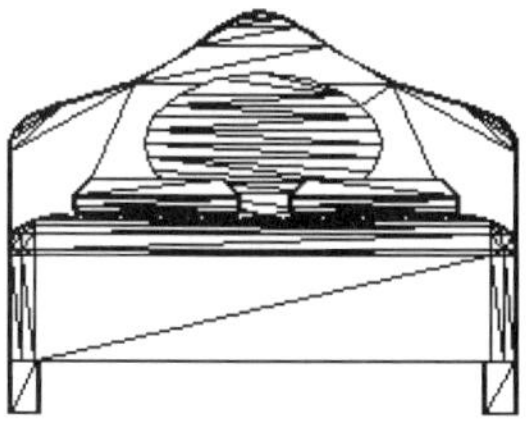

图 12-39　前视图

（4）在命令行中输入 UCS，将当前坐标系设置为视图方式。命令行提示与操作如下：

```
命令：UCS↙
当前 UCS 名称：*没有名称*
指定 UCS 的原点或 [面(F)/命名(NA)/对象(OB)/上一个(P)/视图(V)/世界(W)/X/Y/Z/Z 轴(ZA)]
<世界>：V↙
```

（5）单击“默认”选项卡“注释”面板中的“多行文字”按钮A，选取椭圆中心点作为第一角点，然后输入 J，修改对正方式为“正中(MC)”，接着输入 H，将文字高度设定为 110，最后输入 W，设定文字框的宽度为 700，按 Enter 键弹出“文字编辑器”选项卡，将字体设置为“隶书”，并在文字输入框内输入“百年好合”字样，完成后，单击“关闭”按钮，最终结果如图 12-40 所示。

（6）单击“可视化”选项卡“命名视图”面板中的“西南等轴测”按钮，将当前视图设置为西南等轴测视图，如图 12-41 所示。至此，双人床床体的绘制全部完成。

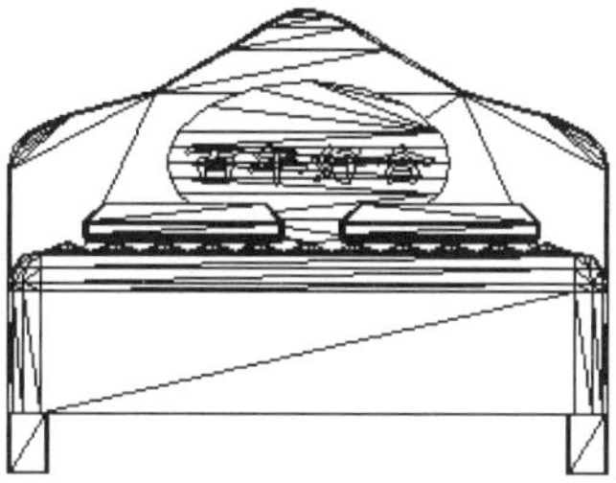

图 12-40　将文字添加到椭圆体表面

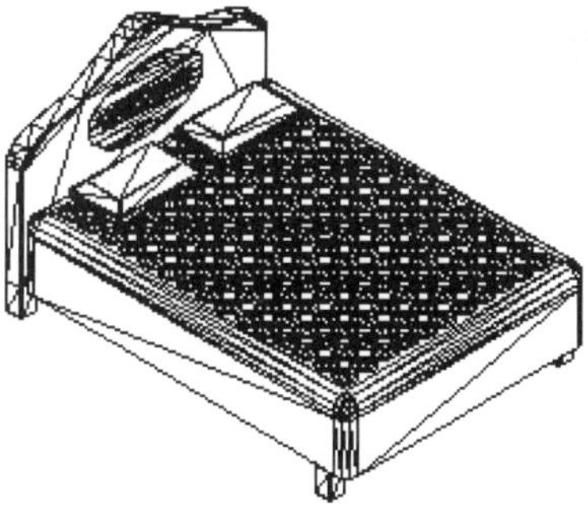

图 12-41　西南等轴测视图

6. 渲染图形

（1）选中“床垫”实体，在“特性”选项板中将其颜色设置为绿色，将“床体”“床头”“床腿”3 个单元统一设置为深黄色，将“床头装饰”图层设置为紫红色，将“文字”图层设置为红色，将“枕头”图层设置为粉红色。

（2）单击“可视化”选项卡“视觉样式”面板中的“概念”按钮，改变视觉样式，结果如图 12-42 所示。

（3）执行菜单栏中的“视图”→“渲染”→“材质浏览器”命令，系统弹出“材质浏览器”选项板，为每个单元添加适当的材质，然后将视觉样式改为“真实”，如图 12-43 所示。

Note

视频讲解

Note

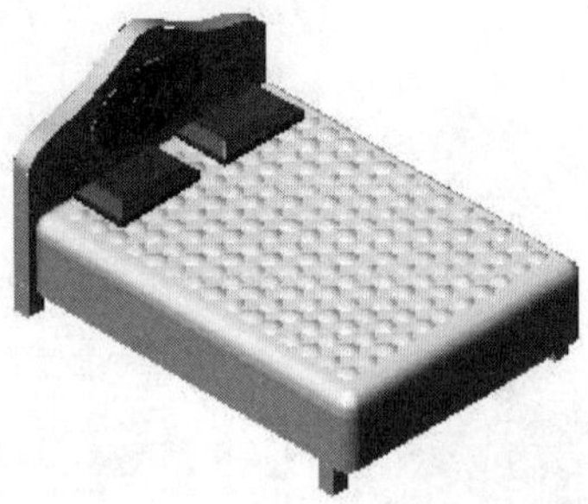

图 12-42 “概念”视觉样式

图 12-43 “真实”视觉样式

（4）单击“可视化”选项卡“光源”面板中的“平行光”按钮，新建平行光。命令行提示与操作如下：

```
命令: _distantlight↙
指定光源来向<0,0,0> 或 [矢量(V)]:
指定光源去向<1,1,1>:↙
输入要更改的选项 [名称(N)/强度因子(I)/状态(S)/光度(P)/阴影(W)/过滤颜色(C)/退出(X)] <退出>: n↙
输入光源名称 <平行光 1>: sun↙
输入要更改的选项 [名称(N)/强度因子(I)/状态(S)/光度(P)/阴影(W)/过滤颜色(C)/退出(X)] <退出>: i↙
输入强度 (0.00 - 最大浮点数) <1>: 5↙
输入要更改的选项 [名称(N)/强度因子(I)/状态(S)/光度(P)/阴影(W)/过滤颜色(C)/退出(X)] <退出>: s↙
输入状态 [开(N)/关(F)] <开>:↙
输入要更改的选项 [名称(N)/强度因子(I)/状态(S)/光度(P)/阴影(W)/过滤颜色(C)/退出(X)] <退出>: w↙
输入 [关(O)/锐化(S)/已映射柔和(F)] <锐化>: s↙
输入要更改的选项 [名称(N)/强度因子(I)/状态(S)/光度(P)/阴影(W)/过滤颜色(C)/退出(X)] <退出>: c↙
输入真彩色 (R,G,B) 或输入选项 [索引颜色(I)/HSL(H)/配色系统(B)] <255,255,255>: 12,34,56↙
输入要更改的选项 [名称(N)/强度因子(I)/状态(S)/光度(P)/阴影(W)/过滤颜色(C)/退出(X)] <退出>:↙
```

（5）单击“可视化”选项卡“渲染”面板中的“渲染到尺寸”按钮，最终的渲染效果如图 12-3 所示。

12.1.3　三维镜像

1. 执行方式

☑ 命令行：MIRROR3D。

☑ 菜单栏：“修改”→“三维操作”→“三维镜像”。

2. 操作步骤

```
命令: MIRROR3D↙
选择对象:(选择要镜像的对象)
```

选择对象：（选择下一个对象或按 Enter 键）

指定镜像平面（三点）的第一个点或[对象(O)最近的(L)/Z 轴(Z)/视图(V)/XY 平面(XY)/YZ 平面(YZ)/ZX 平面(ZX)/三点(3)] <三点>:

在镜像平面上指定第一点:

3. 选项说明

（1）点：输入镜像平面上点的坐标。该选项通过 3 个点确定镜像平面。该选项是系统的默认选项。

（2）Z 轴(Z)：利用指定的平面作为镜像平面。选择该选项后，命令行提示与操作如下：

在镜像平面上指定点：（输入镜像平面上一点的坐标）

在镜像平面的 Z 轴（法向）上指定点：（输入与镜像平面垂直的任意一条直线上任意一点的坐标）

是否删除源对象？[是(Y)/否(N)]：（根据需要确定是否删除源对象）

（3）视图(V)：指定一个平行于当前视图的平面作为镜像平面。

（4）XY(YZ、ZX)平面：指定一个平行于当前坐标系的 *XY*（*YZ*、*ZX*）平面作为镜像平面。

Note

12.1.4 实例——绘制公园长椅

视频讲解

本实例将详细介绍公园长椅的绘制方法。本实例首先利用“长方体”和“三维阵列”命令绘制支架和椅脚，然后利用“长方体”“三维阵列”“三维旋转”命令绘制椅背，再利用“长方体”和“三维阵列”命令绘制横条，最后进行赋材质和渲染。绘制流程如图 12-44 所示。

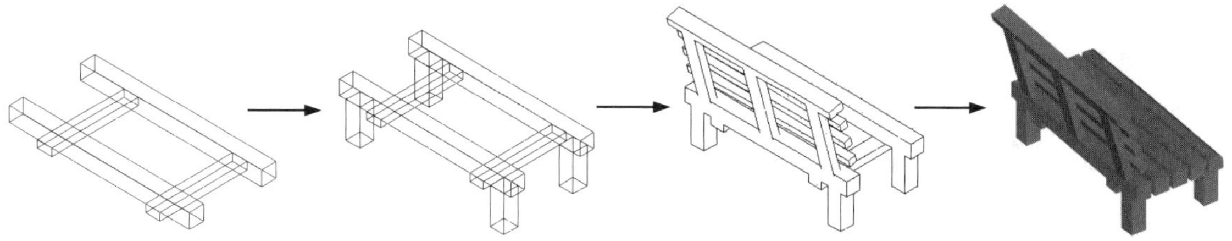

图 12-44 公园长椅的绘制流程

操作步骤

（1）单击快速访问工具栏中的“新建”按钮，新建一个空图形文件。在命令行中输入 LIMITS。输入图纸的左下角点的坐标为（0,0），然后输入图纸的右上角点的坐标为（900,600）。在命令行中执行 ZOOM 和 ALL 命令。

（2）单击“可视化”选项卡“命名视图”面板中的“西南等轴测”按钮，将视图方向设定为西南等轴测视图。

（3）单击“三维工具”选项卡“建模”面板中的“长方体”按钮，输入长方体的角点坐标为（200,200,0），然后输入长方体的长度、宽度和高度分别为 40、500、40，绘制长椅椅座的主横条，结果如图12-45 所示。

注意：坐标的输入方法有命令行输入、对象捕捉点、栅格点捕捉等方法，采用哪种方法视具体情况而定。

（4）单击“三维工具”选项卡“建模”面板中的“长方体”按钮，输入长方体的角点坐标为（400,200,0），然后输入长方体的长度、宽度和高度分别为 40、500、40，绘制另一条椅座主横条，结果如图12-46 所示。

注意： 长方体的长、宽、高分别对应+*X*、+*Y*、+*Z* 轴方向。

（5）单击“三维工具”选项卡“建模”面板中的“长方体”按钮，输入长方体的角点坐标为（200,280,0），然后输入长方体的长度、宽度和高度分别为 240、40、−20，绘制椅座主横条的右连接板，结果如图 12-47 所示。

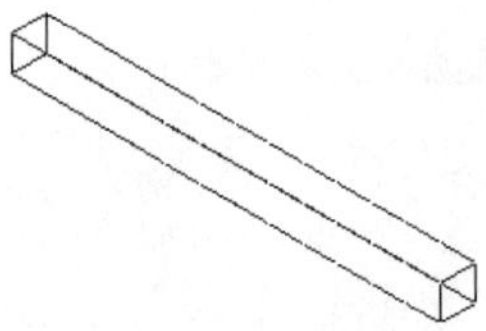
图 12-45　长椅椅座主横条

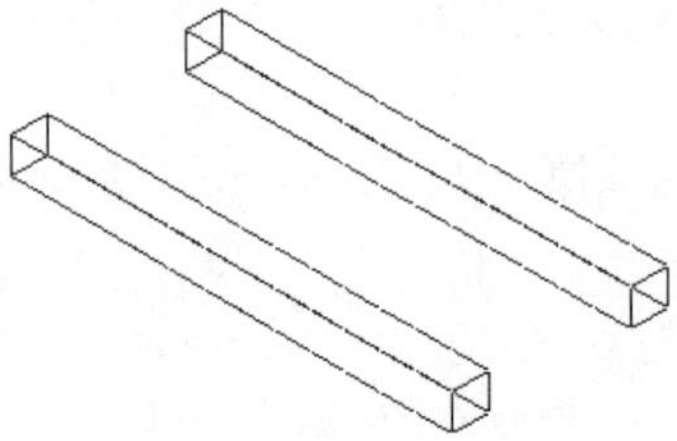
图 12-46　绘制另一条椅座主横条

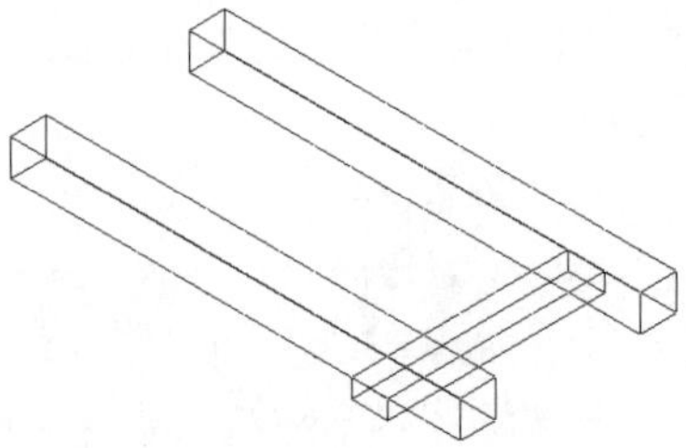
图 12-47　绘制右连接板

（6）在命令行中输入 MIRROR3D，镜像刚绘制的右连接板，生成椅座的左连接板。捕捉椅座主横条在 *Y* 轴方向的中点为镜像对称面 *ZX* 面的经过点。命令行提示与操作如下：

```
命令：_mirror3d↙
选择对象：找到 1 个（选择步骤（5）中绘制的右连接板）
选择对象：↙
指定镜像平面 (三点) 的第一个点或[对象(O)/最近的(L)/Z 轴(Z)/视图(V)/XY 平面(XY)/YZ 平面(YZ)/ZX 平面(ZX)/三点(3)] <三点>: zx↙
指定 ZX 平面上的点 <0,0,0>:（捕捉椅座主横条在 Y 轴方向的中点）
是否删除源对象？[是(Y)/否(N)] <否>:
```

镜像结果如图 12-48 所示。

注意： 实体与其三维镜像对象关于平面对称。

（7）单击“三维工具”选项卡“建模”面板中的“长方体”按钮，输入长方体的角点坐标为(200,260,0)，然后输入长方体的长度、宽度和高度分别为 40、40、−100，结果如图 12-49 所示。

（8）在命令行中输入 3DARRAY，对步骤（7）中创建的长方体进行矩形阵列，输入行数为 2、列数为 2、行间距为 420、列间距为 200，生成另外 3 个椅脚，阵列结果如图 12-50 所示。

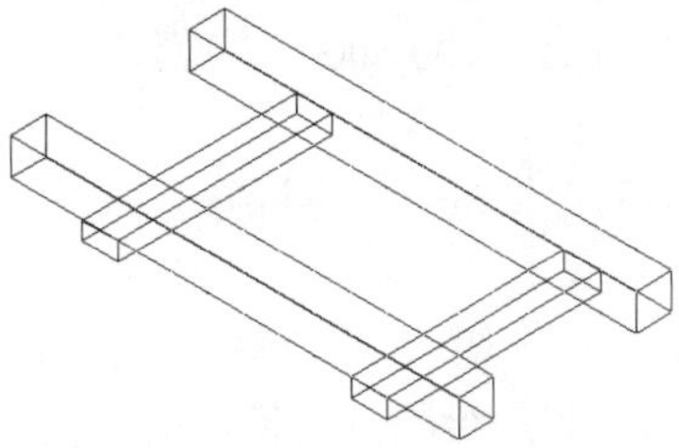
图 12-48　绘制左连接板

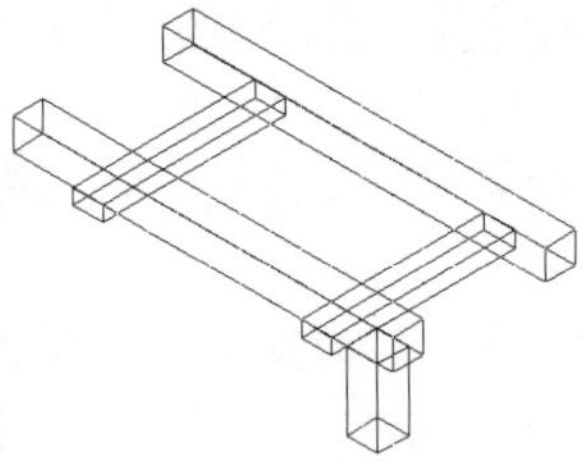
图 12-49　绘制椅脚

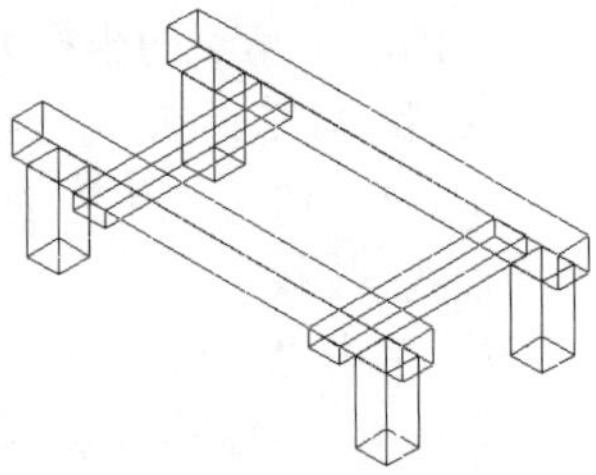
图 12-50　阵列椅脚

提示： 阵列操作中的行、列和层分别对应 *X*、*Y*、*Z* 轴，行间距、列间距和层间距的正负号决定阵列的方向。

（9）单击“三维工具”选项卡“实体编辑”面板中的“并集”按钮，将椅座的主横条、连接板和椅脚组合在一起。

（10）单击“可视化”选项卡“视觉样式”面板中的“隐藏”按钮，对刚刚组合后的实体进行消隐处理，结果如图 12-51 所示。

（11）单击“三维工具”选项卡“建模”面板中的“长方体”按钮，输入长方体的角点坐标为（200,240,40），然后输入长方体的长度、宽度和高度分别为 20、40、200，绘制一条椅背竖条，结果如图 12-52 所示。

注意：为了便于观察，下面的绘制结果都显示为消隐效果。

（12）在命令行中输入 3DARRAY，选择刚绘制的椅背竖条为阵列对象，设置行数为 3、行间距为 190，生成另外两条椅背竖条，结果如图 12-53 所示。

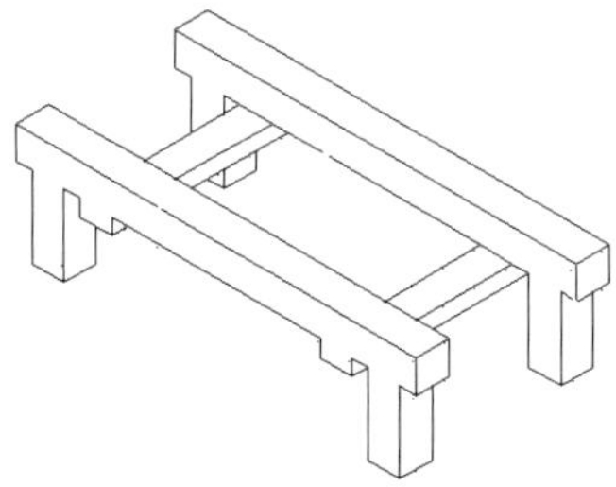

图 12-51　消隐处理

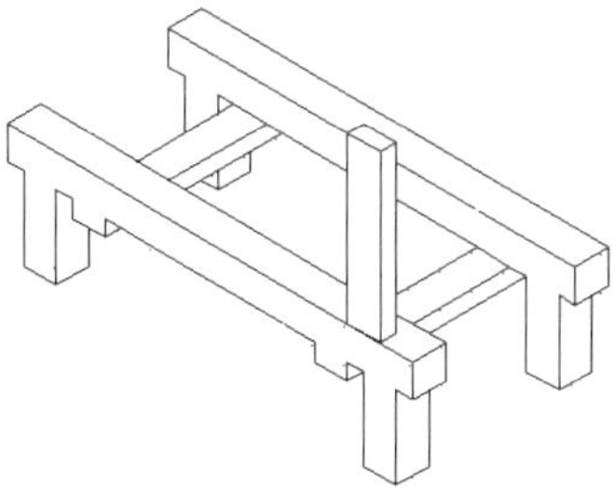

图 12-52　绘制椅背竖条

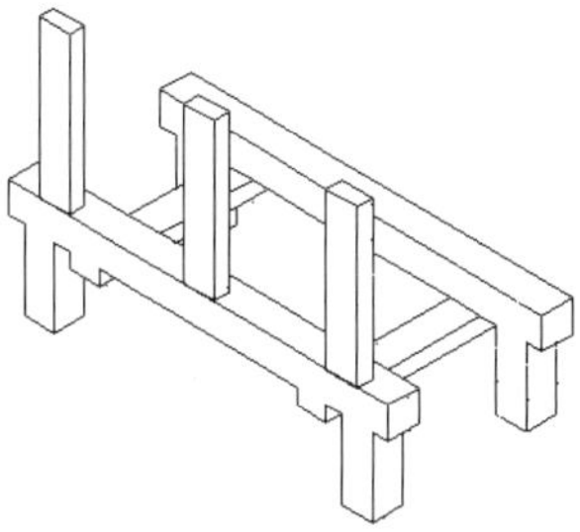

图 12-53　阵列椅背竖条

（13）单击“三维工具”选项卡“建模”面板中的“长方体”按钮，绘制椅背上面的主横条，结果如图 12-54 所示。

提示：也可在没有合并椅座和椅脚各部分前，用“三维镜像”或“三维阵列”命令生成椅背上面的主横条。

（14）单击“三维工具”选项卡“建模”面板中的“长方体”按钮，输入长方体的角点坐标为（220,200,205），然后输入长方体的长度、宽度和高度分别为 20、500、−20，绘制椅背的一条横条，结果如图 12-55 所示。

（15）在命令行中输入 3DARRAY，选择刚绘制的椅背横条为阵列对象，设置阵列的行数、列数和层数分别为 1、1、3，层间距离为−55，生成另外 4 条椅背横条，阵列结果如图 12-56 所示。

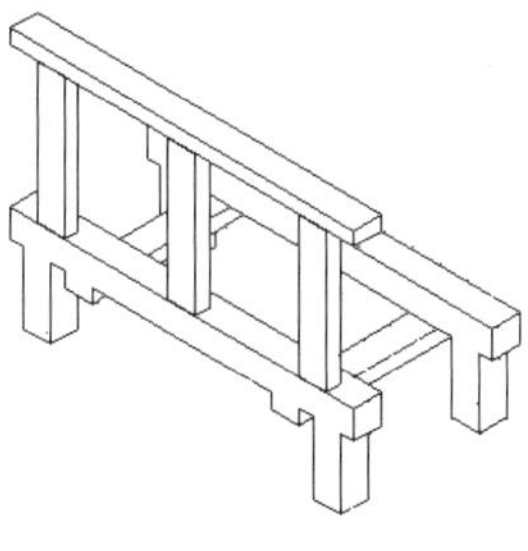

图 12-54　椅背上面的主横条

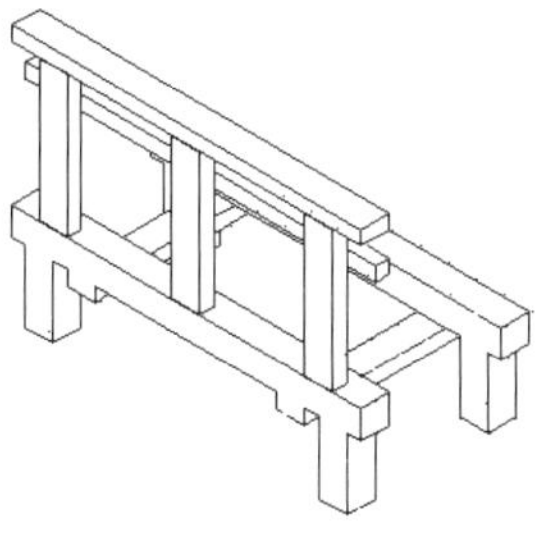

图 12-55　绘制椅背横条

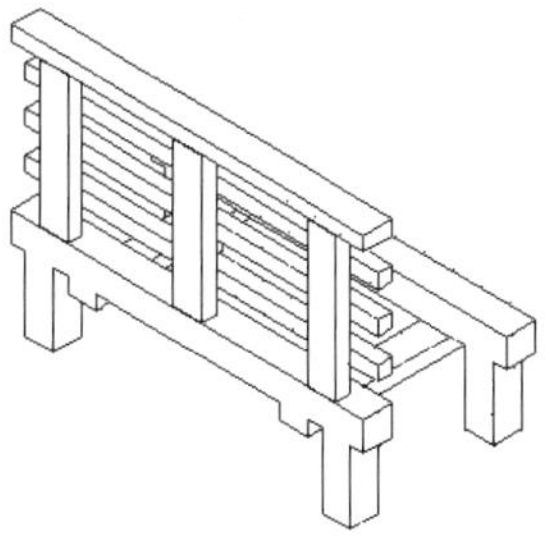

图 12-56　阵列椅背横条

（16）单击“三维工具”选项卡“实体编辑”面板中的“并集”按钮，将椅背各部分合并在一起。

提示：选择参与并集运算的实体时，也可以按住鼠标右键并拖曳鼠标，用方框选中要选择的对象。在需要选择对象时，最好先消隐，这样有助于准确选择。

Note

（17）在命令行中输入 3DROTATE，指定旋转基点坐标为（220,240,40），旋转轴为 *Y* 轴，将椅背部分旋转一个角度。然后对旋转后的长椅进行消隐，结果如图 12-57 所示。

注意：点（220,240,40）是图 12-57 中椅背右前横条下端面的右前方点。

（18）单击“三维工具”选项卡“建模”面板中的“长方体”按钮，输入长方体的角点坐标为（250,200,0），然后输入长方体的长度、宽度和高度分别为 40、500、40，绘制椅座的横条。

（19）在命令行中输入 3DARRAY，选择刚绘制的椅座横条为阵列对象，设置阵列的行数、列数和层数分别为 1、3、1，列间距离为 50，生成另外两条椅座横条，阵列结果如图 12-58 所示。

（20）单击“默认”选项卡“修改”面板中的“圆角”按钮，选择椅座右侧主横条为倒圆角对象，执行倒圆角操作，为椅座右侧主横条倒圆角。然后对长椅椅座进行消隐，结果如图 12-59 所示。

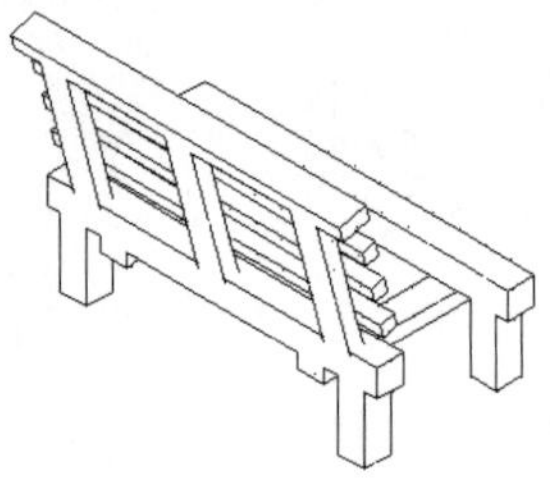

图 12-57　旋转椅背并进行消隐

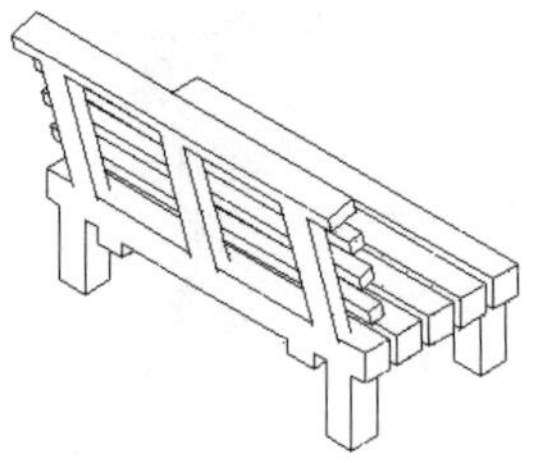

图 12-58　阵列椅座横条

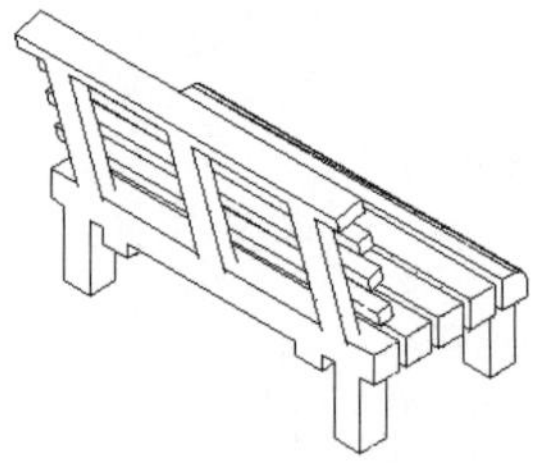

图 12-59　倒圆角并进行消隐

（21）在“特性”选项板中将图形的颜色设置为绿色。

（22）单击“可视化”选项卡“视觉样式”面板中的“真实”按钮，改变视觉样式，结果如图 12-60 所示。

注意：有关渲染材质等渲染条件的选择以及“渲染”对话框中参数的设置，读者可以参阅前面的实例。

（23）结果不是很清晰。执行“三维旋转”命令，将长椅绕 *Z* 轴旋转−10°，然后再次渲染，得到如图 12-61 所示的效果。

图 12-60　设置颜色

图 12-61　旋转长椅后的渲染效果

提示：调整实体的位置实质上和调整视点方向一样，可以改善渲染效果。

12.1.5　对齐对象

1. 执行方式

☑　命令行：ALIGN 或 AL。

☑ 菜单栏："修改" → "三维操作" → "对齐"。

2. 操作步骤

```
命令：ALIGN↙
选择对象：（选择要对齐的对象）
选择对象：（选择下一个对象或按 Enter 键）
指定第一个源点：（选择点 1）
指定第一个目标点：（选择点 2）
指定第二个源点：
```

对齐结果如图 12-62 所示。两点对齐、三点对齐与一点对齐的情形类似。

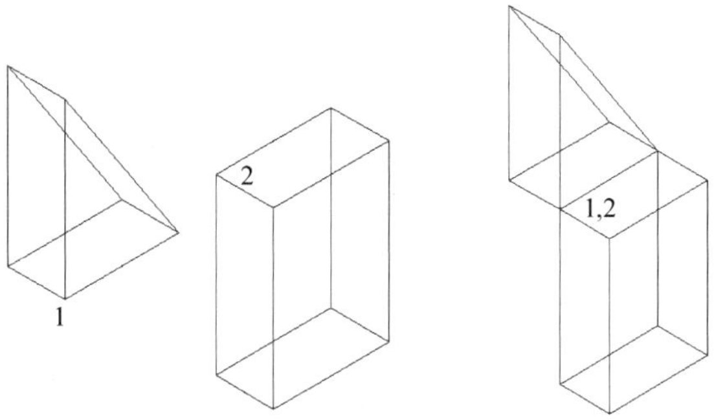

（a）对齐前　　（b）对齐后

图 12-62　一点对齐

12.1.6　三维移动

1. 执行方式

☑ 命令行：3DMOVE。

☑ 菜单栏："修改" → "三维移动"。

☑ 工具栏："建模" → "三维移动" 。

2. 操作步骤

```
命令：3DMOVE↙
选择对象：（选择要移动的对象）
选择对象：
指定基点或[位移(D)] <位移>：（指定基点）
指定第二点或<使用第一个点作为位移>：（指定第二点）
```

其操作方法与二维移动命令类似。

12.1.7　三维旋转

1. 执行方式

☑ 命令行：3DROTATE。

☑ 菜单栏："修改" → "三维操作" → "三维旋转"。

☑ 工具栏："建模"→"三维旋转"。

2. 操作步骤

```
命令: 3DROTATE↙
UCS 当前的正角方向: ANGDIR=逆时针   ANGBASE=0
选择对象:(选择旋转的对象)
选择对象:
指定基点:(指定基点)
拾取旋转轴:(选择旋转轴)
指定角的起点或输入角度:(指定起点)
指定角的端点:(指定另一点)
```

系统将按要求旋转对象。

12.1.8 实例——绘制脚手架

视频讲解

本实例使用"圆柱体""长方体""三维阵列""三维旋转""三维镜像""渲染"命令绘制脚手架，使读者进一步掌握三维实体的绘制和编辑。绘制流程如图 12-63 所示。

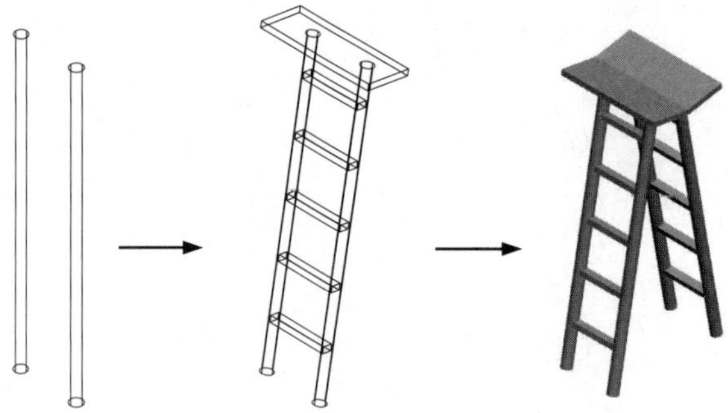

图 12-63 脚手架的绘制流程

操作步骤

(1) 将视图切换到西南等轴测视图。单击"三维工具"选项卡"建模"面板中的"圆柱体"按钮，绘制圆柱体。命令行提示与操作如下：

```
命令: _cylinder↙
指定底面的中心点或 [三点(3P)/两点(2P)/切点、切点、半径(T)/椭圆(E)]: 0,0,0↙
指定底面半径或 [直径(D)]: 20↙
指定高度或 [两点(2P)/轴端点(A)] <-5.0000>: 1000↙
命令: CYLINDER↙
指定底面的中心点或 [三点(3P)/两点(2P)/切点、切点、半径(T)/椭圆(E)]: 0,200,0↙
指定底面半径或 [直径(D)] <20.0000>: 20↙
指定高度或 [两点(2P)/轴端点(A)] <1000.0000>: 1000↙
```

绘制结果如图 12-64 所示。

(2) 单击"三维工具"选项卡"建模"面板中的"长方体"按钮，绘制长方体。命令行提示与操作如下：

```
命令: _box↙
```

```
指定第一个角点或 [中心(C)]: -100,-100,1000↙
指定其他角点或 [立方体(C)/长度(L)]: @150,400,20↙
命令: BOX
指定第一个角点或 [中心(C)]: -15,0,150↙
指定其他角点或 [立方体(C)/长度(L)]: @30,200,20↙
```

Note

绘制结果如图 12-65 所示。

（3）在命令行中输入 3DARRAY，阵列步骤（2）中绘制的第二个长方体。命令行提示与操作如下：

```
命令: 3DARRAY↙
正在初始化...  已加载 3DARRAY
选择对象:（选择步骤（2）中绘制的第二个长方体）
选择对象: ↙
输入阵列类型 [矩形(R)/环形(P)] <矩形>:↙
输入行数 (---) <1>:↙
输入列数 (|||) <1>:↙
输入层数 (...) <1>: 5↙
指定层间距 (...): 180↙
```

绘制结果如图 12-66 所示。

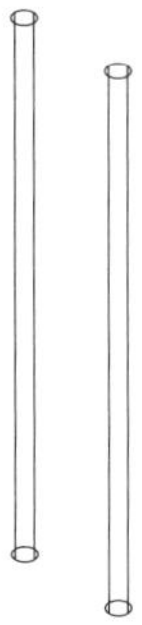

图 12-64　绘制圆柱体

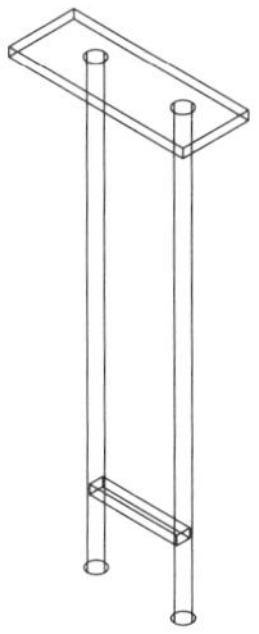

图 12-65　绘制长方体

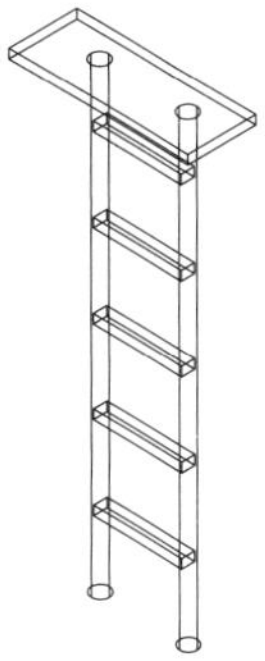

图 12-66　阵列处理

（4）在命令行中输入 ROTATE3D，对图形进行三维旋转操作。命令行提示与操作如下：

```
命令: ROTATE3D↙
当前正向角度: ANGDIR=逆时针 ANGBASE=0
选择对象: all（选取所有图形）
找到 8 个
选择对象: ↙
指定轴上的第一个点或定义轴依据 [对象(O)/最近的(L)/视图(V)/X 轴(X)/Y 轴(Y)/Z 轴(Z)/两点(2)]: 50,-100,1020↙
指定轴上的第二点: @0,400,0↙
指定旋转角度或 [参照(R)]: 10↙
```

绘制结果如图 12-67 所示。

（5）在命令行中输入 MIRROR3D，对所有图形进行镜像处理。命令行提示与操作如下：

```
命令: MIRROR3D↙
选择对象: all（选取所有图形）
```

选择对象：↙
指定镜像平面 （三点） 的第一个点或[对象(O)/最近的(L)/Z 轴(Z)/视图(V)/XY 平面(XY)/YZ 平面(YZ)/ZX 平面(ZX)/三点(3)] <三点>: 50,300,1020↙
在镜像平面上指定第二点：@0,0,1000↙
在镜像平面上指定第三点：@0,200,0↙
是否删除源对象？[是(Y)/否(N)] <否>:↙

绘制结果如图 12-68 所示。

（6）单击“可视化”选项卡“材质”面板中的“材质浏览器”按钮，选择合适的材质并将其赋予图形。

（7）单击“可视化”选项卡“渲染”面板中的“渲染到尺寸”按钮，渲染效果如图 12-69 所示。

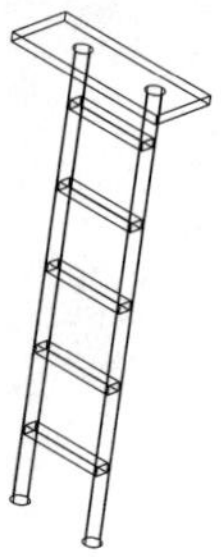

图 12-67　三维旋转

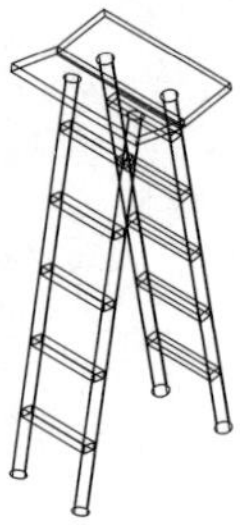

图 12-68　三维镜像处理

图 12-69　脚手架

12.2　特殊视图

利用假想的平面对实体进行剖切，是实体编辑的一种基本方法。读者注意体会其具体操作方法。

12.2.1　剖切

1. 执行方式

☑ 命令行：SLICE 或 SL。
☑ 菜单栏：“修改”→“三维操作”→“剖切”。
☑ 功能区：“三维工具”→“实体编辑”→“剖切”。

2. 操作步骤

命令：SLICE↙
选择要剖切的对象：(选择要剖切的实体)
选择要剖切的对象：(继续选择或按 Enter 键结束选择)
指定切面的起点或[平面对象(O)/曲面(S)/Z 轴(Z)/视图(V)/XY(XY)/YZ(YZ)/ZX(ZX)/三点(3)] <三点>:

3. 选项说明

（1）平面对象(O)：将所选对象的所在平面作为剖切面。

（2）曲面(S)：将剪切平面与曲面对齐。

（3）Z 轴(Z)：通过平面指定一点与在平面的 Z 轴（法线）上指定另一点来定义剖切平面。

（4）视图(V)：以平行于当前视图的平面作为剖切面。

（5）XY(XY)/YZ(YZ)/ZX(ZX)：将剖切平面与当前用户坐标系（UCS）的 *XY* 平面/*YZ* 平面/*ZX* 平面对齐。

（6）三点(3)：根据空间的 3 个点确定的平面作为剖切面。确定剖切面后，系统会提示保留一侧或两侧。

图 12-70 为剖切三维实体图。

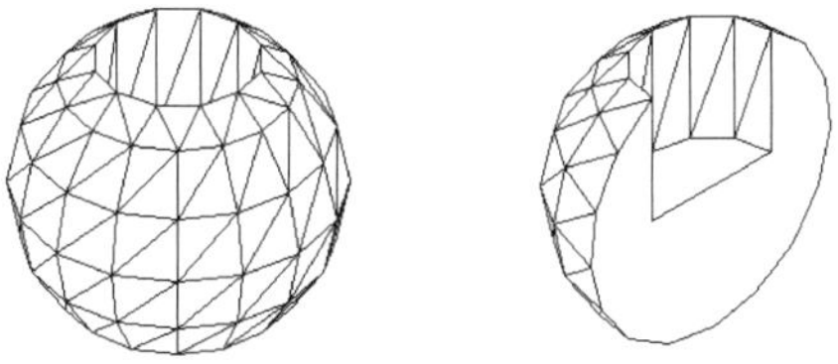

（a）剖切前的三维实体　　（b）剖切后的实体

图 12-70　剖切三维实体

12.2.2　实例——绘制饮水机

本实例将详细介绍饮水机的绘制方法。本实例首先利用“长方体”“圆角边”“布尔运算”等命令绘制饮水机主体及水龙头放置口，利用“平移曲面”和“楔形”等命令绘制放置台，然后利用“圆柱体”“长方体”　“剖切”“拉伸”“三维镜像”等命令绘制水龙头，再利用“圆锥体”命令绘制水桶接口，利用“旋转网格”命令绘制水桶，最后对饮水机进行渲染。绘制流程如图 12-71 所示。

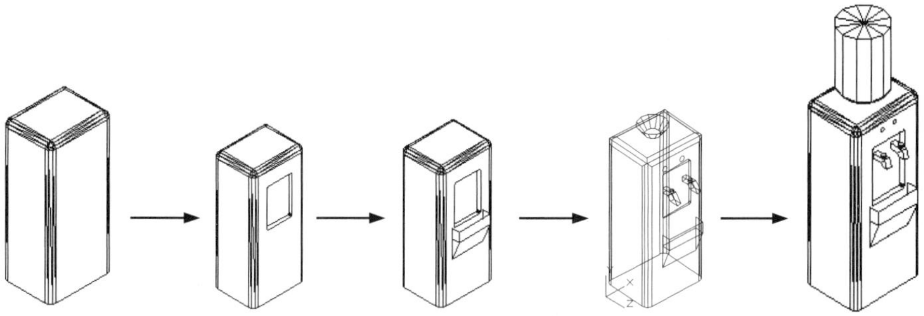

图 12-71　饮水机的绘制流程

操作步骤

1. 绘制饮水机主体

（1）启动 AutoCAD，新建一个空图形文件，在命令行中输入 LIMITS，输入图纸的左下角点和右下角点的坐标分别为（0,0）和（1200,1200）。

（2）单击“三维工具”选项卡“建模”面板中的“长方体”按钮，输入起始点坐标为（100,100,0）。在命令行中输入 L，然后输入长方体的长、宽和高分别为 450、350 和 1000。

（3）单击“可视化”选项卡“命名视图”面板中的“西南等轴测”按钮，将视图方向设定为西南等轴测视图。然后单击“视图”选项卡“视口工具”面板中的“UCS 图标”按钮，隐藏坐标轴，饮水机主体的外形如图 12-72 所示。

（4）单击“三维工具”选项卡“实体编辑”面板中的“圆角边”按钮，设置圆角半径为 40。然后选择除地面 4 条棱之外的要倒圆角的各条棱，倒角完成后如图 12-73 所示。

Note

视频讲解

（5）单击“可视化”选项卡“视觉样式”面板中的“隐藏”按钮，对已绘制的图形进行消隐，消隐后的效果如图12-74所示。

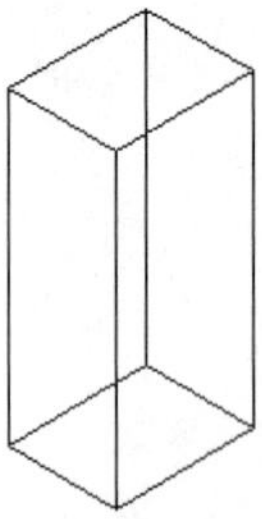

图12-72　生成饮水机主体

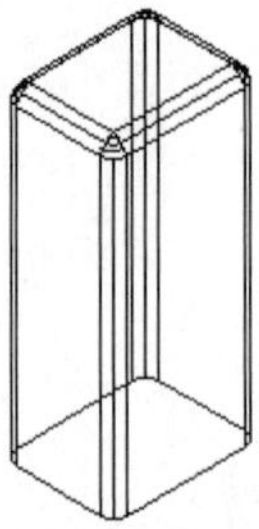

图12-73　倒圆角

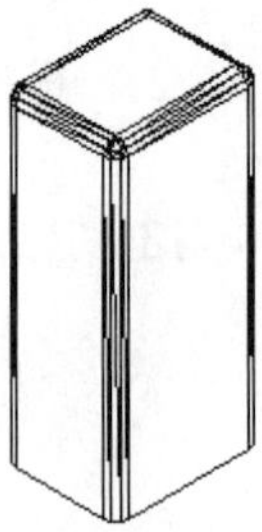

图12-74　消隐后的效果1

2. 绘制接水区域

（1）单击“三维工具”选项卡“建模”面板中的“长方体”按钮，绘制一个长、宽、高分别为220、20和300的长方体。

（2）单击“三维工具”选项卡“实体编辑”面板中的“圆角边”按钮，设置圆角半径为10，然后选择需要倒圆角的各条棱，完成后如图12-75所示。

（3）打开状态栏上的“对象捕捉”按钮，切换视图方向，单击“默认”选项卡“修改”面板中的“移动”按钮，用“对象捕捉”命令选择刚生成的长方体的一个顶点为移动的基点，将长方体移动至如图12-76所示的位置。

（4）单击“三维工具”选项卡“实体编辑”面板中的“差集”按钮，选择大长方体为“从中减去的对象”，小长方体为“减去对象”，生成放置饮水机水龙头的空间。

（5）单击“可视化”选项卡“视觉样式”面板中的“隐藏”按钮，对已绘制的图形进行消隐，消隐后的效果如图12-77所示。

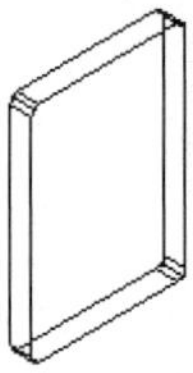

图12-75　生成长方体

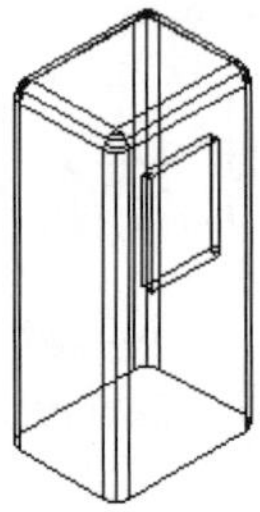

图12-76　移动长方体到合适位置

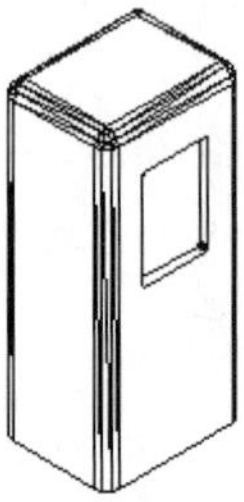

图12-77　生成放置饮水机水龙头的空间

（6）单击“可视化”选项卡“视图”面板中的“仰视”按钮，显示仰视图。单击“默认”选项卡“绘图”面板中的“多段线”按钮，绘制长度分别为64、260和64的3段直线。

（7）单击“可视化”选项卡“命名视图”面板中的“前视”按钮，显示前视图。单击“默认”选项卡“绘图”面板中的“直线”按钮，绘制长度为75的直线。单击“可视化”选项卡“命名视图”面板中的“西南等轴测”按钮，显示西南等轴测视图，如图12-78所示。

（8）单击“三维工具”选项卡“建模”面板中的“平移曲面”按钮。命令行提示与操作如下：

```
命令：TABSURF↙
当前线框密度：SURFTAB1=6
选择用作轮廓曲线的对象：（选择用 pline 命令生成的图形）
```

```
选择用作方向矢量的对象：(选择用 line 命令生成的直线)
```

平移后的效果如图 12-79 所示。

（9）单击“默认”选项卡“修改”面板中的“删除”按钮，删除作为平移方向矢量的直线。

（10）单击“三维工具”选项卡“建模”面板中的“楔体”按钮，绘制楔体。命令行提示与操作如下：

```
命令：_wedge↙
指定第一个角点或[中心(C)]：(适当指定一点)
指定其他角点或[立方体(C)/长度(L)]：l↙
指定长度：150↙
指定宽度：260↙
指定高度或[两点(2P)]：64↙
```

然后对图形进行抽壳处理，抽壳距离为 1。

（11）单击“默认”选项卡“修改”面板中的“移动”按钮，移动楔体，使其上表面与步骤（8）得到的图形的下表面重合，如图 12-80 所示。

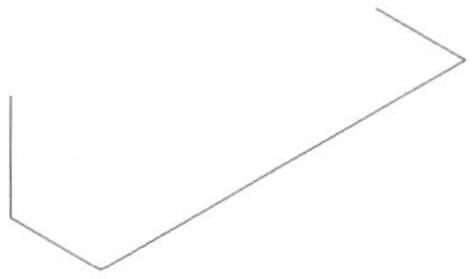

图 12-78 绘制直线

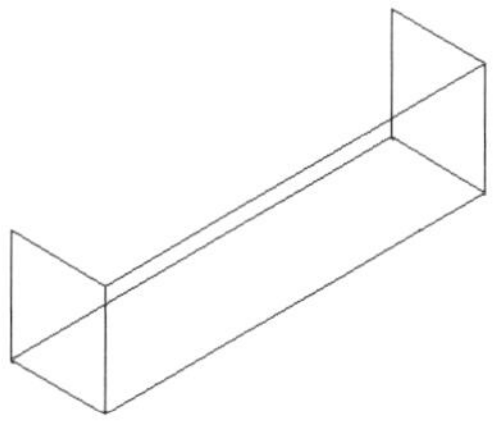

图 12-79 平移曲面

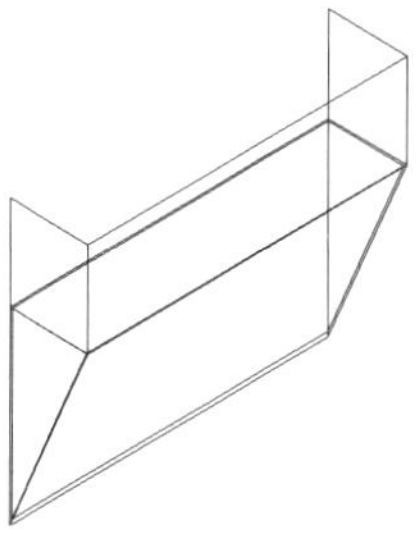

图 12-80 移动楔体表面

（12）单击“默认”选项卡“修改”面板中的“移动”按钮，将图 12-80 所示的图形移至如图 12-81 所示的位置。

（13）单击“可视化”选项卡“视觉样式”面板中的“隐藏”按钮，对已绘制的图形进行消隐，消隐后的效果如图 12-82 所示。

（14）单击“三维工具”选项卡“建模”面板中的“圆柱体”按钮，绘制直径为 25、高度为 12 的圆柱体作为饮水机水龙头开关。

（15）单击“三维工具”选项卡“建模”面板中的“长方体”按钮，绘制一个长、宽、高分别为 80、30 和 30 的长方体作为水管，如图 12-83 所示。

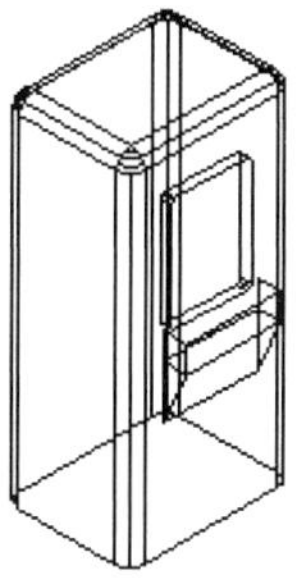

图 12-81 安装生成的表面

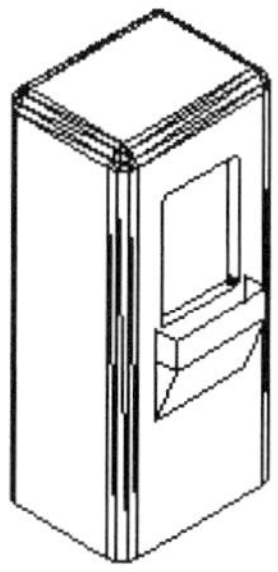

图 12-82 消隐后的效果 2

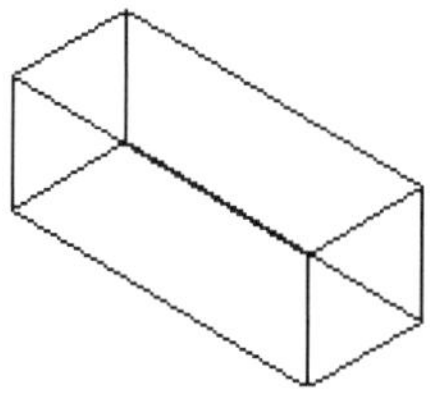

图 12-83 生成水管

Note

（16）单击“默认”选项卡“修改”面板中的“移动”按钮✥，将圆柱体移动至如图12-84所示的位置。在移动圆柱体时，可以选择圆柱体的上表面或下表面的圆心作为移动的基点。

（17）单击“三维工具”选项卡“实体编辑”面板中的“剖切”按钮，选择长方体为被剖切对象，指定三点确定剖切面，使剖切面与长方体表面角度为45°，并且剖切面经过长方体的一条棱。用鼠标选择保留一侧的任一点，剖切后的效果如图12-85所示。

（18）将水管左侧面所在的平面设置为当前UCS所在平面，单击“默认”选项卡“绘图”面板中的“多段线”按钮，绘制多边形，其中多边形一条边与水管斜棱重合，如图12-86所示。

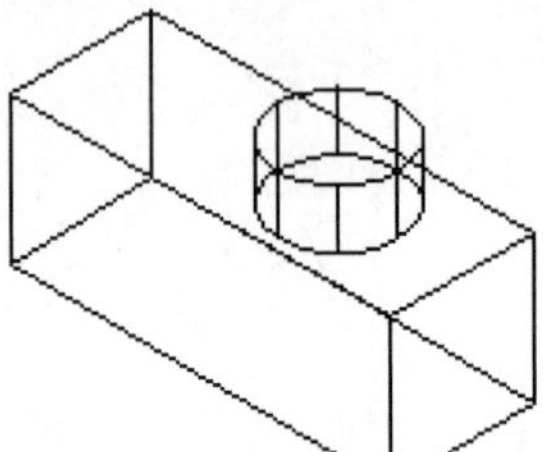

图12-84　生成水管开关

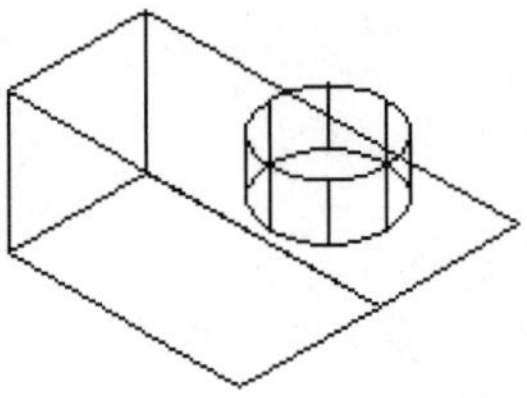

图12-85　剖切水管

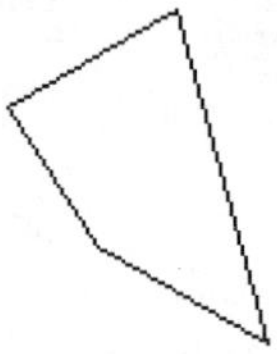

图12-86　绘制多边形

（19）单击“三维工具”选项卡“建模”面板中的“拉伸”按钮，指定拉伸高度为30，也可以使用拉伸路径，用鼠标在垂直于多边形所在平面的方向上指定距离为30的两点。指定拉伸的倾斜角为0°，生成水龙头的嘴，如图12-87所示。

（20）单击“默认”选项卡“修改”面板中的“移动”按钮✥，选择整个水龙头作为移动对象，水管的一个顶点为基点，将水龙头移至如图12-88所示的位置。

（21）单击“可视化”选项卡“视觉样式”面板中的“隐藏”按钮，对已绘制的图形进行消隐，消隐后的效果如图12-89所示。

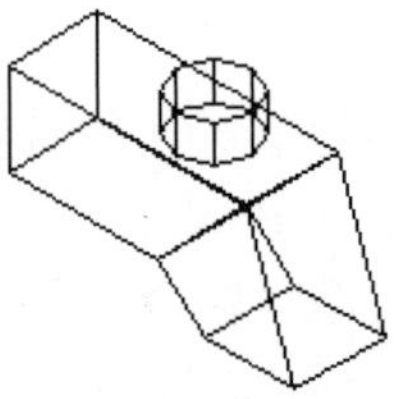

图12-87　生成水龙头的嘴

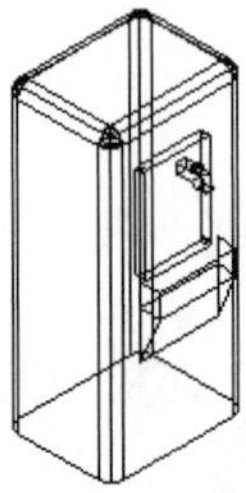

图12-88　安装水龙头后的效果

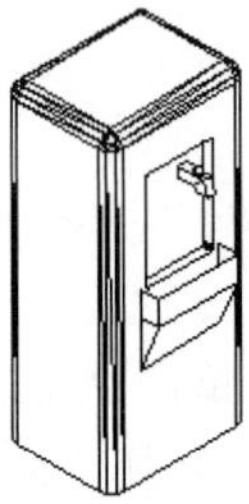

图12-89　消隐后的效果3

（22）单击“可视化”选项卡“坐标”面板中的“世界”按钮，将当前UCS转换到原来的UCS。

（23）在命令行中输入MIRROR3D，选择水龙头作为镜像的对象，指定镜像平面为*YZ*平面，打开对象捕捉功能，捕捉中点，作为*YZ*平面上的一点。保留镜像的源对象。

（24）将视图切换至前视图，单击“默认”选项卡“绘图”面板中的“圆”按钮，在水龙头上方绘制一个半径为12的圆，作为饮水机水开的指示灯。

（25）单击“默认”选项卡“修改”面板中的“镜像”按钮，选择指示灯作为镜像对象，选择饮水机前面两条棱的中点所在的直线为镜像线。生成一个表示饮水机正在加热的指示灯，如图12-90所示。

3. 绘制水桶

视频讲解

（1）将视图切换至西南等轴测视图。在命令行中输入ISOLINES，设置线密度为12。

（2）将坐标系恢复到世界坐标系，单击“三维工具”选项卡“建模”面板中的“圆锥体”按钮，绘制水桶接口。命令行提示与操作如下：

```
命令：_cone↙
指定底面的中心点或[三点(3P)/两点(2P)/切点、切点、半径(T)/椭圆(E)]：(适当指定一点)
指定底面半径或[直径(D)]：50↙
指定高度或[两点(2P)/轴端点(A)/顶面半径(T)]：t↙
指定顶面半径：100↙
指定高度或[两点(2P)/轴端点(A)]：64↙
```

（3）单击“三维工具”选项卡“实体编辑”面板中的“抽壳”按钮，进行抽壳处理，抽壳距离为 1。

（4）单击“默认”选项卡“修改”面板中的“移动”按钮，选择圆锥作为移动对象，将圆锥移到饮水机上，设置圆锥底面与饮水机上表面的垂直距离为 50，如图 12-91 所示。

（5）将视图切换至前视图，单击“默认”选项卡“绘图”面板中的“直线”按钮，绘制一条垂直于 *XY* 平面的直线。单击“默认”选项卡“绘图”面板中的“多段线”按钮，绘制一条多段线，使多段线上的水平线段长度为 140，垂直线段长度为 340，下面的水平线段为 25，绘制结果如图 12-92 所示。

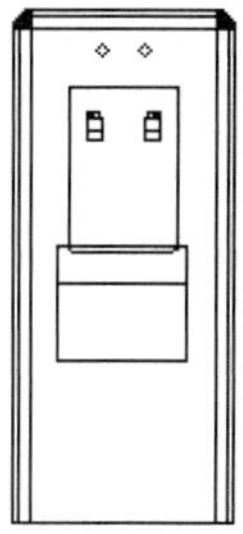

图 12-90　镜像指示灯

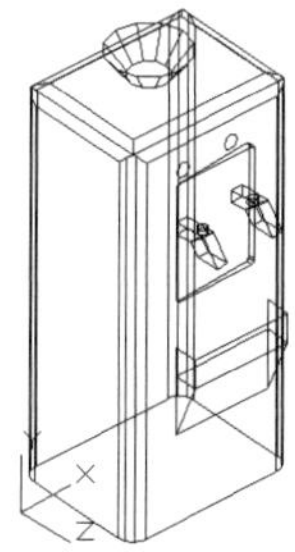

图 12-91　生成饮水机与水桶的接口

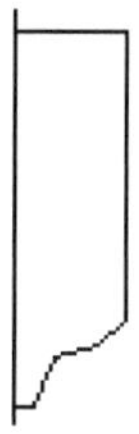

图 12-92　要生成水桶的多段线

（6）在命令行中输入 SURFTAB1，设置参数为 12，执行菜单栏中的“绘图”→“建模”→“网格”→“旋转网格”命令，指定多段线为旋转对象，指定直线为旋转轴对象。指定起点角度为 0°，夹角为 360°，旋转生成水桶，如图 12-93 所示。

（7）将视图切换至西南等轴测视图。单击“默认”选项卡“修改”面板中的“移动”按钮，选择水桶作为移动对象，选择水桶的下底面中点为基点，将其移动至水桶接口锥面下底中点位置。

（8）单击“可视化”选项卡“视觉样式”面板中的“隐藏”按钮，对已绘制的图形进行消隐，消隐后的效果如图 12-94 所示。

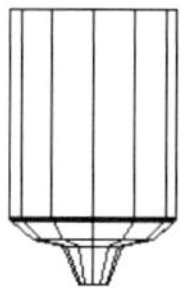

图 12-93　旋转曲面生成水桶

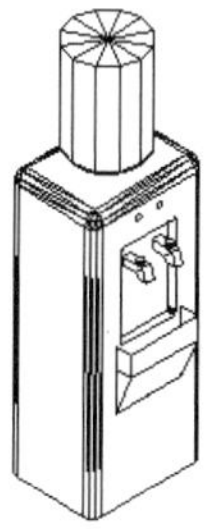

图 12-94　消隐后的饮水机

（9）单击“可视化”选项卡“材质”面板中的“材质浏览器”按钮，系统弹出“材质浏览器”选项板，选择适当的材质并将其赋予饮水机。

（10）单击“可视化”选项卡“渲染”面板中的“渲染到尺寸”按钮，对饮水机进行渲染，渲染效果如图12-71所示。

12.3 编辑实体

对象编辑是指对单个三维实体本身的某些部分或某些要素进行编辑，从而改变三维实体造型。

12.3.1 拉伸面

1. 执行方式

☑ 命令行：SOLIDEDIT。
☑ 菜单栏：“修改”→“实体编辑”→“拉伸面”。
☑ 工具栏：“实体编辑”→“拉伸面”。
☑ 功能区：“三维工具”→“实体编辑”→“拉伸面”。

2. 操作步骤

```
命令：SOLIDEDIT↙
实体编辑自动检查：SOLIDCHECK=1
输入实体编辑选项 [面(F)/边(E)/体(B)/放弃(U)/退出(X)] <退出>: _face↙
输入面编辑选项[拉伸(E)/移动(M)/旋转(R)/偏移(O)/倾斜(T)/删除(D)/复制(C)/颜色(L)/材质(A)/放弃(U)/退出(X)] <退出>: _extrude↙
选择面或[放弃(U)/删除(R)]: （选择要进行拉伸的面）
选择面或[放弃(U)/删除(R)/全部(ALL)]:（继续选择要拉伸的面或按Enter键结束选择）
指定拉伸高度或[路径(P)]:（输入拉伸高度值或选择拉伸路径）
```

3. 选项说明

（1）指定拉伸高度：按指定的高度值来拉伸面。指定拉伸的倾斜角度后，完成拉伸操作。

（2）路径(P)：沿指定的路径曲线拉伸面。图12-95显示了拉伸长方体顶面和侧面的结果。

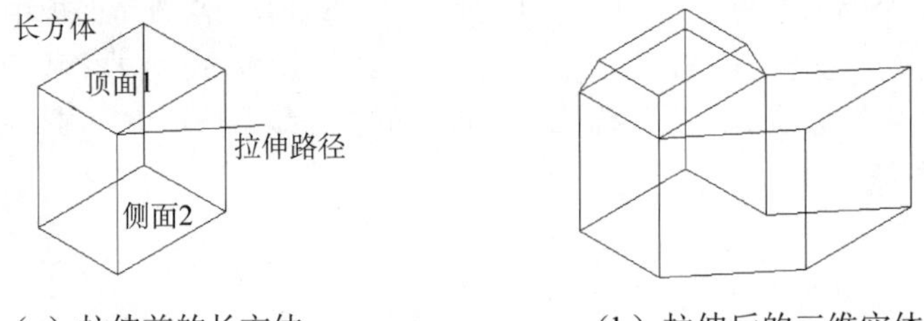

（a）拉伸前的长方体　　（b）拉伸后的三维实体

图12-95　拉伸长方体

12.3.2 移动面

1. 执行方式

☑ 命令行：SOLIDEDIT。

☑　菜单栏："修改"→"实体编辑"→"移动面"。
☑　工具栏："实体编辑"→"移动面"。
☑　功能区："三维工具"→"实体编辑"→"移动面"。

2. 操作步骤

命令：SOLIDEDIT↙
实体编辑自动检查：SOLIDCHECK=1
输入实体编辑选项 [面(F)/边(E)/体(B)/放弃(U)/退出(X)] <退出>: _face↙
输入面编辑选项[拉伸(E)/移动(M)/旋转(R)/偏移(O)/倾斜(T)/删除(D)/复制(C)/颜色(L)/材质(A)/放弃(U)/ 退出(X)] <退出>: _move↙
选择面或[放弃(U)/删除(R)]：(选择要移动的面)
选择面或[放弃(U)/删除(R)/全部(ALL)]：(继续选择移动面或按 Enter 键结束选择)
指定基点或位移：(输入具体的坐标值或选择关键点)
指定位移的第二点：(输入具体的坐标值或选择关键点)

各选项的含义在前面介绍的命令中都有涉及，读者如有问题，可查看相关命令（如"拉伸面"和"移动面"等）。图 12-96 为移动三维实体的结果。

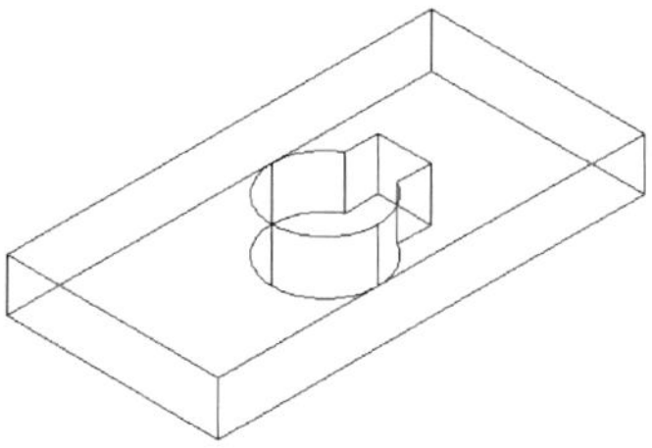
（a）移动前的图形

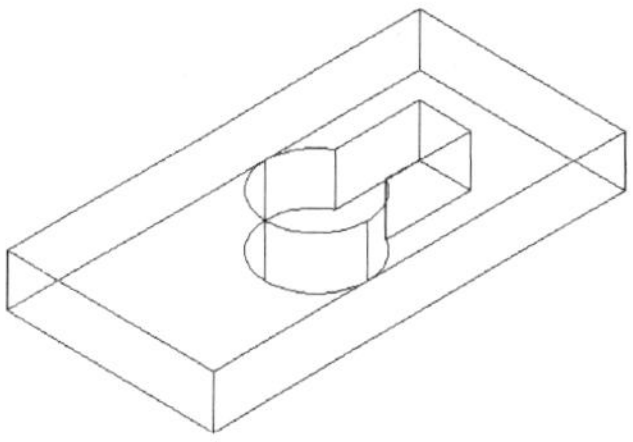
（b）移动后的图形

图 12-96　移动三维实体

12.3.3　偏移面

1. 执行方式

☑　命令行：SOLIDEDIT。
☑　菜单栏："修改"→"实体编辑"→"偏移面"。
☑　工具栏："实体编辑"→"偏移面"。
☑　功能区："三维工具"→"实体编辑"→"偏移面"。

2. 操作步骤

命令：SOLIDEDIT↙
实体编辑自动检查：SOLIDCHECK=1
输入实体编辑选项 [面(F)/边(E)/体(B)/放弃(U)/退出(X)] <退出>: _face↙
输入面编辑选项[拉伸(E)/移动(M)/旋转(R)/偏移(O)/倾斜(T)/删除(D)/复制(C)/颜色(L)/材质(A)/放弃(U)/ 退出(X)] <退出>: _offset↙
选择面或[放弃(U)/删除(R)]：(选择要偏移的面)
选择面或 [放弃(U)/删除(R)/全部(ALL)]:
指定偏移距离：(输入要偏移的距离值)

Note

图 12-97 显示了使用“偏移面”命令改变哑铃手柄粗细的结果。

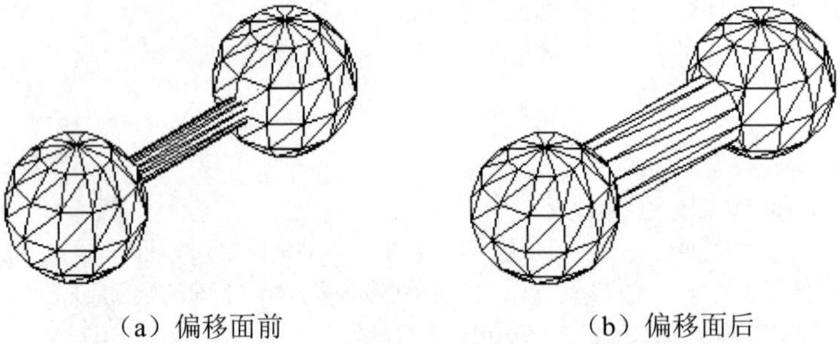

（a）偏移面前　　（b）偏移面后

图 12-97　偏移哑铃手柄面前后的图形

12.3.4　删除面

1. 执行方式

☑　命令行：SOLIDEDIT。

☑　菜单栏：“修改”→“实体编辑”→“删除面”。

☑　工具栏：“实体编辑”→“删除面”。

☑　功能区：“三维工具”→“实体编辑”→“删除面”。

2. 操作步骤

```
命令：SOLIDEDIT↙
实体编辑自动检查：SOLIDCHECK=1
输入实体编辑选项 [面(F)/边(E)/体(B)/放弃(U)/退出(X)] <退出>：_face↙
输入面编辑选项[拉伸(E)/移动(M)/旋转(R)/偏移(O)/倾斜(T)/删除(D)/复制(C)/颜色(L)/
材质(A)/放弃(U)/ 退出(X)] <退出>：_delete↙
选择面或[放弃(U)/删除(R)]：(选择要删除的面)
选择面或[放弃(U)/删除(R)/全部(ALL)]：(继续选择或按 Enter 键结束选择)
```

图 12-98 显示了删除长方体的一个圆角面后的结果。

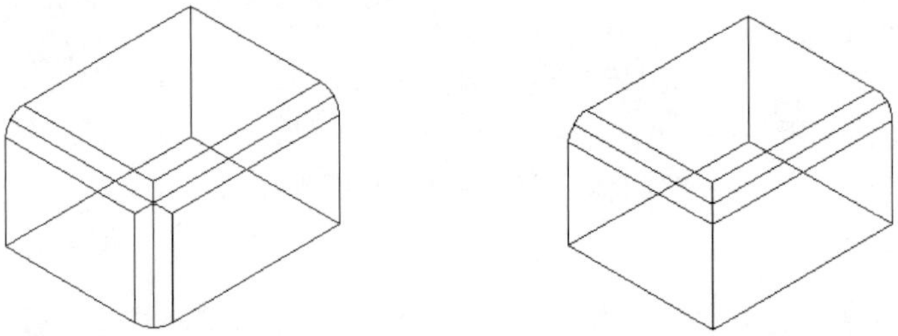

（a）倒圆角后的长方体　　（b）删除倒角面后的图形

图 12-98　删除圆角面

12.3.5　旋转面

1. 执行方式

☑　命令行：SOLIDEDIT。

☑　菜单栏："修改"→"实体编辑"→"旋转面"。
☑　工具栏："实体编辑"→"旋转面"。
☑　功能区："三维工具"→"实体编辑"→"旋转面"。

2. 操作步骤

命令：SOLIDEDIT↙
实体编辑自动检查：SOLIDCHECK=1
输入实体编辑选项 [面(F)/边(E)/体(B)/放弃(U)/退出(X)] <退出>: _face↙
输入面编辑选项[拉伸(E)/移动(M)/旋转(R)/偏移(O)/倾斜(T)/删除(D)/复制(C)/颜色(L)/材质(A)/放弃(U)/ 退出(X)] <退出>: _rotate↙
选择面或[放弃(U)/删除(R)]：(选择要旋转的面)
选择面或[放弃(U)/删除(R)/全部(ALL)]：(继续选择或按 Enter 键结束选择)
指定轴点或[经过对象的轴(A)/视图(V)/X 轴(X)/Y 轴(Y)/Z 轴(Z)] <两点>：(选择一种确定轴线的方式)
指定旋转角度或 [参照(R)]：(输入旋转角度)

图 12-99 显示了将开口槽的方向旋转 90°前后的结果。

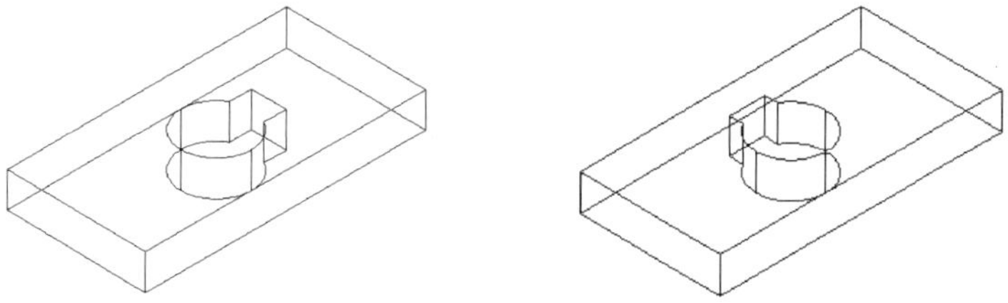

（a）旋转前　　（b）旋转后

图 12-99　开口槽旋转 90°前后的图形

12.3.6　倾斜面

1. 执行方式

☑　命令行：SOLIDEDIT。
☑　菜单栏："修改"→"实体编辑"→"倾斜面"。
☑　工具栏："实体编辑"→"倾斜面"。
☑　功能区："三维工具"→"实体编辑"→"倾斜面"。

2. 操作步骤

命令：SOLIDEDIT↙
实体编辑自动检查：SOLIDCHECK=1
输入实体编辑选项 [面(F)/边(E)/体(B)/放弃(U)/退出(X)] <退出>: _face↙
输入面编辑选项[拉伸(E)/移动(M)/旋转(R)/偏移(O)/倾斜(T)/删除(D)/复制(C)/颜色(L)/材质(A)/放弃(U)/退出(X)] <退出>: _taper↙
选择面或[放弃(U)/删除(R)]：(选择要倾斜的面)
选择面或[放弃(U)/删除(R)/全部(ALL)]：(继续选择或按 Enter 键结束选择)
指定基点：(选择倾斜的基点——倾斜后不动的点)
指定沿倾斜轴的另一个点：(选择另一点——倾斜后改变方向的点)
指定倾斜角度：(输入倾斜角度)

Note

视频讲解

12.3.7 实例——绘制小水桶

分析如图 12-100 所示的小水桶，它主要由储水部分、提手孔和提手 3 部分组成。小水桶的绘制难点是提手孔和提手。提手孔的实体可通过布尔运算获得，位置由小水桶的结构决定。要绘制提手，需要先绘制路径曲线，然后通过拉伸截面圆生成提手。确定提手的尺寸时要确保它能够在提手孔中旋转。绘制流程如图 12-100 所示。

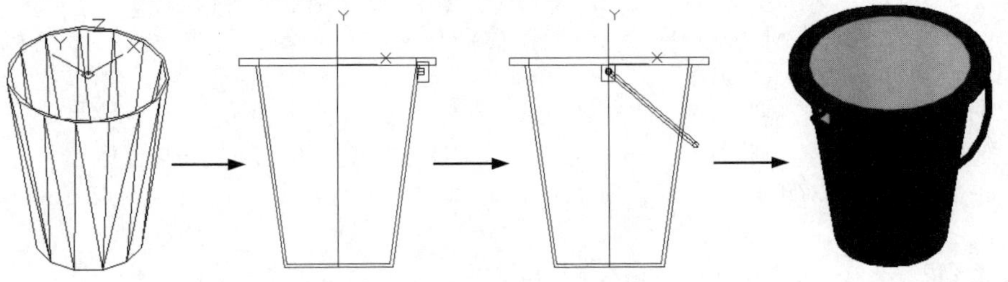

图 12-100　小水桶的绘制流程

操作步骤

1. 绘制水桶主体

（1）单击“可视化”选项卡“命名视图”面板中的“西南等轴测”按钮，将当前视图设置为西南等轴测视图。

（2）单击“三维工具”选项卡“建模”面板中的“圆柱体”按钮，绘制底面中心点为原点、半径为 125、高度为−300 的圆柱体。

（3）单击“三维工具”选项卡“实体编辑”面板中的“倾斜面”按钮，将刚绘制的直径为 250 的圆柱体的外表面倾斜 8°。命令行提示与操作如下：

```
命令：_solidedit↙
实体编辑自动检查：SOLIDCHECK=1
输入实体编辑选项 [面(F)/边(E)/体(B)/放弃(U)/退出(X)] <退出>：_face↙
输入面编辑选项[拉伸(E)/移动(M)/旋转(R)/偏移(O)/倾斜(T)/删除(D)/复制(C)/颜色(L)/材质(A)/放弃(U)/退出(X)] <退出>：_taper↙
选择面或 [放弃(U)/删除(R)]：(选择圆柱体)
选择面或 [放弃(U)/删除(R)/全部(ALL)]：↙
指定基点：(选择圆柱体的顶面圆心)
指定沿倾斜轴的另一个点：(选择圆柱体的底面圆心)
指定倾斜角度：8↙
已开始实体校验
已完成实体校验
输入面编辑选项[拉伸(E)/移动(M)/旋转(R)/偏移(O)/倾斜(T)/删除(D)/复制(C)/颜色(L)/材质(A)/放弃(U)/退出(X)] <退出>：X↙
实体编辑自动检查：SOLIDCHECK=1
输入实体编辑选项 [面(F)/边(E)/体(B)/放弃(U)/退出(X)] <退出>：X↙
```

（4）单击“可视化”选项卡“视觉样式”面板中的“隐藏”按钮，对实体进行消隐，结果如图 12-101 所示。

（5）单击“三维工具”选项卡“实体编辑”面板中的“抽壳”按钮，对倾斜后的实体进行抽壳，抽壳距离为 5。命令行提示与操作如下：

```
命令: _solidedit↙
实体编辑自动检查: SOLIDCHECK=1
输入实体编辑选项 [面(F)/边(E)/体(B)/放弃(U)/退出(X)] <退出>: _body↙
输入体编辑选项
[压印(I)/分割实体(P)/抽壳(S)/清除(L)/检查(C)/放弃(U)/退出(X)] <退出>: _shell↙
选择三维实体:
删除面或 [放弃(U)/添加(A)/全部(ALL)]:（选取实体的上表面）找到一个面，已删除 1 个。
删除面或 [放弃(U)/添加(A)/全部(ALL)]: ↙
输入抽壳偏移距离: 5↙
已开始实体校验。
已完成实体校验。
输入体编辑选项[压印(I)/分割实体(P)/抽壳(S)/清除(L)/检查(C)/放弃(U)/退出(X)] <退出>:↙
实体编辑自动检查: SOLIDCHECK=1
输入实体编辑选项 [面(F)/边(E)/体(B)/放弃(U)/退出(X)] <退出>:X↙
```

（6）单击“可视化”选项卡“视觉样式”面板中的“隐藏”按钮，对实体进行消隐，结果如图 12-102 所示。

（7）单击“三维工具”选项卡“建模”面板中的“圆柱体”按钮，在原点绘制直径分别为 240 和 300、高均为 10 的两个圆柱体。

（8）单击“三维工具”选项卡“实体编辑”面板中的“差集”按钮，求直径分别为 240 和 300 的两个圆柱体的差集。

（9）单击“可视化”选项卡“视觉样式”面板中的“隐藏”按钮，对实体进行消隐，结果如图 12-103 所示。

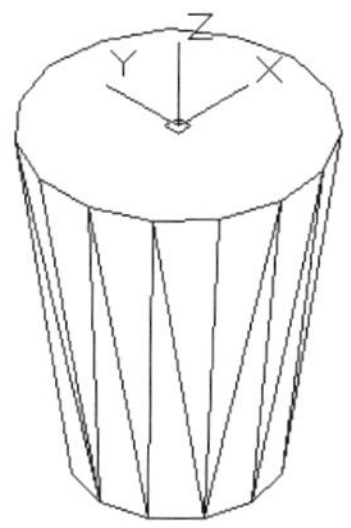

图 12-101　倾斜后的圆柱体

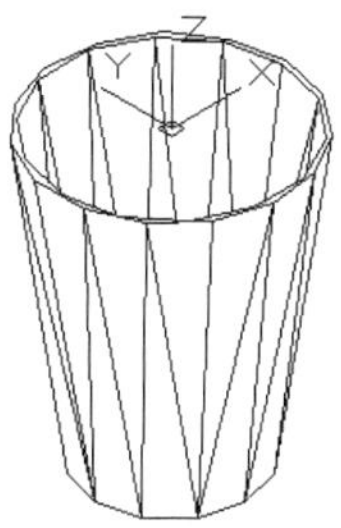

图 12-102　抽壳后的实体

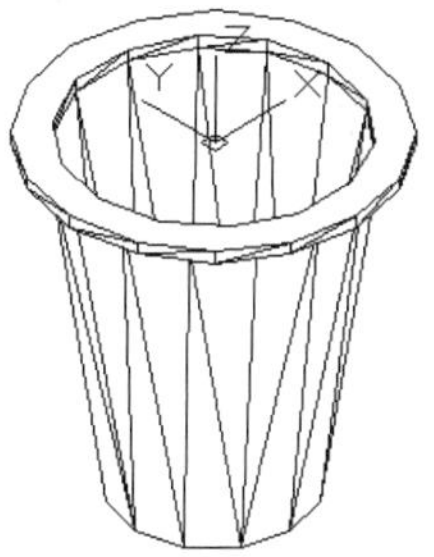

图 12-103　水桶边缘

（10）单击“三维工具”选项卡“建模”面板中的“长方体”按钮，以原点为中心点，绘制长度为 18、宽度为 20、高度为 30 的长方体。

（11）单击“三维工具”选项卡“建模”面板中的“圆柱体”按钮，绘制底面中心点为（2,0,0）、半径为 5、顶圆圆心为（−10,0,0）的圆柱体。

（12）单击“三维工具”选项卡“实体编辑”面板中的“差集”按钮，对长方体和直径为 10 的圆柱体求差集，此时窗口中的图形如图 12-104 所示。

（13）单击“默认”选项卡“修改”面板中的“移动”按钮，将求差集所得的实体从（0,0,0）移动到（−130,0,−10）。

（14）单击“可视化”选项卡“命名视图”面板中的“前视”按钮，将当前视图设置为前视，如图 12-105 所示。

（15）单击“默认”选项卡“修改”面板中的“镜像”按钮，镜像刚移动的实体。命令行提示与操作如下：

Note

```
命令：MIRROR↙
选择对象：（选择刚移动的小孔实体）
选择对象:↙
指定镜像线的第一点：0,0↙
指定镜像线的第二点:0,-40↙
是否删除源对象？[是(Y)/否(N)] <否>:N↙
```

（16）单击“可视化”选项卡“命名视图”面板中的“西南等轴测”按钮，将当前视图设置为西南等轴测视图。

（17）单击“三维工具”选项卡“实体编辑”面板中的“并集”按钮，将上面所有的实体合并在一起。

（18）单击“可视化”选项卡“视觉样式”面板中的“隐藏”按钮，对实体进行消隐，结果如图 12-106 所示。

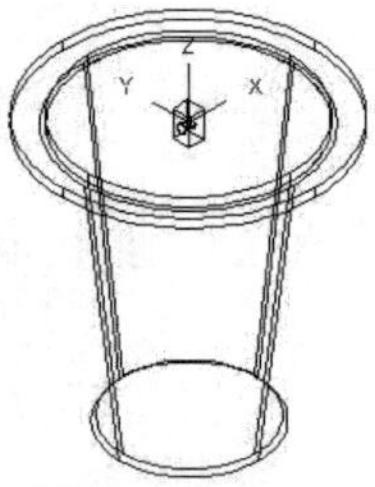

图 12-104　求差集后的实体

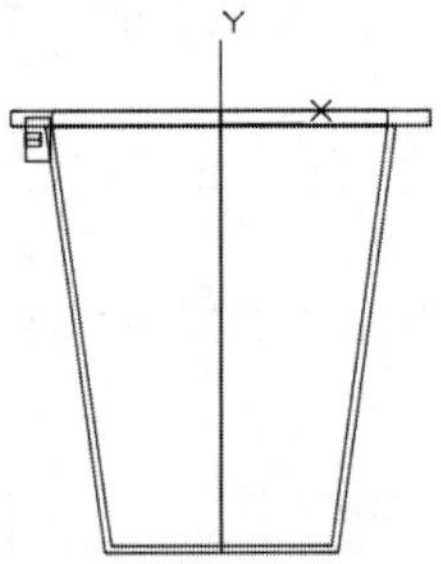

图 12-105　前视图

图 12-106　合并后的实体

2. 绘制提手

（1）单击“可视化”选项卡“命名视图”面板中的“前视”按钮，将当前视图设置为前视。

（2）单击“默认”选项卡“绘图”面板中的“多段线”按钮，绘制提手的路径曲线。命令行提示与操作如下：

```
命令：PLINE↙
指定起点：-130,-10↙
当前线宽为 0.0000
指定下一个点或 [圆弧(A)/半宽(H)/长度(L)/放弃(U)/宽度(W)]：@-30,0↙
指定下一点或 [圆弧(A)/闭合(C)/半宽(H)/长度(L)/放弃(U)/宽度(W)]：@0,-10↙
指定下一点或 [圆弧(A)/闭合(C)/半宽(H)/长度(L)/放弃(U)/宽度(W)]：A↙
指定圆弧的端点(按住 Ctrl 键以切换方向)或[角度(A)/圆心(CE)/闭合(CL)/方向(D)/半宽(H)/直线(L)/半径(R)/第二个点(S)/放弃(U)/宽度(W)]：CE↙
指定圆弧的圆心：0,-20↙
指定圆弧的端点(按住 Ctrl 键以切换方向)或 [角度(A)/长度(L)]：A↙
指定夹角(按住 Ctrl 键以切换方向)：180↙
指定圆弧的端点(按住 Ctrl 键以切换方向)或[角度(A)/圆心(CE)/闭合(CL)/方向(D)/半宽(H)/直线(L)/半径(R)/第二个点(S)/放弃(U)/宽度(W)]：L↙
指定下一点或 [圆弧(A)/闭合(C)/半宽(H)/长度(L)/放弃(U)/宽度(W)]：@0,10↙
```

```
指定下一点或 [圆弧(A)/闭合(C)/半宽(H)/长度(L)/放弃(U)/宽度(W)]: @-30,0↙
指定下一点或 [圆弧(A)/闭合(C)/半宽(H)/长度(L)/放弃(U)/宽度(W)]:
```

结果如图 12-107 所示。

（3）单击“可视化”选项卡“命名视图”面板中的“左视”按钮，将当前视图设置为左视图。

（4）单击“默认”选项卡“绘图”面板中的“圆”按钮，在左视图的点（0,−10）处画一个半径为 4 的圆。

（5）单击“可视化”选项卡“命名视图”面板中的“西南等轴测”按钮，将当前视图设置为西南等轴测视图。

（6）单击“默认”选项卡“修改”面板中的“移动”按钮，将半径为 4 的圆移动到提手左端端点处。

（7）单击“三维工具”选项卡“建模”面板中的“拉伸”按钮，拉伸半径为 4 的圆。命令行提示与操作如下：

```
命令: EXTRUDE↙
当前线框密度: ISOLINES=4，闭合轮廓创建模式 = 实体
选择要拉伸的对象或 [模式(MO)]:（选择半径为 4 的圆）
选择要拉伸的对象或 [模式(MO)]: ↙
指定拉伸的高度或 [方向(D)/路径(P)/倾斜角(T)/表达式(E)]: P↙
选择拉伸路径或 [倾斜角(T)]:（选择路径曲线）
```

（8）单击“可视化”选项卡“命名视图”面板中的“左视”按钮，将当前视图设置为左视图。

（9）单击“默认”选项卡“修改”面板中的“旋转”按钮，旋转提手。命令行提示与操作如下：

```
命令: ROTATE
UCS 当前的正角方向: ANGDIR=逆时针  ANGBASE=0
选择对象:（选择提手）
选择对象: ↙
指定基点:（选择提手孔的中心点）
指定旋转角度，或 [复制(C)/参照(R)] <0>: 50↙
```

消隐后的结果如图 12-108 所示。

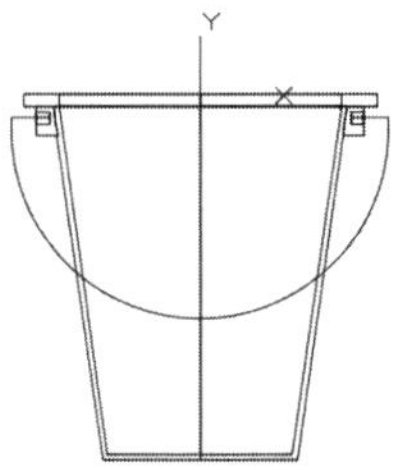

图 12-107　提手路径曲线

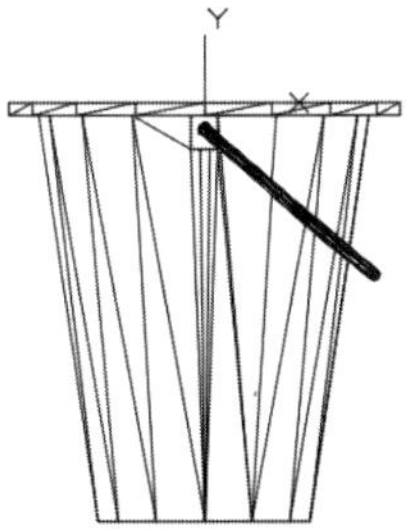

图 12-108　旋转提手

3. 倒圆角和颜色处理

（1）单击“可视化”选项卡“命名视图”面板中的“西南等轴测”按钮，将当前视图设置为西南等轴测视图。

（2）单击“三维工具”选项卡“实体编辑”面板中的“圆角边”按钮，对小水桶的上边缘进

行倒圆角，圆角半径为2。

（3）将水桶的不同部分着上不同的颜色。单击“三维工具”选项卡“实体编辑”面板中的“着色面”按钮，将水桶的外表面着上红色，提手着上蓝色，其他面是系统默认色。

（4）单击“可视化”选项卡“渲染”面板中的“渲染到尺寸”按钮，对小水桶进行渲染，渲染结果如图12-100所示。

Note

12.3.8 复制面

1. 执行方式

☑ 命令行：SOLIDEDIT。
☑ 菜单栏：“修改”→“实体编辑”→“复制面”。
☑ 工具栏：“实体编辑”→“复制面”。
☑ 功能区：“三维工具”→“实体编辑”→“复制面”。

2. 操作步骤

```
命令: _solidedit↙
实体编辑自动检查: SOLIDCHECK=1
输入实体编辑选项 [面(F)/边(E)/体(B)/放弃(U)/退出(X)] <退出>: _face↙
输入面编辑选项[拉伸(E)/移动(M)/旋转(R)/偏移(O)/倾斜(T)/删除(D)/复制(C)/颜色(L)/材质(A)/放弃(U)/ 退出(X)] <退出>: _copy↙
选择面或[放弃(U)/删除(R)]:(选择要复制的面)
选择面或[放弃(U)/删除(R)/全部(ALL)]:(继续选择移动面或按 Enter 键结束选择)
指定基点或位移:(输入基点的坐标)
指定位移的第二点:(输入第二点的坐标)
```

12.3.9 着色面

1. 执行方式

☑ 命令行：SOLIDEDIT。
☑ 菜单栏：“修改”→“实体编辑”→“着色面”。
☑ 工具栏：“实体编辑”→“着色面”。
☑ 功能区：“三维工具”→“实体编辑”→“着色面”。

2. 操作步骤

```
命令: _solidedit↙
实体编辑自动检查: SOLIDCHECK=1
输入实体编辑选项 [面(F)/边(E)/体(B)/放弃(U)/退出(X)] <退出>: _face↙
输入面编辑选项[拉伸(E)/移动(M)/旋转(R)/偏移(O)/倾斜(T)/删除(D)/复制(C)/颜色(L)/材质(A)/放弃(U)/ 退出(X)] <退出>: _color↙
选择面或[放弃(U)/删除(R)]:(选择要着色的面)
选择面或[放弃(U)/删除(R)/全部(ALL)]:(继续选择移动面或按 Enter 键结束选择)
```

选择好着色的面后，AutoCAD打开“选择颜色”对话框，根据需要选择合适的颜色作为要着色面的颜色。操作完成后，该表面将被相应的颜色覆盖。

Note

12.3.10　复制边

1. 执行方式

☑　命令行：SOLIDEDIT。
☑　菜单栏：“修改”→“实体编辑”→“复制边”。
☑　工具栏：“实体编辑”→“复制边”。
☑　功能区：“三维工具”→“实体编辑”→“复制边”。

2. 操作步骤

```
命令: _solidedit↙
实体编辑自动检查: SOLIDCHECK=1
输入实体编辑选项 [面(F)/边(E)/体(B)/放弃(U)/退出(X)] <退出>: _edge↙
输入边编辑选项[复制(C)/ 着色(L)/放弃(U)/退出(X)] <退出>: _copy↙
选择边或[放弃(U)/删除(R)]:(选择曲线边)
选择边或[放弃(U)/删除(R)]:(按 Enter 键)
指定基点或位移:(单击确定复制基准点)
指定位移的第二点:(单击确定复制目标点)
```

图 12-109 显示了复制边的结果。

（a）选择边　　（b）复制边

图 12-109　复制边

12.3.11　实例——绘制办公椅

视频讲解

本实例将详细介绍办公椅的绘制方法。本实例首先绘制支架，然后绘制球体，再绘制底座，最后绘制椅背。绘制流程如图 12-110 所示。

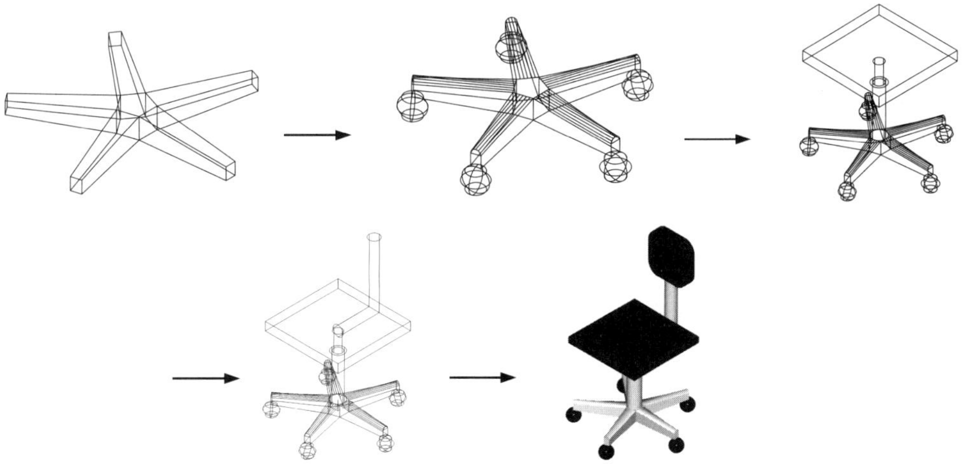

图 12-110　办公椅的绘制流程

Note

操作步骤

1. 绘制支架和底座

（1）单击“默认”选项卡“绘图”面板中的“多边形”按钮，绘制以（0,0）为中心点，外切圆半径为30的五边形。

（2）单击“三维工具”选项卡“建模”面板中的“拉伸”按钮，拉伸五边形，设置拉伸高度为50。

（3）单击“可视化”选项卡“命名视图”面板中的“西南等轴测”按钮，将当前视图设为西南等轴测视图，绘制结果如图12-111所示。

（4）单击“三维工具”选项卡“实体编辑”面板中的“拉伸面”按钮，拉伸五边形的一个面，如图12-112所示。命令行提示与操作如下：

```
命令: _solidedit↙
实体编辑自动检查: SOLIDCHECK=1
输入实体编辑选项 [面(F)/边(E)/体(B)/放弃(U)/退出(X)] <退出>: _face↙
输入面编辑选项 [拉伸(E)/移动(M)/旋转(R)/偏移(O)/倾斜(T)/删除(D)/复制(C)/颜色(L)/材质(A)/放弃(U)/ 退出(X)] <退出>: _extrude↙
选择面或 [放弃(U)/删除(R)]:(选择五边形的一个面)
选择面或 [放弃(U)/删除(R)/全部(ALL)]: ↙
指定拉伸高度或 [路径(P)]: 200↙
指定拉伸的倾斜角度 <3>: 3↙
```

绘制结果如图12-113所示。

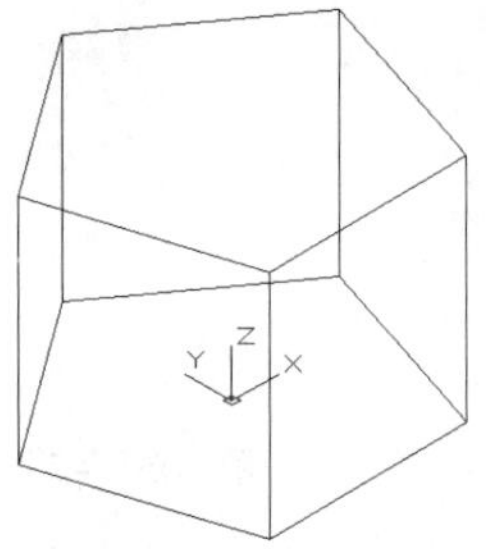

图12-111　绘制五边形并拉伸它　　图12-112　拉伸面对象　　图12-113　拉伸面

重复上述操作，将其他5个面也进行拉伸，如图12-114所示。

（5）在命令行中输入UCS，将坐标系旋转90°。命令行提示与操作如下：

```
命令: _ucs↙
当前 UCS 名称: *世界*
指定 UCS 的原点或 [面(F)/命名(NA)/对象(OB)/上一个(P)/视图(V)/世界(W)/X/Y/Z/Z 轴(ZA)] <世界>: _x↙
指定绕 X 轴的旋转角度 <90>:90↙
```

（6）单击“默认”功能区“绘图”面板“圆弧”下拉列表中的“圆心、起点、端点”按钮，捕捉办公室底座一个支架界面上一条边的中点作为圆心，捕捉其端点为半径，绘制一段圆弧，绘制结果如图12-115所示。

（7）单击“默认”选项卡“绘图”面板中的“直线”按钮，选择如图12-116所示的两个端点绘制直线。

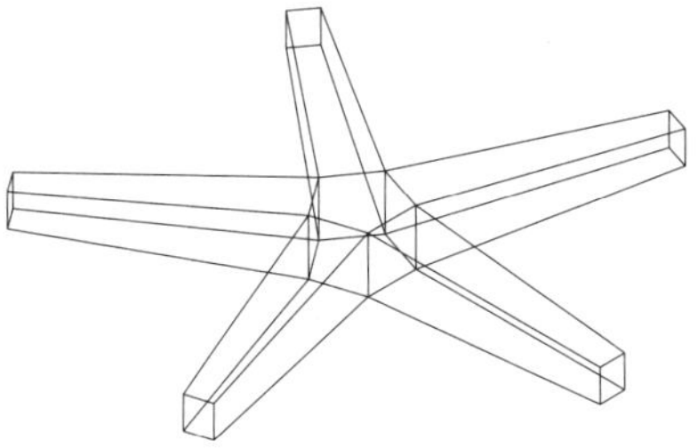

图 12-114　拉伸其他面

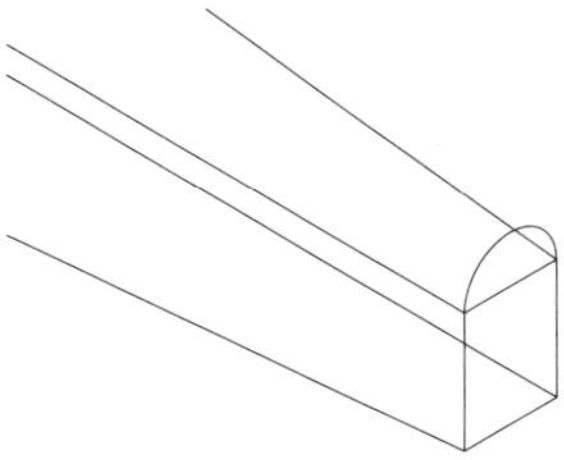

图 12-115　绘制圆弧

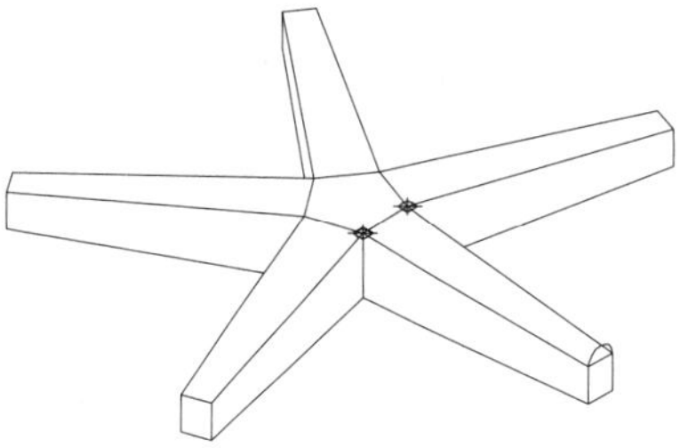

图 12-116　绘制直线

（8）单击“三维工具”选项卡“建模”面板中的“直纹曲面”按钮，绘制直纹曲面。命令行提示与操作如下：

```
命令：RULESURF↙
当前线框密度：SURFTAB1=6
选择第一条定义曲线：（选择圆弧）
选择第二条定义曲线：（选择由图 12-116 所示的两点决定的直线）
```

绘制结果如图 12-117 所示。

（9）单击“可视化”选项卡“坐标”面板中的“世界”按钮，将坐标系还原为原坐标系。

（10）单击“三维工具”选项卡“建模”面板中的“球体”按钮，绘制一个球体，如图 12-118 所示。命令行提示与操作如下：

```
命令：_sphere↙
指定中心点或 [三点(3P)/两点(2P)/切点、切点、半径(T)]：0,-230,-19↙
指定半径或 [直径(D)]：30↙
```

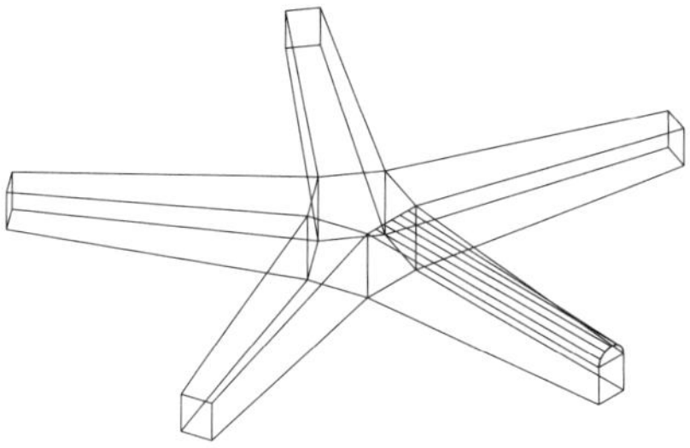

图 12-117　绘制直纹曲面

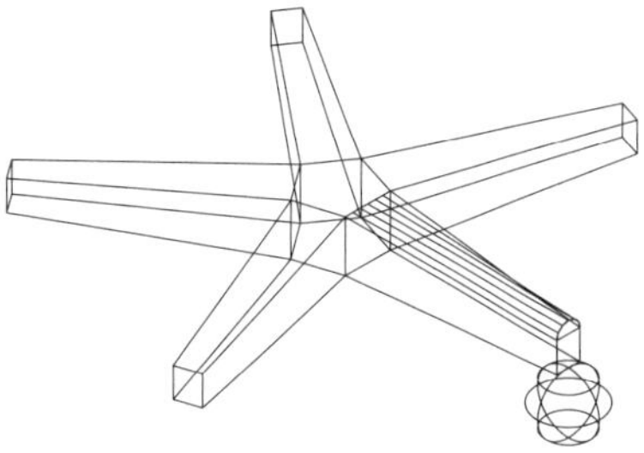

图 12-118　绘制球体

（11）单击“默认”选项卡“修改”面板中的“环形阵列”按钮，选择上述直纹曲面与球体为阵列对象，阵列总数为 5，中心点为（0,0），绘制结果如图 12-119 所示。

（12）单击“三维工具”选项卡“建模”面板中的“圆柱体”按钮，绘制两个圆柱体。命令行提示与操作如下：

```
命令：_cylinder↙
指定底面的中心点或 [三点(3P)/两点(2P)/切点、切点、半径(T)/椭圆(E)]：0,0,50↙
指定底面半径或 [直径(D)] <30.0000>：30↙
指定高度或 [两点(2P)/轴端点(A)] <50.0000>：200↙
命令：CYLINDER↙
指定底面的中心点或 [三点(3P)/两点(2P)/切点、切点、半径(T)/椭圆(E)]：0,0,250↙
```

```
指定底面半径或 [直径(D)] <30.0000>: 20↙
指定高度或 [两点(2P)/轴端点(A)] <200.0000>: 80↙
```

绘制结果如图 12-120 所示。

2. 椅面和椅背

（1）单击“三维工具”选项卡“建模”面板中的“长方体”按钮，以（0,0,350）为中心点，绘制长为 350、宽为 350、高为 40 的长方体，如图 12-121 所示。

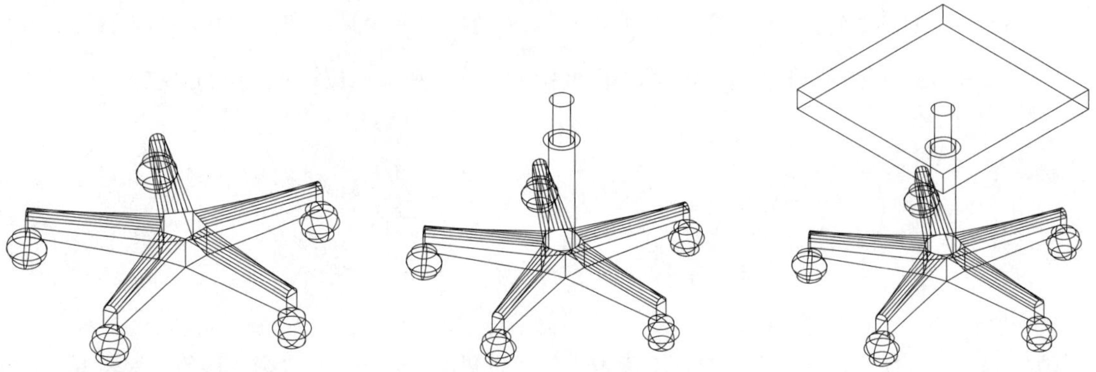

图 12-119　阵列处理　　图 12-120　绘制圆柱体　　图 12-121　绘制长方体

（2）在命令行中输入 UCS，将坐标系绕 *X* 轴旋转 90°。命令行提示与操作如下：

```
命令: _ucs↙
当前 UCS 名称: *世界*
指定 UCS 的原点或 [面(F)/命名(NA)/对象(OB)/上一个(P)/视图(V)/世界(W)/X/Y/Z/Z 轴(ZA)] <世界>: _x↙
指定绕 X 轴的旋转角度 <90>:90↙
```

（3）单击“默认”选项卡“绘图”面板中的“多段线”按钮，绘制多段线。命令行提示与操作如下：

```
命令: _pline↙
指定起点: 0,330,0↙
当前线宽为 0.0000↙
指定下一个点或 [圆弧(A)/半宽(H)/长度(L)/放弃(U)/宽度(W)]: @175,0↙
指定下一点或 [圆弧(A)/闭合(C)/半宽(H)/长度(L)/放弃(U)/宽度(W)]: @0,300↙
指定下一点或 [圆弧(A)/闭合(C)/半宽(H)/长度(L)/放弃(U)/宽度(W)]:
```

（4）在命令行中输入 UCS，将坐标系绕 *Y* 轴旋转 90°。命令行提示与操作如下：

```
命令: _ucs↙
当前 UCS 名称: *世界*
指定 UCS 的原点或 [面(F)/命名(NA)/对象(OB)/上一个(P)/视图(V)/世界(W)/X/Y/Z/Z 轴(ZA)] <世界>: _y↙
指定绕 Y 轴的旋转角度 <90>:90↙
```

（5）单击“默认”选项卡“绘图”面板中的“圆”按钮，以（0,330,0）为圆心，绘制半径为 25 的圆。

（6）单击“三维工具”选项卡“建模”面板中的“拉伸”按钮，将圆沿多段线路径进行拉伸，绘制结果如图 12-122 所示。

（7）单击“三维工具”选项卡“建模”面板中的“长方体”按钮，以（0,630,175）为中心点，绘制长为 200、宽为 200、高为 50 的长方体。

（8）单击“三维工具”选项卡“实体编辑”面板中的“圆角边”按钮，将长度为 50 的棱边进行圆角处理，圆角半径为 50。再将座椅的椅面做圆角处理，圆角半径为 10，绘制结果如图 12-123 所示。

Note

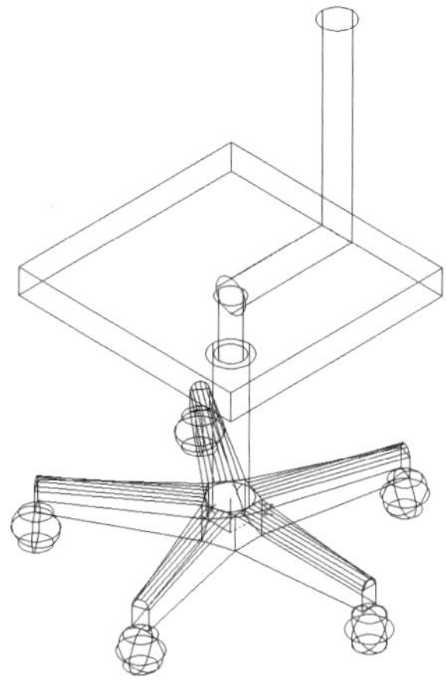

图 12-122　拉伸图形

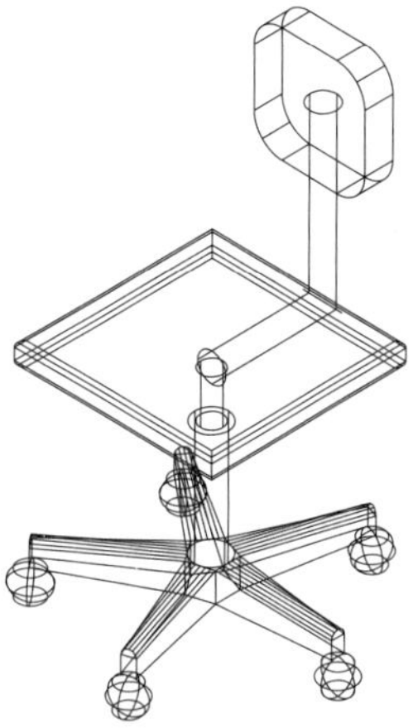

图 12-123　圆角处理

3. 渲染

（1）单击“可视化”选项卡“材质”面板中的“材质浏览器”按钮，选择合适的材质，将红色塑料材质赋予椅面和椅背，将白色塑料材质赋予支架和底座，将蓝色塑料材质赋予球体。

（2）单击“可视化”选项卡“渲染”面板中的“渲染到尺寸”按钮，渲染图形，最终效果如图 12-110 所示。

12.3.12　着色边

1. 执行方式

☑ 命令行：SOLIDEDIT。
☑ 菜单栏：“修改”→“实体编辑”→“着色边”。
☑ 工具栏：“实体编辑”→“着色边”。
☑ 功能区：“三维工具”→“实体编辑”→“着色边”。

2. 操作步骤

```
命令：_solidedit↙
实体编辑自动检查：SOLIDCHECK=1
输入实体编辑选项 [面(F)/边(E)/体(B)/放弃(U)/退出(X)] <退出>：_edge↙
输入边编辑选项[复制(C)/着色(L)/放弃(U)/退出(X)] <退出>：l↙
选择边或[放弃(U)/删除(R)]：(选择要着色的边)
```

选择好边后，AutoCAD 将打开“选择颜色”对话框。根据需要选择合适的颜色作为要着色边的颜色。

12.3.13 压印边

1. 执行方式

☑ 命令行：IMPRINT。
☑ 菜单栏："修改"→"实体编辑"→"压印边"。
☑ 工具栏："实体编辑"→"压印边"。
☑ 功能区："三维工具"→"实体编辑"→"压印边"。

2. 操作步骤

```
命令：IMPRINT↙
选择三维实体或曲面：
选择要压印的对象
是否删除源对象[是(Y)/否(N)] <N>:
```

依次选择三维实体、要压印的对象和设置是否删除源对象。图 12-124 为将五角星压印在长方体上的图形。

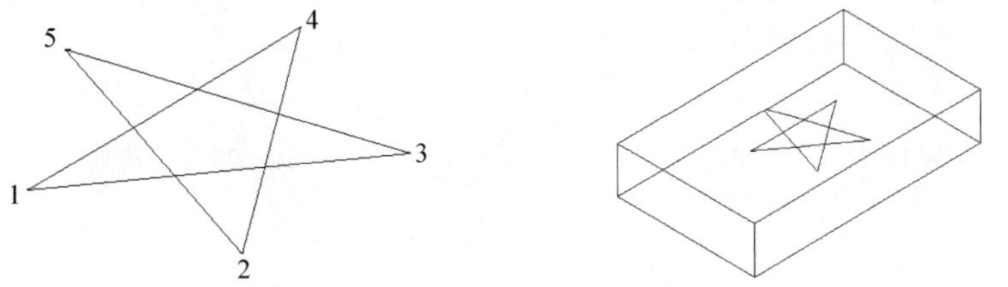

（a）五角星　　（b）压印后的长方体和五角星

图 12-124　压印对象

12.3.14 清除

1. 执行方式

☑ 命令行：SOLIDEDIT。
☑ 菜单栏："修改"→"实体编辑"→"清除"。
☑ 工具栏："实体编辑"→"清除"。
☑ 功能区："三维工具"→"实体编辑"→"清除"。

2. 操作步骤

```
命令：_solidedit↙
实体编辑自动检查：SOLIDCHECK=1
输入实体编辑选项 [面(F)/边(E)/体(B)/放弃(U)/退出(X)] <退出>: _body↙
输入体编辑选项[压印(I)/分割实体(P)/抽壳(S)/清除(L)/检查(C)/放弃(U)/退出(X)] <退出>: _clean↙
选择三维实体：(选择要删除的对象)
```

12.3.15 分割

1. 执行方式

☑ 命令行：SOLIDEDIT。

☑ 菜单栏：“修改”→“实体编辑”→“分割”。
☑ 工具栏：“实体编辑”→“分割”。
☑ 功能区：“三维工具”→“实体编辑”→“分割”。

2. 操作步骤

```
命令: _solidedit↙
实体编辑自动检查: SOLIDCHECK=1
输入实体编辑选项 [面(F)/边(E)/体(B)/放弃(U)/退出(X)] <退出>: _body↙
输入体编辑选项[压印(I)/分割实体(P)/抽壳(S)/清除(L)/检查(C)/放弃(U)/退出(X)] <退出>: _sperate↙
选择三维实体:（选择要分割的对象）
```

12.3.16　抽壳

1. 执行方式

☑ 命令行：SOLIDEDIT。
☑ 菜单栏：“修改”→“实体编辑”→“抽壳”。
☑ 工具栏：“实体编辑”→“抽壳”。
☑ 功能区：“三维工具”→“实体编辑”→“抽壳”。

2. 操作步骤

```
命令: _solidedit↙
实体编辑自动检查: SOLIDCHECK=1
输入实体编辑选项 [面(F)/边(E)/体(B)/放弃(U)/退出(X)] <退出>: _body↙
输入体编辑选项[压印(I)/分割实体(P)/抽壳(S)/清除(L)/检查(C)/放弃(U)/退出(X)] <退出>: _shell↙
选择三维实体:（选择三维实体）
删除面或[放弃(U)/添加(A)/全部(ALL)]:（选择开口面，然后按 Enter 键结束选择）
删除面或 [放弃(U)/添加(A)/全部(ALL)] ↙
输入抽壳偏移距离:（输入壳体的厚度值）
```

图 12-125 为利用“抽壳”命令创建的花盆。

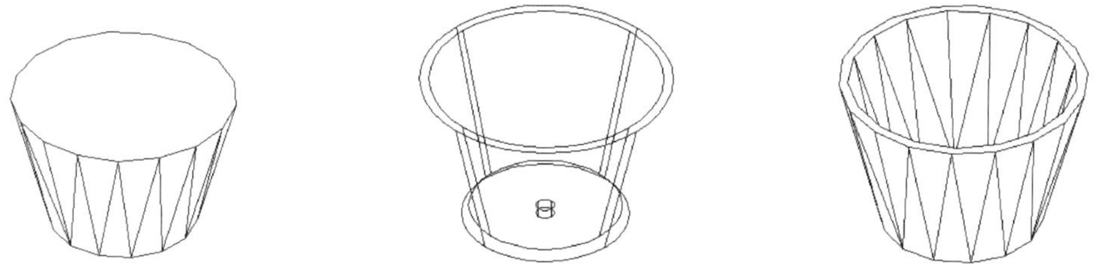

（a）创建初步轮廓　　（b）完成创建　　（c）消隐结果

图 12-125　花盆

注意： 抽壳是用指定的厚度创建一个空的薄层。用户可以为所有面指定一个固定的薄层厚度，并可以通过选择面将这些面排除在壳外。一个三维实体只能有一个壳，AutoCAD 通过将现有面偏移出其原位置来创建新的面。

Note

视频讲解

12.3.17 实例——绘制石桌

本实例将详细介绍石桌的绘制方法。本实例首先利用"球"命令绘制球体，然后对其进行剖切和抽壳，以得到石桌的主体，最后利用"圆柱体"命令绘制桌面。本实例的难点在于"剖切"命令和实体编辑中抽壳的综合使用。绘制流程如图 12-126 所示。

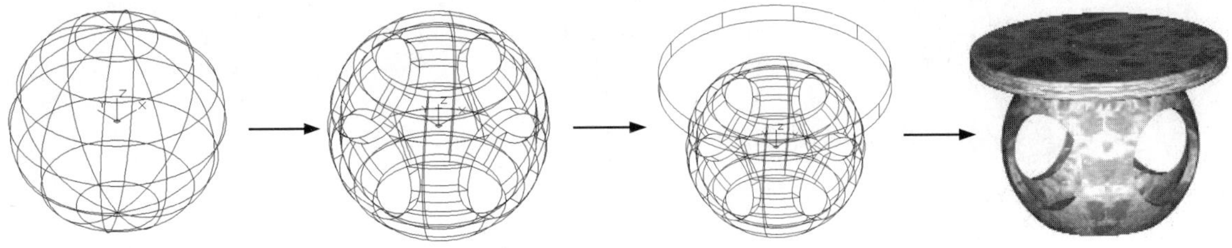

图 12-126 石桌的绘制流程

操作步骤

（1）用 LIMITS 命令设置图幅为 297mm×210mm。用 ISOLINES 命令设置对象上每个曲面的轮廓线数目为 10。

（2）将视图切换至西南等轴测视图。单击"三维工具"选项卡"建模"面板中的"球体"按钮，绘制半径为 50 的球体。命令行提示与操作如下：

```
命令：SPHERE↙
指定中心点或 [三点(3P)/两点(2P)/切点、切点、半径(T)]：0,0,0↙
指定半径或 [直径(D)]：50↙
```

绘制结果如图 12-127 所示。

（3）单击"默认"选项卡"绘图"面板中的"矩形"按钮，以（−60,−60,−40）和（@120,120）为角点绘制矩形，再以（−60,−60,40）和（@120,120）为角点绘制另一个矩形，绘制结果如图 12-128 所示。

（4）单击"三维工具"选项卡"实体编辑"面板中的"剖切"按钮，分别选择两个矩形作为剖切面，保留球体中间部分。命令行提示与操作如下：

```
命令：_slice↙
选择要剖切的对象：(选取球体)
选择要剖切的对象：↙
指定切面的起点或 [平面对象(O)/曲面(S)/z 轴(Z)/视图(V)/xy(XY)/yz(YZ)/zx(ZX)/三点(3)]
<三点>：O↙
选择用于定义剖切平面的圆、椭圆、圆弧、二维样条线或二维多段线：(选取上方的矩形)
在所需的侧面上指定点或 [保留两个侧面(B)] <保留两个侧面>：(在矩形下方单击，保留球体下半部分)
命令：SLICE↙
选择要剖切的对象：(选取球体)
选择要剖切的对象：↙
指定切面的起点或 [平面对象(O)/曲面(S)/z 轴(Z)/视图(V)/xy(XY)/yz(YZ)/zx(ZX)/三点(3)]
<三点>：O↙
选择用于定义剖切平面的圆、椭圆、圆弧、二维样条线或二维多段线：(选取下方的矩形)
在所需的侧面上指定点或 [保留两个侧面(B)] <保留两个侧面>：(在矩形上方单击，保留球体下半
部分)
```

绘制结果如图 12-129 所示。

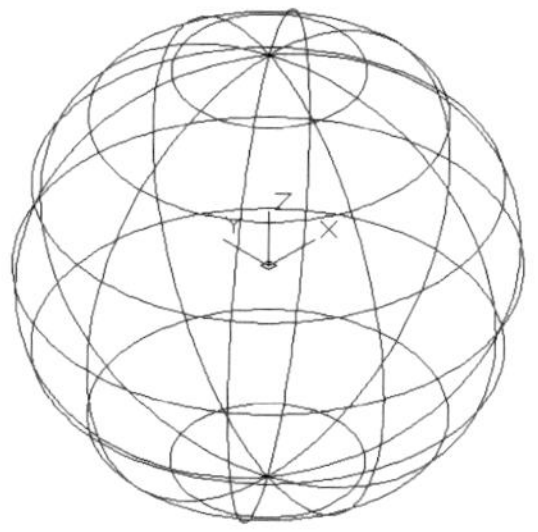

图 12-127　创建球体

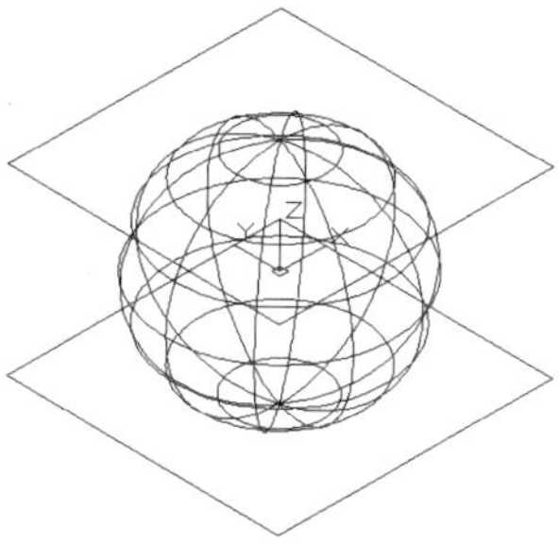

图 12-128　绘制矩形

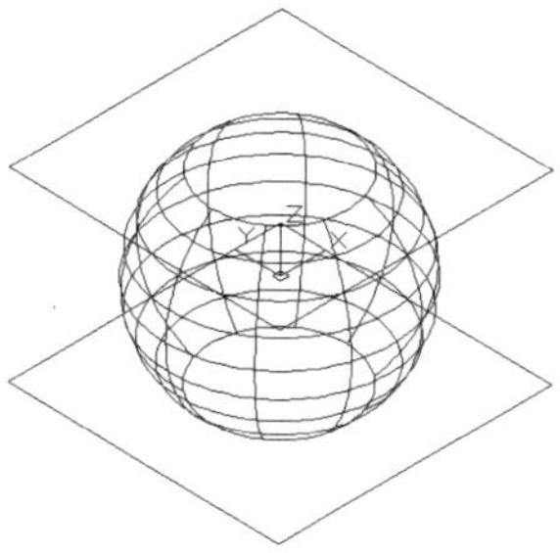

图 12-129　剖切处理

（5）单击“默认”选项卡“修改”面板中的“删除”按钮，删除矩形，结果如图 12-130 所示。

（6）单击“三维工具”选项卡“实体编辑”面板中的“抽壳”按钮，对步骤（5）中剖切后的球体进行抽壳处理。命令行提示与操作如下：

```
命令：_solidedit↙
实体编辑自动检查：SOLIDCHECK=1
输入实体编辑选项 [面(F)/边(E)/体(B)/放弃(U)/退出(X)] <退出>：_body↙
输入体编辑选项[压印(I)/分割实体(P)/抽壳(S)/清除(L)/检查(C)/放弃(U)/退出(X)] <退出>：_shell↙
选择三维实体：(选择剖切后的球体)
删除面或 [放弃(U)/添加(A)/全部(ALL)]：↙
输入抽壳偏移距离：5↙
输入体编辑选项[压印(I)/分割实体(P)/抽壳(S)/清除(L)/检查(C)/放弃(U)/退出(X)]<退出>：x↙
实体编辑自动检查：SOLIDCHECK=1
输入实体编辑选项 [面(F)/边(E)/体(B)/放弃(U)/退出(X)] <退出>：x↙
```

绘制结果如图 12-131 所示。

（7）在命令行中输入 UCS，创建新坐标系，绕 *X* 轴旋转 –90°。

（8）单击“三维工具”选项卡“建模”面板中的“圆柱体”按钮，以（0,0,–50）和（@0,0,100）为底面圆心，创建半径为 25 的圆柱体；在命令行中输入 UCS，将坐标系切换到 WCS 坐标系，绕 *Y* 轴旋转 90°；重复“圆柱体”命令，以（0,0,–50）和（@0,0,100）为底面圆心，创建半径为 25 的圆柱体，结果如图 12-132 所示。

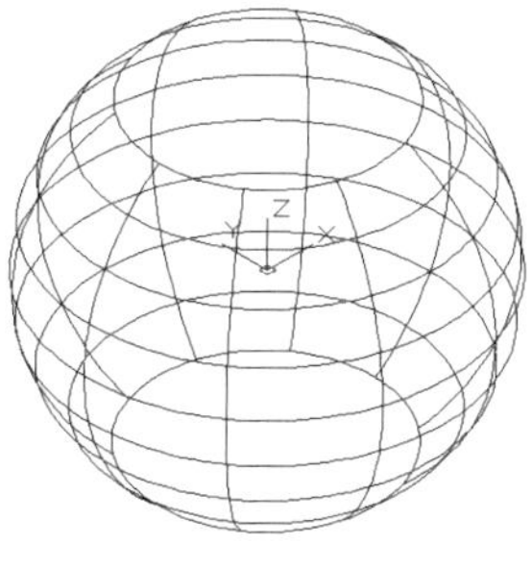

图 12-130　删除矩形

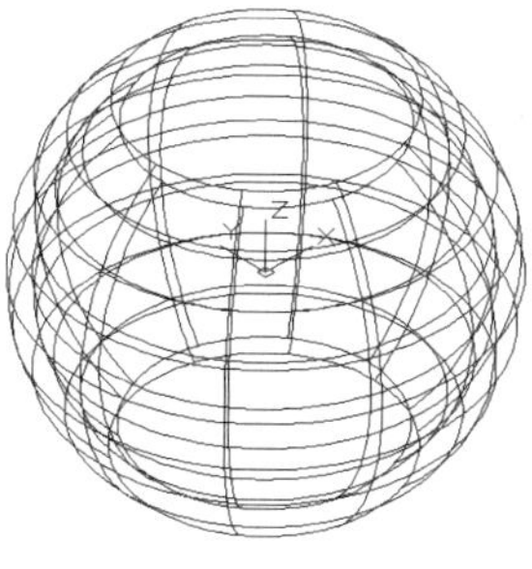

图 12-131　抽壳处理

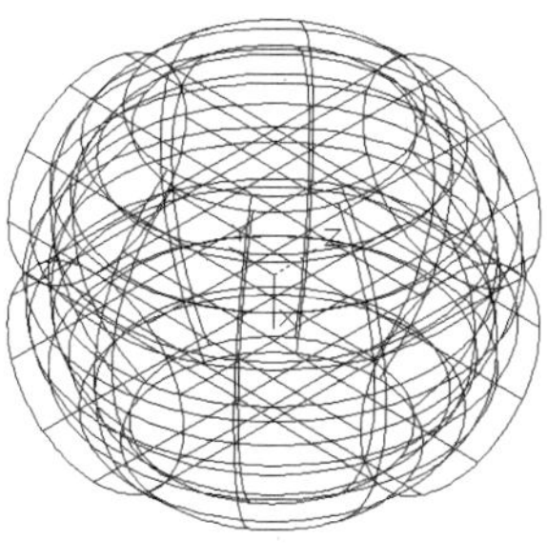

图 12-132　创建圆柱体 1

Note

（9）单击“三维工具”选项卡“实体编辑”面板中的“差集”按钮，从实体中减去两个圆柱体。在命令行中输入 UCS，将坐标系恢复到世界坐标系，结果如图 12-133 所示。

（10）单击“三维工具”选项卡“建模”面板中的“圆柱体”按钮，以（0,0,40）为底面圆心，创建半径为 65、高为 10 的圆柱体，结果如图 12-134 所示。

（11）单击“三维工具”选项卡“实体编辑”面板中的“圆角边”按钮，对圆柱体的棱边进行圆角处理，圆角半径为 2，结果如图 12-135 所示。

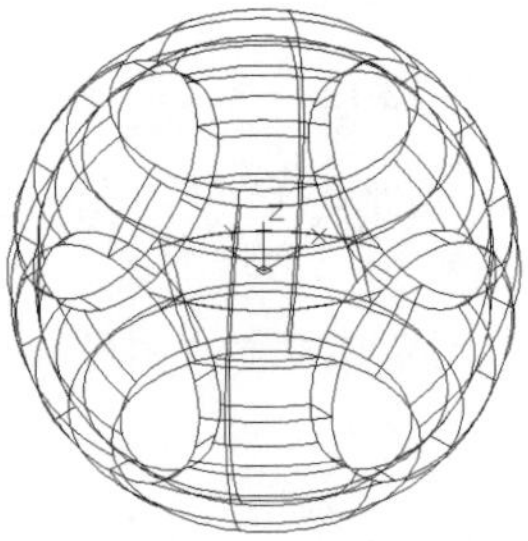

图 12-133　差集运算

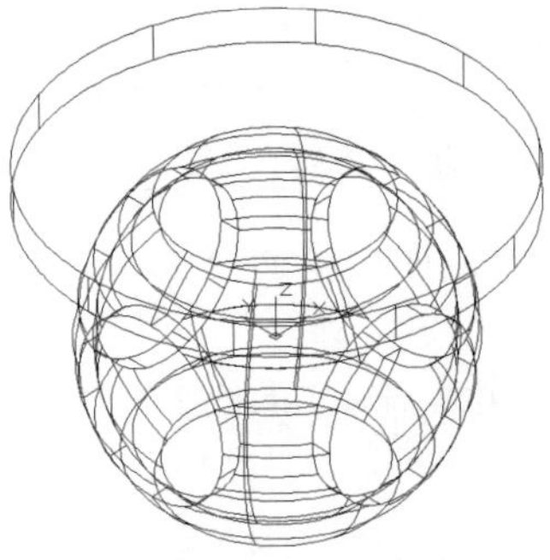

图 12-134　创建圆柱体 2

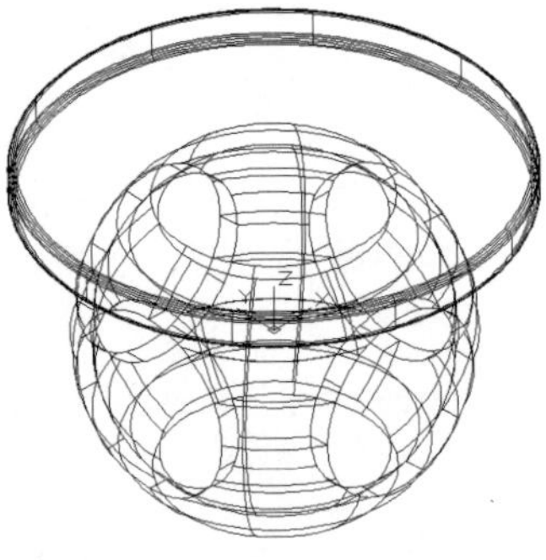

图 12-135　圆角处理

（12）单击“可视化”选项卡“材质”面板中的“材质浏览器”按钮，在“材质浏览器”选项板中选择适当的材质，并将其赋予图形。单击“可视化”选项卡“渲染”面板中的“渲染到尺寸”按钮，对实体进行渲染，渲染后的效果如图 12-126 所示。

12.3.18　检查

1. 执行方式

☑ 命令行：SOLIDEDIT。
☑ 菜单栏：“修改”→“实体编辑”→“检查”。
☑ 工具栏：“实体编辑”→“检查”。
☑ 功能区：“三维工具”→“实体编辑”→“检查”。

2. 操作步骤

```
命令: _solidedit↙
实体编辑自动检查: SOLIDCHECK=1
输入实体编辑选项 [面(F)/边(E)/体(B)/放弃(U)/退出(X)] <退出>: _body↙
输入体编辑选项[压印(I)/分割实体(P)/抽壳(S)/清除(L)/检查(C)/放弃(U)/退出(X)] <退出>: _check↙
选择三维实体:(选择要检查的三维实体)
```

选择实体后，AutoCAD 将在命令行中显示该对象是否是有效的 ACIS 实体。

12.3.19　夹点编辑

利用夹点编辑功能，用户可以很方便地对三维实体进行编辑，这与二维对象夹点编辑功能相似。

使用夹点编辑三维实体的方法很简单，单击要编辑的对象，系统显示编辑夹点，选择某个夹点，按住鼠标左键并拖曳，三维对象随之改变，选择不同的夹点，可以编辑对象的不同参数，红色夹点为当前编辑夹点，如图12-136 所示。

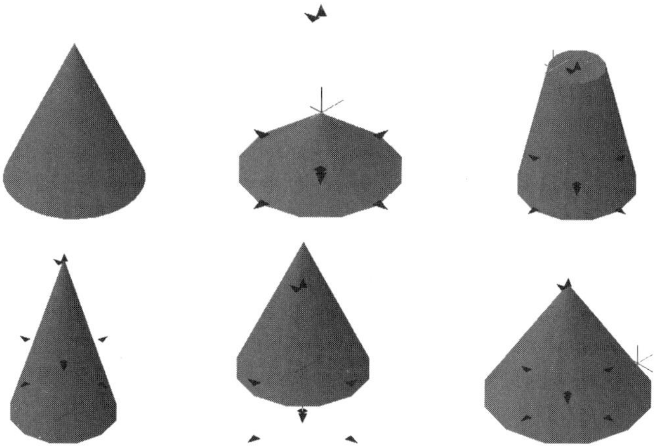

图 12-136　圆锥体及其夹点编辑

12.3.20　实例——绘制靠背椅

本实例将详细介绍靠背椅的绘制方法。本实例首先绘制底座和靠背，然后绘制扶手，最后镜像扶手。绘制流程如图 12-137 所示。

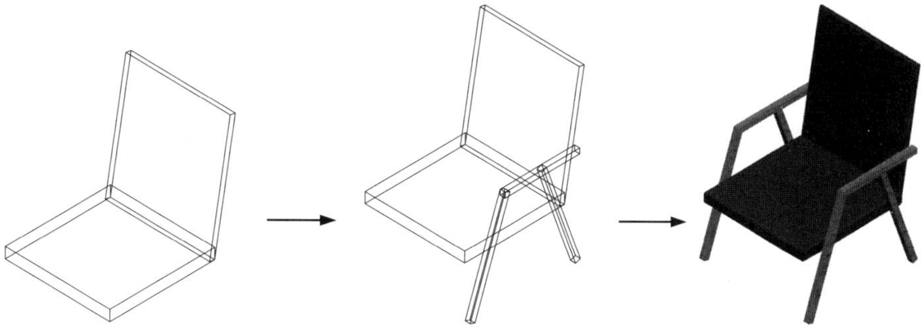

图 12-137　靠背椅的绘制流程

操作步骤

（1）将视图切换至西南等轴测视图。单击“三维工具”选项卡“建模”面板中的“长方体”按钮，绘制长方体。命令行提示与操作如下：

```
命令：_box↙
指定第一个角点或 [中心(C)]：0,0,0↙
指定其他角点或 [立方体(C)/长度(L)]：100,100,10↙
命令：BOX↙
指定第一个角点或 [中心(C)]：100,0,0↙
指定其他角点或 [立方体(C)/长度(L)]：@-5,100,110↙
```

绘制结果如图 12-138 所示。

（2）在命令行中输入 ROTATE3D，进行三维旋转操作。命令行提示与操作如下：

```
命令：ROTATE3D↙
```

Note

```
当前正向角度：ANGDIR=逆时针 ANGBASE=0
选择对象：找到 1 个（选择椅背）
选择对象：↙
指定轴上的第一个点或定义轴依据[对象(O)/最近的(L)/视图(V)/X 轴(X)/Y 轴(Y)/Z 轴(Z)/两点(2)]：100,0,0↙
指定轴上的第二点：@0,100,0↙
指定旋转角度或 [参照(R)]：10↙
```

绘制结果如图 12-139 所示。

（3）单击“三维工具”选项卡“建模”面板中的“长方体”按钮，绘制角点分别为{（110,0,40），（35,−5,45）}、{（35,0,45），（@5,−5,−100）}和{（72,0,45），（@5,−5,−100）}的 3 个长方体，结果如图 12-140 所示。

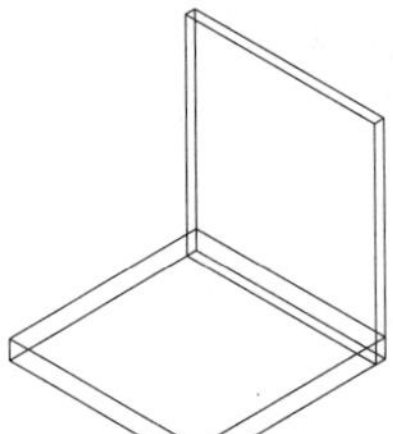

图 12-138　绘制长方体 1

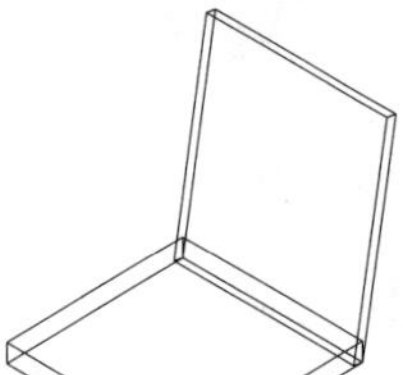

图 12-139　三维旋转

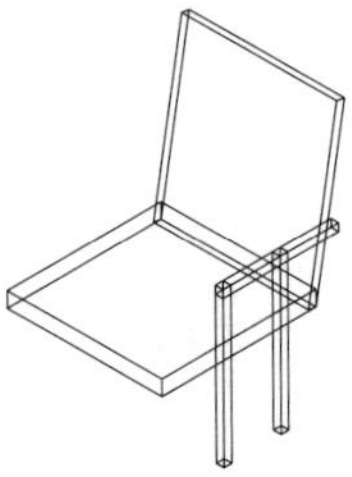

图 12-140　绘制长方体 2

（4）在命令行中输入 ROTATE3D，进行三维旋转操作。命令行提示与操作如下：

```
命令：ROTATE3D↙
当前正向角度：ANGDIR=逆时针 ANGBASE=0
选择对象：找到 1 个（选择左边的椅腿）
选择对象：↙
指定轴上的第一个点或定义轴依据 [对象(O)/最近的(L)/视图(V)/X 轴(X)/Y 轴(Y)/Z 轴(Z)/两点(2)]：35,0,45↙
指定轴上的第二点：@0,-5,0↙
指定旋转角度或 [参照(R)]：-20↙
命令:ROTATE3D↙
当前正向角度： ANGDIR=逆时针 ANGBASE=0
选择对象：找到 1 个（选择右边的椅腿）
选择对象：↙
指定轴上的第一个点或定义轴依据 [对象(O)/最近的(L)/视图(V)/X 轴(X)/Y 轴(Y)/Z 轴(Z)/两点(2)]：77,0,45↙
指定轴上的第二点：@0,-5,0↙
指定旋转角度或 [参照(R)]：20↙
```

绘制结果如图 12-141 所示。

（5）单击“三维工具”选项卡“实体编辑”面板中的“并集”按钮，合并组成椅腿的 3 个长方体。

（6）在命令行中输入 MIRROR3D，镜像椅腿。命令行提示与操作如下：

```
命令：MIRROR3D↙
选择对象：找到 1 个（选择椅腿）
选择对象：↙
指定镜像平面 (三点) 的第一个点或 [对象(O)/最近的(L)/Z 轴(Z)/视图(V)/XY 平面(XY)/YZ
```

Note

```
平面(YZ)/ZX 平面(ZX)/三点(3)] <三点>: 0,50,0↙
        在镜像平面上指定第二点: 10,50,0↙
        在镜像平面上指定第三点: 0,50,10↙
        是否删除源对象?[是(Y)/否(N)] <否>:N↙
```

绘制结果如图 12-142 所示。

（7）单击“三维工具”选项卡“实体编辑”面板中的“圆角边”按钮，圆角半径为 2，对椅子主体的各边进行圆角处理。

（8）单击“可视化”选项卡“视觉样式”面板中的“隐藏”按钮，对实体进行消隐，处理结果如图 12-143 所示。

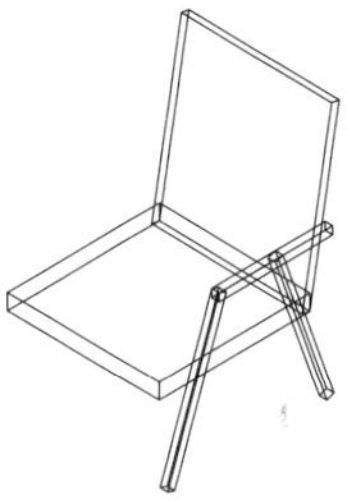
图 12-141　旋转图形

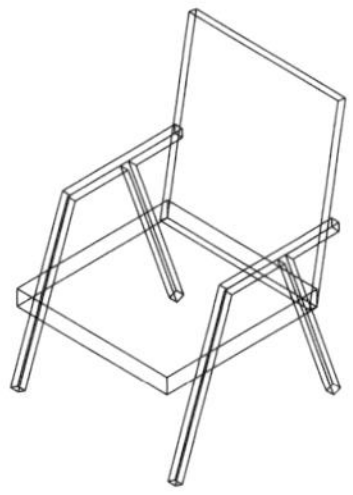
图 12-142　三维镜像

图 12-143　圆角与消隐处理

（9）单击“可视化”选项卡“材质”面板中的“材质浏览器”按钮，选择合适的材质，将红色塑料材质赋予椅子坐垫和靠背，将扶手赋上木质材质。

（10）单击“可视化”选项卡“渲染”面板中的“渲染到尺寸”按钮，渲染图形，渲染效果如图 12-137 所示。

12.4　综合实例——绘制沙发

本实例将详细介绍沙发的绘制方法。本实例首先绘制长方体作为主体，然后绘制多段线并对其进行拉伸，以得到扶手，再绘制长方体并对其进行旋转，得到沙发的靠背。绘制流程如图 12-144 所示。

视频讲解

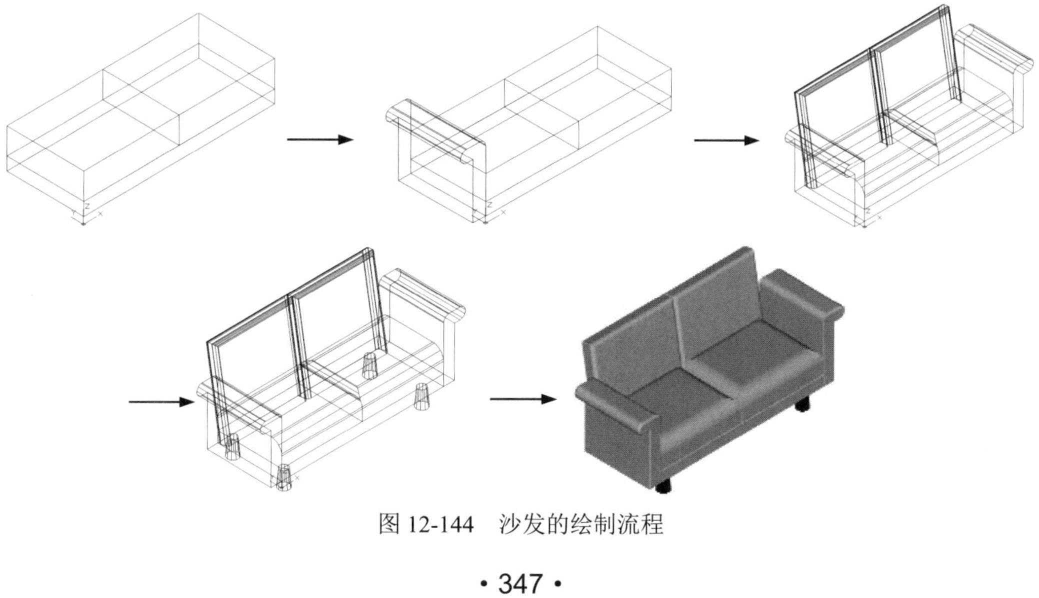
图 12-144　沙发的绘制流程

Note

1. 绘制沙发的主体结构

（1）设置绘图环境。用 LIMITS 命令设置图幅为 297mm×210mm，设置线框密度（ISOLINES），设置对象上每个曲面的轮廓线数目为 10。

（2）单击“三维工具”选项卡“建模”面板中的“长方体”按钮，创建 3 个长方体：以（0,0,5）为角点，创建一个长为 150、宽为 60、高为 10 的长方体；以（0,0,15）和（@75,60,20）为角点创建第 2 个长方体；以（75,0,15）和（@75,60,20）为角点创建第 3 个长方体。绘制结果如图 12-145 所示。

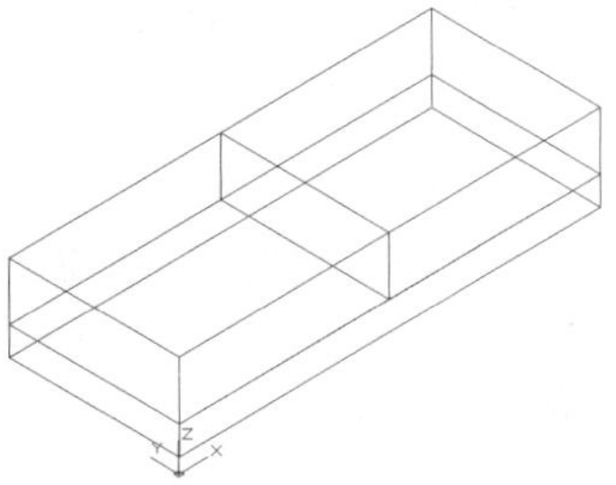

图 12-145　创建长方体 1

2. 绘制沙发的扶手和靠背

（1）单击“三维工具”选项卡“建模”面板中的“长方体”按钮，以（0,0,5）和（@−10,60,40）为角点绘制一个长方体；重复“长方体”命令，以（0,0,45）和（@−20,60,10）为角点绘制另一个长方体。绘制结果如图 12-146 所示。

（2）单击“三维工具”选项卡“实体编辑”面板中的“并集”按钮，对步骤（1）中创建的长方体进行合并，结果如图 12-147 所示。

（3）单击“默认”选项卡“修改”面板中的“圆角”按钮，对步骤（2）中合并的实体的棱边进行圆角处理，圆角半径为 5，绘制结果如图 12-148 所示。

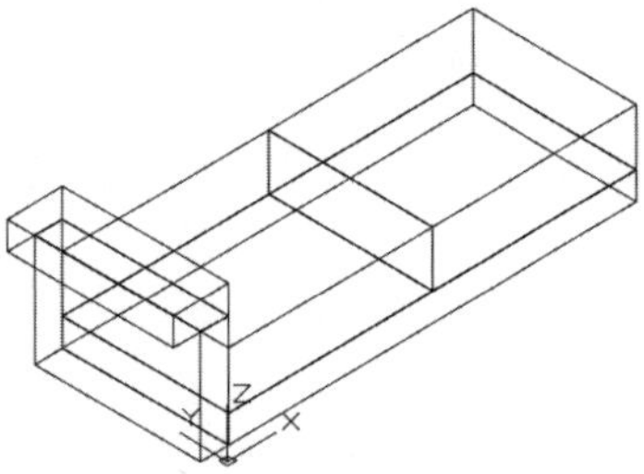

图 12-146　创建长方体 2

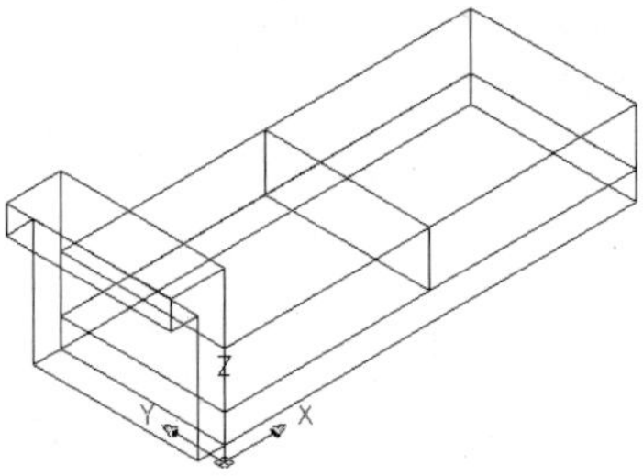

图 12-147　合并处理

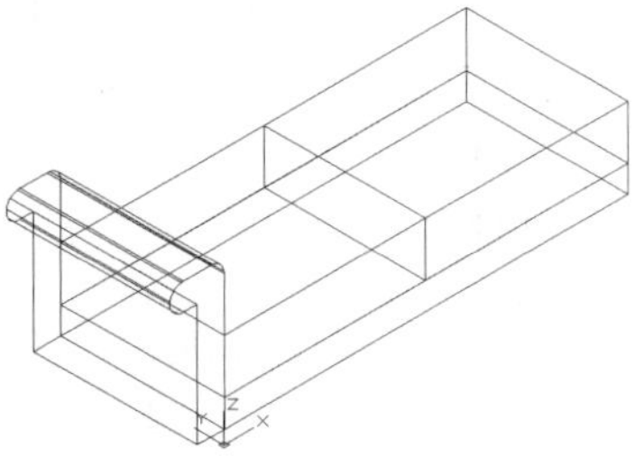

图 12-148　圆角处理 1

（4）单击“三维工具”选项卡“建模”面板中的“长方体”按钮，以（0,60,5）和（@75,−10,75）为角点创建长方体，绘制结果如图 12-149 所示。

（5）在命令行中输入 3DROTATE，将步骤（4）中绘制的长方体旋转−10°。命令行提示与操作如下：

```
命令：3DROTATE↙
选择对象：(选择长方体)
选择对象：↙
指定基点：(指定长方体左前下端点)
拾取旋转轴：(拾取 X 轴)
指定角的起点或输入角度：-10↙
```

结果如图 12-150 所示。

（6）在命令行中输入 3DMIRROR，以过（75,0,15）、（75,0,35）、（75,60,35）3 点的平面为镜像面，对拉伸的实体和最后创建的矩形进行镜像处理，结果如图 12-151 所示。

（7）单击“默认”选项卡“修改”面板中的“圆角”按钮，进行圆角处理。坐垫的圆角半径为 10，靠背的圆角半径为 3，其他边的圆角半径为 1，结果如图 12-152 所示。

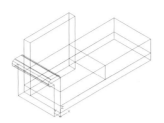

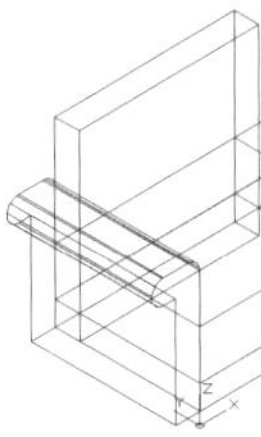

图 12-149　创建长方体 3

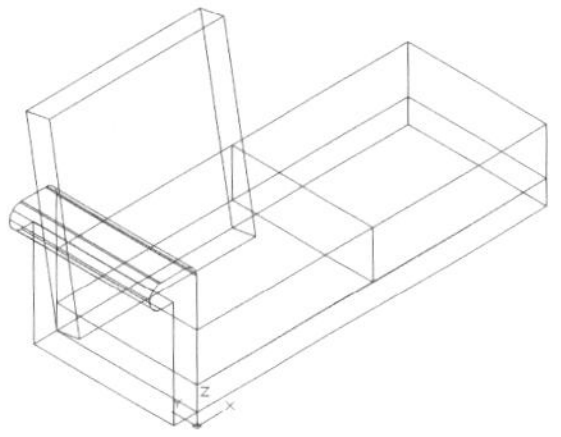

图 12-150　三维旋转处理

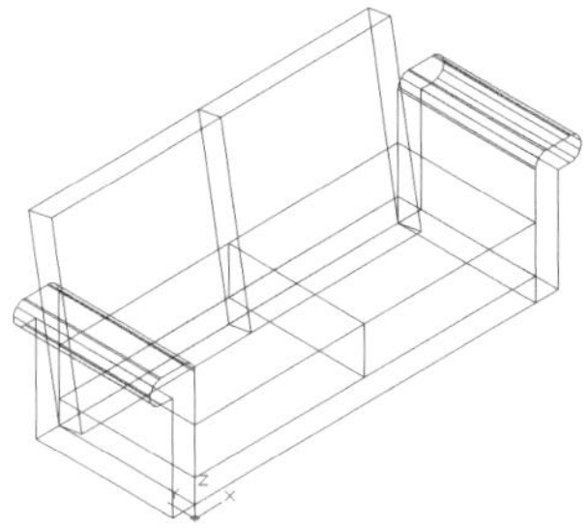

图 12-151　三维镜像处理

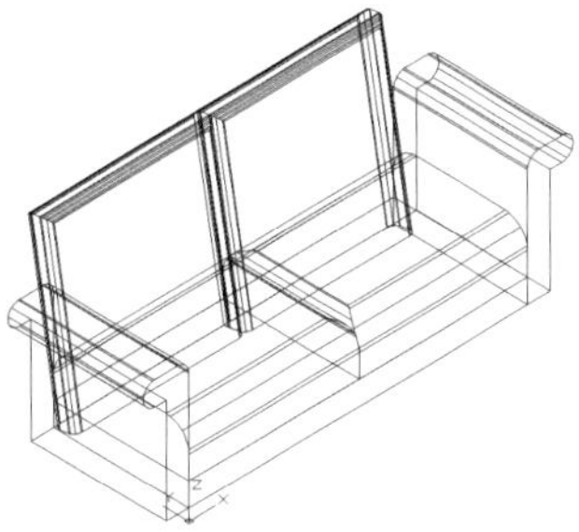

图 12-152　圆角处理 2

3. 绘制沙发脚

（1）单击“三维工具”选项卡“建模”面板中的“圆锥体”按钮，以坐标点（11,9,−9）为底面圆心，绘制底面半径为 5、顶面半径为 3、高度为 15 的圆锥体，结果如图 12-153 所示。

（2）在命令行中输入 3DARRAY，对拉伸后的实体进行矩形阵列，阵列行数为 2、列数为 2、行偏移为 42、列偏移为 128，结果如图 12-154 所示。

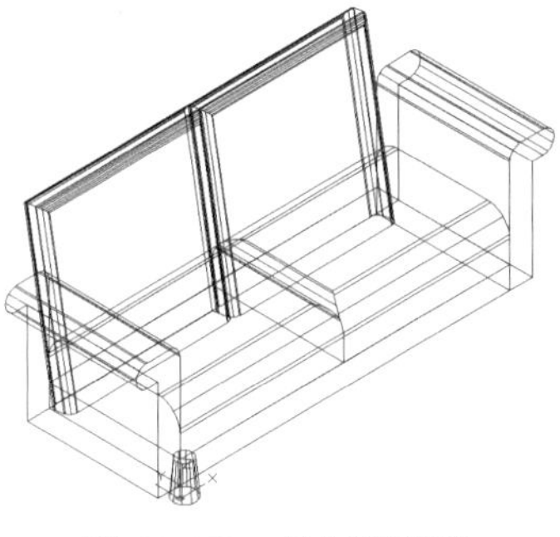

图 12-153　绘制圆锥体

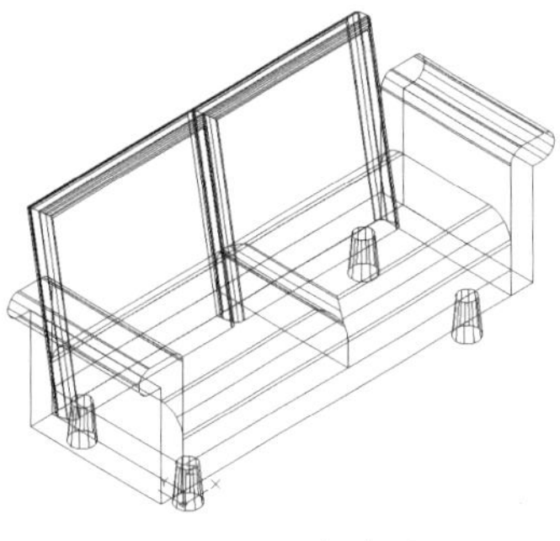

图 12-154　三维阵列处理

4. 渲染

单击“可视化”选项卡“材质”面板中的“材质浏览器”按钮，在“材质浏览器”选项板中选择适当的材质，并将其赋予图形，然后单击“可视化”选项卡“渲染”面板中的“渲染到尺寸”按钮，对实体进行渲染。渲染后的效果如图 12-144 所示。

12.5　实践与操作

通过本章前面的学习，读者对本章知识已经有了大体的了解。本节将通过 3 个练习使读者进一步

Note

掌握本章知识要点。

12.5.1 绘制台灯

1. 目的要求

三维图形具有形象逼真的优点，但是三维图形的创建比较复杂，需要读者掌握的知识比较多。本实践绘制如图 12-155 所示的台灯，并要求读者熟悉三维模型创建的步骤，掌握三维模型的创建技巧。

2. 操作提示

（1）利用“圆柱体”“移动”“倒圆角”“差集”命令创建台灯底座。
（2）利用“圆柱体”和“倾斜面”命令创建旋钮。
（3）利用“多段线”和“拉伸”命令创建支撑杆。
（4）利用“圆柱体”和“差集”命令创建壳体孔。
（5）利用“多段线”“抽壳”“三维旋转”命令创建灯头。
（6）渲染处理。

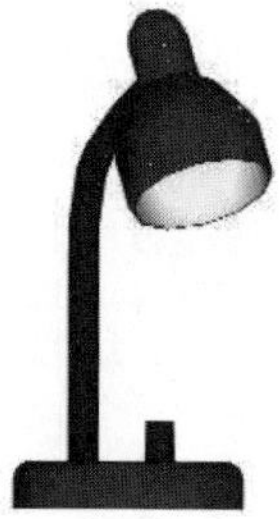

图 12-155　台灯

12.5.2 绘制小闹钟

1. 目的要求

本实践绘制如图 12-156 所示的小闹钟，其中涉及的命令主要有“长方体”“圆柱体”“剖切”“差集”“阵列”“复制”。本实践要求读者熟练掌握三维造型的绘制和编辑。

2. 操作提示

（1）利用“长方体”“圆柱体”“剖切”“差集”命令创建闹钟主体。
（2）利用“长方体”“圆柱体”“阵列”“差集”命令创建刻度和指针。
（3）利用“长方体”“圆柱体”“复制”“差集”命令创建底座。
（4）渲染处理。

图 12-156　小闹钟

12.5.3 绘制回形窗

1. 目的要求

本实践绘制如图 12-157 所示的回形窗，并要求读者熟悉三维模型创建的步骤，掌握三维模型的创建技巧。

2. 操作提示

（1）利用矩形拉伸出两个长方体并进行差集处理。
（2）进行倾斜边处理。
（3）重复上面的步骤绘制另外两个不同尺寸的倾斜长方体。
（4）绘制两个细长长方体，并对它们进行旋转和移动处理，以作为窗棂。
（5）渲染处理。

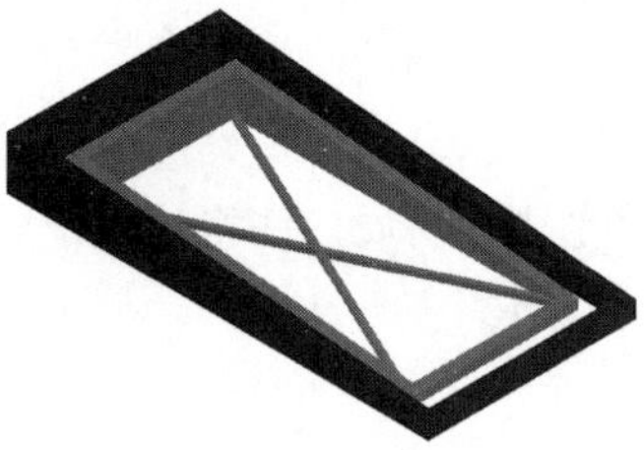

图 12-157　回形窗

附录 A 国家室内设计家具标准尺寸

A.1 家具通用技术与基础标准

GB/T 3324—2017	木家具通用技术条件
GB/T 3325—2017	金属家具通用技术条件
GB/T 3326—2016	家具 桌、椅、凳类主要尺寸
GB/T 3327—2016	家具 柜类主要尺寸
GB/T 3328—2016	家具 床类主要尺寸
GB/T 3976—2014	学校课桌椅功能尺寸及技术要求
GB/T 13666—2013	图书用品设备产品型号编制方法
GB/T 13667.1—2015	钢制书架 第 1 部分：单、复柱书架
GB/T 13667.2—2017	钢制书架 第 2 部分：积层式书架
GB/T 13667.3—2013	钢制书架 第 3 部分：手动密集书架
GB/T 13668—2015	钢制书柜、资料柜通用技术条件
GB/T 14531—2017	办公家具 阅览桌、椅、凳
GB/T 14532—2017	办公家具 木质柜、架
QB/T 1242—2021	家具五金件安装尺寸
QB/T 1338—2012	家具制图
QB/T 2189—2013	家具五金 杯状暗铰链
QB/T 4452—2013	木家具 极限与配合
QB/T 4453—2013	木家具 几何公差
QB/T 4450—2013	家具用木制零件断面尺寸
QB/T 4451—2013	家具功能尺寸的标注

A.2 家具设计标准尺寸

家具设计的基本尺寸（单位：cm）

衣橱

深度：一般 60～65；衣橱门宽度：40～65。

推拉门

宽度：75～150；高度：190～240。

矮柜

深度：35～45；柜门宽度：30～60。

电视柜

深度：45～60；高度：60～70。

单人床

宽度：90，105，120；长度：180，186，200，210。

双人床

宽度：135，150，180；长度：180，186，200，210。

圆床

直径：186，212.5，242.4（常用）。

室内门

宽度：80～95（医院120）；高度：190，200，210，220，240。

厕所、厨房门

宽度：80，90；高度：190，200，210。

窗帘盒

高度：12～18；深度：单层布12，双层布16～18（实际尺寸）。

单人式沙发

长度：80～95，深度：85～90；坐垫高：35～42；背高：70～90。

双人式沙发

长度：126～150；深度：80～90。

三人式沙发

长度：175～196；深度：80～90。

四人式沙发

长度：232～252；深度：80～90。

小型长方形茶几

长度：60～75；宽度：45～60；高度：38～50（38最佳）。

中型长方形茶几

长度：120～135；宽度：38～50或者60～75。

中型正方形茶几

长度：75～90；高度：43～50。

大型长方形茶几

长度：150～180；宽度：60～80；高度：33～42（33最佳）。

大型圆形茶几

直径：75，90，105，120；高度：33～42。

大型方形茶几

宽度：90，105，120，135，150；高度：33～42。

固定式书桌

深度：45～70（60最佳）；高度：75；下缘离地至少58；长度最少90（150～180最佳）。

活动式书桌

深度：65～80；高度：75～78；下缘离地至少58；长度最少90（150～180最佳）。

方餐桌

一般高度：75～78（西式高度68～72）；宽度：120，90，75。

长方餐桌

一般高度：75～78（西式高度 68～72）；宽度：80，90，105，120；长度：150，165，180，210，240。

圆餐桌

一般高度：75～78（西式高度 68～72）；直径：90，120，135，150，180。

书架

深度：25～40（每一格），长度：60～120；下大上小型下方深度：35～45，高度：80～90。

活动未及顶高柜

深度：45，高度：180～200；木隔间墙厚：6～10；内角材排距：长度（45～60）×90。

A.3 家具布置相关尺寸

1. 工地相关尺寸

标准红砖：24cm×11.5cm×5.3cm；标准入户门洞：0.9m×2m；房间门洞：0.9m×2m；厨房门洞：0.8m×2m；卫生间门洞：0.7m×2m；标准水泥：50kg/袋。

2. 厨房相关尺寸

（1）吊柜和操作台之间的距离应该是多少？

吊柜和操作台之间的距离是 600mm。从操作台到吊柜的底部，应该确保这个距离。这样既可以方便烹饪，也可以在吊柜里放一些小型家用电器。

（2）在厨房两面相对的墙边都摆放各种家具和电器的情况下，中间应该留多大的距离才不会影响在厨房里做家务？

1200mm，为了能方便地打开两边家具的柜门，就一定要保证至少留出这样的距离。

1500mm，这样的距离可以保证在两边柜门都打开的情况下，中间再站一个人。

（3）要想舒服地坐在早餐桌的周围，凳子的合适高度应该是多少？

凳子的合适高度是 800mm。对于一张高 1100mm 的早餐桌来说，这是摆在它周围凳子的理想高度。因为在桌面和凳子之间还需要 300mm 的空间容纳双腿。

（4）吊柜应该装在多高的地方？

吊柜应该装在 1450～1500mm 的高度处。这个高度可以使您不用踮起脚就能打开吊柜的门。

3. 餐厅相关尺寸

（1）一张供 6 个人使用的餐桌有多大？

使用的餐桌为 1200mm，这是对圆形餐桌的直径要求。

1400mm×700mm，这是对长方形和椭圆形桌子的尺寸要求。

（2）餐桌离墙应该有多远？

餐桌离墙应该为 800mm。这个距离是把椅子拉出来时，能使就餐的人方便地活动的最小距离。

（3）一张以对角线对墙的正方形桌子所占的面积要有多大？

1800mm×1800mm，这是一张边长为 900mm、桌角离墙面最近距离为 400mm 的正方形桌子所占的最小面积。

（4）桌子的标准高度应是多少？

桌子的标准高度应是 720mm。这是桌子的中等高度，椅子的高度通常为 450mm。

（5）一张供6个人使用的桌子摆在起居室里要占多大面积？

所占的面积为3000mm×3000mm。需要为直径为1200mm的桌子留出空地，同时还要为在桌子四周就餐的人留出活动空间。这个方案若用于大客厅，房间面积至少达到6000mm×3500mm。

（6）吊灯和桌面之间最合适的距离应该是多少？

最合适的距离是700mm。这是能使桌面得到完整的、均匀照射的理想距离。

4. 卫生间相关尺寸

（1）卫生间里的用具要占多大面积？

一般马桶所占的面积：370mm×600mm。

悬挂式或圆柱式盥洗池可能占用的面积：700mm×600mm。

正方形淋浴间的面积：800mm×800mm。

浴缸的标准面积：1600mm×700mm。

（2）浴缸与对面的墙之间的距离应该是多少？

距离应该是1000mm。这是在周围活动的合理的距离。即使浴室很窄，也要在安装浴缸时留出走动的空间。总之，浴缸和其他墙面或物品之间至少要有600mm的距离。

（3）安装一个盥洗池，并能方便地使用，需要的空间是多大？

需要的空间是 900mm×1050mm。这个尺寸适用于中等大小的盥洗池，并能容纳另一个人在旁边洗漱。

（4）两个洗手洁具之间应该预留多少距离？

应该预留的距离是200mm。这个距离包括马桶和盥洗池之间，或者洁具和墙壁之间的距离。

（5）相对摆放的澡盆和马桶之间应该保持多少距离？

应该保持的距离是 60cm。这是能从中间通过的最小距离，所以一个能相向摆放的澡盆和马桶的洗手间之间的宽度应该至少为180cm。

（6）如果想在里侧墙边安装下一个浴缸，洗手间至少应该有多宽？

洗手间的宽度至少应该是180cm。这个距离对于传统浴缸来说是非常合适的。如果浴室比较窄，就要考虑安装小型的带座位的浴缸。

（7）镜子应该装多高？

镜子应该装在135cm的高度处。这个高度可以使镜子正对着人的脸。

5. 卧室相关尺寸

（1）双人主卧室的最标准面积是多少？

面积是 $12m^2$。夫妻二人的卧室不能比这个小。在房间里除了床，还可以放一个双开门的衣柜（120cm×60cm）和两个床头柜。在一个3m×4.5m的房间里可以放更大一点的衣柜；或者选择小一点的双人床，再在抽屉和写字台之间选择其一，就可以在摆放衣柜的地方选择一个带更衣间的衣柜。

（2）如果把床斜放在角落里，要留出多大空间？

要留出的空间是 360cm×360cm。这是适合于较大卧室的摆放方法，可以根据床头后面墙角空地的大小摆放一个储物柜。

（3）两张并排摆放的床之间的距离应该有多远？

距离应该是 90cm。两张床之间除了能放下两个床头柜，还应该能让两个人自由走动。当然，床的外侧也不例外，这样才能方便地清洁地板和整理床上用品。

（4）如果衣柜被放在了与床相对的墙边，那么这两件家具间的距离应该是多少？

距离应该是90cm。按这个距离摆放能方便地打开柜门而不至于被绊倒在床上。

（5）衣柜应该有多高？

衣柜高应该是 240cm。采用这个尺寸，可以在衣柜里放下长一些的衣物（160cm），并在上部留出放换季衣物的空间（80cm）。

（6）要想容纳一张双人床、两个床头柜和衣柜的侧面，一面墙应该有多大？

一面墙的尺寸应该是 420cm×420cm。这个尺寸的墙面可以放下一张 160cm 宽的双人床和侧面宽度为 60cm 的衣柜，还包括床两侧的活动空间（两侧 60～70cm），以及柜门打开时所占用的空间（60cm）。如果衣柜采用拉门，那么墙面只需要 360cm 宽就够了。

6. 客厅相关尺寸

（1）长沙发与摆在它前面的茶几之间的正确距离是多少？

正确距离是 30cm。在一个长沙发（240cm×90cm×75cm）前摆放一张长方形茶几（130cm×70cm×45cm）是非常舒适的。二者之间的理想距离应该能允许一个人通过，同时又便于使用，比如不用站起来就可以方便地拿到桌子上的杯子或者杂志。

（2）一个能摆放电视机的大型组合柜的最小尺寸应该是多少？

最小尺寸应该是 200cm×50cm×180cm。这种类型的家具一般都是由大小不同的方格组成。高处部分比较适合用来摆放书籍，柜体厚度至少保持 30cm；低处用于摆放电视的柜体，厚度至少保持 50cm。同时还要保证组合柜整体的高度和横宽与墙壁的面积相协调。

（3）如果摆放可容纳 3 个或 4 个人的沙发，应该选择多大的茶几来搭配？

应该选择的茶几尺寸是 140cm×70cm×45cm。在沙发的体积很大或是两个长沙发摆在一起的情况下，矮茶几是很好的选择，茶几高度最好和沙发坐垫的位置持平。

（4）在扶手沙发和电视机之间应该预留多大的距离？

在扶手沙发和电视机之间应该预留的距离是 3m。这里所指的是一个 25in 的电视与扶手沙发或长沙发之间最短的距离。此外，摆放电视机的柜面高度应该在 40cm～120cm，这样才能使观众保持正确的坐姿。

（5）摆放在沙发边上的茶几的理想尺寸是多少？

方形：70cm×70cm×60cm。

椭圆形：70cm×60cm。

放在沙发边上的茶几应该有一个不是特别大的桌面，但要选较高的类型，这样即使坐着时也能方便舒适地取到桌上的东西。

（6）两个面对面放着的沙发和摆放在中间的茶几总共需要占据多大的空间？

两个双人沙发（规格 160cm×90cm×80cm）和茶几（规格 100cm×60cm×45cm）之间应相距 30cm。

（7）长沙发或是扶手沙发的靠背应该有多高？

靠背高度应该是 85 cm～90cm。这样的高度可以将头完全放在靠背上，使颈部得到充分的放松。如果沙发的靠背和扶手过低，增加一个靠垫会更舒适。如果空间不是特别宽敞，沙发应该尽量靠墙摆放。

（8）如果客厅位于房间的中央，后面想要留出一个走道空间，这个走道应该有多宽？

走道的宽度应该是 100cm～120cm。走道的空间应该能让两个成年人迎面走过而不至于相撞，通常给每个人留出 60cm 的宽度。

（9）两个对角摆放的长沙发，它们之间的最小距离应该是多少？

最小距离应该是 10cm。如果不需要留出走道，这种情况就能再放一张茶几。

书 目 推 荐

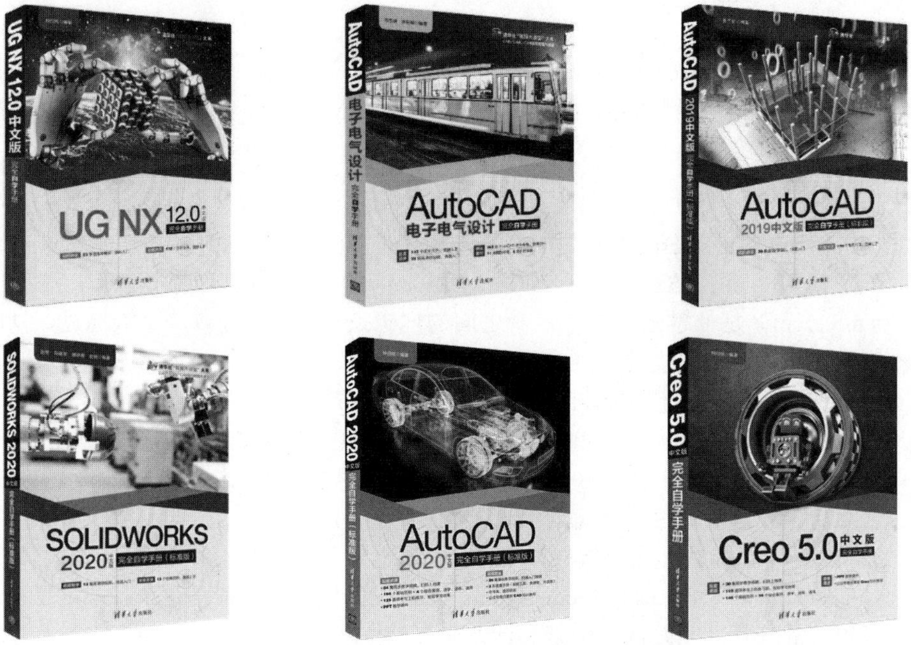

◎ 面向初学者，分为标准版、CAXA、UG、SOLIDWORKS、Creo 等不同方向。

◎ 提供 AutoCAD、UG 命令合集，工程师案头常备的工具书。根据功能用途分类，即时查询，快速方便。

◎ 资深 3D 打印工程师工作经验总结，产品造型与 3D 打印实操手册。

◎ 选材+建模+打印+处理，快速掌握 3D 打印全过程。

◎ 涵盖小家电、电子、电器、机械装备、航空器材等各类综合案例。